ADS
信号完整性仿真与实战

第2版

Advanced
Design System

蒋修国 / 编著

清華大学出版社
北京

内容简介

本书主要是以 ADS 软件为依托，结合信号完整性和电源完整性的基础理论以及实际案例，完整地介绍了使用 ADS 进行信号完整性以及电源完整性仿真的流程和方法，最终以实际的案例呈现给读者，具体内容包括信号完整性基本概念、ADS 基本概念及使用、PCB 材料和层叠设计、传输线及端接、过孔及过孔仿真、串扰案例、S 参数及其仿真应用、IBIS 与 SPICE 模型、HDMI 仿真、DDR4/DDR5 仿真、高速串行总线仿真、PCB 板级仿真 SIPro、PCB 板级仿真 PIPro 等。

本书内容翔实，深入浅出，结合实际案例的应用进行讲解，实用性强，非常适合作为信号完整性以及 ADS 仿真入门教程，也可以作为资深仿真工程师的工具书，还可以作为大学电子、电路、通信、电磁场等专业的教学实验教材。

图书在版编目（CIP）数据

ADS 信号完整性仿真与实战 / 蒋修国编著. —2 版. —北京：清华大学出版社，2023.8(2024.6 重印)
ISBN 978-7-302-64376-0

Ⅰ. ①A… Ⅱ. ①蒋… Ⅲ. ①信号分析 Ⅳ. ①TN911.6

中国国家版本馆 CIP 数据核字（2023）第 149815 号

责任编辑： 贾小红
封面设计： 秦 丽
版式设计： 文森时代
责任校对： 马军令
责任印制： 丛怀宇

出版发行： 清华大学出版社
网 址： https://www.tup.com.cn，https://www.wqxuetang.com
地 址： 北京清华大学学研大厦 A 座 **邮 编：** 100084
社 总 机： 010-83470000 **邮 购：** 010-62786544
投稿与读者服务： 010-62776969，c-service@tup.tsinghua.edu.cn
质量反馈： 010-62772015，zhiliang@tup.tsinghua.edu.cn
印 装 者： 三河市龙大印装有限公司
经 销： 全国新华书店
开 本： 185mm×260mm **印 张：** 25.75 **字 数：** 624 千字
版 次： 2019 年 5 月第 1 版 2023 年 10 月第 2 版 **印 次：** 2024 年 6 月第 2 次印刷
定 价： 128.00 元

产品编号：099687-01

序　言

Foreword

推荐序一

我常说，“硬件工程师分为两种，一种是遇到了信号完整性问题的，另一种是将来会遇到的。”当互连不透明时，就会出现信号完整性问题。在典型电路板尺寸中，这类问题会在大约 10 MHz 的信号带宽或上升时间小于 35 ns 时出现。随着信号带宽的增加，会出现越来越多的信号完整性问题，互连设计的重要性也随之凸显。

这意味着随着数字系统处理、时钟和通信速度的提高，出现问题的可能性会变大。因此，一个成功的设计必须包含最佳的设计实践，以消除信号完整性问题。

仿真工具不能直接指导你如何设计互连，但它可以帮助你理解重要的设计原则，并通过虚拟原型探索设计空间，增强你对设计工作的信心。这就是为什么仿真应该成为任何高速数字工程设计工作流程中重要的一环。它可以帮助你更深入地理解原则，在预布局阶段制定设计规则，并在后布局阶段进行验证。

尽管有许多 EDA 仿真工具都可以辅助设计工作流程中的这些方面，但我认为 Keysight 的 ADS 尤其实用。对于许多简单的问题，ADS 的学习曲线比较平缓，这意味着任何工程师都可以快速上手并提高工作效率。ADS 提供了一系列复杂度递增的传输线模型，包括内置的二维边界元场求解器。ADS 还允许对互连结构的所有重要性能参数进行参数化，并且提供了出版质量的图形后处理器，用于显示重要的仿真波形。此外，ADS 可以根据需求的复杂性进行扩展，具备处理整个板级仿真问题的能力，非常适合后仿真。

无论你是期望成为信号完整性方面的专家，还是只想提升在下一次设计中解决信号完整性问题的能力，ADS 都是一款理想的工具。

这就是修国这本关于 ADS 在 SI 应用方面的著作如此宝贵的原因。无论你是想学习 SI，还是曾尝试使用 ADS，但在入门阶段遇到困难，抑或是想精通信号完整性仿真，这本书都非常适合你。

如果信号完整性与你的未来紧密相关，那么这本书将是你探索 ADS 仿真环境，开始成为高速数字工程大师之旅的绝佳起点。

《信号完整性与电源完整性》作者　**埃里克·伯格丁**

I often say, "there are two kinds of engineers, those who have signal integrity problems and those who will." Signal integrity issues arise when the interconnects are not transparent. In typical circuit board dimensions, this is above about 10 MHz signal bandwidth or less than a 35 nsec rise time. As signal bandwidth increases, more and more signal integrity problems will arise and interconnect design becomes more important.

This means that as digital system processing, clock, and communication speeds go up, your luck will go down. A successful design must include best design practices to eliminate signal integrity problems.

A simulation tool will not tell you how to design your interconnects, but it can help you understand the important design principles and help you explore design space using a virtual prototype to increase your confidence your design will work. This is why simulation should be an important element in any high-speed digital engineering design work flow. It will provide valuable insight in understanding the principles, in creating design rules to incorporate in the pre-layout phase, and in performing verification in the post layout phase.

While there are many EDA simulation tools that can assist in these three aspects of the design work flow, I have found Keysight's ADS a particularly useful tool. For many simple problems, it has a low learning curve. This means any engineer can become immediately productive using it. It has a wide selection of transmission line models of increasing complexity that includes a built in 2-D boundary element field solver. It allows parameterizing all the important figures of merit of interconnect structures. And it provides a publication quality graphical post processor to display important simulated waveforms.In addition, it can scale in complexity with enough capability to handle entire board level simulation problems, suitable for post layout simulation.

If you expect to become an expert in signal integrity, or just want to increase your ability to solve signal integrity problems in your next design, ADS is a great tool to start with.

This is why Xiuguo's book on ADS for SI Applications is so valuable. If you want to learn SI, this book is for you. If you have ever tried using ADS and struggled getting started, this book is for you. If you want to master signal integrity simulations, this book is for you.

If signal integrity is in your future, this book is an excellent starting place to explore ADS as a simulation environment and begin your journey to become a master of high speed digital engineering.

Author of *Signal and Power Integrity: Simplified* **Eric Bogatin**

推荐序二

国外业界同行将包括信号完整性（SI）、电源完整性（PI）、电磁完整性（EMI）在内的广义信号完整性统称为电气完整性（electrical integrity，EI），实质是突出了电子系统电气功能-性能属性上优劣的本质内涵。我国电子信息产业界在自主研发高端电子系统时，不可回避地要面对高速度、高密度等诸多方面的仿真分析难题和提升设计指标的技术挑战。国内的业界同人从21世纪初逐步涉足广义信号完整性分析技术领域，到如今已经是快速跟进并与国际电气完整性技术前沿全面对接的阶段。

是德（Keysight）公司的EDA软件是国内外业界耳熟能详的知名品牌。其和是德自身的测试仪器同步雄起，从惠普（HP）、安捷伦（Aglient），到如今的是德，其一直都是位居电子科技界EDA软件工具和测试仪器口碑的领头雁。令人称道的是，其ADS（advanced design system）先进设计系统软件已经在高速PCB、封装等SI/PI仿真分析与设计等领域获得了业界的广泛认同和采纳。

这本以电子设计师为受众的《ADS信号完整性仿真与实战》（第2版），将SI/PI的概念铺垫、原理介绍以及仿真分析技术有机地融为一体。书中以ADS软件为依托，以PCB为主要对象，选择差分串行总线USB（数据率为4.5GB/s）、HDMI、PCIe以及单端并行总线DDR4（传输速率为3.2GT/s）等传输平台，纳入IBIS、AMI及SPICE等模型参数，有重点针对包括反射、串扰、电源纹波在内的各种电气不完整的实际案例；清晰阐释了如何分析各种传输线及S参数的实质性变动，完整介绍了信号完整性以及电源完整性的仿真流程和方法。在读者进行信号完整性仿真时，可以随书起舞，逐步进入SI分析技术的实战状态！

Eric的《信号完整性与电源完整性分析》（第三版）中文版是一本SI原理性教材，书中有50多幅插图来自是德软件，其中有一半用的又是其ADS软件。修国的这本《ADS信号完整性仿真与实战》（第2版）与张涛等编著的《ADS高速电路信号完整性应用实例》都是以ADS为平台的SI实用型教材。在信号完整性分析仿真与设计调试技术领域，这三本书以ADS为纽带，相映生辉、相得益彰！

修国的这本书是在我国研发电子信息新产品的过程中为解决所面临的信号完整性问题而奉献的心血之作。在此，我谨代表国内SI业界同人向作者致以由衷的谢忱！

西安电子科技大学　超高速电路设计与电磁兼容教育部重点实验室　李玉山

推荐序三

很多硬件工程师可能面临过这样一个问题——为什么我的原理图设计完全正确，PCB 连线也没问题，但是调试电路时，系统就是不能正常工作？这种情况的出现很可能就是遇到了信号完整性和电源完整性问题。

在 21 世纪初，电路的信号还只有几十兆赫兹，集成电路规模还不大，所以我们的主要精力在设计和优化电路上，工程师只要把电路设计正确了，PCB 没有连接错误，即使板图实现有一些差异，对电路正常工作也没有太大影响。但是如今硬件高度集成化，硬件系统越来越简单，但芯片信号的最高速率已经达到几十吉赫兹，PCB 连线出现几个毫米长度的差异，或电源和地平面的形状不同，都会对信号质量产生巨大的影响，甚至造成电路无法正常工作。这就是很多硬件工程师曾经在学校里面很少接触，但是工作中又不得不面对的信号电源完整性问题。可以这么说，在硬件系统高度集成化的今天，不懂信号完整性的硬件工程师是不合格的。

至今在大多数高校中仍然没有设置信号完整性课程，而是依靠工程师在实际工作中自己摸索学习。但信号完整性设计是跨越电路、电磁场、信号与系统多个领域的内容，工程实现上又和 PCB 设计的很多细节相关，依靠经验去分析是很困难的。幸好现在有 ADS 这样的仿真软件，可以协助工程师深入和细致地分析和定位这类问题。

ADS 作为业界领先的电子系统仿真软件，功能是极为强大和全面的，过去出版的相关的书籍中大多数集中于介绍它在射频微波领域的应用（因为这是它最初的功能），或者侧重于介绍软件操作。而本书则是一本系统介绍 ADS 在信号完整性设计领域应用的书籍。作者结合自己在 PCB 和 EDA 行业多年的实践经验，对信号完整性的基本概念、仿真工具的实际操作与建模、PCB 的物理实现必须关注的设计细节，并结合 DDR、HDMI、USB 等常见的应用场景，进行了系统而全面的介绍，真正做到了深入浅出。通过这本书，读者不需要高深的理论功底，就能快速上手解决实际问题，同时在这个过程中逐步认识和理解信号完整性的各种设计理念，本书真正做到了不但授之以鱼，更授之以渔。

相信这本书能够帮助广大的硬件工程师设计出更加稳定可靠的电子系统！

华为技术有限公司　　高速高频互连实验室　　**杨丹**

前　言

Preface

《ADS 信号完整性仿真与实战》面世之后，我一直诚惶诚恐，总是担心书中的某些观点或步骤讲解得不够完善，然而该书在出版后的几年间多次重印，也得到了各位专家的指正，让我感受到这本书真的受到大家的欢迎和喜爱。在第 1 版图书问世之后，我就一直在准备升级相关的内容，主要有两个方面的原因：一方面，技术在不断迭代，一些高速信号的分析方法发生了改变；另一方面，最近几年 ADS 软件的更新速度非常快，尤其是串行总线和存储技术的仿真也在升级，因此需要对图书内容进行更新。

第 2 版在整体上沿用了第 1 版的架构，对部分章节的内容进行了较大幅度的更新，包括过孔及过孔仿真、S 参数及其仿真应用、DDR4/DDR5 仿真以及高速串行总线仿真。

本书主要面向需要使用 ADS 进行信号完整性和电源完整性仿真的工程师和学生，本书结合笔者多年的硬件设计和信号完整性仿真及测试的实际工作经验进行编写。全书内容一共分为 13 章，主要以 ADS 软件为依托，结合信号完整性和电源完整性的基础理论以及实际的案例，完整地介绍了使用 ADS 进行信号完整性以及电源完整性仿真的流程和方法，具体内容包括信号完整性基本概念、ADS 基本概念及使用、PCB 材料和层叠设计、传输线及端接、过孔及过孔仿真、串扰案例、S 参数及其仿真应用、IBIS 与 SPICE 模型、HDMI 仿真、DDR4/DDR5 仿真、高速串行总线仿真、PCB 板级仿真 SIPro、PCB 板级仿真 PIPro 等。本书内容翔实，实用性强。

第 1 章主要介绍了信号完整性和电源完整性的基本概念，只有了解了相关的基本概念之后，才会理解后面介绍的内容。第 2 章介绍了 ADS 的基本概念和框架，并简要介绍了 ADS 各个相关模块的使用方法。第 3 章介绍了 PCB 材料、层叠设计以及 PCB 材料对信号完整性的影响，着重介绍了 CILD 的基本应用以及如何计算传输线阻抗。第 4 章介绍了 PCB 主要的传输线类型、ADS 中各种传输线模型库以及模型库中的元件；介绍了与传输线相关的理想传输线、有损传输线，及其与信号完整性的关系；着重介绍了阻抗、阻抗匹配、反射和端接等内容。第 5 章主要介绍了过孔结构、仿真以及过孔设计的注意事项，详细介绍了 Via Designer 的使用，包括过孔仿真、多个变量的扫描、仿真结果的输出、仿真模型在 ADS 和 EMPro 中的应用等。第 6 章主要介绍了串扰的基本概念以及影响串扰大小的一些因素。通过对这些因素的研究和分析，不仅获得了一些结论，还通过对这些参数的仿真，介绍了如何在 ADS 中新建工程、新建原理图、使用数据显示窗口，以及 ADS 的高级应用，如参数扫描仿真等。第 7 章主要介绍了 S 参数的基本概念、使用 ADS 仿真传输线的 S 参数、使用 S-Parameter Toolkit 进行 S 参数的处理、使用 ADS 级联多段 S 参数、对 S 参数的处理、在 ADS 中编辑无源链路的规范，以及如何判断无源链路是否满足系统设计的要求，最后详细介绍了如何把 S 参数转换为时域阻抗。第 8 章主要从基本的模型概念着手，介绍了 IBIS 和 SPICE 模型的应用，同时介绍了在 ADS 中如何产生宽带 SPICE 模型和 W-element 模型等。

第 9 章以一个实际的总线为例介绍了 ADS 前仿真，主要介绍了眼图以及眼图模板的概念、如何设计并调用 ADS 的眼图模板，并针对 HDMI 的设计和仿真做了详细的介绍；另外，以 HDMI 为例介绍了如何阅读总线规范，并从规范中获得仿真和测试需要的电气参数，围绕规范要求着重介绍了如何仿真 HDMI 相应的参数。第 10 章主要介绍了 DDR 总线的基本概念以及 DDR4 的电气规范，介绍了 Memory designer 以及使用流程，介绍了如何在 ADS 中使用 Memory designer 仿真 ODT、地址、控制、命令、时钟以及数据和数据选通信号，使用 Memory designer 进行存储总线的后仿真，还介绍了在 ADS 中如何进行 SSN 仿真以及 DDR5 的仿真等。第 11 章主要介绍了通道仿真、IBIS-AMI 模型、USB 总线及电气参数，详细介绍了通道仿真中的逐比特模式和统计模式，并以 USB 总线为例详细介绍了两种类型的仿真，最后介绍了在没有 IBIS-AMI 模型时的通道仿真方法和带串扰通道的仿真流程，最后介绍了如何在 ADS 中进行 COM 的仿真。第 12 章主要介绍了 PCB 仿真的基本流程以及信号完整性的后仿真，详细介绍了如何导入 PCB 文件、编辑 PCB 文件、使用 SIPro，包括如何提取传输线模型、获取仿真的结果和模型、仿真后对数据的处理以及对导出模型的使用。第 13 章主要介绍了电源完整性基础知识以及相关的仿真，从原理方案设计到电源系统的仿真，具体包含电源完整性的基本概念、PDN 的组成部分、目标阻抗的计算、电源完整性直流仿真、电热联合仿真和电源完整性交流仿真以及自动优化。

在此特别说明，本书是基于 ADS 2023 版本进行仿真和编写的，读者如果使用的版本不同可能会有部分功能不同。另外，考虑到美国软件的要求，不宜将书中使用的电路图改为国标，且考虑到工程师对软件的使用习惯，书中英文内容采用正体格式。

在写作本书的过程获得了很多人的帮助，包括我的领导、团队成员、同事、老师和朋友，感谢他们提供的写作素材、仿真模型、材料以及其他工作上的指导和帮助。特别感谢 Eric Bogatin 教授、西安电子科技大学的李玉山教授、华为技术的杨丹先生、华为技术的莫道春先生、《硬件十万个为什么》的朱晓明先生、是德科技的杜吉伟先生、澳门大学陈勇教授、全志科技的陈风先生、中兴微电子的吴枫先生、安卫普科技的别体军先生、豪威集团的杨杰林女士给本书作序以及给本书做推荐，在学习和工作中他们都给予了我很多的帮助；也特别感谢本书的编辑贾小红老师、艾子琪老师以及其他不知道名字的老师，有你们的鼎力相助，本书才能快速呈现到读者的面前。

最后，要特别感谢我的家人。在这个快节奏的时代，生活和工作都变得越来越“内卷”，利用业余时间写书简直是一种奢侈。为了完成这本书，我不得不放弃很多陪伴家人的时间。正是因为有家人的理解、照料和支持，我才能安心地完成本书的写作。

要感谢的人很多，无法一一列举，在此一并对大家道一声：感谢！

由于技术边界、时间和篇幅的原因并没有把所有的信号完整性以及使用 ADS 进行信号完整性和电源完整性仿真的相关内容都编写在本书中。另外，本书内容也难免会存在疏漏之处，如有发现，请读者朋友指正。读者可扫描封底的文泉云盘二维码关注“信号完整性”公众号，与我交流、沟通。

蒋修国

2023 年 8 月 15 日于深圳

更多推荐

More reviews

随着产品的性能越来越强，高速信号越来越多，如何评估高速信号可行性和可靠性，是一个巨大的挑战。而使用功能强大的 Keysight ADS 进行仿真及验证，是应对上述挑战的重要手段之一。蒋修国先生在这方面具有多年的高速设计和仿真经验，本书正是他丰富经验的精髓，对于从事高速领域工作的工程师，以及期望学习此方面知识技能的学生，具有很好的指导或参考作用。

华为技术有限公司 莫道春

人工智能的发展，逐步解放了人类的劳动力。由于设计工具的发展，工程师也从大量的依赖经验和手动计算的工作中释放出来。ADS 的不断强大和完善，为 SI 工程师和射频工程师的开发模式带来巨大变革。在工程师的必备技能中，仿真成为新工科的必备技能。修国凭借多年项目经验和积累，希望通过本书引领这个变革，让工程师朋友们一起成为新时代硬件开发的弄潮儿。

硬件十万个为什么 朱晓明

在信号完整性领域，能够做到深入浅出地讲解理论知识，分享实际工程经验的人，必须在这个领域里面钻研多年，能够从理论走向实践，再从实践回归理论，反复迭代，这样写出的书才不会落入生涩难懂的局面。幸好我们有蒋修国先生，他真正是“从工程师中来，到工程师中去”，以实战经验为背景，解读信号完整性基础知识以及 ADS 仿真工具。实际上，蒋修国在写这本书的时候非常克制，作为信号完整性方面的专家，他打通了从建模、设计到验证测试的所有环节，但这本书的内容只聚焦在设计仿真方面，也正因为如此，其内容才丰富和实用。这本书是很多工程师所期待的力作。

是德科技 杜吉伟

信号和电源完整性是高性能芯片及其硬件平台的关键基础技术，对其进行仿真也是未来硬件工程师必须具备的基础技能。蒋老师的这本书深入浅出地介绍了信号和电源完整性的基础概念，基于业界流行的 Keysight ADS 软件，详细地介绍了多种高速接口和电源系统的仿真方法，非常适合广大高速领域的硬件工程师用于迅速掌握相关知识，快速上手解决工作中的信号与电源问题，值得推荐。

中兴微电子 吴枫

在本书中，蒋老师以实际案例为抓手，使用业内通用软件 Keysight ADS，详尽地讲解了板级和系统级所涉及各种接口的信号和电源的仿真方法。因此，本书特别适用于高速接口领域的硬件科研人员和工程师，能够助力大家解决科研和工程中的信号和电源完整性问题。强烈推荐。

澳门大学 陈勇

如果说电路设计这一领域存在阶梯的话，信号完整性肯定是其中一级重要的台阶。能在产品设计中实现优秀的信号完整性的设计，是从初阶进化为高阶、从熟手迈向高手的标志。蒋老师的这本书是信号完整性领域的优秀作品，很好地推动了理论知识和工程实践的相互结合，是硬件工程师实现进阶的利器，一定会促进行业整体水平的提升。

全志科技 陈风

当今的硬件接口传输速率越来越高，信号完整性已经成为硬件工程师面临的最重要的问题之一。仿真是解决信号完整性问题必不可少的工具，而 Keysight ADS 正是信号完整性仿真工具中的佼佼者。修国在信号完整性方面有着非常丰富的经验，他通过本书给大家介绍了信号完整性的基本原理、ADS 在信号完整性方面的应用以及高级实战案例，内容安排由浅入深，理论与实践相结合，实属硬件工程师必备的“红宝书”。

安卫普科技 别体军

随着人们对高性能产品的追求，高速信号的设计越来越成为业界工程师的难点和痛点。Keysight ADS 便是解决该难点的一条捷径，是理论联系实践的桥梁。蒋修国先生所著《ADS 信号完整性仿真与实战》一书的再版，使得这条捷径变得更为强大和通畅。蒋修国先生用他多年在信号完整性领域的卓越经验，以及深入浅出的科普性语言，帮助越来越多高速信号领域的工程师将理论思想转化为实际设计。

豪威集团 杨杰林

目　录

Contents

第 1 章

信号完整性基本概念

对于越来越复杂的电子产品，在设计或调试过程中总会遇到各种各样的问题，比如布线空间不足、高速信号传输线跨平面、电源平面过小、信号线过长或对拓扑结构的选择存在困惑等。这些问题都会导致电子产品设计失败或系统稳定性不够。

那么，在电子产品设计之前或设计中，应如何避免或减小这些情况带来的影响呢？这就需要工程师对相关问题进行深入的了解，以便在设计之前或设计中采取相应措施。

1.1 什么是信号完整性

什么是信号完整性？这是每一个信号完整性工程师都必须要理解清楚的问题。信号完整性就是信号从发送端的芯片发出来，经过传输线之后，在接收端能分辨并判断出信号的高低电平。

在实际的电子产品中，信号完整性并不像人们理想的状态那样。对于很多产品来说，信号在经过互连通道之后，会受到链路上的电阻、电容、连接器、传输线或发送端和接收端的芯片的影响，使信号发生变化。有的信号变化后，在接收端还能比较好地被捕获；有的却发生了畸变，导致信号失真，这些失真的信号就是所谓的信号完整性问题。

常见的信号完整性问题主要包括信号时序、信号质量和 EMI 这三大类，本书主要对信号时序和信号质量进行相关的分析。信号时序主要包括信号的上升时间（rise time）、下降时间（fall time）、建立时间（setup time）、保持时间（hold time）、时钟抖动（jitter）、占空比（duty）等。信号质量包括反射（reflect）、串扰（crosstalk）、单调性（monotonic）、噪声（noise）、过冲/下冲等。这些都是每一个信号完整性工程师必须要了解的内容。

1.1.1 上升时间和下降时间

上升时间就是信号从逻辑低电平（0）到逻辑高电平（1）所花的时间，通常记作 Tr。但是在工程领域，上升时间通常有两种定义方式：一种是信号在上升沿从 10%的幅值上升到 90%的幅值所花费的时间；另一种是信号在上升沿从 20%的幅值上升到 80%的幅值所花的时间，如图 1.1 中的②所示。一般在芯片手册上所查到的上升时间基本都是这两种定义方式所得到的值。

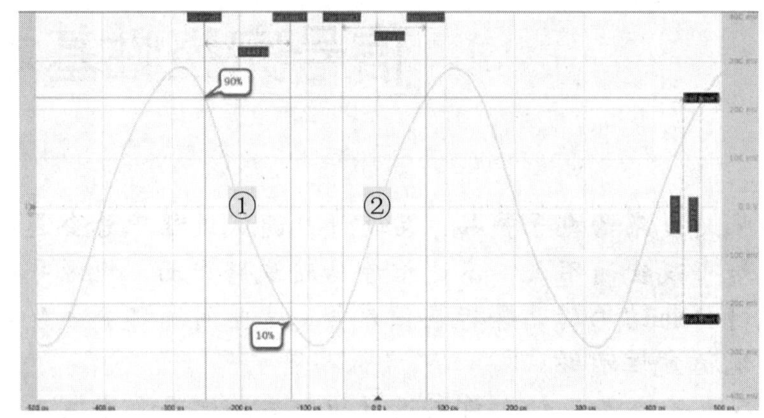

图 1.1　上升、下降时间

下降时间就是信号从逻辑高电平（1）到逻辑低电平（0）所花的时间，通常记作 Tf。与上升时间的定义类似，下降时间也分为 10%～90%和 20%～80%两种。一种是信号在下降沿从 90%的幅值下降到 10%的幅值所花费的时间；另一种是信号在下降沿从 80%的幅值下降到 20%的幅值所花费的时间，如图 1.1 中的①所示。

上升时间和下降时间无论是在仿真中还是在测试中都是非常重要的参数，其不仅与芯片的设计有关系，还与传输线链路的设计有关。在电子产品设计中，当上升时间或下降时间出现问题的时候，要分不同的情况进行分析。

1.1.2 占空比

占空比通常是指正脉冲占一个脉冲周期的比值，可以分为正脉冲占空比和负脉冲占空比。图 1.2 中 t 所占 T 的比例就是正脉冲占空比。

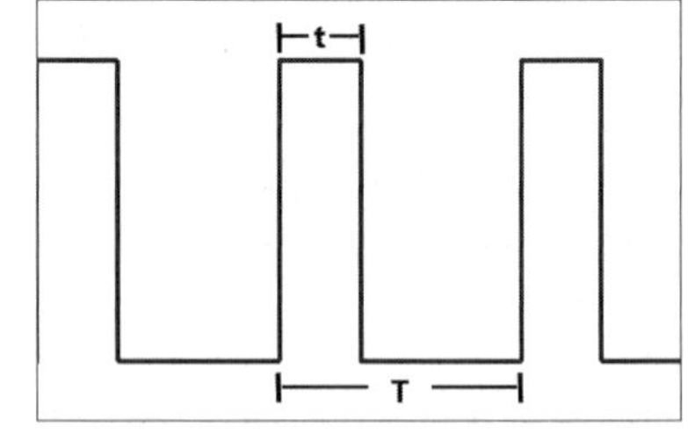

图 1.2　正脉冲占空比

1.1.3 建立时间

建立时间是指在时钟触发沿到来之前，数据信号稳定在某个电平不变的这段时间，通常记为 Tsetup，如图 1.3 所示，Tsetup=m2−m1。如果建立时间不满足，那么数据信号就会进入下一个触发周期，芯片工作的效率就会降低。

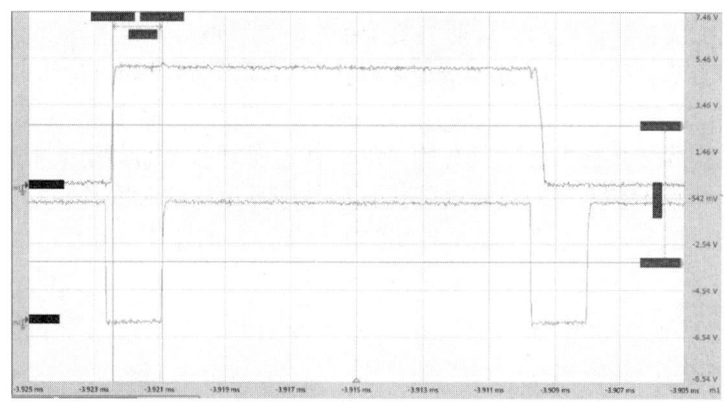

图 1.3　建立时间

在项目设计过程中，芯片设计和制造工艺、数据传输线与时钟传输线的长短都会直接影响建立时间的长短，另外还有其他外部的因素也会影响建立时间，如串扰和温度等。

1.1.4　保持时间

保持时间是指在时钟触发沿到来之后，数据信号保持稳定不变的时间，通常记为Tholdtime，如图 1.4 所示，Tholdtime=m2−m1。如果保持时间不够，数据就不能稳定地被读取。

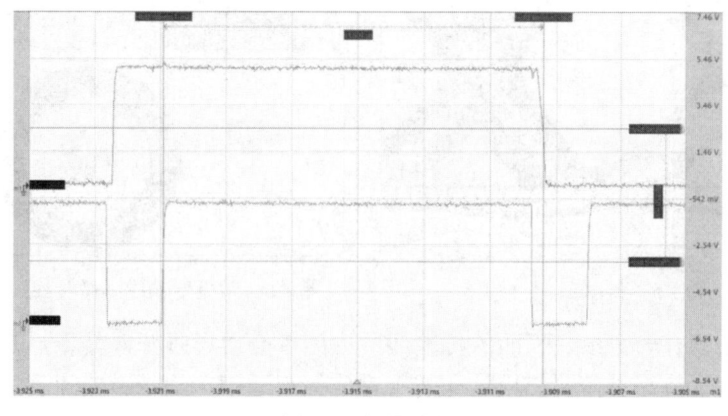

图 1.4　保持时间

与建立时间一样，保持时间会受到芯片设计和制造工艺、数据与时钟线长短、串扰、温度等因素影响。

1.1.5　抖动

抖动是指信号与其理想位置短期性偏离。在信号完整性工程领域，抖动大致分为固有抖动和随机抖动两类。

固有抖动又称为确定性抖动，是系统本身所固有的抖动，其特点是不随产品使用时间或环境影响而增加或者减少。固有抖动主要受系统时钟、电源噪声、串扰、同步开关噪声、码间干扰等因素影响。所以，固有抖动是可以预测的，当固有抖动较大时，就需要从系统设计入手找到相应的解决方法。

随机抖动是指除了系统本身所具有的抖动，其他偶然产生的抖动或不可预测的抖动。随机抖动的一个特点就是呈高斯分布。随机抖动与产品运行的时间长短有关，时间越长，累积的随机抖动会越多。热噪声是随机抖动的主要来源。如图 1.5 所示，t2-t1 即为抖动的大小。

1.1.6 传输线

传输线是指由一定长度的导体组成回路并用以传输电流的导线。对于 PCB 而言，导线就是信号线和参考平面。传输线有两个重要参数，分别是特性阻抗和延时。传输线分为理想传输线和有损传输线。理想传输线也叫无损传输线，在实际的工程中不存在理想传输线，这主要是为了定性地分析一些传输线的现象而假设的，其只与阻抗和延时有关；有损传输线就是具有损耗的传输线。常见的传输线有带状线、微带线、双绞线和同轴电缆，图 1.6 所示为微带线、带状线、线缆的示意图。

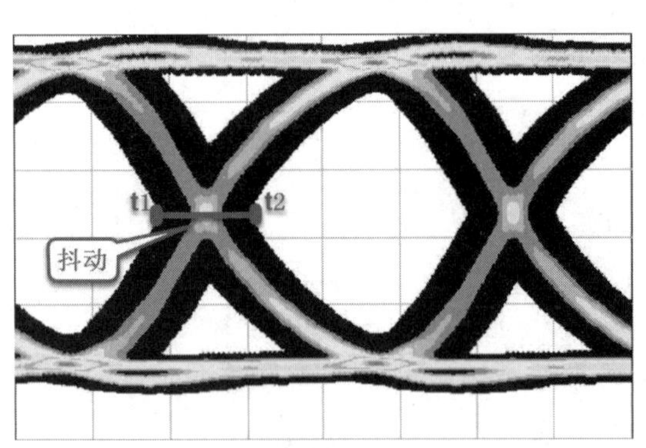

图 1.5　抖动

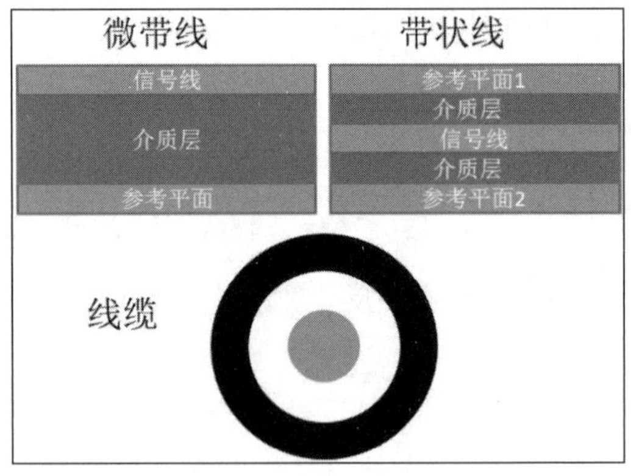

图 1.6　常见传输线（微带线、带状线、线缆）

微带线是指只有一个参考平面的传输线，中间由介质层隔开，其特点是只有一个参考平面。微带线的优势是不需要使用过孔即可完成互连通信，信号传输速度快，但是其能量辐射比带状线更大。远距离传输时，串扰相对较大。阻抗控制相对较难。

带状线是指只有两个参考平面的传输线，带状线的两侧都由介质层隔开，其特点是具有两个参考平面。优势是远距离传输时，串扰较小，如果两侧的介质是均匀的，其远端串扰为零；电磁辐射被两侧的参考平面所屏蔽；但是当传输线由外层布线到内层时，会增加布线过孔。

由于本书不涉及线缆的特性分析，所以对其概念不做说明。感兴趣的读者可自行查阅。

1.1.7 特性阻抗

特性阻抗是均匀传输线上各点的电压与电流的比值。特性阻抗与传输线的物理结构有关，主要受介电常数、传输线到参考层的距离、线宽、线厚以及线间距影响。对于非均匀的传输线是不能称之为特性阻抗的，这只能说是一个“瞬时的阻抗”，而在工程中我们通常所说的阻抗大多数也是这个瞬时的阻抗，因为在 PCB（印制电路板）设计中，走线层的变化、走线拓扑结构、元器件处、过孔、传输线蚀刻的不均匀性等都有可能引起传输线的阻抗变化。图 1.7 所示为在 ADS 中仿真一段传输线的阻抗，虚线箭头所指的都是传输线上过孔的阻抗。

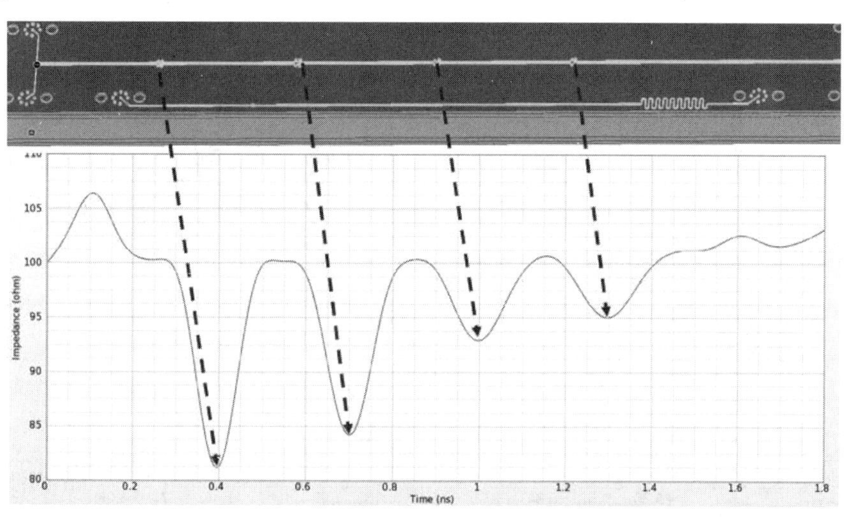

图 1.7　PCB 板传输线与过孔的阻抗

1.1.8　反射

我们最早接触反射这个概念是在学习光学的时候，光在通过不同的介质层时有一部分被反射回来。在传输线传输过程中也存在反射现象，即当信号在传输过程中遇到阻抗不连续点时，有一部分信号就会反射回源端。图 1.8 所示为反射网络的反射阶梯图。

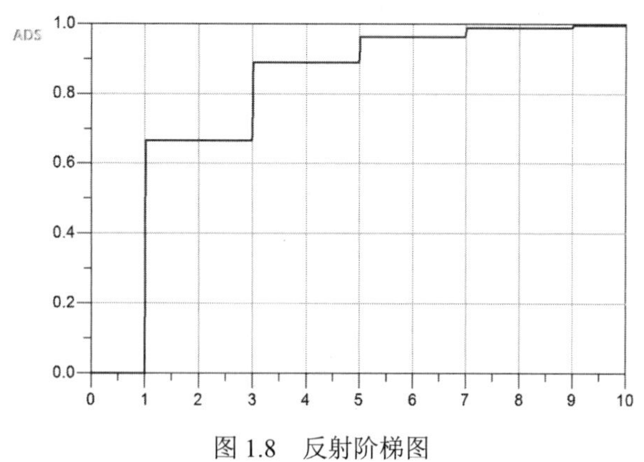

图 1.8　反射阶梯图

1.1.9　串扰

串扰是指当信号在传输线上传播时，由于电磁耦合的原因，在相邻的传输线网络上产生电压噪声干扰。这种噪声干扰是由传输线之间的互感和互容引起的，所以串扰又分为感性串扰和容性串扰。产生干扰源的传输线叫作攻击端，受到干扰的相邻传输线叫作受害端。

串扰分为远端串扰和近端串扰。简单来讲，远端串扰就是在远离源端的受害端受到的干扰；近端串扰就是在靠近源端的受害端受到的干扰。有一些资料中也把远端串扰叫作前向串扰，把近端串扰叫作后向串扰。

串扰是信号完整性中非常重要的一个内容，本书第 6 章会详细地对串扰做一些定性的分析。近端串扰和远端串扰波形如图 1.9 所示。

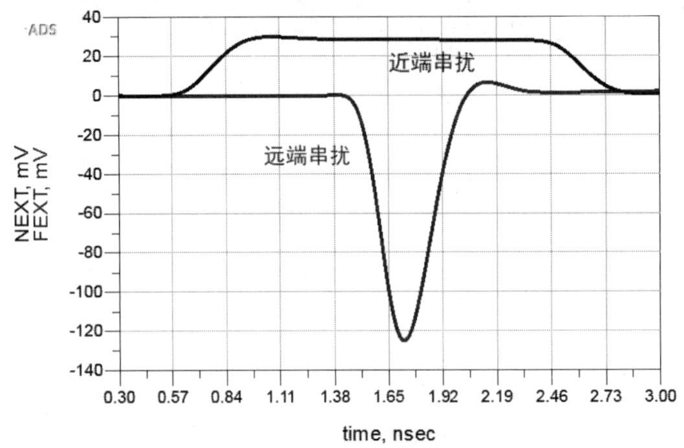

图 1.9 近端串扰和远端串扰波形

1.1.10 单调性

单调性就是信号从逻辑 0 电平到逻辑 1 电平持续递增，或者信号从逻辑 1 电平到逻辑 0 电平持续递减。单调性对于信号完整性而言非常重要，特别是对于时钟沿采样的信号，如果存在非单调性，就会产生非常多的信号完整性问题，比如采样延迟或者在周期内无法采样、出现误码等。图 1.10 所示为非单调信号波形。

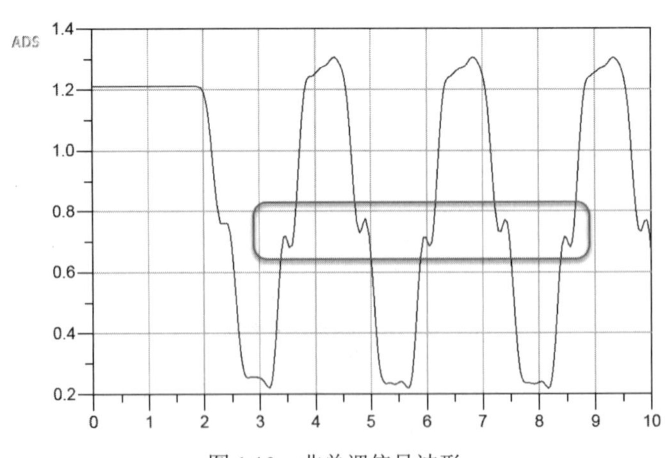

图 1.10 非单调信号波形

当然，并不是所有的信号出现非单调性都不能接受，在电子产品系统设计中，如果信号是电平采样的，那么就可以接受在非门限电平判断处出现的非单调信号波形。

1.1.11　过冲/下冲

过冲是指接收端接收信号的第一个峰值或谷值超过稳定电压值，对于上升沿是指第一个峰值超过最大电压，对于下降沿是指第一个谷值超过最小电压；而下冲对于上升沿就是第二个谷值，对于下降沿就是第二个峰值。过冲和下冲波形如图 1.11 所示。

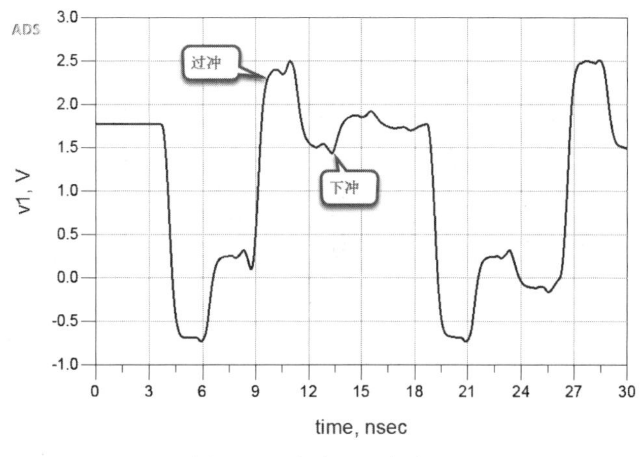

图 1.11　过冲和下冲波形

过大的过冲会导致芯片损坏或影响芯片的使用寿命；过大的下冲可能会导致信号的误触发。大多数过冲都是由信号网络的阻抗不匹配造成的。

1.1.12　眼图

眼图是一系列数字信号 101、010 码元以及长 0 和长 1 码元通过不断地累积而形成的一种波形。眼图包含的内容非常丰富，如信号的幅值、位宽、抖动等。由于眼图能快速、直观地评估数字信号质量，在高速数字电路中引入眼图的主要原因是眼图能比较好地评估一个系统的传输优良性。图 1.12 所示为一个信号网络的眼图。

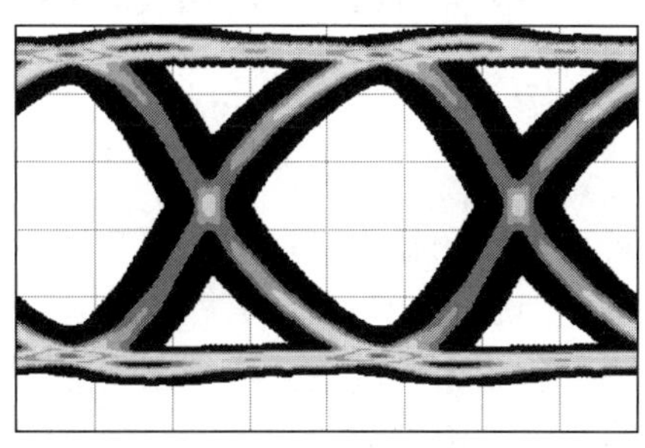

图 1.12　眼图

1.1.13 码间干扰

电子产品使用的 PCB（print circuit board，印制电路板）类似于一个低通滤波器，而信号就如一个一个的脉冲。当信号经过 PCB 时，信号就会发生变化，相邻的码元之间就会形成干扰，这种干扰就是所谓的码间干扰。码间干扰是由前后码元的畸变造成的，这与传输系统的特性有关。码间干扰是信号完整性中非常重要的一个概念，在电子产品中，码间干扰通常会造成眼图发散，即导致抖动和误码率的增大。图 1.13 所示为码间干扰造成的信号波形“畸形”。

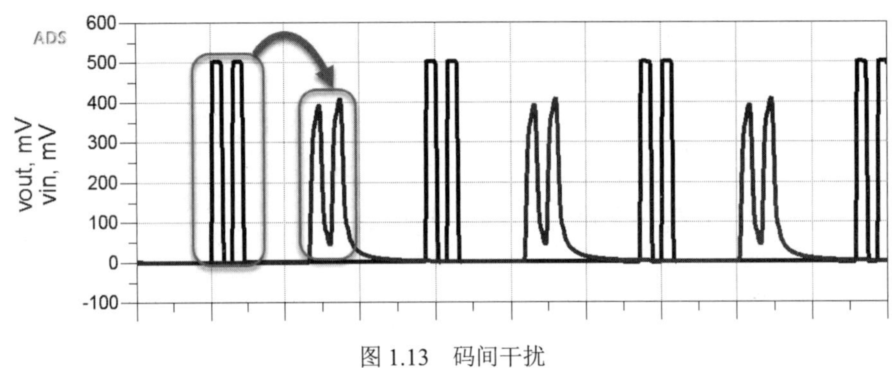

图 1.13 码间干扰

1.1.14 误码率

误码率，简单地说就是在一定的时间内错误比特（bit）占总传输信号比特的比率。误码率是检验信号完整性的终极标准。因为不管系统是怎么设计的，只要没有误码，就说明该系统是好的。当然，每一类的总线都对误码率有相关的规定，比如 PCIE3.0 要求误码率在 10^{12} 个码元中只能出现一个误码，PCIE3.0 对 BER 的要求如图 1.14 所示。

An 8.0 GT/s receiver is tested by means of applying a stressed eye to the DUT and verifying that the receiver meets the 10^{-12} BER target. The method for 8.0 GT/s Rx testing is conceptually similar to that defined for 5.0 GT/s, although there are some implementation differences, primarily due to the higher bit rate and the measurement challenges it imposes.

图 1.14 PCIE3.0 误码率要求

1.1.15 损耗

损耗就是信号在传输过程中能量的损失。在信号完整性中经常遇到的两种损耗是插入损耗（insertion loss）和回波损耗（return loss）。

插入损耗是指在信号传递过程中由于传输介质等因素导致的能量损耗。在很多总线中都明确地给出了对插入损耗的要求。10Gbase-KR 对插入损耗的要求如图 1.15 所示。

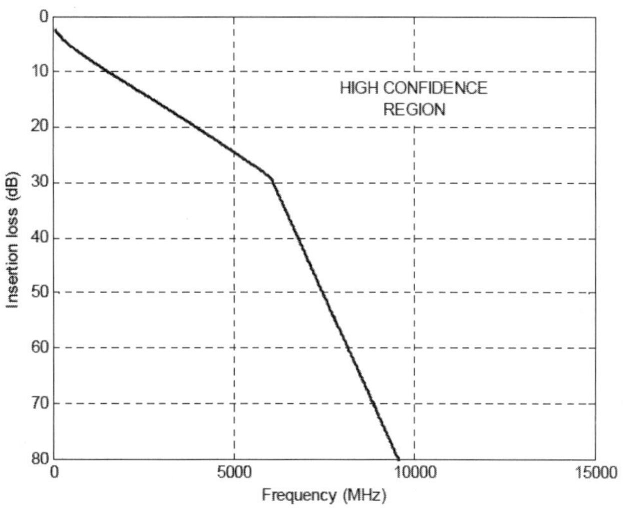

图 1.15　10Gbase-KR 对插入损耗的要求

回波损耗是指在传输过程中，遇到不连续的界面时，沿传输路径反射回来的能量。在信号完整性中，主要是由于阻抗的不连续造成的。很多总线规范中也都对回波损耗有明确的要求。10Gbase-KR 对回波损耗的要求如图 1.16 所示。

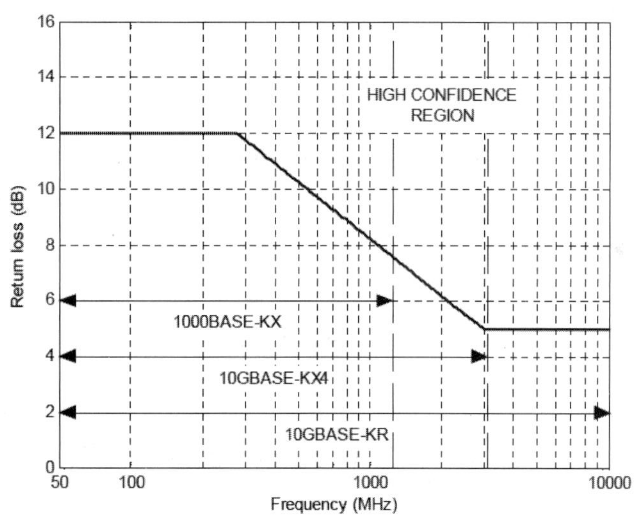

图 1.16　10Gbase-KR 对回波损耗的要求

1.1.16　趋肤效应

趋肤效应是指随着频率的增加，信号就越靠近传输导体的表面。这样就会导致传输线的路径发生改变，进而改变传输线的阻抗。由于 PCB 一般采用铜箔作为金属导体，铜箔往往是不平整的，信号在高频传输时，就会遇到由趋肤效应导致阻抗波动的情况。如果波动比较大，很容易引起信号完整性反射的问题。

信号趋肤的深度与频率有关系，简单表达式为

$$\delta = \sqrt{\frac{\rho}{\pi * f * \mu}}$$

δ——趋肤深度，m；

ρ——电阻率，为常数，铜的电阻率 ρ=0.01749 ohm • m；

f——频率，Hz；

μ——传输线的磁导率，为常数，铜的磁导率 $\mu=4\pi*10^{-7}$ H/m。

1.1.17 扩频时钟（SSC）

扩频时钟（spread spectrum clock，SSC）是一种频率调制技术，用于数字电路，以减少电子设备产生的电磁干扰（EMI）。由于电子设备发射的能量峰值频率非常窄，因此使用 SSC 技术将产生的能量分散到最小宽度来降低干扰峰值。但是 SSC 的引入会导致时钟或信号抖动增加。图 1.17 所示为一个 USB3.0 5Gb/s 使用 CP1 码型测量 SSC 的结果。

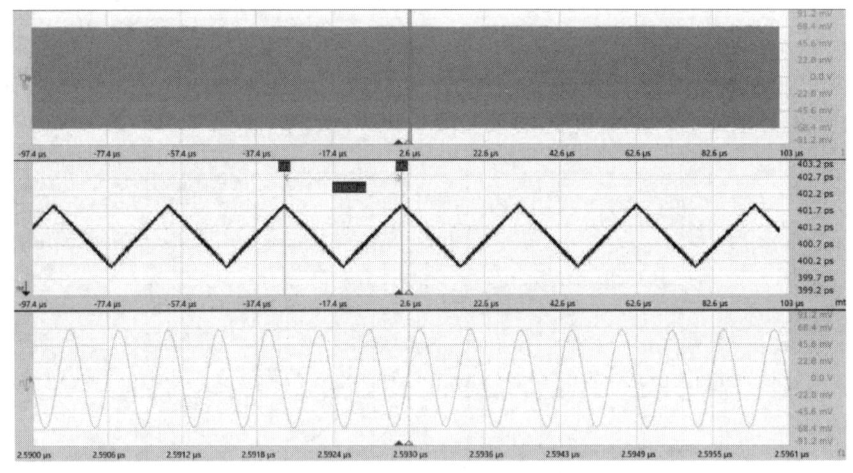

图 1.17 SSC 测试波形

1.2 电源完整性基本概念

电源完整性（power integrity，PI）问题也是信号完整性中非常重要的一个部分，电源作为整个电子产品的“心脏”，电源设计的成功与否直接关系到产品设计的成败。

由于电子产品呈现高速高密、低电压大电流的发展趋势，在设计时，经常会遇到电源纹波、电源噪声、电源影响信号完整性或信号影响电源等问题。电源完整性已然成为一个非常重要的设计对象。图 1.18 所示为电源压降示意图。

在电源完整性仿真中，工程师主要关注直流压降、电流密度、电-热关系、PDN 交流阻抗、同步开关噪声（SSN）等问题。特别是在电源分配网络（PDN）中，I/O 开关产生的同步开关噪声对信号完整性和电源完整性的影响都非常严重。本书第 13 章将专门介绍电源完整性。

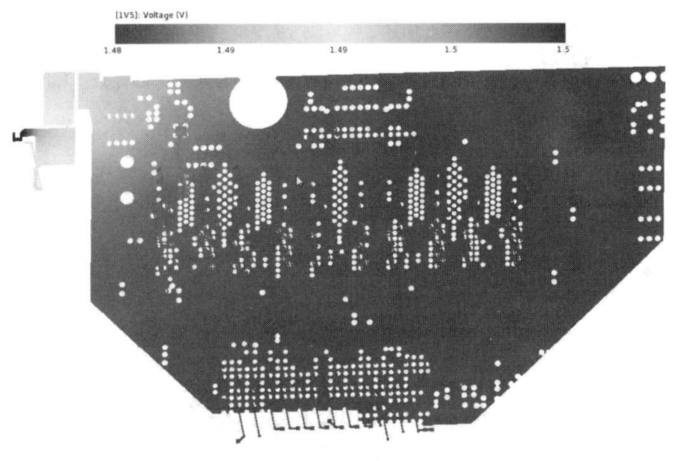

图 1.18　电源压降示意图

1.3　SI/PI/EMC 的相互关系

日益严重的电磁现象正在越来越严重地影响着我们的日常生活，如何使设计的产品能够满足各个国家的电磁兼容性（EMC）的要求已然变成了一名电子工程师必须要面对的工作。电磁兼容性与信号完整性和电源完整性既有“唇亡齿寒”的关系，又存在相互矛盾的关系，如图 1.19 所示。

对于信号完整性工程师来说，希望得到的信号波形的上升时间越短越好，如图 1.20 所示的方波，这样时序裕量就会非常充足；而对于电磁兼容认证工程师来讲，希望得到的信号波形在满足最低性能要求下，信号的上升/下降时间越长越好，如图 1.21 所示的正弦波，这样信号的谐波分量小，能最好地满足电磁兼容的要求。

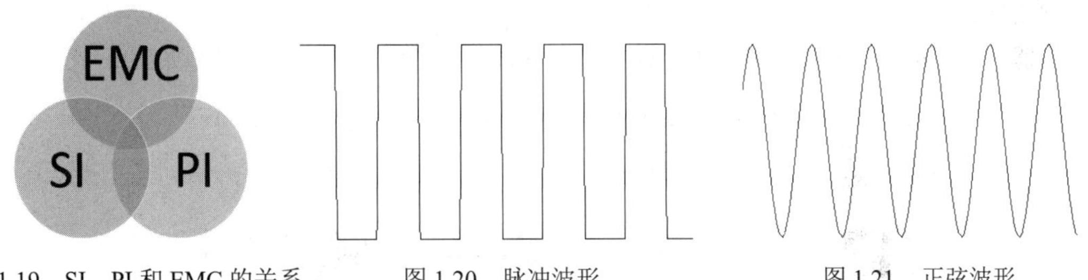

图 1.19　SI、PI 和 EMC 的关系　　图 1.20　脉冲波形　　图 1.21　正弦波形

本 章 小 结

不管是信号完整性仿真还是测试，都需要了解一些基本的原理和内容。本章主要介绍了与信号完整性和电源完整性相关的基本概念，包括基本的信号完整性、电源完整性、传输线、建立/保持时间等。

第 2 章

ADS 基本概念及使用

在电子工程与研究领域，除了大家所熟知的测试测量仪表，是德科技还有非常多的测试软件和仿真软件。ADS 就是其中一款仿真软件。

2.1 是德科技 EEsof 软件简介

EEsof EDA 软件产品包含从电子系统级设计到基带算法设计、高速数字设计、射频电路设计、射频混合芯片设计、微波和毫米波芯片设计、三维结构电磁场分析、半导体器件建模与模型验证，以及电力电子器件与电路设计等多种软件产品，即 SystemVue 电子系统级仿真软件、ADS 先进设计系统、GoldenGate 射频集成电路仿真软件、Momentum 平面三维电磁场仿真软件、EMPro 三维电磁场仿真软件、Genesys 射频微波电路设计软件、IC-CAP/MBP 半导体器件建模软件、MQA 半导体器件模型验证软件，EEsof 软件产品概览如图 2.1 所示。

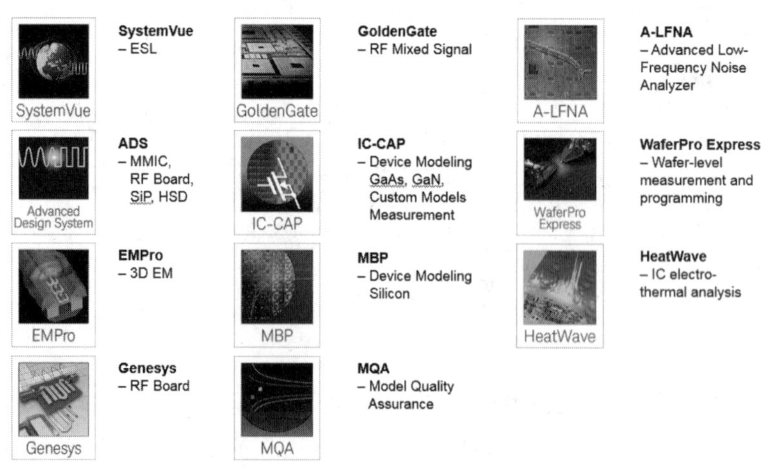

图 2.1　EEsof 软件产品概览

SystemVue、ADS 和 EMPro 这 3 个软件提供了全面的对于高速数字链路信号完整性的分析能力。图 2.2 所示为 Keysight EEsof 软件在信号完整性应用中涉及的软件。

SystemVue 可以用于建立 IBIS-AMI 模型以及生成一些仿真中需要的仿真激励源；ADS 可以进行完整的信号完整性、电源完整性的仿真；EMPro 用于提取高速链路中的三维模型，包括对芯片封装、过孔、连接器、线缆等物体的 3D 建模，EMPro 也用于 EMC 相应的仿真。本书将重点介绍 ADS 在信号完整性和电源完整性仿真中的应用。

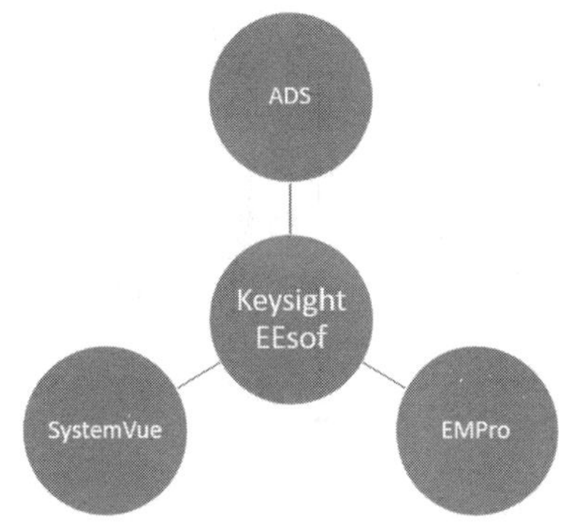

图 2.2　Keysight EEsof 软件在信号完整性应用中涉及的软件

2.2　ADS 软件介绍

2.2.1　ADS 概述

在 EEsof 软件中受众最广、使用最多的就是 ADS。ADS 的全称为 advanced design system，目前最新的版本为 ADS 2023，如图 2.3 所示。现在基本上每年都会有一个新的版本发布，近些年高速数字电路迅猛发展，ADS 更新的主要功能也都集中在信号完整性和电源完整性方面。

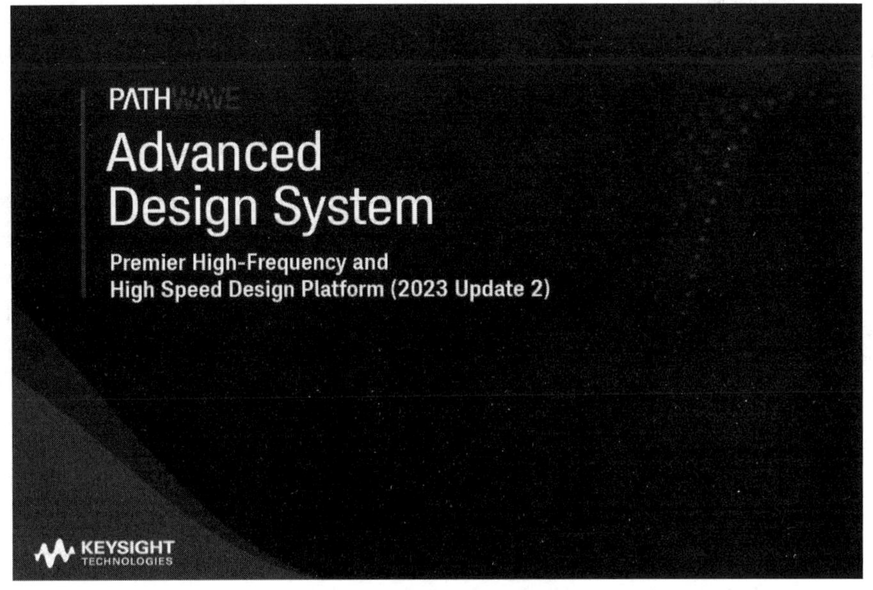

图 2.3　ADS 2023 的启动界面

ADS 早期主要应用于微波射频电路方面的仿真，由于其仿真的灵活性、准确性以及优良的算法，一直得到工程师的认可。随着数字电路的发展，信号的传输速率越来越高，电源的设计越来越复杂，所以 ADS 也被广泛地应用于数字电路的仿真中。

对于板级电路的仿真，从原理图级的仿真到 PCB 板级的信号完整性和电源完整性仿真，都能在 ADS 中完成全流程设计。

2.2.2 ADS 软件架构

ADS 基本的功能包括原理图的设计和仿真、PCB 设计和仿真以及仿真数据后处理。在 ADS 中可以对原理图和 PCB 单独进行仿真，也可以对原理图和 PCB 进行联合仿真，图 2.4 所示为 ADS 软件架构。

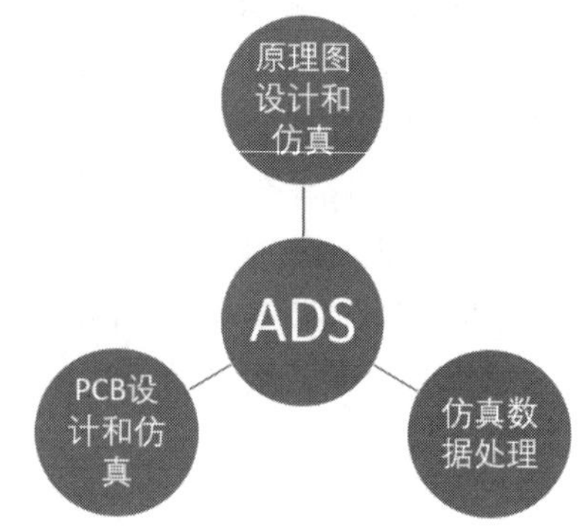

图 2.4 ADS 软件架构

随着商业化仿真软件的不断发展，一整套软件要能解决所有的问题，并且要求既高效，又高精度。但是这是一个非常矛盾的问题，在电子产品设计中遇到的问题有简单的，也有复杂的，如果都采用统一的求解方式，那么就会造成一些不协调的现象，比如仿真效率高、精度不够，或者精度高、仿真效率低。ADS 的新版本主要就是解决这些问题，优化了精度和效率，同时也为此开发了一些新的软件工具。下面从 ADS 原理图仿真、PCB 仿真和数据处理 3 个方面分别介绍近几年 ADS 的一些发展、改善点以及特点。

ADS 在原理图方面的特点如下。

- 在原有 S 参数仿真的基础上，进一步优化了 S 参数仿真，在仿真精度基本上不受影响的情况下，仿真性效率提升了 40%左右。
- 在通道仿真中优化了 PAM4 的仿真，可以进行统计仿真和逐比特仿真。
- 丰富了激励源库，在原有的基础上新增了 PAM4 的仿真激励源和 DDR 总线的仿真激励源，并一直在优化。
- 为了 DDR4 和 DDR5 的仿真需求，新增了 DDR 总线仿真器。
- 为了更好地使用 SPICE 模型，新增了 Hspice 向导功能。
- 优化了 IBIS 模型库，工程师可以根据自己的需求，随意选择。
- 优化了阻抗计算工具 CILD，可以更加直观地计算阻抗和优化设计。
- 新增了 Via Designer，工程师可以非常方便地用 Via Designer 进行建模和仿真。
- ADS 非常灵活，包含非常丰富的库，如激励源、IBIS 模型、传输线等。
- ADS 兼容对仿真模型的兼容性非常好，不管是 S 参数模型、IBIS 模型，还是 Spice 模型。
- ADS 可以非常方便地进行仿真优化、批量扫描、统计仿真分析等。
- ADS 原理图和 PCB 可以非常方便地进行联合仿真。
- ADS 包含非常多的仿真案例，如 USB、SATA、PCIE 等。

ADS 除以上功能外还有一些其他功能特点，比如在原理图中可以对频变的 PCB 材料参数进行处理，可以在原理图中导入各种测试的数据作为激励源或者仿真数据源，一些大型的器件厂商有针对 ADS 制作的模型库等。

ADS 在 PCB 设计和仿真方面的特点如下。

- 可以方便地与原理图进行联合仿真。
- 使用行业标准的矩量法求解算法。
- 可以进行 3D 布线。
- 推出了高精度和高效率的仿真模块 SIPro 和 PIPro。
- 在同一个 UI 下进行信号完整性和电源完整性仿真，不需要多次设置参数。
- 可以直接把仿真的结果和模型导出到原理图中进行进一步的仿真和数据处理。
- 可以进行电热联合仿真，提高了一致性设计成功率。

ADS PCB 设计和仿真广泛应用于微波、射频和高速数字领域，其特点和优势也不止于此，比如，还能灵活地进行 PCB 文件形状的编辑、传输线结构的编辑以及扫描仿真等。

ADS 在仿真数据处理方面的特点如下。

- 数据处理非常灵活，可以与原理图和 PCB 仿真关联，也可以单独使用。
- 在同一个数据处理窗口中可以显示多个波形。
- 可以编辑公式，进行复杂的计算和转换。
- 可以生成仿真报告。
- 方便的数据导入和导出。
- 可以通过脚本语言快速处理仿真数据。

在数据处理窗口中还有一些 ADS 自动的工具，比如数据文件工具，可以导入和导出一些数据文件，还有眼图、抖动分离、阻抗等特殊功能。数据处理是 ADS 的一大功能特点，仿真结果如图 2.5 所示。

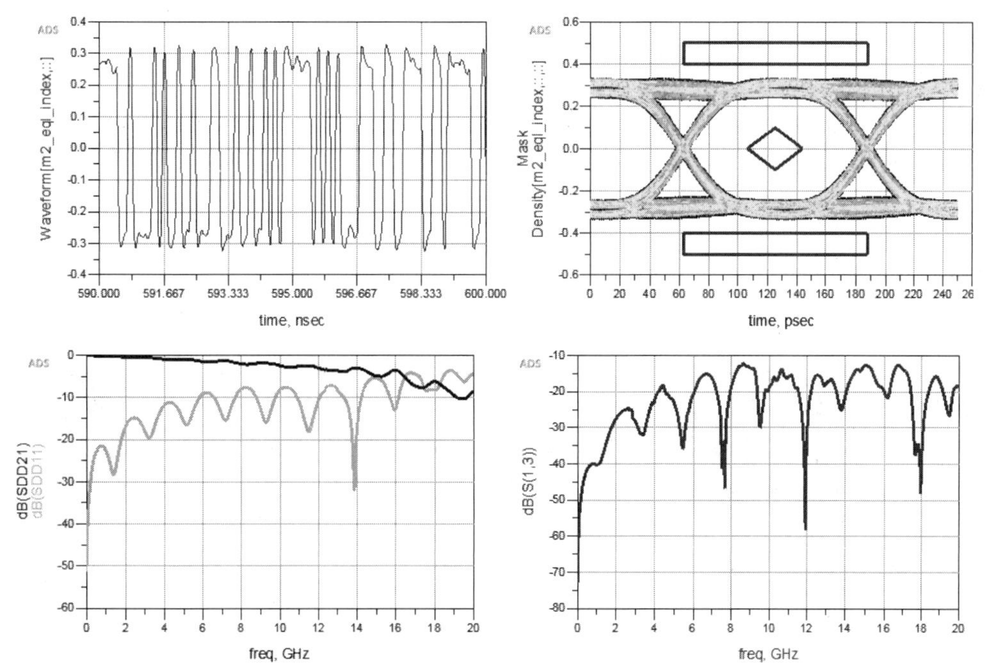

图 2.5　仿真结果显示

2.3 ADS 相关的文件介绍

由于 ADS 中包含的组件非常多，既有原理图的仿真、PCB 仿真，又有仿真数据处理，这就会涉及设计文件、模型库、数据显示文件等。对于一些初学者而言，常用的一些文件以及格式可以参照表 2.1，以方便后续的学习。

表 2.1 ADS 相关文件名称、格式

名 称	格 式	位 置	备 注
库文件	_lib	在工程文件下	文件夹
原理图	schematic	在_lib 文件夹下	文件夹
PCB 文件	Layout	在_lib 文件夹下	文件夹
数据显示窗口	.dds	在工程文件下	文件
层叠文件	.subst	在_lib 文件夹下	文件
眼图模板	.msk	任意位置	文件
压缩文件	.7zads	任意位置	文件

在 ADS 中可以使用一些模型文件，模型文件的格式有*.ibs、*.snp、*.sp 等。

2.4 ADS 相关的窗口和菜单介绍

读者可以按照官方推荐的安装方式安装 ADS。安装的时候需要注意的是安装的软件与系统是否一致，目前 Keysight 提供的 ADS 主要支持 64 位的 Windows 和 Linux 系统，不再支持 32 位系统。本书使用的软件为 ADS 2023，对于 ADS 2023 之前的版本，部分功能稍有不同，在后面介绍的时候会做出说明。

2.4.1 启动 ADS

启动 ADS 的方式主要有两种。一种是在桌面上双击 Advanced Design System 2023 图标，如图 2.6 所示。

另一种方式是在“开始”菜单中选择 Advanced Design System 2023→Advanced Design System 2023 运行软件，如图 2.7 所示。

图 2.6 ADS 图标

2.4.2 ADS 主界面

启动 ADS 软件之后，会弹出图 2.8 所示的启动窗口。

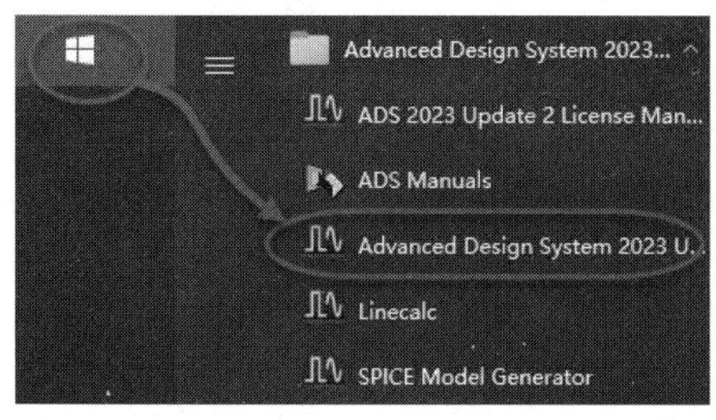

图 2.7　运行 ADS 软件

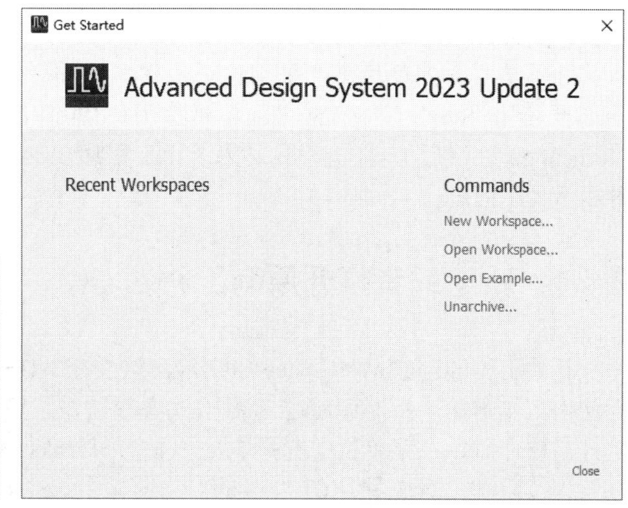

图 2.8　ADS 启动窗口

在启动窗口中的软件开始界面中单击右侧 Commands 中的选项 New Workspace 可以快速地新建工程，选择 Open Workspace 即打开现有工程，选择 Open Example 即打开案例，选择 Unarchive 即解压缩工程案例。如果之前有使用过的工程，在左侧 Recent Workspace 下面就会显示相关的工程文件名称。如果不使用，可以单击右上角的关闭按钮。

由于没有新建任何工程，菜单栏和工具栏都只显示了一部分，在工具栏中还有一部分呈现灰色，主窗口如图 2.9 所示。

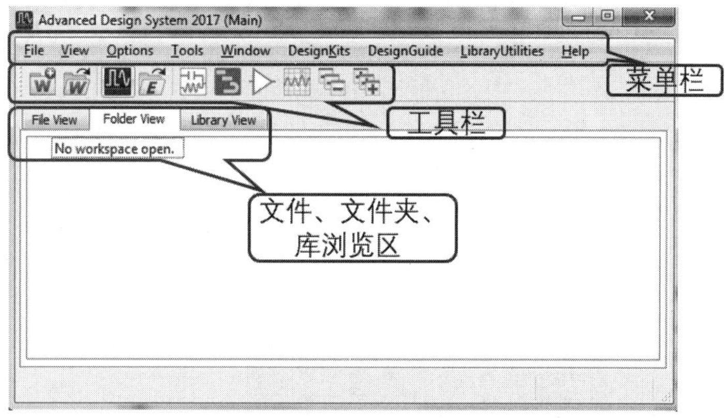

图 2.9　ADS 主窗口

2.5　ADS 基础使用

由于 ADS 包含的仿真组件非常多，往往工程师在使用时，都是按照仿真的目的选择。不管目的是什么，使用 ADS 进行仿真时，通常包括以下 6 个步骤：创建 Workspace/Library、添加新的原理图或者 Layout、建立电路设计、添加 Symbol（可选）、建立并运行仿真、显示仿真结果，流程如图 2.10 所示。

并不是所有的项目都会采用这个流程，比如有的项目不需要使用 Symbol，有的项目需要使用 SIPro/PIPro 或 Momentum 进行后仿真。流程只是为了让工程师在工程仿真时尽量少出问题。

图 2.10　使用 ADS 的 6 个步骤

2.5.1　新建或者打开原有工程

新建工程即创建 Workspace/Library，这是在 ADS 中进行任何工作的第一步，可通过 3 种方式进行操作。第 1 种是开启软件后，在菜单栏中选择 File→New→Workspace 选项；第 2 种是在工具栏上单击新建工程按钮；第 3 种是在 ADS 的启动窗口中选择 Commands 下的 New Workspace 选项，如图 2.11 所示。

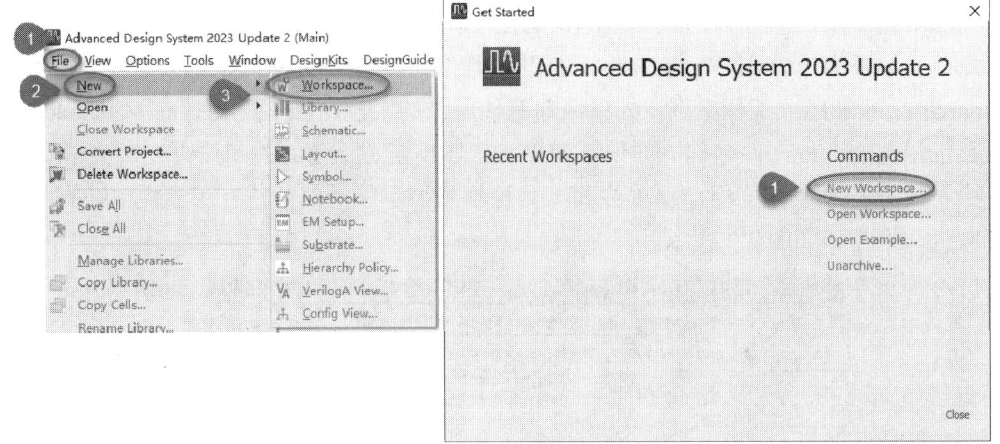

图 2.11　新建工程

新建工程之后，弹出如图 2.12 所示的对话框，在对话框的 Name 栏中填入工程名称，在 Create in 栏中设置工程保存的位置。

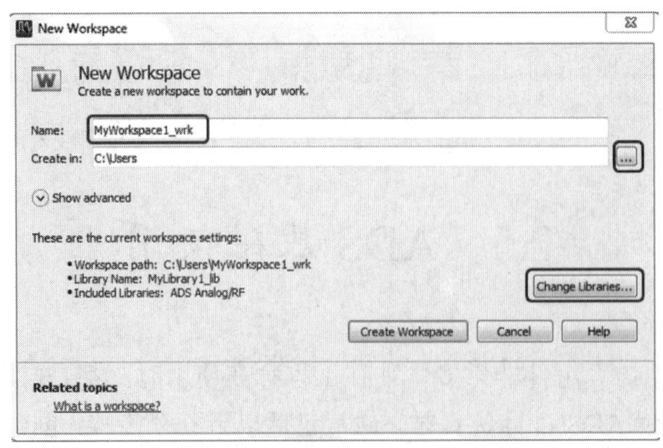

图 2.12　设置工程名称和保存位置

在本案例中，将工程命名为 example1_wrk。选择好保存位置之后，可以在对话框的左下方看到当前设置的一些信息。ADS 默认使用 ADS Analog/RF 库，如果用户需要更改库，就需要单击 Change Libraries 按钮进行更改，更改库的对话框如图 2.13 所示。

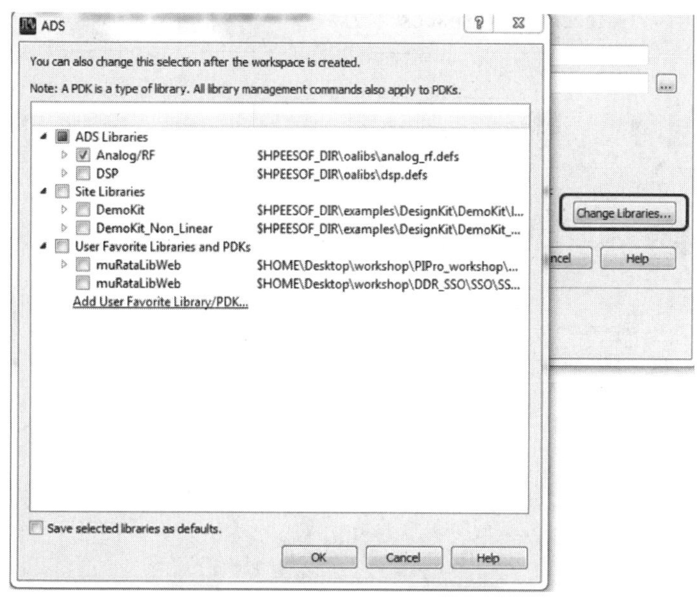

图 2.13　更改 ADS 库的对话框

在日常工作中，如果没有特殊的要求，建议用户使用默认值，对于高速电路仿真而言，已经可以满足仿真设计要求。最后单击 Create Workspace 按钮，即可完成新工程的建立，如图 2.14 所示。

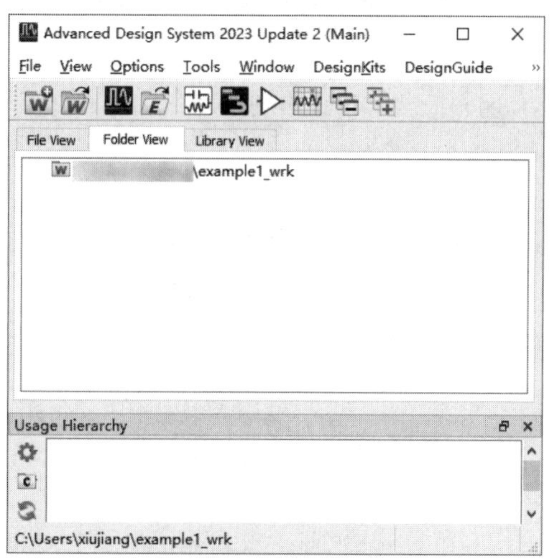

图 2.14　新建工程主界面

在主界面中可以看到原本灰色的按钮已经变成高亮，这说明可以使用。在主界面的最下方可以看到工程文件存储的位置和工程的名称。Workspace 中包含设计库、原理图、Layout、数据显示文件等。

同样地，打开原有的工程文件可通过 3 种方式进行操作：第 1 种是在软件启动后的主界面中选择 Open Workspace 选项（见图 2.15）；第 2 种是在工具栏中单击打开工程按钮；第 3 种是在菜单栏中选择 File→Open→Workspace 选项。如果工程文件是近期使用过的，那么工程文件也会出现在 Recent Workspaces 下方。

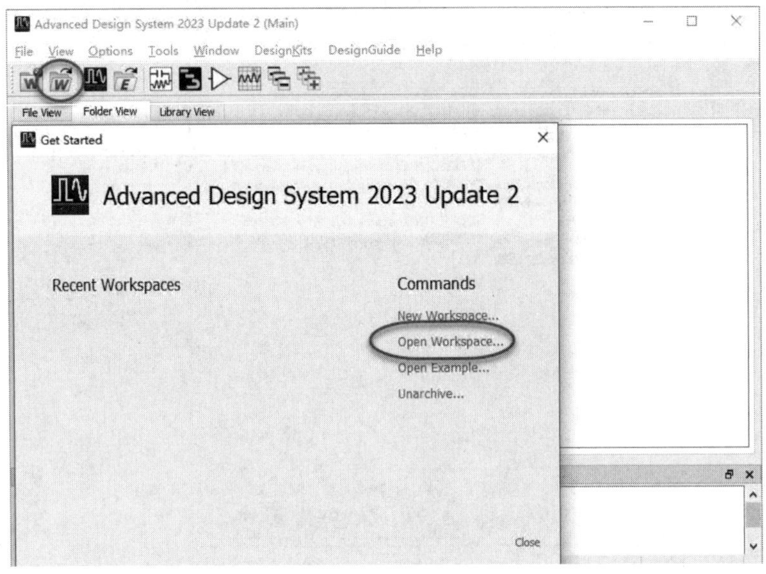

图 2.15　打开原有工程文件

ADS 中包含非常多的工程案例，开启软件后可以通过 3 种方式进行操作：第 1 种是在菜单栏中选择 File→Open→Example 选项；第 2 种是在工具栏中单击新建工程按钮；第 3 种是在 ADS 的启动窗口中选择 Open Example 选项，如图 2.16 所示。

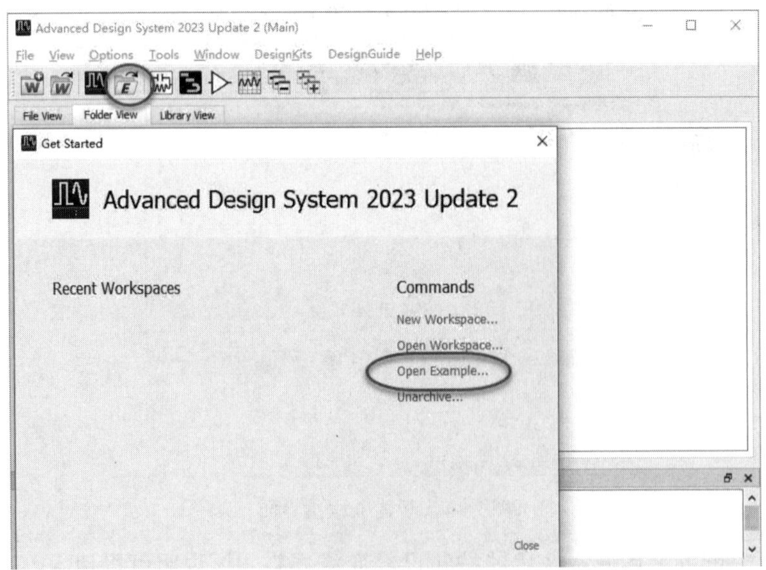

图 2.16　打开 ADS 案例

选择 Open Example 之后，弹出如图 2.17 所示的窗口，在窗口中显示了 5 个大专题，包括 Getting Started and Tutorials（开始和指导）、Simulation Examples（仿真案例）、Design Flow Examples（设计流程案例）、Training Examples（练习案例）和 All Examples（所有仿真案例）。用户可根据工作的实际需求选择案例。

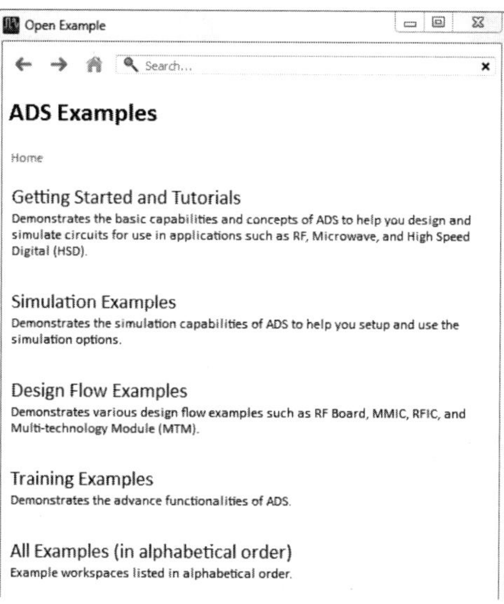

图 2.17　ADS 的 5 个大专题

对压缩的工程案例进行解压缩有两种操作方式：第 1 种是在菜单栏中选择 File→Unarchive 选项；第 2 种是在 ADS 的启动窗口中选择 Unarchive 选项，如图 2.18 所示。

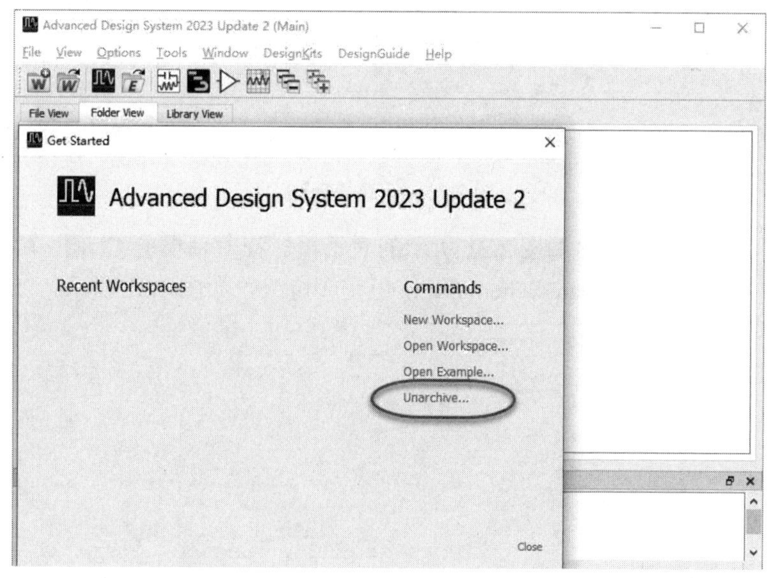

图 2.18　解压缩工程文件

单击 Unarchive 选项后会弹出如图 2.19 所示的对话框，可以看到 ADS 可以解压缩 *.7zads、*.7z、*.7zap、*.zip 和*.zap 这 5 种类型的压缩文件。

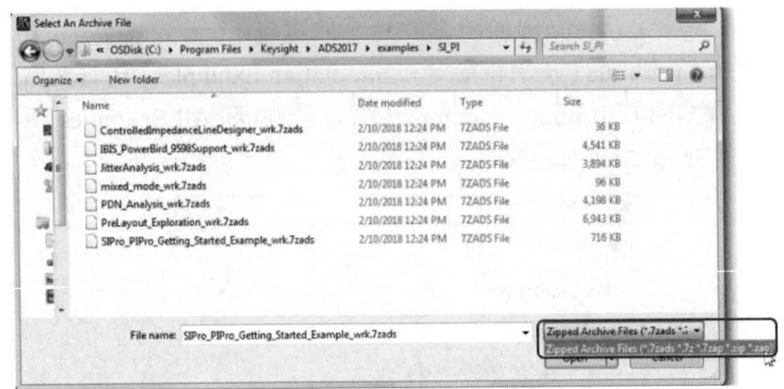

图 2.19　解压缩文件类型

2.5.2　新建原理图

在创建一个工程和库文件之后，要进行电路图的设计和仿真，就需要创建一个原理图工程，创建原理图工程有两种操作方法：第 1 种是在新建工程的主界面的菜单栏中选择 File→New→Schematic 选项；第 2 种是直接在工具栏中单击原理图按钮，如图 2.20 所示。

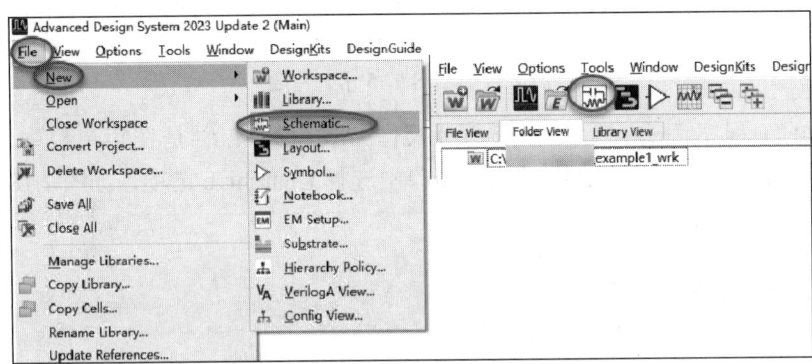

图 2.20　新建原理图

单击新建原理图后，弹出如图 2.21 所示的对话框。在对话框的 Cell 栏中填入自定义的原理图的名称，然后单击 Create Schematic 按钮完成修改，如图 2.22 所示。

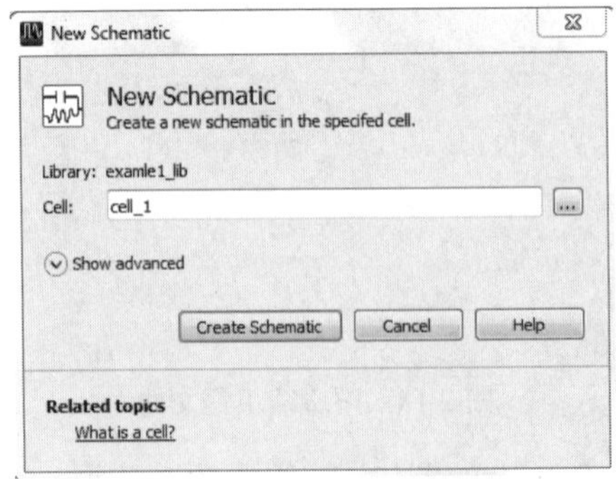

图 2.21　新建原理图对话框

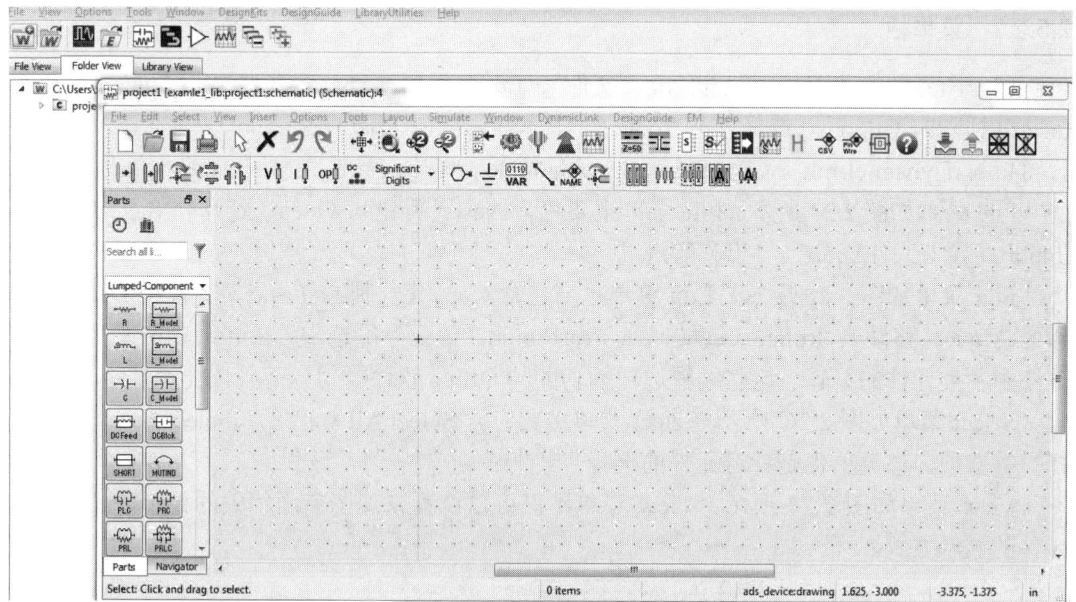

图 2.22　原理图界面

在一个工程中可以有多个原理图。原理图界面的各个功能区如图 2.23 所示。

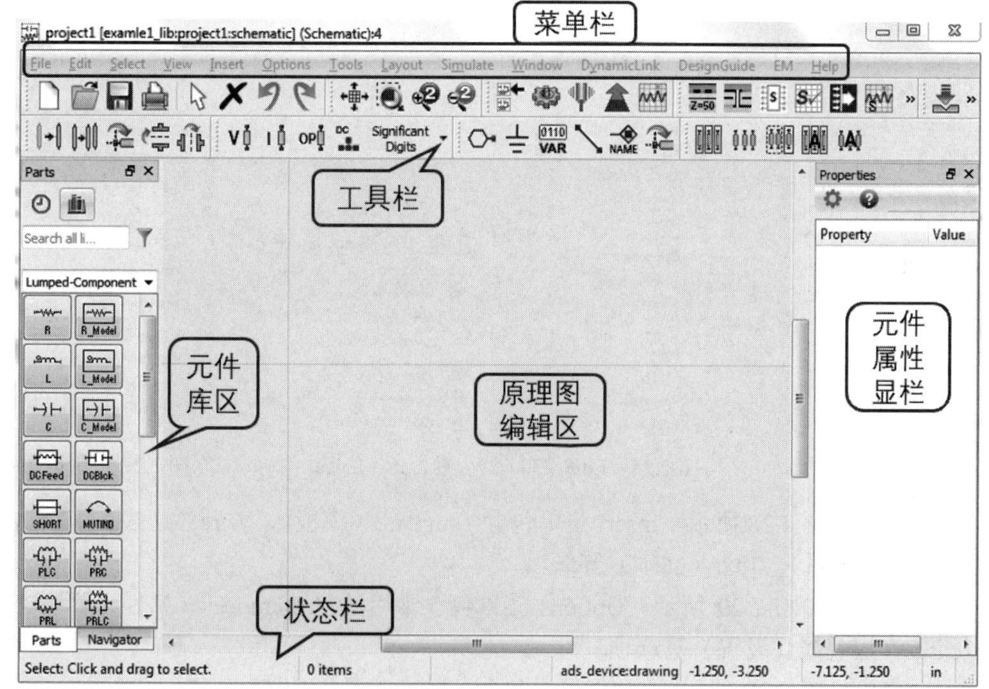

图 2.23　原理图界面的功能区

原理图功能区并不止以上显示的几个，还包含其他的功能区，如信息窗、搜索窗、导航栏等。通常，在进行原理图设计时，并不需要每一个功能区都显示在原理图界面中，在需要时，可以在菜单栏的 View 中选择特定的选项并调出它们。

2.5.2.1 菜单栏

原理图界面的菜单栏中包含 File（文件）、Edit（编辑）、Select（选择）、View（查看）、Insert（插入）、Options（选择项）、Tools（工具）、Layout（布局）、Simulate（仿真）、Windows（窗口）、DynamicLink（动态链接）、DesignGuide（设计向导）、EM 和 Help（帮助）菜单。

File 菜单如图 2.24 所示。File 菜单主要包含 New（新建）、Open（打开）、Save（保存）、Import（导入）、Export（导出）等选项。

Edit 菜单如图 2.25 所示。Edit 菜单主要包含 Copy（复制）、Paste（粘贴）、Delete（删除）、Move（移动）、Rotate（旋转）、Mirror About（镜像）等选项。Edit 菜单主要是针对原理图中各类元件的编辑。这些编辑选项的功能与 Office 软件类似，而且快捷键都是一样的。

Select 菜单如图 2.26 所示。Select 菜单主要包含 Select All（全选）、Select Area（区域选择）等选项，该菜单也是针对元件的选择。

View 菜单如图 2.27 所示。View 菜单不仅可以设置原理图界面相关的显示，还能设置元件的显示方式。

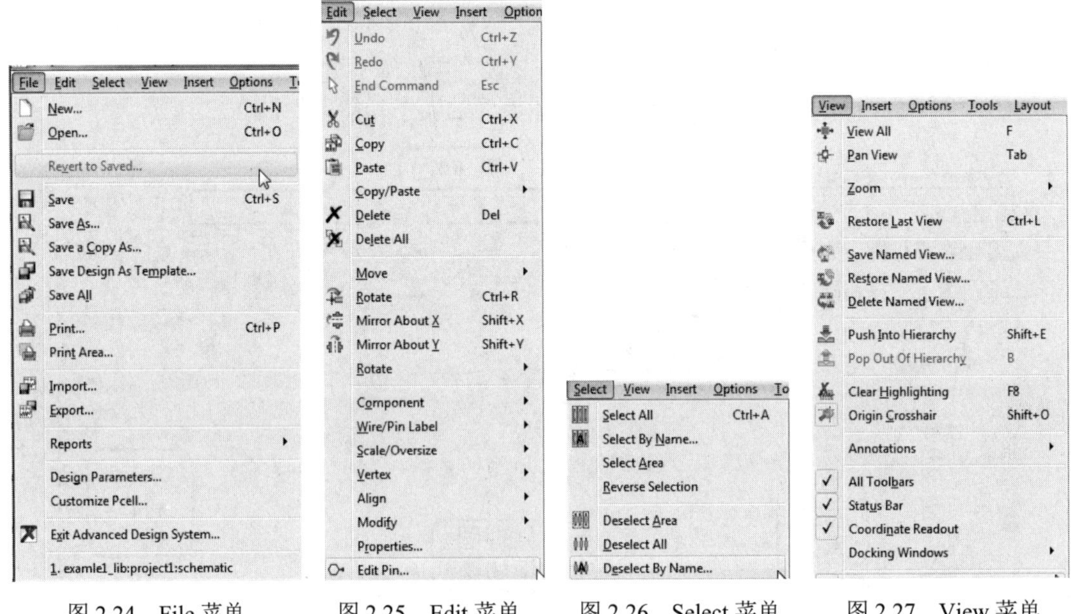

图 2.24 File 菜单　　图 2.25 Edit 菜单　　图 2.26 Select 菜单　　图 2.27 View 菜单

Insert 菜单如图 2.28 所示。Insert 菜单包含 Template（模板）、Wire（连线）、GROUND（地）、VAR（变量）、Text（文本）等选项。

Options 菜单如图 2.29 所示。Options 菜单包含常用的 Preferences（属性设置）、Layer Preferences（层叠属性设置）等选项。

Tools 菜单如图 2.30 所示。Tools 菜单包含各种小工具，如 Controlled Impedance Line Designer（阻抗计算工具）、LineCalc（线计算工具）、Via Designer（过孔仿真工具）、Smith Chart（Smith 图查看工具）等选项。

Layout 菜单如图 2.31 所示。Layout 菜单包含 Generate/Update Layout（生成/更新布局）等选项。

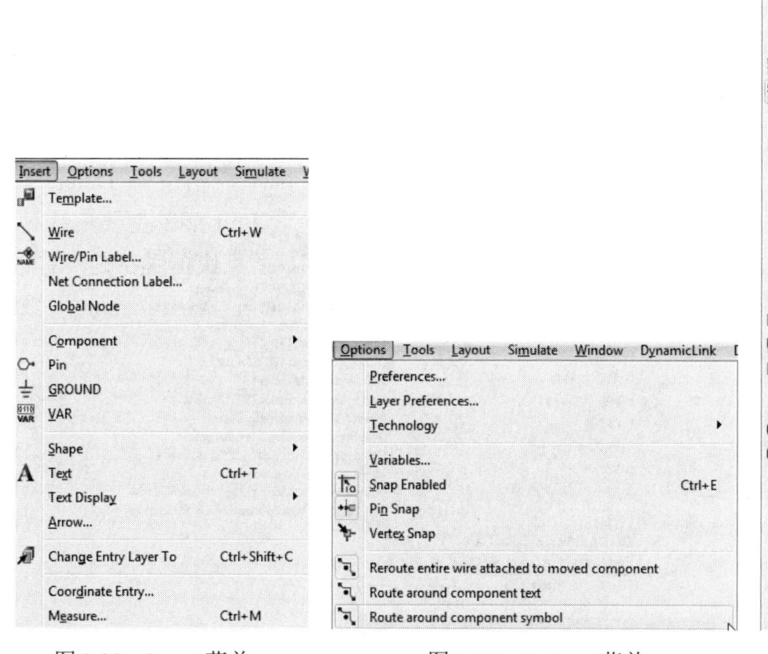

图 2.28　Insert 菜单　　图 2.29　Options 菜单　　图 2.30　Tools 菜单

Simulate 菜单如图 2.32 所示。Simulate 菜单包含 Simulate（仿真）、Simulation Settings（仿真设置）、Tuning（调谐）、Optimize（优化）等选项。

Window 菜单如图 2.33 所示。Window 菜单包含 Open Another Schematic Window（打开另一个原理图窗口）、Layout（布局）、Symbol（符号）、New Data Display（新建数据显示窗口）等选项。

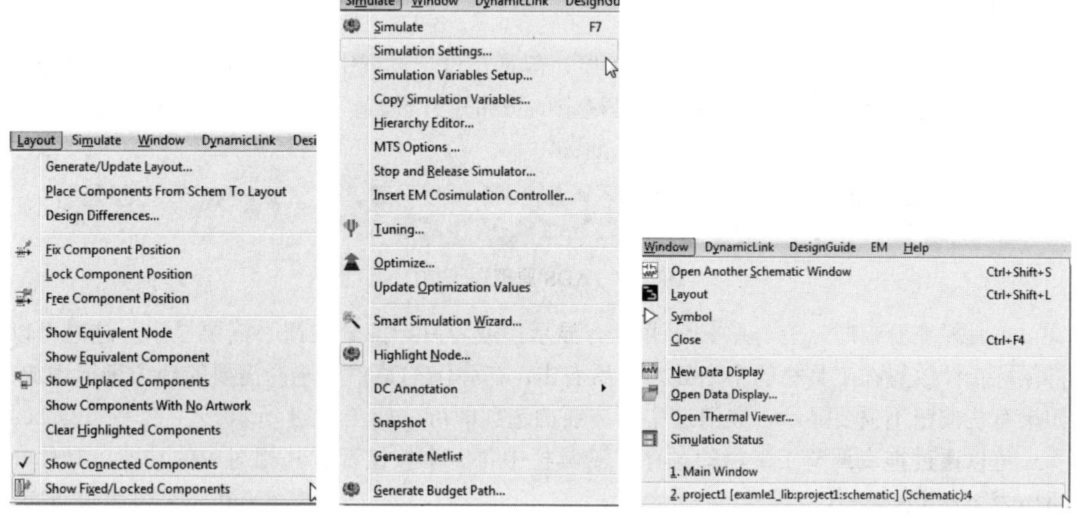

图 2.31　Layout 菜单　　图 2.32　Simulate 菜单　　图 2.33　Window 菜单

DynamicLink 菜单如图 2.34 所示。使用 DynamicLink 菜单中的选项可以设置网表路径、查看电路图网表等操作。

Help 菜单如图 2.35 所示。使用 Help 菜单中的选项可以快速打开帮助文档。

DesignGuide 菜单如图 2.36 所示。其中包含 ADS 中已经设计好的一些设计模板和设计向导，工程师在使用时可以选中所需内容直接打开。

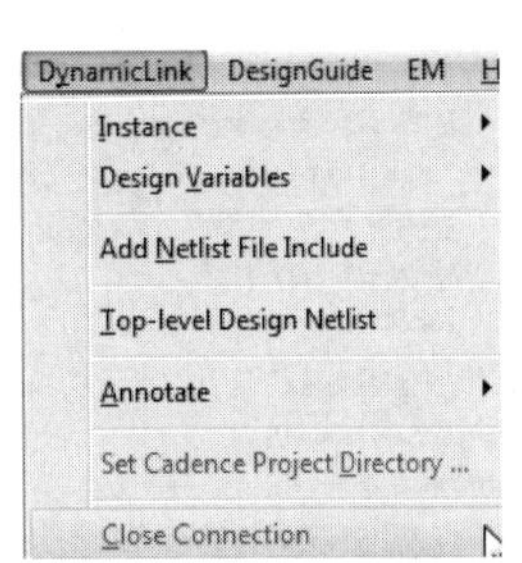

图 2.34 DynamicLink 菜单

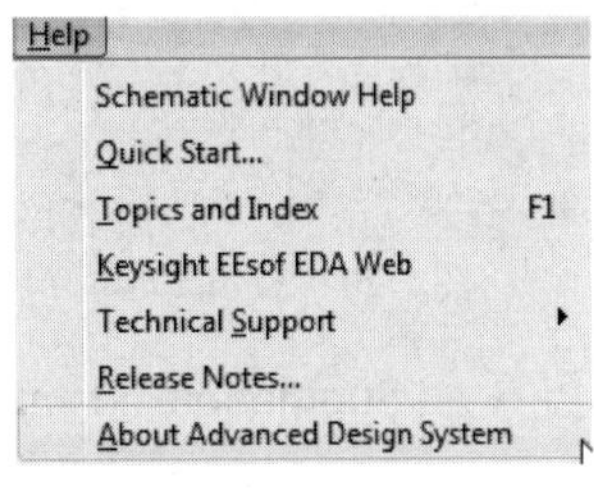

图 2.35 Help 菜单

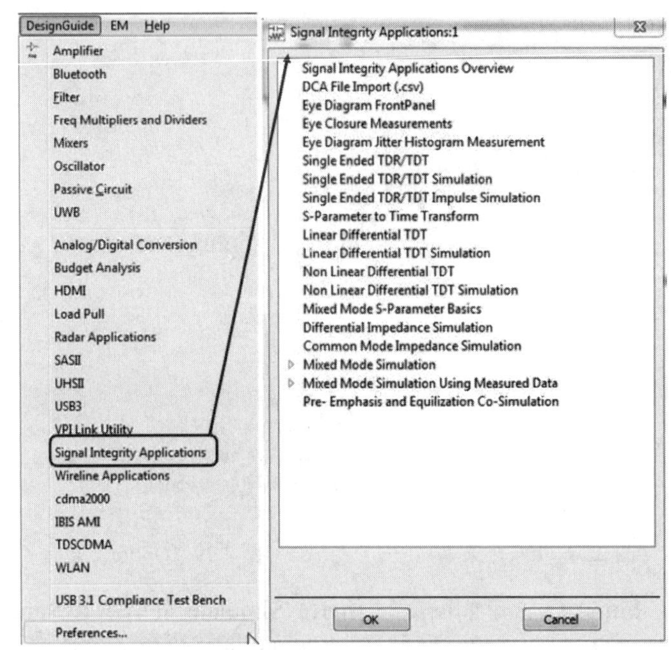

图 2.36 DesignGuide 菜单

本节针对常用菜单选项进行介绍，其他菜单选项中的内容会在后续应用时再做相应介绍。

2.5.2.2 工具栏

尽管 ADS 的菜单最多不超过 3 级深度，但是在设计过程中，还是有一些工程师会认为比较麻烦，这时可以使用快捷键或工具栏中的按钮进行设置。工具栏中有一些比较常用的按钮。ADS 原理图的工具栏如图 2.37 所示。

图 2.37 ADS 原理图工具栏

工具栏在开启时，有一些按钮并没有显示，或者有一部分按钮不需要显示，这时可以将鼠标指针放置在工具栏的空白处，然后右击，在弹出的菜单中选择需要的选项进行添加；如果有些按钮不需要显示，取消选中不需要的选项即可，如图 2.38 所示。

可以通过拖曳调整工具栏的顺序。工具栏中每一个按钮都有其相对应的功能，具体介绍如表 2.2 所示。

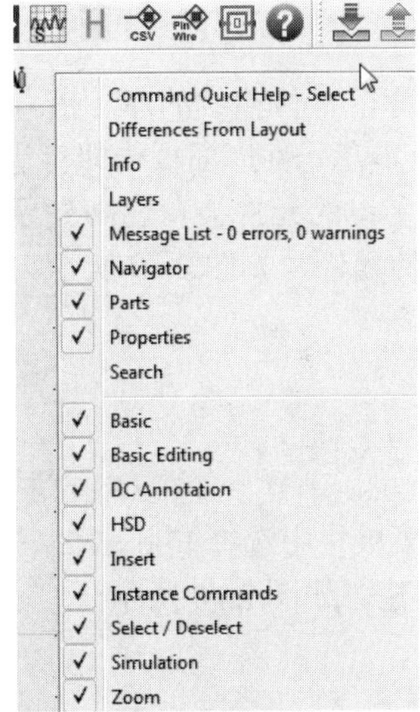

图 2.38　添加或去除工具栏上的按钮

表 2.2　工具栏按钮说明 1

图　标	说　明	图　标	说　明
	创建一个新的原理图		编辑区放大 2 倍和缩小为原来的 1/2
	打开原有的原理图		选择仿真时元件的视图
	保存原理图		运行仿真
	打印原理图		开启参数调谐
	结束当前命令		运行优化
	删除选中的元件，或者选中此按钮后，再选择删除的元件		开启数据显示窗口
	撤销上一步或者重复上一步操作		阻抗设计器
	查看当前原理图页面所有的元件		过孔设计器
	局部放大		S 参数元件
	S 参数检查/查看器		使选中的元件绕 Y 轴旋转
	TounchStone 合成器		添加直流电压注解
	打开 S 参数查看窗口		添加直流电流注解
	Hspice 向导		元件操作点
	从 csv 文件中添加网络名称		选择直流注解解决方法
	为一个引脚添加导线	Significant Digits	有效位，默认为 3 位有效位
	对选中的元件产生一个分层设计		插入引脚
	HSD 帮助		添加地网络
	进入下层设计/回到上层设计页面		添加变量
	激活或者不激活/短路选中元件		插入连接导线
	激活或者不激活选中元件		添加网络或者引脚名
	相对于某一个参考点移动		选择所有的元件或者取消选中所有的元件
	相对于某一个参考点复制		取消选中某一区域的元件
	使选中的元件顺时针旋转 90°		按名称选择元件或者按名称取消选中的元件
	使选中的元件绕 X 轴旋转		

2.5.2.3 元件库面板

元件库面板中包含很多元件库，有传输线的库、信号完整性的库、通道仿真库，也包含无线射频的库等。ADS 2023 版本在元件库面板中即可进行模糊搜索，只要在搜索栏中输入元件的某个字母即可看到包含字母的元件被黄色高亮显示出来。也可以单击元件库的下拉菜单，在特定的库中选择特定的元件，如图 2.39 所示。

2.5.3 新建 Layout

在创建一个工程和库之后，就可以新建一个 Layout 进行 PCB 仿真，其操作方法有两种：第 1 种是在新建工程的主界面的菜单栏中选择 File→New→Layout 选项；第 2 种是直接在工具栏中单击 Layout 按钮进行创建，如图 2.40 所示。

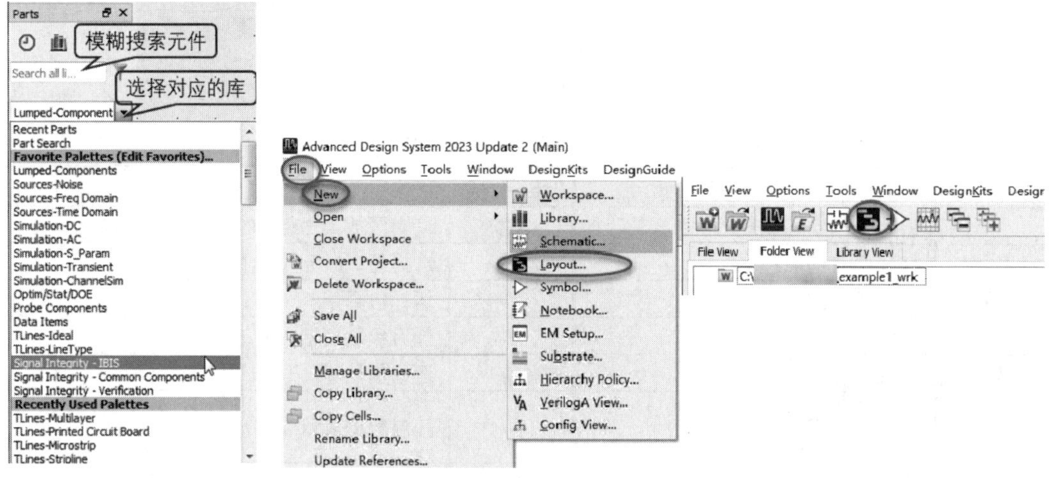

图 2.39 元件库面板　　　　图 2.40 新建 Layout

单击 Layout 按钮后，弹出如图 2.41 所示的对话框。

在对话框的 Cell 栏中填入 Layout 的名称，然后单击 Create Layout 按钮，即产生了一个新的 Layout，随即弹出 Choose Layout Technology 对话框，这一步是设置在设计时的 ADS 层和单位，按照自己的习惯或设计要求设置，选任何一项都可以，一般选择 Standard ADS Layers,0.0001 mil layout resolution 选项，然后单击 Finish 按钮完成，如图 2.42 所示。

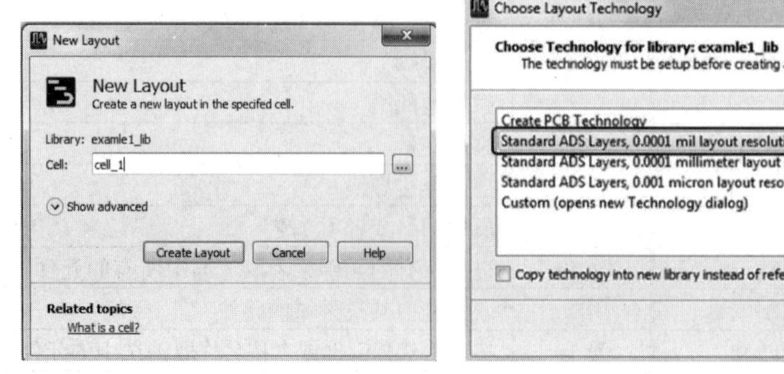

图 2.41 新建 Layout 对话框

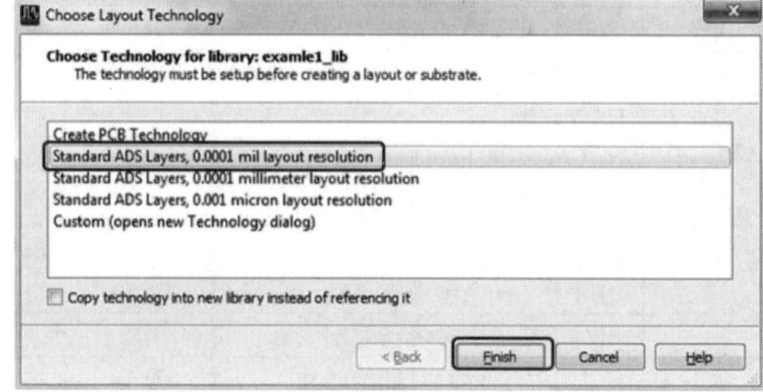

图 2.42 设置设计时的 ADS 层和单位

设置完成后，出现如图 2.43 所示的窗口，Layout 界面和原理图界面非常类似，也分为菜单栏、工具栏、元件库区、状态栏、显示栏等。

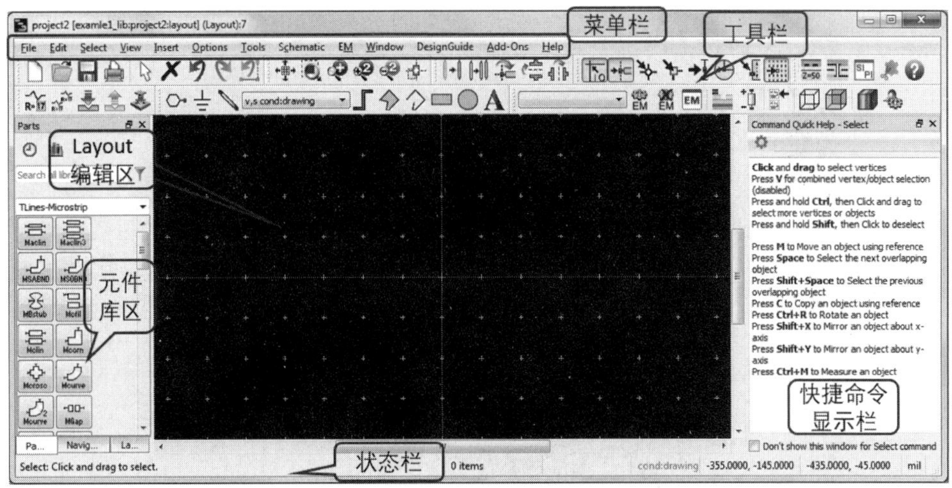

图 2.43　Layout 界面

由于原理图和 PCB 仿真不一样，所以 Layout 界面的菜单栏与原理图也有一些异同点。对于菜单栏和工具栏，这里只针对不一样的地方进行介绍。

2.5.3.1　菜单栏

Layout 与原理图的菜单栏不一样的地方主要是 Edit、View、Insert、Options 和 Tools 菜单，分别如图 2.44～图 2.48 所示。

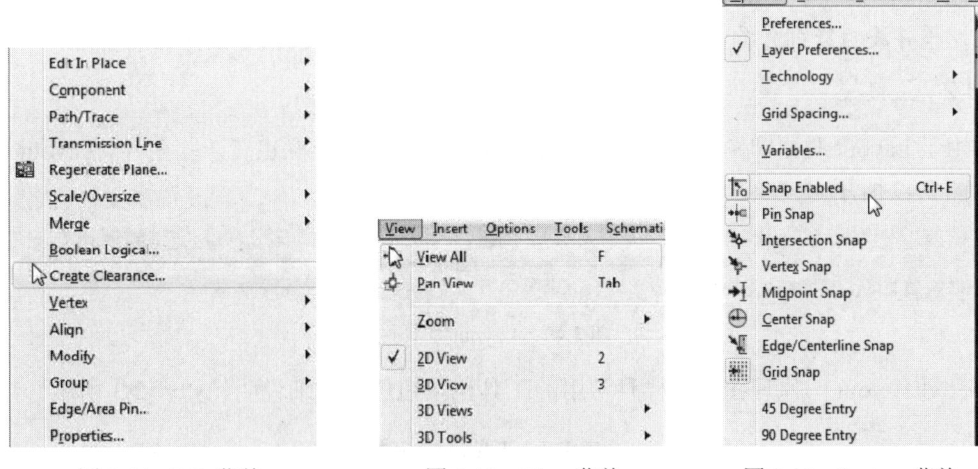

图 2.44　Edit 菜单　　图 2.45　View 菜单　　图 2.46　Options 菜单

Edit 菜单可以对 PCB 的布局和布线进行编辑，比如通过 Modify 选项对选中的对象进行修改和剪切。

因为 PCB 设计通常不仅会有单层，所以在 View 选项中，增加了 2D View 和 3D View，也就是对 2D 和 3D 的查看，工程师可以在 2D 和 3D 状态下进行 PCB 的相关操作。

Options 菜单针对 PCB 设计时出现的对齐或连接的情况增加了 Intersection Snap、Vertex Snap、Center Snap 等选项。

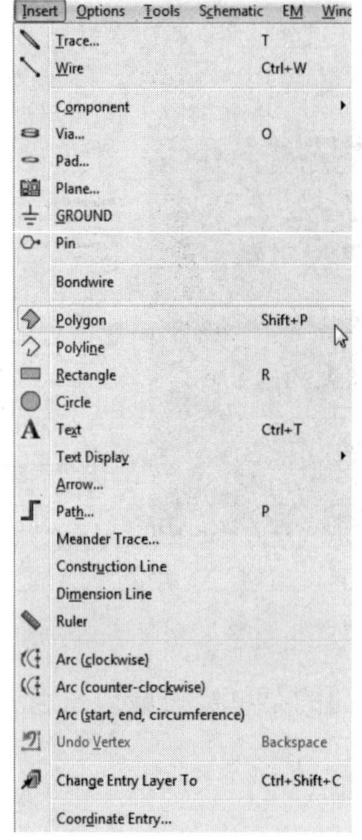

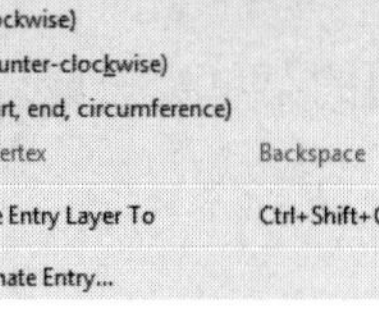

图 2.47 Insert 菜单

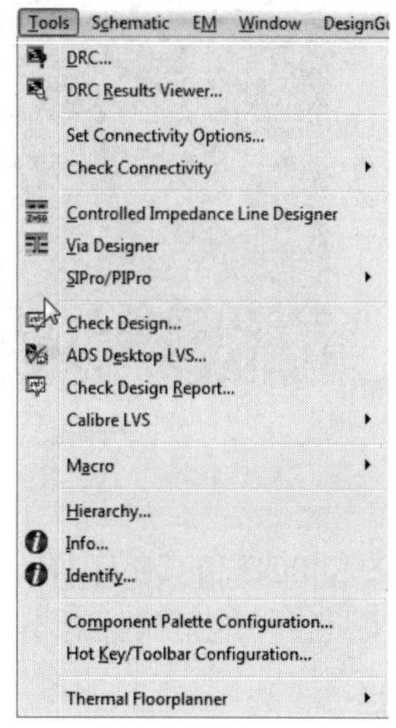

图 2.48 Tools 菜单

在 Insert 菜单中增加了 Rectangle、Circle、Polygon、Via、Pad、Ruler 等选项。

在 Tools 菜单中主要增加了 DRC、SIPro/PIPro 等工具。

这里并没有详细介绍 Layout 菜单中的每一个选项，后续会结合具体的应用进行介绍。

2.5.3.2 工具栏

由于 Layout 与原理图的菜单栏不一样，所以 Layout 工具栏也有一些差异。Layout 工具栏如图 2.49 所示。

图 2.49 Layout 工具栏

针对 Layout 与原理图不一样且常用的工具栏按钮进行详细说明，如表 2.3 所示。

表 2.3 工具栏按钮说明 2

图 标	说 明	图 标	说 明
	启用捕捉模式	v,s cond:drawing	选择层
	捕捉到引脚		插入线迹或者平面，包括直线、多边形、异形结构、矩形、圆形
	捕捉到交叉点	A	插入文本

续表

图　标	说　明	图　标	说　明
	捕捉到顶点		运行电磁仿真/停止电磁仿真
	捕捉到中间点		设置电磁仿真参数
	捕捉到圆心点		设置层叠结构
	捕捉到边缘		添加端口
	捕捉到格点		预览不带 EM 设置的 3D 结构
	启动 SIPro/PIPro 窗口		预览带 EM 设置的 3D 结构
	按网络剪切 PCB 文件		查看可视化的图像
	插入有网络名的导线		查看远场结果

还有一些不常用的工具栏按钮，读者可以自行查看 ADS 帮助文档进行学习。

2.5.4　新建数据显示窗口

通常，仿真完成之后都会检查数据结果。ADS 有一个专门处理数据结果的窗口，有两种调用方法：第 1 种是在软件的主界面的菜单栏中选择 Window→New Data Display 选项进行调用；第 2 种是在工具栏上单击新数据显示窗口按钮进行调用，如图 2.50 所示。

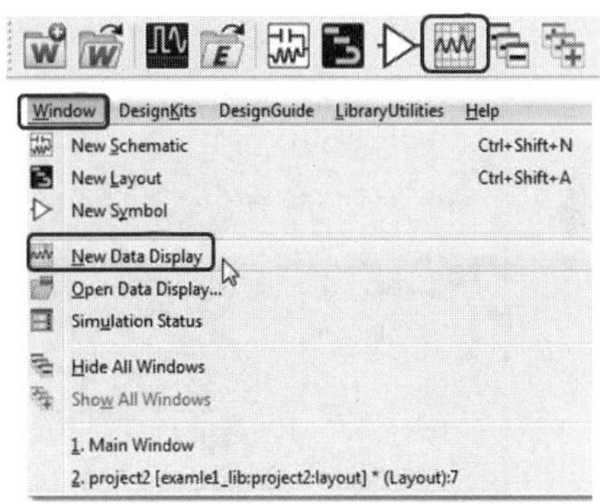

图 2.50　调用数据显示窗口

操作完成后弹出如图 2.51 所示的数据显示窗口。

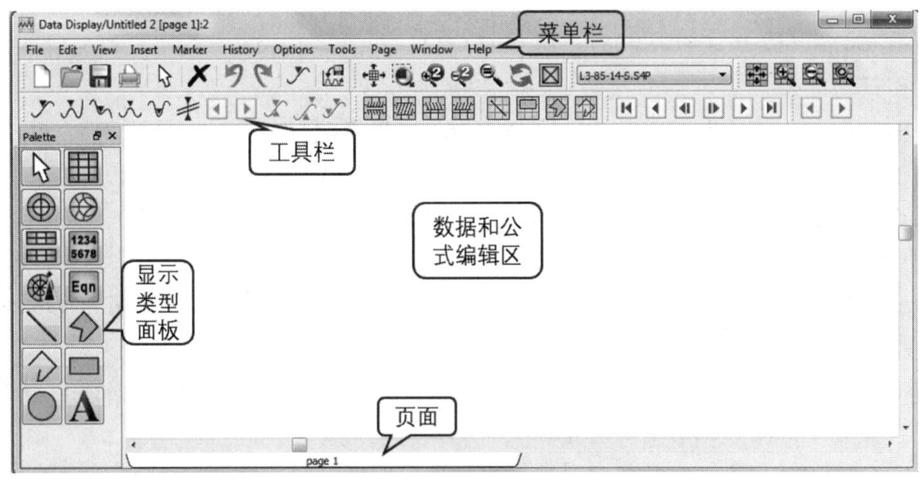

图 2.51　数据显示窗口

ADS 默认设置是在完成仿真后自动打开数据显示窗口。数据显示窗口包含菜单栏、工具栏、显示类型面板、数据和公式编辑区以及页面。

2.5.4.1 菜单栏

数据显示窗口的菜单栏包含 File、Edit、View、Insert、Marker、History、Options、Tools、Page、Window 和 Help 菜单。

File（文件）菜单包含 New（新建）、Open（打开）、Close（关闭）、Save（保存）或 Save As Template（保存为模板）等选项；还可以把仿真的数据 Export（导出）或 Import（导入）为一些特定格式的数据文件，如图 2.52 所示。

Edit（编辑）菜单主要包含对编辑区公式和数据以及显示曲线的编辑方式，如 Undo（撤销）、Redo（重做）、End Command（结束命令）、Cut（剪切）、Copy（复制）等选项，如图 2.53 所示。

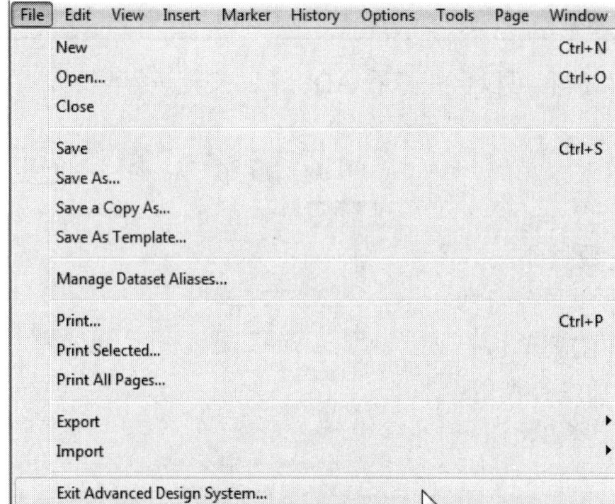

图 2.52 File 菜单

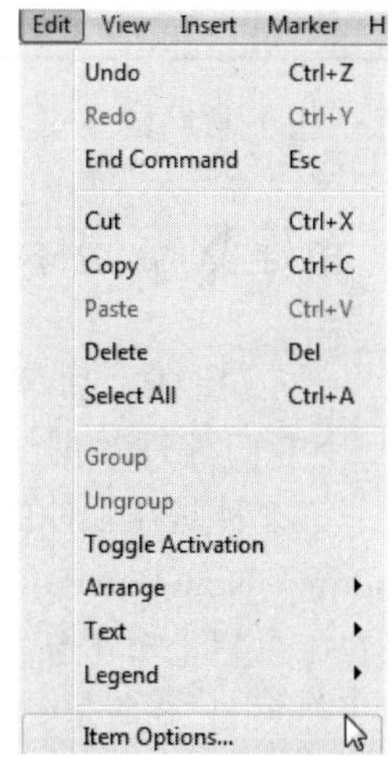

图 2.53 Edit 菜单

View（查看）菜单中的选项主要用于查看编辑区的内容，包含 View All（查看全部的编辑区）、Zoom（放大）、Scroll Data（滚动数据）、All Toolbars（全部工具栏）等选项，如图 2.54 所示。

Insert（插入）菜单主要用于插入数据的 Plot（显示图）、Equation（方程）、Slider（滑动器）、Limit Line（限制线）和 Template（模板）等，如图 2.55 所示。

Marker（标记）菜单包含标记的各种方式，如 New Max（新建最大值）、New Min（新建最小值）等选项，如图 2.56 所示。

Page（页面）菜单包含 New Page（新建页面）、Rename Page（页面命名）、Delete Page（删除页面）等选项，如图 2.57 所示。

History（历史）菜单主要用于 On（开启）、Pause（暂停）和 Off（关闭）对前面仿真数据的引用，如图 2.58 所示。

Options（选择项）菜单主要包含对数据显示窗口的属性设置以及对 ADS logo 的显示等，如图 2.59 所示。

Tools（工具）菜单主要包含 Data File Tool（数据文件工具）、Hot Key/Toolbar Configuration（快捷键/工具栏配置）和 FrontPanel（前面板）选项，在 FrontPanel 中可以处理阻抗、抖动、

眼图和 Loadpull，如图 2.60 所示。

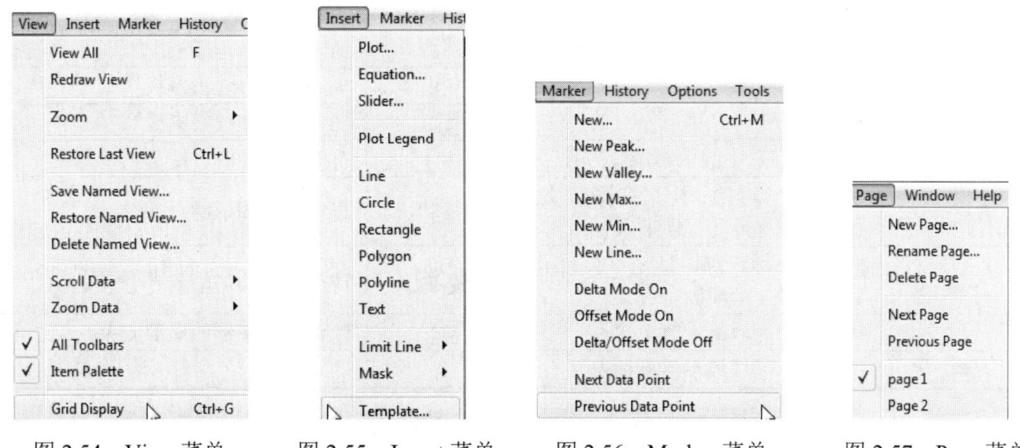

图 2.54　View 菜单　　图 2.55　Insert 菜单　　图 2.56　Marker 菜单　　图 2.57　Page 菜单

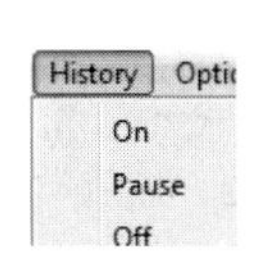

图 2.58　History 菜单

图 2.59　Options 菜单

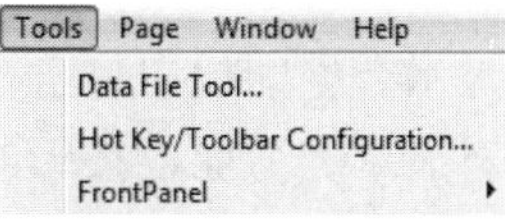

图 2.60　Tools 菜单

菜单栏中的大多数选项在仿真中都会使用到，后续将结合使用的场景做更详细的介绍。

2.5.4.2　工具栏

与前面介绍的原理图和 Layout 一样，显示数据窗口工具栏主要将菜单栏中常用的功能按钮列举出来，如图 2.61 所示。菜单栏按钮说明如表 2.4 所示。

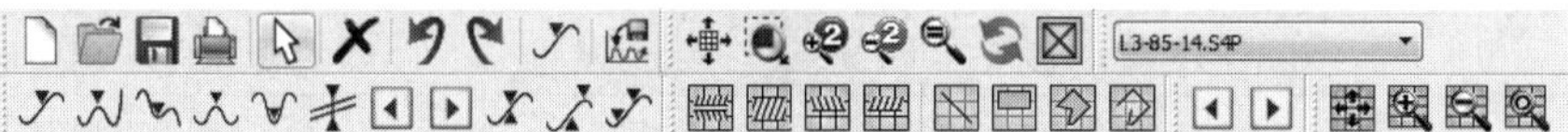

图 2.61　数据显示窗口工具栏

表 2.4　菜单栏按钮说明

图　标	说　明	图　标	说　明
	创建一个新的数据显示窗口		插入一个最大值标记点
	打开原有的数据显示窗口		插入一个最小值标记点
	保存数据显示窗口		插入一条标记线，对在同一横坐标上的所有数据波形的纵坐标进行标记
	打印数据显示窗口内容		左右移动所选中的标记点
	结束当前命令		开启标记点做差模式
	删除选中的数据显示图形或方程		开启标记点偏置模式
	撤销上一步或者重复上一步操作		关闭标记点做差或者偏置模式
	启动数据文件工具		插入一个内部/外部限制线模板
	查看当前原理图页面所有的元件		插入一个大于/小于限制线模板
	局部放大		插入一条限制线

续表

图　标	说　明	图　标	说　明
	编辑区放大 2 倍和缩小为原来的 1/2		插入一个矩形模板
	查看实际大小		插入一个多边形模板
	刷新		插入一个多段线模板
	关闭/开启选中的图形或者方程		有多个页面时，用于上下翻页
L3-85-14.S4P	当有多个数据组时，可以在下拉菜单中选择需要显示的数据组		查看单个图形的全部
	插入一个标记点，标记点会显示名称、横坐标和纵坐标		针对单个图形的放大/缩小
	插入一个区域最大值标记点		针对单个图形的局部放大
	插入一个区域最小值标记点		

在首次使用数据显示窗口时，部分功能按钮是隐藏的，此时只要在工具栏的空白区域右击，选中需要显示的选项即可。

2.5.4.3 显示类型面板

显示类型面板中包含了仿真结果显示的不同方式，如图 2.62 所示。对显示类型面板按钮的具体说明如表 2.5 所示。

图 2.62　显示类型面板

表 2.5　显示类型面板按钮说明

图　标	说　明	图　标	说　明
	结束当前命令	Eqn	编辑方程
	矩形窗显示		在编辑区绘制直线
	极坐标显示		在编辑区绘制多边形
	史密斯图显示		在编辑区绘制多段线
	矩形窗堆叠显示		在编辑区绘制矩形
1234 5678	数据列表显示		在编辑区绘制圆形
	天线形式显示	A	在编辑区添加文本

在一个数据显示窗口中可以显示多个数据图形，也可以存在多个页面，具体需要根据仿真的实际情况而定。

以上只是介绍了 ADS 的基本框架、菜单以及工具栏等，具体的应用将在后续的仿真中做进一步介绍。

本 章 小 结

本章主要介绍了 Keysight 工具的基本架构以及在信号完整性和电压完整性领域的基本解决方案，同时介绍了 ADS 基本组成部分、相关的文件和几个组件的基本界面，在后续的章节中使用时，会进一步介绍一些功能。

第 3 章

PCB 材料和层叠设计

随着电子产品的多样化发展，电子产品对印制电路板（printed circuit board，PCB）材料的要求也呈现出多样化的发展。但在大多数工程师的脑海中都还只有一类 FR4 的材料，更有甚者，对电子产品的 PCB 使用什么样的材料都没有概念，就更别说铜箔粗糙度、玻璃纤维等概念。面对越来越复杂、越来越高速的产品系统，这样的状况非常危险，可能在电子产品设计失败后都不知道问题出在哪里。层叠设计也关乎产品设计的成败，现阶段大多数工程师把层叠设计交给 PCB 厂完成，殊不知制板厂都只在乎 PCB 是否能生产，不管电子产品的电气性能表现如何，也不管其是否满足 EMC 等认证要求。本章将主要介绍 PCB 材料、层叠设计、CILD 的使用和阻抗的设计来帮助读者建立相关的概念。

3.1 PCB 材料介绍

大家在讨论电子产品物料的时候，通常都会忽略 PCB。其实 PCB 才是电子产品中最大的一颗物料，也是整个产品的基础和载体，所有的元器件之间都要通过 PCB 进行通信，所以工程师必须要非常重视 PCB 这颗物料。

根据 PCB 的刚柔性，可以将其分为刚性 PCB、柔性 PCB 和刚柔结合 PCB。最常见的是刚性 PCB，但是随着产品多样化的发展，特别是医疗、穿戴式产品使用了很多柔性 PCB，在后面的内容中如没有特别注明，则都是刚性 PCB。

PCB 的发展也是日新月异的，但是不管怎么发展，都离不开对材料和生产工艺的改善，接下来将针对与仿真和设计有关的 PCB 材料以及基本的参数特性进行简要介绍。

3.1.1 铜箔

在没有特殊要求时，电路板上所有的信号层、电源层和地平面层都使用铜作为导体。从导体本身的特性上看，铜是非常好的导电材料，所以铜是最常用的导体。对于一些有特殊应用的场景，可能还会使用金、银、铝等作为导体。本书在没有特别说明的情况下，所有的导体层采用的都是铜。

PCB 中的信号网络、电源和地网络基本都是由铜箔蚀刻得到。对于工程师而言，在设计 PCB 之前，都会设计一份层叠结构，这时就会涉及铜箔的选择，一般以铜箔的厚度作为选择的依据。在 PCB 上使用的铜箔的常用规格为 1/3 oz、1/2 oz、1 oz、2 oz 和 3 oz，当然，对于一些特殊用途的产品也有更厚的，比如某些电源产品使用的就是 5 oz 的铜。

对于高速电路的设计，信号传输速率越来越高，铜箔厚度不再是设计时唯一的参考指标，还需要考虑铜箔的粗糙度，因为在高速电路设计中，铜箔的粗糙度会影响信号的传输质量。

众所周知，传输线的损耗主要以材料的介质损耗和导体损耗为主，尤其以介质损耗为主导，而当信号速率达到几十吉赫兹时，导体损耗会变得更加严重。为了提高铜箔与介质之间的附着力，铜箔不可能全部都是光滑的，有时还会对铜箔的粗面进一步粗化，以提高其附着力，也正因为这些粗糙的情况，导致信号在高频、高速的情况下，由于趋肤效应，信号会沿着导体表面传输。另外，信号在传递过程中都是寻找阻抗最低的路径，换言之就是信号都是靠近参考层传递，所以如果铜箔粗糙度太大，一些信号就会在铜牙上传递，这就会导致信号在传递时进一步增大损耗。

通常，铜箔按粗糙度大小可以划分为标准铜箔（STD）、反转铜箔（RTF）、低粗糙度铜箔（VLP）和超低粗糙度铜箔（HVLP）4 种类型。通常，标准铜箔的粗糙度为 7～8 um，反转铜箔的粗糙度为 4～6 um，低粗糙度铜箔的粗糙度为 3～4 um，超低粗糙度铜箔的粗糙度为 1.5～2 um。虽然每一家铜箔厂商在生产铜箔时使用的工艺几乎一样，但是生产的铜箔还是存在一些细微的差别，这就导致了铜面的粗糙度不一样。图 3.1 是不同类型的铜箔在显微镜下的形状和 PCB 通过金相切片的形状。

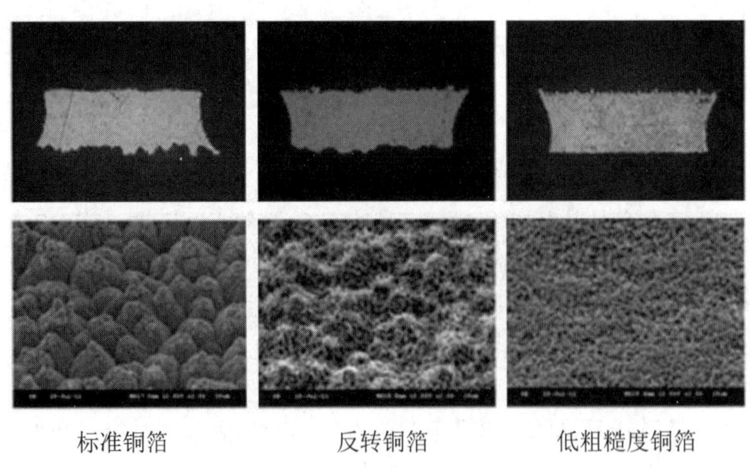

图 3.1　不同类型的铜箔

下面分别从无源和有源两个方面分析铜箔粗糙度对信号完整性的影响。图 3.2 是信号在不同铜箔粗糙度下对损耗仿真的结果。

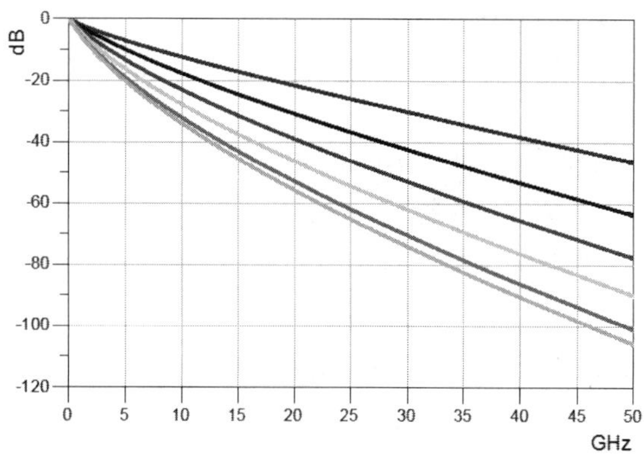

图 3.2　信号在不同铜箔粗糙度下对损耗仿真的结果

图 3.2 所示是使用相同的传输线和层叠结构设计，在不同粗糙度的铜箔下仿真得到的结果。最上方的曲线是不计算粗糙度的插入损耗，最下方的曲线是粗糙度为 10 um 的插入损耗。这虽然只是一个仿真的结果，但是也可以看出，粗糙度对损耗还是存在一定的影响，特别是当速率越来越高时，一定要注意选择合适的铜箔。

图 3.3 所示为不同粗糙度对眼图的影响。

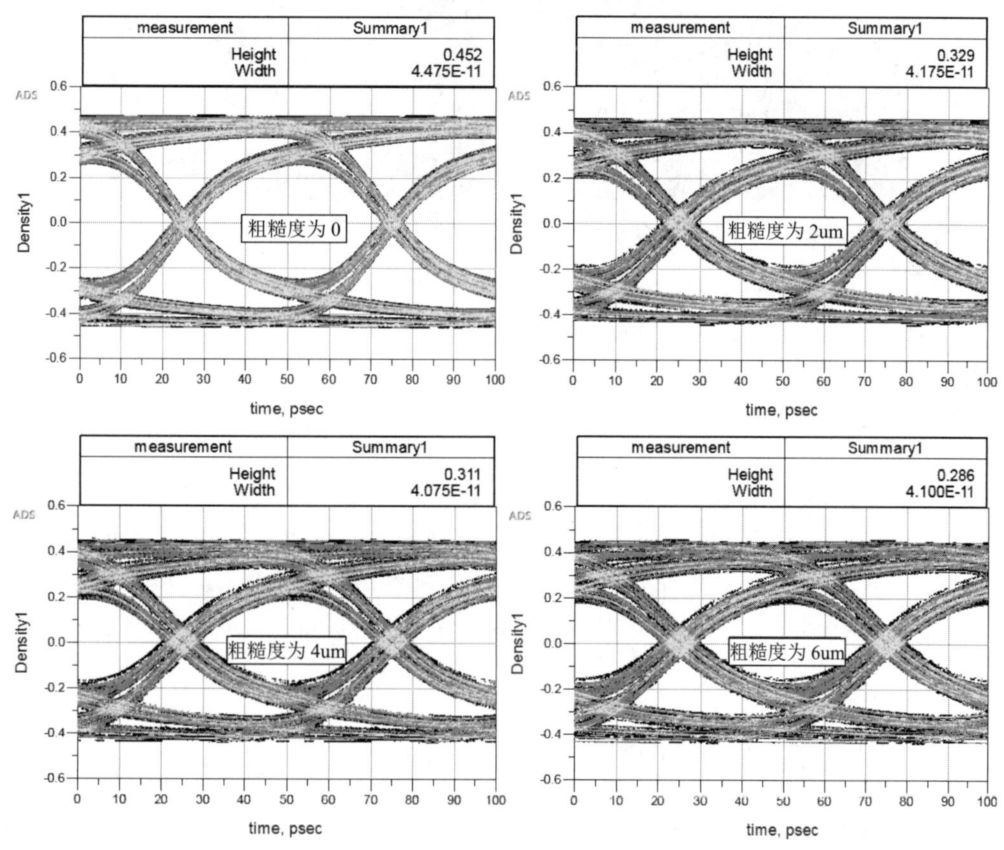

图 3.3　不同铜箔粗糙度对眼图的影响

图 3.3 所示都是相同的传输线和层叠结构设计，仿真的速率为 20 Gb/s，分别仿真了没有考虑铜箔粗糙度，以及粗糙度为 2 um、4 um 和 6 um 的 4 种情况，各种情况下得到的仿真结果在眼图中都有标识。显然，随着铜箔粗糙度的增加，眼图的眼宽（Width）和眼高（Height）都变小了。

现在处理铜箔的技术越来越先进，铜箔厂商、材料厂商和 PCB 生产厂商都有新技术引入，可以使铜箔粗糙度尽量变小。当然，对于 PCB 厂商而言，默认使用的都是标准铜箔或反转铜箔。当速率达到一定程度时，工程师可以要求使用符合产品设计要求的铜箔，如反转铜箔或者超低粗糙度铜箔。当然，这也与成本有关，正常情况下，从标准铜箔、反转铜箔、低粗糙度铜箔到超低粗糙度铜箔，其价格是递增的。

3.1.2 介质（半固化片和芯板）

通常所说的 PCB 介质，也称作 PCB 基材，主要是指半固化片（PP）和芯板（Core）。芯板是由半固化片和铜箔组成的，如图 3.4 所示。

图 3.4 芯板模型与芯板实物

半固化片（preimpregnated）就是通常所说的介质层（dielectric layer），大家常说的 FR4 类型的材料是主要由玻璃纤维、树脂和填充剂组成的一种片状材料。半固化片的绝缘性通常较好。

半固化片的分类有很多种方式，但是站在信号完整性工程师的角度来看，主要是关注介质的电气性能。所以，信号完整性工程师一般都把介质分为低介质损耗（高速）、中介质损耗（中速）和一般介质损耗（普通）板材，或者是高介电常数、中介电常数和低介电常数板材。当然还有一些其他的，比如有的产品需要使用扁平布或无玻璃纤维布的材料。

其实，工程师在设计层叠时需要考虑的因素非常多，比如需要考虑 PCB 板材的树脂含量、玻璃纤维布类型、玻璃转化温度（glass transition temperature，T_g）、耐离子迁移（CAF）等。

3.1.3 介电常数和介质损耗角

介电常数是材料的一个物理特性，表征的是电介质或绝缘材料的电性能，介电常数是一个无量纲常数，其直接关系到传输线的阻抗和信号在 PCB 中传输的速度。影响介电常数的主要因素就是介质本身的组成物质，比如对于 FR4 类型的材料，影响其介电常数的主要因素就是树脂的类型、玻璃纤维布的类型和树脂的含量等。表 3.1 所示为常见介质的介电常数。

表 3.1　常见介质的介电常数

介　质	介 电 常 数	介　质	介 电 常 数
空气	1	FR4	4
环氧树脂	3～4	PTFE	2.06
玻璃纤维	6～7	水	81

注：本表格中的材料介电常数都是在 1MHz 时的测量值。

空气的介电常数为 1，小于其他类型介质的介电常数。在电路板上，介电常数的大小主要关系到信号网络的阻抗的大小、平板间的电容的大小以及信号传递的快慢。

材料的介电常数测量的方法有很多种，如阻抗分析法、谐振腔法、同轴传输线法和自由空间法等。对于 PCB 材料而言，通常使用的是谐振腔法。

介质损耗角，又称介质损耗因子，也是材料的一个物理特性，表征的是介质能量的损耗。介质损耗角不因介质的尺寸和外形而改变，损耗角越大，单位长度的能量损耗越多。介质损耗角会随着频率的增加而增大，因此，在高速、高频信号的电子产品中，通常都要求使用低介质损耗角的 PCB 材料。在电路板上，介质损耗角主要关系到信号网络能量的衰减。

介电常数和介质损耗角都是随着频率的变化而变化的，所以通常在说某一种介质的介电常数和介质损耗角为多少时，都需要注明频率。在材料的说明书中也会有明确的标识，图 3.5 所示为联茂（ITEQ）IT-170GRA 半固化片的部分材料参数。

Laminated Prepreg				Dk			Df		
Glass Type	Thickness (mil)	Thickness (mm)	Resin Content (%)	1 MHz	1 GHz	10 GHz	1MHz	1 GHz	10 GHz
7628	6.82	0.173	43.0	4.20	4.17	4.02	0.0071	0.0073	0.0082
	7.00	0.178	44.0	4.18	4.14	3.99	0.0072	0.0073	0.0083
	7.39	0.188	46.0	4.13	4.09	3.94	0.0073	0.0074	0.0084
	7.70	0.196	47.5	4.09	4.06	3.91	0.0073	0.0075	0.0085
	8.22	0.209	50.0	4.01	3.98	3.84	0.0074	0.0076	0.0086
1506	6.27	0.159	48.0	4.07	4.04	3.89	0.0074	0.0075	0.0085
	6.63	0.168	50.0	4.01	3.98	3.84	0.0074	0.0076	0.0086
2116	4.40	0.112	53.0	3.95	3.91	3.78	0.0075	0.0077	0.0088
	4.61	0.117	55.0	3.91	3.87	3.73	0.0076	0.0078	0.0089
	4.82	0.122	57.0	3.87	3.84	3.68	0.0076	0.0079	0.0091
	5.14	0.131	60.0	3.82	3.78	3.62	0.0077	0.0080	0.0092
3313	3.66	0.093	56.0	3.89	3.86	3.71	0.0076	0.0078	0.0090
	3.89	0.099	58.0	3.85	3.83	3.66	0.0077	0.0079	0.0091
	4.12	0.105	60.0	3.80	3.78	3.63	0.0078	0.0080	0.0092
2113	3.51	0.089	56.0	3.89	3.86	3.71	0.0076	0.0078	0.0090
	3.72	0.094	58.0	3.85	3.83	3.66	0.0077	0.0079	0.0091
	3.94	0.100	60.0	3.80	3.78	3.63	0.0078	0.0080	0.0092
1086	3.31	0.084	65.0	3.70	3.68	3.51	0.0080	0.0082	0.0095
	3.63	0.092	68.0	3.66	3.65	3.45	0.0081	0.0084	0.0097
1080	2.45	0.062	62.0	3.76	3.73	3.58	0.0078	0.0081	0.0094
	2.79	0.071	65.0	3.70	3.68	3.51	0.0080	0.0082	0.0095
	3.12	0.079	68.0	3.66	3.65	3.45	0.0081	0.0084	0.0097
1078	2.56	0.065	62.0	3.76	3.73	3.58	0.0078	0.0081	0.0094
	2.82	0.072	65.0	3.70	3.68	3.51	0.0080	0.0082	0.0095
	3.06	0.078	68.0	3.66	3.65	3.45	0.0081	0.0084	0.0097
1067	2.43	0.062	71.5	3.60	3.57	3.38	0.0083	0.0085	0.0100
	2.59	0.066	73.0	3.58	3.54	3.36	0.0083	0.0086	0.0101

图 3.5　半固化片的介电常数和介质损耗角

以上是在材料数据手册中常见的格式，当然，并不是对每一种材料都会给出非常详细的材料数据，如果数据不详细，而只提供一个单频率点值，在使用时就只能粗略估计。但是材料介电常数和介质损耗角的准确性又会直接影响信号完整性、电源完整性仿真以及设计的准确性，所以就需要通过一些测试板获取材料的介电常数和介质损耗角。常用的方法就是通过网络分析仪准确地测量 PCB 板上的传输线的 S 参数，然后通过 ADS 拟合获取频变的介电常数和介质损耗角，图 3.6 所示为生益科技的材料 S6 的介电常数和介质损耗角随频率变化的曲线。

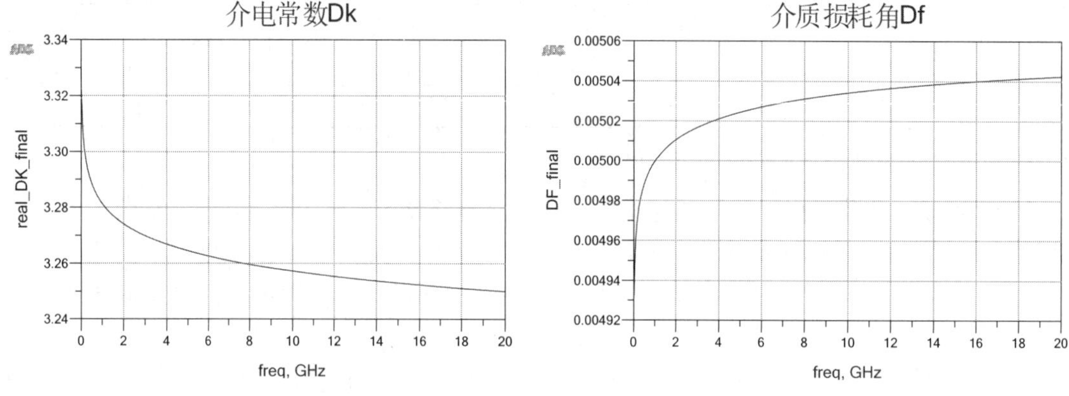

图 3.6 介电常数和介质损耗角随频率变化的曲线

这就是通过 ADS 拟合获取的参数。从图 3.6 中可以看到，介电常数随着频率的升高而变小；介质损耗角随着频率的升高而变大，这都不是一个恒定不变的值。所以应对比较复杂或高速的电子产品设计，选择 PCB 材料时要非常谨慎。

3.1.4 PCB 材料的分类

PCB 材料的种类非常多，按不同的应用和功能可以划分为多种类型，举例如下。

- 按损耗的大小可以分为常规损耗板材、中损耗板材、低损耗板材和超低损耗板材。
- 按介质的介电常数可分为高介电常数、中介电常数和低介电常数板材。
- 按铜箔粗糙度可以分为标准铜箔、反转铜箔、低粗糙度铜箔以及超低粗糙度铜箔材料。
- 按玻璃转换温度（TG）的高低可以分为低 TG、中 TG 和高 TG 板材。
- 按是否含有卤元素可分为有卤素和无卤素材料。
- 按是否含有有机材料可分为有机类基板材料和无机类基板材料。

不管以材料的什么类型进行划分，对于不同的产品应用以及不同的使用环境都需要采用与之相适合的材料，这样才能做到既能满足设计的要求，又能控制好使用材料的成本。

3.1.5 高速板材的特点

前面介绍了铜箔和介质，高速、高频电路板对介质和导体的要求都非常高，随着信号速率和频率的提升，信号在高频和高速传递时的衰减都会比较大，所以高速高频的产品对于材料的要求一般都比较高。

对于数字类的产品而言，其 PCB 层叠的特点是层数比较多，有的达到 40 层以上；PCB

板相对比较厚，有的达到 5 mm 以上；信号类型比较多，有的会达到 10 多种类型的信号；速率比较高，比如通信类的产品信号速率达到 56 Gb/s。基于这些特点，在设计数字类电子产品时就要特别注意对 PCB 材料的选择。

高速 PCB 材料也是依照这些要求而发展的，着重体现在低介电常数、低介质损耗角和低铜箔粗糙度这 3 个方面，这也是高速板材的主要特点。

低介电常数，一方面是信号的传递得更快，另一方面是不使 PCB 板太厚；低介质损耗角和低铜箔粗糙度主要是为了使信号在高频的时候衰减减小，以更好地符合信号完整性的要求。

对于高速板材来讲，不仅是这 3 个方面，比较常见的还有无玻璃纤维布的材料（NE-Glass）、良好的 CAF 材料等，也是为了使高速高密的电子产品获得更好的性能。

3.2 层叠设计

在做普通电路或者低速信号电子产品设计时，都是 PCB 供应商给工程师提供一份层叠结构，工程师照搬照用就行。但是随着信号速率的增加、产品差异化变多、产品认证要求更多，工程师需要掌握更多层叠设计方面的知识。

3.2.1 层叠设计的基本原则

层叠设计是一个系统的工作，需要考虑的因素比较多，比如 PCB 需要多大的板厚才能符合结构设计和应力要求；需要多少个信号层才能满足产品的布线要求；需要多少个电源平面才能满足产品的电源完整性要求；铜箔的厚度需要多少；PCB 上有多少类不同的阻抗线才能满足不同总线阻抗的要求；需要什么级别的基板材料才能满足总线的传输要求；哪一类表面处理工艺才能满足产品在某些特定的环境中使用。PCB 层叠的设计对整个系统的 EMC 设计也起着非常重要的作用，良好的层叠可以有效地减小 PCB 回路的辐射效应。所以层叠的设计关系到信号完整性、电源完整性、电磁兼容性、结构、散热等方面的设计，当然还有一个非常重要的因素就是成本。

在设计 PCB 层叠结构时，总体来看主要有以下 9 个基本原则。

- 确定层叠总的厚度。
- 确定层叠的层数。
- 分配信号层、地平面层和电源平面层。
- 保持层叠对称，尽量使信号层对应信号层，平面层对应平面层。如果出现信号层对应平面层，注意要使用铺地平面以保证尽量对称结构，以免在 PCB 制板时发生翘曲。
- 摆放主要元器件时相邻层应尽量为地平面，以保证元器件出线时能参考到完整地平面，保持阻抗连续性。
- 电源平面尽可能与相应地平面层相邻，以降低电源平面阻抗，有利于电源完整性设计。

- 使信号层尽可能与地平面相邻，以保证连续和完整的回流通道，保持阻抗连续性。
- 尽量避免两个信号层直接相邻，特别是高速信号线，以减少空间上的串扰。
- PCB 材料的选择应满足性能要求且成本最低。

目前主流设计的层叠厚度有 0.8 mm、1 mm、1.2 mm、1.6 mm、2 mm 和 2.4 mm，高速背板和 ATE 测试板的厚度甚至达到 1 cm。涉及层叠结构的一般都是以多层结构为主，普通的产品基本都在 10 层板以内，接下来将主要对 4 层、6 层、8 层和 10 层板做进一步的介绍。

3.2.2 层叠设计的典型案例

在 4 层板的层叠设计之前，工程师需要了解产品需要的层叠总厚度是多少，选择的材料是什么及阻抗的种类。4 层的层叠一般都是 2 个信号层和 2 个平面层。那么就有两种方案，一种是外层布线，另一种是内层布线。两种方案的设计如表 3.2 所示。

表 3.2 4 层板层叠设计方案

层	方案一：外层布线	方案二：内层布线
L1	SIG01	GND01
	PP	PP
L2	GND	SIG01+PWR
	CORE	CORE
L3	PWR	SIG02+PWR
	PP	PP
L4	SIG02	GND02

方案一：外层布线是常规的 PCB 设计层叠；方案二：内层布线是为了更好地 EMC 辐射屏蔽。方案二并不适用于所有的情况，因为方案二的内层相邻都会布线，这样很容易造成相邻布线层的串扰或跨分割布线，在布线的时候就会垂直交叉布线。另外。方案二的信号与电源会布在同一层，这就要加大信号与电源之间的空间，这些情况都会造成布线空间小一些，所以方案二不适合布线密度过高的电子产品。

通过 4 层板的方案二可以看出，外层使用 GND 虽然对 EMC 的设计较好，但牺牲了布线空间和信号完整性，有些得不偿失。

6 层板设计和 4 层板设计类似，只是设计的方案多一些，可以按信号层数进行分类，主要分为 3 个信号层的方案一和方案二，以及 4 个信号层的方案三，如表 3.3 所示。

表 3.3 6 层板层叠设计方案

层	方案一：3 个信号层	方案二：3 个信号层	方案三：4 个信号层
L1	SIG01	SIG01	SIG01
	PP	PP	PP
L2	GND01	GND01	GND01
	CORE	CORE	CORE
L3	SIG02	PWR	SIG02+PWR
	PP	PP	PP

续表

层	方案一：3 个信号层	方案二：3 个信号层	方案三：4 个信号层
L4	PWR	SIG02	SIG03+PWR
	Core	Core	Core
L5	GND02	GND02	GND02
	PP	PP	PP
L6	SIG03	SIG03	SIG004

方案一和方案二都是 3 个布线层，但是有一个布线层所在的位置不一样，方案一的信号 SIG02 在第三层，方案二是在第四层。方案二这种设计可以使过孔残桩比较短，有利于高速信号布线。方案三有 4 个信号层，但是内层相邻层布线很容易造成串扰或跨分割布线；由于没有完整的电源平面，方案三也会降低电源完整性的性能。所以，在布线空间足够的情况下，一般优先选择方案二。

在 6 层板的方案设计中，工程师经常会遇到“假八层”的设计。其实“假八层”的设计主要是由于层叠结构和生产工艺而产生的一种衍生方案。确定层叠的总厚度后，由于 L3 和 L4 中间使用的是 PP，很多工厂在生产时，由于最多只能有三张 PP 叠在一起，超过三张就会造成层间的滑落，使生产良品率降低，所以就出现了在 PP 中间再增加一种不带铜箔的芯板，常规来看，增加了芯板就相当于增加了 2 层，由于没有铜箔，所以也不算是增加了 2 层，这就是所谓的“假八层”的由来。目前，一些工厂已经解决了这个问题，可以使用 4 张 PP 叠在一起，同时不使良品率降低。

8 层板的层叠设计比前两种都要复杂，主要是选择的方案更多，这就需要工程师在设计之前对比各种设计方案的优劣。8 层板的设计还是可以按信号层的数量进行分类，主要分为 4 个信号层的方案一和方案二，以及 5 个信号层的方案三，如表 3.4 所示。

表 3.4　8 层板层叠设计方案

层	方案一：4 个信号层	方案二：4 个信号层	方案三：5 个信号层
L1	SIG01	SIG01	SIG01
	PP	PP	PP
L2	GND01	GND01	GND
	Core	Core	Core
L3	SIG02	PWR01	SIG02
	PP	PP	PP
L4	PWR	SIG02	SIG03
	Core	Core	Core
L5	GND02	SIG03	PWR
	PP	PP	PP
L6	SIG03	PWR02	SIG04
	Core	Core	Core
L7	GND03	GND02	GND
	PP	PP	PP
L8	SIG04	SIG04	SIG05

方案一和方案二都是 4 个信号层，方案一的信号完整性较好，方案二多了一个电源平面，很显然电源完整性会更好。方案三有 5 个信号层，第三个信号层 SIG03 尽量不要布高速信号，因为其没有完整的 GND 参考，与 SIG02 层也相邻，容易造成串扰。一般来说，在电源要求不是特别高的情况下，方案一是 8 层板的主流方案。

10 层板的层叠一般都会有 5 个信号层或 6 个信号层，如果电源比较复杂，也可以设计为 4 个信号层，那么就可以分为 4 种方案，方案一为 5 个信号层，方案二和方案三为 6 个信号层，方案四为 4 个信号层，如表 3.5 所示。

表 3.5 10 层板层叠设计方案

层	方案一：5 个信号层	方案二：6 个信号层	方案三：6 个信号层	方案四：4 个信号层
L1	SIG01	SIG01	SIG01	SIG01
	PP	PP	PP	PP
L2	GND01	GND01	GND01	GND01
	Core	Core	Core	Core
L3	SIG02	SIG02	SIG02	SIG02
	PP	PP	PP	PP
L4	PWR	PWR	SIG03	GND02
	Core	Core	Core	Core
L5	GND02	SIG03	PWR	PWR01
	PP	PP	PP	PP
L6	SIG03	SIG04	GND	PWR02
	Core	Core	Core	Core
L7	GND03	GND02	SIG04	GND03
	PP	PP	PP	PP
L8	SIG04	SIG05	SIG05	SIG03
	Core	Core	Core	Core
L9	GND04	GND03	GND	GND04
	PP	PP	PP	PP
L10	SIG05	SIG06	SIG06	SIG05

方案一为 5 个信号层，信号层基本都能参考到完整的地平面，电源层也与地平面层相邻，这种方案不管在电源完整性还是信号完整性方面，效果都非常不错，但是只有 5 个信号层。方案二和方案三都有 6 个信号层，但是这两个方案都会存在相邻信号层布线的情况，串扰的问题便会稍微严重；方案三的电源完整性效果会比较好。如果 10 层板只需要 4 个信号层，不管是电源完整性、信号完整性，还是电磁兼容性都会比较好。综合考量，方案一和方案三是比较主流的设计。

当然，对于层叠超过 10 层的 PCB，其大致的设计思路都与 10 层的层叠差不多。多层板的信号层、地平面层和电源层都比较好分配，如果布线空间足够，按照电源平面层和信号层都与地平面层相邻的原则，这样就会有比较好的电源和信号回流路径，对电源完整性、信号完整性和电磁兼容性都有较好的效果。表 3.6 所示为一个 28 层 5 mm 的层叠结构，基本上都是每一个电源、信号层都有一个完整的地参考；需要注意的是，L14 和 L15 为两个相邻信号层，这种情况下，在设计层叠时使 L14 和 L15 层间距离加大，在布线时，需要考虑两层垂直布线或不平行布线，以减小两层信号之间的串扰。

表 3.6　28 层板层叠设计示例

层	层 叠 名 称	层	层 叠 名 称
L1	SIG01	L15	SIG15
L2	GNDO2	L16	GND16
L3	PWR03	L17	SIG17
L4	PWR04	L18	GND18
L5	GND05	L19	SIG19
L6	SIG06	L20	GND20
L7	GND07	L21	SIG21
L8	SIG08	L22	GND22
L9	GND09	L23	SIG23
L10	SIG10	L24	GND24
L11	GND11	L25	PWR25
L12	SIG12	L26	PWR26
L13	GND13	L27	GND27
L14	SIG14	L28	SIG28

层叠的设计根据实际情况千变万化，只要满足前面所述的基本原则和 PCB 工艺生产的要求，一般都不会有太大的问题。

3.2.3　层叠结构中包含的参数信息

层叠结构对于设计、仿真工程师和 PCB 生产商都是必须要有的文件，如何使不同的工程师或者层叠使用者能明白层叠的内容，就需要层叠结构中包含必要的信息，那么一份完整的层叠结构应该具备哪些信息呢？

如前所述，PCB 各层厚度、PCB 材料、铜箔、线宽、线间、阻焊等会影响信号线的电气特性的参数都需要包含在其中，如果更加详细，还可以包含表面处理类型、不同频率下对应阻抗的线宽和间距、不同频率下对损耗的要求等。图 3.7 所示为一个实际项目的层叠结构示例。

Layer	Layer Name	Stackup	Material	DK (10GHz)	DF (10GHz)	Thickness (mils)	Impedance calculation			Ref.
							Diff-end（mil）90 ohm	Diff-end（mil）100 ohm	Single-end（mil）50 ohm	
L1	S1	Copper+plating	1/2oz + plating			1.80	width=5.3 / spacing=5.2	width=3.9 / spacing=5.1	width=7	L2
		pp	2*106(RC:76%)	3.7	0.023	4.40				
L2	[illegible]	[illegible]	[illegible]			[illegible]				
		Core	0.005"	3.98	0.025	4.00				
L3	S2	Copper	1oz			1.20	width=5.0 / spacing=8.5	width=3.9 / spacing=8.0	width=5	L2/L4
		pp	2*7628H(RC:47%)	3.7	0.022	15.00				
L4	[illegible]	[illegible]	[illegible]			[illegible]				
		Core	0.005"	3.98	0.025	4.00				
L5	[illegible]	[illegible]	[illegible]			[illegible]				
		pp	2*7628H(RC:47%)	3.7	0.022	15.00				
L6	S3	Copper	1oz			1.20	width=5.0 / spacing=8.5	width=3.9 / spacing=8.0	width=5	L5/L7
		Core	0.005"	3.98	0.025	4.00				
L7	[illegible]	[illegible]	[illegible]			[illegible]				
		pp	2*106(RC:76%)	3.7	0.023	4.40				
L8	S4	Copper+plating	1/2oz + plating			1.80	width=5.3 / spacing=5.2	width=3.9 / spacing=5.1	width=7	L7
	Total thickeness					61.60				

图 3.7　层叠结构示例

从层叠中可以看到使用的材料、半固化片和芯板的类型、介电常数、介质损耗角、各层的厚度、各信号层阻抗对应的设计线宽和间距以及各类总线设计的阻抗等。这些信息在设计和仿真中都非常重要。

3.3 如何设置 ADS 中的层叠

层叠设计好之后，可以在 PCB 设计软件和 ADS 中进行设置，这样在 PCB 设计或仿真时就可以使用了，在确认其正确后，将包含层叠结构的生产文件输出给 PCB 板厂，用于 PCB 的生产。

3.3.1 新建层叠

在 ADS 中仿真时，根据实际的情况和使用的状况将所需的层叠结构内容输入软件中。比如在进行原理图仿真时，如果只仿真微带线，就只需要设置 2 层；如果只仿真带状线，那么只需要设置一个 3 层的结构。当然，也可以把层叠结构所有的层叠都设置到 ADS 的原理图中。在原理图中如何设置层叠结构，将在后续的应用中有进一步的介绍。本节只介绍 Substrate 的层叠建立方式。

如果是进行 PCB 的仿真，那么需要把所有与层叠相关的信息都设置到 ADS 的层叠中。对于 PCB 的层叠，主要有两个来源：一个是在导入 PCB 文件时，会导入一个层叠结构，这时在进行 PCB 设计时所设置的相关信息可以被导入 ADS 中，这个部分在后面介绍 SIPro 和 PIPro 时就会使用到；另一个是如果在 ADS 中设置 PCB 文件，就需要新建一个层叠结构。接下来主要介绍在 ADS 中新建一个层叠。

在 Workspace 的主界面上选择 File→New→Substrate 选项，或者选择 Workspace，右击，在弹出的菜单中选择 New Substrate 选项，然后就可以新建一个层叠结构，如图 3.8 所示。

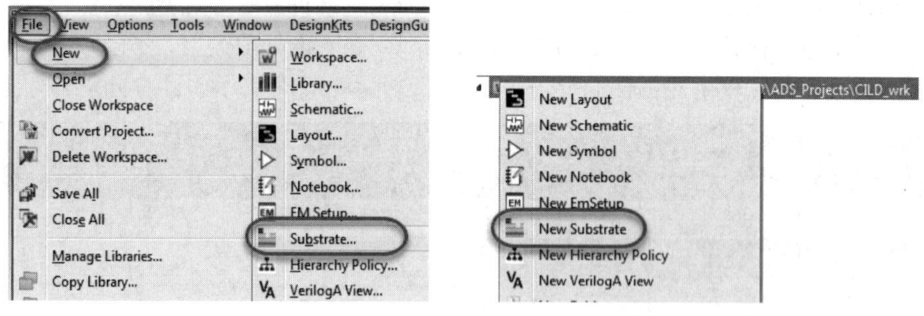

图 3.8　新建层叠结构

在弹出的对话框中设定层叠名称、选择层叠模板，名称可根据项目设定，模板可以保持默认，也可以选择某一个特定的模板。在本案例中，将名称设定为 Layer8，选择 board_8layer 模板，如图 3.9 所示。

设定好之后，单击 Create Substrate 按钮，弹出如图 3.10 所示的对话框，选择 Standard ADS Layers, 0.0001 mil layout resolution 选项。

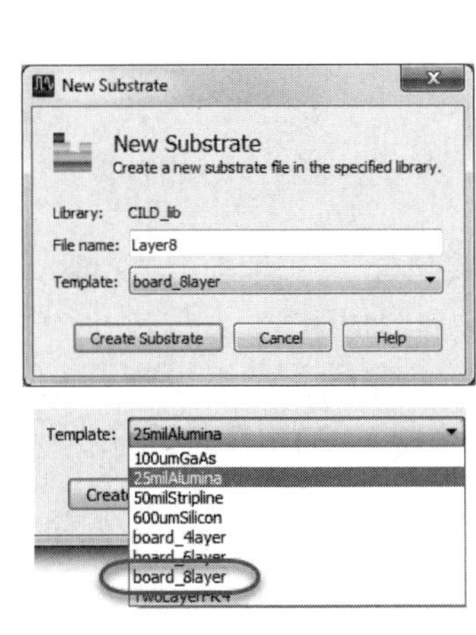

图 3.9　设定层叠名称和模板

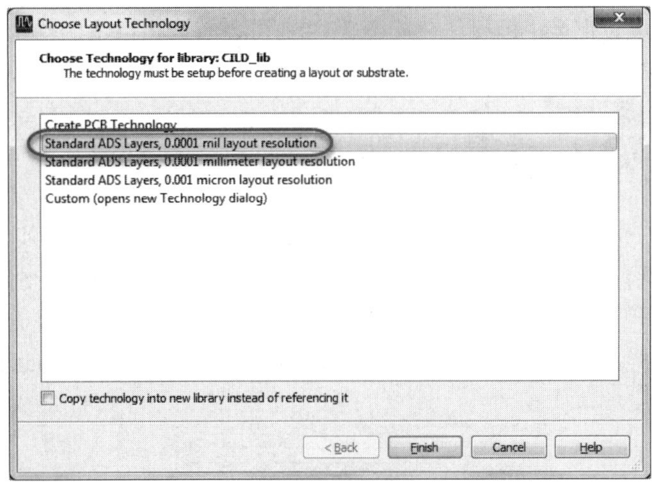

图 3.10　设定 Layout 的分辨率

单击 Finish 按钮，随即弹出层叠设置窗口，如图 3.11 所示。

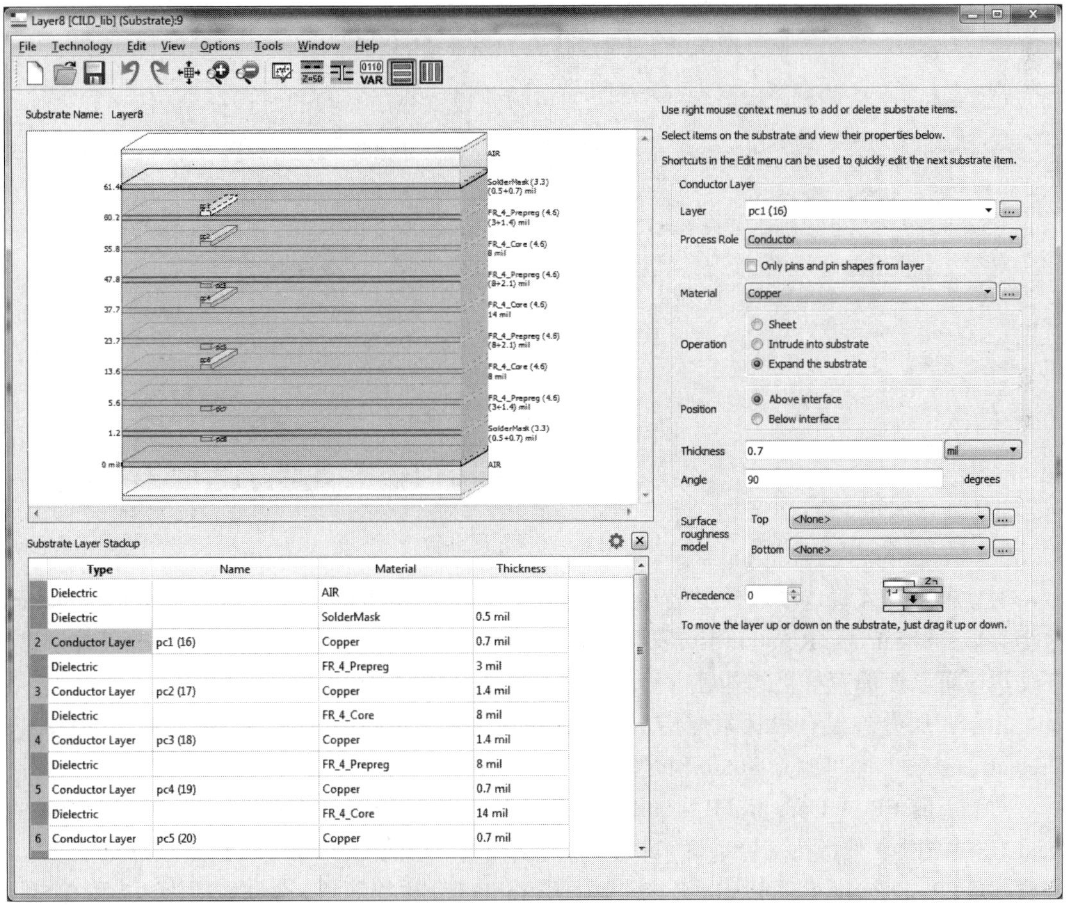

	Type	Name	Material	Thickness
	Dielectric		AIR	
	Dielectric		SolderMask	0.5 mil
2	Conductor Layer	pc1 (16)	Copper	0.7 mil
	Dielectric		FR_4_Prepreg	3 mil
3	Conductor Layer	pc2 (17)	Copper	1.4 mil
	Dielectric		FR_4_Core	8 mil
4	Conductor Layer	pc3 (18)	Copper	1.4 mil
	Dielectric		FR_4_Prepreg	8 mil
5	Conductor Layer	pc4 (19)	Copper	0.7 mil
	Dielectric		FR_4_Core	14 mil
6	Conductor Layer	pc5 (20)	Copper	0.7 mil

图 3.11　层叠设置窗口

在层叠设置窗口中可以定义层叠结构、材料参数信息、过孔的类型、传输线蚀刻的角度、铜箔粗糙度等。从图 3.11 中可以看到，自带的模板并不完全符合需要设计的层叠结构，需要对结构和材料进一步修改和调整。

3.3.2 编辑材料信息

首先需要设置材料参数。从给出的层叠结构中可以看到其包含了 3 种类型的材料，分别是两种不同的 PP 和一种 Core，不同的类型需要分别设置到材料库中。

在层叠中任意选择一种介质，在其右侧就会出现一个 Substrate Layer（介质层）的信息栏，在此可以选择介质的 Material（材料），设定 Thickness（厚度），如图 3.12 所示。

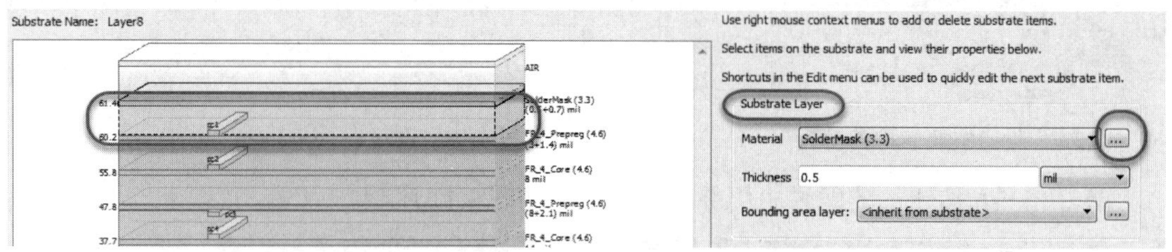

图 3.12　设置 Substrate Layer（介质层）

单击 Material（材料）栏后面的按钮，即可弹出设置介质参数的对话框，如图 3.13 所示。

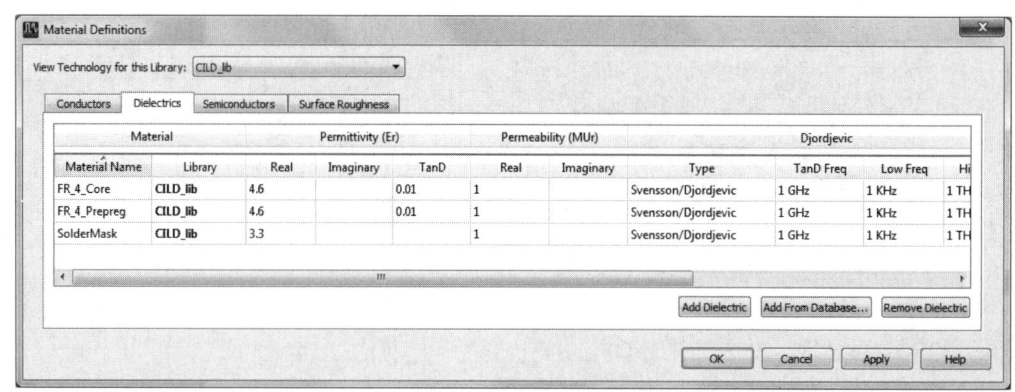

图 3.13　设置介质参数

对话框中有 4 栏选项，分别是 Conductors（导体）、Dielectrics（介质）、Semiconductors（半导体）和 Surface Roughness（表面粗糙度）。介质栏中默认存在模板中材料的相关信息。在使用时可以在原有材料的基础上修改，也可以新增材料。

由于在层叠中没有设计阻焊层，选择 SolderMask 栏中的任意参数项，单击 Remove Dielectric 按钮，即可删除 SolderMask 栏，如图 3.14 所示。

对剩下的 FR_4_Core 和 FR_4_Prepreg 两种介质材料的参数进行修改。把 FR_4_Core 的 Real（介电常数）修改为 3.98，将 TanD（介质损耗角）修改为 0.025，其他选项保持默认值。同样，把 FR_4_Prepreg 的 Real（介电常数）和 TanD（介质损耗角）分别修改为 3.7 和 0.023。另外，单击 Add Dielectric 按钮，新增一种材料，同样修改其 Real（介电常数）和 TanD（介质损耗角）为 3.7 和 0.022，如图 3.15 所示。

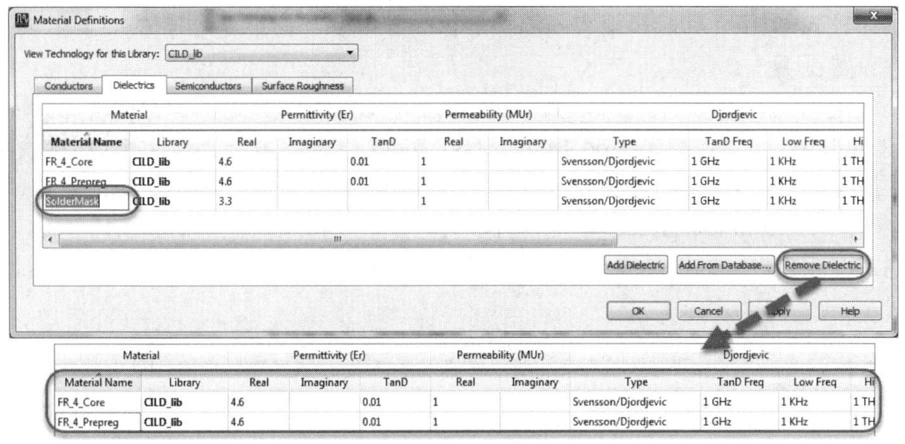

图 3.14　删除介质

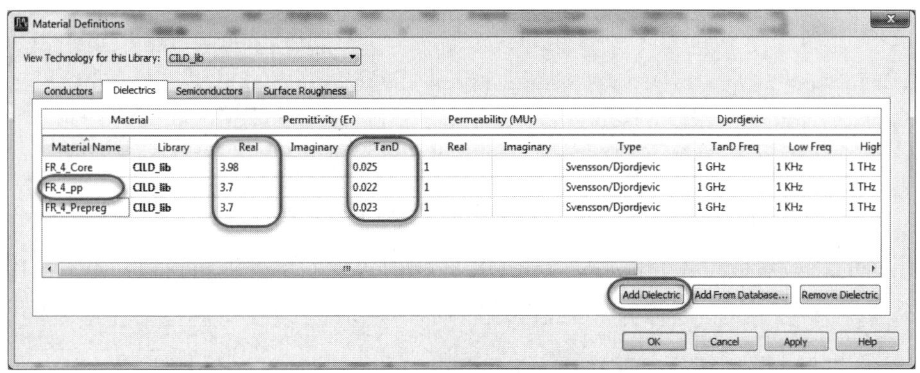

图 3.15　Dielectrics 参数设置

单击 Apply 按钮，即完成了对介质材料参数的编辑。在设置介质材料时，要注意，ADS 默认使用的是 Svensson/Djordjevic 类型，表示 PCB 材料是频变材料；如果不需要使用频变材料，则单击 Svensson/Djordjevic 按钮，在下拉菜单中选择 Frequency Independent 选项（见图 3.16），表示使用的 PCB 材料不随频率变化而变化。

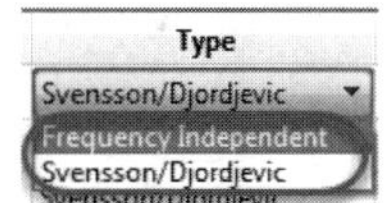

图 3.16　材料类型

选择 Conductors 页签，可以编辑导体的相关材料参数，一般的设计都是以铜作为导体，模板的默认设置也为 Copper（铜），如图 3.17 所示。

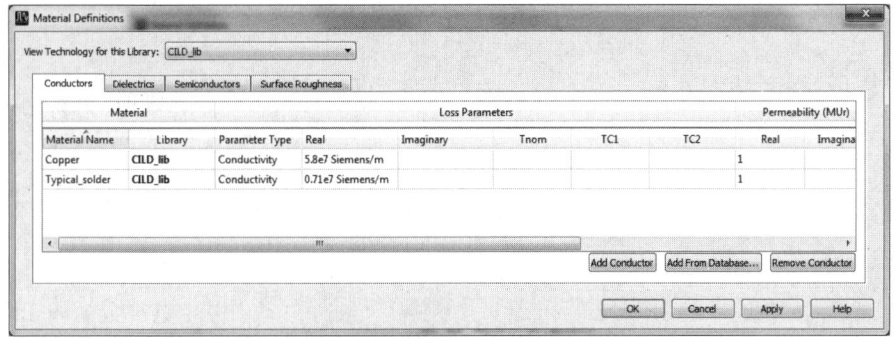

图 3.17　Conductors 参数设置

一般在导入 PCB 文件时，很容易漏掉导体的导电率，如果提示导体有问题，首先要查看导电率设置是否符合要求。

在高速电路设计中，默认不设置铜箔粗糙度，如果要设置铜箔的粗糙度，就需要选择 Surface Roughness 页签，单击 Add Roughness Model 按钮新增一个 Model（粗糙度模型）。Model 类型又分为 Smooth、Hammerstad 和 Hemispherical 3 种。根据实际的导体模型设置 Model（模型）类型和 Rough（粗糙度）值，其他参数保持默认值，如图 3.18 所示。如果不需要考虑铜箔粗糙度，则选择设置的粗糙度模型，然后单击 Remove Roughness Mode 按钮，删除即可。

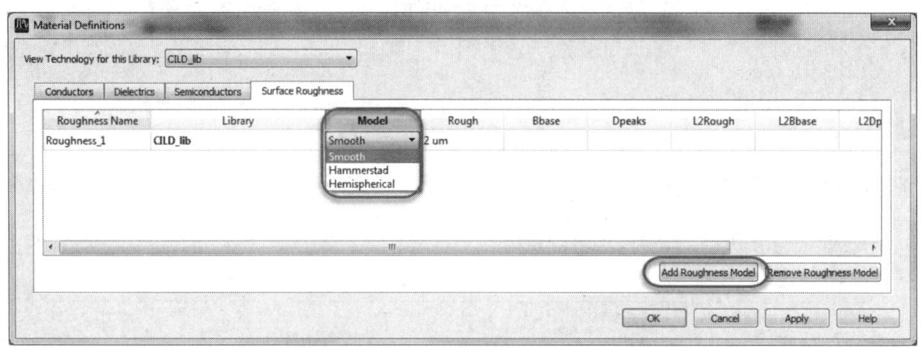

图 3.18 Surface Roughness 参数设置

将所有的材料参数设置完成后，单击 OK 按钮即可返回层叠编辑窗口，如图 3.19 所示。

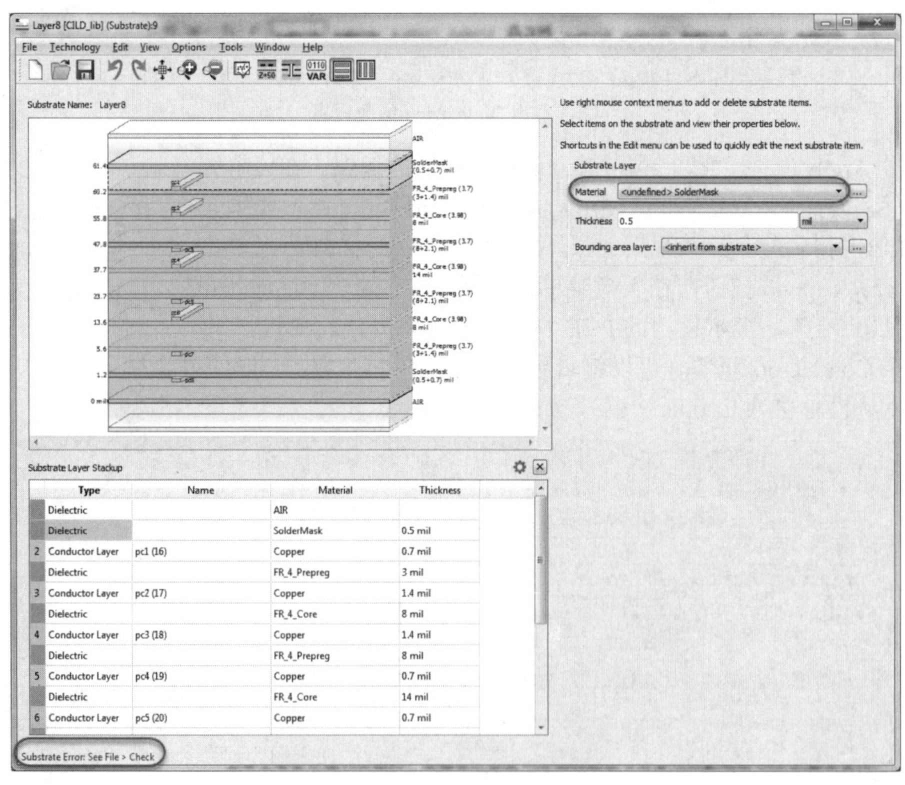

图 3.19 编辑材料后的层叠结构

从图 3.19 中可以看到，在窗口的左下方有出错提示，单击工具栏上的检查错误按钮，即弹出错误信息提示的对话框，如图 3.20 所示。

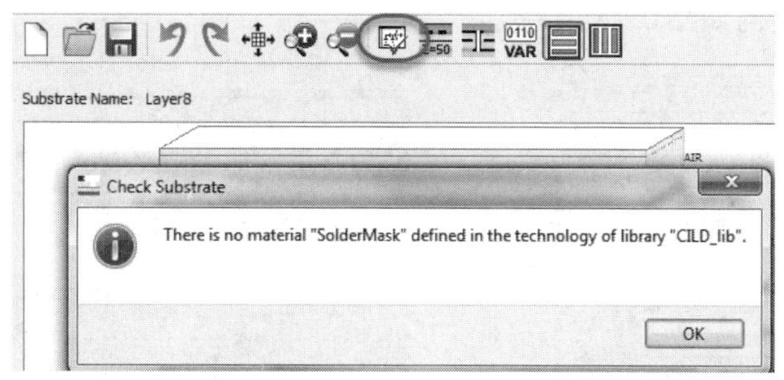

图 3.20　出错提示

从图 3.20 可以看出，出错的原因是没有定义 SolderMask。这是因为在前面编辑材料参数时，删除了 SolderMask 的材料，其实在介质层一栏的材料中也显示没有定义 SolderMask（<undefined> SolderMask）。根据实际的层叠结构，确实没有定义阻焊层，所以在层叠结构中需要删除 SolderMask 一层。

3.3.3　编辑层叠结构

在层叠结构中，有两种层叠显示形式，一种是图形化的，另一种是表格形式的，如图 3.21 所示。

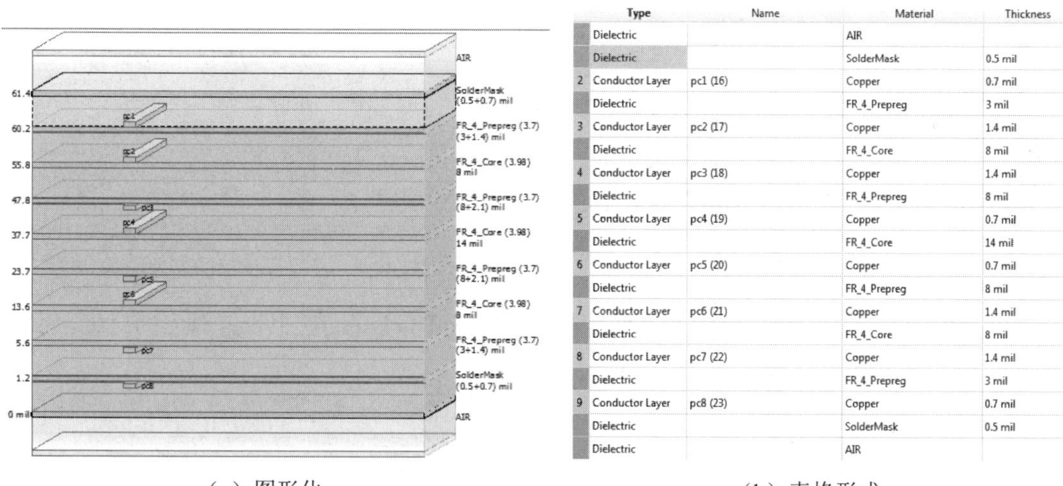

	Type	Name	Material	Thickness
	Dielectric		AIR	
	Dielectric		SolderMask	0.5 mil
2	Conductor Layer	pc1 (16)	Copper	0.7 mil
	Dielectric		FR_4_Prepreg	3 mil
3	Conductor Layer	pc2 (17)	Copper	1.4 mil
	Dielectric		FR_4_Core	8 mil
4	Conductor Layer	pc3 (18)	Copper	1.4 mil
	Dielectric		FR_4_Prepreg	8 mil
5	Conductor Layer	pc4 (19)	Copper	0.7 mil
	Dielectric		FR_4_Core	14 mil
6	Conductor Layer	pc5 (20)	Copper	0.7 mil
	Dielectric		FR_4_Prepreg	8 mil
7	Conductor Layer	pc6 (21)	Copper	1.4 mil
	Dielectric		FR_4_Core	8 mil
8	Conductor Layer	pc7 (22)	Copper	1.4 mil
	Dielectric		FR_4_Prepreg	3 mil
9	Conductor Layer	pc8 (23)	Copper	0.7 mil
	Dielectric		SolderMask	0.5 mil
	Dielectric		AIR	

（a）图形化　　　　（b）表格形式

图 3.21　层叠结构的两种形式

二者对于层叠的增加、删除、修改属性等的操作都是一样的，只是对于个别的操作稍有不同，比如后面要介绍的添加过孔的类型，就需要在图形上操作。

由于使用的是 8 层板的模板，所以只需要对层叠结构进行一些调整。首先删除两层 SolderMask，操作方法是选中 SolderMask 后右击，在弹出的菜单中选择 Delete With Upper

Interface 选项进行删除，如图 3.22 所示。

用相同的操作方法选择 Delete With Lower Interface 选项，可删除另外一层 SolderMask，删除完成后的层叠结构如图 3.23 所示。

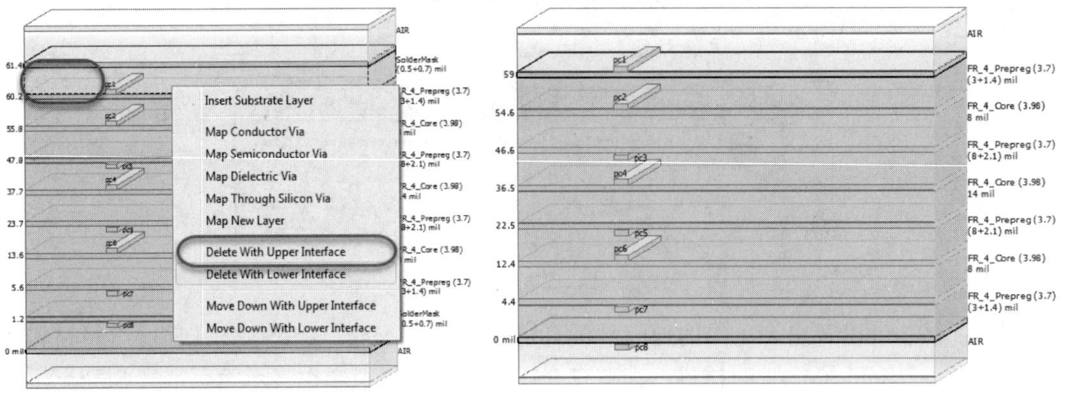

图 3.22 执行 Delete With Upper Interface 操作

图 3.23 删除 SolderMask 后的层叠

然后选择导体层 pc1，在层叠结构的右侧显示了其相关信息，可以设置导体层的 Thickness（厚度）、生产蚀刻后的角度 Angle（相当于蚀刻因子）和导体层相对于介质层的 Position（位置）等，在本案例中，只设置 Thickness（厚度）为 1.8 mil，其他值都保持默认值。用相同的方式设置 pc8 为 1.8 mil，将其他 6 层导体层 pc2、pc3、pc4、pc5 和 pc6 设置为 1.2 mil。也可以直接在表格中输入 Thickness（厚度）的值。设置完成后的层叠结构如图 3.24 所示。

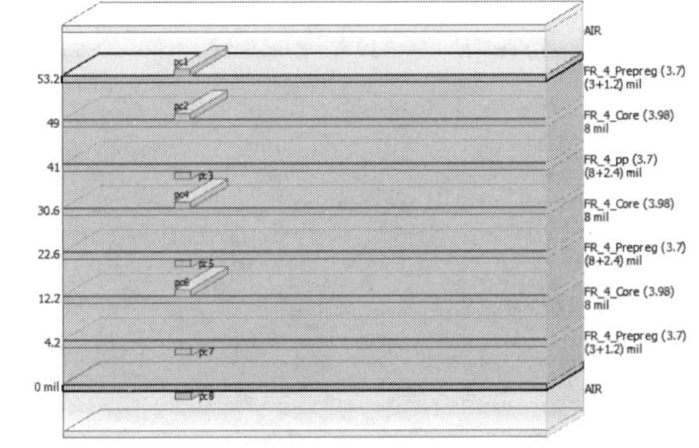

图 3.24 设置导体后的层叠结构

由于模板的材料与需要使用的材料不一样，所以需要修改材料。选择对应的介质，在对应 Material（材料）栏中单击下拉菜单选择即可，对于 pc1 和 pc2 之间的 Material，选择 FR_4_Prepreg（3.7），如图 3.25 所示。

使用相同的操作方法分别设置其他介质层，并在 Thickness 栏中设置对应的厚度，设置完成之后层叠如图 3.26 所示。

	Type	Name	Material	Thickness
	Dielectric		AIR	
1	Conductor Layer	pc1 (16)	Copper	1.8 mil
	Dielectric		FR_4_Prepreg (3.7) AIR FR_4_Core (3.98) FR_4_Prepreg (3.7) FR_4_pp (3.7)	3 mil
2	Conductor Layer	pc2 (17)		1.2 mil
	Dielectric			8 mil
3	Conductor Layer	pc3 (18)	Copper	1.2 mil
	Dielectric		FR_4_pp	8 mil
4	Conductor Layer	pc4 (19)	Copper	1.2 mil

图 3.25 设置介质的 Material 内容

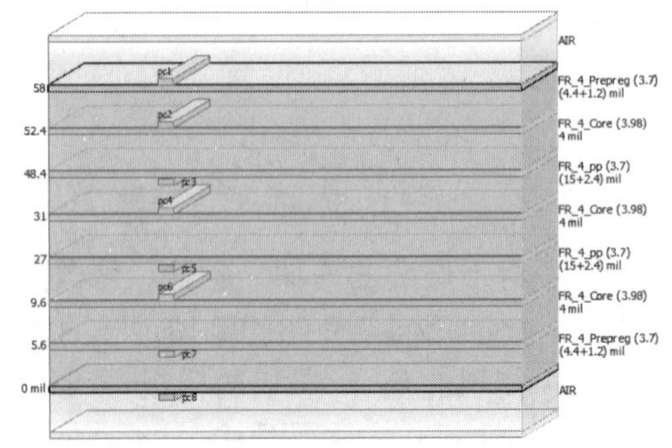

图 3.26 设置材料和厚度信息之后的层叠

3.3.4　添加过孔结构类型

不管是高速电路、高频电路还是芯片设计，都会存在很多的过孔。默认设计都是通孔，但是对于高密度板，盲孔和埋孔也是必不可少的。如何在 ADS 中加入各种过孔结构是仿真工程师必须要了解的。

过孔需要在层叠图形界面添加。选择第一层介质，右击，选择 Map Conductor Via 选项，即添加一个过孔，名称为 hole，如图 3.27 所示。

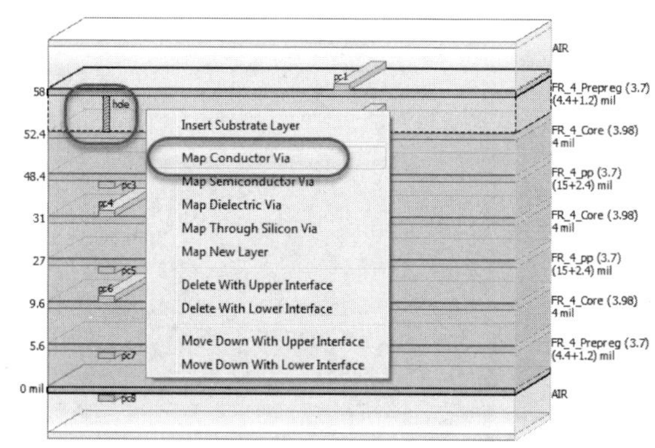

图 3.27　执行 Map Conductor Via 操作（添加过孔）

通常，设计中使用的都是通孔。这时选中过孔，然后按住鼠标左键，将其拖曳到 pc8 层，即完成通孔的设计，如图 3.28 所示。

使用同样的方式可以设置盲孔、埋孔，如图 3.29 所示。

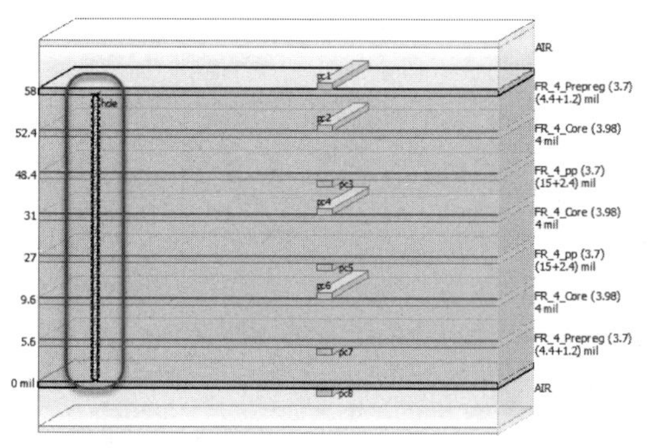
图 3.28　编辑过孔

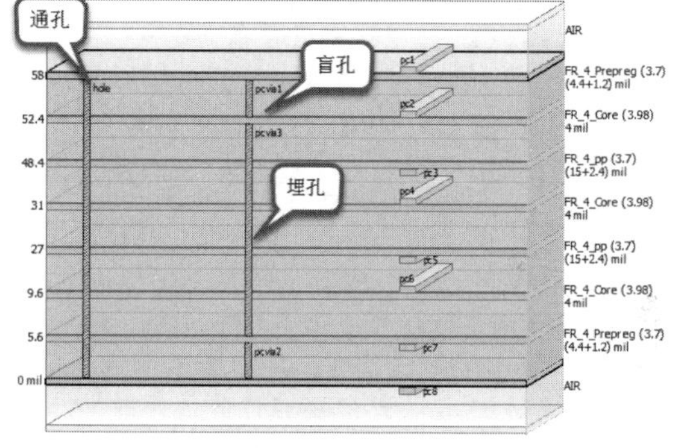

图 3.29　各种过孔设置

3.4　CILD（阻抗计算）

在进行 PCB 设计之前，通常会计算传输线的阻抗，并规范传输线在设计中的参数或者规定其在生产中的偏差。尤其在高速电路中，任何参数的改变都有可能导致设计不成功。

3.4.1　CILD（阻抗计算）介绍

为了方便工程师对传输线阻抗进行计算，以及考察传输线参数的改变对生产良率的影响，可以使用 ADS 中的 CILD。CILD 是 controlled impedance line designer 的缩写，所以 CILD 也被称作受控阻抗线设计，是 ADS 中的一个功能选件，主要用来计算传输线的阻抗、计算生产良率、自定义传输线类型、确定层叠结构等，就其功能而言，我们习惯性地称 CILD 为阻抗计算，CILD 界面如图 3.30 所示。

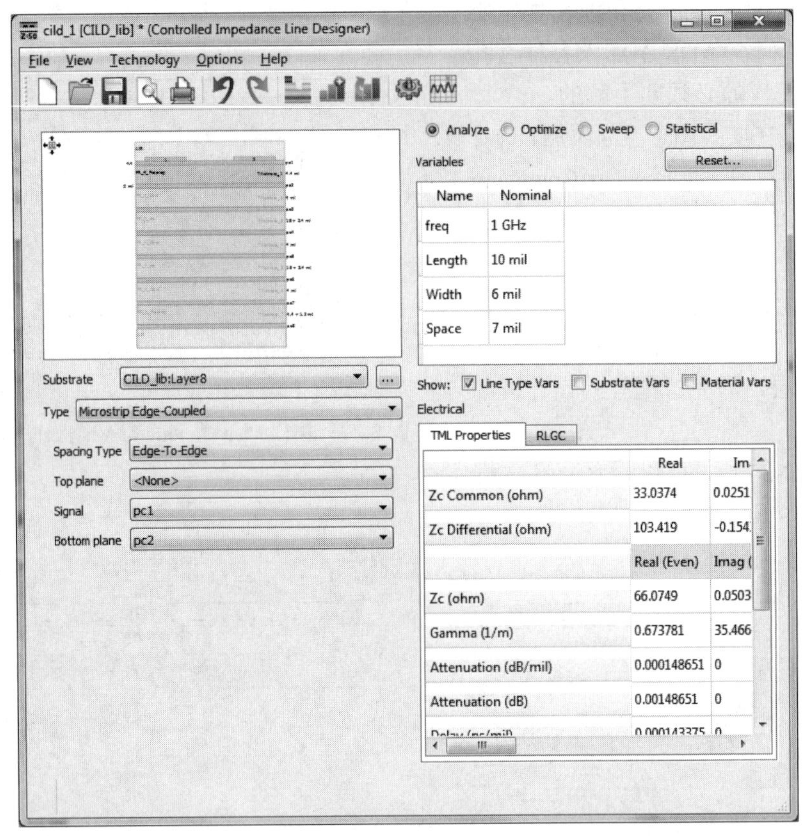

图 3.30　CILD 界面

在高速电路和高频电路中，工程师往往非常重视阻抗控制，所以不管是设计还是生产，大家都非常重视阻抗。那么在电路的设计之初，就可以通过 CILD 进行计算，并通过统计的方式分析参数的偏差对良率的影响。

在层叠界面或在原理图和 Layout 的工具栏中单击 CILD 按钮，都可以直接开启 CILD 工具，如图 3.31 所示。

CILD 窗口的功能区主要分为菜单栏、工具栏、层叠图形、分析类型、变量参数显示栏以及电气参数结果，如图 3.32 所示。

使用 CILD 时，通常需要修改的就是传输线类型的参数、分析的类型以及变量常数。以高速电路为例，常见的阻抗计算分为微带线阻抗计算、带状线阻抗计算和共面波导的阻抗计算。还有一些特殊的应用，比如隔层参考或者不同层的差分阻抗计算等。下面以前面设定的 8 层板为例，分别介绍微带线阻抗计算、参数扫描、统计分析、带状线阻抗计算和共面波导阻抗计算、自定义传输线结构。

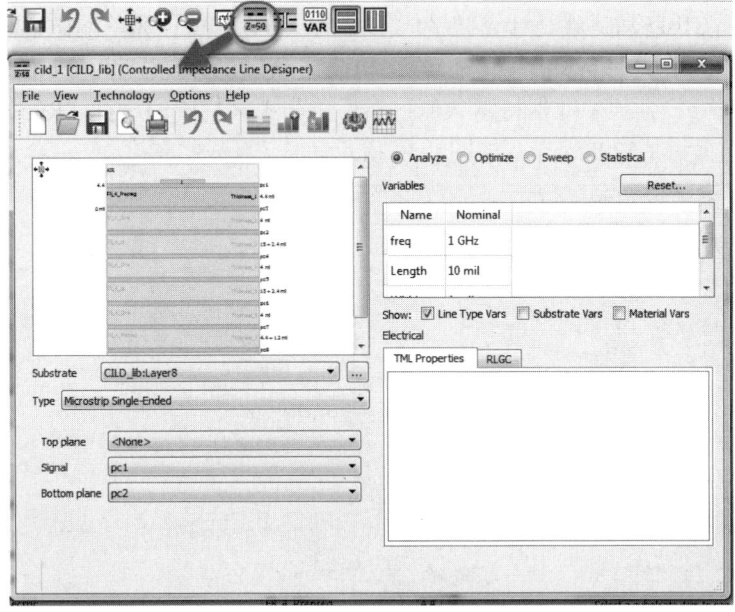

图 3.31　开启 CILD

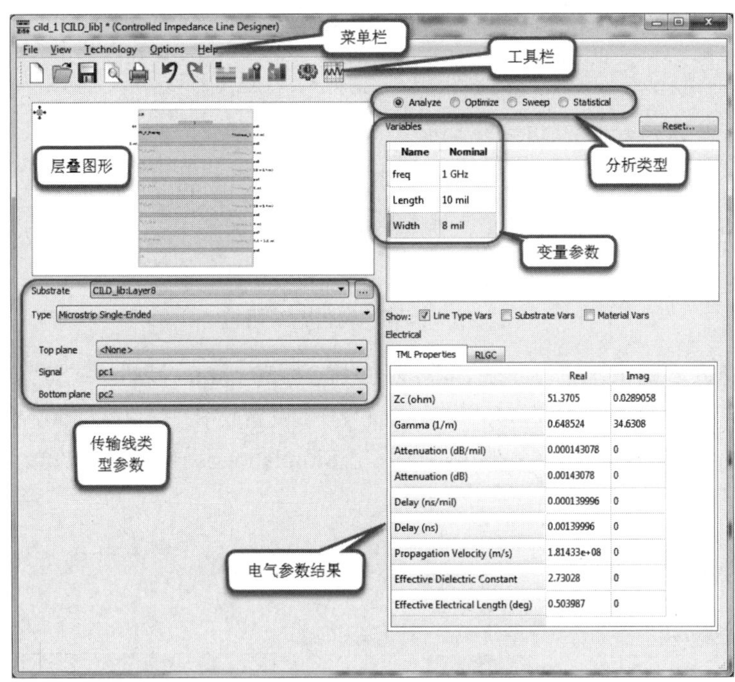

图 3.32　CILD 窗口功能区

3.4.2　微带线阻抗计算

微带线是一种比较特殊的传输线，应用非常广泛，几乎在每一个电子产品中都有使用。微带线分为单端微带线、差分微带线和共面波导微带线。

通常，打开 CILD 默认就是计算微带线的阻抗。所以，在计算单端微带线阻抗时，一般只需要修改变量参数栏的 Width（线宽），比如设置 Width（线宽）为 8 mil，分析类型默认为 Analyze（分析），其他参数保持默认值，然后单击工具栏中的运行（Run）按钮，即可获得 Zc（阻抗）为 51.3705 ohm，如图 3.33 所示。

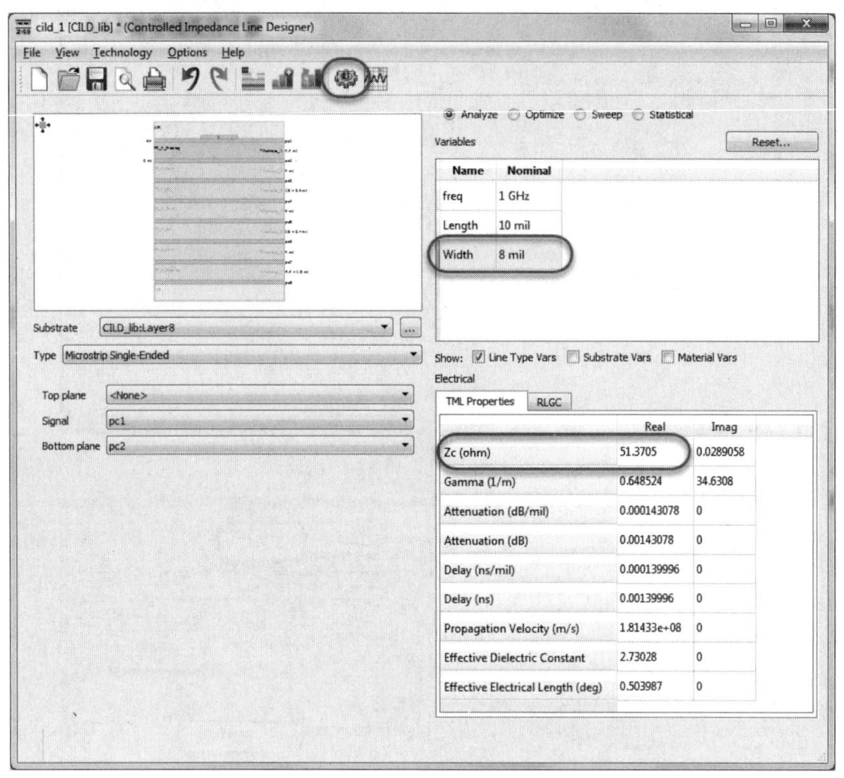

图 3.33　计算单端传输线阻抗

在没有特殊要求的情况下，单端传输线的阻抗为 50 ohm。显然，线宽为 8 mil 时，阻抗超过了 50 ohm。改变分析类型为 Optimize（优化），设置优化目标值为 50，然后单击 Width（线宽）对应的 Optimize（优化）按钮，会弹出 Simulation is running（仿真正在运行）对话框，如图 3.34 所示。

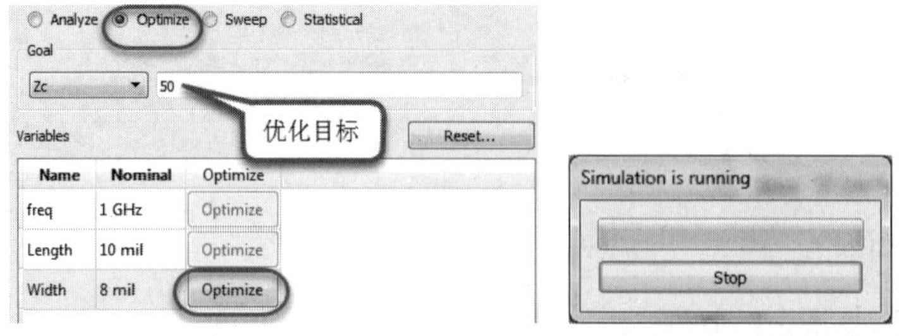

图 3.34　Optimize 操作（阻抗优化）

优化完成后，会获得一个优化之后的 Width（线宽），其值为 8.41495 mil，此时的 Zc（阻抗）为 50 ohm，如图 3.35 所示。

对于确定好的层叠结构，要满足单端传输线 50 ohm 阻抗的要求，只能优化传输线。如果可以修改层叠结构，那么还可以优化传输线到参考层的距离、导体层的厚度、材料参数等。

如果要计算微带差分传输线，则要把传输线的结构 Type（类型）修改为 Microstrip Edge-Coupled，如图 3.36 所示。

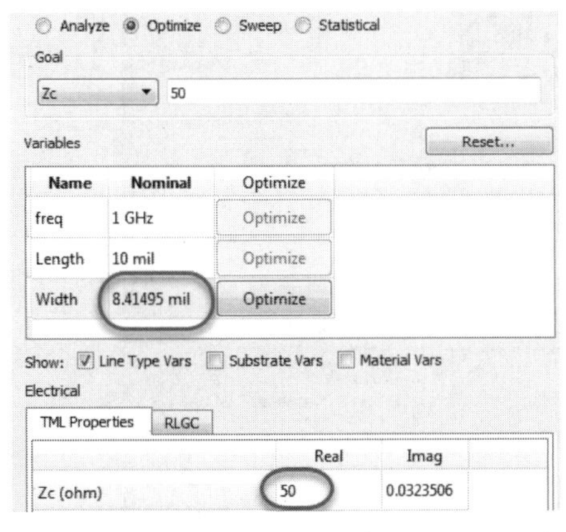

图 3.35　优化后的 Width（线宽）和 Zc（阻抗）

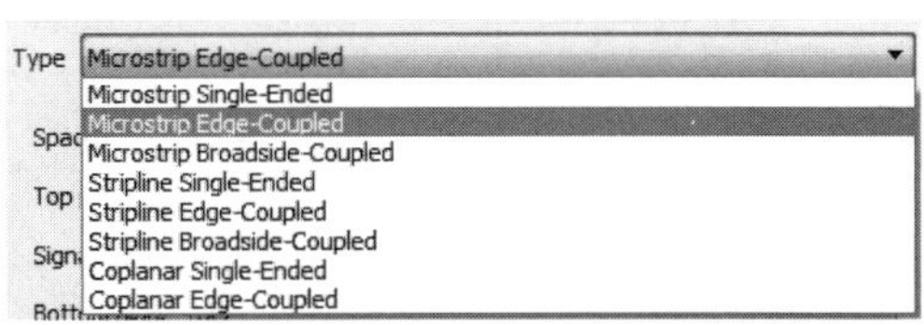

图 3.36　选择 Microstrip Edge-Coupled 微带差分线结构

修改传输线类型后，层叠图形也变成了差分线；增加了一个传输线间的间距，使传输线 Spacing Type（间距类型）保持默认的 Edge-To-Edge（边缘到边缘）类型，如图 3.37 所示。

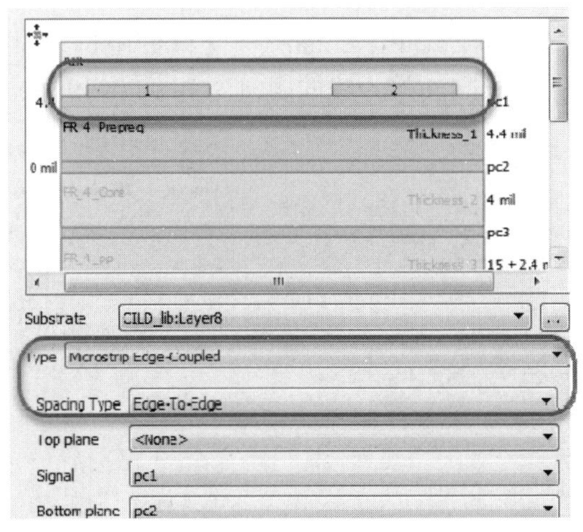

图 3.37　差分线结构

选择（Analyze），修改 Width（线宽）为 6 mil，修改 Space（线间距）为 7 mil，然后单击运行按钮，即可获得 Zc Differential（差分线的阻抗）为 103.419 ohm，如图 3.38 所示。

在没有特殊要求的情况下，差分线的阻抗为 100 ohm，同样，可以通过优化线宽或者线间距使阻抗达到 100 ohm。与单端传输线的优化方式一样，选择优化的目标为 Zc Differential，然后单击 Width（线宽）栏中的 Optimize（优化）按钮进行优化，如图 3.39 所示。

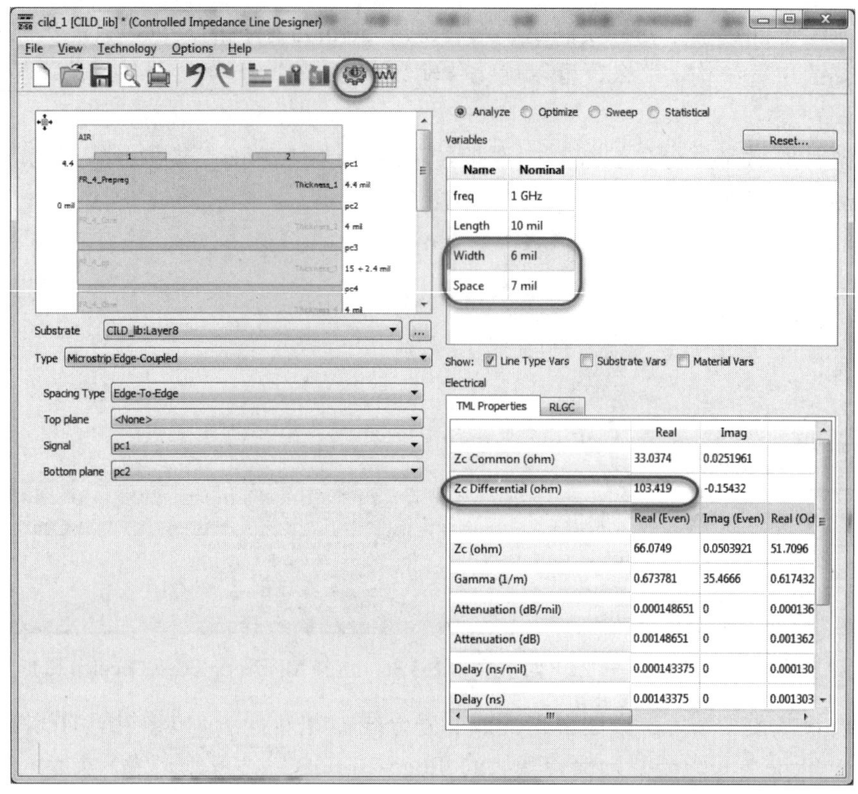

图 3.38　计算差分微带线的阻抗

优化后的 Width（线宽）和 Zc Differential（差分线的阻抗）如图 3.40 所示，Width（线宽）为 6.4676 mil，Zc Differential（差分线的阻抗）为 99.9999 ohm。

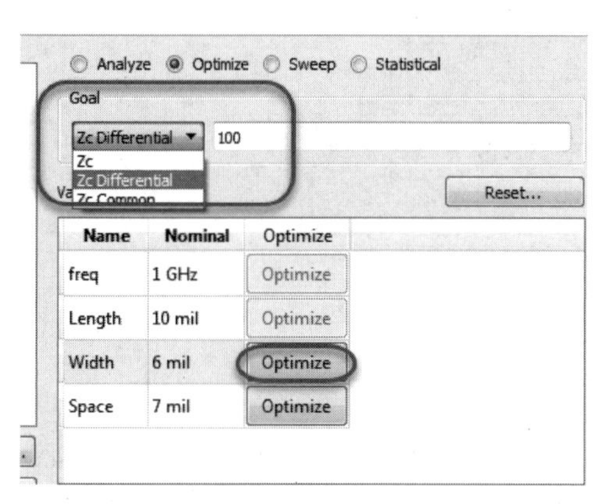

图 3.39　设置优化目标并进行优化

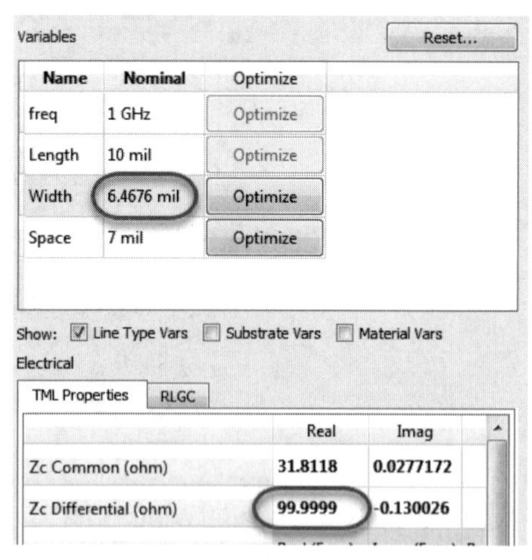

图 3.40　微带差分线优化结果

不管是优化单端传输线还是优化差分传输线，都可能出现无法优化到目标值的情况，这是因为当优化的变量达到极限值时都无法达到目标值，此时分析的最后结果就是计算极限值所得的结果。出现这种情况就需要改变优化的变量，例如当线宽和线间距的各种优化组合都无法满足优化要求时，就需要修改材料、传输线到参考层的距离等层叠相关的参数来完成优化。

另外，优化出来的结果也不一定完全符合设计和生产的要求与精度管控，需要工程师在使用优化结果时进行斟酌，比如上面优化的线宽为 6.4676 mil，可以把设计的线宽调整到 6.47 mil 或 6.5 mil，这样在设计时就更加方便和有效率。

不管是分析还是优化，在电气参数结果一栏不仅有阻抗一个结果，还包含共模阻抗、单位长度的衰减、总的衰减、单位面积的延时、总的延时、传输线速率等，如图 3.41 所示。

还有一种差分微带线阻抗的计算类型就是 Microstrip Broadside-Coupled，差分结构的两段传输线分布在不同的层上，图 3.42 所示为宽边耦合差分对微带结构。

Electrical

TML Properties　RLGC

	Real	Imag		
Zc Common (ohm)	31.8118	0.0277172		
Zc Differential (ohm)	99.9999	-0.130026		
	Real (Even)	Imag (Even)	Real (Odd)	Imag (Odd)
Zc (ohm)	63.6236	0.0554343	50	-0.0650131
Gamma (1/m)	0.676105	35.6001	0.617984	32.3804
Attenuation (dB/mil)	0.000149163	0	0.000136341	0
Attenuation (dB)	0.00149163	0	0.00136341	0
Delay (ns/mil)	0.000143914	0	0.000130899	0
Delay (ns)	0.00143914	0	0.00130899	0
Propagation Velocity (m/s)	1.76494e+08	0	1.94043e+08	0
Effective Dielectric Constant	2.88525	0	2.38696	0
Effective Electrical Length (deg)	0.518092	0	0.471236	0

图 3.41　电气参数结果

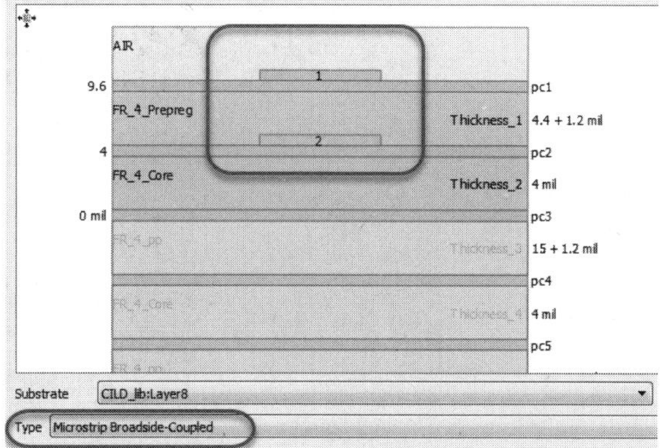

图 3.42　宽边耦合差分对微带结构

阻抗的计算方式是一样的，在此不再赘述。

3.4.3　参数的扫描

计算阻抗时，如果有两个或多个变量同时变化，简单地使用优化难以快速有效地找到一个比较合适的值。通过参数的扫描会更有效率，也可以更清晰地观察多个变量变化时阻抗的改变。以上述差分线为例，分析的类型为 Sweep（扫描），以扫描 Variables（变量）中的 Width（线宽）和 Space（线间距）为例。选中 Width 和 Space 对应的 Sweep 栏；选择 Sweep Type（扫描类型）为 Linear；扫描线宽的 Start（起始）为 5 mil，Stop（终止）为 7 mil，Step（步长）为 0.5 mil，Npts 栏为 6（表示一共扫描 6 次）；同样设置扫描 Space（线间距）的 Start（起始）为 6 mil，Stop（终止）为 8 mil，Step（步长）为 0.5 mil，Npts 为 6，单击工具栏上的运行按钮即开始扫描仿真，如图 3.43 所示。

两个参数分别扫描 6 次，所以一共会扫描 36 次，仿真完成后会弹出一个数据显示窗口，在数据显示窗口中会显示奇模相关的结果、偶模相关的结果、RLGC 的仿真结果和耦合系数，如图 3.44 所示。

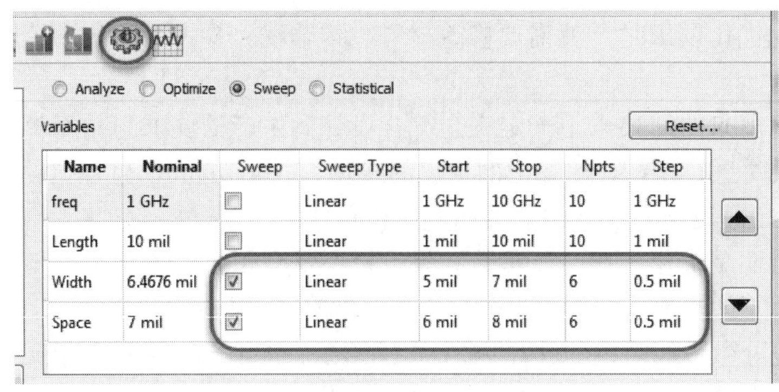

图 3.43　设置扫描参数并运行仿真

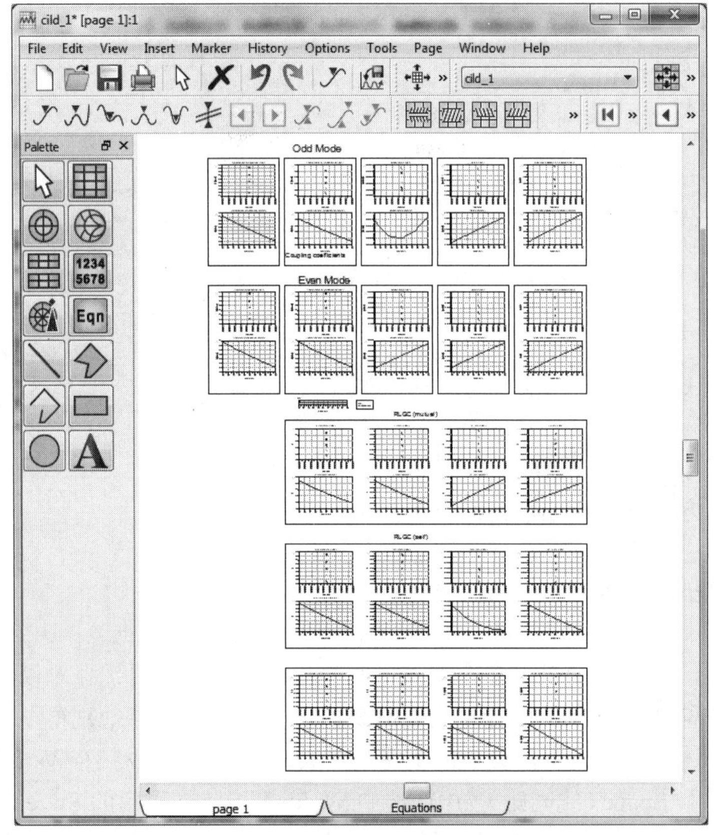

图 3.44　扫描仿真结果

由于数据显示窗口中包含的内容非常多，如果只是分析阻抗，那么查看 Differential Impedance(Width)（奇模差分阻抗）即可，如图 3.45 所示。

从 Differential Impedance(Width)结果中可以看到，差分阻抗随着线宽的增大而变小。如果要查看不同的线间距带来的影响，则要改变图 3.46 中 Space 线间距的标记点。

默认值是间距的起始值。选中 m3 标记点其将变为淡蓝色，此时拖曳 m3 或按键盘上的左右方向键即可改变 m3 的值，对应的差分线阻抗也会随之改变。

Odd Mode

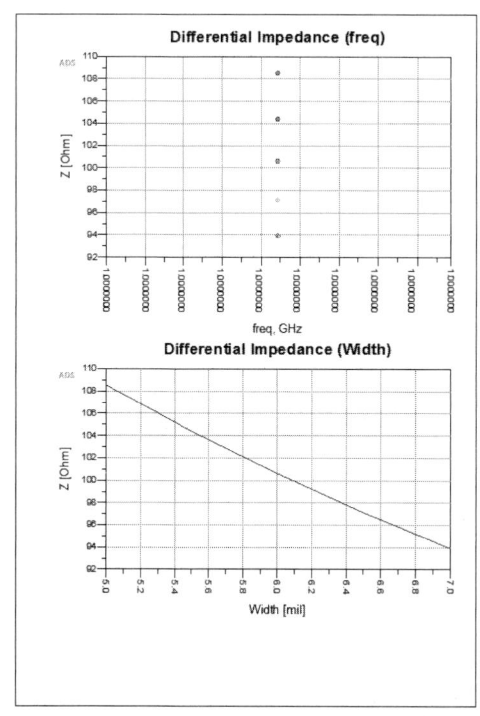

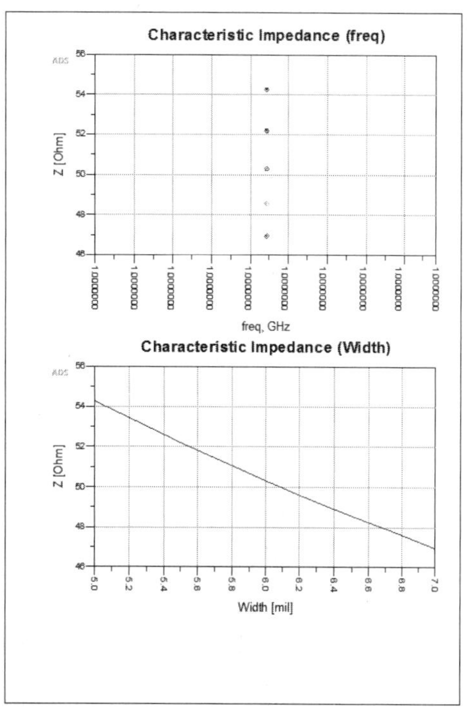

图 3.45　Differential Impedance（Width）（奇模差分阻抗）和 Characteristic Impedance（Width）（特性阻抗）

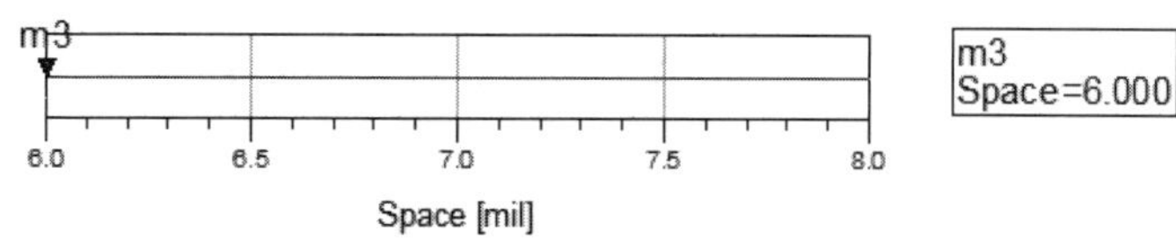

图 3.46　线间距滑动器

3.4.4　统计分析

统计分析常用于制定设计规则、分析生产偏差对结果的影响。以分析生产偏差带来的影响为例，比如工程师经常会要求 PCB 生产商控制线宽的偏差不要超过线宽的 10%，那么 10%之内到底会使阻抗变化多少，很多工程师并没有一个非常明确的概念。以上述微带差分线为例，使用统计分析时，在分析类型中就需要选择 Statistical（统计分析）；设定统计的数量，在本案例中，将 Num Iteration 设置为 1000；选中 Width 对应的 Stat（选项），设置 Width（线宽）为 6.4676 mil；在 Stat Type 栏选择 Gauss（高斯）分布，Stat Value 选择如图所示内容，即统计标准差为 10%；其他参数保持默认值，在工具栏上单击运行按钮进行仿真，如图 3.47 所示。

统计分析完成后，弹出分析结果窗口，结果包含线宽的高斯分布图、奇模结果、偶模结果、RLGC 的结果，都是以直方图的形式显示，如图 3.48 所示。

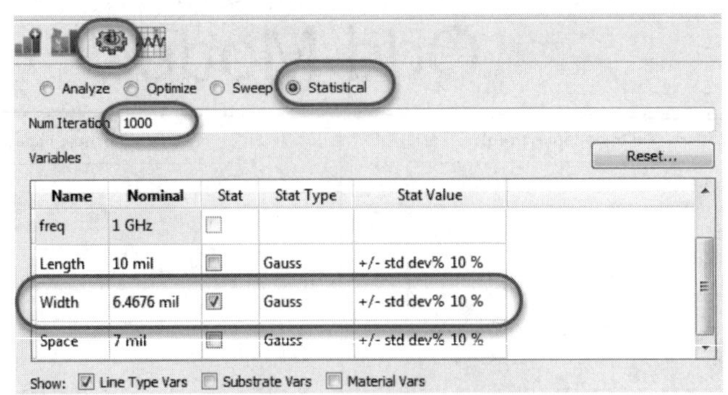

图 3.47　统计分析设置

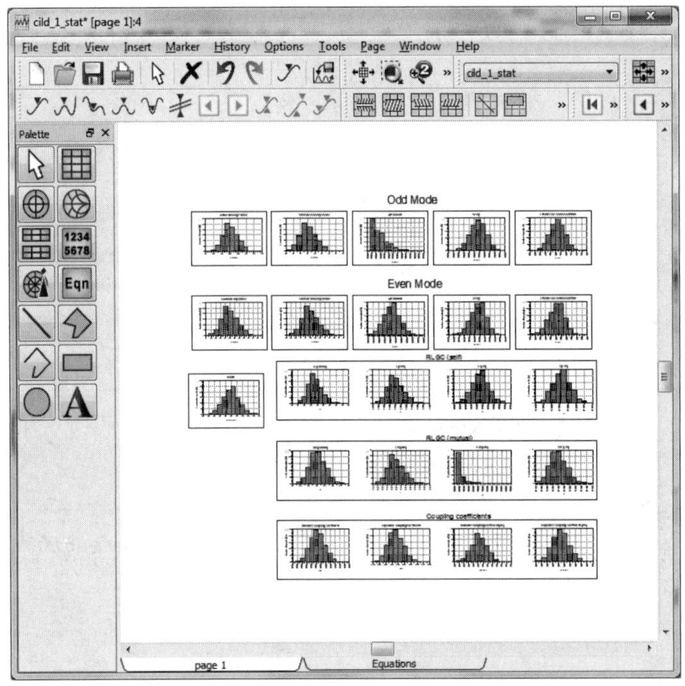

图 3.48　统计分析结果

以奇模的差分阻抗为例，当线宽为 6.4676 mil，高斯分布的标准差为 10%时，阻抗在 90～110 ohm 占比达到了 95%以上。工程师可以以此为判断依据，判断是否满足产品的设计要求。差分阻抗直方图如图 3.49 所示。

当然，这只是分析的线宽，还可以对多个变量同时进行统计分析。比如工厂的 PCB 材料参数也有可能是在某一个范围内变化的，通过这样的统计分析，就可以制定一个可执行的检验标准。

3.4.5　带状线阻抗计算

带状线的阻抗计算和微带线的阻抗计算是一样的，只是微带线只有一个参考平面，而带状线有两个参考平面，所以对参考平面选择与微带线是不一样的。

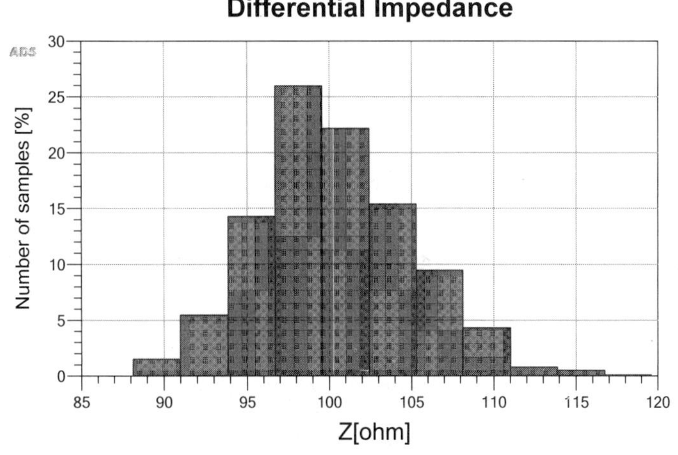

图 3.49　统计的差分阻抗

首先选择传输线的类型，带状线也有 3 种类型，分别为 Stripline Single-Ended（单端带状线）、Stripline Edge-Coupled（差分带状线）和 Stripline BroadSide-Coupled（宽边耦合差分带状线）。

在 Type 中选择 Stripline Edge-Coupled，在 Top plane 中选择 pc2，在 Signal 中选择 pc3，在 Bottom plane 中选择 pc4。对于不同的项目，选择的层可能也不相同。设置 Width（线宽）为 4.7 mil，Space（线间距）为 7 mil，单击工具栏上的运行按钮，计算出来的 Zc Differential（阻抗）约为 90 ohm。这就符合了 USB2.0 阻抗的要求。相关的设置如图 3.50 所示。

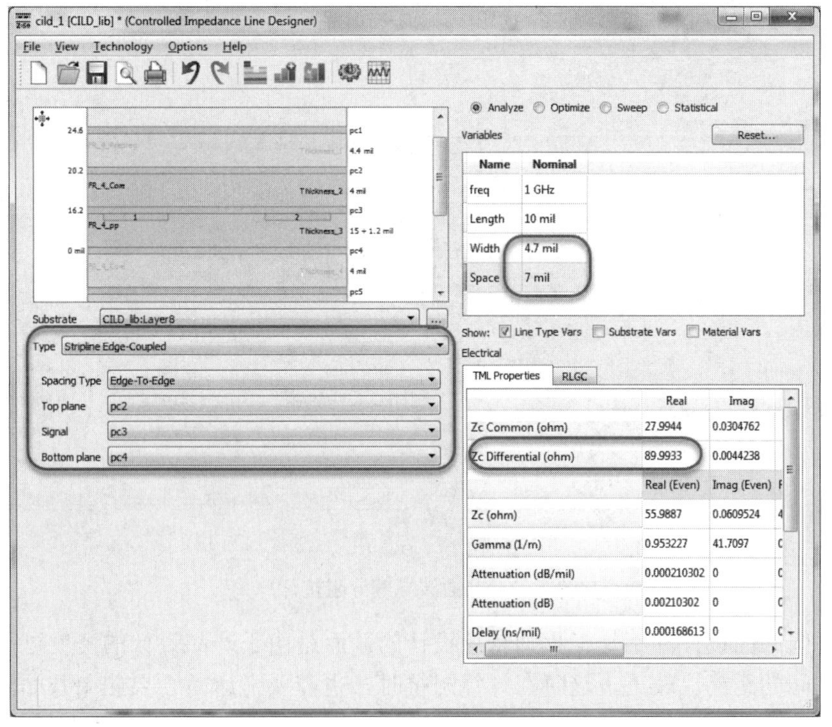

图 3.50　带状线差分阻抗计算

对于单端和宽边的带状线的计算方式在此不再赘述，工程师可以自行计算。

3.4.6 共面波导线阻抗计算

在之前，共面波导的传输线结构主要应用在微波射频的产品上，随着电子产品的成本管控越来越严格，很多高速的产品都使用 2 层板的设计，对于有阻抗要求的高速信号就必须使用共面波导的结构。当然，对于多层板的产品，有一些传输线也使用了共面波导的结构。共面波导在连接器等产品中的使用也非常广泛。

共面波导的结构既存在于微带线结构中，也可能存在于带状线结构中。同样，共面波导也有单端（Coplanar Single-Ended）和差分（Coplanar Edge-Coupled）之分。不管是哪一种，计算方式都是一样的。以差分微带线共面波导传输线为例进行介绍。

在 Type 中选择传输线结构为 Coplanar Edge-Coupled，设置 Signal 为 pc1，设置 Bottom plane 为 pc2。Width（线宽）为 6 mil，Space（线间距）为 7 mil，Clearance（传输线到共面的距离）为 4.8 mil，其他参数保持默认设置，单击工具栏上的运行按钮，得到 Zc Differential（差分阻抗）约为 100 ohm，如图 3.51 所示。

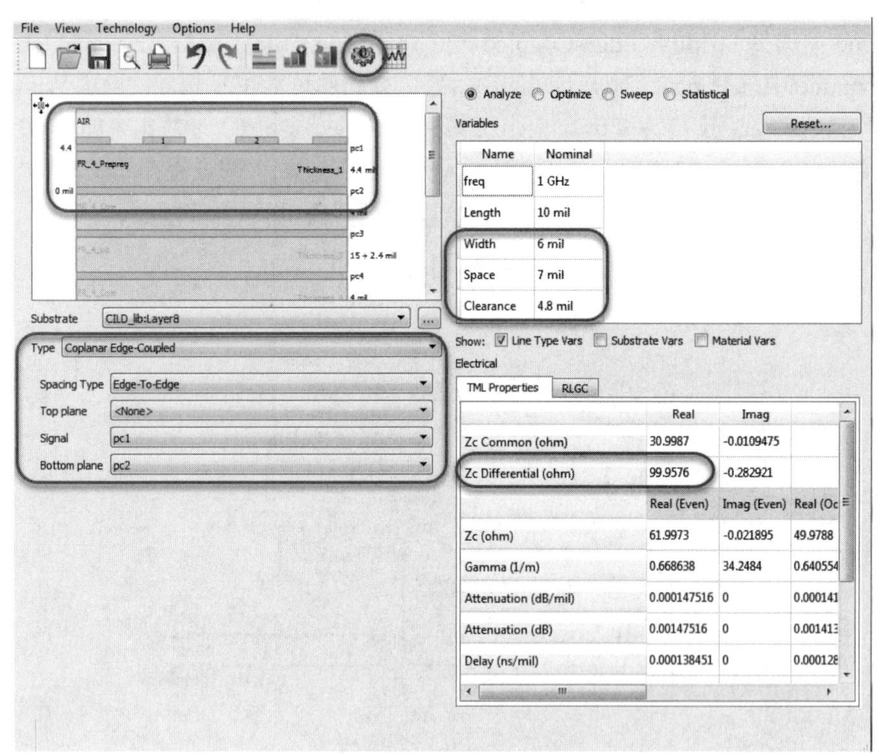

图 3.51 共面波导差分阻抗计算

很多时候共面设计并不是工程师特意设计的，而是由于产品设计的密度过高，传输线与传输线之间的距离比较近，这时在计算阻抗时，也需要考虑是否要应用共面波导结构进行阻抗的计算。

3.4.7　自定义传输线结构

ADS 中传输线的模型结构非常多，由于传输线的结构千变万化，所以再多的结构都可能不够，这时就可以在 CILD 中自定义一些传输线的结构。比如，需要计算 2 对微带差分对的结构。

在 CILD 的工具栏上单击向库中添加新的传输线结构（Add new line Type Definition To Library）按钮，即打开一个添加传输线类型的对话框，如图 3.52 所示。

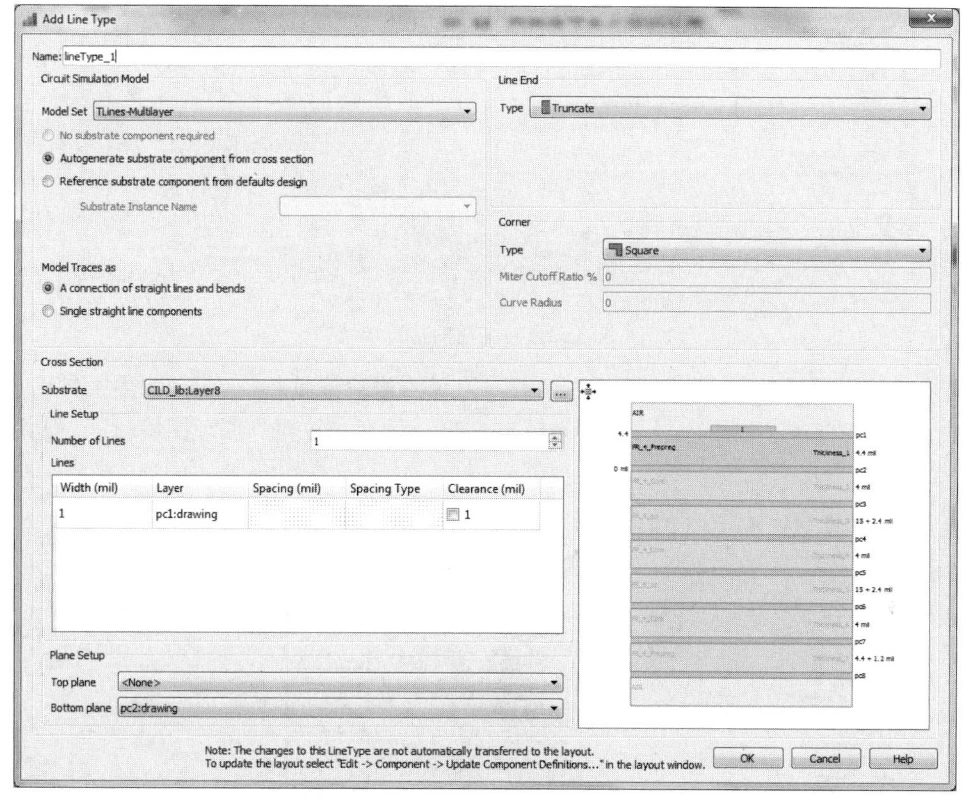

图 3.52　添加传输线类型界面

在这个对话框中可以为新的传输线命名，选择传输线电路仿真的模型、传输线的结构形状、传输线使用的层叠结构、传输线的数量、转角的形状等。这都需要根据实际情况而定。本案例只设定名称、传输线的数量以及传输线与传输线之间的距离即可，其他参数都保持默认值。

在 Name（名称）栏中添加新建传输线结构的名称，也可以保持默认值，本案例添加的是 2 对微带差分对，所以使用的名称为 2Pairs_ML；Number of Lines（传输线的数量）为 4，设置 Width（线宽）都为 6.47 mil；传输线对内（1 与 2）的 Spacing（距离）为 7 mil，对与对（2 与 3）之间的 Spacing（距离）为 14 mil，不考虑共面波导的情况，具体设置如图 3.53 所示。

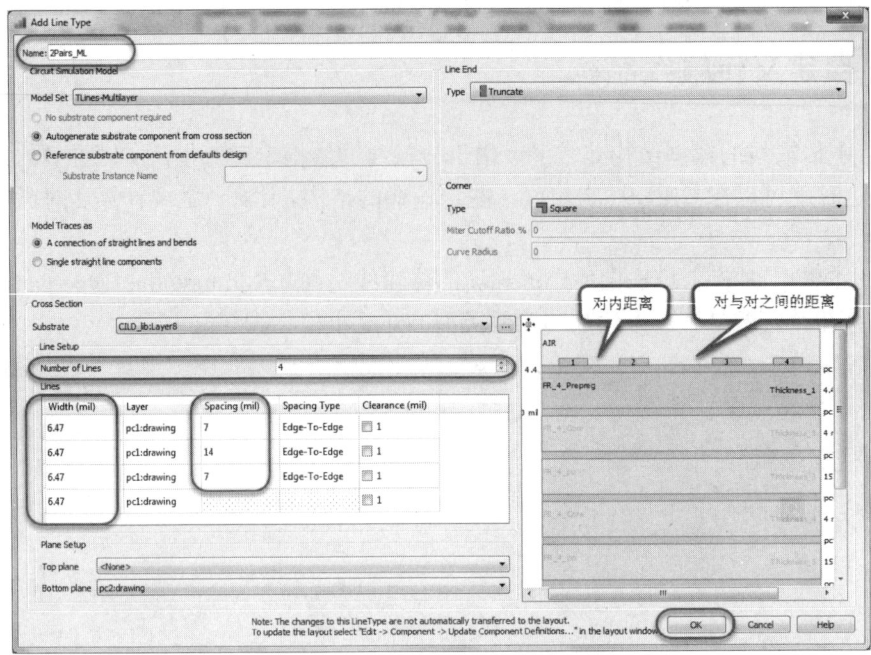

图 3.53　定义新的传输线结构

定义完成后单击 OK 按钮即定义好了一种新的传输线结构。在原理图中使用时，在 Palettes 中选择 TLines-LineType，然后选择 LTLINE4 元件，放置到原理图编辑区，如图 3.54 所示。

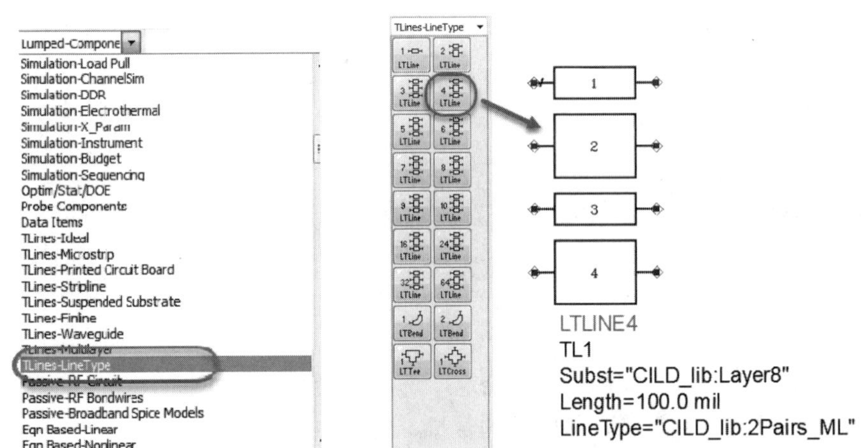

图 3.54　应用新的传输线结构

注：为了表述方便，本书使用的元件名称与图中元件是相对应的，如 LTLINE4 对应 4LTLine 图标。

由于本案例只定义了一种新的结构，所以从库中选择元件时就默认使用了新定义的传输线结构。如果定义了很多类型，就需要在原理图编辑区双击元件，然后在打开的对话框中，在 Line Type 栏的下拉菜单中选择需要使用的结构；如果没有合适的，也可以单击 Edit 按钮进一步编辑，如图 3.55 所示。

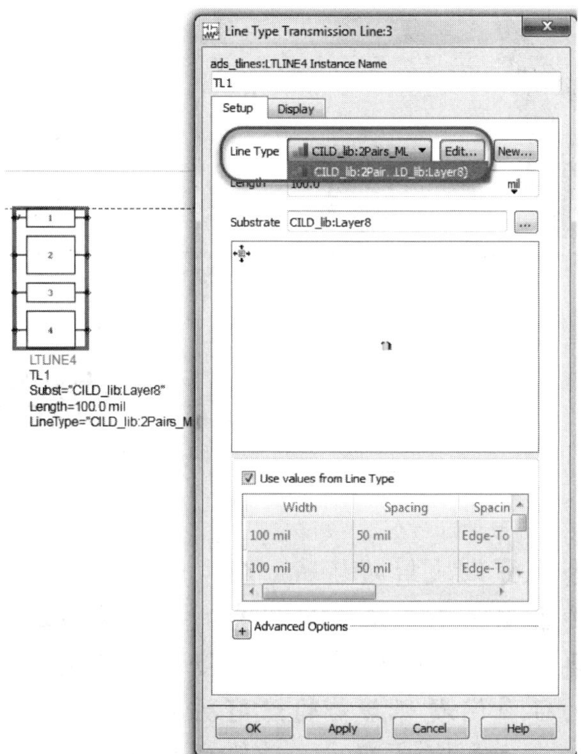

图 3.55　选择新定义的传输线结构

选择好之后，再根据实际应用的情况定义传输线的 Length（长度），这时就不需要再定义层叠结构就可以直接使用。

本 章 小 结

对于信号完整性和电源完整性仿真而言，最重要的就是建模要准确，而 PCB 材料以及层叠是建模最基本的元素。本章介绍了 PCB 材料、层叠设计以及 PCB 材料对信号完整性的影响，主要介绍了 CILD 的基本应用以及如何进行传输线阻抗的计算。

第 4 章

传输线及端接

传输线的概念来自微波射频领域。在电路设计中，信号速率比较低的时候，都是把电路当作一个个体进行研究。当信号的速率比较高时，各类元器件都已经不再简单。传输线是传输链路上非常重要的一环，高速电路和信号完整性中的很多问题都与传输线有关联。本书前面的内容中对传输线的定义做了说明，对于 PCB 而言，传输线主要分为微带线和带状线，其中都包括单端传输线和差分传输线（在 PCB 设计中，共面波导线是一种比较特殊的传输线）。

4.1 传 输 线

在高速数字电路设计中，传输线设计的好坏决定着信号质量的好坏。传输线的类型非常多，按不同的应用领域有不同的分类方式，在高速电路领域，传输线主要有微带线、带状线、共面波导、线缆和连接器等，图 4.1 所示为 PCB 板上常用的三种传输线，即微带线、带状线和共面波导线的示意图。

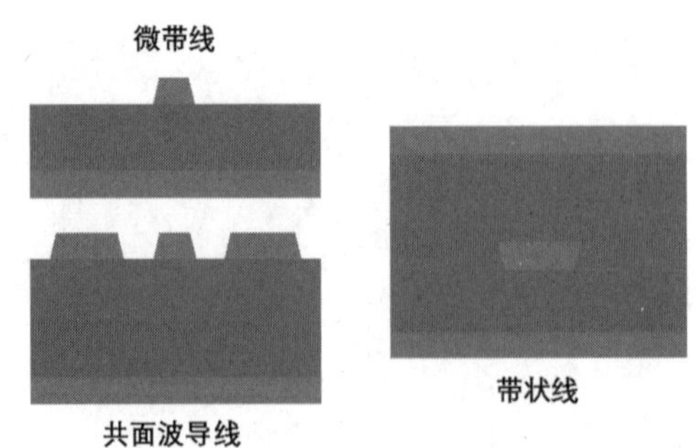

图 4.1　微带线、带状线和共面波导线示意图

这三种传输线还可以进一步细分，比如微带线可以分为嵌入式的微带线、盖绿油的微带线、共面微带线等。不同类型的传输线之间都会有一些异同点。

还有一种传输线的分类方式是把传输线分为理想传输线和有损传输线。简单理解，理想传输线就是没有损耗的传输线，所以也叫无损传输线，其简化模型如图 4.2 所示；有损传输线就是有损耗的传输线，其简化模型如图 4.3 所示。

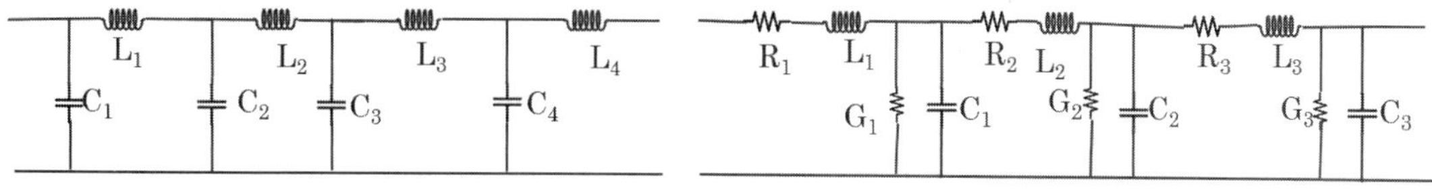

图 4.2　理想传输线模型　　　　图 4.3　有损传输线模型

虽然在实际产品设计中不存在理想传输线，但是在信号完整性理论分析和前仿真时，为了验证某些信号完整性的现象，经常会使用到理想传输线。从简化模型上可以看到，理想传输线只与电感和电容有关，所以在使用理想传输线时只需要考虑阻抗和延时。在日常工作中经常使用到的阻抗为

$$Z=\sqrt{\frac{L}{C}} \tag{4-1}$$

Z——传输线阻抗；

L——传输线单位电感；

C——电容。

L 和 C 表示理想传输线的寄生电感和寄生电容，如一段传输线的 L=7.4nH，C=3pF。根据理想传输线阻抗的经验公式可以计算出阻抗，把 L 和 C 的值带入式（4-1）中，计算出阻抗约为 50ohm。在一般的信号完整性设计和分析中，可以使用式（4-1）做一些简单快速的评估。

4.2　ADS 中的各类传输线

传输线的种类非常多，为了满足前仿真和后仿真的各种复杂情况的要求，ADS 中包含了非常多的传输线模型，有 TLines-Ideal（理想传输线）、TLines-Microstrip（微带线）、TLines-Stripline（带状线）、TLines-Multilayer（多层结构的传输线模型）、TLines-Waveguide（共面波导）、TLines-Printed Circuit Board（PCB 模型库）、TLines-LineType（自定义模型库）等。图 4.4 所示为 ADS 中常用的各个传输线模型库。

针对不一样的工程和应用，工程师在使用的时候就需要有针对性地选择模型库。比如，射频工程师经常使用的是微带线和带状线模型库进行射频电路相关的前仿真，信号完整性工程师经常使用多层结构的传输线模型库进行信号完整性的前仿真，还有使用 PCB 模型库进行 PCB 仿真分析和使用理想传输线模型库进行一些理论的研究等。

由于每一个传输线模型库中都包含了各种不同类型的元件，在确定使用某一类传输线模型库之后，还需要根据实际的应用选择特定的元件。

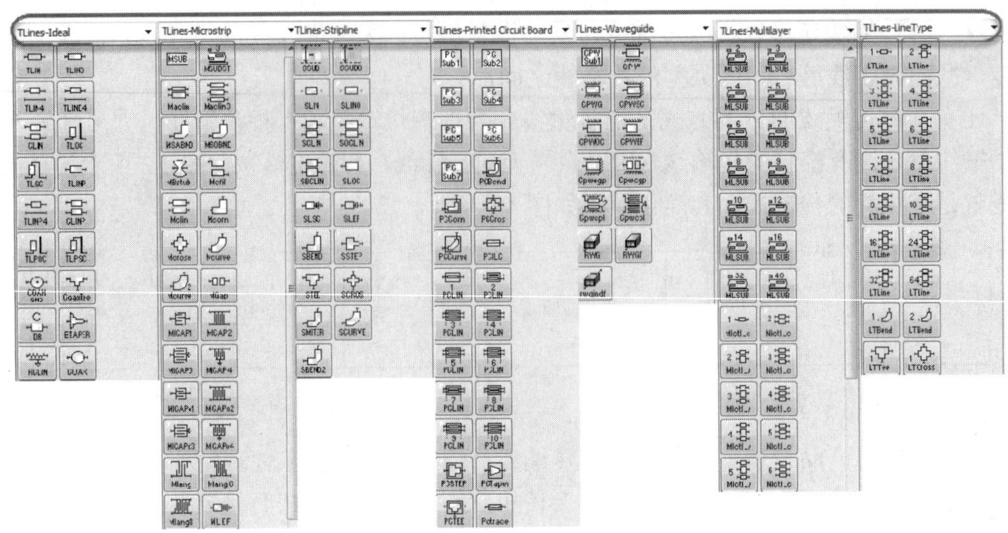

图 4.4　ADS 中常用的传输线模型库

4.2.1　理想传输线模型

前面介绍了理想传输线的基本概念和简化的模型，在实际的工作中使用理想传输线可以对很多物理现象和问题进行一些简单的解释和分析。在 ADS 的理想传输线模型库中也包含了很多的元件，有单端的理想传输线元件 TLIN、TLIND，差分的理想传输线元件 CLIN，同轴的传输线元件 COAX、COAX_MDS 等。

在使用理想传输线时，只需要定义其 Delay（延迟）和 Z（阻抗）。以 TLIND 为例，参数设置如图 4.5 所示。

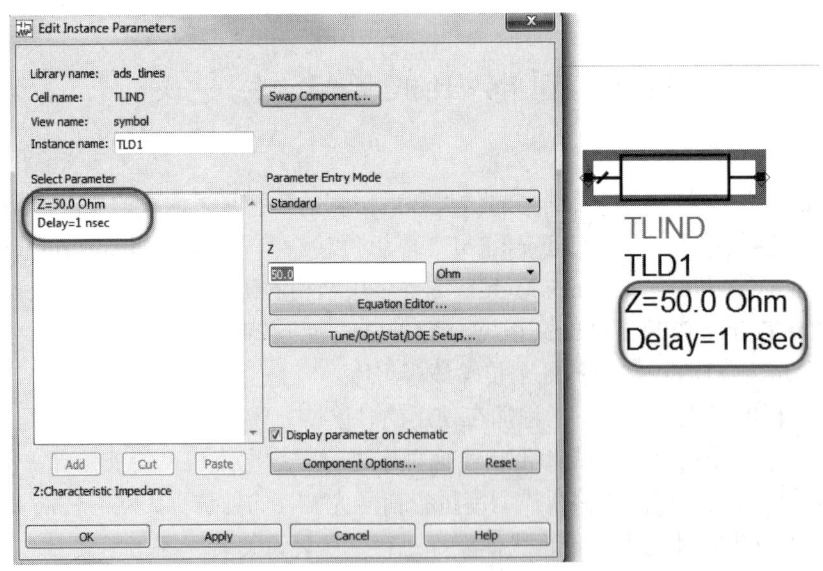

图 4.5　定义单端理想传输线

注：为了表述方便，本书使用的元件名称与图中元件是相对应的，后文同。

在信号完整性中，分析阻抗、损耗、时序等问题时常会使用理想传输线。

4.2.2　微带线和带状线模型

微带线和带状线都属于有损传输线，不管是高速数字电路还是射频微波电路都会使用微带线和带状线模型。在 ADS 中使用微带线和带状线模型库中的元件时，首先需要定义其传输线的层叠结构，然后选择传输线的元件。

比如，定义一段对称结构的差分微带线。在 Parts 中选择 TLines-Microstrip，然后选择 MSUB 元件放置到原理图编辑区中，如图 4.6 所示。

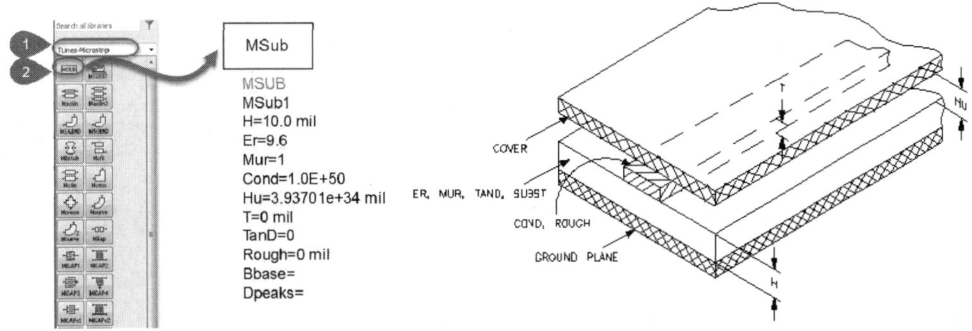

图 4.6　调入微带线层叠结构元件及其示意图

微带线参数的设置与层叠参数的设置类似，包括传输线到参考层的距离（H）、介质层的介电常数（Er）、介质层的介质损耗角（TanD）、介质的模型（DielectricLossModel）、导体的导电率（Cond）、导体的厚度（T）、金属粗糙度（Rough）和粗糙度模型（RoughnessModel）等。双击元件 MSub 后，在元件属性对话框中设置或者在元件中对应的参数后面直接设置，所有的参数根据实际的层叠结构设置，如图 4.7 所示。

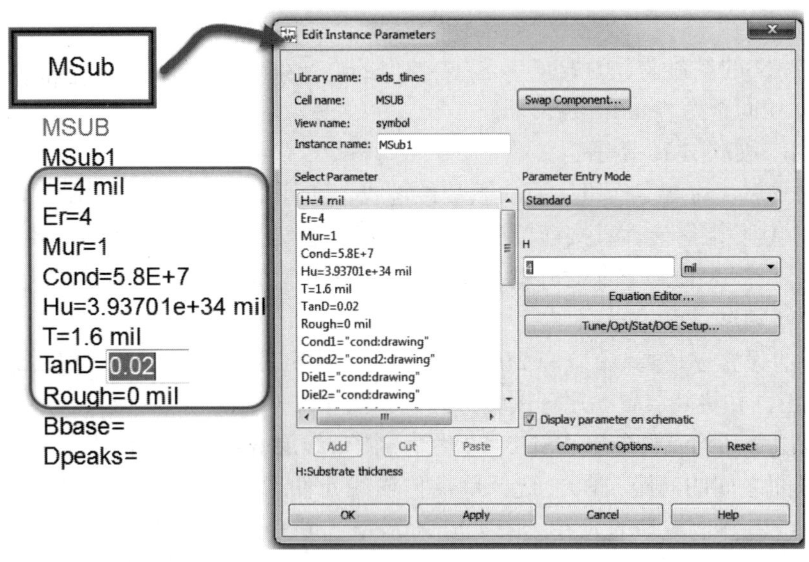

图 4.7　编辑微带线元件的属性

此层叠默认的名称为 MSub1。在设置微带线元件的物理结构参数时一定要注意单位，默认值为 mil。微带线元件属性有很多，根据实际的需求进行选择和设置，比如在仿真一些频率不是特别高的信号时，金属的粗糙度可以保持默认的参数设置（默认值为 0）。

设置好层叠之后，同样在微带线模型库中选择差分对元件（MCLIN），将其拖入原理图的编辑区，如图 4.8 所示。

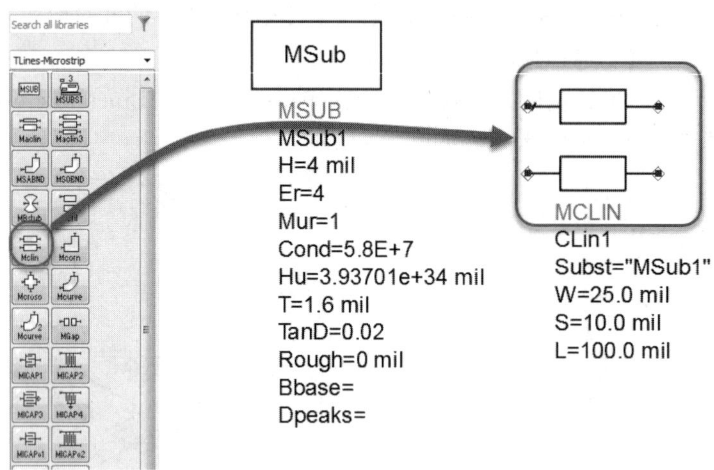

图 4.8　调入差分对元件 MCLIN

将差分对元件 MCLIN 拖入编辑区之后，默认选择的层叠为 MSub1，如果有多个微带线层叠结构，一定要注意选择。然后设置传输线的物理尺寸，差分对元件 MCLIN 的物理尺寸参数包括传输线的线宽（W）、线间距（S）和传输线的长度（L），物理结构示意图如图 4.9 所示。

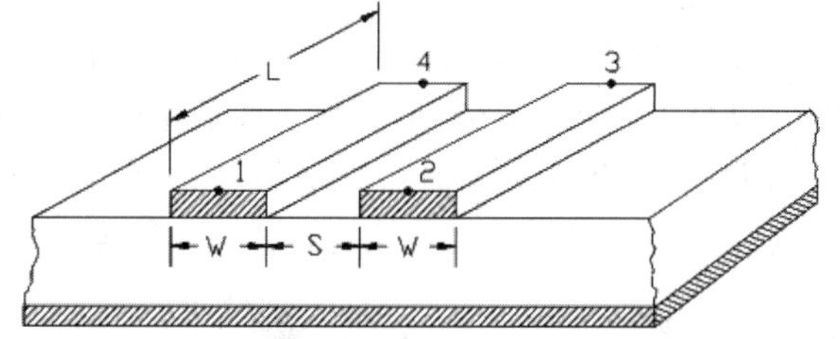

图 4.9　差分对元件 Mclin 的物理结构示意图

将 MCLIN 的参数设置为线宽为 5.7 mil，线间距为 7 mil，线长为 6000.0 mil，如图 4.10 所示。

设置完成后，这就是一段完整的微带传输线。在使用时，可以与激励源、发送端、过孔、S 参数、接收端等元件直接连接在一起。微带传输线模型库中还包括很多其他元件，如单端传输线元件（MLIN）、非对称耦合线元件（Maclin）、非对称三条耦合线元件（Maclin3）和过孔元件（VIA）等。

带状线的设置也是类似的。首先选择带状线模型库 TLines-Stripline，然后选择带状线层叠模型 SSUB，并将其放置在原理图编辑区，如图 4.11 所示。

带状线层叠结构元件参数 SSUB 的设置与微带线层叠结构参数的设置类似，不同的参数是参考平面之间的间距（B）。选择单端传输线元件（SLIN）或者带状差分传输线元件（SCLIN）或者其他类型的元件。图 4.12 所示是一段差分传输线元件的参数设置信息。

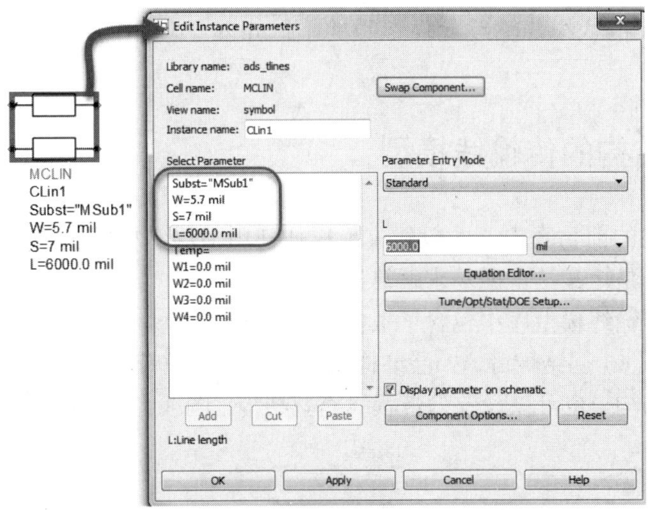

图 4.10　设置微带差分传输线元件 Mclin 的参数

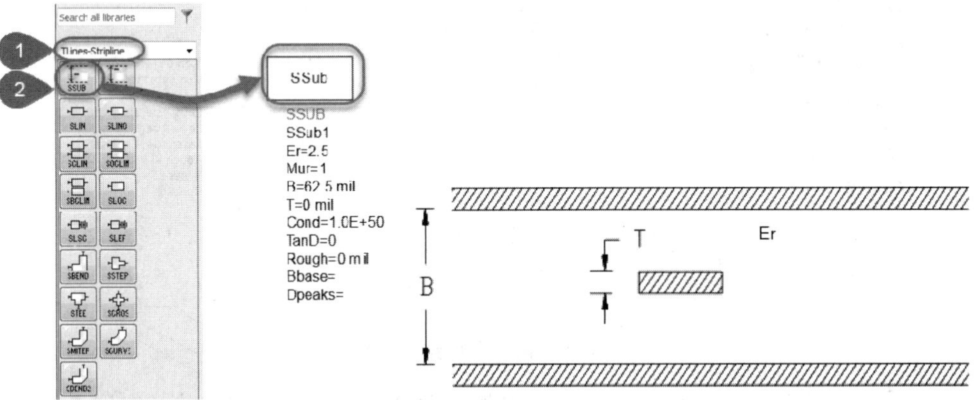

图 4.11　调入带状线层叠结构元件 SSUB 及其示意图

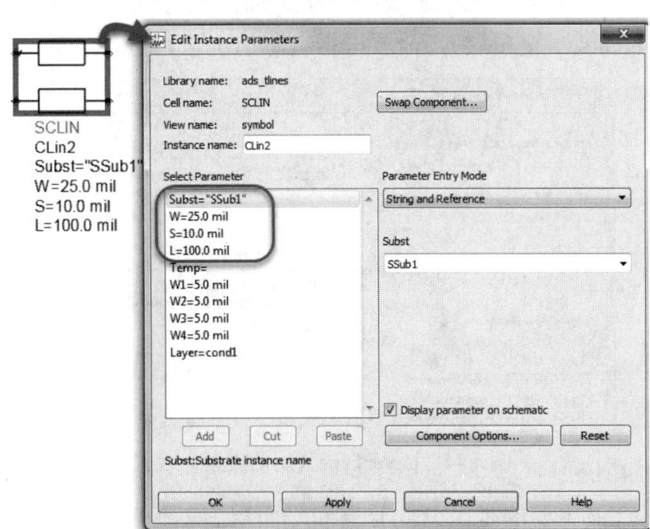

图 4.12　设置带状差分传输线元件 SCLIN 的参数

设置微带线和带状线传输线元件参数的不同点在于使用的层叠结构不同，其他设置类似。

4.2.3 多层结构的传输线模型

在信号完整性的前仿真中，一般建议工程师使用多层结构的传输线模型，多层结构的传输线模型使用的是矩量法电磁场求解算法。

多层结构的传输线模型库中包含了很多种层叠结构类型，如 2 层结构、3 层结构、4 层结构、12 层结构、40 层结构等。2 层结构就相当于一个微带线层叠结构模型，3 层结构可以设定为微带线结构，也可以设定为带状线模型结构。图 4.13 所示为调入了 2 层、3 层和 4 层的层叠结构元件。

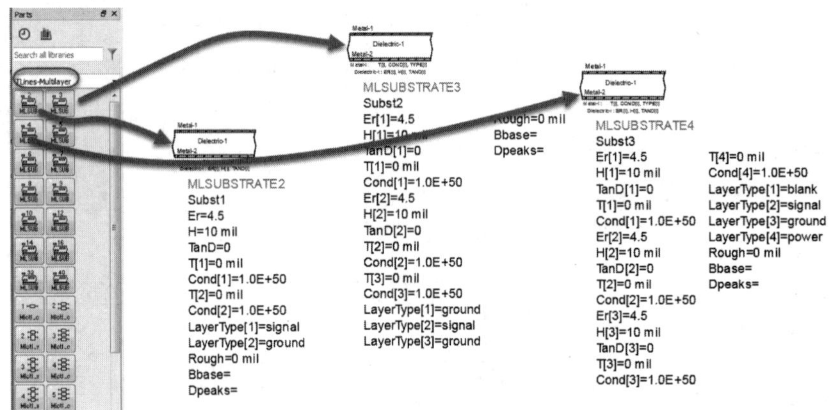

图 4.13 调入多层结构元件

以 2 层结构为例，其层叠结构设置的参数与微带线设置的不同点就是在层叠结构中可以定义 LayerType（层的类型），LayerType 分为 signal（信号层）、ground（地平面层）、power（电源平面层）和 blank（空白层），需要根据实际情况进行选择，如图 4.14 所示。

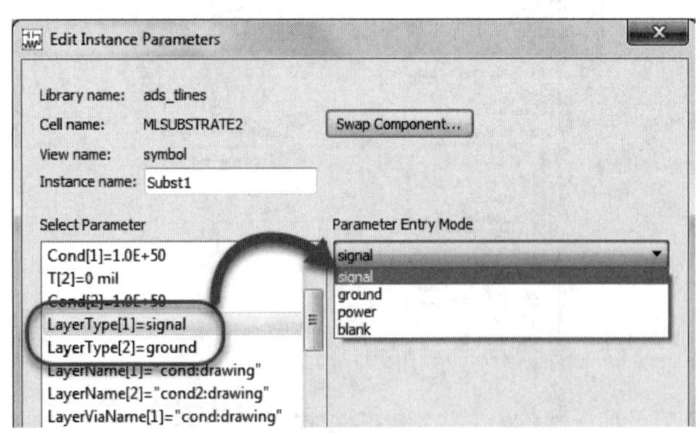

图 4.14 LayerType（层的类型）设置

一般在设置时，最主要的是区分信号层和平面层。其他参数的设置与微带线层叠模型的设置一样，如图 4.15 所示。

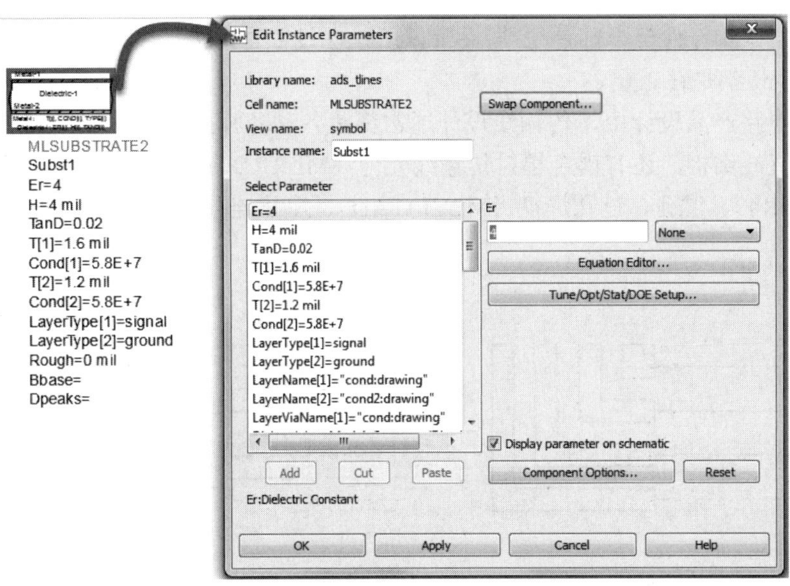

图 4.15　多层结构模型的 2 层结构设置

一般 PCB 的层叠都是对称设计的，所以在多层结构时，参数尽量使用变量和参数化设置，这样有利于提高设置的效率，特别是在仿真中需要修改某一个参数时，只要修改变量即可。

多层结构传输线模型库中包含非常多类型的传输线元件，有单端的、差分的、多对传输线的等，图 4.16 所示为分别调入了单端传输线元件（ML1CTL_C）、差分传输线元件（ML2CTL_C）、6 条对称结构的传输线元件（ML6CTL_C）和 8 条非对称结构的传输线元件（ML8CTL_V）的示意图。

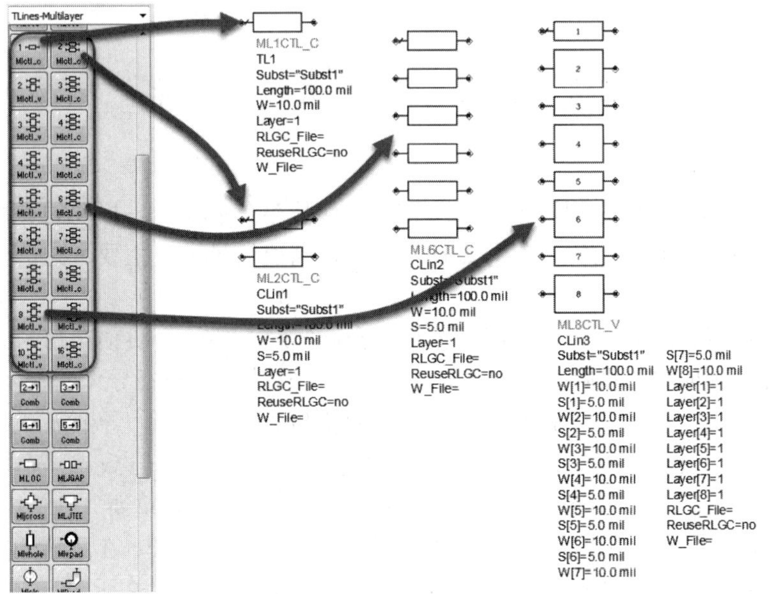

图 4.16　多层结构的传输线元件

由于多层结构元件至少都是 2 层设置，所以在设置时，需要特别注意传输线所在的层（Layer），默认都是在 1 层。

在高速电路产品设计中，传输线设计通常都是各种各样的。所以多层结构模型库中不仅有均匀的直线结构，还有耦合辐射传输线元件（MLRADIAL4）、有耦合角度转角的传输线（MLCRNR4）、过孔、过孔焊盘（MLVIAPAD）、串扰连接元件等，如图 4.17 所示。

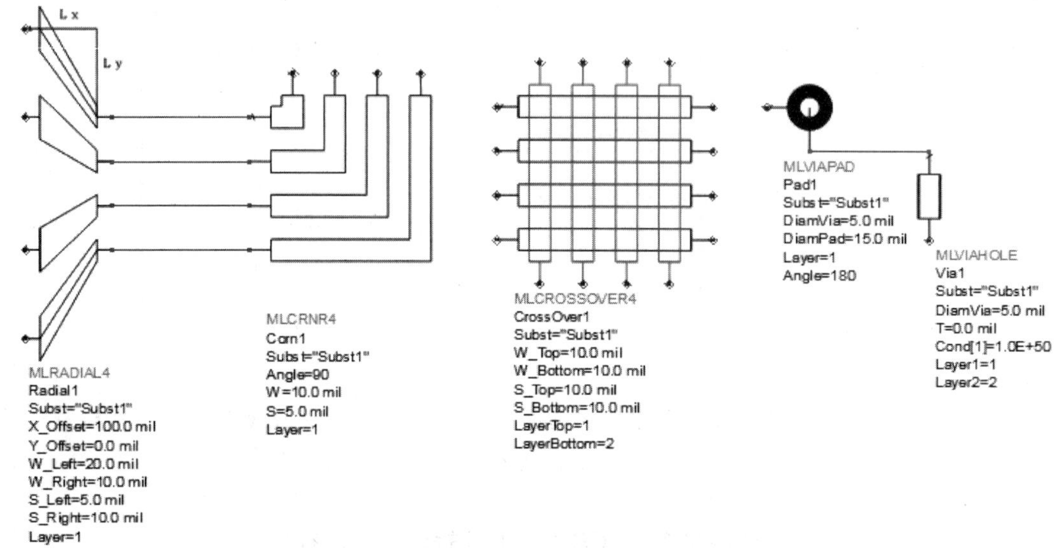

图 4.17　各种多层结构传输线模型库中的元件

传输线的类型以及元件都比较多，由于篇幅有限，所以并不能对每一种类型以及元件都做介绍，后续在具体使用某一个特定的模型元件时再做介绍。

4.3　损耗与信号完整性

在实际的工程中，所有的传输线以及元器件都是存在损耗的。损耗的类型比较多，包括介质损耗、导体损耗、辐射损耗和热损耗等。在高速信号中，主要考虑的损耗是介质损耗和导体损耗。

所谓介质损耗，就是由介质引起的损耗，介质损耗主要由介质损耗角的大小决定；由导体引起的损耗就叫导体损耗，主要由导体的物理结构决定，包括导体的宽度、粗糙度等。

损耗会引起非常多的信号完整性的问题，如使驱动能力变弱，导致无法达到预期的电平；使信号的边沿变化变得平缓，导致码间干扰；使抖动增加，导致误码率增大，进而导致系统无法正常运行。所以分析损耗对信号完整性的影响就至关重要。

在 ADS 原理图中分别建立一段有损传输线和一段理想传输线，在两端分别添加一个发送端和一个接收端，仿真原理图搭建完成之后，如图 4.18 和图 4.19 所示。

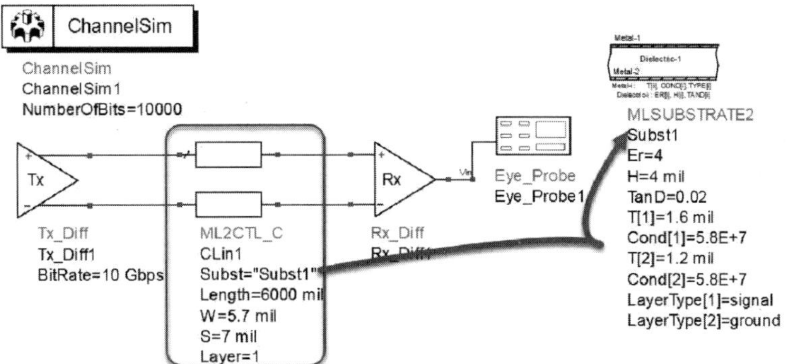

图 4.18　有损传输线的仿真拓扑结构

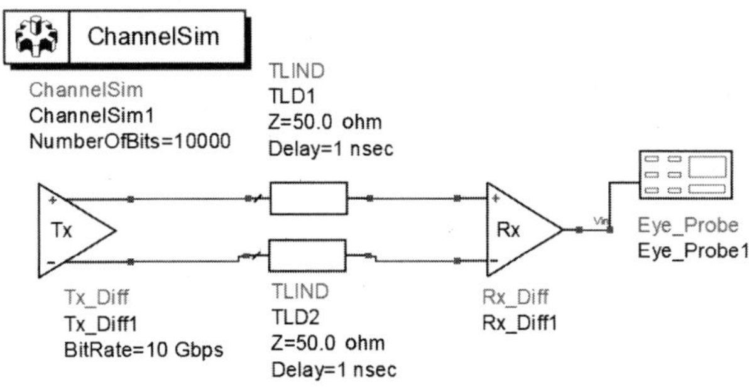

图 4.19　理想传输线的仿真拓扑结构

两个仿真原理图除了传输线不相同，其他的参数设置都相同。有损传输线和层叠参数以及理想传输线参数设置，如拓扑结构上的参数一致。原理图的发送端（Tx_Diff）仿真的 Bitrate（比特率）为 10 Gb/s、Rise/Fall time（上升/下降时间）为 10 psec、Vhigh（高电平电压）为 1 V、Vlow（低电平电压）为−1 V，不要选中 Electircal 页签下的 Exclude load 复选框，即发送端使用内阻 100 ohm，其他参数都保持默认设置，单击 OK 按钮完成设置，如图 4.20 所示。

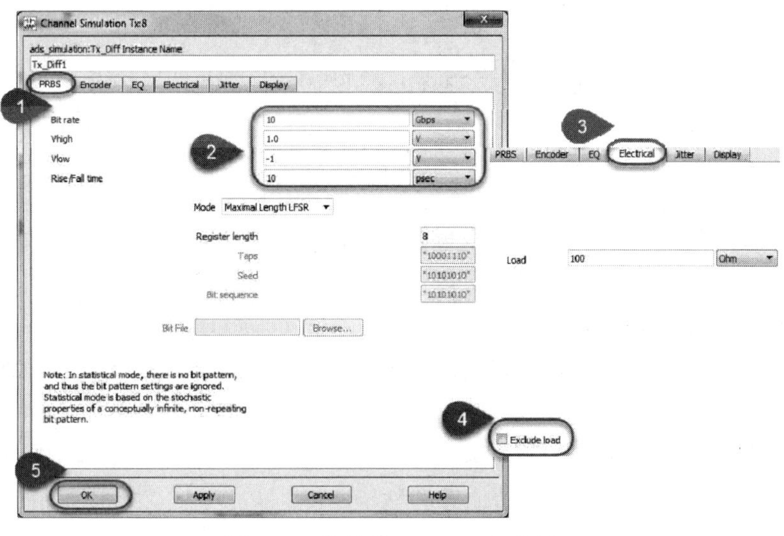

图 4.20　发送端（Tx_Diff）设置

接收端（Rx_Diff）使用默认设置。眼图探针（Eye_Probe）的设置如图 4.21 所示。

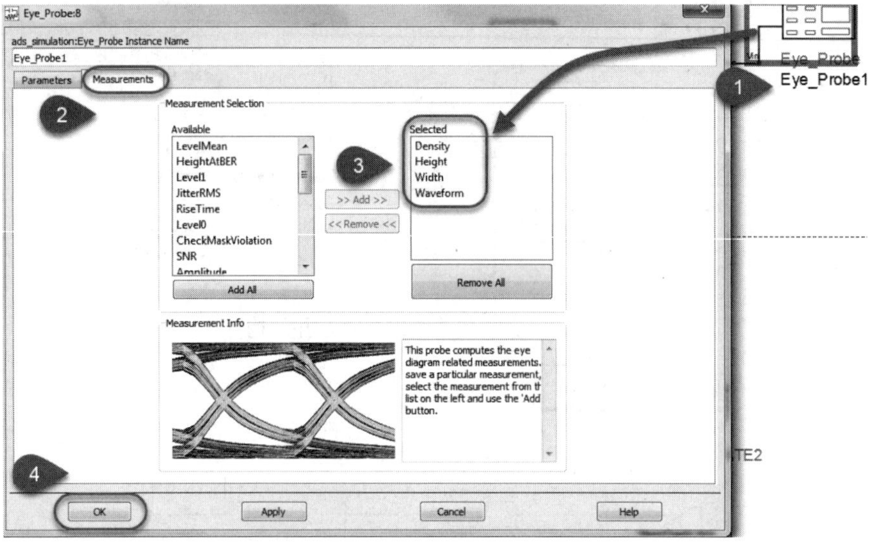

图 4.21　眼图探针（Eye_Probe）设置

设置完成后，按 F7 键运行仿真，理想传输线和有损传输线的眼图对比结果如图 4.22 所示，Loss_eye 表示使用有损传输线仿真获得的眼图，Ideal_eye 表示使用理想传输线仿真获得的眼图。

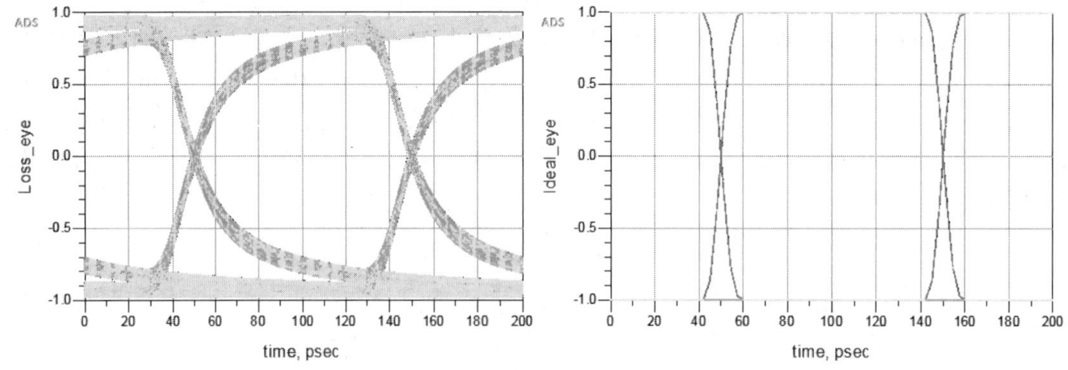

图 4.22　眼图对比结果

显然，理想传输线的眼图与有损传输线的眼图有比较大的差异，有损传输线其结果噪声和抖动都比较大。眼图观察的是所有波形叠加后的结果。理想传输线和有损传输线仿真的波形对比如图 4.23 所示。

从波形上可以观察到，有损传输线的幅度比理想传输线的低；有损传输线的边沿变化比理想传输线的边沿变化更加缓慢，导致结果在某些位上会有一些偏移。

显然，损耗对信号完整性的影响非常明显，信号的速率越高，影响越明显，所以在做高速产品设计时一定要注意控制好传输线的损耗。

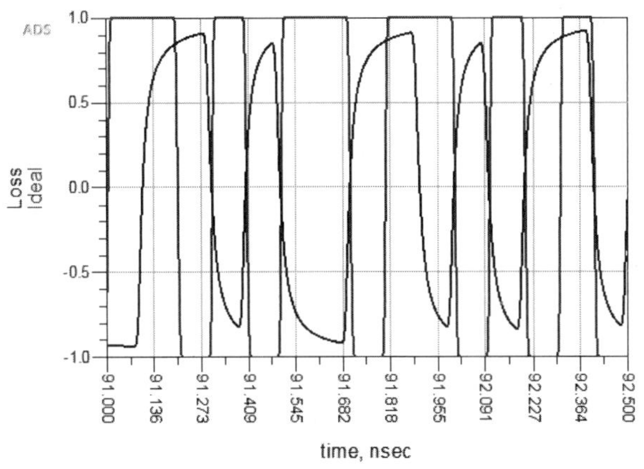

图 4.23　理想传输线和有损传输线仿真的波形对比

4.4　阻抗与反射

光在传输过程中，在不同介质的表面会发生反射和折射现象，如图 4.24 所示。同样，对于信号而言，在信号传递的过程中，遇到阻抗不连续的点（不同介质或者不同物理结构时），部分信号会产生反射，另一部分信号继续传递。信号反射是信号完整性中非常重要的一个课题，也是产品设计中非常普遍和严重的一个问题。

4.4.1　传输链路与阻抗不连续点

一个信号在高速电路互连链路中传递的简单示意图如图 4.25 所示，其包括发送端、接收端、PCB、过孔、分立器件、连接器/线缆等。

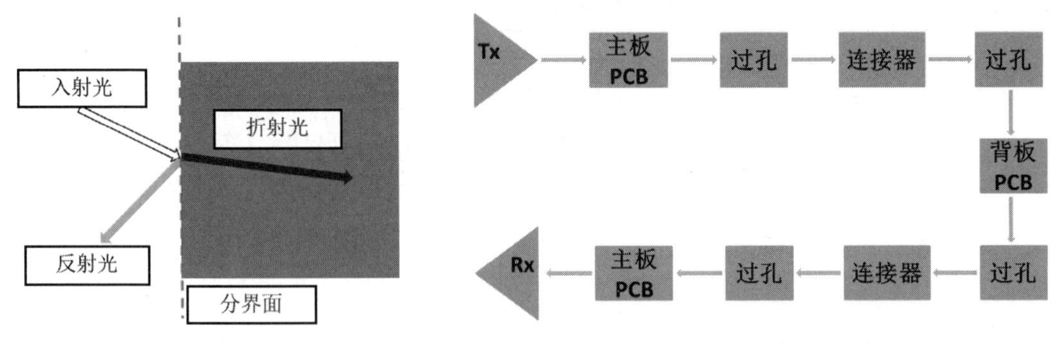

图 4.24　光的传输示意图　　　　图 4.25　高速互连链路示意图

信号从发送端芯片内部发送出来一直到另外一个芯片 IO 口被接收，需要经过链路传输，可能存在很多的阻抗不连续点，如芯片与 PCB 的焊盘、传输线换层的过孔、连接器与 PCB 的焊盘、连接器、分立器件等。另外，传输线本身存在的分支、传输线的拓扑结构、芯片的输出阻抗与传输线本身可能存在阻抗不匹配等，这些阻抗不连续的情况都有可能导致信号的反射。信号的反射会带来很多信号完整性问题，如过冲、非单调、振铃等，图 4.26 所示为有非单调和振铃现象的波形。

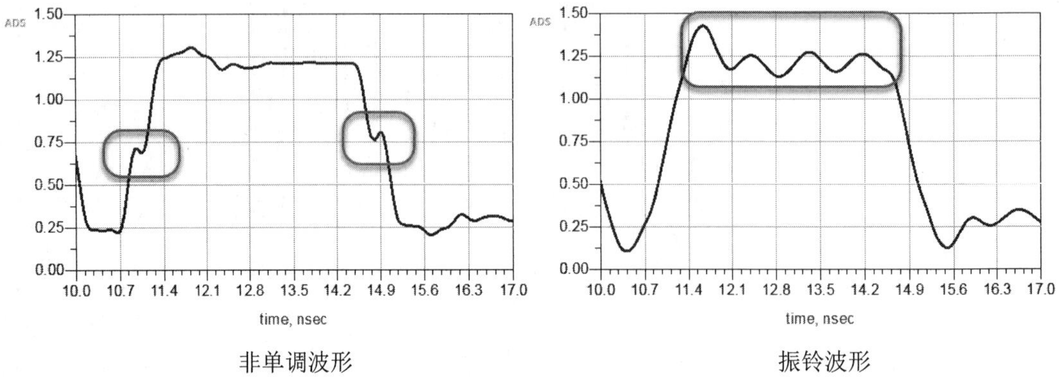

非单调波形　　振铃波形

图 4.26　非单调波形和振铃波形

非单调和振铃现象可能会导致信号完整性的质量和时序出现问题，进而导致系统在工作时出现误码率增多或者无法正常工作的情况。阻抗不连续与很多信号完整性问题都有一定程度的关系，所以在设计高速电路通道时要保证各个连接点的阻抗尽量是一致的，即使有一些差异，也不能偏差太大，具体要视总线或者产品系统要求而定。

4.4.2　反弹图

在反射中有一个比较著名的反弹图实验，在 ADS 原理图中搭建拓扑结构，包括一个上升时间为 0.01 nsec 的阶跃激励源（VtStep）SRC1、50 ohm 电阻 R1 和一段理想传输线 TLD1。阻抗（Z）为 25 ohm，延迟（Delay）为 1 nsec，采用的是瞬态仿真控件，仿真时长（Stop Time）为 20 nsec，在传输线前后分别添加一个节点，名称为 v1 和 v2，如图 4.27 所示。

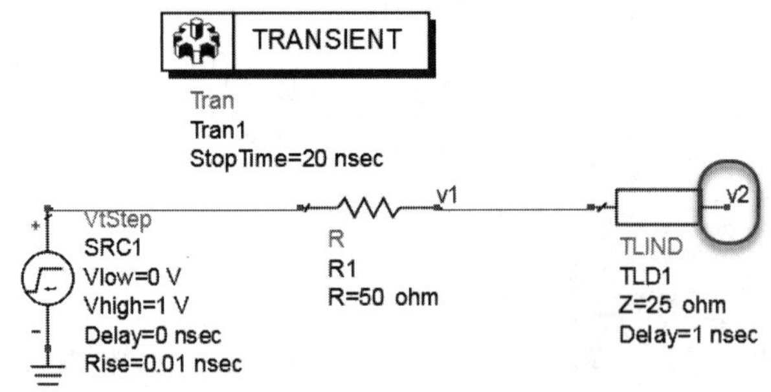

图 4.27　反射仿真拓扑结构

显然，激励源之后的电阻为 50 ohm，与 25 ohm 理想传输线的阻抗并不匹配，这就会引起反射，由于传输线的阻抗小于源端的阻抗，这样形成的反射叫正反射。运行仿真后在数据显示窗口中观察 v2 的结果，如图 4.28 所示。

从 v2 结果曲线中可以看到，随着时间的推移，在 v2 的幅值每隔 1 nsec 的时间就会升高，这个升高的值与当前的反射系数有关，直到最终达到源端幅值，最终会稳定在激励源的 1V 幅值处。

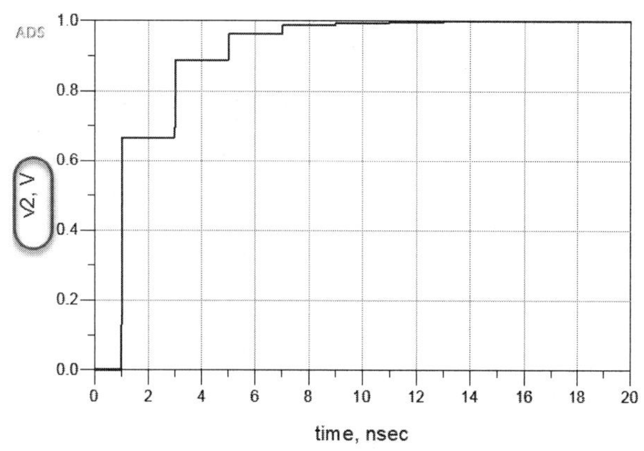

图 4.28　v2 仿真结果

同样，如果把理想传输线的阻抗修改为 75 ohm，则变成了负反射，其他参数不变，仿真拓扑结构如图 4.29 所示。

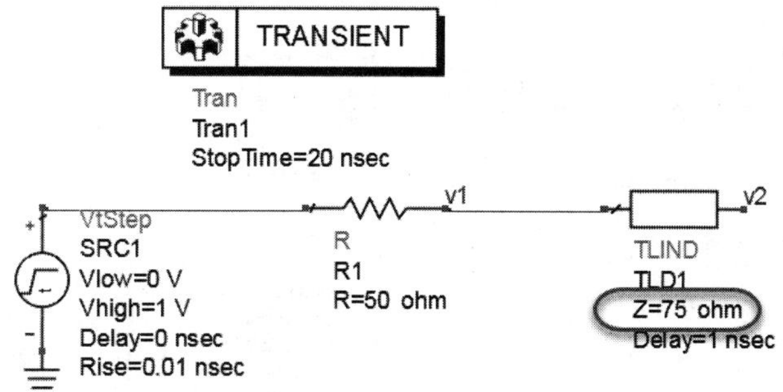

图 4.29　负反射仿真拓扑结构

运行仿真后，同样在数据显示窗口中观察 v2 处的波形，如图 4.30 所示。

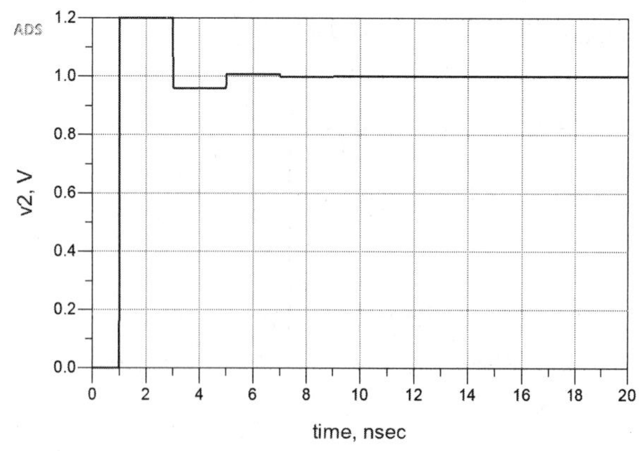

图 4.30　v2 负反射的结果

从仿真结果可以看到负反射的结果会先变大，然后变小，最终稳定在激励源的幅值处，这就是典型的振铃现象。

4.4.3 传输线阻抗分析

阻抗是高速电路设计中非常重要的一个概念。工程师从传输线的阻抗结果可以直接判断传输线设计、生产的好与坏。在本书前面介绍了 ADS 中使用 CILD 计算传输线的阻抗，但是 CILD 计算的是特定传输线的阻抗，对于一段传输通道上包括多段传输线、过孔和连接器等组成部分时，无法直接使用 CILD 一致性计算获得，需要使用 ADS 仿真获得。比如一段包含了 3 段多层结构微带线的通道，分别是 TL1、TL2 和 TL3，三段微带线的线宽分别为 7.1 mil、5.87 mil 和 2.778 mil。同时为了去除损耗的影响，将介质损耗角设置为 0，将导电率设置为 5.8E+70，在时域中仿真，通过公式 TDR=50*v2/（v1−v2）计算阻抗的结果，仿真拓扑结构如图 4.31 所示。

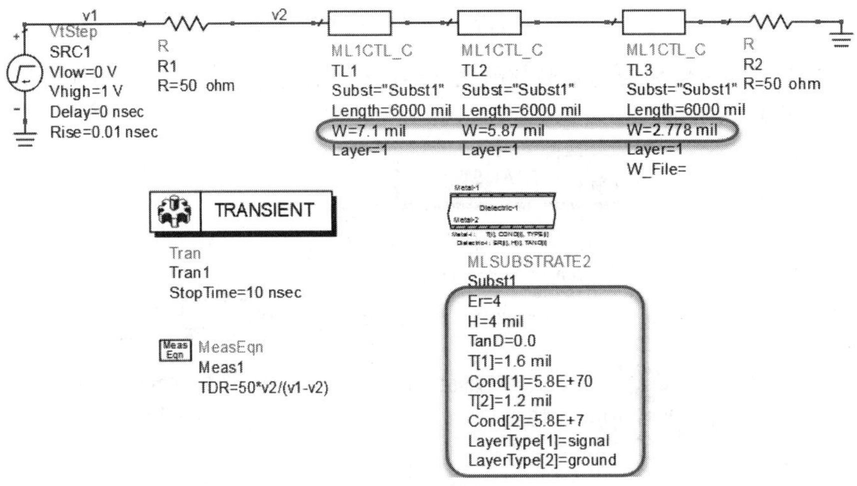

图 4.31 阻抗仿真拓扑结构

运行仿真后，在数据显示窗口中查看 TDR 的曲线，三段传输线 TL1、TL2 和 TL3 的阻抗分别为 50 ohm、55 ohm 和 75 ohm，如图 4.32 所示。

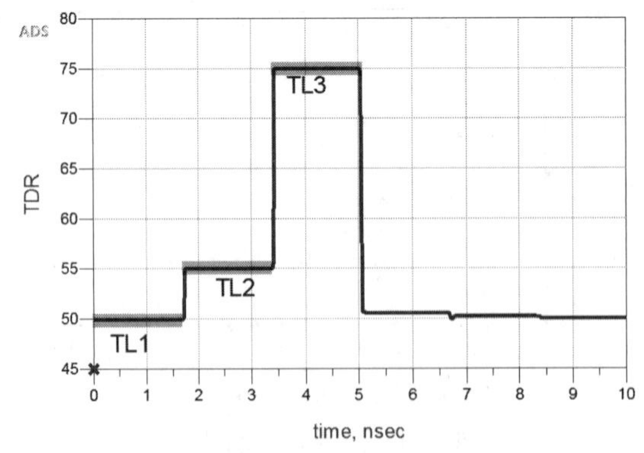

图 4.32 阻抗仿真曲线

获取传输通道的阻抗不仅有这种瞬态仿真方式，还可以通过 S 参数仿真，然后转化为阻抗，此部分将在第 7 章介绍，在此不再赘述。

4.4.4　短桩线的反射

在 4.4.3 节中，我们主要考虑的是阻抗不连续点，其实反射不仅是由阻抗不连续造成的，还有很多不规范的设计也会造成信号的反射。比如，有的工程师在设计过程中，有可能一不小心多出一部分布线线头，或者有时为了兼容设计，也会留一些开路的线头。我们通常将这些线头叫作短桩线或残桩线，如图 4.33 所示的传输线 TL2，短桩线的长度（Length）为 1000 mil，仿真速率为 1 Gb/s，在接收端添加一个网络节点 v1。

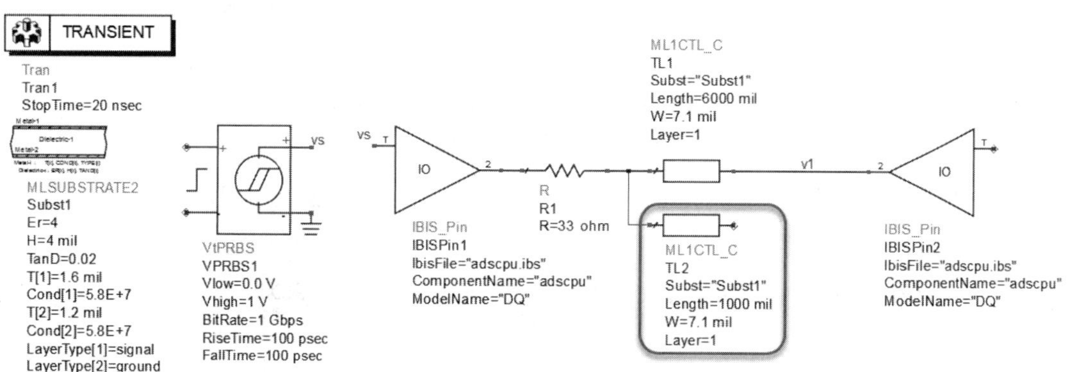

图 4.33　短桩拓扑结构

运行仿真，在数据显示窗口中查看 v1 的波形，如图 4.34 所示。

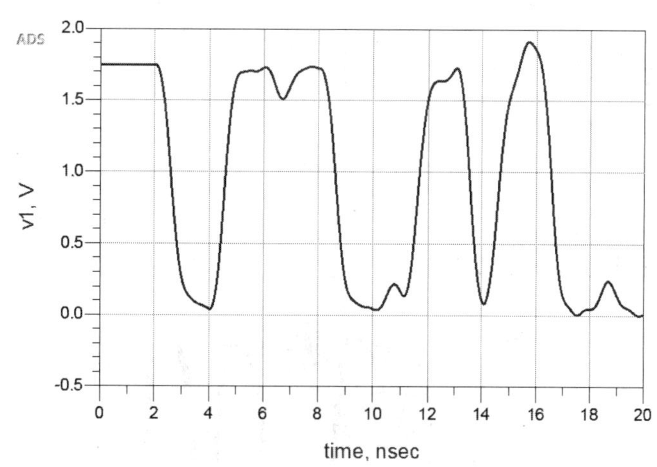

图 4.34　短桩线仿真结果

从结果分析，在高低电平上都有回冲存在，如果回冲比较大，就会影响信号高低电平门限的误触发，进而产生误码，使系统不稳定。

在数据显示窗口的菜单栏中选择 History→On 选项，单击显示历史数据按钮，这个历史数据显示功能开启之后，在原来仿真的结果图中就会出现一个绿色的 H，如图 4.35 所示，这样就可以对比前后仿真的结果。

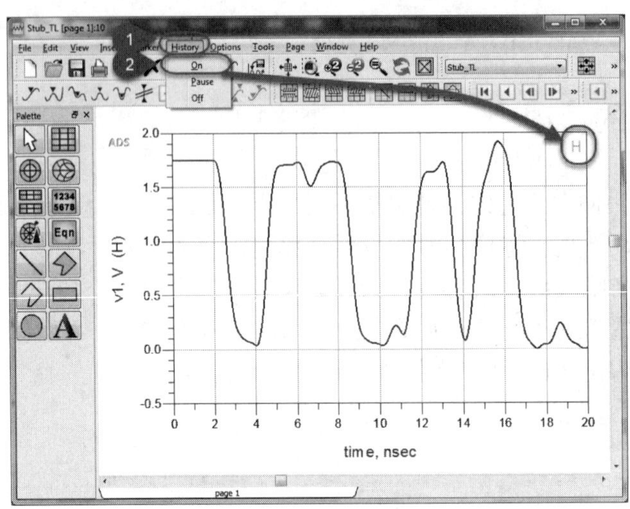

图 4.35　开启历史数据显示

单击原理图上工具栏中的 Deactivate or Activate Components 按钮⊠，再单击 TL2，使 TL2 不起作用，如图 4.36 所示。

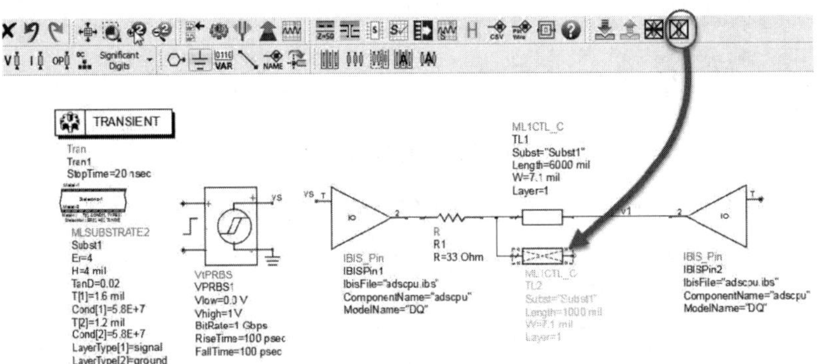

图 4.36　使元件不起作用

再次运行仿真，在数据显示窗口中查看波形，细线的波形为有短桩线的波形，蓝色粗线的波形为没有短桩线的波形，如图 4.37 所示。

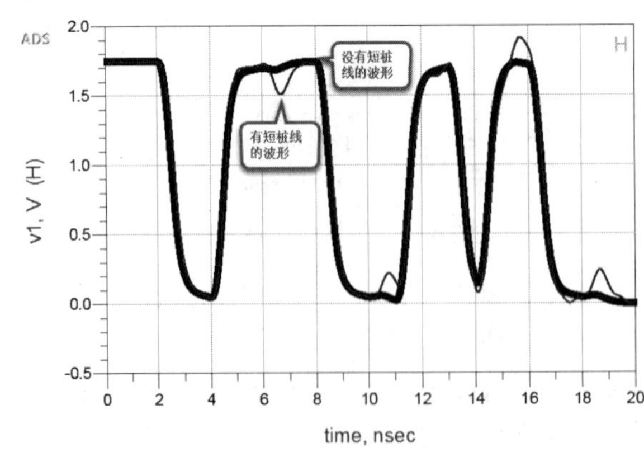

图 4.37　有短桩与无短桩对比的仿真结果

查 看 图 片

对比两种波形，显然没有短桩线时波形更好。本案例仿真的速率比较低，当速率更高时，短桩线对信号完整性的影响会更加明显。

4.5 端　　接

既然反射会带来很多信号完整性的问题，那么应该如何解决反射的问题，或者减少反射对信号完整性的影响呢？工程师在分析这些问题时，需要从导致反射问题的原因入手。

第一，如果是 4.4.4 节中的短桩存在的问题导致的反射，就可以从设计上找原因，是否必须要保留短桩？如果不是必需的，去掉短桩就可以解决反射的问题。

第二，PCB 设计导致反射。比如，芯片与 PCB 板连接点、传输线换层过孔、连接器与 PCB 板的连接点等。在这种情况下可以通过优化 PCB 设计，使阻抗尽量与传输线的阻抗一致或接近。对于这种反射，只能尽量减少，很难消除。

第三，电路设计导致的反射。通常是芯片内部的阻抗与传输线阻抗不匹配导致反射。这种情况在并行总线和低速电路设计中常常出现，这就需要通过外部端接处理。常用的端接方式主要有源端端接、终端端接、并联端接、戴维宁端接、RC 端接、差分端接等。下面在介绍常用的几种端接之前，先简单介绍一下点对点的传输线仿真。

4.5.1　点对点的传输线仿真

点对点设计对于工程师来讲是最常用的，也是最简单的，但有时由于驱动端的阻抗与传输线的阻抗不匹配就会造成信号的失真，即存在信号完整性问题。图 4.38 所示为点对点无端接拓扑结构。

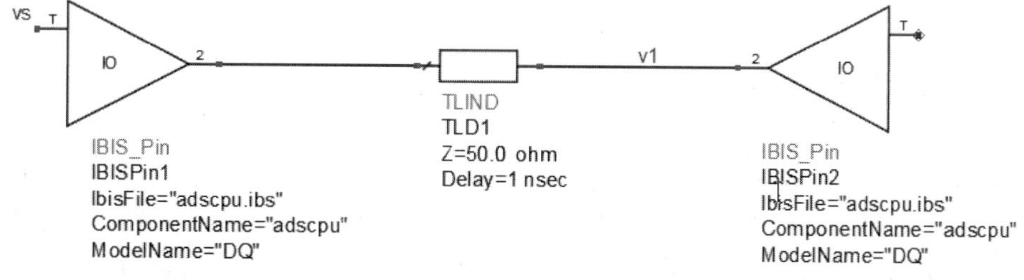

图 4.38　点对点无端接拓扑结构

在原理图中搭建此仿真拓扑结构，使用瞬态仿真控件，仿真时长为 40 nsec；使用理想传输线，阻抗（Z）为 50 ohm，延迟（Delay）为 1 nsec；接收端和发送端分别使用 IBIS 模型，在接收端添加一个网络节点 v1①，如图 4.39 所示。

运行仿真后，在数据显示窗口中查看 v1 的波形，如图 4.40 所示。

从波形上分析，信号在高电平时电压稳定在 1.8 V，但是最大值达到了 2.619 V，有 819 mV 的过冲；最小值达到了−731 mV。在电路设计中需要尽量避免这种情况，因为这么

① 注：以下端接仿真使用激励源类型为 PRBS 8，速率为 400 Mb/s。

大的过冲很容易损毁芯片，即使不损毁，也存在可靠性的问题。所以在设计中需要把过冲压低，尽量保证电压幅值在电路可接受的范围内，在此案例中，尽量保证电压满足 1.8 V，上下浮动不超过 5%。

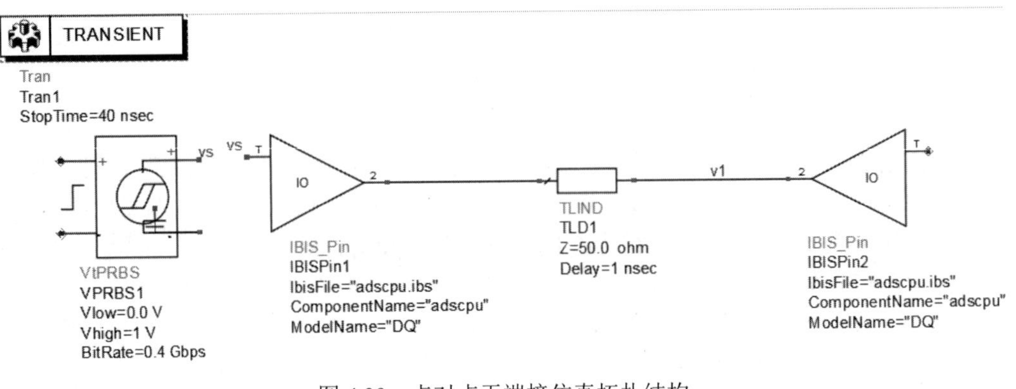

图 4.39　点对点无端接仿真拓扑结构

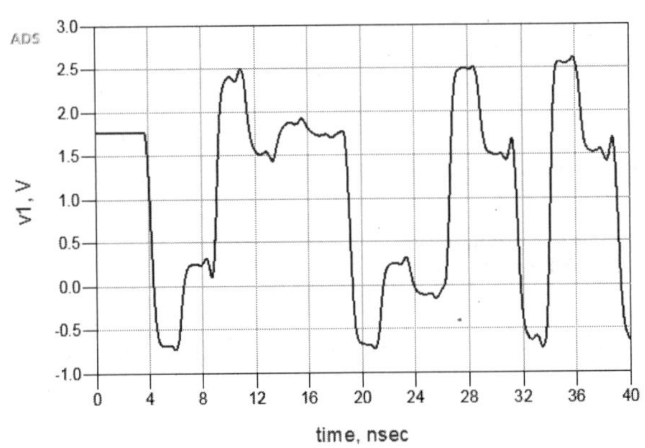

图 4.40　点对点无端接仿真波形

4.5.2　源端端接仿真

源端端接设计是一种常用的端接结构，是在芯片端出来之后加入一颗端接电阻，尽量靠近输出端。在此拓扑结构中，关键的一点是加多大阻值的电阻，这需要根据电路的实际情况进行仿真确认。原则是源端阻抗与所加电阻的值等于传输线的阻抗。在上述实例中可以加入 33 ohm 电阻，简单的源端端接拓扑结构如图 4.41 所示。

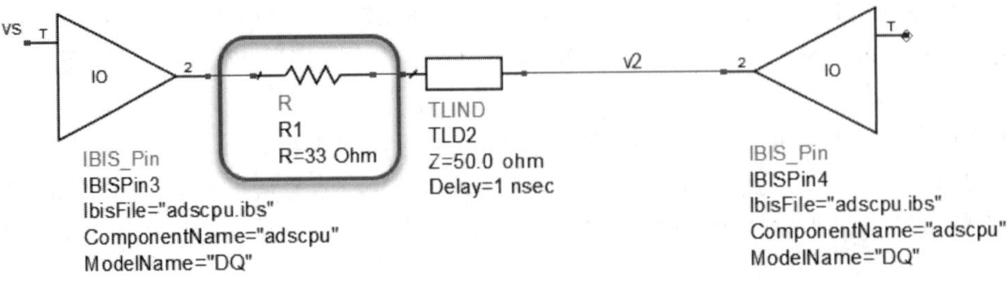

图 4.41　源端端接拓扑结构

运行仿真后，源端端接仿真结果如图 4.42 所示。

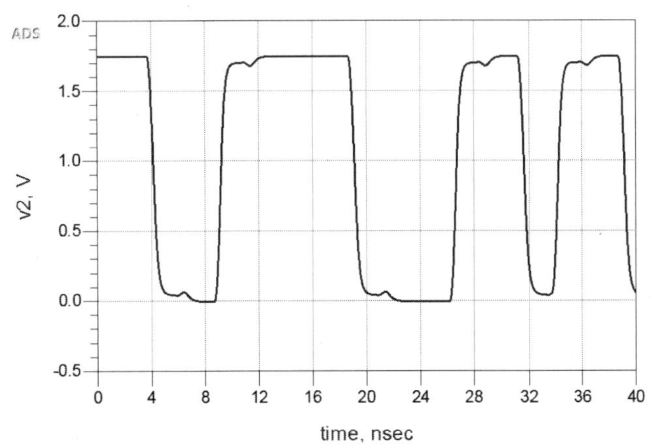

图 4.42　源端端接仿真结果

从仿真波形结果来分析，可以明显地看出端接使信号质量得到了极大的改善，过冲为 0。但是在加入端接之后，信号的上升沿变缓，上升时间变长。没有加端接与加源端端接仿真的对比结果如图 4.43 所示。

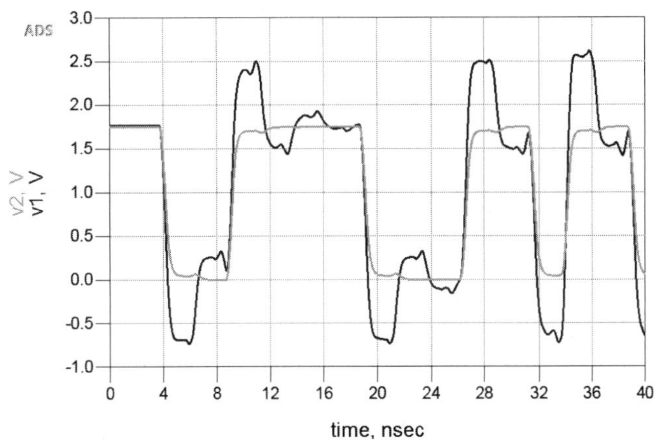

图 4.43　无端接（红色）与源端端接（绿色）波形对比

查看图片

在电路匹配的时候，源端端接可以使电路匹配得非常好，但是并不适合于每一种电路设计，基本使用情况可以大致归纳为以下 3 点。

- 当驱动端器件的输出阻抗与传输线特性阻抗不匹配时，可以使用源端端接。
- 当电路不受终端阻抗影响时，可以使用源端端接。
- 当电路信号频率比较高时，或者信号上升时间比较短（特别是高频时钟信号）时，不适合使用源端端接。因为加入端接电阻后，会使电路的上升时间变长。

4.5.3　并联端接仿真

并联端接一般在信号接收端的位置，使用上拉电阻或下拉电阻进行端接，如图 4.44 所示。

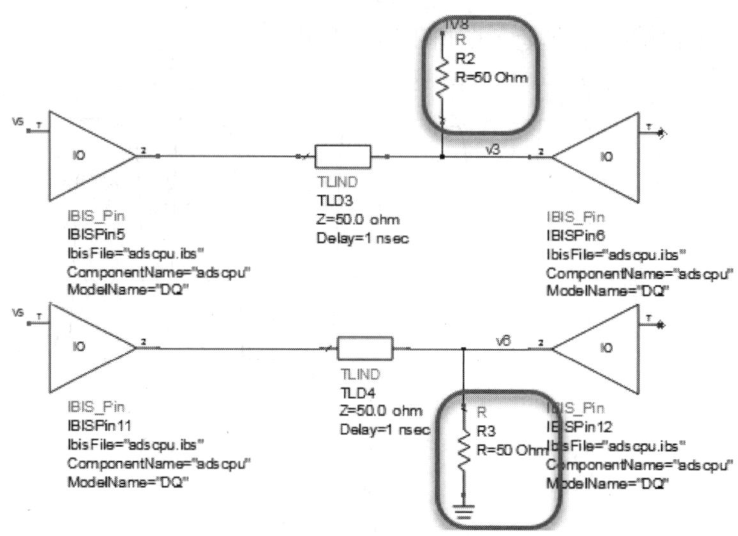

图 4.44　并联端接拓扑结构

并联端接一般需要消耗电路比较多的电流，很多驱动器无法满足要求，特别是多负载的时候，驱动端更加难以满足并联端接需要消耗的电流。并联端接仿真的波形如图 4.45 所示。

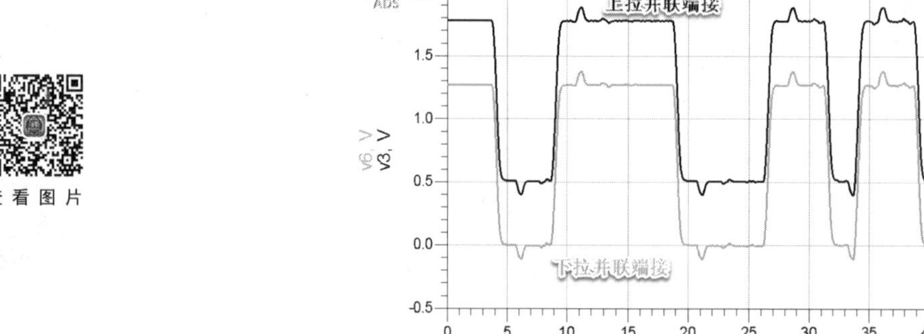

图 4.45　并联端接仿真波形（蓝色为上拉并联端接的波形，绿色为下拉并联端接的波形）

从波形上分析，上拉并联端接的波形低电平有很明显的上移，下拉并联端接的波形高电平有很明显的下移，信号波形的峰值比使用串联端接时小了很多。

4.5.4　戴维宁端接仿真

戴维宁端接就是使用两颗电阻组成分压电路，即用上拉电阻 R6 和下拉电阻 R5 构成端接，通过 R5 和 R6 吸收反射能量。由于这种端接方式一直存在直流功耗，所以对电源的功耗要求比较多，也会降低源端的驱动能力。戴维宁端接拓扑结构如图 4.46 所示。

戴维宁端接能比较好地匹配电路，但是直流功耗存在的特点和需要使用两颗分压电阻，使很多电路设计工程师在使用这类端接时总是非常谨慎。戴维宁端接仿真波形如图 4.47 所示。

从仿真波形分析，戴维宁端接对匹配的效果也非常好，只是驱动能力相对差一点。

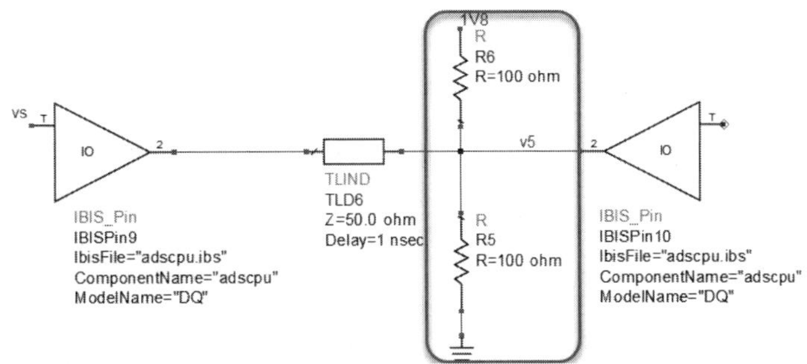

图 4.46　戴维宁端接拓扑结构

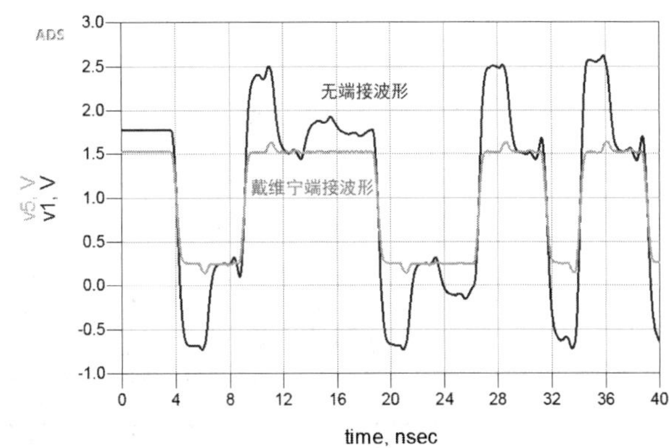

图 4.47　戴维宁端接仿真波形

4.5.5　RC 端接仿真

RC 端接就是在并联下拉端接的电阻下面增加一颗电容，并下拉到地。即 RC 端接由一颗电阻和一颗电容组成，RC 端接拓扑结构如图 4.48 所示。

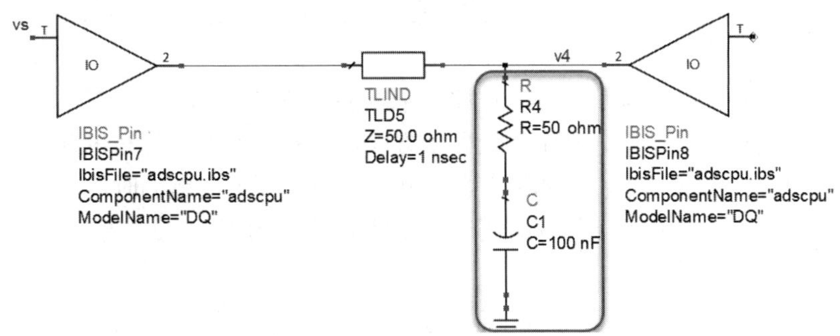

图 4.48　RC 端接拓扑结构

RC 端接直流消耗较小，但是这种电路还是会引入延时，延时的大小与 RC 值有关。RC 端接仿真的波形如图 4.49 所示。

从仿真波形分析，高电平没有被降低，低电平提升了很多；端接后，边沿也稍微变缓慢了，变化的程度与 RC 的值有关。

在本案例中，输入高电平和输入低电平判断电压 VIH 和 VIL 的幅值分别为 1.15 V 和

0.65 V，把所有的仿真结果放在一起，并且添加 VIH 和 VIL，如图 4.50 所示。

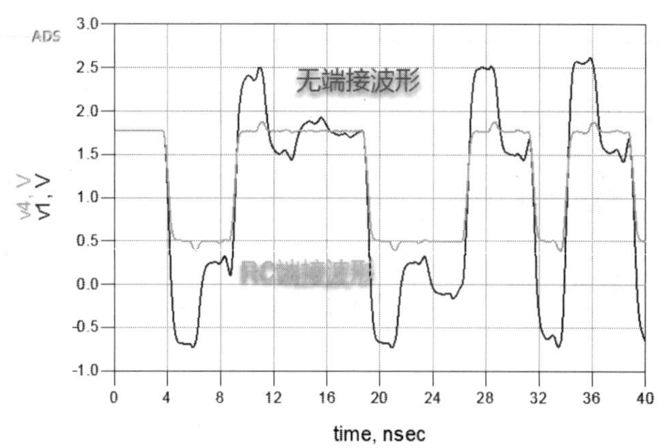

图 4.49　RC 端接仿真波形

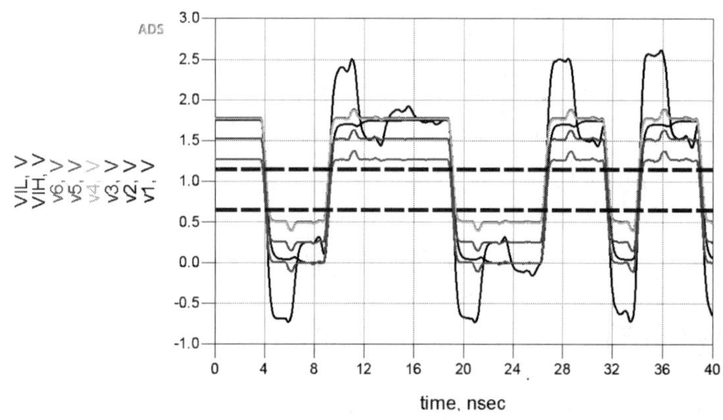

图 4.50　对比波形

从显示结果分析，没有端接时，过冲非常大，加了端接之后，过冲减小了，同时能满足其他的信号质量的要求。

上面分析的几种类型基本都能达到电路匹配端接的效果。对于电子产品设计来讲，信号完整性永远都不是独立存在的，其中涉及各个方面，信号完整性设计与电源完整性、电磁兼容性、电路复杂性、可加工性、成本等有关。那么在解决反射问题的时候，也要考虑这些方面的原因。在实际项目的应用中，就需要根据项目工程的应用选择端接的类型。

本 章 小 结

本章主要介绍了传输线、PCB 主要的传输线类型、ADS 中各种传输线模型库以及模型库中的元件；介绍了与传输线相关的理想传输线、有损传输线与信号完整性的关系；着重介绍了阻抗、阻抗匹配与反射和端接等内容。通过对本章的学习，读者能学会使用 ADS 的传输线模型库，可以学会使用瞬态仿真，还可以学会如何解决由阻抗不匹配引起的信号完整性问题。

第 5 章

过孔及过孔仿真

在高速电路的设计中，几乎都是使用多层板，对于不同层的信号网络、电源网络和地网络都需要通过过孔（Via）相互连接，所以过孔是必不可少的一个设计要素，特别是当信号速率越来越高时，过孔的设计变得越来越复杂，过孔变成了某些产品设计成功与否的关键因素。本章主要针对信号网络过孔以及建模仿真做详细的介绍。

5.1 过孔的分类

电路板上过孔的种类繁多，也有不同的分类方式，具体如下。

根据信号过孔的作用，可以将过孔分为信号孔、电源孔、地孔、机械定位孔、散热通风孔等。

根据过孔的物理结构，可以将过孔分为通孔、盲孔和埋孔，图 5.1 所示为 3 种过孔的物理结构切片图。

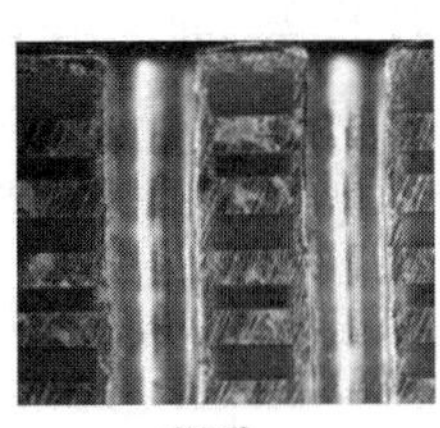

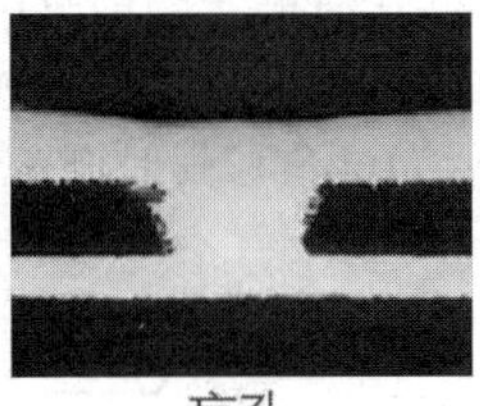

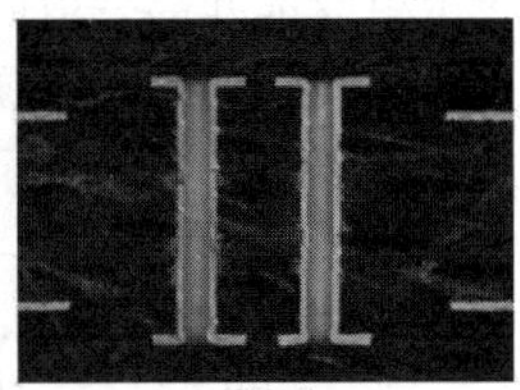

图 5.1　3 种过孔的物理结构切片图

根据信号网络的类型，可以把过孔分为单端过孔、差分过孔、带过回流地孔的信号孔等，图 5.2 所示为带过回流地孔的单端过孔和差分过孔的简化模型。

图 5.2　单端过孔和差分过孔的简化模型

5.2　Via 的结构

过孔在传输链路中虽然只是一个比较小的组成部分，但是相对于链路上的其他部分而言，过孔的设计又比较复杂，主要是因为过孔是由过孔孔壁、过孔焊盘等很多部分构成的。以一个比较完整的差分对信号孔为例，其通常会包含信号孔、回流地孔。过孔还包含引线、过孔孔径、过孔焊盘、过孔非功能焊盘、过孔反焊盘、过孔残桩（Stub）等，如图 5.3 所示。

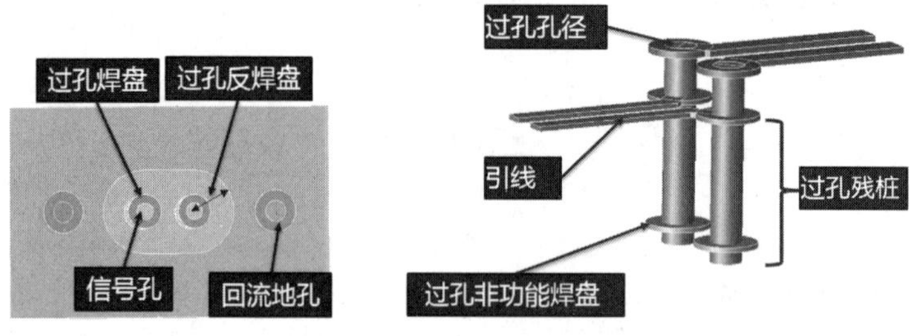

图 5.3　过孔的结构

由于使用场景不同，所以并不是每一个过孔的结构都如此，比如，有的过孔不包含回流地孔，有的孔没有非功能焊盘，有的孔没有残桩。

过孔的每一个组成部分都会造成过孔对链路的影响。对于单一的过孔或过孔阵列，通常我们关注的是过孔的阻抗、插入损耗以及回波损耗等无源参数，进而，在链路中过孔就会影响信号的质量和时序。图 5.4 所示为过孔与其对链路性能的影响的仿真原理图。

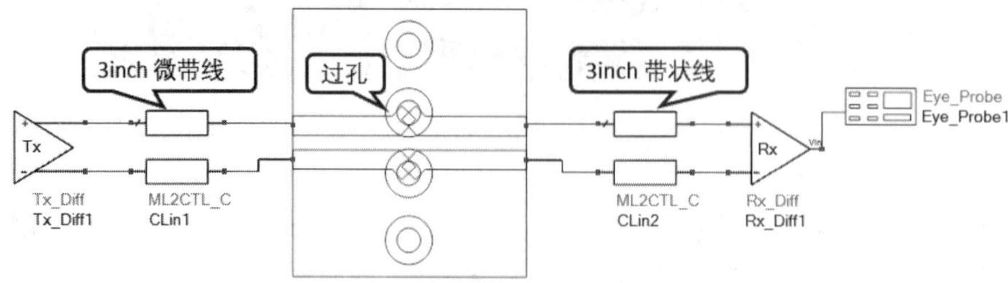

图 5.4　过孔与其对链路性能的影响的仿真原理图

通过对比是否加过孔以及是否去除过孔的残桩，分别对比仿真的眼图，如图 5.5 所示。

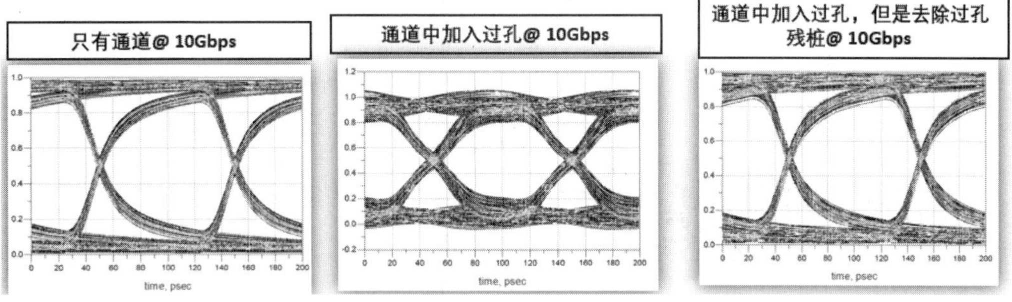

图 5.5　对比过孔对信号完整性的影响结果

对比眼图的眼高和眼宽的结果如表 5.1 所示。

表 5.1　仿真眼图的眼高和眼宽

对 比 条 件	眼宽/ps	眼高/mV
只有通道	96	611
通道中加入过孔	89.5	567
通道中加入过孔，但是去除过孔残桩	95	574

从仿真结果可以看出，当加入过孔之后，眼宽和眼高的值都变小了；但是把残桩去掉之后，眼宽和眼高的值又变大了。可以看出，过孔对信号完整性的影响非常大，而通过去除过孔残桩，也可以减小过孔带来的影响。

不仅过孔的残桩可以改变过孔的性能，过孔其他的组成部分也会影响过孔的性能。过孔的哪一个组成部分对过孔的性能有影响，它又是如何影响过孔的性能的呢？对于这个问题很多工程师都会感觉到比较困惑，这并不能简单地直接判断出来，需要通过仿真或者实测的数据进行分析并判断。接下来就介绍如何使用 ADS 对过孔进行仿真分析。

5.3　Via Designer

Via Designer 是 ADS 2017 版本的一个新工具，在后续的版本中又增加了一些过孔类型，开发此工具的目的是让工程师更加快速地评估过孔的性能。Via Designer 是在 ADS 中使用 EMPro 仿真引擎，采用的是三维全波有限元（FEM）求解算法。在 Via Designer 中不需要工程师手动制作过孔模型，采用的是参数化和流程化的设计，在设计完成之后，不需要把结构输出到其他软件中，可在同一界面中进行仿真并获得仿真的结果，然后输出仿 S 参数模型或者直接输出 EM 模型到 ADS 中，其产生的 3D 模型在 EMPro 中也可以打开，进而在 EMPro 中进行更加灵活的 3D 电磁场仿真。Via Designer 工具如图 5.6 所示。

Via Designer 输出的 EM 模型在 ADS 链路仿真中的应用如图 5.7 所示。

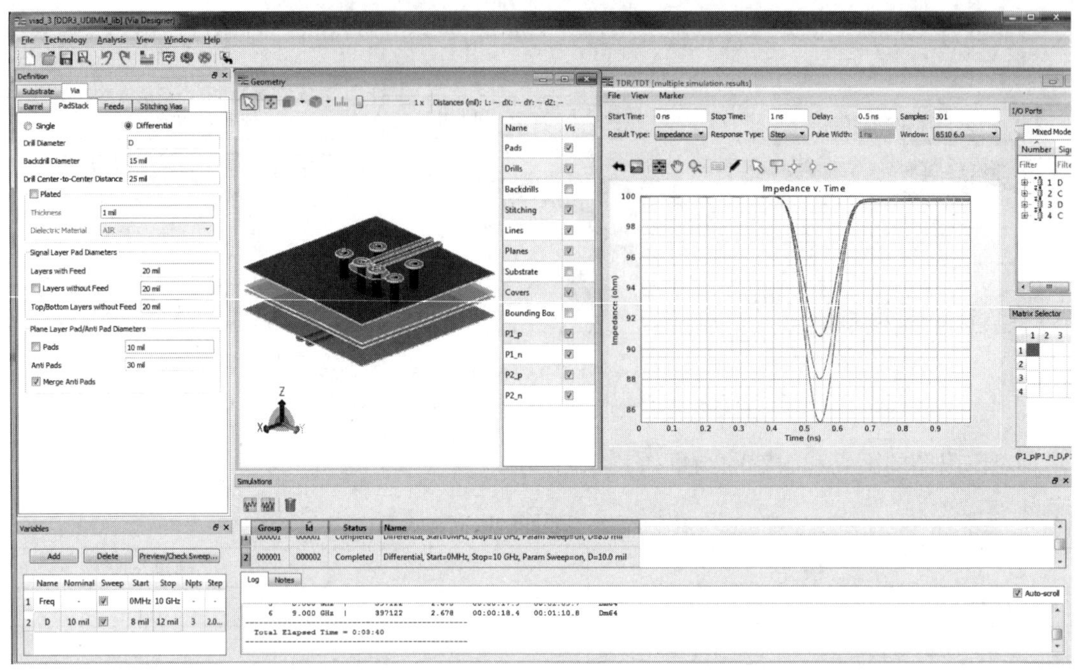

图 5.6　Via Designer 工具

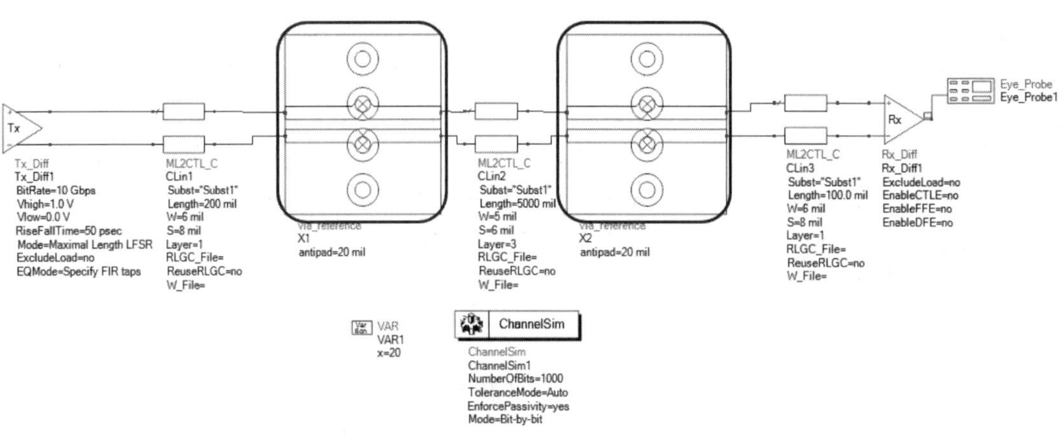

图 5.7　EM 模型在 ADS 链路仿真中的应用

Via Designer过孔仿真的具体流程如图5.8所示。

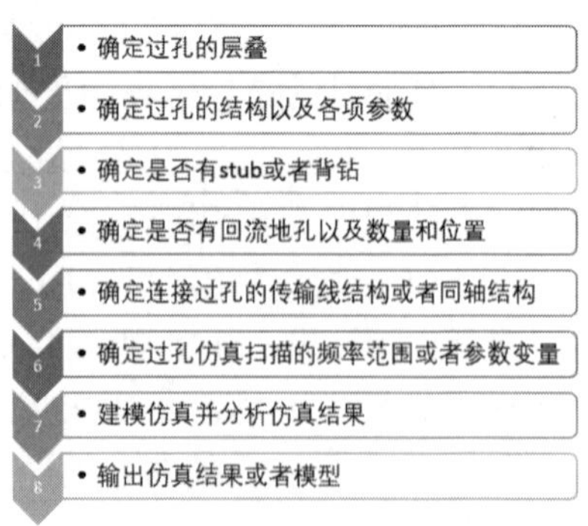

图 5.8　Via Designer 过孔仿真流程

5.3.1　启动 Via Designer

在原理图或者 Layout 界面，在菜单栏中选择 Tools→Via Designer 选项，或者在工具栏中单击 Via Designer 按钮，也可以在层叠编辑界面的工具栏上单击 Via Designer 按钮，如图 5.9 所示，都可以启动 Via Designer。

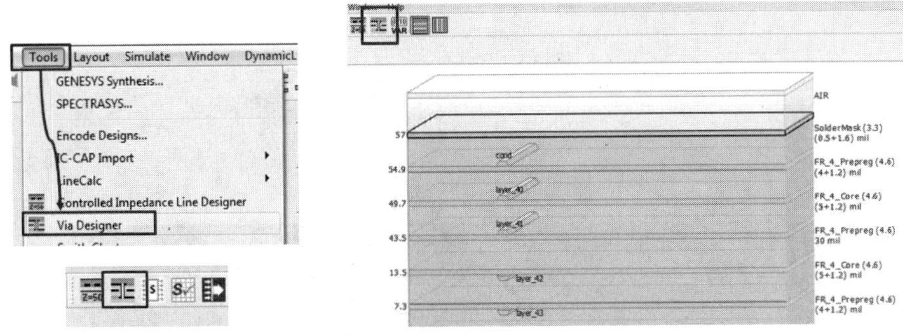

图 5.9　启动 Via Designer

Via Designer 的界面如图 5.10 所示，包括菜单栏、工具栏、变量栏、层叠结构、Via 视图、仿真项和仿真日志栏以及显示设置栏等。

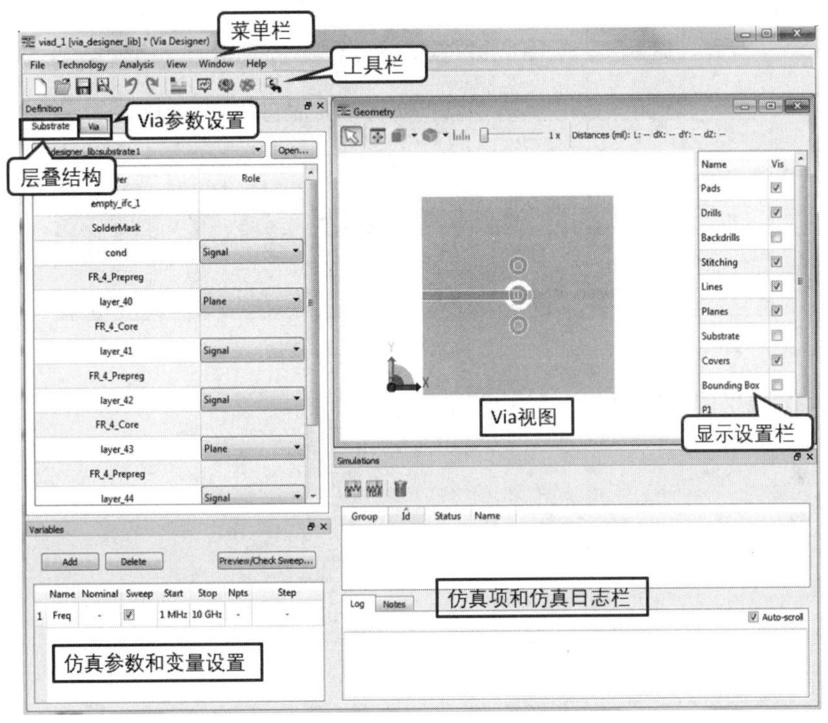

图 5.10　Via Designer 界面

5.3.2　编辑层叠结构

前面的章节介绍了层叠的设计以及 ADS 层叠结构的设置。在进行过孔仿真时，首先要确定的就是材料和层叠结构。一般情况下，都是在启动 Via Designer 之前编辑好层叠结构，包括材料参数、各层的厚度等。如果需要修改层叠参数，在 Via Designer 的菜单栏中选择 Technology→Substrate 选项，或者在工具栏上单击“层叠”按钮，如图 5.11 所示。

在本工程案例中，使用的层叠结构如图 5.12 所示。

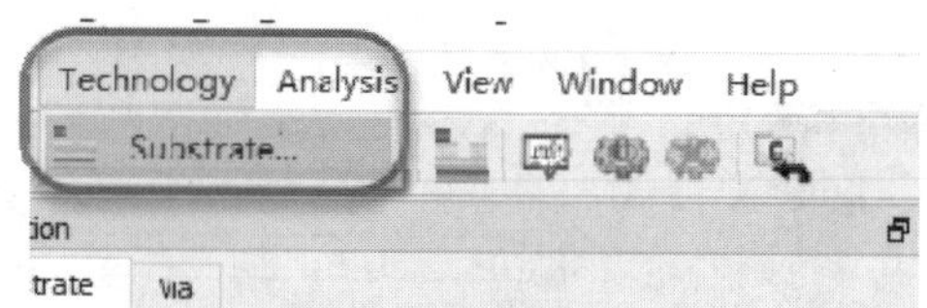

图 5.11　打开层叠编辑器

Layer	Layer Name	Stackup	Material: ITEQ IT-180A	DK (10GHz)	DF (10GHz)	Thickness (mils)
L1	S1	Copper+plating	1/2oz + plating			1.80
		PP	2*106(RC:76%)	3.7	0.023	4.40
L2	GND	Copper	1oz			1.20
		Core	0.005"	3. 98	0. 025	4.00
L3	S2	Copper	1oz			1.20
		pp	2*7628H(RC:47%)	3. 7	0. 022	15.00
L4	PWR	Copper	1oz			1.20
		Core	0.005"	3. 98	0. 025	4.00
L5	GND	Copper	1oz			1.20
		pp	2*7628H(RC:47%)	3. 7	0. 022	15.00
L6	S3	Copper	1oz			1.20
		Core	0.005"	3. 98	0. 025	4.00
L7	GND	Copper	1oz			1.20
		pp	2*106(RC:76%)	3.7	0.023	4.40
L8	S4	Copper+plating	1/2oz + plating			1.80
	Total thickeness					61. 60

图 5.12　过孔案例的层叠结构

在 ADS 中编辑层叠结构之后的结果如图 5.13 所示。

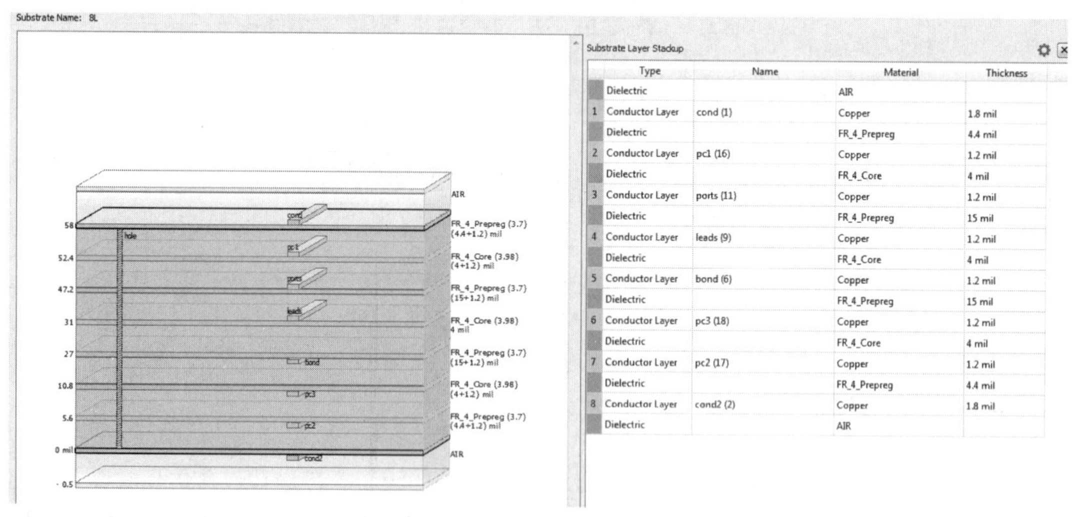

图 5.13　ADS 中的层叠结构

在层叠结构的工具栏上单击 Via Designer 按钮，打开新层叠结构下的过孔仿真器，弹出如图 5.14 所示的窗口。

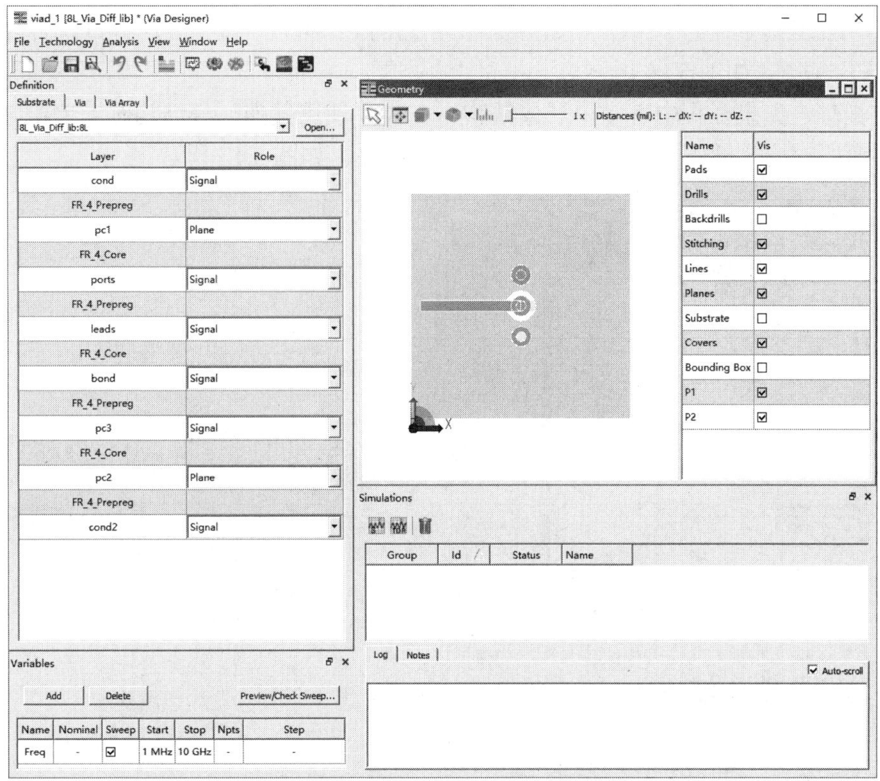

图 5.14　新层叠结构下的过孔仿真器

按照设计的层叠结构修改 Substrate 中金属层的类型，信号层为第 1 层、第 3 层、第 6 层和第 8 层，在这几层所对应的 Role 一列中，从相应下拉列表中选择 Signal；对于其他 4 层，使用相同的方式设置为 Plane，修改完成之后如图 5.15 所示。

Definition

Substrate | Via | Via Array

8L_Via_Diff_lib:8L　Open...

Layer	Role
cond	Signal
FR_4_Prepreg	
pc1	Plane
FR_4_Core	
ports	Signal
FR_4_Prepreg	
leads	Plane
FR_4_Core	
bond	Plane
FR_4_Prepreg	
pc3	Signal
FR_4_Core	
pc2	Plane
FR_4_Prepreg	
cond2	Signal

图 5.15　定义 Substrate

然后单击工具栏上的“保存”按钮，在弹出的对话框中对新的过孔仿真工程命名，名称为 8L_Via_Diff，如图 5.16 所示。

在仿真时，如果工程中有多个层叠结构，在需要使用其他层叠结构时，单击 Substrate 下方的层叠所对应栏的下拉列表，即可选择其他层叠，如图 5.17 所示。

图 5.16　保存过孔仿真工程并命名

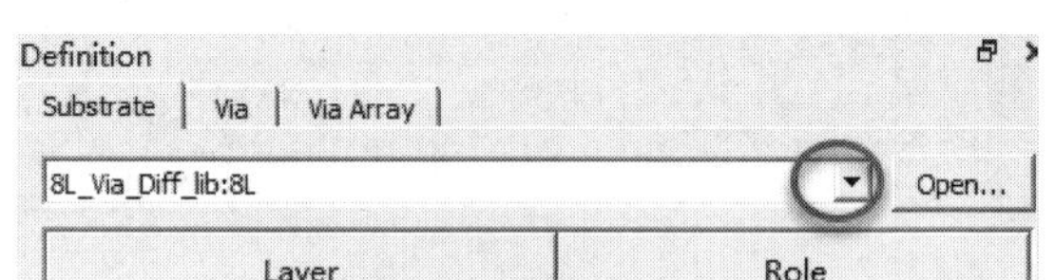

图 5.17　更换其他层叠结构

5.3.3　编辑过孔结构

层叠中的各层分配好之后，单击 Via 页签，如图 5.18 所示。

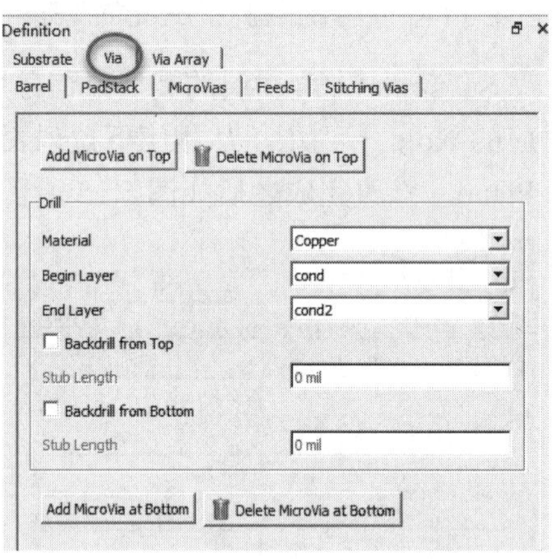

图 5.18　Via 页签

Via 页签包括 Barrel、PadStack、MicroVias、Feeds 和 Stitching Vias 的设置页签。

在 Barrel 页签下可以设置 Material（孔壁的材料）、Begin Layer（信号开始层）、End Layer（信号出线层）。如果需要使用背钻工艺，还可以定义背钻从哪个方向钻，如果从顶层（Top）钻，就选中 Backdrill from Top 复选框；如果从底层（Bottom）钻，则选中 Backdrill from Bottom 复选框。设置背钻之后，对残桩长度（Stub Length）进行设置，图 5.19 所示为选择从 Bottom 层钻掉之后，还剩 5mil 残桩的结果。

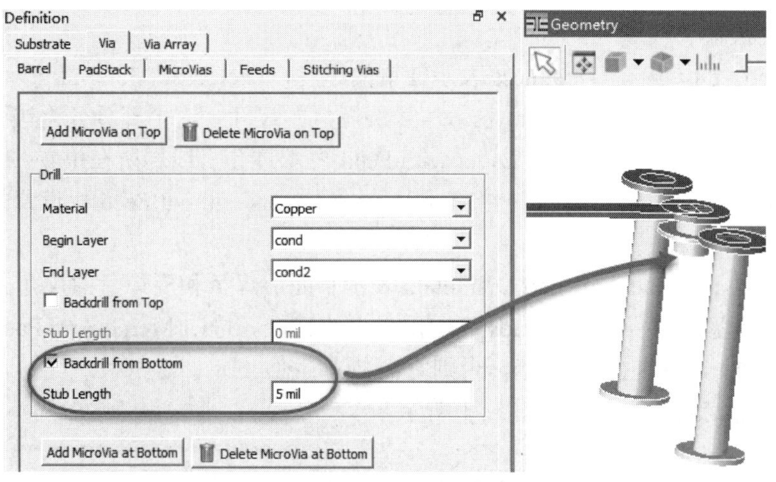

图 5.19　背钻之后的结构

本案例中，对此处暂时不做任何处理。PadStack 页签主要用来设置信号过孔的结构，包括过孔是单端还是差分、焊盘的大小、镀铜的厚度等，如图 5.20 所示。下面分别进行介绍。

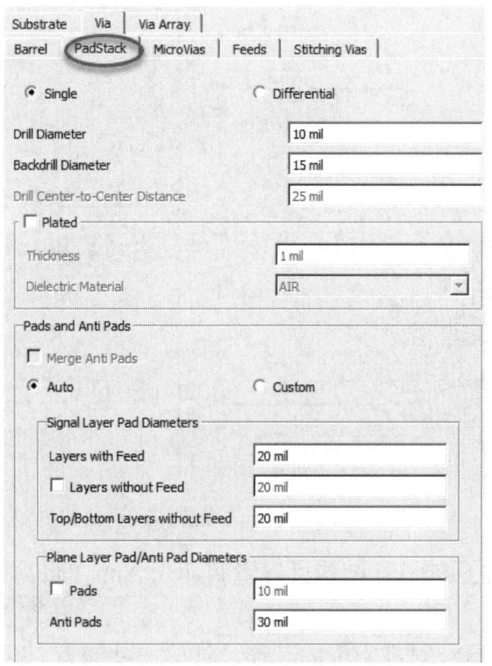

图 5.20　PadStack 页签

- 对于差分和单端项的设置，要根据实际情况而定，如果是单端就选择 Single 选项，如果是差分就选择 Differential 选项，一般高速串行信号都是差分的，所以本案例选择 Differential 选项。
- Drill Diameter 表示钻孔的直径，设置的是钻孔的大小。
- Backdrill Diameter 表示背钻孔的直径。
- Drill Center-to-Center Distance 表示差分孔之间的中心间距，如果是单端孔则呈灰色无效状态。

- Plated 表示镀铜，Thickness 表示镀铜的厚度，Dielectric Material 表示塞孔的材料。
- Signal Layer Pad Diameters 表示信号层焊盘的尺寸，这个部分分为过孔引线层、非引线层和外层 3 种情况，Layer with Feed 表示过孔引线层所在位置，Layers without Feed 表示没有引线层的内层，Top/Bottom Layers without Feed 栏设置的是外层无引线时的焊盘。
- Plane Layer Pad/Anti Pad Diameters 表示平面层焊盘和反焊盘的尺寸，Pads 表示平面层焊盘的直径，Anti Pads 表示反焊盘的直径。选中 Merge Anti Pads 复选框表示两个 Anti Pad 融合在一起，否则它们独立存在。

本案例设置完成后的效果如图 5.21 所示。

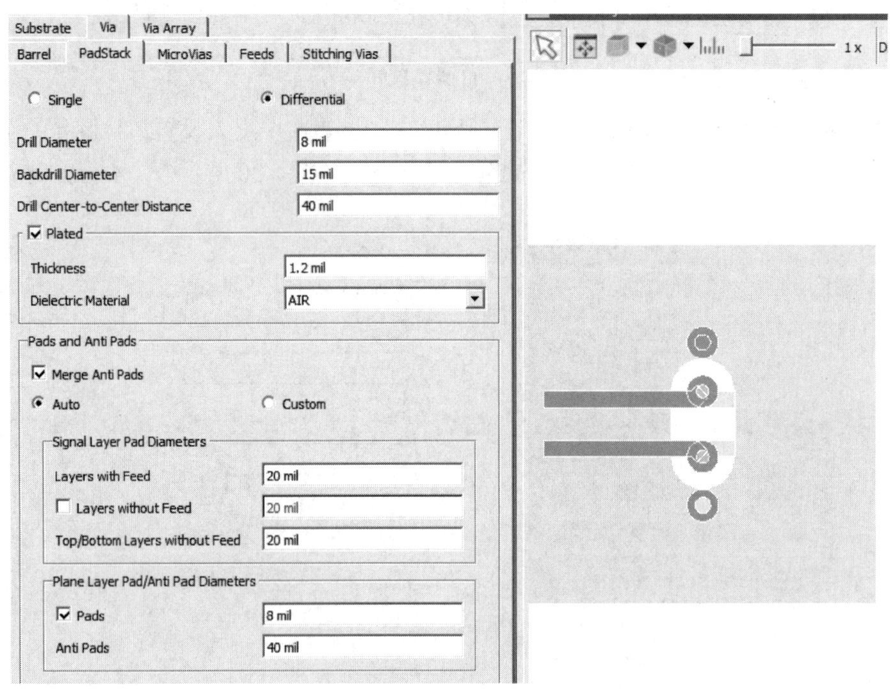

图 5.21　PadStack 的设置和过孔结构

从设置完 PadStack 之后的过孔结构可以看到，在 Anti Pad 融合之后，形成了一个椭圆形的结构。

MicroVias 页签主要是针对高密度的互连设计的一些设置，包括微孔焊盘（Pad）的大小、反焊盘（Anti Pad Diameter）的大小、钻孔（Drill）的形状以及连接的方式。本案例不做任何相关的设置。

通常，过孔并不是独立存在的，一般都需要连接到外界，因此要么使用传输线，要么使用同轴。通过 Feeds 页签进行设置，如图 5.22 所示。

在 Feeds 页签中可以设置过孔两端的输入和输出信号的传输类型（Type），分为两种情况，一种为传输线（Line），一种为同轴（Coax），单击 Type 下拉列表可以选择相应的类型，如图 5.23 所示。

Feed1 和 Feed2 的设置可以是不一样的，这完全取决于实际情况。在本案例中，Feed1 和 Feed2 的 Type 项都选择的是 Line。在 Layer 的下拉列表中设置过孔的输入和输出，Layer 的选项由层叠中的导体层决定，下拉列表如图 5.24 所示。

一般在 Feed1 的 Layer 中选择输入端所在的层，在 Feed2 的 Layer 中选择输出端所在的层，工程师也可根据实际情况选择。在本案例中，Feed1 Layer 选择默认值，即 Top 层的 cond；Feed2 Layer 选择第 6 层 pc3。

设置好输入和输出线的类型和所在位置之后，如果选择的是 Line，则需要继续设置传输线的结构，包括 Line Width（线宽）、Line Length（线长度）、Line Angle（deg）（线的角度）和 Line Spacing（线间距），如果是单端过孔，则不需要设置线间距。Line 结构参数设置如图 5.25 所示。

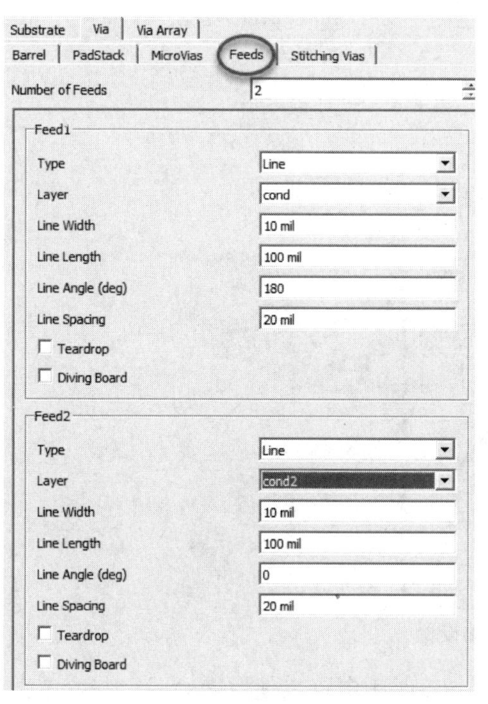

图 5.22　Via 下的 Feeds 页签

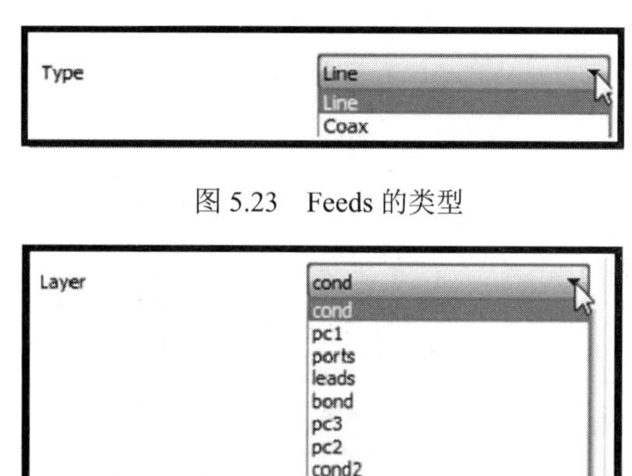

图 5.23　Feeds 的类型

图 5.24　Layer 的选项

Line Width	10 mil
Line Length	100 mil
Line Angle (deg)	180
Line Spacing	20 mil

图 5.25　Line 结构参数设置

这些 Line 的结构参数一般根据传输线的阻抗要求而定，Feed1 中的 Type 选择 Line，设置 Line Width（线宽）为 7 mil，Line Length（线长）为 200 mil，Line Angle（deg）（线的角度）为 180，Line Spacing（线间距）为 9 mil；Feed2 中的 Type 选择 Line，设置 Line Width（线宽）为 3. 9 mil，Line Length（线长）为 200 mil，Line Angle（deg）（线的角度）为 0，Line Spacing（线间距）为 8.9 mil。设置完成后的 Feeds 的参数和过孔结构如图 5.26 所示。

在设置 Feed 时，如果有需要还可以选中 Teardrop（泪滴）复选框，这是传输线与过孔连接处的一种设计形式，目的是让过孔与传输线在生产的时候不容易断，也为了不让阻抗突变。选中 Teardrop（泪滴）复选框后，有几种设置方式，分别是 Height+Offset、Offset、Angle+Max Offset 和 Snowman。在设置泪滴的时候，一定要在保证性能的同时还要保证可加工性。泪滴的设置如图 5.27 所示。

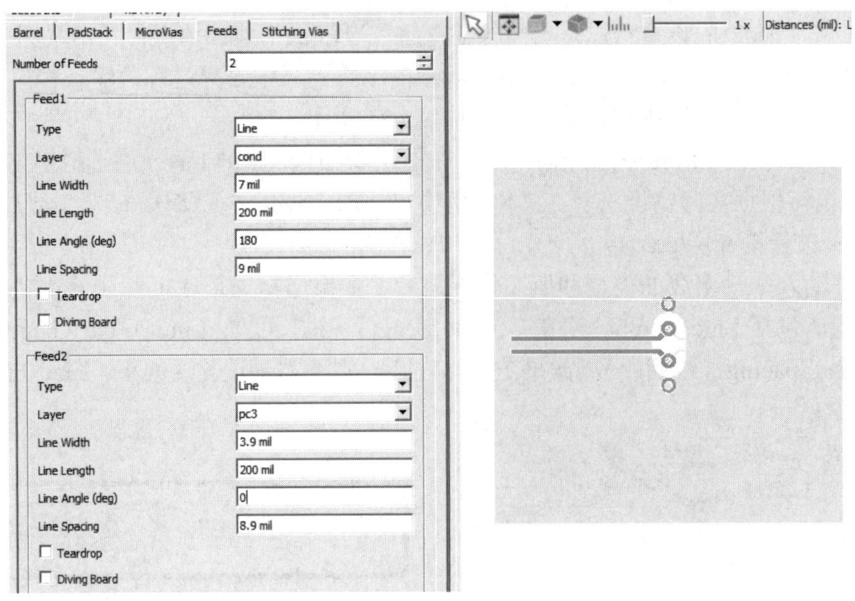

图 5.26 Feeds 参数和过孔结构

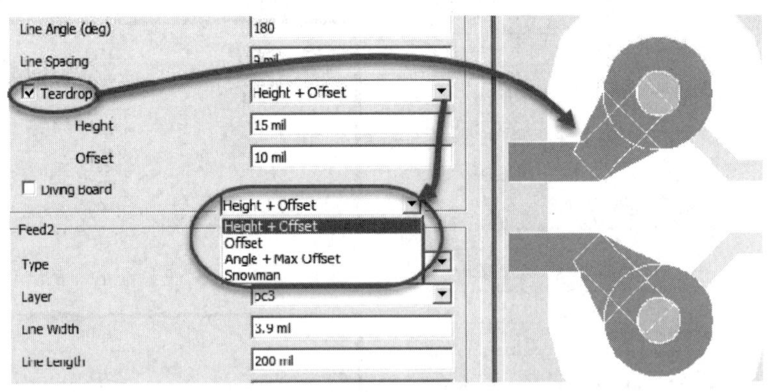

图 5.27 泪滴的设置

在设计高速电路时，一般很少采用泪滴设计，在射频电路上使用得会多一些。本案例不使用泪滴设计。

在高速电路设计中使用比较多的是通过跳板设计（Diving Board）来优化过孔的性能。跳板都是在参考层所在的位置，相当于在信号线的下方延伸了一段参考设计，这样就降低了由反焊盘设计导致的高传输线阻抗。如果要使用跳板设计，则需要按照实际情况在保证性能的同时还要确保满足生产工艺的要求，设置它的长度和宽度。跳板的设置如图 5.28 所示。

本案例不使用跳板设计。在设置好 Feeds 结构之后，对 Stitching Vias（缝补过孔）页签进行设置，如图 5.29 所示。缝补过孔也叫伴随地过孔或回流地孔。

在 Stitching Vias 页签中，需要设置缝补过孔的 Begin Layer（起始层）、End Layer（终止层）、Drill Diameter（钻孔直径）、Pad Diameter（焊盘直径）、Stitching Coordinates（数量和位置[①]）。Begin Layer 和 End Layer 分别设置缝补过孔的起始层和终止层，常规保持默认

① 此处非直译。

值，即为从顶层到底层的通孔，如图 5.30 所示。

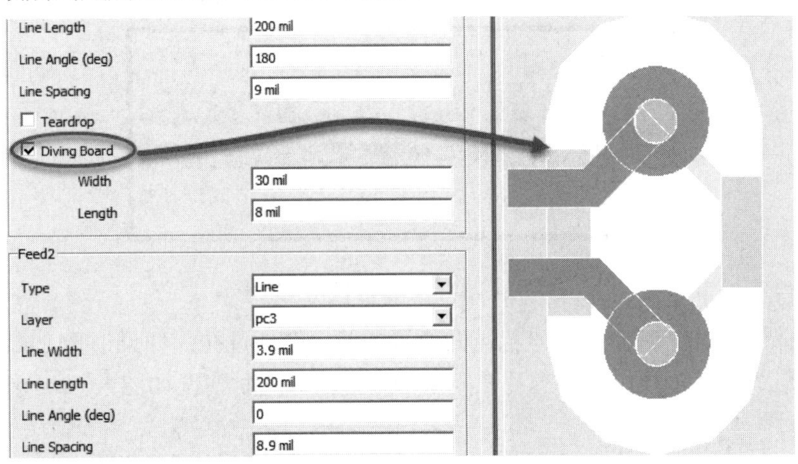

图 5.28　跳板的设置

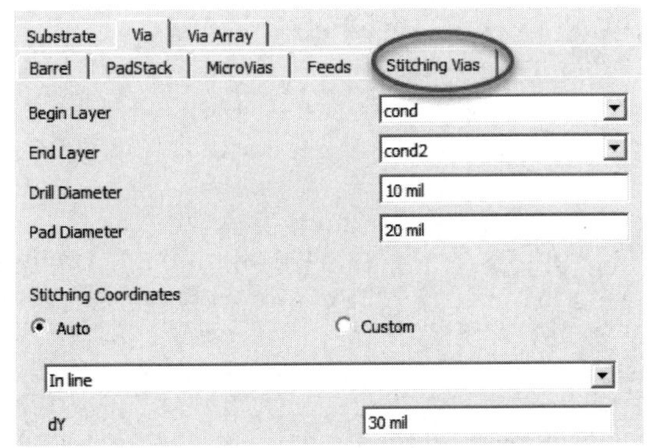

图 5.29　缝补过孔的设置

图 5.30　设置缝补过孔的起始层和终止层

Drill Diameter 和 Pad Diameter 分别设置缝补过孔的钻孔大小和焊盘大小。工程师可按实际项目要求进行设计，本案例使用默认值。

Stitching Coordinates 设置的是缝补过孔的数量和位置，分为 Auto（自动）和 Custom（自定义）两部分，如图 5.31 所示。

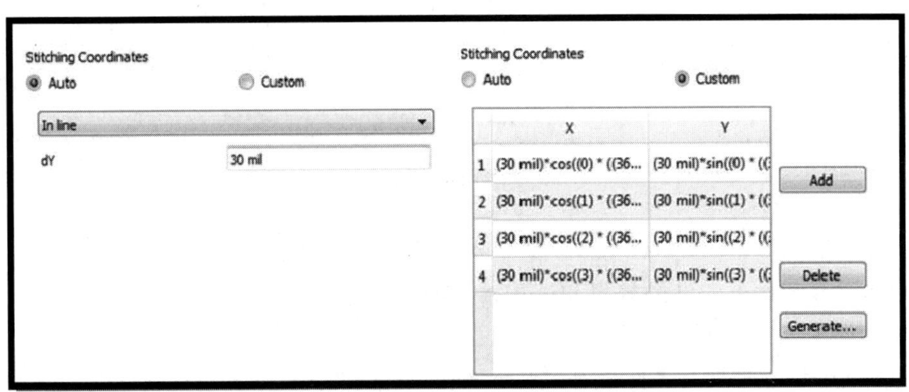

图 5.31　设置缝补过孔的数量和位置

如果使用的是自定义选项，可以设置过孔的排布和 Y 轴上的位置偏移，如图 5.32 所示。

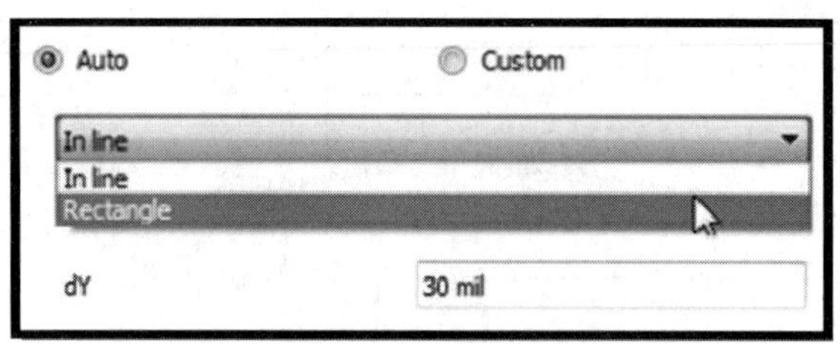

图 5.32 设置过孔的排布和偏移

如果选择 In line，则为在信号孔纵向位置加两个缝补过孔；如果选择 Rectangle，则在信号孔周围形成一个矩形，缝补过孔在矩形的顶点上，两种情况如图 5.33 所示。

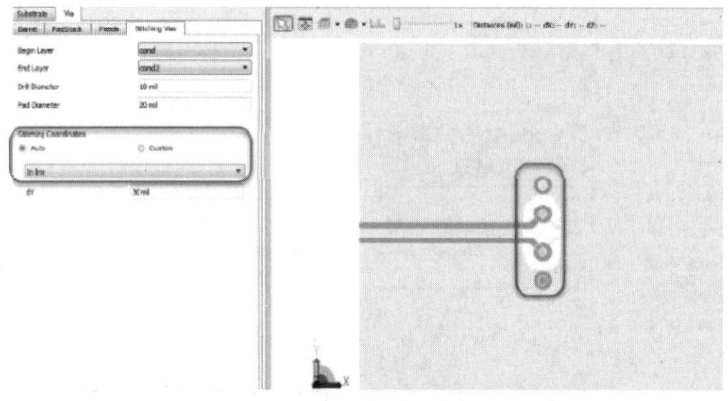

选择 In line

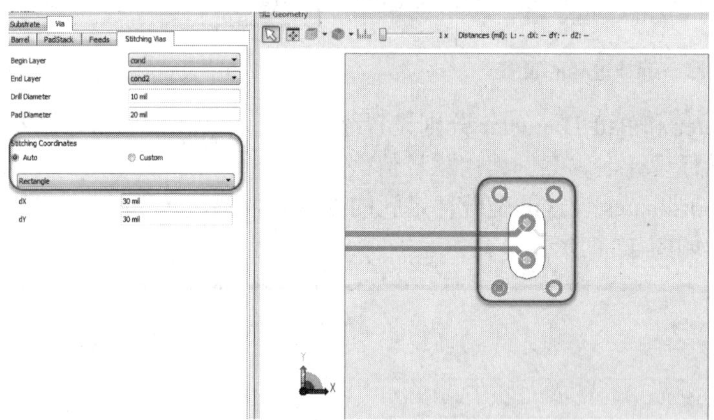

选择 Rectangle

图 5.33 自动排布缝补过孔的示意图

也可以自定义缝补过孔的数量和位置，在缝补过孔坐标一栏中选中自定义（Custom）单选按钮，如图 5.34 所示。

自定义过孔时，默认有 4 个缝补过孔分布在过孔的两侧，这种过孔设计很少在工程实践中使用，所以一般都会重新修改过孔的数量或位置，也可以两者同时修改。

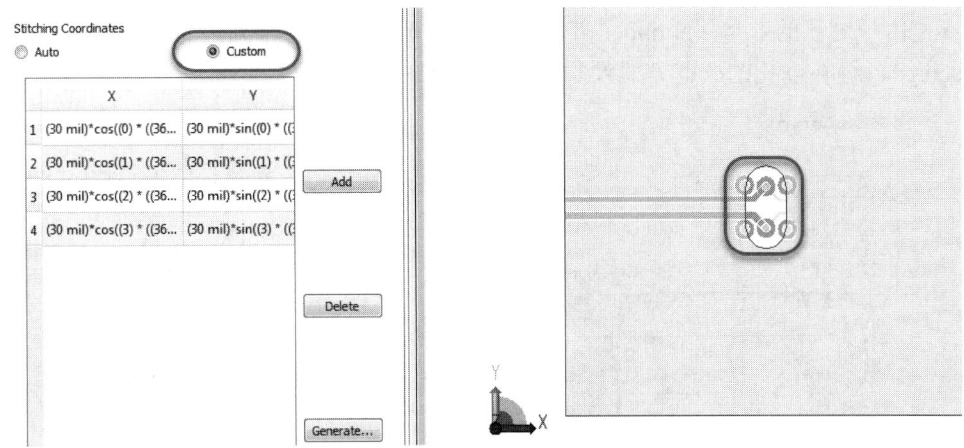

图 5.34　自定义缝补过孔

如果需要删除，则选中要删除的缝补过孔，单击 Delete 按钮即可，如图 5.35 所示。

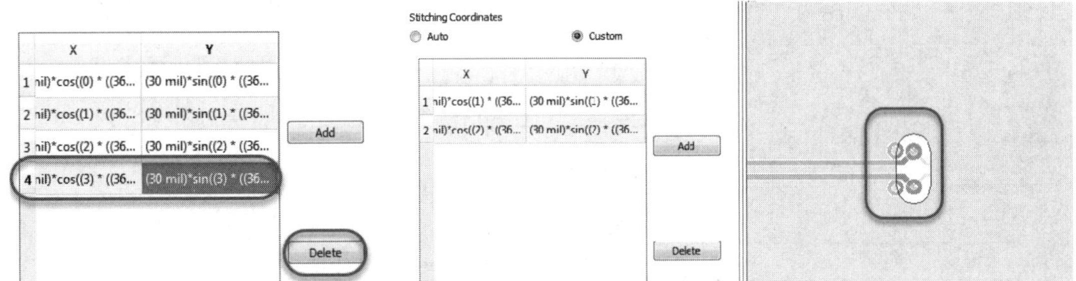

图 5.35　删除缝补过孔

如果需要修改坐标，则单击缝补过孔的 X 和 Y 坐标，输入参数即可，本案例修改的内容如图 5.36 所示。

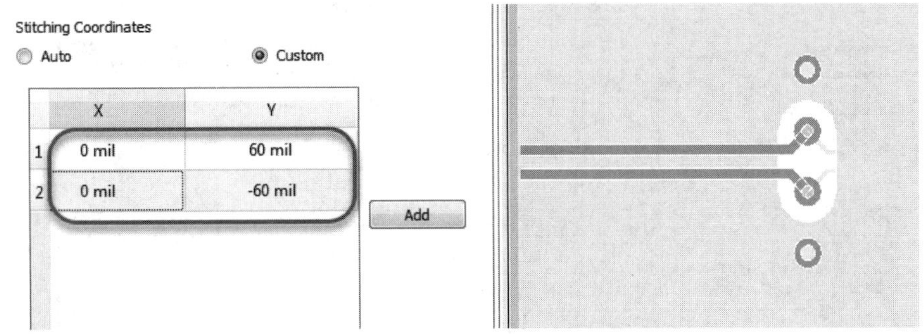

图 5.36　修改缝补过孔的坐标

如果需要增加过孔的数量，则单击 Add 按钮进行添加。比如在上一步的基础上增加 4 个过孔，分布在信号过孔的周围，坐标和数量如图 5.37 所示。

本案例使用的是只有两个缝补过孔的设计，是实践中最常见的结构，如图 5.38 所示。

常规来讲，过孔要么是单端过孔，要么是差分过孔，但是有的产品设计在芯片 BAG 处或连接器处，则会出现过孔阵列。如果是过孔阵列，则选择 Via Array 页签，在页签中可以设置信号过孔的数量（Number of Instances）、阵列过孔的排列方式、过孔之间的空隙（Spacing）、缝补过孔的放置方式及数量，如图 5.39 所示。

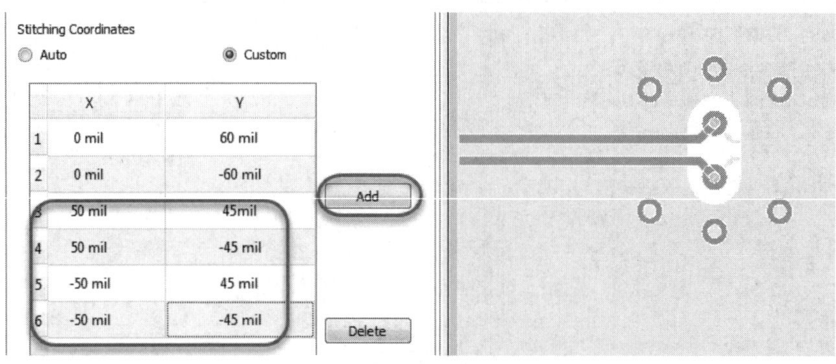

图 5.37　增加缝补过孔

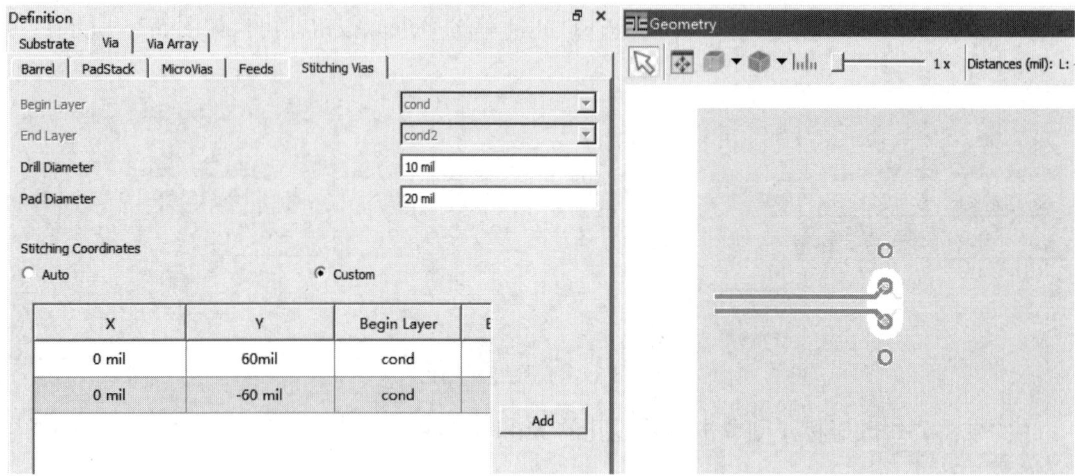

图 5.38　最常见过孔的结构

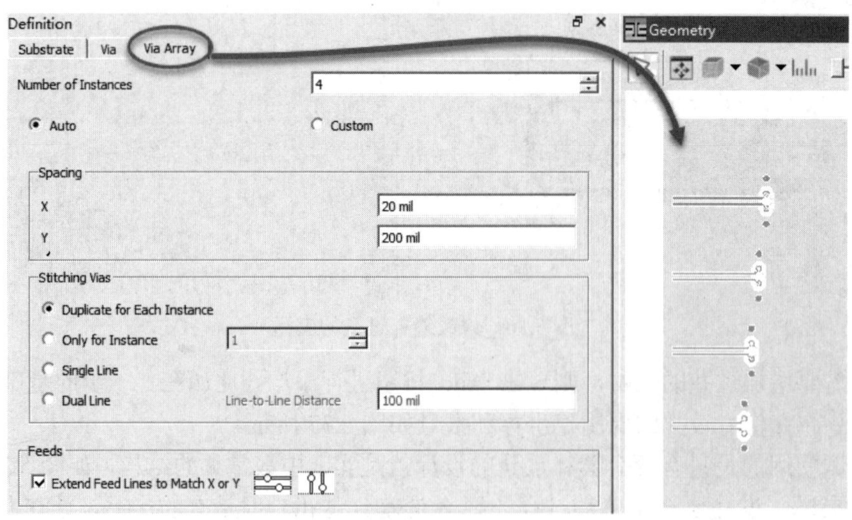

图 5.39 过孔阵列

本案例只使用信号过孔和缝补过孔。

5.3.4　Via Designer 变量设置

设计好过孔结构之后，可以在 Variables（变量）栏中设置仿真的频率，如图 5.40 所示。

工程师可根据实际情况设置仿真的频率，因为不同总线或不同信号网络的频率可能不同，即使对于相同的信号网络，不同的工程师也可设置不同的频率。本案例中设置 Start（起始频率）为 0 MHz，Stop（终止频率）为 40 GHz，如图 5.41 所示。

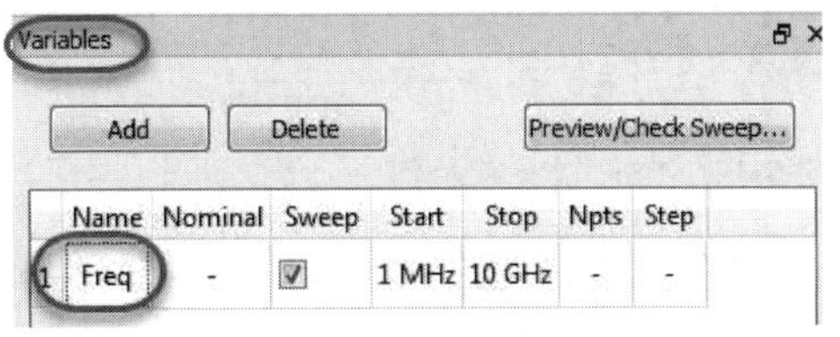

图 5.40　变量设置

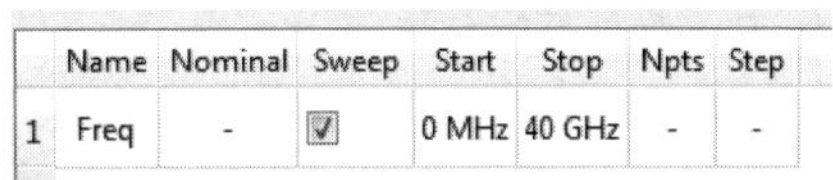

图 5.41　设置仿真频率

在 Variables（变量）中还可以添加其他变量并设置。通常情况下，工程师在前仿真时，经常会对不同的过孔孔径、焊盘的大小、反焊盘的大小等进行扫描仿真。对于多种情况的仿真，最方便的方式就是把它们设置为变量，进行扫描仿真。要在 Via Designer 中设置变量，只需在对应的栏中设置一个变量名称和数值即可，比如设置 Drill Diameter 为 D 变量，Backdrill Diameter 为 8 mil，如图 5.42 所示。

设置数值之后，单击右边的加号按钮⊞，即可完成新变量的添加，变量栏中就会出现新的变量 D，如图 5.43 所示。

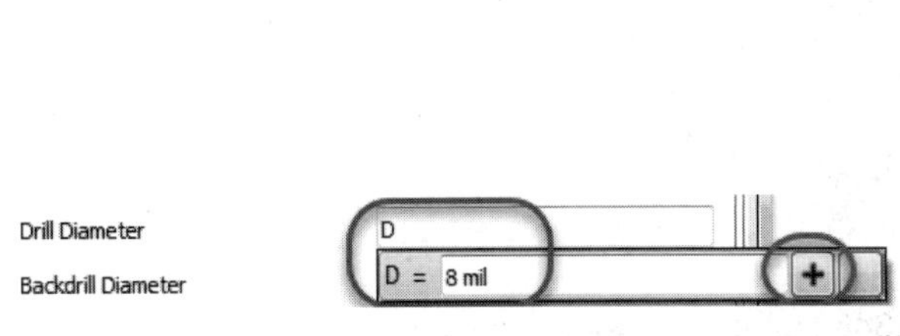

图 5.42　设置新的变量

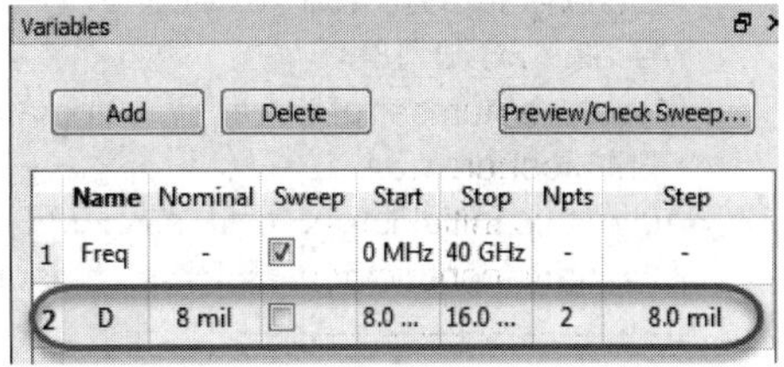

图 5.43　添加变量 D

在添加变量之后，如果需要扫描，则要选中 Sweep 下的复选框；如果不扫描，则不需要选中该复选框。同样，也可以设置其扫描的起始值和终止值。本案例暂时不扫描变量 D。

5.3.5　过孔的仿真以及仿真状态

设置好过孔结构和仿真变量之后，在工具栏上单击检查几何结构（Check Geometry）按钮，弹出检查结果的对话框。如果没有任何错误，弹出的对话框如图 5.44 所示。

如果出现 No Errors detected（没有任何错误）的提示，在保存所有的设置之后，单击工具栏上的仿真（Simulate）按钮，即可进行仿真。在仿真和日志栏会出现仿真的状态以及仿真信息，如图 5.45 所示。

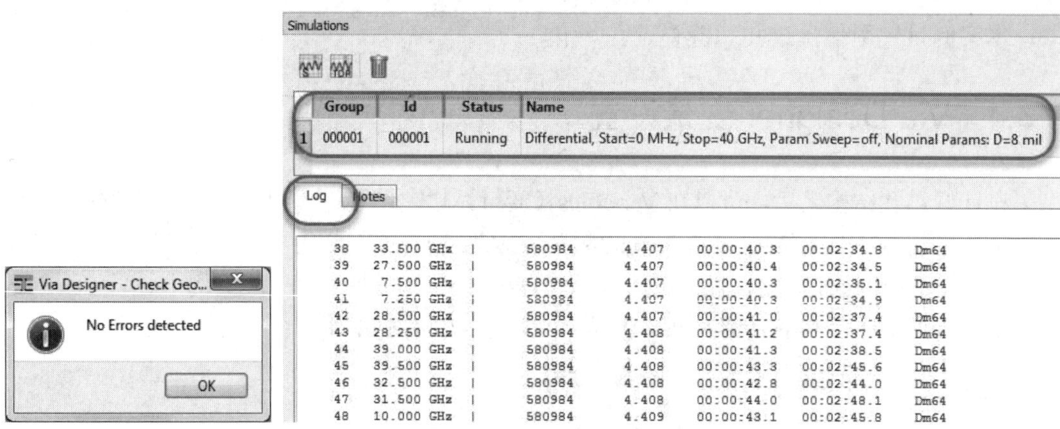

图 5.44 检查几何结构结果　　　　图 5.45 仿真状态以及信息

可以在仿真窗口中查看仿真的状态，如果有多种扫描情况，则会自动生成一组仿真。运行仿真时为 Running 状态，排队等待仿真时为 Queued 状态，仿真完成后为 Finished 状态。

在仿真日志对话框中，可以查看仿真的进度、扫描的频率点，以及最终仿真完成后需要使用的时间。仿真后的部分日志信息如下。

```
Starting FEM simulation.
Setting environment for using simulator engine
Setting EMPROHOME to C:\Program Files\Keysight\ADS2017\fem\2017.01\win32_64\bin\
Setting PYTHONHOME to C:\Program Files\Keysight\ADS2017\fem\2017.01\win32_64\bin\
tools\win32\python
Setting HPEESOF_DIR to C:\Program Files\Keysight\ADS2017\fem\2017.01\win32_64\bin\

FEM engine : 330.100 2018-02-09
Machine : C70118LF
Maximum number of threads : Automatic
FEM Mesher: 1.3.5.1
Automatic initial target mesh size: 2.50e+00 mm
Automatic conductor meshing summary:
------------------------------------
Port endpoint at (-5.08 mm, 0.2032 mm, 1.3462 mm) : 10.2 mm estimated, 10.2 mm used
Port endpoint at (-5.08 mm, 0.2032 mm, 1.49606 mm) : 0.178 mm estimated, 0.178 mm used
Port endpoint at (-5.08 mm, -0.2032 mm, 1.3462 mm) : 10.2 mm estimated
Port endpoint at (-5.08 mm, -0.2032 mm, 1.49606 mm) : 0.178 mm estimated, 0.178 mm used
Port endpoint at (5.08 mm, 0.16256 mm, 0.127 mm) : 10.2 mm estimated
Port endpoint at (5.08 mm, 0.16256 mm, 0.25908 mm) : 0.0991 mm estimated
Port endpoint at (5.08 mm, -0.16256 mm, 0.127 mm) : 10.2 mm estimated
Port endpoint at (5.08 mm, -0.16256 mm, 0.25908 mm) : 0.0991 mm estimated
INITIAL MESH
------------
nbPoints : 19289
nbTetrahedra : 82924
REFINING
--------
| MESHING | SOLVING
```

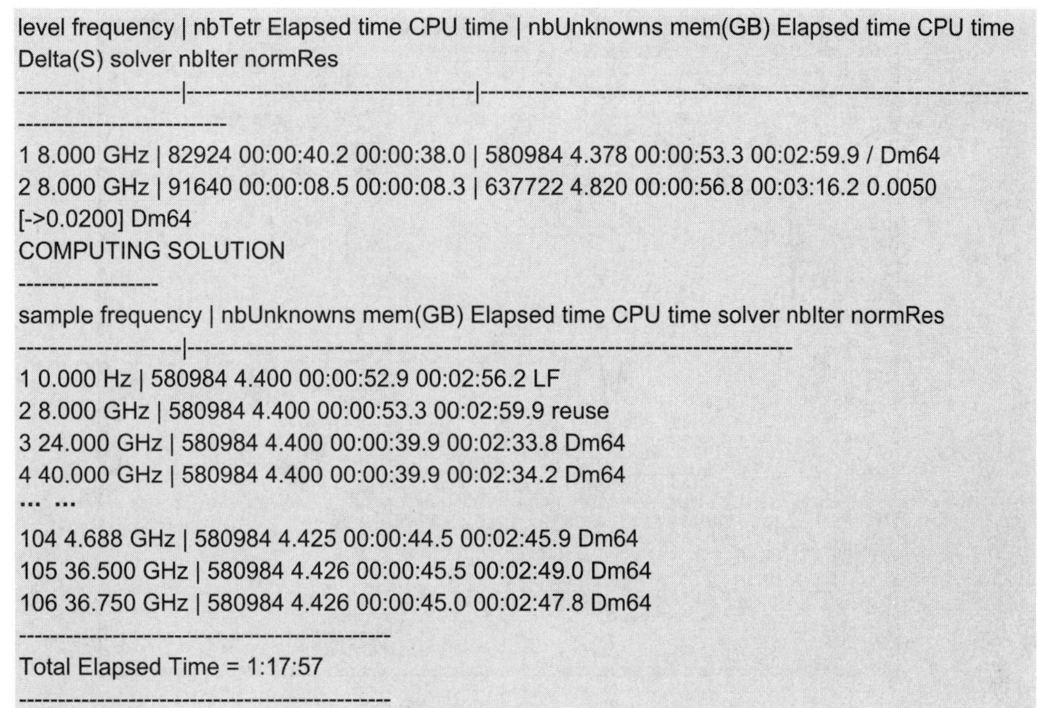

```
level frequency | nbTetr Elapsed time CPU time | nbUnknowns mem(GB) Elapsed time CPU time
Delta(S) solver nbIter normRes
--------------------|----------------------------------|-------------------------------------------------------------------
---------------------------
1 8.000 GHz | 82924 00:00:40.2 00:00:38.0 | 580984 4.378 00:00:53.3 00:02:59.9 / Dm64
2 8.000 GHz | 91640 00:00:08.5 00:00:08.3 | 637722 4.820 00:00:56.8 00:03:16.2 0.0050
[->0.0200] Dm64
COMPUTING SOLUTION
------------------
sample frequency | nbUnknowns mem(GB) Elapsed time CPU time solver nbIter normRes
--------------------|-------------------------------------------------------------------------
1 0.000 Hz | 580984 4.400 00:00:52.9 00:02:56.2 LF
2 8.000 GHz | 580984 4.400 00:00:53.3 00:02:59.9 reuse
3 24.000 GHz | 580984 4.400 00:00:39.9 00:02:33.8 Dm64
4 40.000 GHz | 580984 4.400 00:00:39.9 00:02:34.2 Dm64
… …
104 4.688 GHz | 580984 4.425 00:00:44.5 00:02:45.9 Dm64
105 36.500 GHz | 580984 4.426 00:00:45.5 00:02:49.0 Dm64
106 36.750 GHz | 580984 4.426 00:00:45.0 00:02:47.8 Dm64
------------------------------------------------
Total Elapsed Time = 1:17:57
------------------------------------------------
```

一般来说，如果没有任何错误信息，仿真完成之后即可查看仿真的结果。

5.3.6　查看仿真结果

在仿真完成之后，通常需要做的就是查看仿真结果以及保存仿真提取的模型。对于过孔而言，既需要单独分析过孔的模型的质量，即 S 参数和 TDR，还需要保存模型。

在 Via Designer 中可以查看 S 参数和阻抗。首先，查看过孔的 S 参数，在 Simulations 栏中，选中需要查看的仿真组，单击 S 参数显示按钮；也可以在选中仿真组后右击，选择 Show S-Parameter Results 选项，如图 5.46 所示。

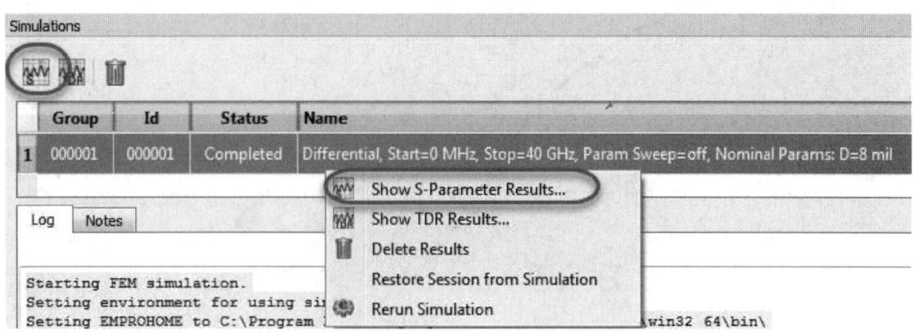

图 5.46　选择 Show S-Parameter Results 选项

选择 Show S-Parameter Results 选项之后，弹出如图 5.47 所示的窗口。

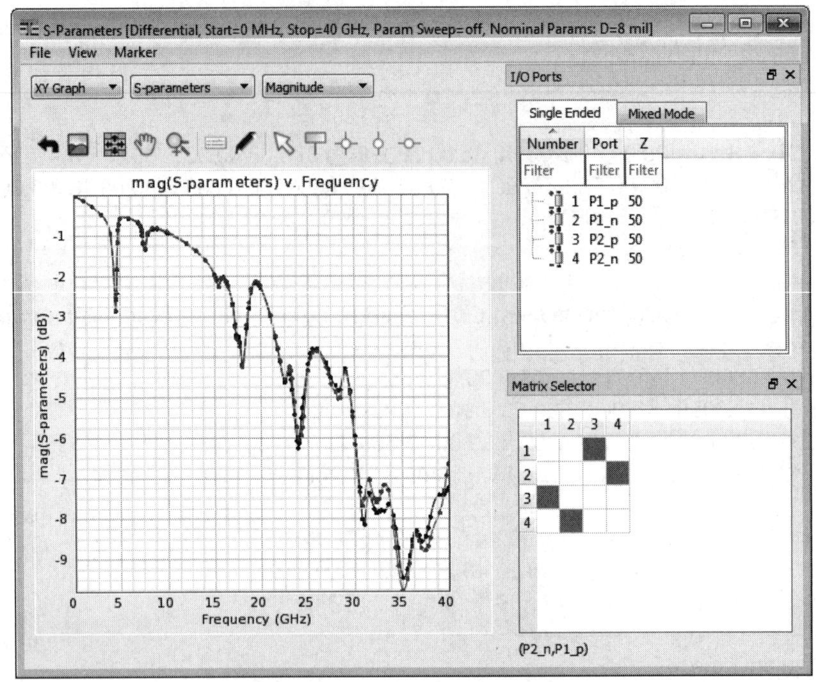

图 5.47　S 参数显示窗口

在 S 参数显示窗口中，默认显示的是 Single Ended（单端）的 S 参数，即单端的插入损耗；如果需要显示差分插入损耗，则单击 Mixed Mode（混合模式）页签，在左侧的显示框中就显示了差分对的 S 参数，即差分对的插入损耗，如图 5.48 所示。

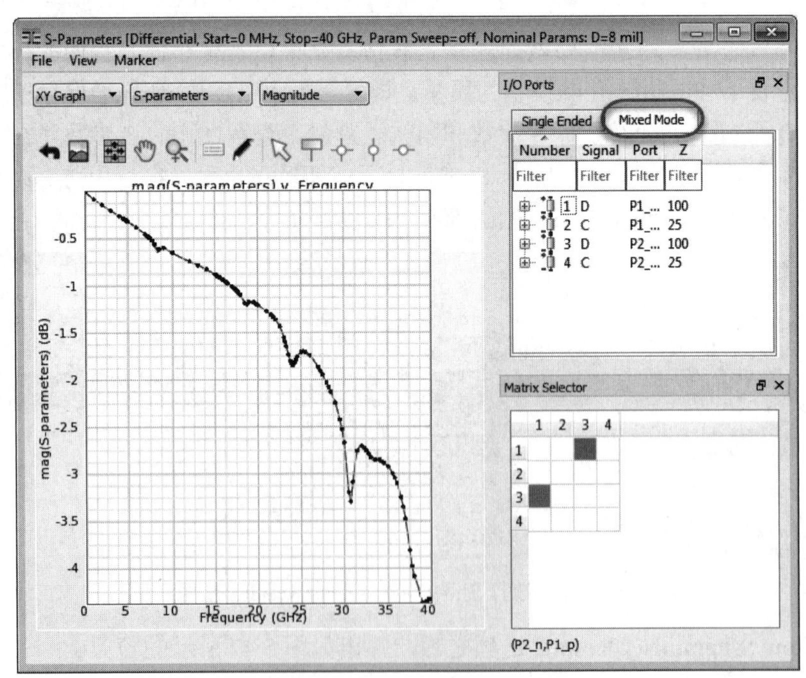

图 5.48　差分对的插入损耗

如果显示回波损耗，则在 Matrix Selector 栏的棋盘中选中 11 或 33，如图 5.49 所示。

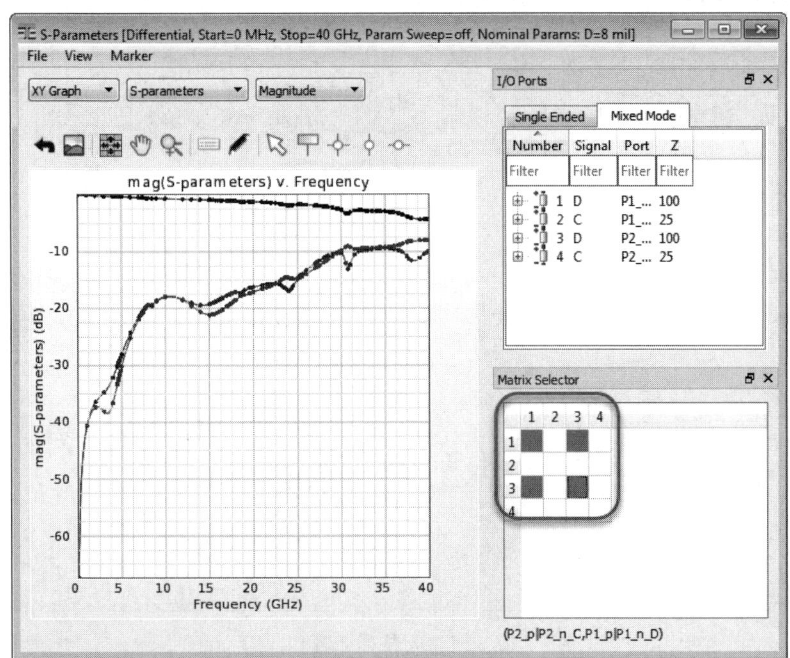

图 5.49　回波损耗

接下来，使用与查看 S 参数一样的方式查看阻抗。选中需要查看的仿真组后，单击显示阻抗（TDR）按钮，也可以在选中仿真组后右击，选择 Show TDR Results 选项，如图 5.50 所示。

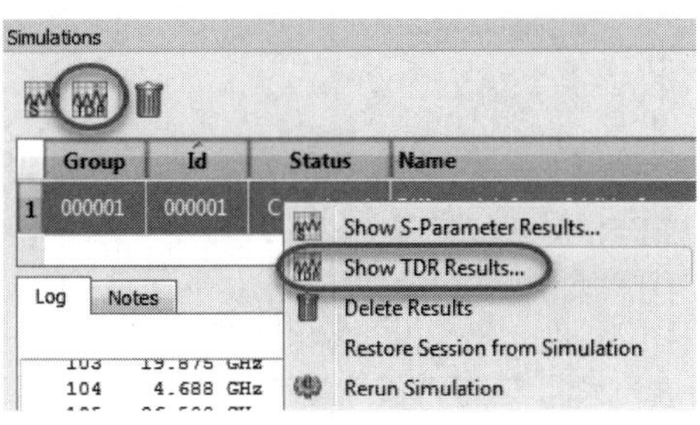

图 5.50　选择 Show TDR Results 选项

弹出阻抗显示窗口，如图 5.51 所示。在阻抗显示窗口的上方，可以设置显示阻抗的 Start Time（起始时间）、Stop Time（截止时间）、Delay（延迟）、Samples（采样点数）、Result Type（显示结果的类型）、Response Type（响应类型）以及 Window（窗函数）。通常设置 Result Type 为 Impedance，设置 Response Type 为 Step。

默认显示的是单端过孔的阻抗，对于差分过孔，显然需要查看的是差分阻抗，因此选择 Mixed Mode（混合模式）页签，如图 5.52 所示。

不管是 S 参数还是阻抗，应根据实际情况设定需要查看的端口以及相关参数。

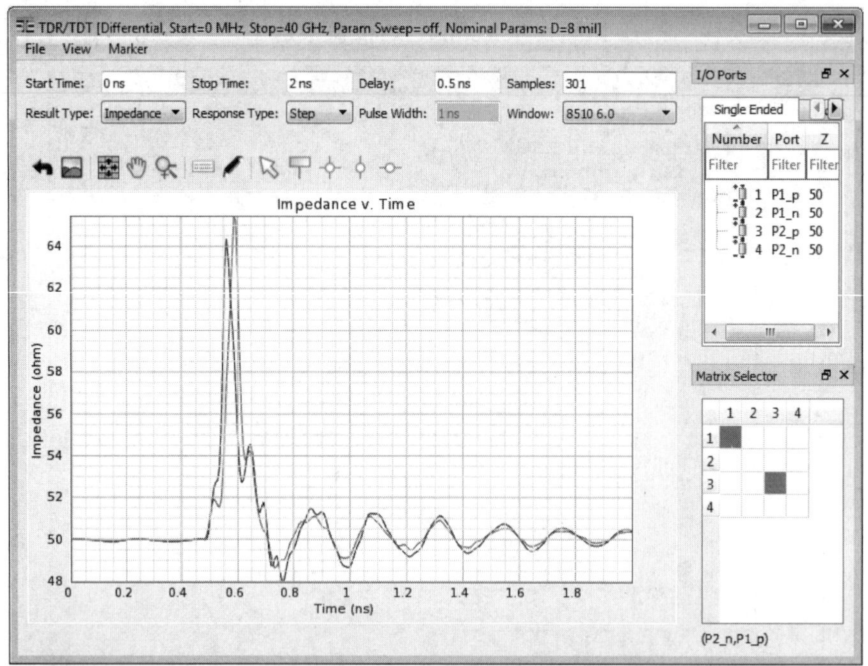

图 5.51 阻抗显示窗口

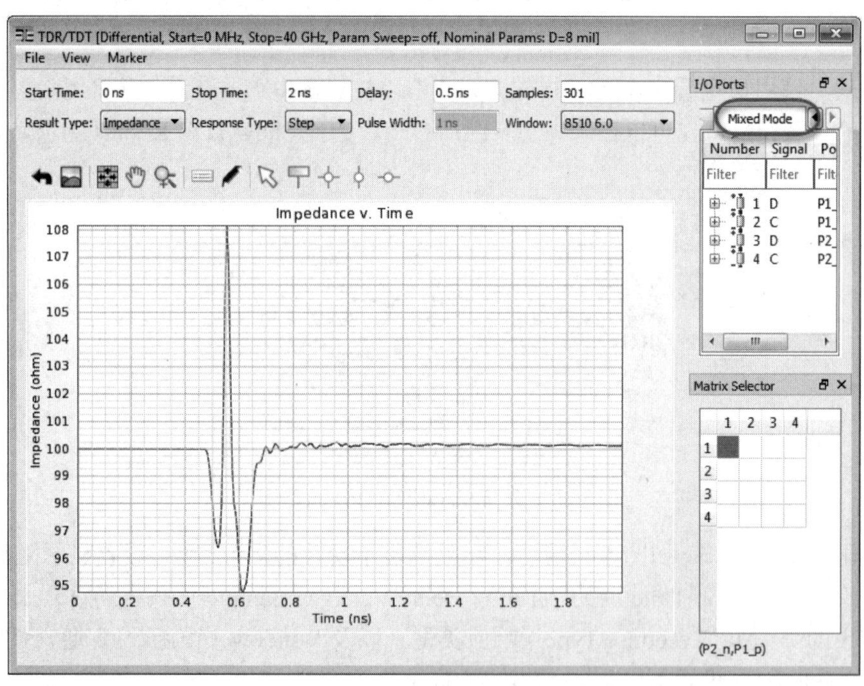

图 5.52 查看差分阻抗

5.3.7 导出仿真结果和模型

虽然在 Via Designer 中可以查看 S 参数和阻抗，但通常还是会把仿真的结果导出到 ADS

原理图中使用或提供给其他工程师作为参考。在 Via Designer 中可以导出 S 参数模型、CTI 模型、图片、CSV 格式以及 ADS 的 Cell。常用的导出格式是 S 参数模型和 ADS 的 Cell，下面分别介绍这两种输出方式。

在 S 参数或者 TDR 显示窗口中，选择菜单栏中的 File→Save As 选项，弹出选择格式的对话框，如图 5.53 所示，设置输出仿真模型的格式。

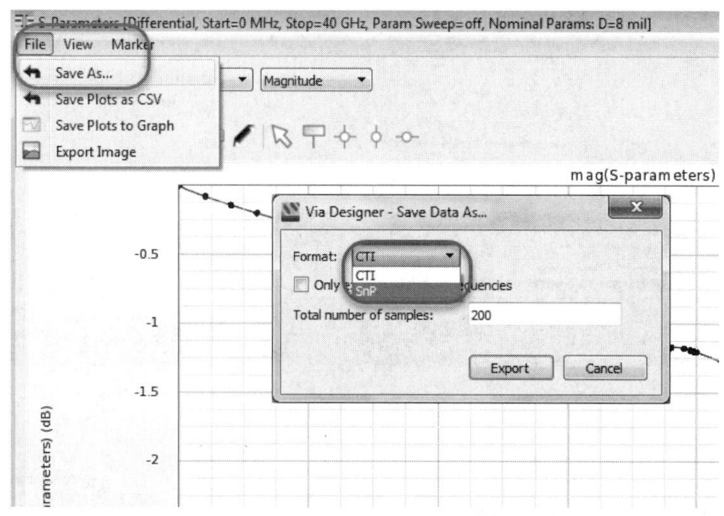

图 5.53　设置输出仿真模型的格式

系统默认的输出格式为 CTI 格式，如果需要保存为 S 参数模型，则选择 SnP 格式并在 Total number of samples 中输入相应的数值，然后单击 Export 按钮。在弹出的对话框中设置 Filename 为 Via_Diff_End，设置 Save as type 为*.s4p，如图 5.54 所示。

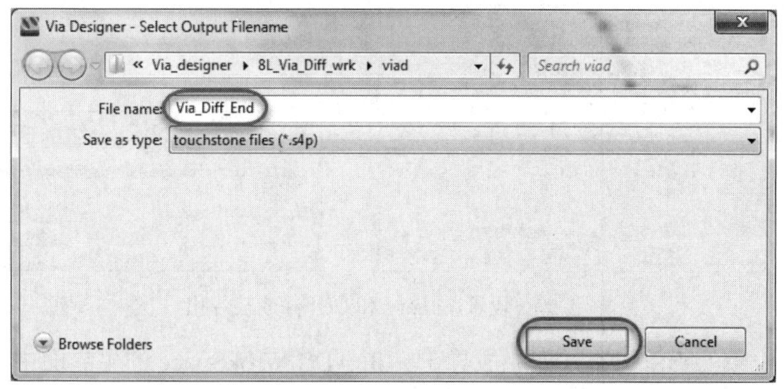

图 5.54　设置输出 S 参数的名称

输出的 S 参数文件保存在过孔设计仿真根目录下。在 ADS 的原理图中就可以调用 S 参数模型进行无源链路或者有源通道的仿真。

如果需要对模型进行进一步的仿真，也可以导出 ADS Cell、EMPro 以及 layout 文件。在 Via Designer 主界面的菜单栏中选择 File→Export to Cell 选项，或者在工具栏上单击导出 Cell 按钮，如图 5.55 所示，弹出的对话框如图 5.56 所示。

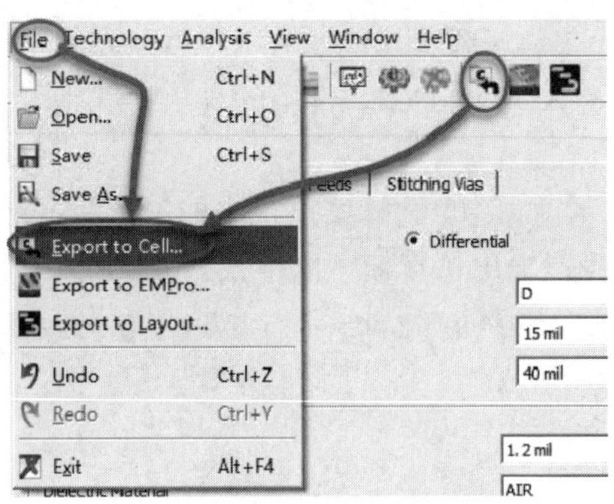

图 5.55　导出 Cell

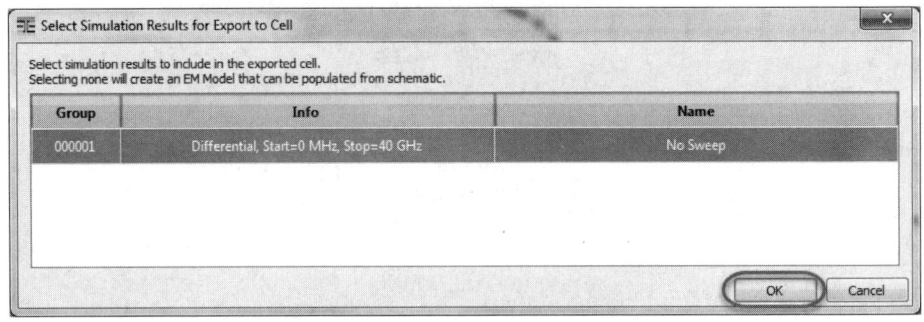

图 5.56　选择导出的仿真结果

单击 OK 按钮后，弹出 Export to Cell 对话框，设置 Library 和 Cell，一般保持默认参数即可。单击 Export to Cell 对话框中的 OK 按钮，如果没有问题，就会弹出提示导出成功的对话框，如图 5.57 所示。

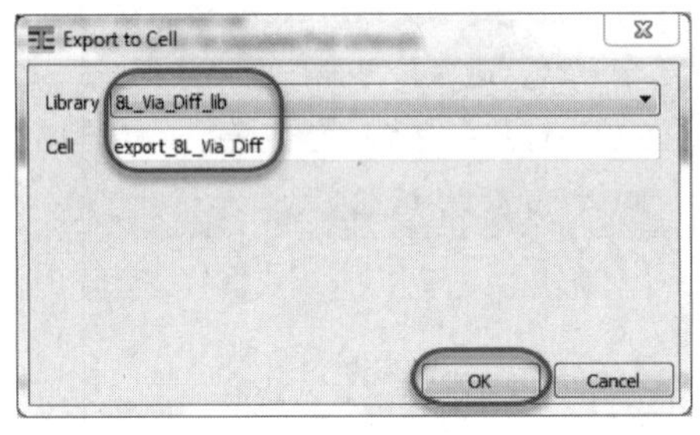

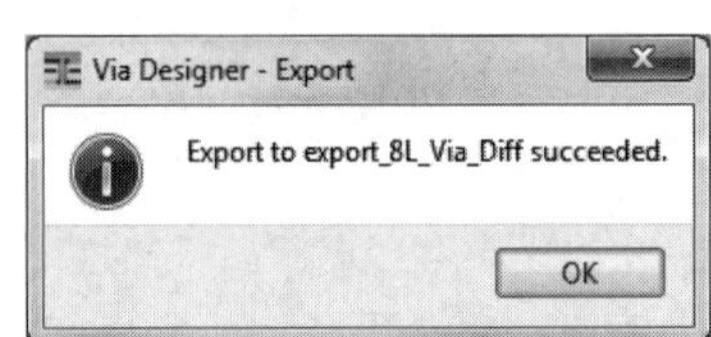

图 5.57　设置 Library 和 Cell 并成功导出

单击对话框中的 OK 按钮，即完成导出。在 ADS WrokSpace 的主界面中可以查看导出的 Cell 文件 Export_8L_Via_Diff，该导出文件包含 emModel 文件、empro 文件和 symbol 文件，如图 5.58 所示。这些文件就可以被导入 ADS 原理图或 empro 中。

在 Via Designer 主界面的菜单栏中选择 File→Export to Layout 选项，或者在工具栏上单击导出 Cell 按钮，可以导出 Layout 文件，如图 5.59 所示。

在导出 Layout 文件的过程中，可能会因为层叠与过孔的一些设计元素不同，软件弹出提示对话框，根据提示增加相关的层即可，如图 5.60 所示。

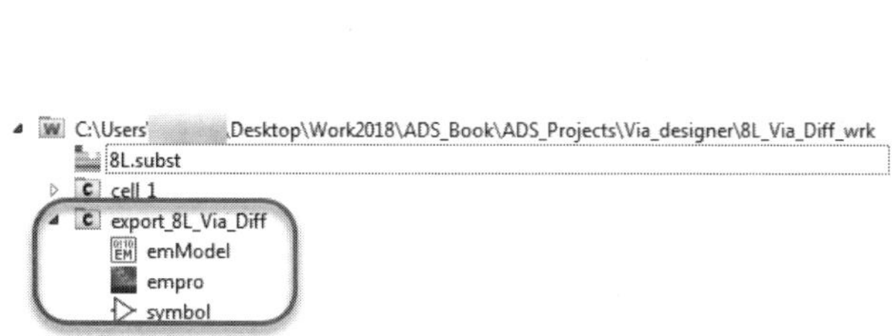

图 5.58　导出的 Cell

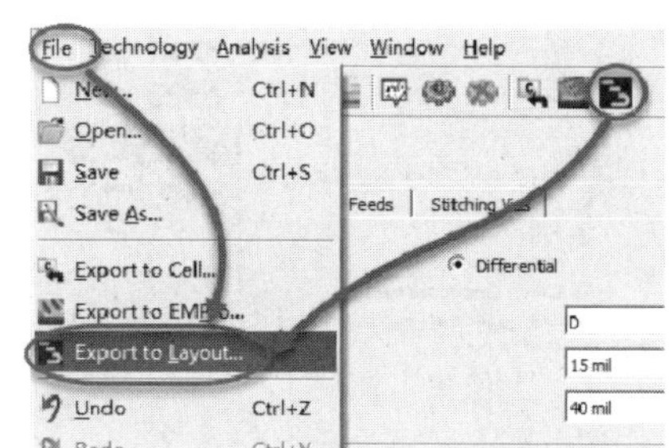

图 5.59　导出 Layout 文件

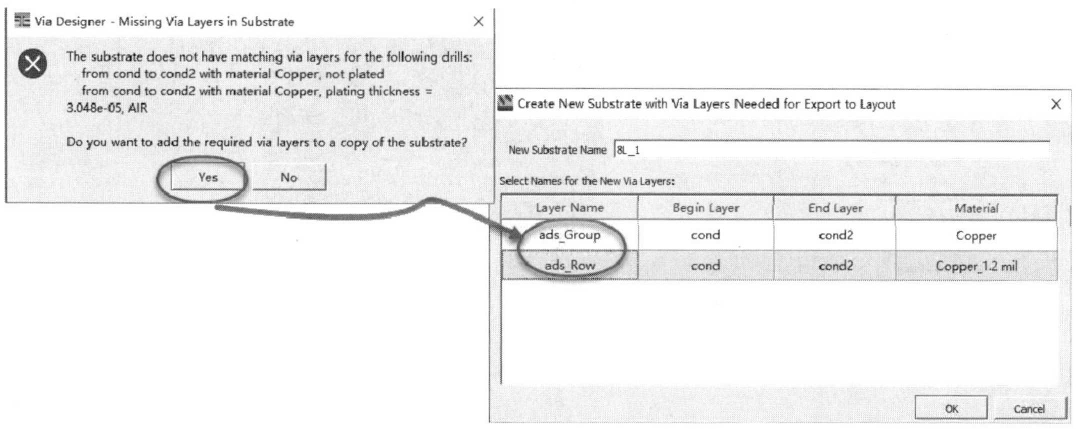

图 5.60　增加层

在 ADS 中查看导出的过孔结构，如图 5.61 所示。

在 Via Designer 主界面的菜单栏中选择 File→Export to EMPro 选项，或者在工具栏上单击导出 Cell 按钮，可以导出过孔的 EMPro 3D 文件，如图 5.62 所示。

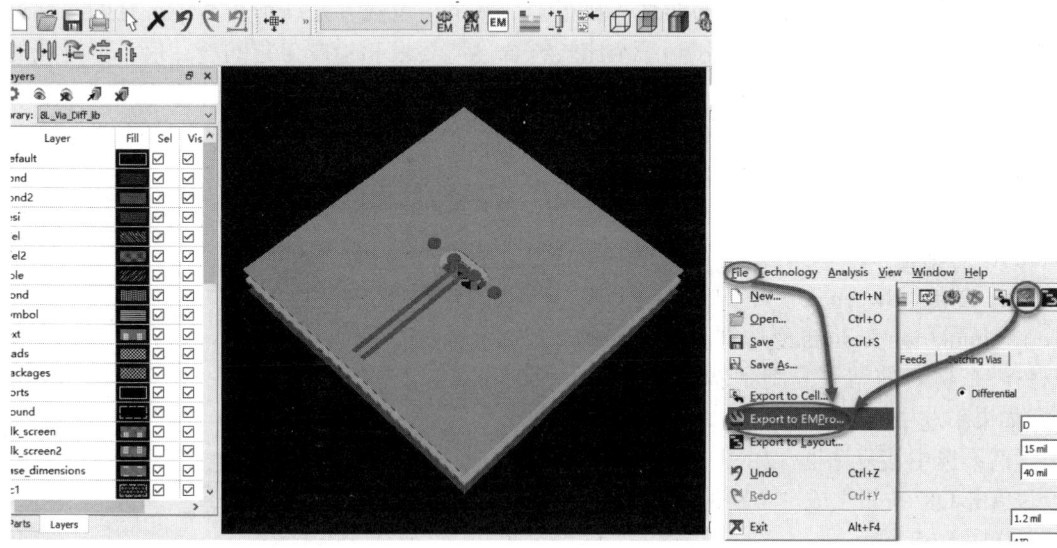

图 5.61　导出到 ADS Layout 的过孔　　　图 5.62　导出 EMPro 3D 文件

在 EMPro 中查看导出的过孔结构，如图 5.63 所示。

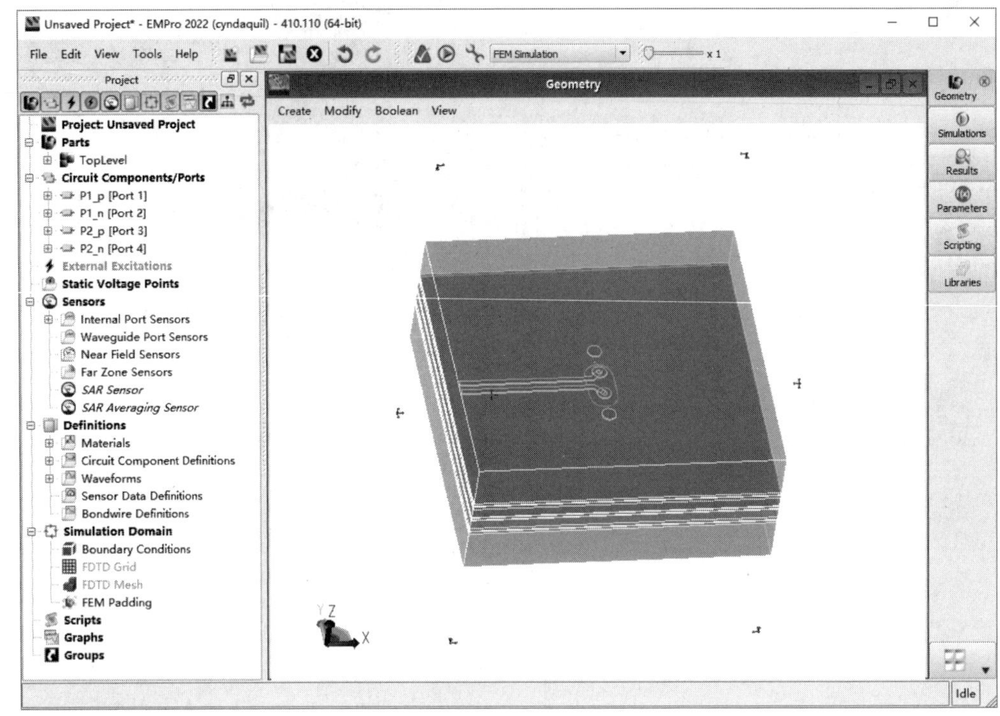

图 5.63　导出到 EMPro 中的过孔

5.4　过孔的参数扫描仿真

前面介绍的都是单个参数的仿真，在很多情况下，过孔都是在前仿真中进行的。通过前仿真对多个参数进行扫描，找到一个比较符合性能要求和生产工艺的设计值，如过孔的孔径、焊盘或反焊盘的大小等，然后将其作为设计的规则输出给 PCB 设计工程师。

把前面设计的过孔仿真工程另存为一个新的工程项目，选择 Via Designer 主界面菜单栏中的 File→Save As 选项，也可以单击工具栏上的另存为按钮，弹出 Save As 对话框，输入一个新的名称（如 8L_Via_Diff_ Sweep_D），如果选中 Copy Simulation Results 复选框，则表示把前一个仿真的结果复制到新的项目中，如果不选中，则不复制仿真的结果。本案例不选中该复选框，如图 5.64 所示。单击 OK 按钮生成一个新的工程项目，如图 5.65 所示。

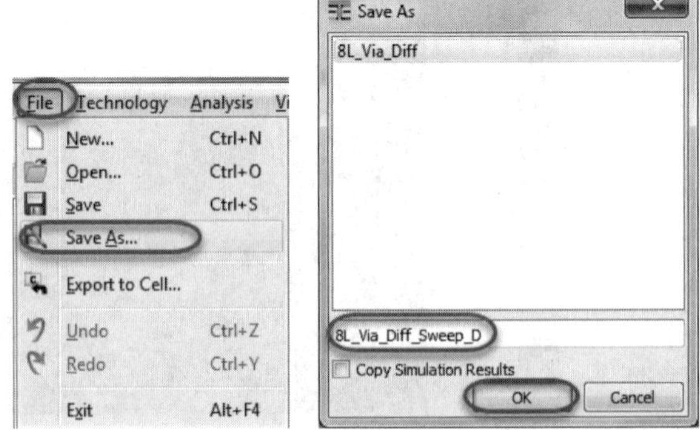

图 5.64　另存为一个新的项目

从图 5.65 中可以看到，在 Simulations 栏中已经没有了任何仿真结果的信息。

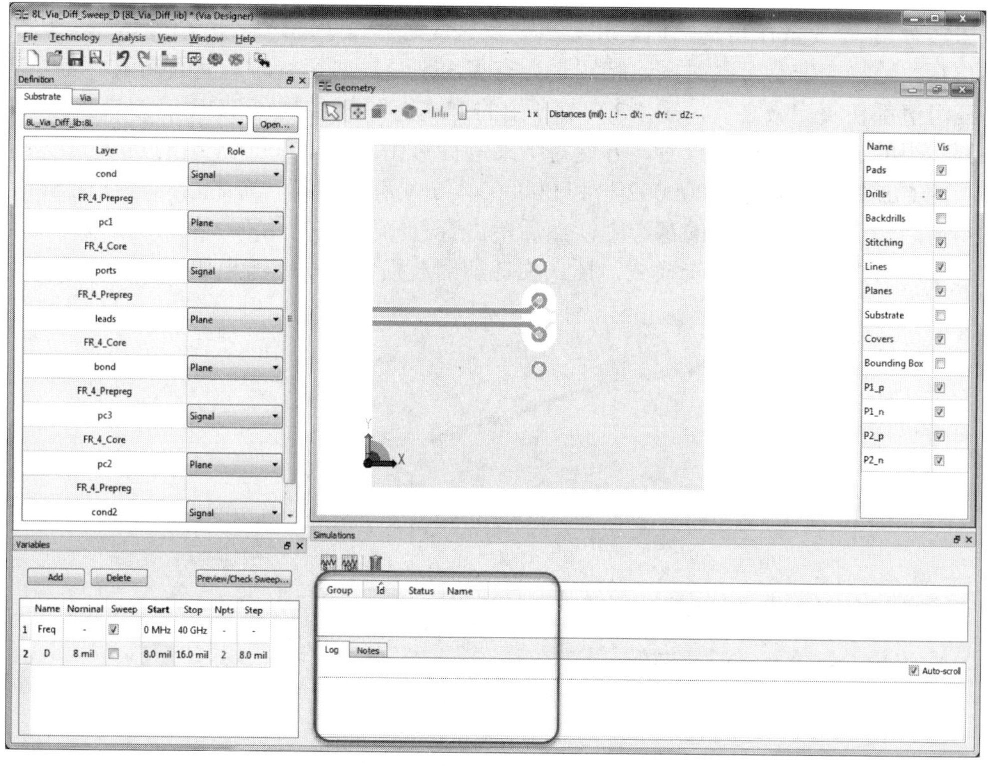

图 5.65　新的工程项目

5.3.4 节介绍了如何设置变量，在图 5.65 的 Variables 栏中也可以观察到有一个变量 D 即过孔的孔径没有被选中。在本案例中就把它作为一个变量进行扫描，选中 D 中的 Sweep 复选框，并设置 Start 为 8 mil，Stop 为 12 mil，Step 为 2 mil，Npts 将自动变为 3，如图 5.66 所示。

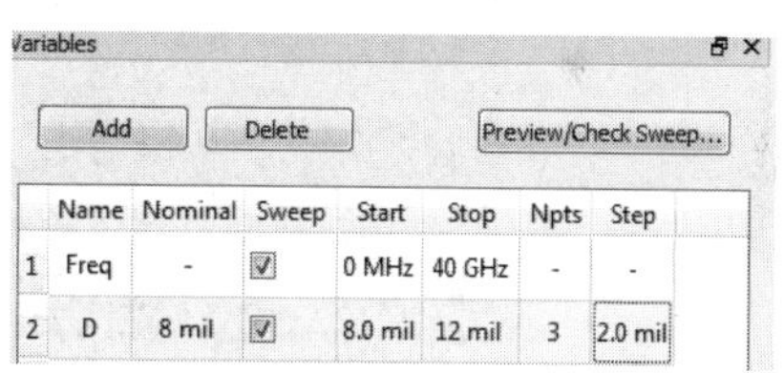

图 5.66　添加并编辑扫描变量

其他参数值保持之前的设置，保存之后单击仿真按钮运行仿真，这时可以观察到 Simulations 栏中出现了三组仿真，但是每一次只有一组在运行仿真，其他两组在排队，等前面一组完成之后就会自动运行后面一组，直到运行完成为止，如图 5.67 所示。

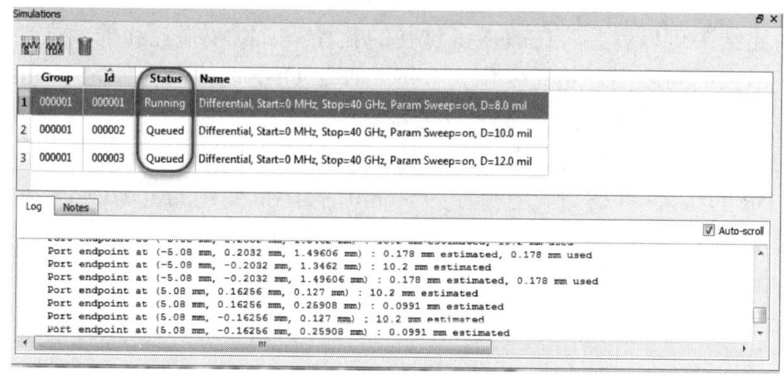

图 5.67　扫描参数时的仿真状态

虽然有 3 个变量在仿真，但是并不需要在完成之后再手动运行下次仿真，系统会自动进行仿真，这样会非常节省时间。特别是当有多组变量同时运行时，尤其高效。

三组值都仿真完成之后，用 5.3.6 节介绍的方式查看 S 参数和 TDR 的结果。这时可以选中同一组的 3 种情况同时查看，方便对结果进行对比。选择 000001 组的 00001 号，按住键盘上的 Ctrl 键，依次选择 000002 号和 000003 号，或者选中第一个之后同时按住 Shift 键，再选中最后一个，即把所有的都选中，然后单击查看 S 参数的图形，弹出的结果显示窗口默认为单端 S 参数，选择混合模式，插入损耗和回波损耗的对比结果如图 5.68 所示。

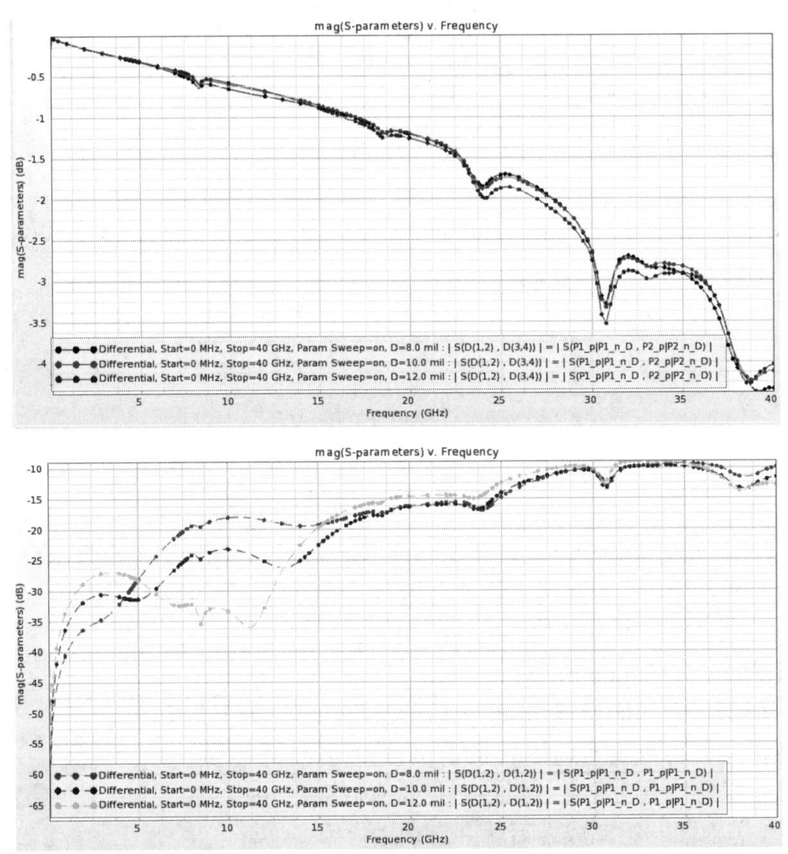

图 5.68 3 种情况对比的差分 S 参数

从上述对比结果可以看到，在改变了过孔的孔径后，回波损耗和插入损耗都有所改变，插入损耗改变不大，回波损耗相对变化大一些，在 25GHz 以内，孔径为 10 mil 时，回波损耗相对比较小，超过 25GHz 之后，3 种情况差不多。

用相同的方式查看 3 种情况的差分 TDR，对比结果如图 5.69 所示。

从差分 TDR 的结果可以看到，当孔径为 10 mil 时，阻抗变化的范围最小，在 95～104 ohm 以内变化。所以，10 mil 所对应的回波损耗相对也会低一些。那么如果要从 3 种结构中选择一个作为设计过孔，就可以选择 10 mil 孔径的过孔。显然，目前这个结果也不是非常理想，毕竟阻抗变换还比较大，回波损耗也不小，但是这里只是使用过孔的孔径作为一个示例，还有其他参变量需要工程师自行仿真比较。

导出 S 参数模型的方式是一样的，但是需要分别选中不同的 Id 逐一导出，如图 5.70 所示。

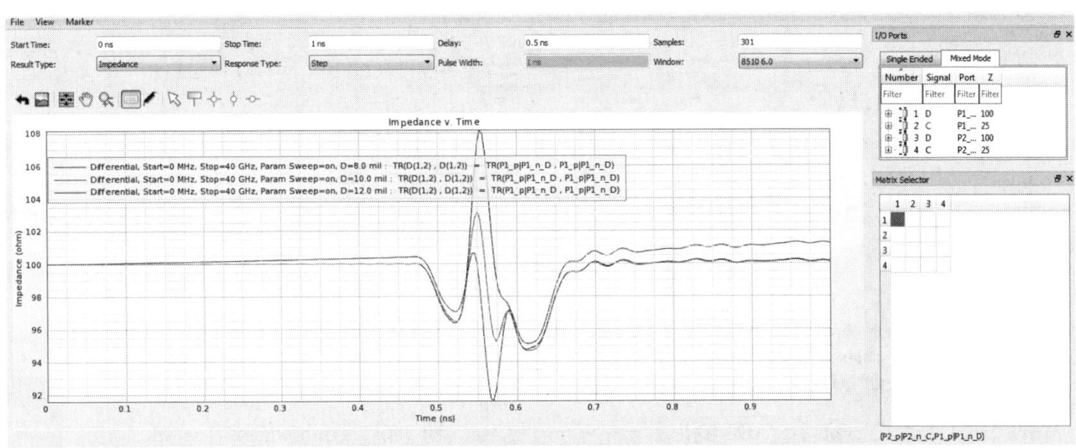

图 5.69　3 种情况对比的差分 TDR

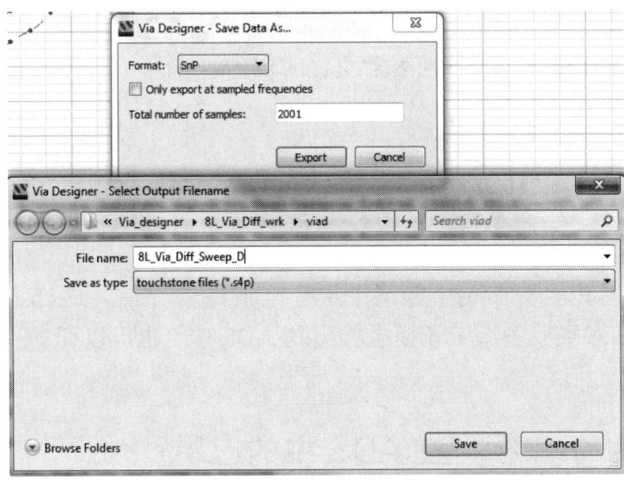

图 5.70　导出扫描的 S 参数模型

导出 ADS Cell 的设置和步骤与 5.3.7 节介绍的类似，不同的是这里输出了变量 D，在 ADS 中就可以直接把 D 作为一个变量做进一步的扫描仿真，输出信息如图 5.71 所示。

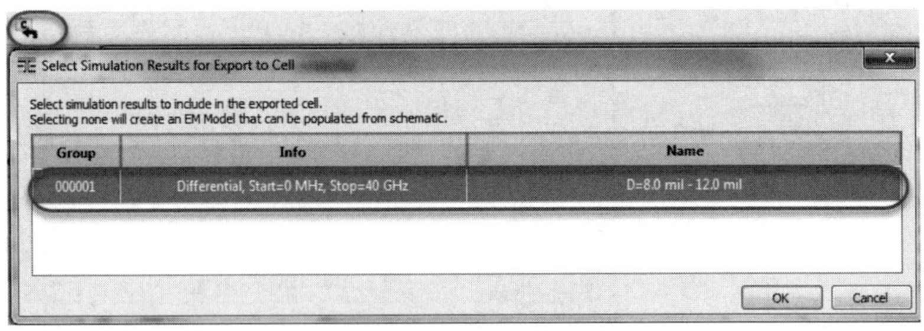

图 5.71　输出扫描的 ADS Cell 的信息

在 ADS WorkSpace 的主界面中出现 export_8L_Via_Diff_Sweep_D 的 Cell，如图 5.72 所示。

双击 symbol 即可查看其结构，有 4 个外部的连接端口，与 Via Designer 的过孔结构相同，如图 5.73 所示。

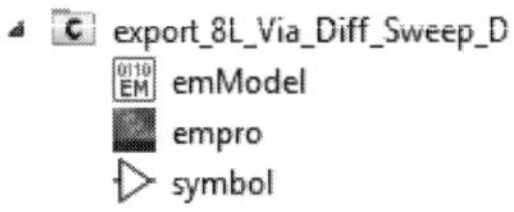

export_8L_Via_Diff_Sweep_D
emModel
empro
symbol

图 5.72 扫描之后获得的 ADS Cell

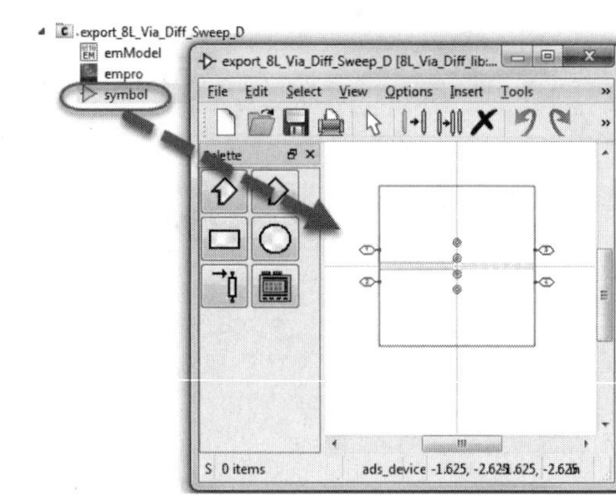

图 5.73 symbol 的结构

过孔的孔径的大小、焊盘的大小、反焊盘的大小、残桩的长短等因素都会影响过孔的性能。但由于篇幅有限，在此不一一举例。按照此方式，读者可以对所有参数进行进一步的仿真研究，以获得过孔性能随各种因素变化的规律。

5.5 Via Designer 模型在 ADS 和 EMPro 中的应用

通常，需要把过孔放置在整个链路中进行全链路的评估。这样工程师就可以把 Via Designer 中获得的 S 参数模型或 EM 模型输出到 ADS 中，也可以在 EMPro 中对 3D 模型进行进一步的仿真。

5.5.1 Via Designer 模型在 ADS 中的应用

在 ADS 中新建一个原理图 cell_1，将 5.4 节中导出的 export_8L_Via_Diff_Sweep_D 下面的 symbol 拖入 cell_1 中，就成了 ADS 原理图中的一个元件，如图 5.74 所示。

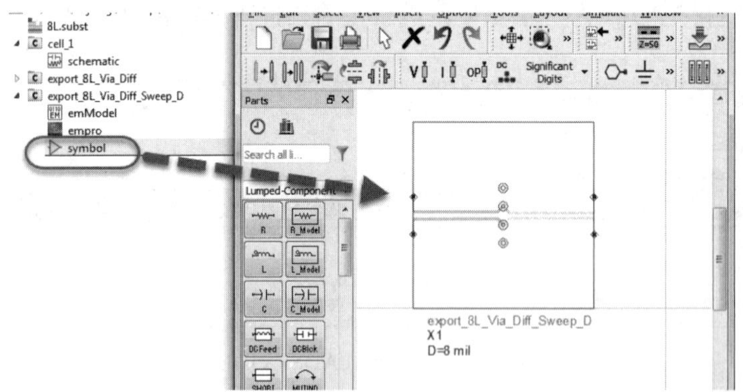

图 5.74 将 Via Designer 的 symbol 导入 ADS 原理图

搭建一个与 Via Designer 仿真设置相同的 S 参数仿真的原理图结构，如图 5.75 所示。运行仿真之后，在数据显示窗口中查看插入损耗和回波损耗的结果，如图 5.76 所示。

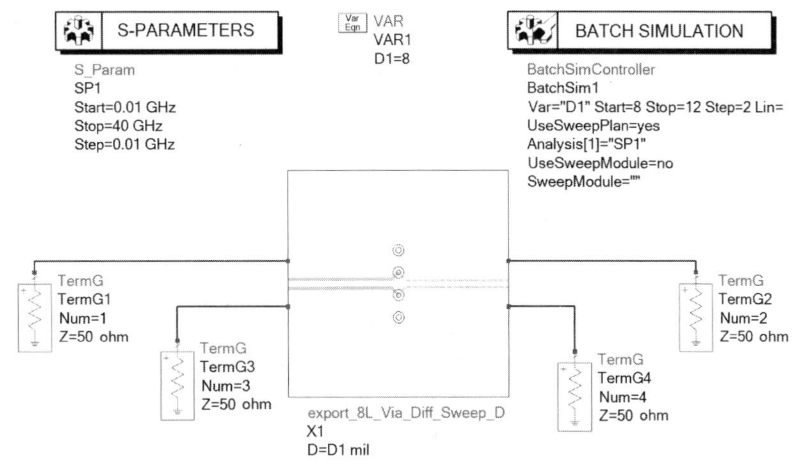

图 5.75　S 参数仿真结构

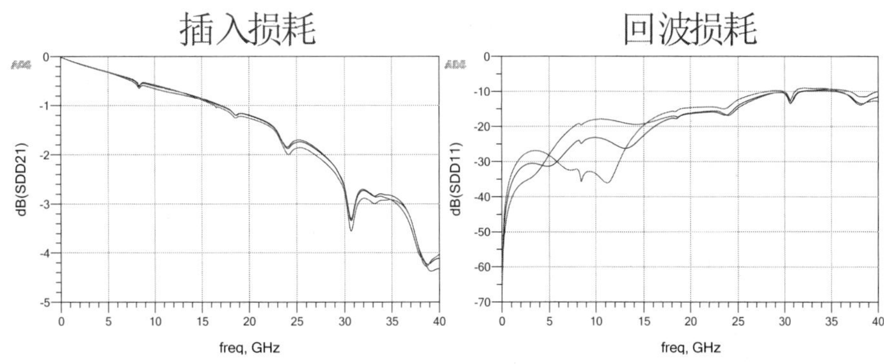

图 5.76　仿真的插入损耗和回波损耗

通过对比可分析出原理图仿真和 Via Designer 仿真的结果是一致的。在原理图中还可以把 Via Designer 中仿真获得的 S 参数导入 ADS 原理图中，很多工程案例中都有介绍，在此不再赘述。

5.5.2　Via Designer 模型在 EMPro 中的应用

Via Designer 采用的是流程界化、参数化的方式对过孔建模，不需要使用者手动画过孔的结构，也可以将建好的过孔模型导入 EMPro 软件中，进一步手动修改结构模型或参数。

Via Designer 可以直接导出 EMPro 的过孔 3D 结构、端口和频率设置，也可以双击导出 Cell 文件 export_8L_Via_Diff_Sweep_D 下的 empro，弹出启动 EMPro 的窗口（注意：必须先安装 EMPro 软件），如图 5.77 所示。

单击 Open in EMPro 按钮即可启动 EMPro，EMPro 主界面如图 5.78 所示。

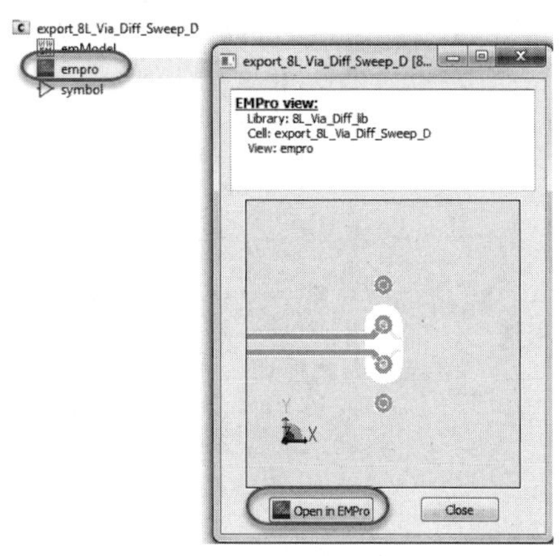

图 5.77　通过 Cell 文件启动 EMPro

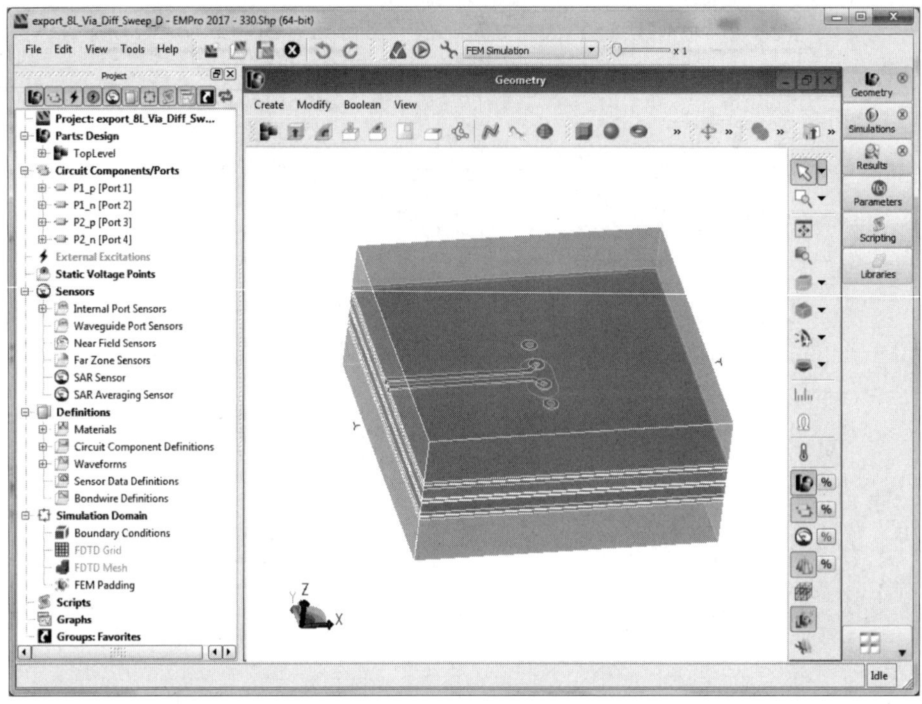

图 5.78 EMPro 主界面

在 EMPro 中可以调整过孔的结构以及端口，也可以进一步设置仿真的参数，如细化网络剖分、编辑材料参数等，如图 5.79 所示。

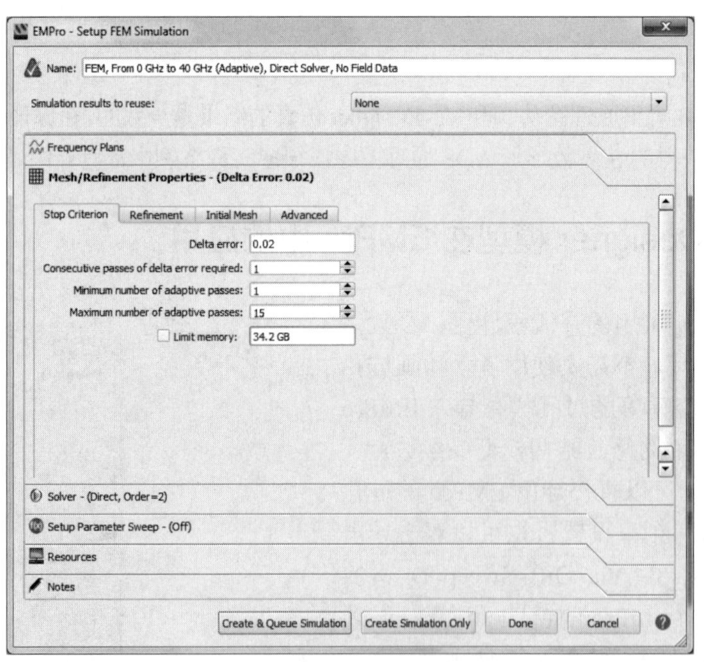

图 5.79 EMPro 网络剖分

对于 EMPro 软件的应用，在此就不做过多的介绍，在使用 EMPro 时再做进一步的介绍。

5.6　高速电路中过孔设计的注意事项

对于高速电路的设计而言，过孔是不可或缺的，过孔的种类也非常多。本章并没有对所有的过孔结构做详细的介绍，根据不同的层叠结构、PCB 材料以及过孔的结构等，过孔的性能都有所不同，这里也无法对每一种过孔都进行深入细致的研究。笔者根据多年的工程实践以及前人的一些经验，总结了如下一些常规的过孔设计规则供大家参考。

- 过孔的孔径越小，阻抗越高。常规情况下，过孔的阻抗会低于传输线的阻抗，所以一般都会把过孔设计得小一点。当然，孔径也不能无限小，一方面，孔径太小，过孔的阻抗可能会很高；另一方面，过孔的孔径越小，加工越困难。
- 过孔的焊盘越小，阻抗越高。在设计时要注意加工工艺的限制。
- 过孔的反焊盘越大，阻抗越大。反焊盘的大小会影响布线的空间；此外，反焊盘的大小也会受芯片、连接器等器件的结构的限制。
- 过孔的非功能焊盘越多，阻抗越低。在没有特殊要求的情况下，都会要求删除非功能焊盘。
- 过孔的残桩越长，阻抗越低。当过孔的残桩比较长时，建议通过仿真之后，适当减小残桩的长度。常用的方式就是在加工时使用背钻工艺，也可以使用盲孔或埋孔。
- 适当的伴随地孔（缝补过孔）可以改善信号孔的性能，使过孔对信号网络的影响降到最低。

经验规则适用的场景都是有限的，由于过孔设计的复杂度比较高，原本符合要求的设计规则可能无法满足新的设计场景，或者因为 PCB 材料、层叠材料、设计结构的改变，或者因为信号速率的改变等，任何一个因素的改变都可能使原有的结论不再适用。所以，遇到不同的设计场景时，建议工程师使用仿真软件进行仿真，然后根据结果获得适当的设计规则和结论。

本 章 小 结

本章主要介绍了过孔结构、仿真，以及过孔设计的注意事项，并详细介绍了 Via Designer 的使用，包括过孔仿真、多个变量的扫描、仿真结果的输出、仿真模型在 ADS 和 EMPro 中的应用等。

第 6 章

串扰案例

串扰是信号完整性的主要问题之一。不管是高速电路还是低速电路，串扰都是大家关注的焦点。那么串扰是什么？引起串扰的原因是什么？如何在设计中尽量减少串扰对信号的影响？本章将对串扰的相关问题以及如何使用 ADS 进行串扰的仿真进行介绍。

6.1 串　　扰

串扰就是传输线之间由于电磁场的耦合而产生的一种干扰噪声，这种干扰噪声并不是工程师有意设计出来的。串扰的存在可能会导致信号在传递的过程中产生误码，严重时会导致系统崩溃而无法正常工作，所以串扰是一种不期望出现的噪声。

传输线之间的电磁场耦合是无法消除的，所以串扰也就无法消除。当然，串扰的存在不一定会影响信号的正常传递，也就不一定会影响系统的正常工作。只有当串扰超过受害线的容限时，它才是有害的，这时工程师需要通过一些方法减小串扰带来的影响。本章将给大家介绍一些常用的方法。

6.2 串扰的分类

在对串扰的分析中，从空间结构上可以把串扰分为近端串扰和远端串扰，如图 6.1 所示。

信号从攻击线的 A 端发出，那么受害线的 C 端即为近端串扰，D 端为远端串扰。

从串扰形成的机理分析，可以把串扰分为容性串扰和感性串扰。但是不管如何区分串扰，目的都是了解串扰，并解决串扰带来的问题。

图 6.1　串扰的简化结构

6.2.1　近端串扰和远端串扰

攻击线和受害线都是相对的。在电路板上，相邻或邻近的信号传输线有的同时工作，有的则存在先后顺序，这种情况会导致分析串扰的工作异常复杂。因此，在分析串扰时，通常会假定某个或某几个信号网络是攻击线或受害线，这样分析串扰就会相对容易。

前面介绍了近端串扰和远端串扰是由传输线的物理结构决定的，显然在信号的传递过程中近端会首先受到干扰，且持续的时间比较长，可以达到传输线的 2 倍；远端串扰需要经过一段传输线的延时之后才会受到干扰。图 6.2 所示为近端串扰和远端串扰的波形示意图。

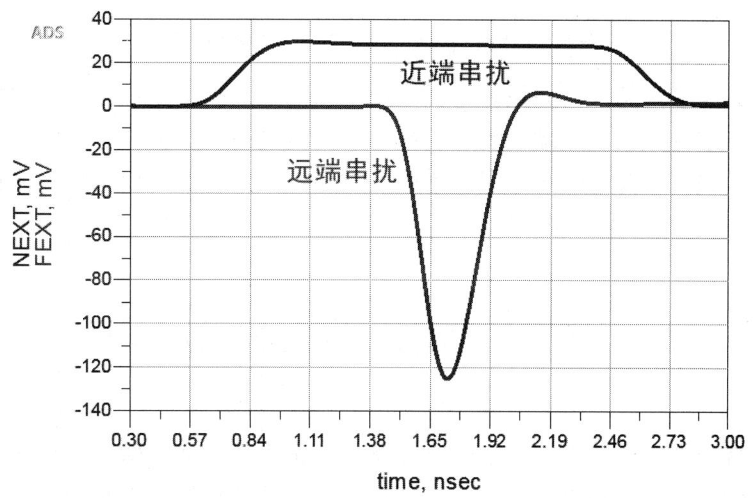

图 6.2　近端串扰和远端串扰的波形示意图

6.2.2　串扰的仿真

在分析串扰时，仿真是一种常用的手段，串扰仿真分析又分为定性仿真分析和定量仿真分析。定性仿真分析是针对某一个特定的拓扑结构，分析某一因素或某几个因素对串扰大小的影响，分析的是变化的趋势；定量仿真分析是针对特定的物理结构、模型以及激励源等，分析串扰的大小以及对受害端的影响。简化的串扰仿真拓扑结构如图 6.3 所示。

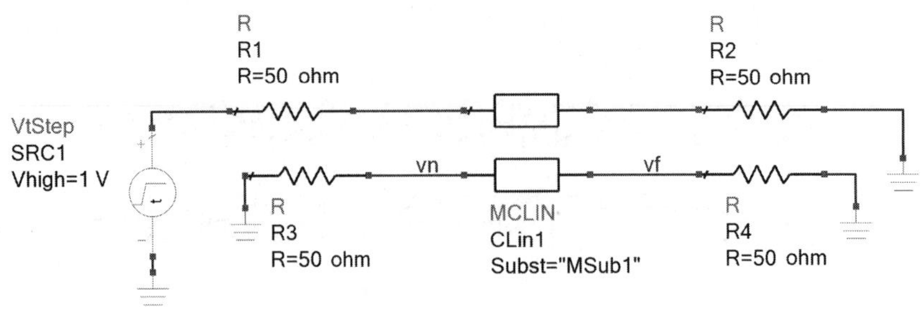

图 6.3 串扰仿真拓扑结构

图 6.3 所示的拓扑结构包含理想的激励源、耦合传输线，以及模拟接收端和受害端的电阻 R2、R3 和 R4。也可以把激励源换成一个 IBIS 模型或 spice 模型，可以将接收端以及两个受害端都修改为实际的模型。例如，可以把上述拓扑结构换成如图 6.4 所示的拓扑结构。

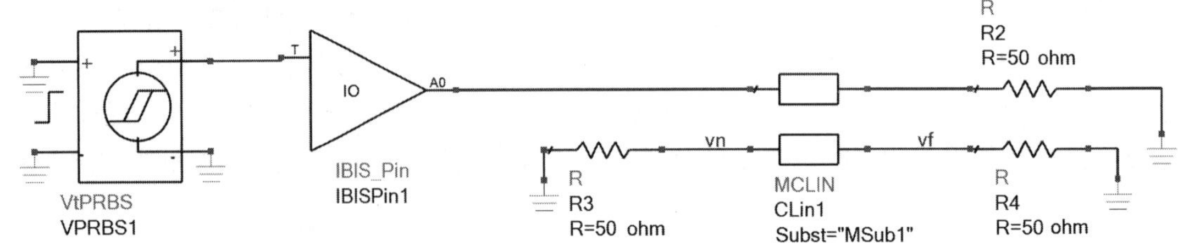

图 6.4 串扰仿真分析 IBIS 模型的拓扑结构

这里虽然列出了仿真分析的拓扑结构，但是这都不是固定的，会根据实际情况而定。比如当有两个（或多个）攻击端或者受害端时，就需要另外建模。在工程中，为了解决一些实际的问题，通常会在不影响结果的前提下，根据实际情况对模型进行简化，使仿真更加高效且更有利于分析和解决问题。

6.3 ADS 参数扫描

在介绍串扰仿真之前，先来了解一项在仿真中常用的功能，即参数扫描。参数扫描是在仿真中经常使用的一个功能，可以对一个或多个参数变量进行批量仿真。参数扫描仿真通常用于前仿真，主要是在设计之初，用于研究某些参数变化对结果的影响或者考察设计的极限值等。当然，后仿真中也会用到参数扫描，主要针对固定的结构，对模型一类的参数进行批量仿真。

在 ADS 中，有两种参数扫描的仿真控件，一种是 PARAMETER SWEEP，另一种是 BATCH SIMULATION，两种仿真控件如图 6.5 所示。

两种仿真控件的使用方式有所不同，BATCH SIMULATION 使用起来比较简单，在本书的所有参数扫描中，如果没有明确要求，都会使用 BATCH SIMULATION 这个仿真控件，具体的使用方法会在接下来的案例中介绍。

串扰的大小与很多因素有关，如传输线的耦合长度、传输线的耦合距离、传输线所处的层等，接下来就通过一些案例分析串扰与这些因素之间的关系。

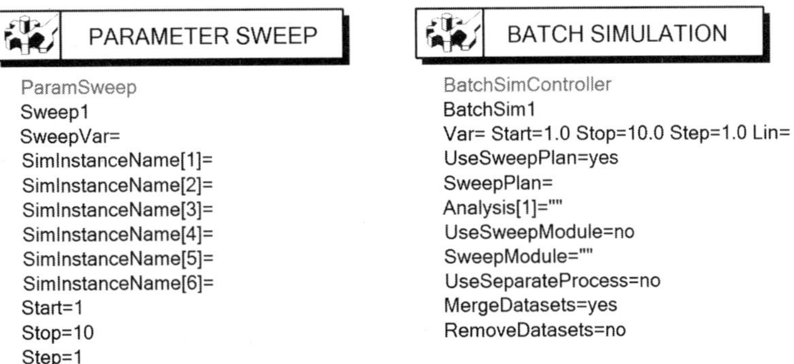

图 6.5　参数扫描的仿真控件

6.4　串扰的耦合长度与串扰的关系

串扰是由传输线之间的电磁耦合效应引起的，所以串扰的大小就与传输线之间耦合的长度存在一定的关系。耦合长度就是传输线之间存在耦合关系的有效长度，通常理解为平行传输线的长度。①为了说明耦合长度与串扰之间的关系，需要设计一个仿真拓扑结构。

按前面介绍的方法新建一个 workspace 和一个原理图，将 workspace 命名为 Fourth_XLTK_wrk，将原理图命名为 Sweep_Len。

串扰仿真需要使用瞬态仿真器，所以在 Palettes 中选择 Simulation- Transient（瞬态仿真）库，并在库中选择 Trans（TRANSIENT）仿真控件，如图 6.6 所示。

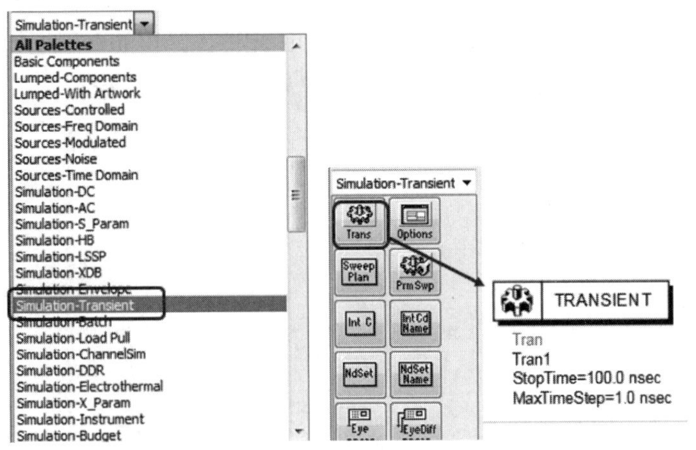

图 6.6　选择 Simulation-Transient 库和 Trans 仿真控件

在 Palettes 中选择 Simulation-Batch 库，并在库中选择 Batch（BATCH SIMULATION）仿真控件，如图 6.7 所示。

① 由于不平行传输线的有效耦合长度较小，可以简化理解为如上结论。但实际上，这种理解并不准确。

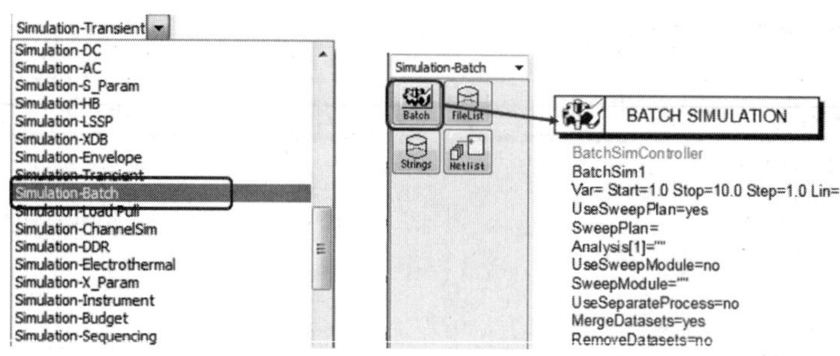

图 6.7　选择 Simulation-Batch 库和 Batch 仿真控件

在此仿真中需要的仿真控件已经准备好，接下来需要从库中调入各个仿真器件元件。元器件的调入一般都是没有先后顺序的。在本案例中，需要先设置一段传输线，传输线为微带线。

在 Palettes 中选择 TLines-Microstrip 库，并选择 MSUB（MSub）元件，如图 6.8 所示，然后按 Esc 键或在工具栏上单击按钮结束操作。

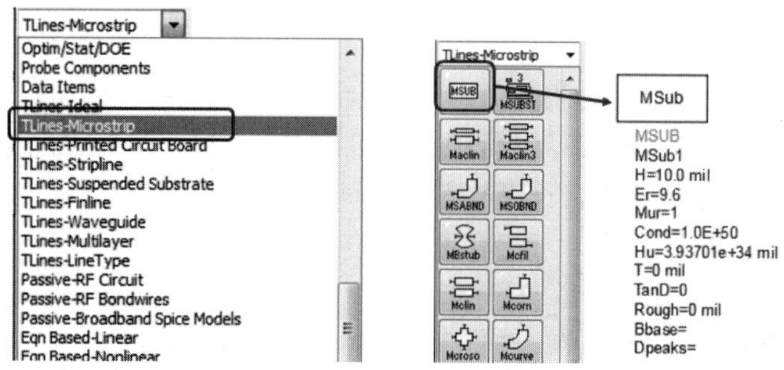

图 6.8　选择 TLines-Microstrip 库和 MSUB 元件

MSUB 元件为微带线的层叠结构，双击 MSUB 元件，弹出的对话框如图 6.9 所示。

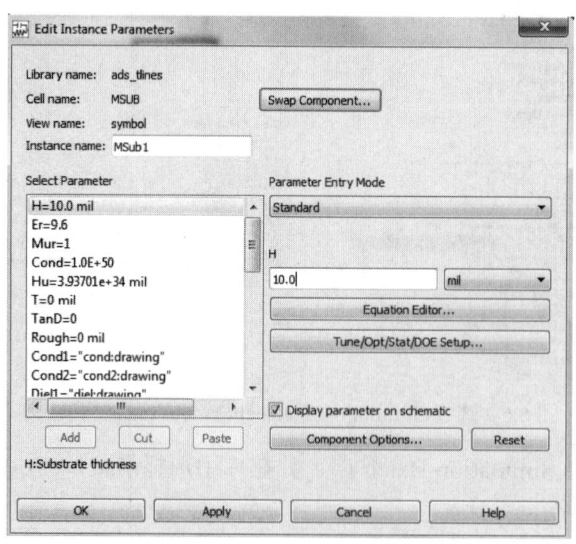

图 6.9　MSUB 元件的编辑对话框

与层叠相关的参数都可以在对话框中编辑。H 表示微带线到参考层的距离，设置为 4 mil；Er 表示介质的介电常数，设置为 4；Cond 表示电导率，理想铜的电导率为 5.8E+7 Siemens/meter；T 表示微带线的厚度，设置为 1.6 mil；TanD 表示介质的介质损耗角，设置为 0.02；其他参数保持默认。可以每设置完一个参数就单击 Apply 按钮，也可以直接编辑下一个参数。设置完所有参数之后，单击 OK 按钮。设置完成的 MSUB 元件如图 6.10 所示。

这是一个常用的叠构，使用的是普通的 FR4 类别的材料，所以参数都是普通的 FR4 材料的参数，这些参数都可以另行设置。对于 MSUB 材料参数的设置，也可以在对应的每一个参数的数值上单击并修改相应的参数。

在 TLines-Microstrip 库中选择传输线元件 Mclin（MCLIN），将其拖曳到原理图编辑区域，按 Esc 键，如图 6.11 所示。

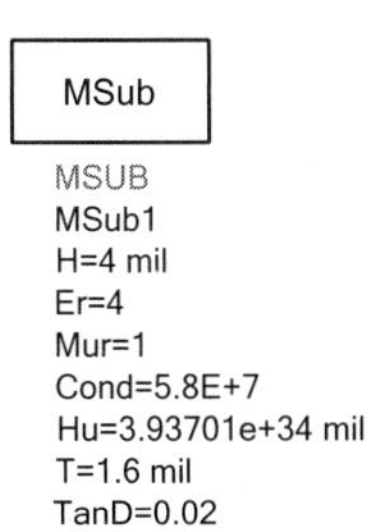

图 6.10　设置参数后的 MSUB 元件

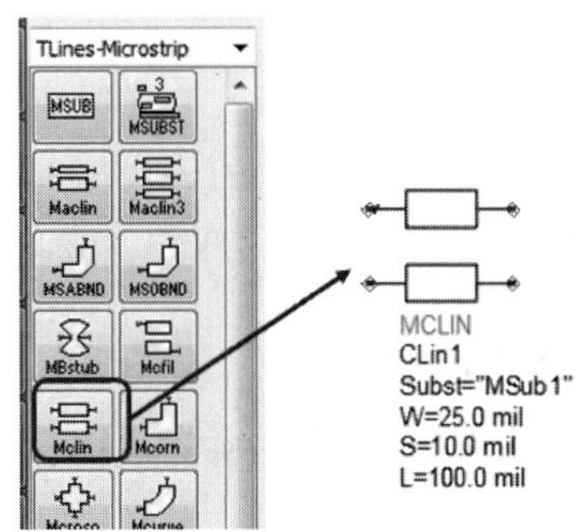

图 6.11　选择传输线元件

双击 Mclin 元件，弹出的对话框如图 6.12 所示。W 为传输线的线宽，设置为 5.4 mil；S 为传输线的间距，设置为 7.2 mil；L 为传输线的长度，也是耦合长度，设置为 6000 mil。设置完成后，单击 Apply 按钮。

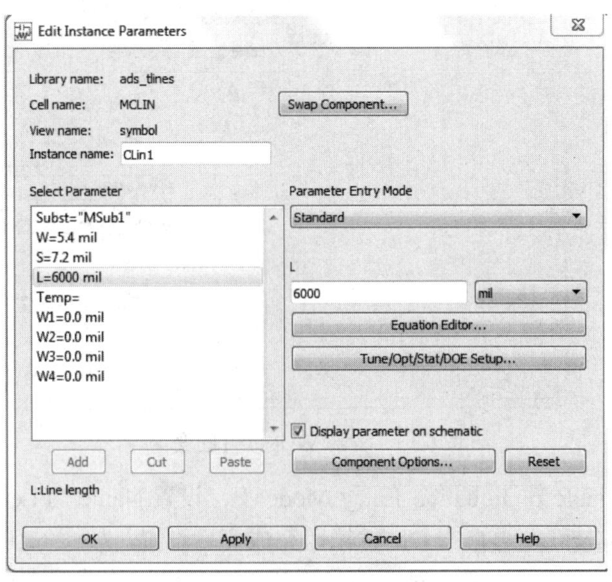

图 6.12　设置 Mclin 元件的参数

其他参数保持默认，单击 OK 按钮，设置完成的 Mclin 元件如图 6.13 所示。

由于要分析耦合长度对串扰的影响，所以要把耦合长度 L 设置为一个变量。在菜单栏中选择 Insert→VAR 选项，或者直接在工具栏上单击按钮，然后将 VAR 元件放置在原理图编辑区域，如图 6.14 所示。

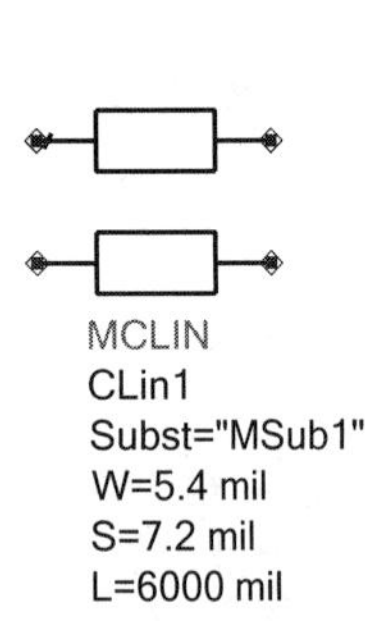

图 6.13　Mclin 元件

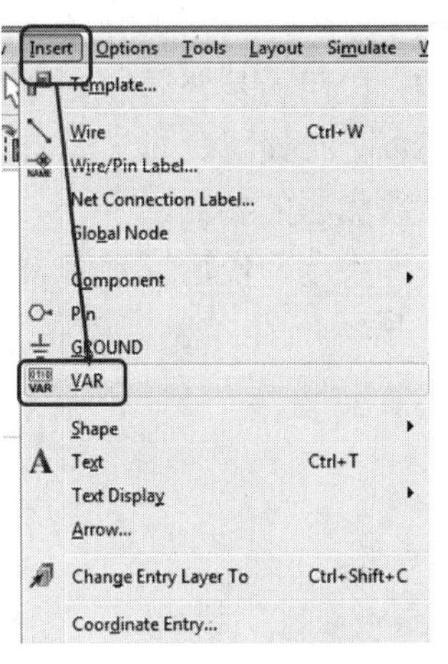

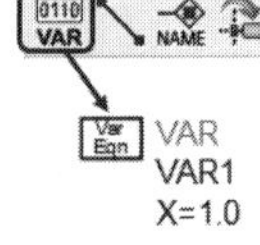

图 6.14　添加变量元件

双击 VAR 元件，打开 Edit Instance Parameters 对话框，编辑 VAR 元件的变量，如图 6.15 所示。

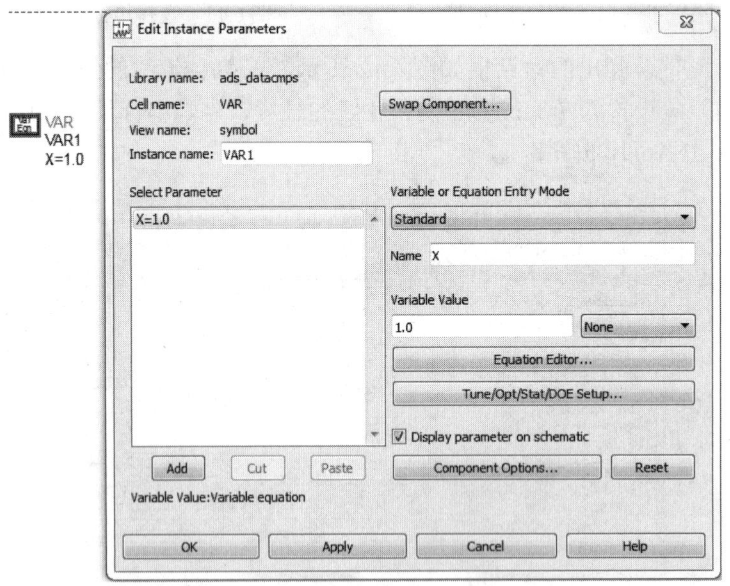

图 6.15　编辑 VAR 元件的变量

在对话框的 Variable or Equation Entry Mode 下，设置 Name 为 Len，Variable Value 为 6000，先单击 Apply 按钮，再单击 OK 按钮即完成变量设置，如图 6.16 所示。

同样，也可以在原理图中单击对应的名称和数值，进行修改。在设置变量的过程中一定要注意变量名称的大小写，ADS 中的变量都是区分字母的大小写的。

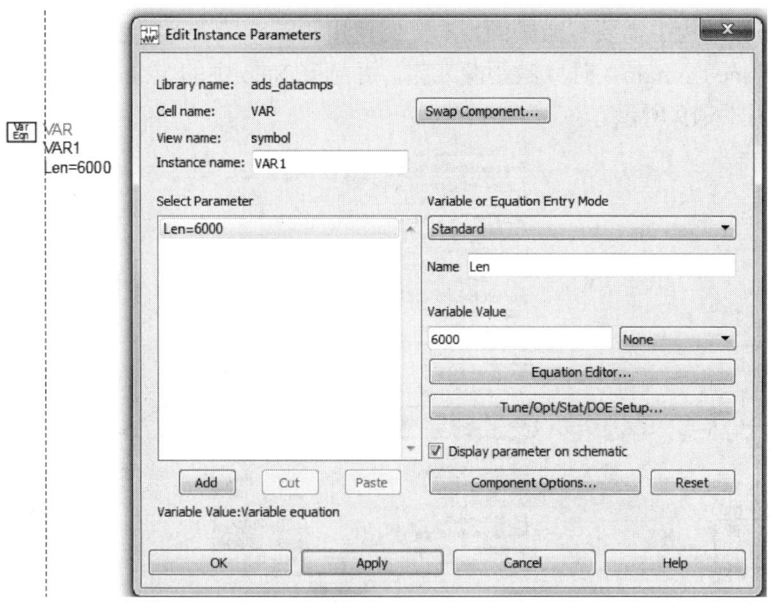

图 6.16　编辑完成的变量

如果有多个变量，可以继续添加，用同样的方式编辑 Name 和 Variable Value，先单击 Add 按钮，再单击 Apply 按钮，比如再增加一个上升时间的变量 RT 为 0.3，传输线间距的变量 S1 为 7.2，如图 6.17 所示。

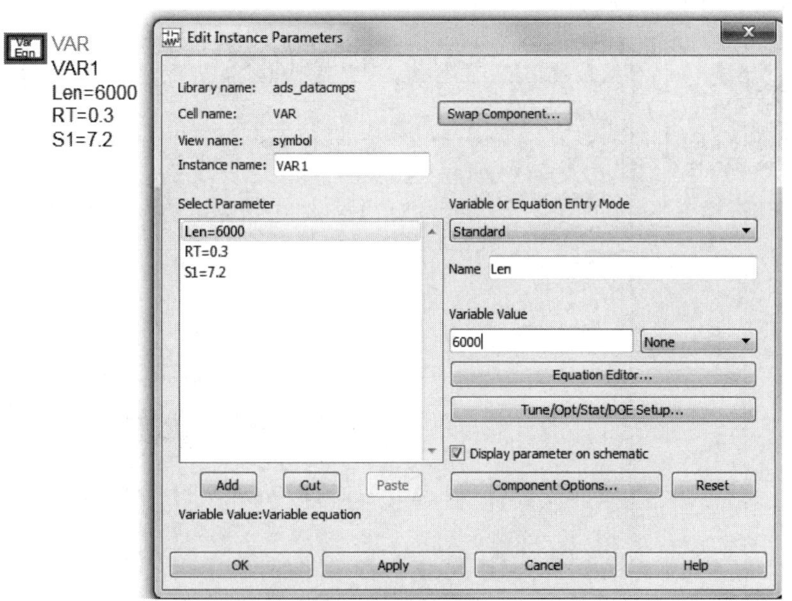

图 6.17　设置多个变量

如果不再需要某个变量，选中该变量，单击 Cut 按钮，即可完成删除。单击 OK 按钮，完成变量设置。在原来的元件中可根据需要把参数改为变量名称，修改后的传输线元件 Mclin 如图 6.18 所示。

仿真的拓扑结构中需要有激励源，本案例使用阶跃响应的激励源 VtStep。在 Palettes 中选择 Source-Time Domain（时域激励源）库，并选择 Step 中的 VtStep 元件，放置在原理图编辑区域，如图 6.19 所示。

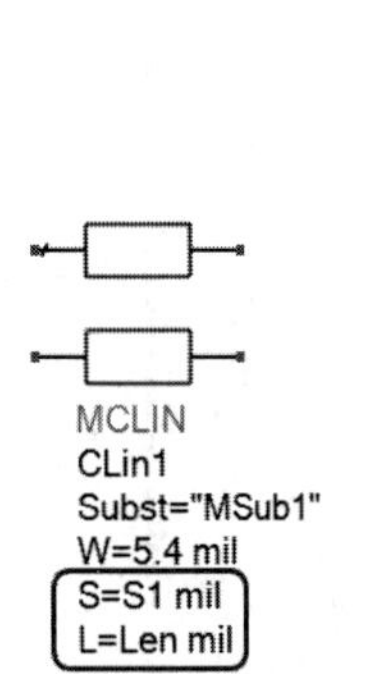

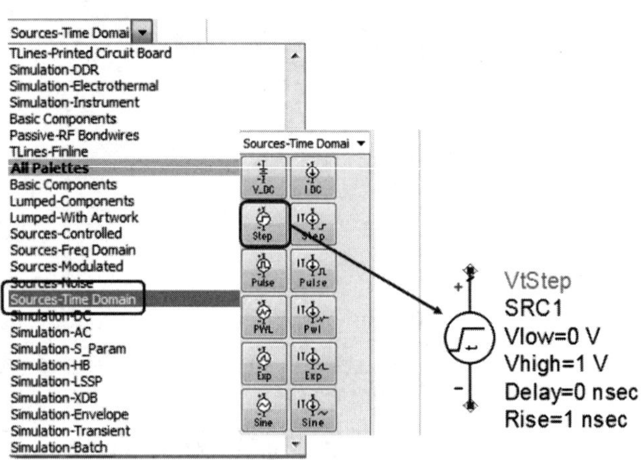

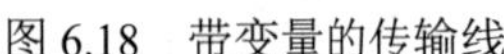

图 6.18　带变量的传输线　　　　图 6.19　选择阶跃激励源

同样，可以双击 VtStep 元件，设置相应的参数，也可以选中对应的参数进行修改。Vlow 和 Vhigh 分别为输入低电平和输入高电平的电压值，在此案例中保持默认值；Delay 为激励源的延时，也保持默认值；设置 Rise（上升时间）为上一步中添加的变量 RT。设置完成后，单击 OK 按钮，如图 6.20 所示。

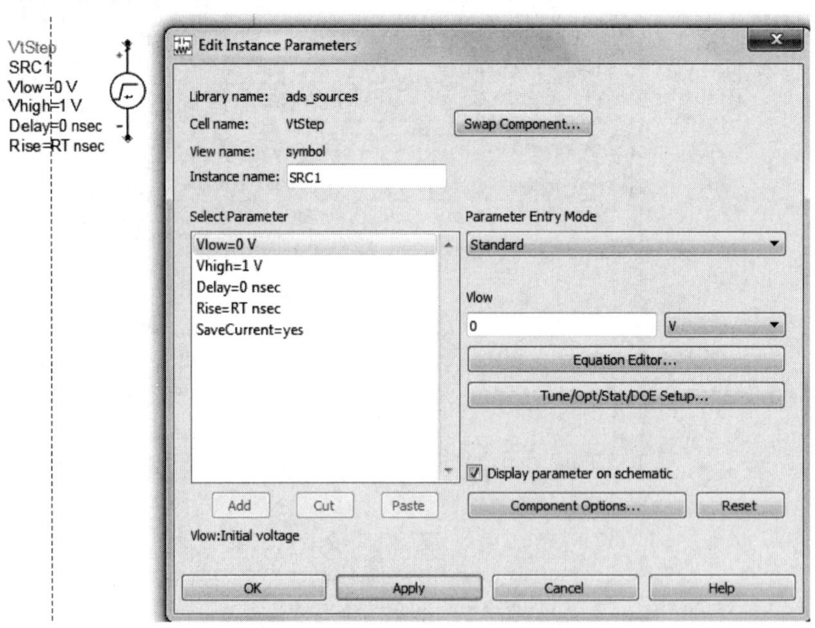

图 6.20　设置激励源 VtStep 的参数

本案例用电阻模拟攻击线的接收端和受害线的发送/接收端，在 Parts 的搜索框中输入字母 r 后按 Enter 键，即可看到原理图编辑区域有一个虚线显示的模型，移动鼠标也可以看到光标上有一个元件，如图 6.21 所示。

在原理图中分别放置 3 个电阻，默认电阻值为 50 ohm，不需要做任何修改，按 Esc 键，如图 6.22 所示。

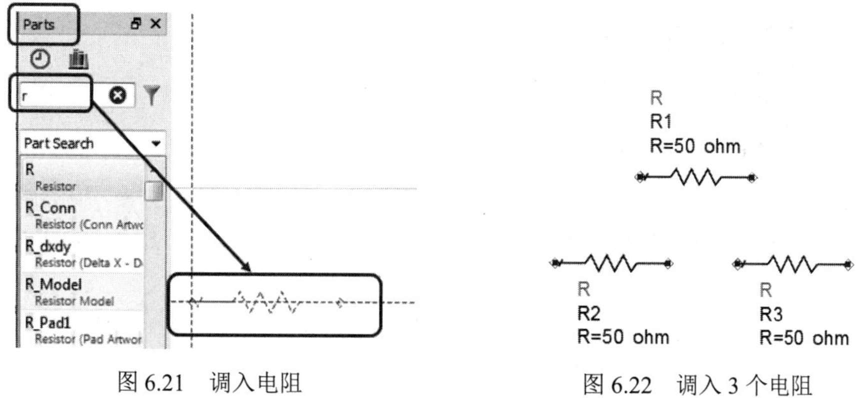

图 6.21　调入电阻　　　　图 6.22　调入 3 个电阻

把所有调入的元件放置好，在菜单栏中选择 Insert→Wire 选项，如图 6.23 所示。

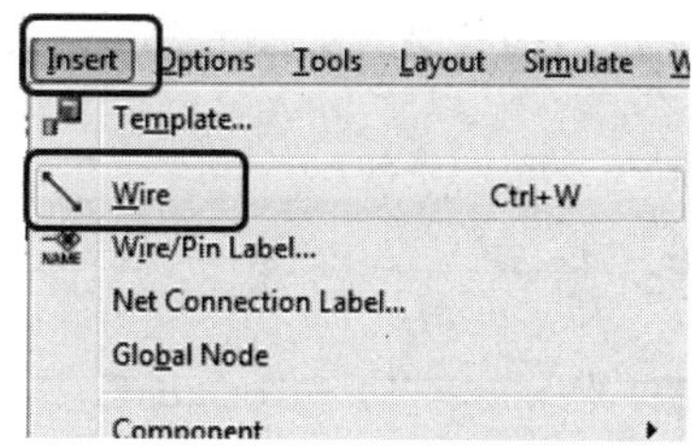

图 6.23　连接导线

也可以在工具栏上单击 Insert Wire 按钮，或者使用快捷键 Ctrl+W，即可把所有的元件按顺序连接上，连接完成之后，按 Esc 键，拓扑结构如图 6.24 所示。

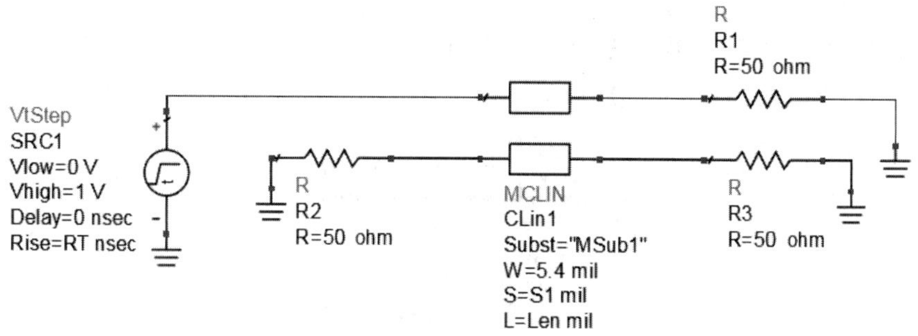

图 6.24　连接后的仿真拓扑结构

在仿真中，需要查看受害线两端 R2 和 R3 的信号波形情况，还需要在 R2 和 R3 两端分别添加网络节点。在菜单栏中选择 Insert→Wire/Pin Label 选项，如图 6.25 所示。或者在工具栏上单击 Wire/Pin Label 按钮，然后在 R2 和传输线 Mclin 中间的连接导线上单击，就会弹出一个对话框，此对话框只是一个说明和提示，不需要做任何的设置，如果不希望下次再弹出该提示对话框，可以选中 Don't show this message again 复选框，然后单击 OK 按钮即可，如图 6.26 所示。

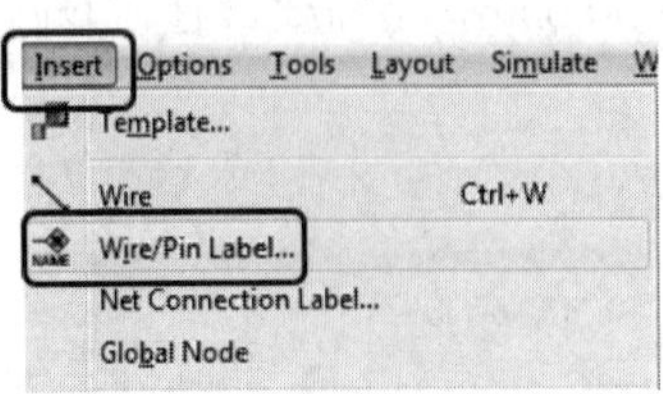

图 6.25　插入网络节点

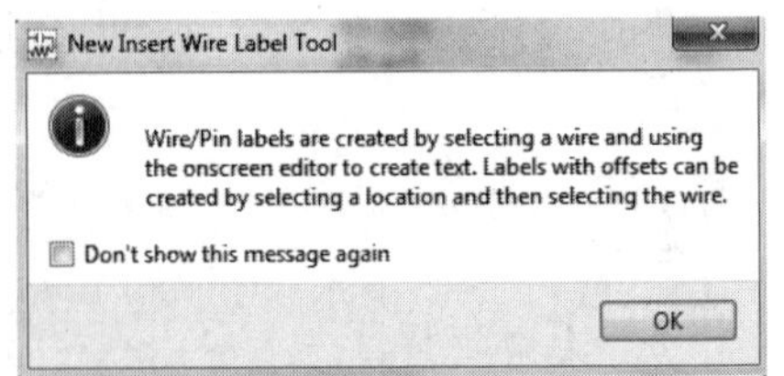

图 6.26　编辑网络节点前的提示

单击 OK 按钮后，在出现的编辑框中输入 vn，表示近端串扰的节点；用同样的方式在 R3 和传输线 Mclin 中间的导线上单击，在出现的编辑框中输入 vf，表示远端串扰的节点，如图 6.27 所示。

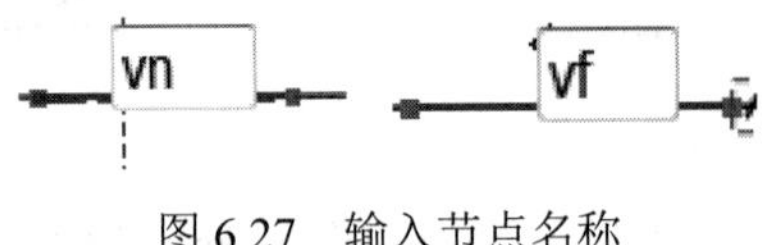

图 6.27　输入节点名称

输入节点名称之后，按 Esc 键，拓扑结构如图 6.28 所示。

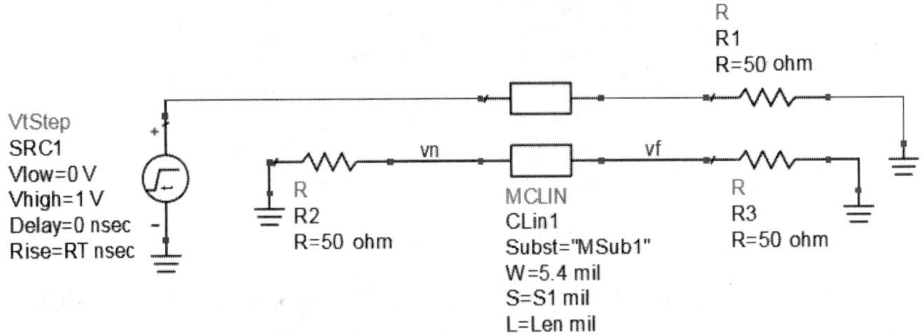

图 6.28　添加网络节点后的拓扑结构

搭建好原理图之后，需要设置瞬态仿真控件，根据仿真的需要设置即可。其中将 StopTime 设置为 3 nsec，将 MaxTimeStep 设置为 0.01 nsec，如图 6.29 所示。

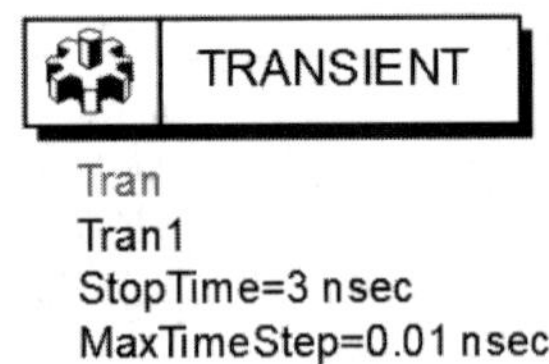

图 6.29　设置后的瞬态仿真控件

双击控件 BATCH SIMULATION，弹出的控件设置对话框如图 6.30 所示。

在对话框的 Sweep 页签中选择扫描类型，扫描的类型有两种，一种是 Use sweep plan（按计划扫描），另一种是 Use sweep module（按模块扫描）。按计划扫描是直接选择仿真的变量；按模块扫描则需要把扫描的各种情况设置到一个表格中，一般在变量或组合比较多的情况下使用。在本书中，如果没有特别说明，都采用按计划扫描的类型。

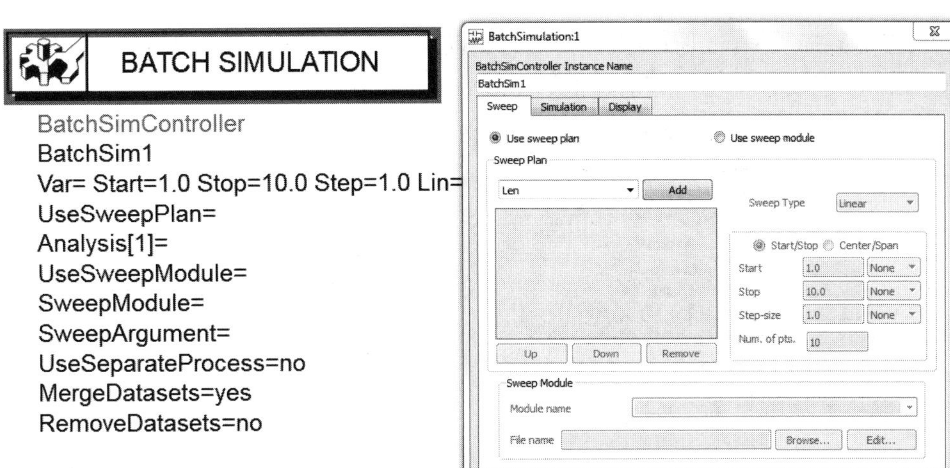

图 6.30　BATCH SIMULATION 控件设置对话框

本案例是对耦合长度进行仿真研究，所以在 Sweep Plan 栏中选择 Len 变量，单击 Add 按钮，把变量添加到下方的列表中。然后在右侧选择 Sweep Type（扫描方式），Sweep Type（扫描方式）分为 Linear（线性扫描）、Single point（单点扫描）以及 Log（对数扫描）3 种方式，在高速电路仿真中，通常使用线性扫描，当然，也有使用另外两种方式的情况。在本书中，如果没有特别说明，都使用线性扫描方式。

选择 Linear（线性扫描）方式，设置 Start（起始的长度）为 500 mil，Stop（终止的长度）为 6000 mil，Step-size（每一步的步长）为 500 mil，软件会自动计算出 Num.of pts（仿真的次数）为 12 次；也可以直接输入仿真的次数，那么软件就会自动计算出仿真的步长，这两者只需设置其一，设置完成的参数如图 6.31 所示。

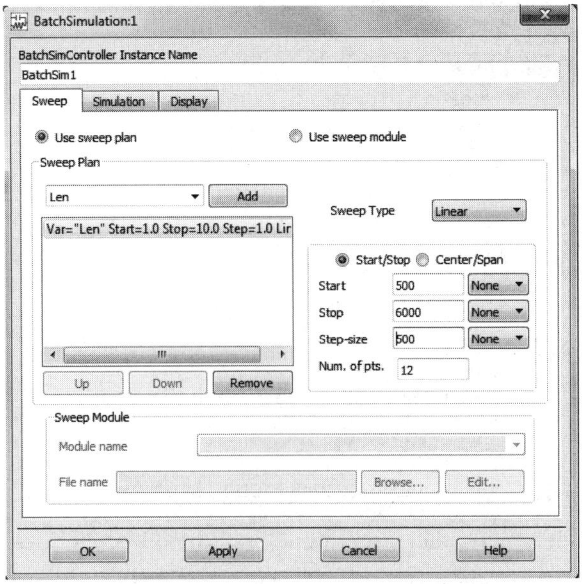

图 6.31　设置 Sweep 页签中的参数

在设置完扫描类型、扫描变量、扫描方式以及扫描点之后，单击 Apply 按钮。然后选择 Simulation（仿真）页签，其对话框如图 6.32 所示。

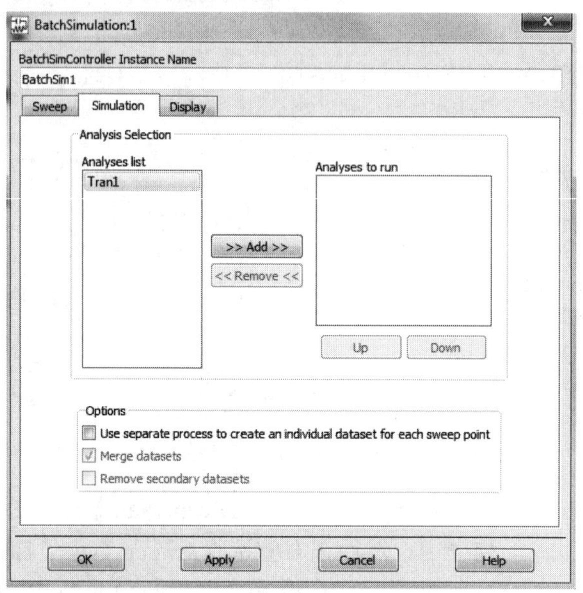

图 6.32　Simulation 页签设置

在 Simulation 页签中主要对 Analyses list（仿真分析的列表）进行设置，当有很多仿真控件时，就需要根据仿真变量以及仿真的目的，选择对应的仿真控件。本案例中只有一个瞬态仿真器，所以选择 Tran1，然后单击中间的添加按钮 >> Add >>，即把 Tran1 添加到 Analyses to run 列表中。其他选项保持默认，单击 Apply 按钮，如图 6.33 所示。

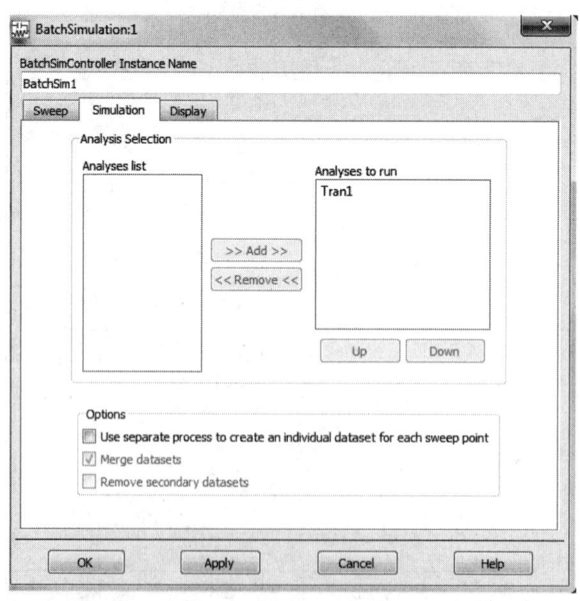

图 6.33　设置完批量仿真的仿真列表

单击 OK 按钮后，仿真的拓扑结构以及仿真选项都已经设置完成，耦合长度仿真的原理图如图 6.34 所示。

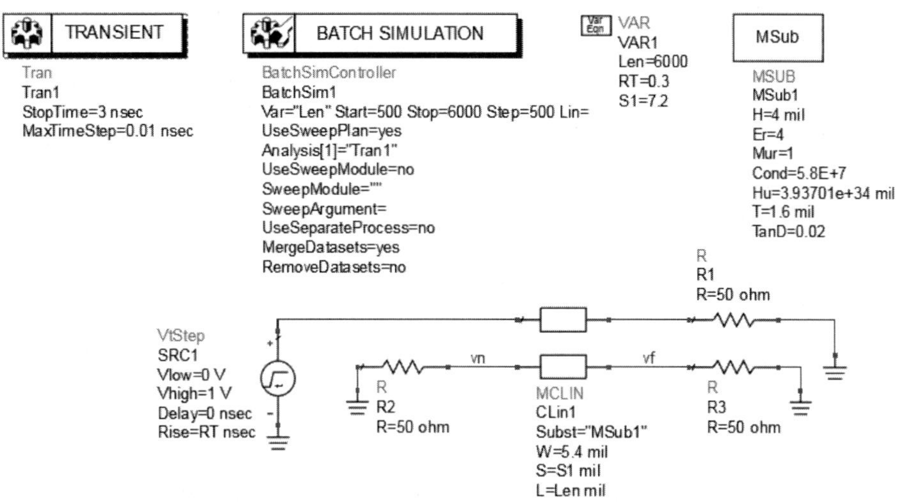

图 6.34 耦合长度仿真的原理图

先在工具栏上单击保存按钮，然后在工具栏上单击运行仿真按钮，或者按 F7 键，即开始运行仿真，弹出如图 6.35 所示的仿真运行窗口。

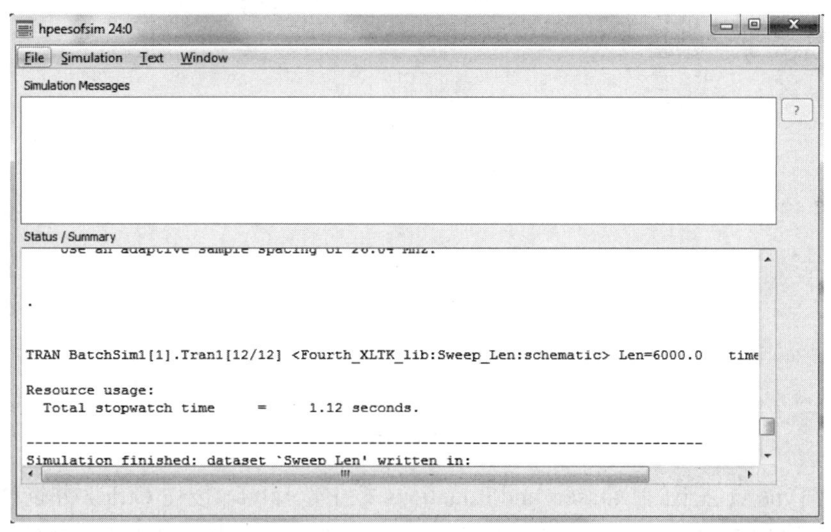

图 6.35 仿真运行窗口

仿真运行窗口会显示仿真的信息，如果有警告或错误信息就会显示在 Simulation Messenger 栏中；Status/Summary 栏会显示仿真的时间、运行状态、仿真处理的过程等信息，在仿真的过程中也可以实时查看。本案例仿真比较快，只用 1.12 秒就完成了。然后会弹出一个数据显示窗口，如图 6.36 所示。

在数据显示窗口的左侧单击 Rectangular Plot 按钮，弹出绘图和属性对话框，如图 6.37 所示。

图 6.36　数据显示窗口

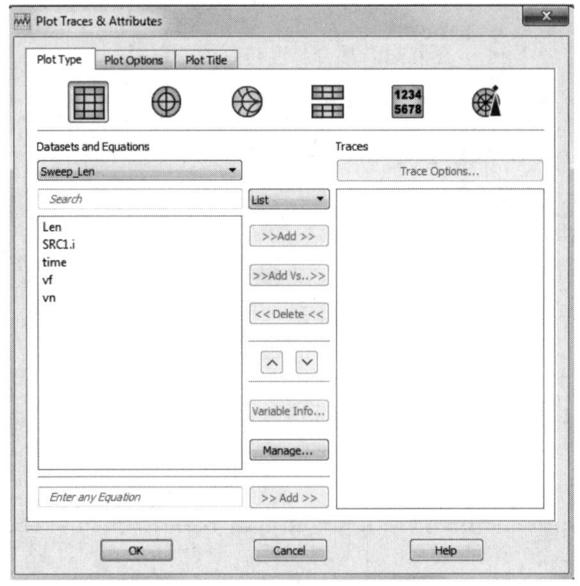

图 6.37　绘图和属性对话框

在 Plot Type 页签下的 Datasets and Equations 栏中选择 vf，按住 Ctrl 键并选择 vn，然后单击中间的添加按钮 >> Add >> ，即把 vf 和 vn 添加到 Trace 栏中，单击 OK 按钮后，获得远端串扰和近端串扰的波形曲线，如图 6.38 所示。

上半部分的曲线（蓝色曲线）为近端串扰的波形，下半部分的曲线（红色曲线）为远端串扰的波形。显然，近端串扰的波形在扫描第三次时，幅度已经不再增加，而远端串扰的幅度一直随着长度的增加而增加。

其实这就说明了一个问题，近端串扰的大小并不是随着耦合长度的增加而增加的，那就说明耦合长度有一个变化临界点，这个临界点被称为饱和长度值。在饱和长度之前，近端串扰随着耦合长度的增加而增加；在饱和长度之后，近端串扰的幅度值将不再变化。

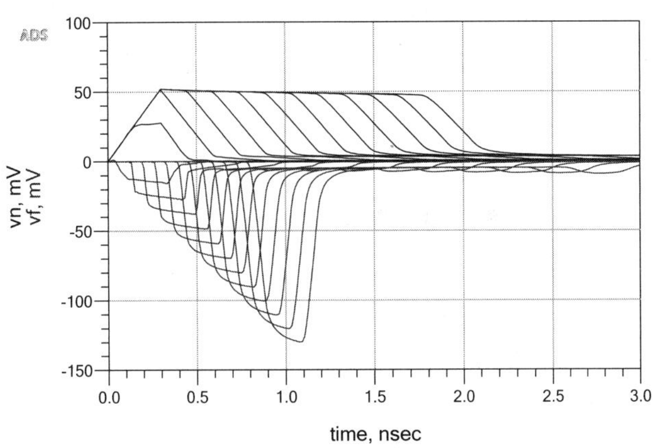

图 6.38　远端串扰和近端串扰的波形

查看图片

从图 6.38 中的波形可以分析出，当长度扫描到第 3 次时，幅度已经不再增加，但是无法确定具体的长度值，这是因为扫描时每一步的步长太大，这也就是粗略扫描，在找到一个大致的范围后，需要进一步进行精细扫描，精细扫描可能也需要分几个步骤进行分析。例如，本案例中，可以再对 Len 变量的值缩小范围，设置 Start 为 500 mil，Stop 为 1500 mil，Step-size 为 100 mil，这样中间每隔 100 mil 扫描一次，就会再扫描 11 次，其他保持默认值，参数设置如图 6.39 所示。

单击 OK 按钮，在工具栏上单击保存按钮。然后按 F7 键进行仿真，仿真后，在弹出的数据显示窗口中，再添加一个 Rectangular Plot，只选择 vn 网络节点，波形变化如图 6.40 所示。

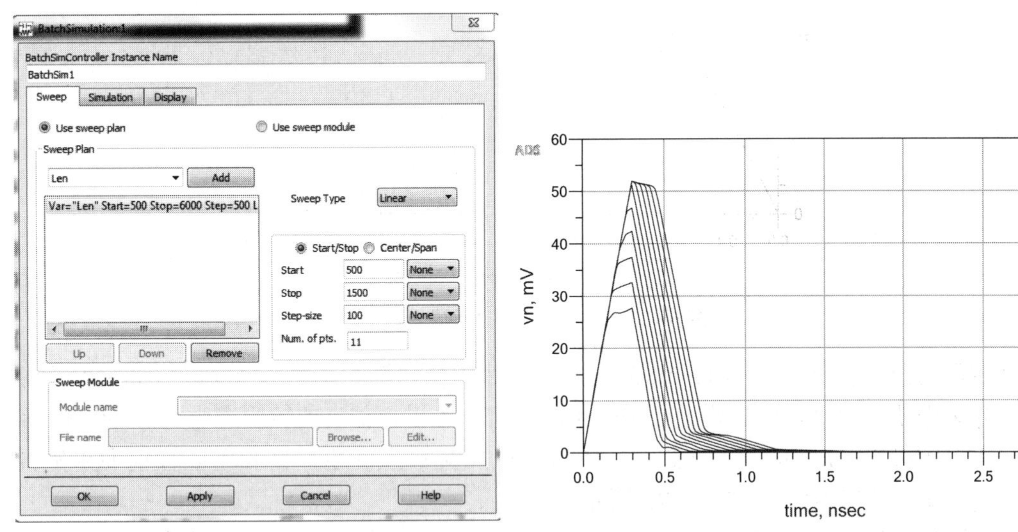

图 6.39　改变耦合长度扫描的参数设置　　　　图 6.40　精细扫描后的近端串扰波形

当波形很多时，比较难分清楚每一个波形代表的长度，双击图中任意一条波形曲线，选中 Trace Options 下 Linear 页签中 Automatic Sequencing 栏下的 Line Color，修改颜色，使每一个波形都显示为不同的颜色，如图 6.41 所示。

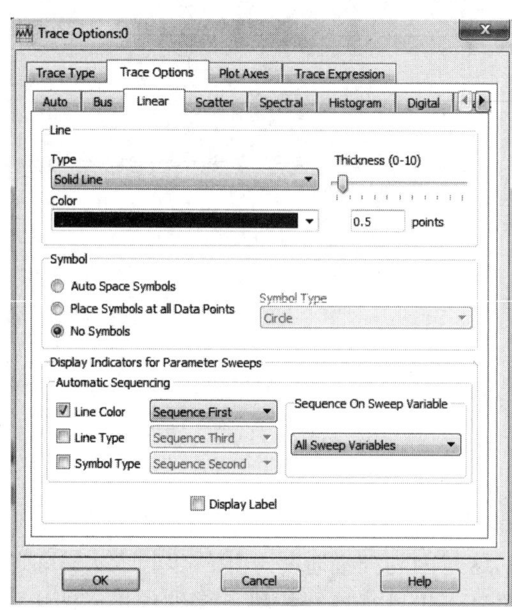

图 6.41 设置扫描波形的颜色

单击 OK 按钮后，波形如图 6.42 所示，每一个颜色代表不同的扫描值。

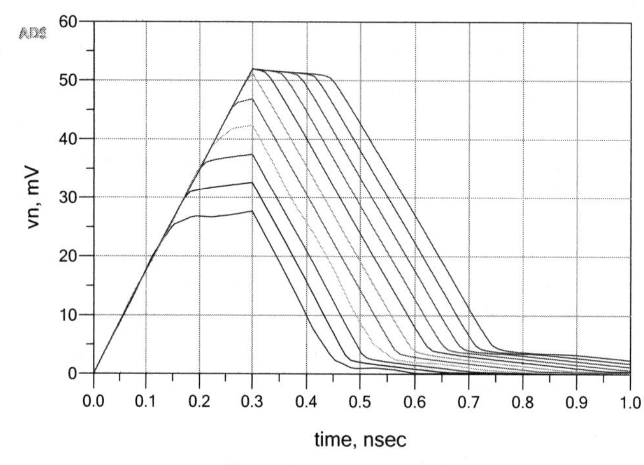

图 6.42 改变颜色后的近端串扰

从波形上分析，波形在 1100 mil 的时候已经达到最大值，显然 1100 mil 还是一个粗略的值，如果想要更明确，就需要进行进一步的仿真，可以把仿真的范围缩小到 1000 mil 到 1100 mil，每隔 20 mil 再扫描一次。具体步骤在此就不再赘述，读者可以按前面讲解的步骤自行仿真，仿真的结果如图 6.43 所示。

由于波形比较密集，可以给波形加一根标记线，在数据显示窗口的工具栏上单击插入线标记（Insert A Line Marker）按钮 ，将线放置在 vn 波形的最大值处，如图 6.44 所示。

显然，在耦合长度为 1020 mil 时，近端串扰值已经达到最大值，最大值为 52 mV，那么就可以认为饱和长度为 1020 mil。按显示近端串扰的方式把饱和长度的远端串扰波形也标记出来，如图 6.45 所示。

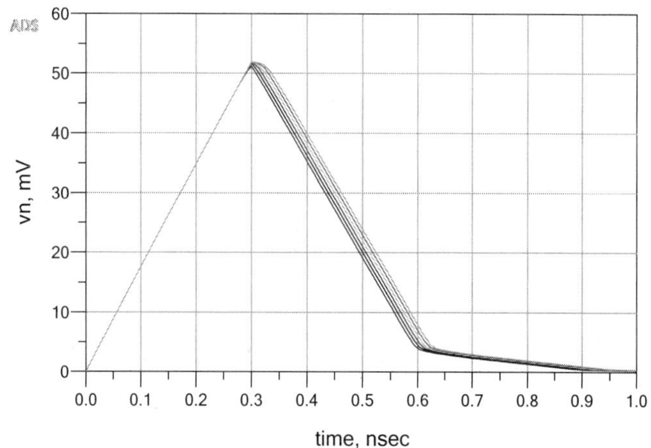

图 6.43　耦合长度精细扫描的近端串扰波形

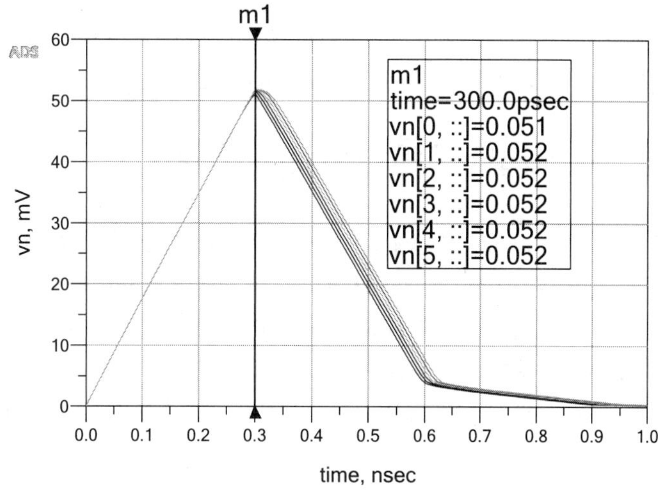

图 6.44　插入线标记后的近端串扰波形

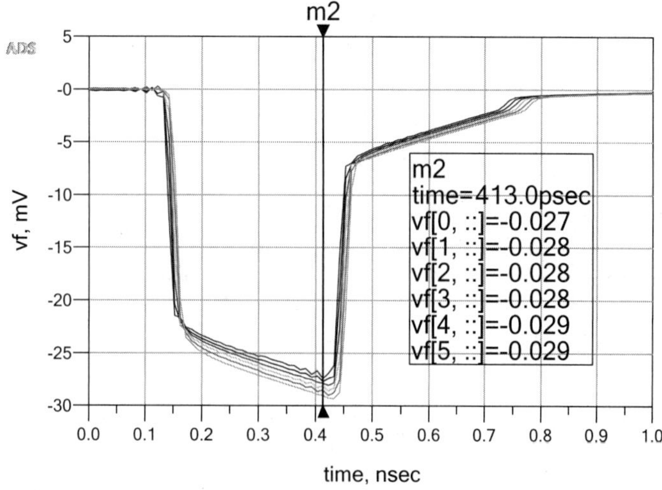

图 6.45　耦合长度精细扫描的远端串扰波形

从图 6.45 中可以分析出，饱和长度的远端串扰值为 28 mV，超过饱和长度之后，串扰值还在继续增加。

综上所述，在信号源、层叠结构、传输线线宽、线间距等参数都确定之后，串扰会随着耦合长度的增加而增加，当达到饱和长度之后，近端串扰将不再增加，但是远端串扰依然继续增加。所以在实际设计时，传输线的耦合长度不能太长，要尽量把耦合长度保证在饱和长度以内。

6.5 传输线之间的耦合距离与串扰的关系

随着高速高密度的设计越来越多，一些传统的设计规则已经无法满足现今的需求。比如，传输线与传输线的间距至少要满足三倍线宽（3W）规则，但对于高密度的设计来说，这一规则显然不再适用。因此，需要通过仿真对其进行评估，权衡串扰和空间之后做一个比较折中的选择。那么，传输线之间的间距与串扰有什么样的关系呢？

6.5.1 传输线之间的耦合间距与串扰的仿真

为了单纯地研究间距对串扰的影响，保持其他参数不变，将传输线的耦合长度变为 6000 mil，把前面设置的变量 S1 作为扫描对象，双击 Batch Simulation 元件，在弹出的对话框中选中 Var=“Len” 选项，然后单击 Remove 按钮将其删除，如图 6.46 所示。

添加 S1 为仿真变量，S1 的 Start 值为 5.4 mil，Stop 值为 32.4 mil，Step-size 值为 5.4 mil，自动得到 Num. of pts.为 6，表示一共扫描 6 次，批量扫描设置如图 6.47 所示。

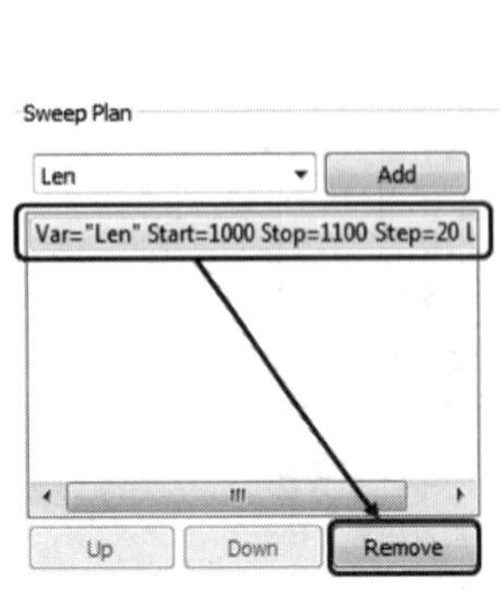

图 6.46 删除变量

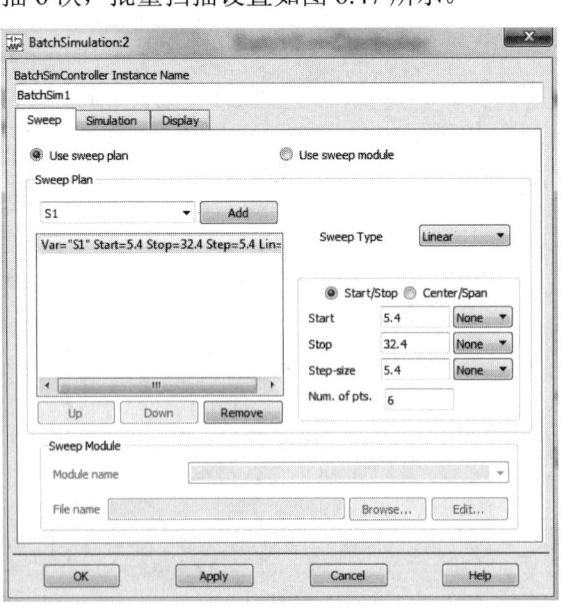

图 6.47 相关参数设置

单击 OK 按钮，仿真原理图如图 6.48 所示。

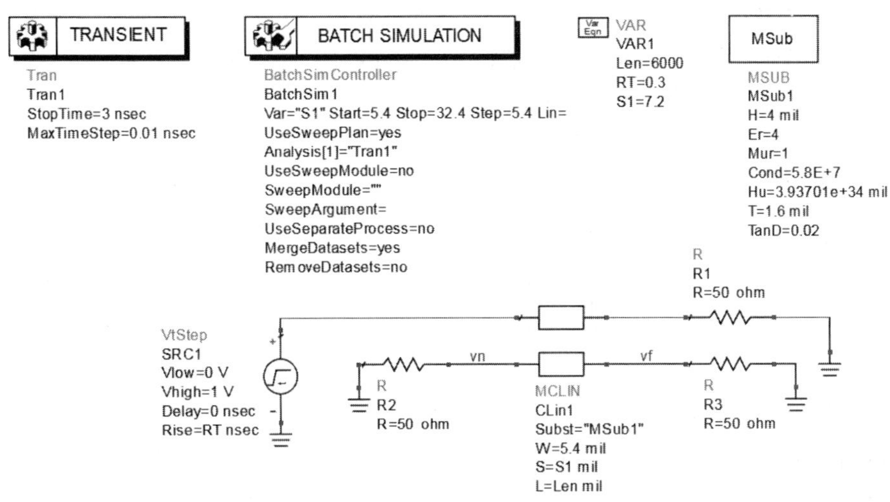

图 6.48　仿真原理图

单击保存按钮后，按 F7 键运行仿真，在弹出的数据显示窗口中，把近端串扰 vn 和远端串扰 vf 的波形显示出来，在工具栏上单击插入线标记（Insert A Line Marker）按钮，将插入线分别放置在近端串扰的最大值和远端串扰的最小值处，测得的各种情况下的最大值和最小值如图 6.49 所示。

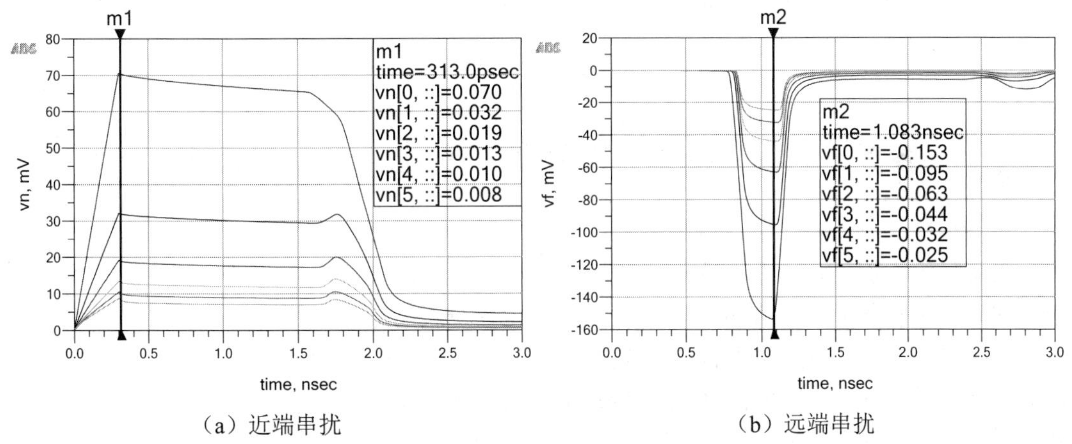

（a）近端串扰　　　　（b）远端串扰

图 6.49　传输线间距扫描仿真的近端串扰和远端串扰的波形

可以看到，在微带线的情况下，随着传输线的间距增加，不管是近端串扰还是远端串扰，幅值都在变小。在图 6.49 中，vn[0,::]和 vf[0,::]分别表示间距为 5.4 mil 时，也就是 1 倍线宽时的结果分别是 0.070 V 和 0.153 V，其他的依此类推。

6.5.2　为什么 PCB 设计要保证 3W

从图 6.49 中也可以分析出，在上升时间为 0.3 ns 时，激励源的幅值为 1 V，当传输线的间距为 3W 时，即近端串扰 vn[2,::]和远端串扰 vf[2,::]分别为 0.019 V 和 0.063 V，相当于激励源的 1.9%和 6.3%，远端串扰的结果相对来讲稍微有点大，是因为传输线的耦合长度为 6000 mil，这个长度比较长。当把耦合距离由 6000 mil 改为 3000 mil 时，再仿真一次，近端串扰和远端串扰的波形如图 6.50 所示。

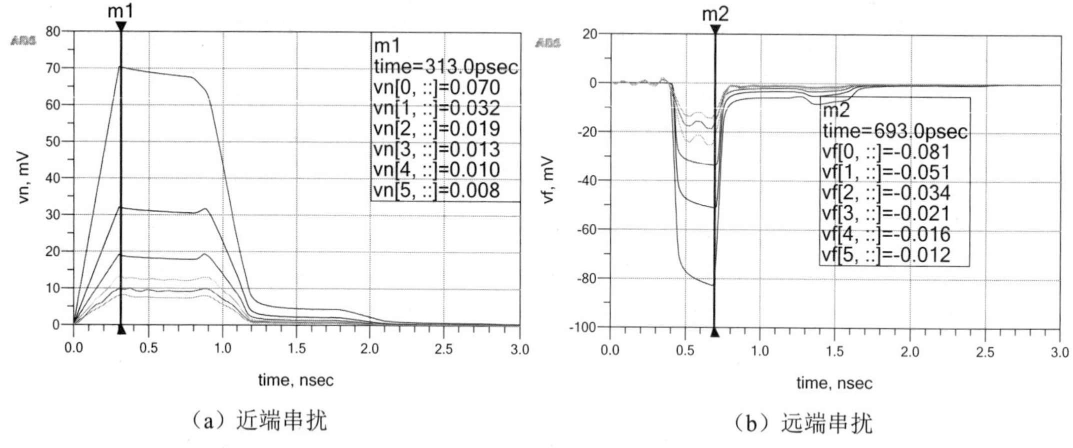

（a）近端串扰　　（b）远端串扰

图 6.50　缩短距离后，间距扫描的近端串扰和远端串扰的波形

此时近端串扰 vn[2,::]和远端串扰 vf[2,::]分别为 0.019 V 和 0.034 V，由于近端串扰早已达到饱和，所以其值不变，远端串扰幅度下降了将近一半，此时相当于激励源的 3.4%，基本都能满足一般设计的要求。这也是为什么很多设计都设定传输线与传输线的间距至少要保证为 3 倍线宽。

6.6　激励源的上升时间与串扰的关系

在实际的案例中，上升时间通常是由实际模型、激励源以及传输结构决定的，所以对于一些系统工程师而言，大多数时候只能进行定性分析，很难做到对上升时间进行定量分析，所以在分析上升时间与串扰的关系时，使用前面设置的上升时间变量 RT，上升时间扫描的 Start 值为 0.3ns，Stop 值为 1ns，Step-size 为 0.1ns，自动得到 Num. of pts 为 8，表示一共扫描 8 次，如图 6.51 所示。

单击 OK 按钮完成设置，激励源上升时间与串扰扫描仿真的原理图如图 6.52 所示。

保存后，按 F7 键运行仿真，在弹出的数据显示窗口中显示近端串扰 vn 和远端串扰 vf 的波形，如图 6.53 所示。

从图 6.53 中可以分析出，上升时间越大，近端串扰的波形边沿变化越缓慢；远端串扰的波谷的开口越大，远端串扰会越小。从 6.4 节和 6.5 节仿真的结果也可以分析出，当激励源的上升时间一定时，其远端串扰的开口也为一个定值。所以，在电路设计过程中，并不是上升时间越短越好，只要能满足信号完整性的设计要求，信号的上升时间尽量大一点，这样可以避免对邻近的信号造成过大的干扰。从电磁兼容性的角度来看，工程师也不希望信号的上升沿变化过快。

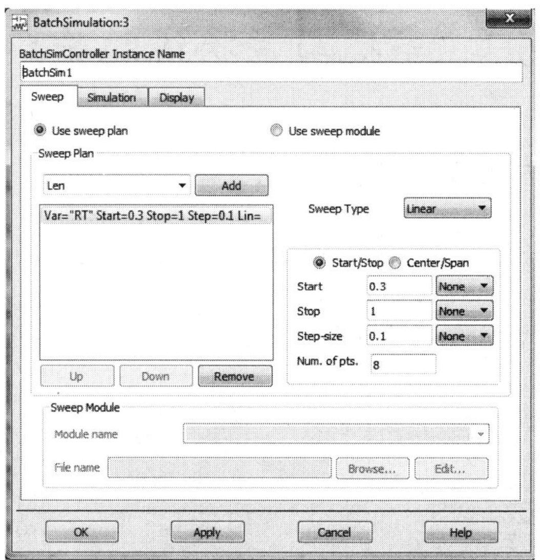

图 6.51　设置激励源的上升时间变量参数

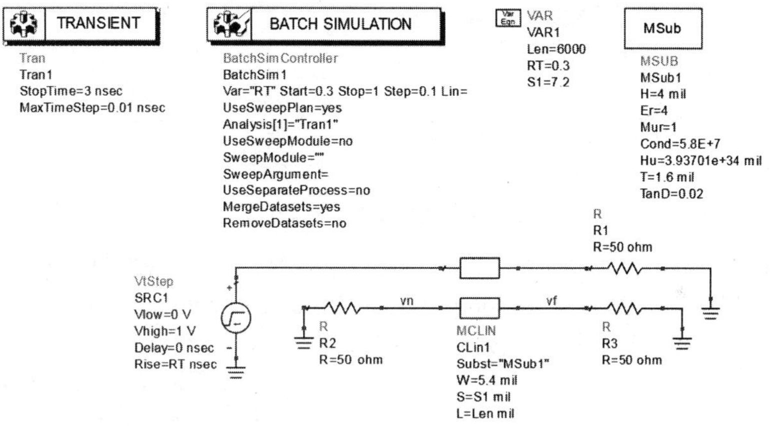

图 6.52　激励源上升时间与串扰扫描仿真的原理图

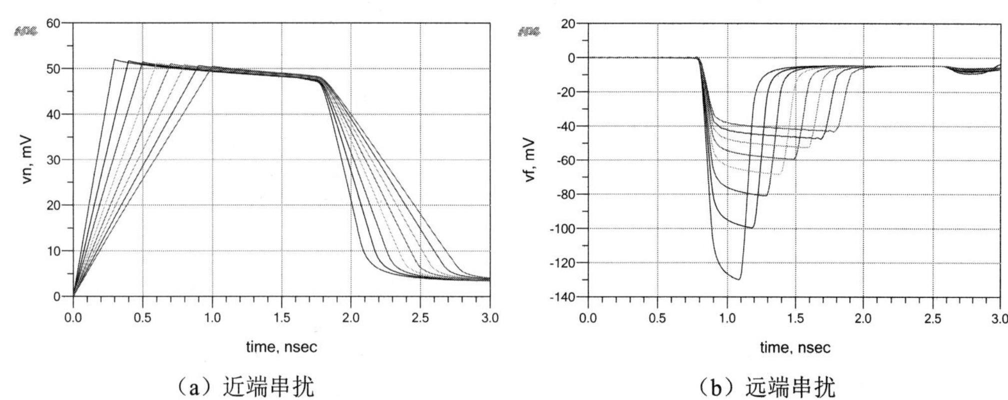

(a) 近端串扰　　　　(b) 远端串扰

图 6.53　激励源上升时间与串扰仿真的近端串扰和远端串扰波形

6.7 串扰与带状线的关系

6.7.1 微带线与带状线串扰的对比

前面分析的都是微带线串扰的变化，那么在带状线中串扰又是如何变化的呢？同样，新建一个原理图，命名为 Stripline_vs_Microstrip。在 Palettes 中选择 TLines-Stripline（带状线）库，并在库中选择 SSUB（带状线层叠结构）和 SCLIN（差分带状线）两个元件，如图 6.54 所示。

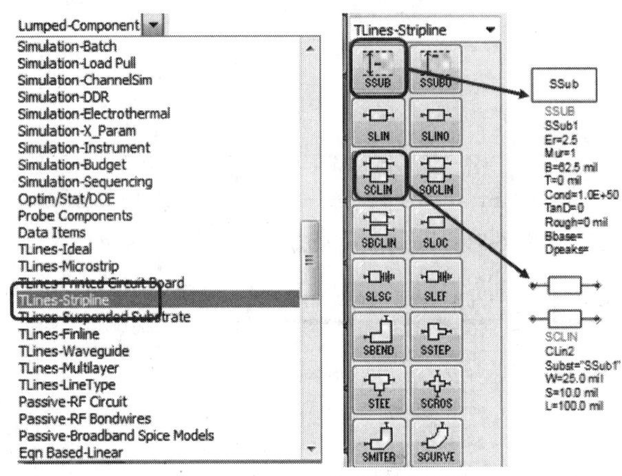

图 6.54 选择带状线层叠结构和差分线元件

双击 SSUB 元件，在弹出的对话框中设置介电常数 Er 为 4，地平面间距 B 为 19.6 mil，传输线的厚度 T 为 1.6 mil，导电率 Cond 为 5.8E+7 Siemens/meter，介质损耗角 TanD 为 0.02，其他参数保持默认值，单击 Apply 按钮，如图 6.55 所示。

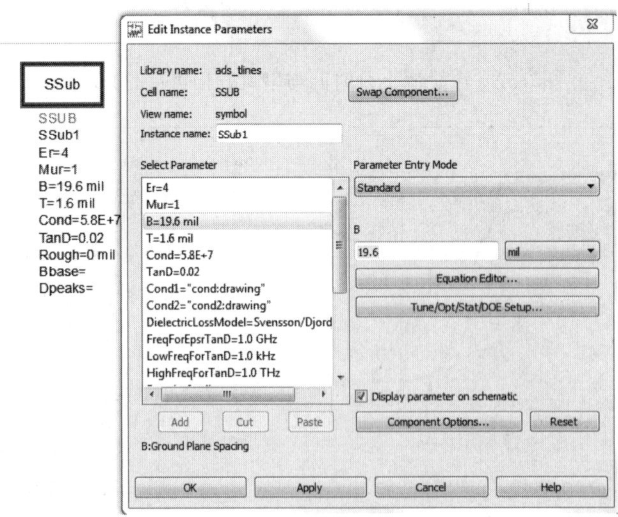

图 6.55 设置带状线层叠结构

单击 OK 按钮，完成带状线层叠结构的设置。然后设置带状差分线的参数，线宽 W 为 5.2 mil，线间距 S 为 9 mil，传输线 L 为 Len mil，如图 6.56 所示。

其他的按照微带线串扰仿真的设置完成原理图设计，如图 6.57 所示。

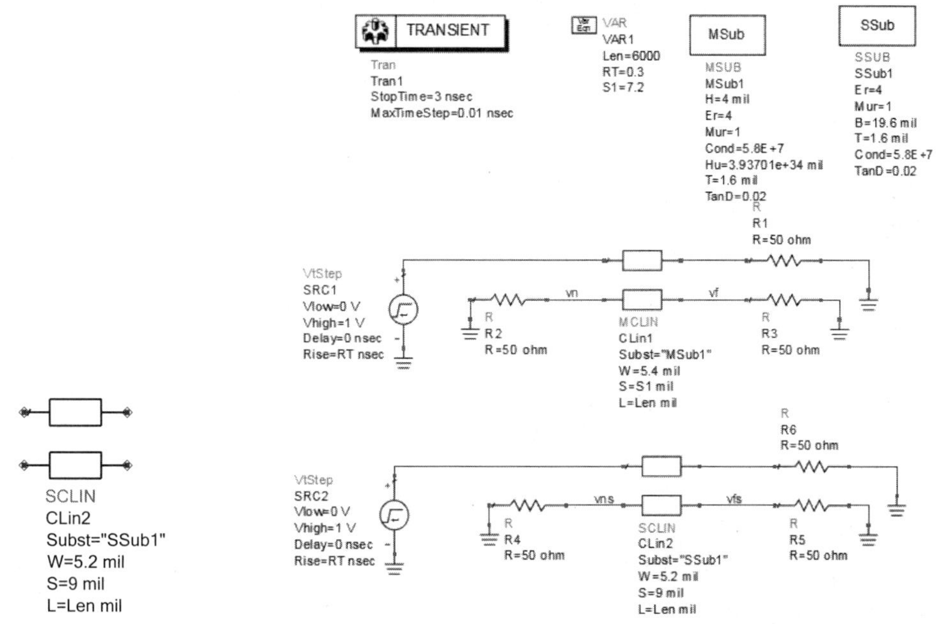

图 6.56　带状差分线　　　　图 6.57　微带线和带状线串扰仿真原理图

如图 6.57 所示，带状线的线长和微带线是一样的，由于层叠结构不同，所以其线宽和线间距不同，其他仿真的设置都一样。将带状线的近端串扰和远端串扰网络节点分别设置为 vns 和 vfs。

保存后，按 F7 键运行仿真。仿真得到的近端串扰和远端串扰的波形如图 6.58 所示。

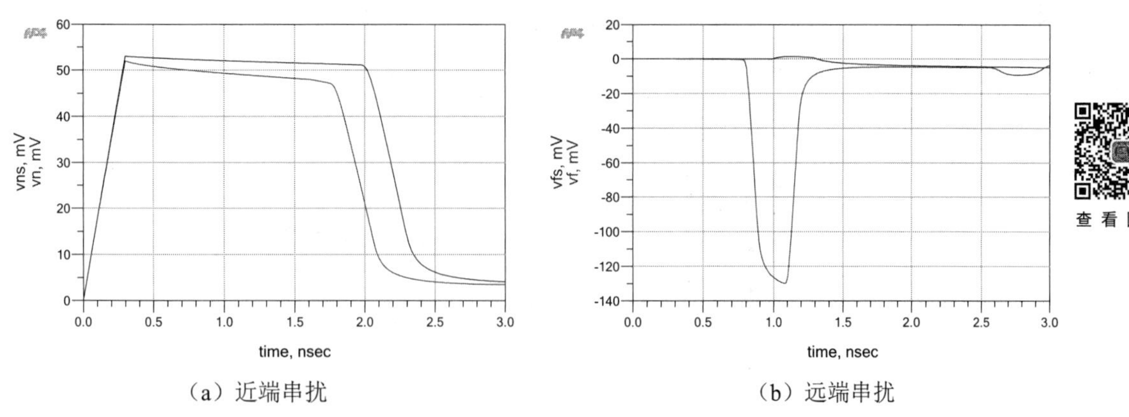

（a）近端串扰　　　　（b）远端串扰

图 6.58　近端串扰和远端串扰的波形

查看图片

在图 6.58 中，蓝色的为带状线的波形，红色的为远端串扰的波形。分析波形可以得到，不管是微带线还是带状线，近端串扰的幅度差不多；而带状线的远端串扰几乎为零，微带线的远端串扰有 130mV。

这是针对均匀的带状线而言的，如果不是均匀的带状线，其结果会有一些差异，但是远端串扰依然会远远小于微带线的远端串扰。

6.7.2 高速信号线是布在内层好还是布在外层好

从上面的仿真和分析结果可知，均匀的带状线传输线远端串扰几乎为零，对于长距离的耦合传输线而言，这非常重要，可以大大减少串扰。但是，如果传输线的距离比较短，就工程而言，建议把传输线设计为微带线，这样可以减少因为换层而增加的过孔，因为过孔很容易造成阻抗不连续（第 5 章详细介绍了过孔对信号的影响）。

所以高速信号线到底是布在内层的带状线还是布在外层的微带线，需要根据实际情况确定，并没有一个确定的规则。最好是通过仿真获得一个布线规则输出给设计工程师。

6.8 传输线到参考层的距离与串扰的关系

传输线到参考层的距离会影响阻抗，距离改变，阻抗也会改变。现在大部分的工程师设计 PCB 时，层叠结构都是由 PCB 厂商的工程师提供的，一般在没有特殊要求的情况下，PCB 厂商的工程师都只考虑阻抗是否满足要求，稍微好一点的情况还会考虑损耗的影响。本书第 3 章讲到，阻抗是由很多因素决定的，所以要满足阻抗的要求，可以改变很多因素，包括传输线到参考层的距离。那么，如果改变了传输线到参考层的距离，那么对传输线的串扰有什么影响呢？

新建一个原理图，命名为 Reference_distance_vs_XLTK。仿真的拓扑结构与 6.4 节中的一样，双击 VAR 元件，再添加两个变量：传输线的线宽 W1，设置数值为 5.4；传输线到参考层的距离 H1，设置数值为 4，如图 6.59 所示。

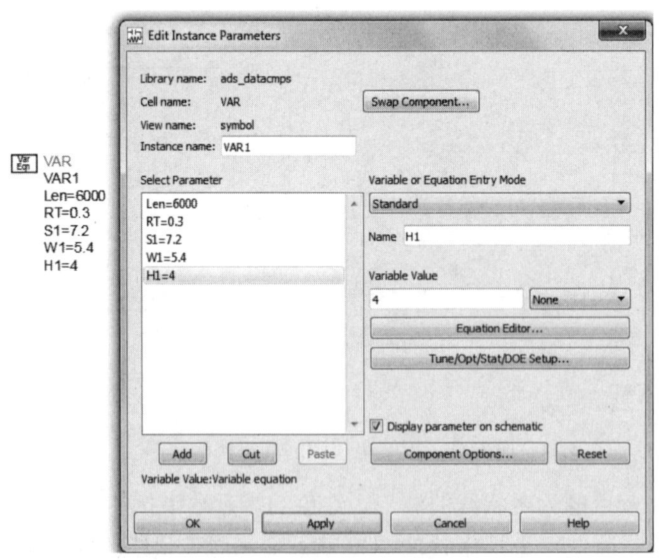

图 6.59 添加变量 W1 和 H1

单击 OK 按钮，添加变量后的传输线和层叠结构如图 6.60 所示。

在工程文件下新建一个 csv 文件，命名为 sweep_reference_distance_list.csv，如前所述，不要出现非法字符。在文件中按图 6.61 所示的格式输入变量名称和各种仿真的组合值。

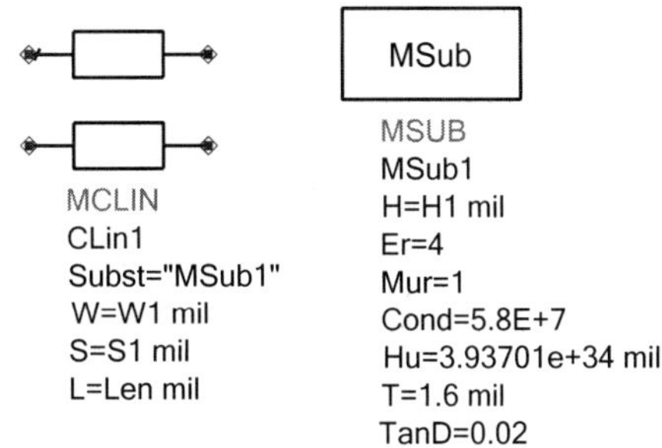

图 6.60　添加变量后的传输线和层叠结构

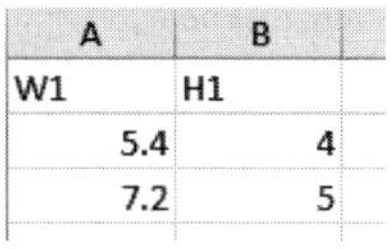

A	B
W1	H1
5.4	4
7.2	5

图 6.61　设置参数组合

在图 6.61 中输入了两组值，一组的线宽为 5.4 mil，距离为 4 mil；另一组为了保证阻抗一致，线宽为 7.2 mil，距离为 5 mil。然后在原理图中双击 Batch Simulation 元件，在弹出的对话框中设置扫描的类型为 Use sweep module，Module name 为 CSV_List，如图 6.62 所示。

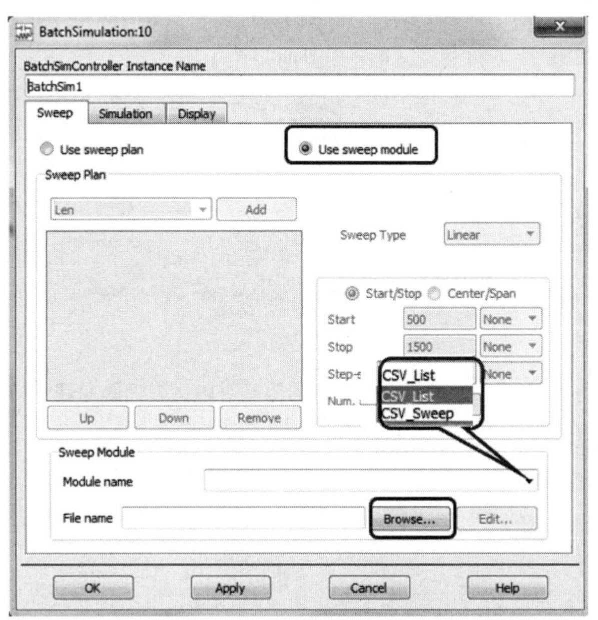

图 6.62　设置批量扫描参数

在 File name 栏单击 Browse 按钮，选择前面新建的文件 sweep_reference_distance_list.csv，然后单击 Open 按钮，再单击 Apply 按钮，设置完成的批量扫描控件如图 6.63 所示。

单击 OK 按钮，扫描仿真参考层的距离对串扰的影响的原理图如图 6.64 所示。

保存后，按 F7 键运行仿真，在弹出的数据显示窗口中显示了近端串扰和远端串扰的波形，如图 6.65 所示。

BATCH SIMULATION

BatchSimController
BatchSim1
Var= Start=500 Stop=1500 Step=100 Lin=
UseSweepPlan=no
Analysis[1]="Tran1"
UseSweepModule=yes
SweepModule="CSV_List"
SweepArgument="sweep_reference_distance_list.csv"
UseSeparateProcess=no
MergeDatasets=yes
RemoveDatasets=no

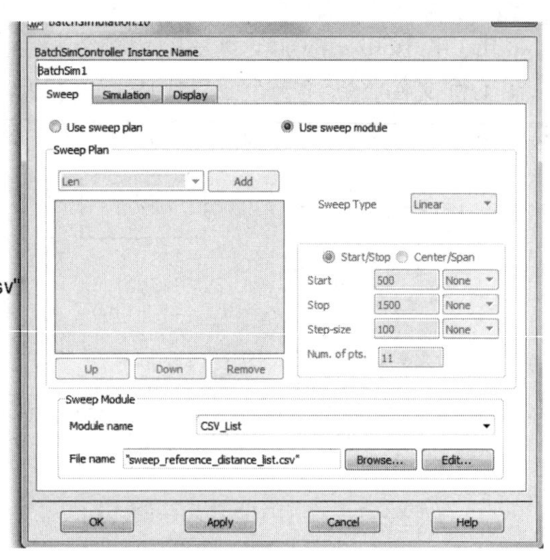

图 6.63 设置完成的批量扫描控件

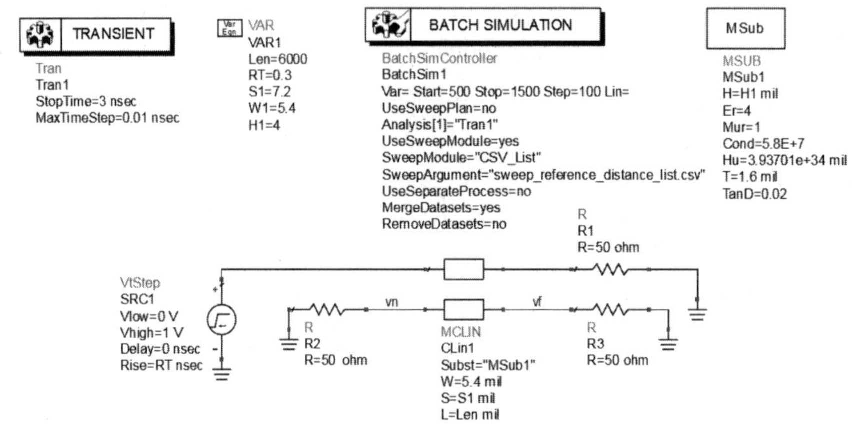

图 6.64 扫描仿真参考层的距离对串扰影响的原理图

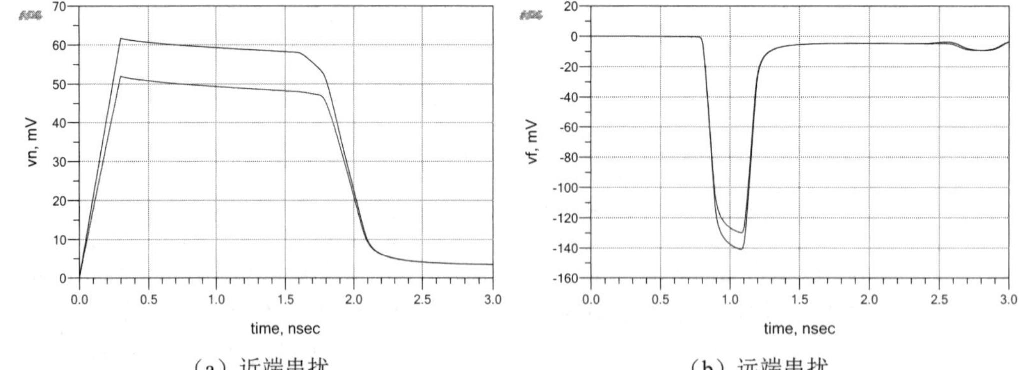

（a）近端串扰　　（b）远端串扰

图 6.65 近端串扰和远端串扰的波形

查看图片

图中蓝色的波形曲线为 5 mil 参考距离的仿真结果，红色的为 4 mil 参考距离的仿真结果。很显然，分析仿真的结果，可以看到，参考距离变大之后，串扰也会变大。

当然，需要说明的是，在此案例中，为了保证阻抗不变，还改变了一个参数，就是线宽。其实线宽的改变也会导致串扰的改变，这是因为仅改变线宽，会导致阻抗改变，传输链路的阻抗如果不匹配，也会导致串扰增加。有兴趣的读者可以按前面介绍的方法和步骤自行研究。

6.9 定量分析串扰

在实际案例中，很少会把串扰单独列出来进行分析，通常会将其综合到实际仿真中。在一些高速总线或并行总线中，信号线通常会非常多，相邻信号线可能会同时工作，如果不考虑它们之间的串扰，仅对每一段或者一对传输线单独进行分析，如果串扰很大，就会对结果造成很大的影响。

在实际的工程中，通常都是定量的分析。例如，在进行 DDR3 仿真时，对于是否考虑串扰对邻近信号的影响，新建一个对比的原理图，命名为 Quantitative_analyse，如图 6.66 所示。

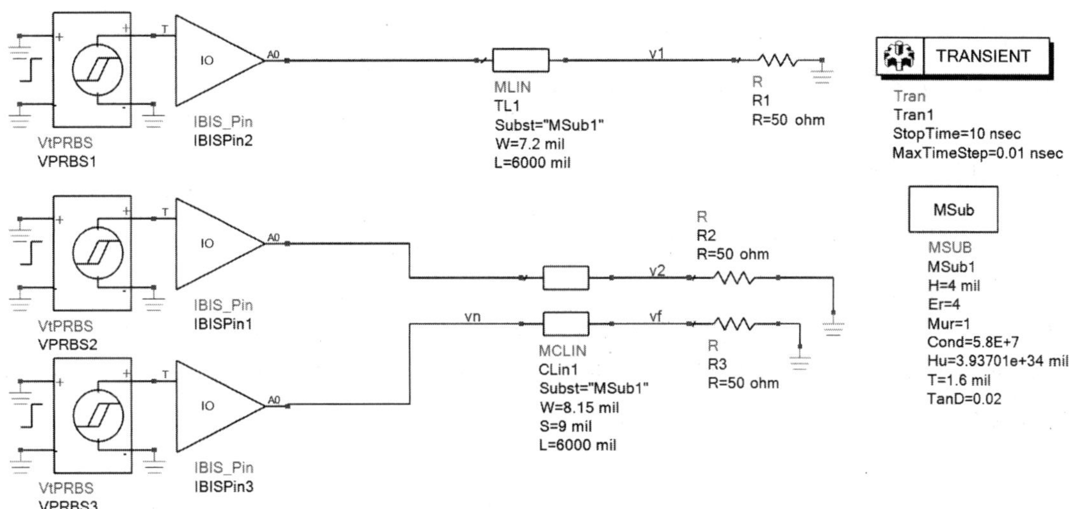

图 6.66　定量对比串扰影响的原理图

没有串扰影响的发送端的激励源为 PRBS 源和 IBIS 模型，将接收端的节点命名为 v1；有串扰的两段传输线也使用相同的激励源，将接收端的节点命名为 v2，保存后，按 F7 键运行仿真。在数据显示窗口中显示 v1 和 v2 的波形，如图 6.67 所示。

从对比的结果可以看到，串扰不仅影响了信号质量，带来噪声，还会使信号的时序受到影响。从图 6.67 中可以看出，v1 比 v2 快了 47ps 左右，这对于并行总线而言是一个不小的数值。

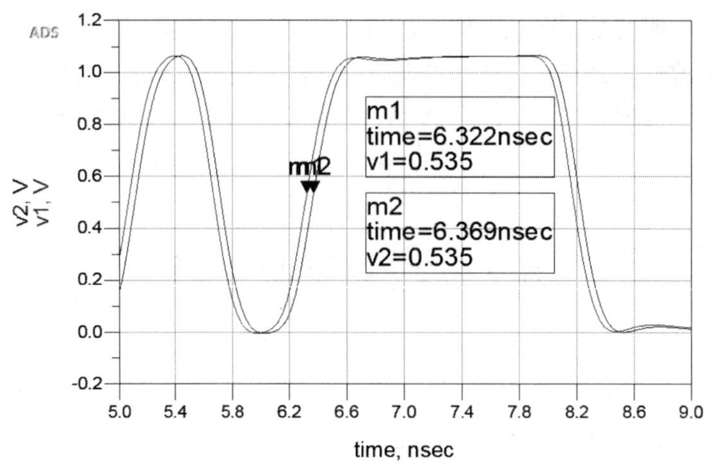

图 6.67　定量对比串扰的影响

6.10　串扰、S 参数以及总线要求

前面内容介绍的都是原理图的仿真，原理图的仿真有利于研究某些特定的现象，通过原理图的仿真可以给设计工程师提供设计的规则，避免设计错误。但是不管怎么样，在原理图仿真时，并不能完全解决 PCB 设计中可能遇到的问题，因为信号的干扰不仅来自同一平面，还来自不同层的相互干扰，特别是当相邻层都有布线时，串扰的问题也可能会非常严重。

在 PCB 中分析串扰的方式也可以与分析原理图的方式一样，但是由于 PCB 的特性，一般会通过电磁场分析软件（如 SIPro、Momentum 或 EMPro）获取 S 参数，通过 S 参数就可以分析 PCB 的串扰。关于 S 参数部分的内容，会在第 7 章介绍。在这里可以通过一个简单的 4 端口的 S 参数查看近端串扰和远端串扰，如图 6.68 所示，P1→P4 为远端串扰，P1→P3 为近端串扰。

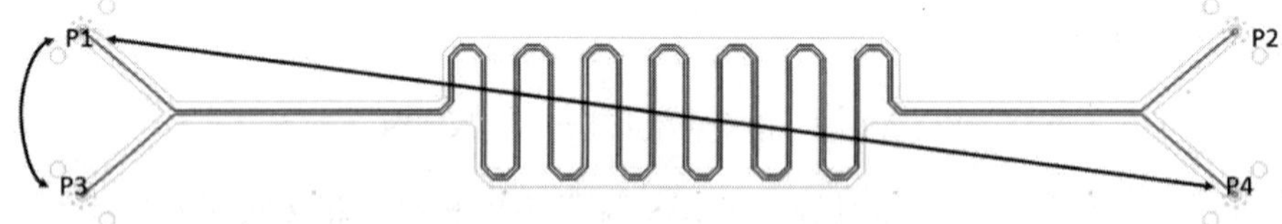

图 6.68　S 参数串扰结构示意图

运行仿真后查看串扰曲线，如图 6.69 所示。

从图 6.69 中可以看出，远端串扰 S(4,1)比较低，近端串扰 S(3,1)稍微高一些，但是总体而言都比较低，都在-20dB 以下。

如果是多端口的串扰，从 S 参数中查看串扰的方式是一样的，只是所有串扰会相互叠加。现在一些总线规范也会对一些通道或连接器、线缆等有一些具体的定义，比如，USB 3.0

就明确规定了 USB 3.0 的两对差分对的串扰要求以及 USB 2.0 信号的串扰要求，图 6.70 所示为对 USB 3.0 线缆的两对差分对的近端串扰的要求。

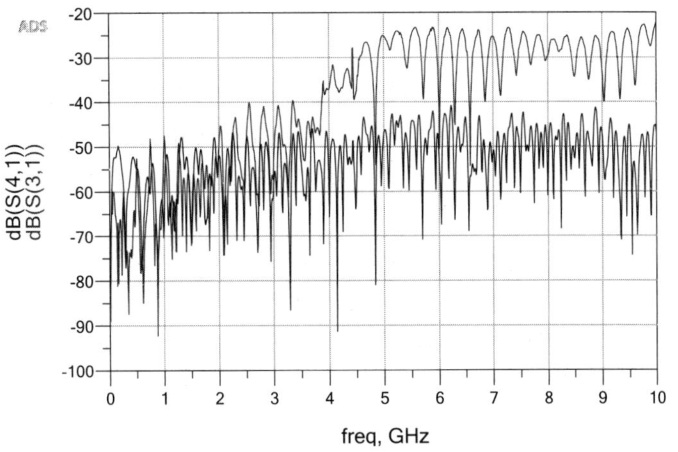

图 6.69　串扰与 S 参数曲线

查看图片

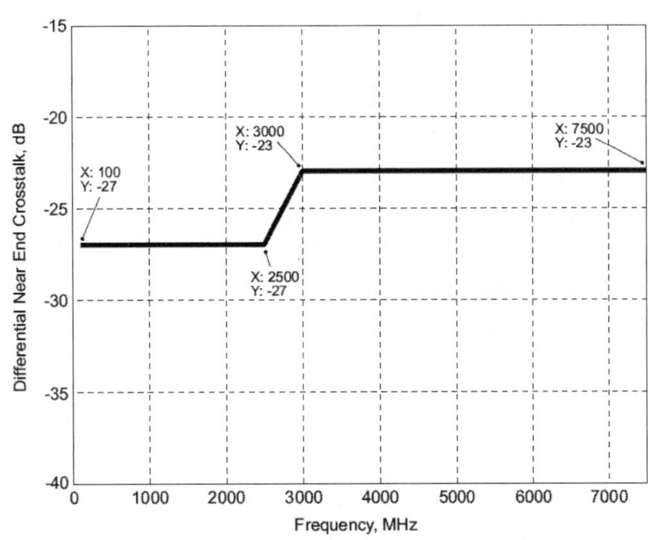

图 6.70　对 USB 3.0 线缆的两对差分对的近端串扰的要求

一些高速串行总线不仅对具体的串扰有要求，还要求计算 ICN（integrated crosstalk noise），即综合串扰噪声，ICN 能更加清楚地表达串扰。

不管是串扰还是 ICN，并不是每一类总线都对它们有具体的要求，即使有也不一定相同，要依据具体的情况而定。

6.11　如何减少电路设计中的串扰

从串扰的概念就可以看出，不管怎么样，串扰是无法消除的。综上所述，我们可以看到串扰不仅会引入噪声，还会影响信号时序。所以很多工程师在进行高速电路设计时，都会非常重视对串扰问题的处理。但是由于篇幅有限，本书无法把所有与串扰有关的因素都以案例的形式呈现给大家，结合前面做的一些案例对比以及一些工程经验，对于如何减少串扰，可以给出如下一些基本结论。

- 尽量减短传输线之间的耦合长度，尽量保证在耦合饱和长度之内。
- 尽量增加传输线之间的耦合距离，能保证 3 倍线宽的规则更好。
- 在满足信号完整性的前提下，尽量使信号的边沿时间不要过于陡峭，应减缓上升的速度。
- 对于耦合长度比较长的高速传输线，尽量布到内层的带状线层，可以大大减少远端串扰；当耦合距离比较短时，可以布线到微带线层，能够减少过孔带来的影响。
- 在满足工艺要求的情况下，使信号层尽量靠近参考层。
- 当相邻层都是信号层时，尽量避免相邻层平行布线。最好做到垂直布线，以使串扰最小化。
- 尽量要满足传输链路的阻抗匹配，阻抗不匹配会使串扰加大。
- 在空间足够大的情况下，可以考虑给高速信号线加屏蔽地，屏蔽地上要有适当的地孔。
- 高速传输线尽量不要布到 PCB 板的边缘，最好保证达到信号到参考层的距离的 20 倍以上。

当然，再多的结论也比不上对每一种情况进行精确的仿真和测试的指导，所以，对于一些比较高速、高密度的设计，尽量以仿真来指导设计，然后通过多方验证，最终确定设计。

本章小结

本章主要介绍了串扰的基本概念以及影响串扰大小的一些因素。通过对这些因素的研究和分析，不仅获得了一些结论，还通过对这些参数的仿真，介绍了如何在 ADS 中新建工程、新建原理图、使用数据显示窗口，以及 ADS 的高级应用，如参数扫描仿真等。通过对本章的学习，读者可以了解串扰的一些基本概念和原理，并学会使用 ADS 进行批量仿真和串扰仿真。

第 7 章

S 参数及其仿真应用

电路互连结构包括芯片的封装、PCB 板（传输线、过孔）、连接器、线缆、电容等无源组件，在大多数情况下，这些组件都是用 S 参数来表征的。通过 S 参数可以分析这些组件的一些特性，同时也可以将这些组件的 S 参数加入电路结构中，进行信号完整性和电源完整性的仿真。自 S 参数的概念提出以来，已经被广泛地应用。本章将介绍 S 参数在高速电路中的应用以及在 ADS 中的仿真。

7.1 S 参数介绍

随着数字系统数据传输速率的不断提高，数据通信类产品的数据传输速率已经达到了 800 Gb/s。在这种情况下，很多问题已经不能再用简单的电路分析来解决。需要借助一些微波射频的观点和概念来解决数字电路的问题，S 参数就是其中非常典型的一个概念。

7.1.1 S 参数模型简介

S 参数是散射（scatter）参数的简称，以标准的 Touchstone 文件格式表示，所以 S 参数模型又叫 Touchstone 模型。Touchstone 规范由 IBIS 开放论坛组织制定、发布和维护。2023 年 3 月 8 日，IBIS 开放论坛发布了 7.2 版本的规范，这也是目前最新的版本。与 IBIS 模型一样，Touchstone 也有其特定的语法和结构，图 7.1 所示为一个实际的 Touchstone 文件截图。

通常情况下，描述 S 参数的 Touchstone 文件以*.snp 作为后缀，其中 n 表示端口数。例如，单端传输线为 2 端口网络，其 S 参数文件后缀为*.s2p；差分传输线为 4 端口网络，其 S 参数文件后缀为*.s4p，以此类推。对于 Touchstone 2.0 的文件，其后缀可以使用*.ts。由于篇幅有限，关于 Touchstone 的语法和结构在此不做过多的介绍。本章仅介绍如何使用 S

参数以及 ADS 相关的工具。

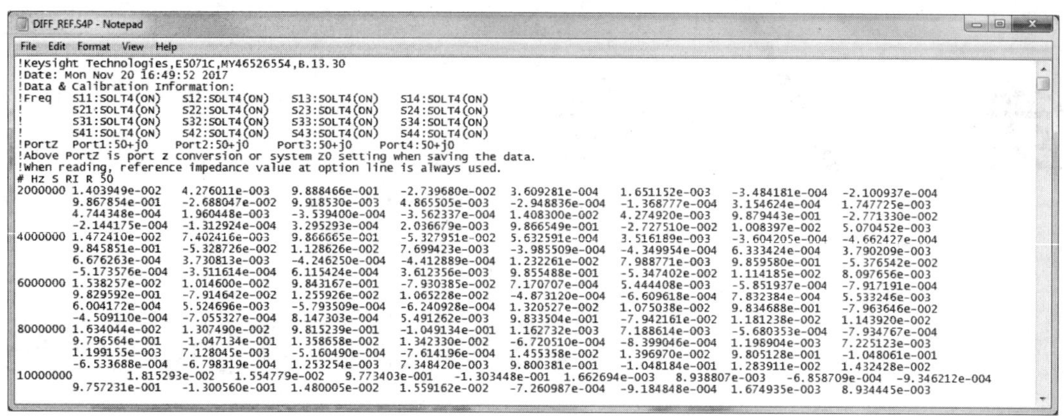

```
DIFF_REF.S4P - Notepad
File  Edit  Format  View  Help
!Keysight Technologies,E5071C,MY46526554,B.13.30
!Date: Mon Nov 20 16:49:52 2017
!Data & Calibration Information:
!Freq   S11:SOLT4(ON)   S12:SOLT4(ON)   S13:SOLT4(ON)   S14:SOLT4(ON)
!       S21:SOLT4(ON)   S22:SOLT4(ON)   S23:SOLT4(ON)   S24:SOLT4(ON)
!       S31:SOLT4(ON)   S32:SOLT4(ON)   S33:SOLT4(ON)   S34:SOLT4(ON)
!       S41:SOLT4(ON)   S42:SOLT4(ON)   S43:SOLT4(ON)   S44:SOLT4(ON)
!PortZ  Port1:50+j0    Port2:50+j0    Port3:50+j0    Port4:50+j0
!Above PortZ is port z conversion or system Z0 setting when saving the data.
!When reading, reference impedance value at option line is always used.
# Hz S RI R 50
2000000 1.403949e-002   4.276011e-003   9.888466e-001   -2.739680e-002  3.609281e-004   1.651152e-003   -3.484181e-004  -2.100937e-004
        9.867854e-001   -2.688047e-002  9.918530e-003   4.865505e-003   -2.948836e-004  -1.368777e-004  3.154624e-004   1.747725e-003
        4.744348e-004   1.960448e-003   -3.539400e-004  -3.562337e-004  1.408300e-002   4.274920e-003   9.879443e-001   -2.771330e-002
        -2.144175e-004  -1.312924e-004  3.295293e-004   2.036679e-003   9.866549e-001   -2.727510e-002  1.008397e-002   5.070452e-003
4000000 1.472410e-002   7.402416e-003   9.866665e-001   -5.327951e-002  5.632591e-004   3.516189e-003   -3.604205e-004  -4.662427e-004
        9.845851e-001   -5.328726e-002  1.128626e-002   7.699423e-003   -3.985509e-004  -4.349954e-004  6.333424e-004   3.790209e-003
        6.676263e-004   3.730813e-003   -4.246250e-004  -4.412889e-004  1.232261e-002   7.988771e-003   9.859580e-001   -5.376542e-002
        -5.173576e-004  -3.511614e-004  6.115424e-004   3.612356e-003   9.855488e-001   -5.347402e-002  1.114185e-002   8.097656e-003
6000000 1.538257e-002   1.014600e-002   9.843167e-001   -7.930385e-002  7.170707e-004   5.444408e-003   -5.851937e-004  -7.917191e-004
        9.829592e-001   -7.914642e-002  1.255926e-002   1.065228e-002   -4.873120e-004  -6.609618e-004  7.832384e-004   5.533246e-003
        6.004172e-004   5.524696e-003   -5.793509e-004  -6.240928e-004  1.320527e-002   1.075038e-002   9.834688e-001   -7.963646e-002
        -4.509110e-004  -7.055327e-004  8.147303e-004   5.491262e-003   9.833504e-001   -7.942161e-002  1.181238e-002   1.143920e-002
8000000 1.634044e-002   1.307490e-002   9.815239e-001   -1.049134e-001  1.162732e-003   7.188614e-003   -5.680353e-004  -7.934767e-004
        9.796564e-001   -1.047134e-001  1.358658e-002   1.342330e-002   -6.720510e-004  -8.399046e-004  1.198904e-003   7.225123e-003
        1.199155e-003   7.128045e-003   -5.160490e-004  -7.614196e-004  1.455358e-002   1.396970e-002   9.805128e-001   -1.048061e-001
        -6.533688e-004  -6.798319e-004  1.253254e-003   7.348420e-003   9.800381e-001   -1.048184e-001  1.283911e-002   1.432428e-002
10000000        1.815293e-002   1.554779e-002   9.773403e-001   -1.303448e-001  1.662694e-003   8.938807e-003   -6.858709e-004  -9.346212e-004
        9.757231e-001   -1.300560e-001  1.480005e-002   1.559162e-002   -7.260987e-004  -9.184848e-004  1.674935e-003   8.934445e-003
```

图 7.1　Touchstone 文件

在数学上，S 参数是一个矩阵，描述的是各个传输网络端口之间的关系。S 参数模型与 IBIS 模型一样，是一种行为级的模型。S 参数在信号完整性中反映的是入射信号与反射信号之间的关系，表征的是互连结构对传输信号的影响，所以 S 参数中包含丰富的内容。在信号完整性中，常用 S 参数表示插入损耗、回波损耗、串扰等，如图 7.2 所示。

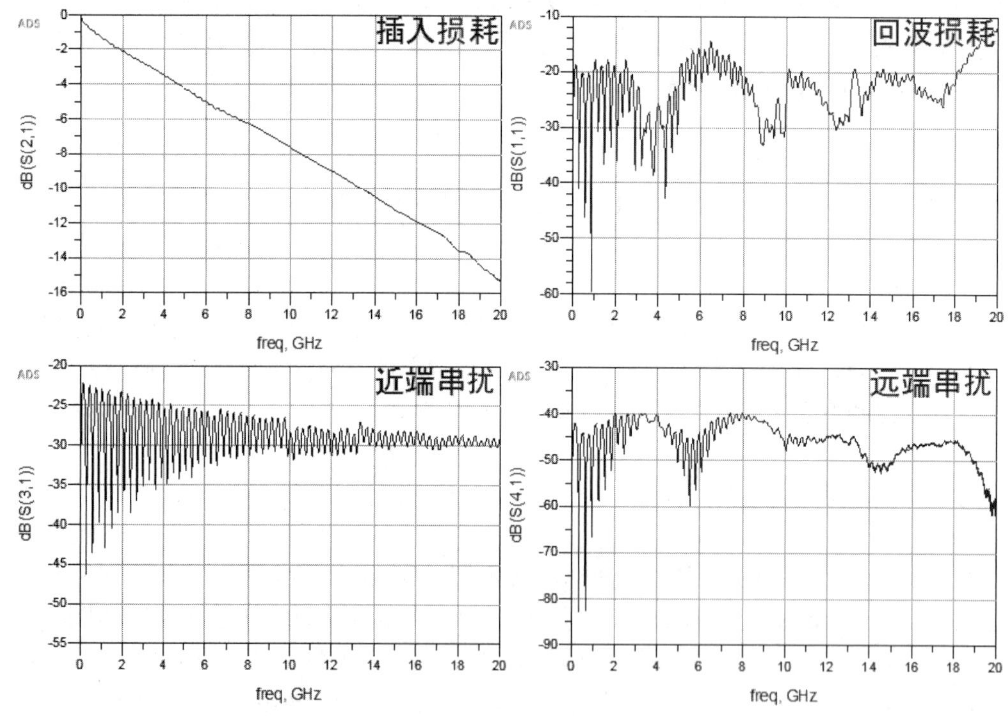

图 7.2　S 参数表征损耗和串扰

通常，一个完整的 S 参数由幅度和相位一起表征。其中，幅度的单位是分贝（dB），相位的单位为度。每一个传输网络的 S 参数都是输出信号与输入信号的比值。对于 S 参数的幅度而言，表达式为

$$S(\text{幅度}) = \frac{\text{输出信号的幅度}}{\text{输入信号的幅度}}$$

信号网络开路时，输出信号为 0，所以其幅度亦为 0，那么 S 参数的幅度为 0；当一个信号经过理想匹配传输线时，输出与输入相同，没有任何损失，S 参数值为 1，所以 S 参数的幅值都在 0～1。为了简便计算和理解，通常用 dB 表示 S 参数幅值大小。

S 参数的相位表达式为

$$S(\text{相位}) = \text{输出信号的相位} - \text{输入信号的相位}$$

通过相位的差值，就可以计算出传输线的延时。

7.1.2　S 参数的命名方式以及混合模式

以图 7.3 所示的差分传输线为例。S 参数的命名通常采用 S_{ij} 的形式，其中 i 表示信号输出口，j 表示信号输入口。把差分线看作两段耦合的单端传输线，就有 4 个独立的端口，分别为端口 1、端口 2、端口 3 和端口 4。例如，S_{21} 表示信号从端口 1 输入，从端口 2 输出，表示插入损耗；S_{11} 表示信号从端口 1 进入并从端口 1 反射输出，表示回波损耗；S_{31} 表示信号从端口 1 输入，从端口 3 输出，表示近端串扰；S_{41} 表示信号从端口 1 输入，从端口 4 输出，表示远端串扰。其他的以此类推，这个 4 端口网络有 16 个独立的参数，形成一个如下所示的矩阵。

$$\begin{bmatrix} S_{11} & S_{12} & S_{13} & S_{14} \\ S_{21} & S_{22} & S_{23} & S_{24} \\ S_{31} & S_{32} & S_{33} & S_{34} \\ S_{41} & S_{42} & S_{43} & S_{44} \end{bmatrix}$$

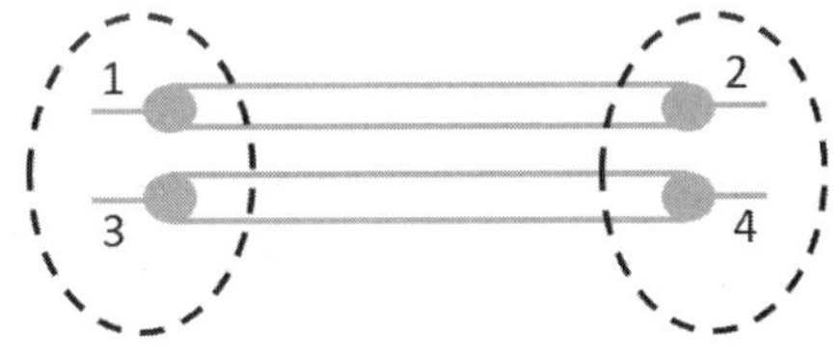

图 7.3　差分输出线示意图

如果是差分线，还需要区分差分对内存在的混合模式的 S 参数，其命名通常用 SDD_{ij}、SDC_{ij}、SCD_{ij} 和 SCC_{ij} 表示。D 表示差分模式（Differential mode）、C 表示共模（Common mode），DD 表示差分模式转差分模式，DC 表示共模转差分模式，CD 表示差分模式转共模，CC 则表示共模转共模。对于差分对而言，重新把 1 和 3 作为一对差分输入端口，编号为新的 1 号，把 2 和 4 作为一对差分输出端口，编号为新的 2 号，则差分对的插入损耗为 SDD_{21}，回波损耗为 SDD_{11}。

4 端口网络混合模式 S 参数与单端 S 参数的换算公式如图 7.4 所示。

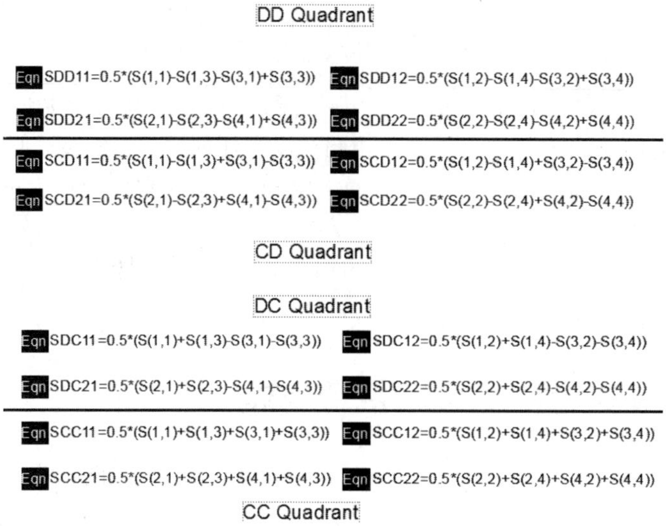

DD Quadrant

Eqn SDD11=0.5*(S(1,1)-S(1,3)-S(3,1)+S(3,3)) Eqn SDD12=0.5*(S(1,2)-S(1,4)-S(3,2)+S(3,4))

Eqn SDD21=0.5*(S(2,1)-S(2,3)-S(4,1)+S(4,3)) Eqn SDD22=0.5*(S(2,2)-S(2,4)-S(4,2)+S(4,4))

Eqn SCD11=0.5*(S(1,1)-S(1,3)+S(3,1)-S(3,3)) Eqn SCD12=0.5*(S(1,2)-S(1,4)+S(3,2)-S(3,4))

Eqn SCD21=0.5*(S(2,1)-S(2,3)+S(4,1)-S(4,3)) Eqn SCD22=0.5*(S(2,2)-S(2,4)+S(4,2)-S(4,4))

CD Quadrant

DC Quadrant

Eqn SDC11=0.5*(S(1,1)+S(1,3)-S(3,1)-S(3,3)) Eqn SDC12=0.5*(S(1,2)+S(1,4)-S(3,2)-S(3,4))

Eqn SDC21=0.5*(S(2,1)+S(2,3)-S(4,1)-S(4,3)) Eqn SDC22=0.5*(S(2,2)+S(2,4)-S(4,2)-S(4,4))

Eqn SCC11=0.5*(S(1,1)+S(1,3)+S(3,1)+S(3,3)) Eqn SCC12=0.5*(S(1,2)+S(1,4)+S(3,2)+S(3,4))

Eqn SCC21=0.5*(S(2,1)+S(2,3)+S(4,1)+S(4,3)) Eqn SCC22=0.5*(S(2,2)+S(2,4)+S(4,2)+S(4,4))

CC Quadrant

图7.4 混合模式S参数与单端S参数的换算公式

7.1.3 S参数的基本特性

S参数主要是通过仿真软件仿真，或者使用网络分析仪测量获得。在高速电路中，对于无源器件或链路而言，主要关注S参数的无源性（passivity）、互易性（reciprocal）以及因果性（causality）这三大特性。

因为器件或者链路是无源的，所以S参数幅值肯定不会大于1，否则就不满足能量守恒定律；非无源性主要是在测量时由校准幅度不准确导致的。

互易性就是指没有极性或方向性的器件或传输线，都会满足$S_{ij}=S_{ji}$，不满足则主要是由设计不对称、工艺制造不稳定等原因导致的。

因果性是指必须要在有激励源输入的状态下，无源系统才会有响应输出，因为传输系统有一定的延时性，输出响应不能出现在激励源信号到达之前，否则在仿真时就会出现问题；非因果性主要是由测量校准时不准确或仿真时材料的非线性等原因导致的。

7.2 S参数工具包

前面介绍了S参数的一些基本概念，ADS在处理S参数时有非常多的方式。ADS软件提供了一个S参数检查的工具叫S-Parameter Toolkit（S参数工具包），可以用于查看S参数、阻抗、编辑S参数、计算S参数以及检查S参数的特性等。

在原理图的工具栏上单击Check/View S-Parameters（查看S参数）按钮，即弹出一个对话框，选择S参数然后就可以打开S参数工具包的窗口，或者通过SnP元件打开S参数查看器，如图7.5所示。

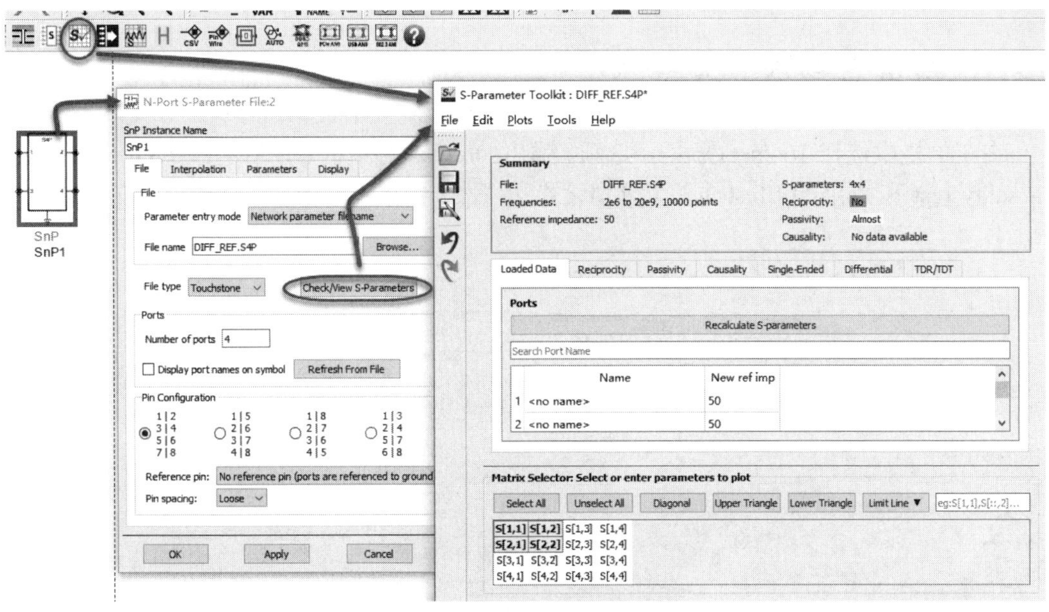

图 7.5　打开 S 参数工具包

S 参数工具包中包括菜单栏、工具栏、总结栏、显示标签栏、选择或者输入显示参数栏和曲线结果显示区域，如图 7.6 所示。

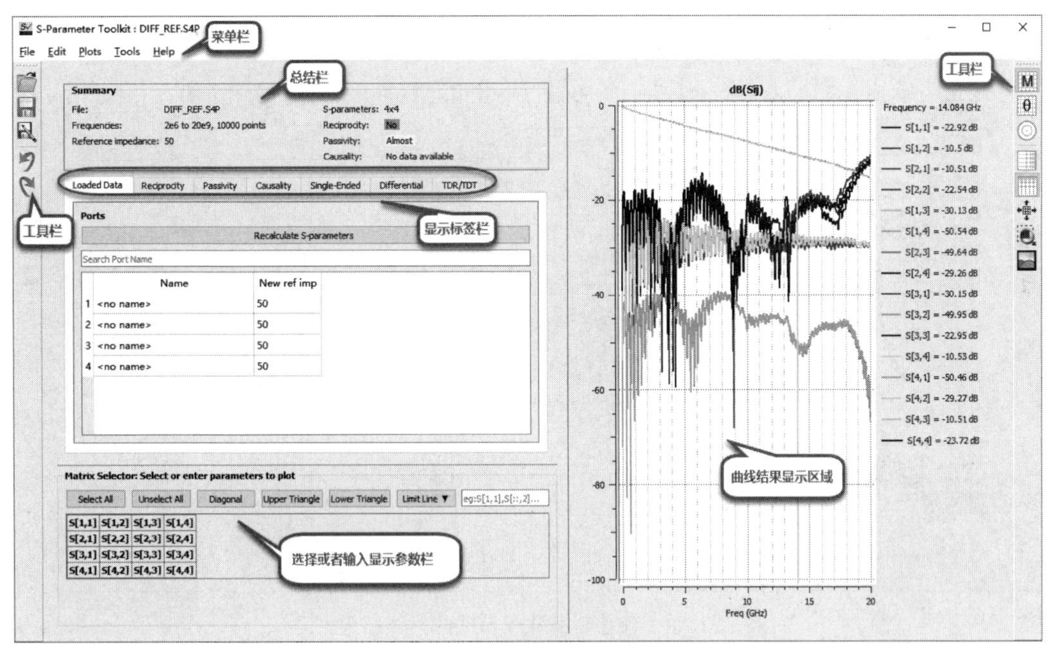

图 7.6　S 参数工具包

Summary（总结栏）中显示了导入 S 参数的 File（文件）、Frequencies（频率）、Reference impedance（端口参考阻抗）、S-parameters（S 参数矩阵大小）、Reciprocity（互易性的判断结果）、Causality（因果性的判断结果）和 Passivity（无源性判断结果）。对于互易性、因果性和无源性的规范，可以根据实际情况修改其判断的标准。

7.2.1 检查 S 参数三大特性

在菜单栏中选择 Tools→Options 选项，弹出 Options 对话框，分别选择 Reciprocity Test、Causality Test 和 Passivity Test 页签，分别设置互易性、因果性和无源性判断的标准，如图 7.7 所示。

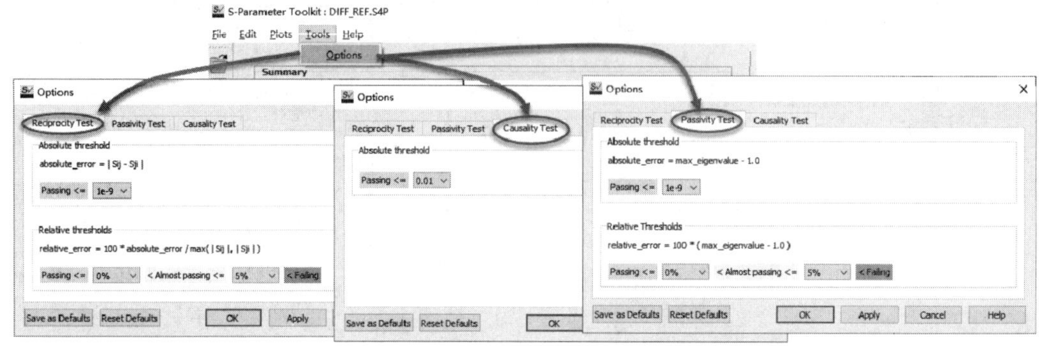

图 7.7 设置互易性、因果性和无源性判断标准

在没有特殊要求的情况下不建议修改其中的参数，使用默认设置即可。选择 Reciprocity（互易性）页签，查看具体 S 参数互易性的情况，如图 7.8 所示。

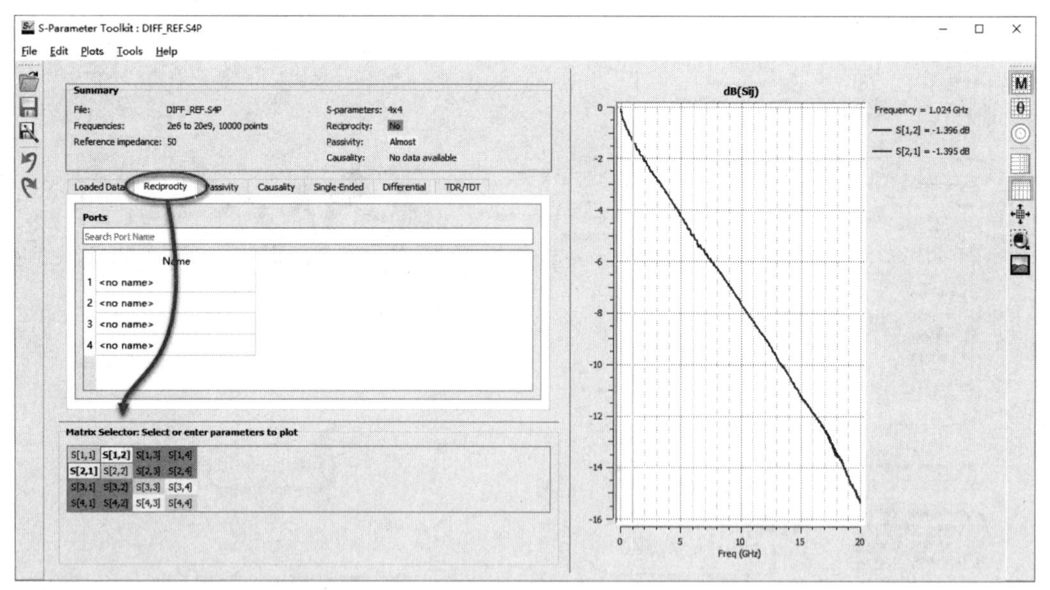

图 7.8 查看 S 参数互易性的具体结果

显示为绿色表示满足预先设定的互易性规范，显示为黄色表示在特定条件下满足，显示为红色表示不满足预先设定的互易性规范。

选择 Passivity（无源性）页签，查看无源性曲线，如图 7.9 所示。

在低频的时候，S 参数矩阵的本征值结果几乎等于 1，所以判断的结果为 Almost，表示此结果基本满足无源性要求。

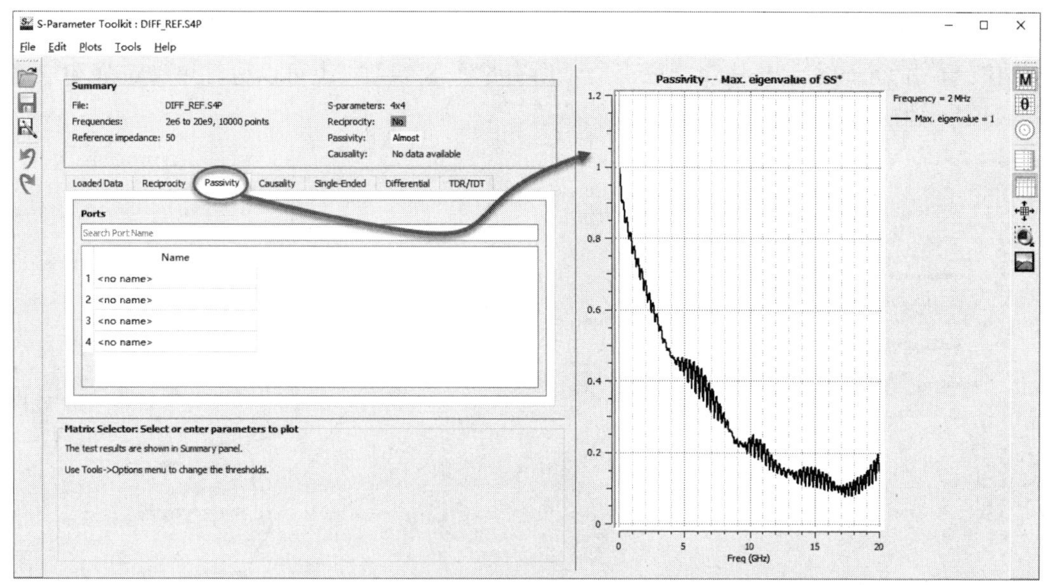

图 7.9　无源性曲线

选择 Causality（因果性）页签，单击 Start Calculation 按钮开始计算因果性。然后选择单个 S 参数元素，查看其因果性结果曲线，S[1,1]①并不满足因果性设置的规范，而 S[1,2]是满足因果性设置规范的，如图 7.10 所示。

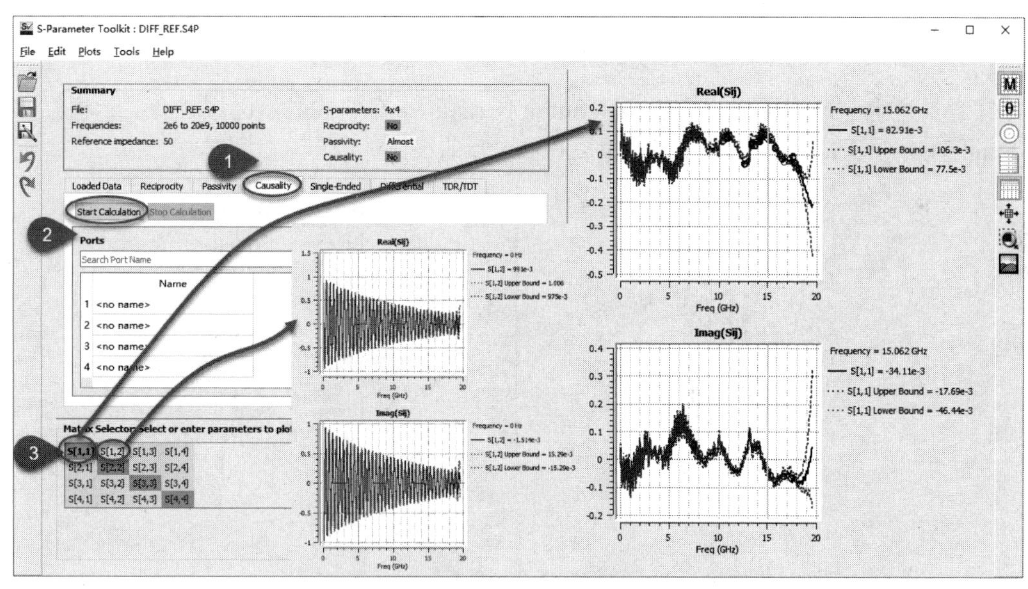

图 7.10　因果性曲线

7.2.2　查看和计算单端 S 参数

在 S 参数工具包中默认显示的是单个 S 参数的幅值，单击 Select All 按钮可以查看所有

① S[1,1]= S_{11}，此处为了与图中参数对应，写为 S[1,1]，后同。

单个 S 参数的幅值，把鼠标放在曲线显示窗口中，在右侧能显示所有曲线在某一频率点下的幅值；单击 Unselect All 按钮则取消显示所有单个 S 参数，也可以进行单独选择和取消。图 7.11 所示为 S[1,2]和 S[4,3]插入损耗的幅值。

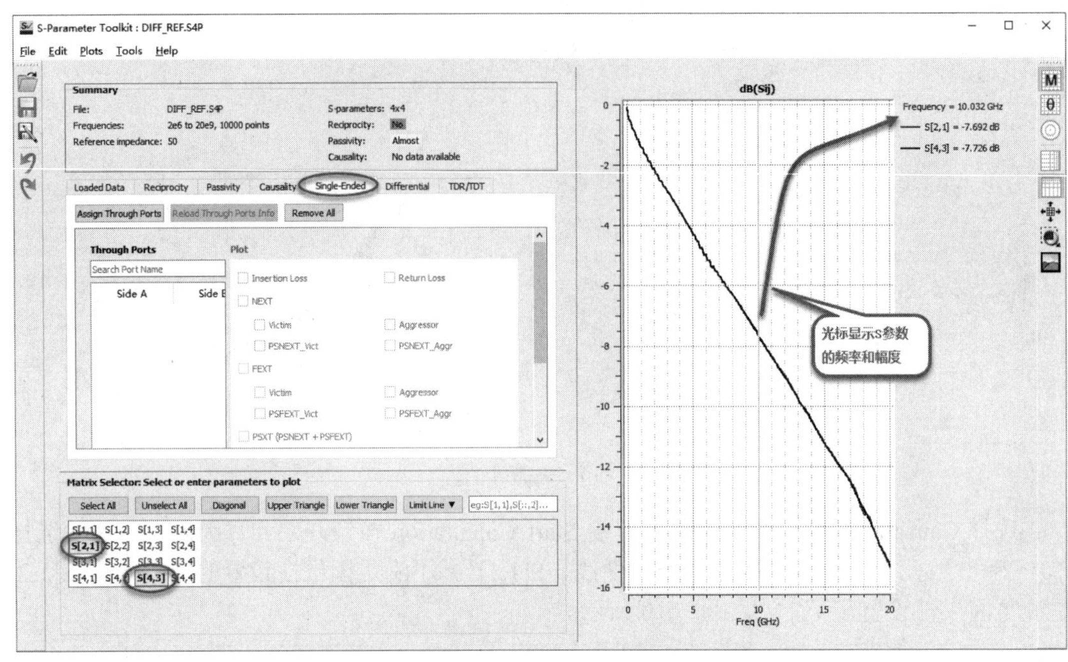

图 7.11 查看特定频率点下 S 参数的幅值

在工具栏上单击查看相位按钮 θ 和 Smith 图按钮，在曲线显示区域就会显示相位曲线和 Smith 图。图 7.12 所示为 S[1,1]的相位和 Smith 曲线。

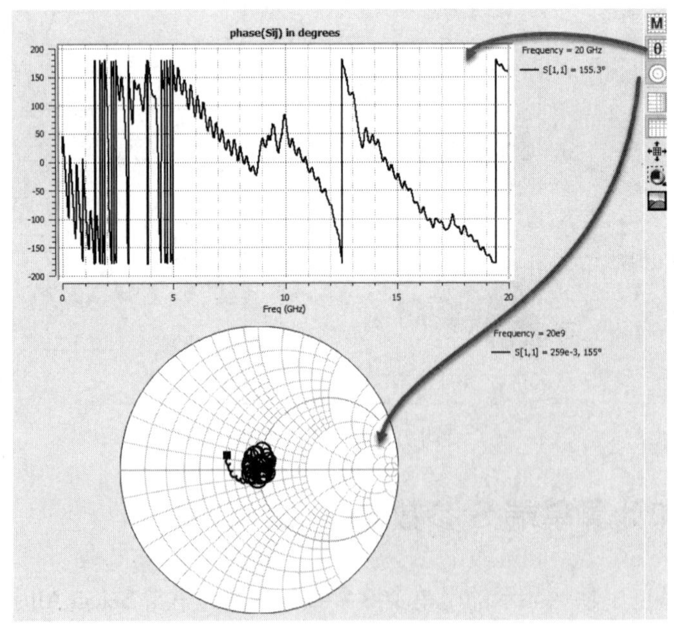

图 7.12 相位曲线和 Smith 图

如果要查看或计算单端 S 参数的串扰、ICR、ICN 等参数，或者查看差分对的 S 参数，则需要在单端页签下分配直通的端口，单击 Assign Through Ports 按钮，在弹出的对话框中单击 Move All 按钮，在弹出的新的对话框中选择相应的端口分布，设置完成之后，单击 Finish 按钮，如图 7.13 所示。

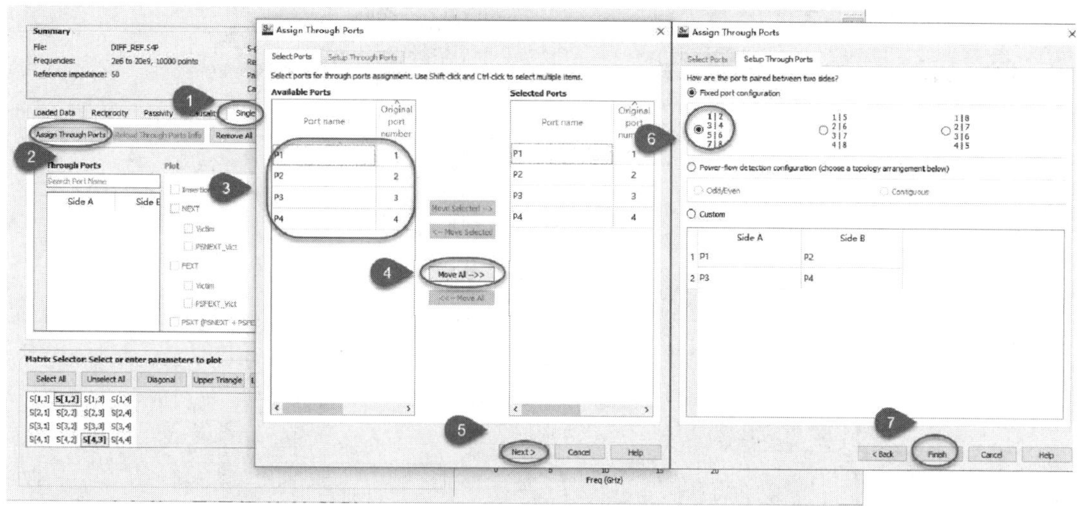

图 7.13　分配直通端口

分配单端直通端口后的结果如图 7.14 所示。

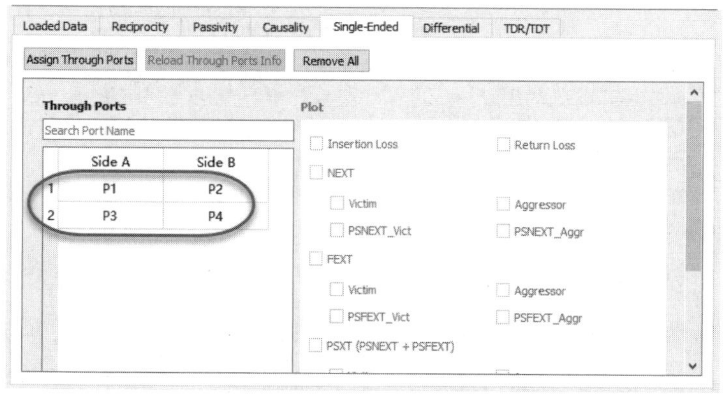

图 7.14　单端直通端口

对于端口非常多的 S 参数，这个直通端口分配非常重要。分配好之后，选中 P1 端口，就可以在 Plot 栏中选择相应的项目，如插入损耗（Insertion Loss）、回波损耗（Return Loss）、作为受害端的近端串扰（NEXT→Victim）、作为攻击端的近端串扰（NEXT→Aggressor）、作为受害端的近端串扰之和（PSNEXT_Vict）、作为攻击端的近端串扰之和（PSNEXT_Aggr）、作为受害端的远端串扰（FEXT→Victim）、作为攻击端的远端串扰（FEXT→Aggressor）、作为受害端的远端串扰之和（PSFEXT_Vict）、作为攻击端的远端串扰之和（PSFEXT_Aggr）、作为受害端的近端串扰和远端串扰之和（PSXT→Victim）、作为攻击端的近端串扰和远端串扰之和（PSXT→Aggressor）、插入损耗和串扰之比（ICR）和积分串扰噪声（ICN）。选中 Insertion Loss、Return Loss、Victim（NEXT）、Victim（FEXT）复选框，查看它们的结果曲线，如图 7.15 所示。

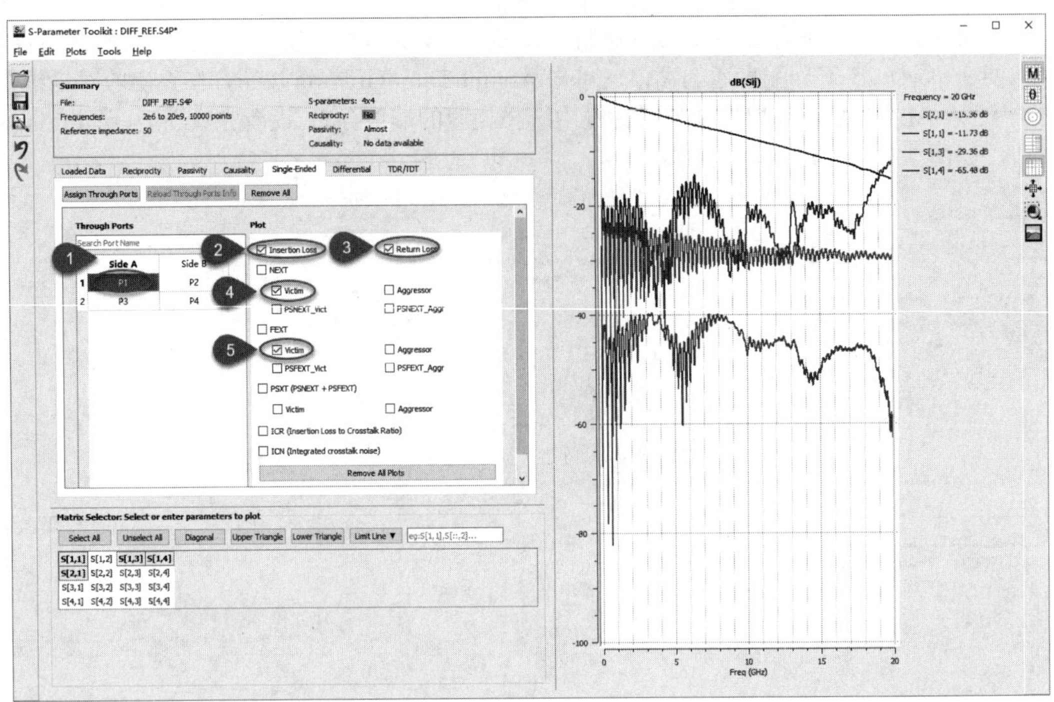

图 7.15 Insertion Loss、Return Loss、NEXT→Victim、FEXT→Victim 的结果曲线

查看 P1 端口的 ICR 的结果曲线，如图 7.16 所示。

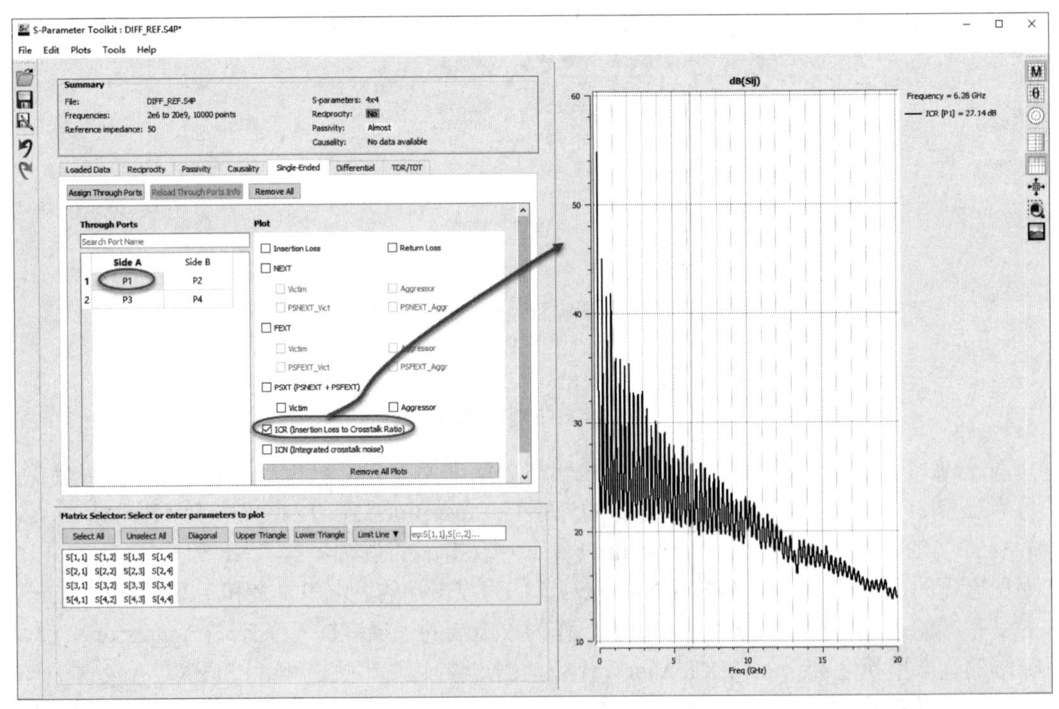

图 7.16 ICR 的结果曲线

ICN 计算的是时域串扰的结果，所以从 S 参数中查看 ICN 的结果，需要经过计算才能

得到。ICN 计算及其结果如图 7.17 所示。

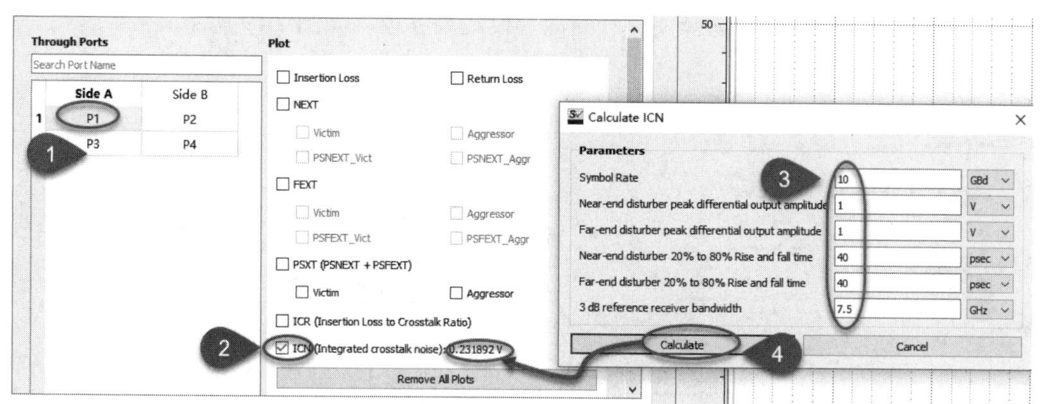

图 7.17　ICN 计算及其结果

越来越多的总线对 ICN 这个指标有明确的要求，如 PCIe 5.0 对连接器的 ICN 要求小于 3.5mV 才能符合规范。

7.2.3　查看和计算混合模式 S 参数

对于差分线或多端口的 S 参数，有时需要查看混合模式的结果。通常的做法是建立一个原理图，仿真后通过编辑等式查看，或者在原理图中加入 4 端口巴伦。在 S 参数工具包中可以快速地查看混合模式的结果。选择 Differential（差分）页签，然后单击 Assign Differential Ports 按钮，在弹出的对话框中选择成对的端口，单击 Make Differential Pair 按钮就组成了一对差分对，如图 7.18 所示。

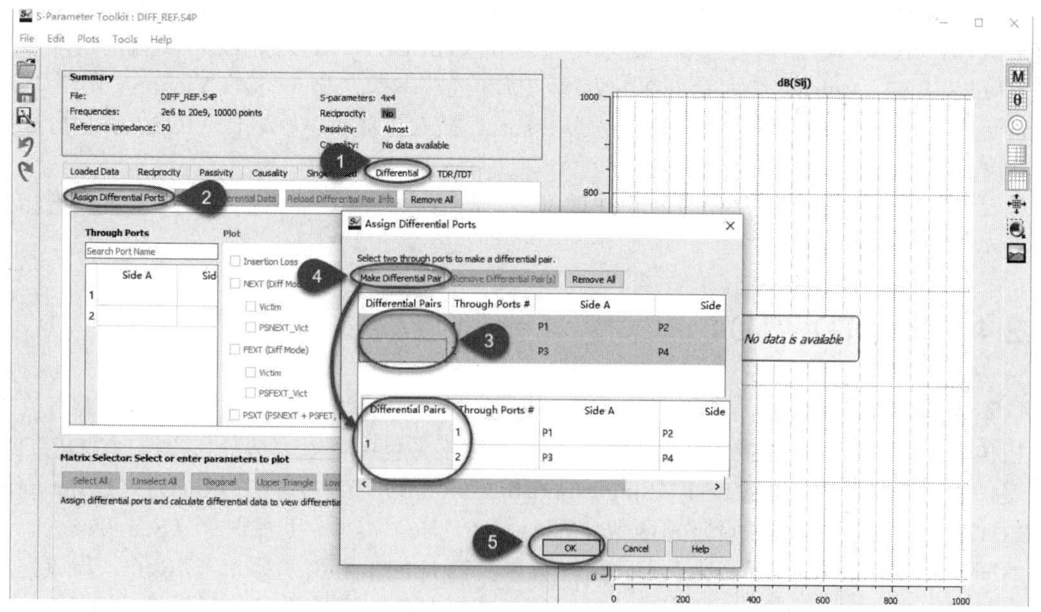

图 7.18　设置差分 S 参数

单击 OK 按钮，再单击 Calculate Differential Data（计算差分数据）按钮，获得了混合模式的 S 参数，计算完成后选择要查看的混合模式 S 参数，如图 7.19 所示。

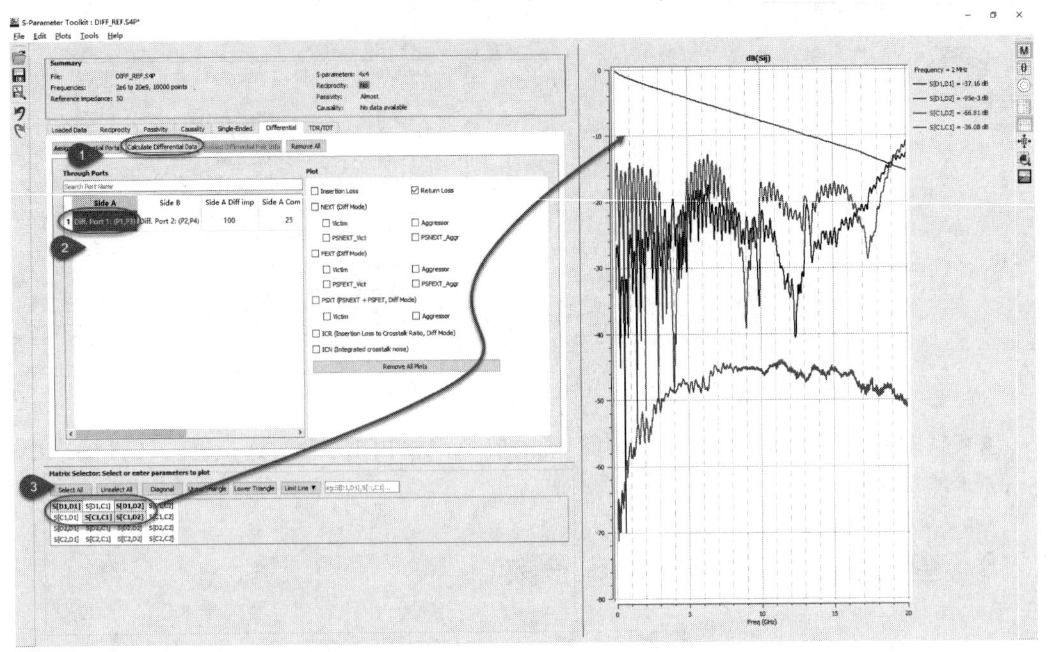

图 7.19　查看混合模式 S 参数

同样，在 Differential（差分）页签下，也可以查看和计算插入损耗（Insertion Loss）、回波损耗（Return Loss）、作为受害端的近端串扰（NEXT Victim）、作为攻击端的近端串扰（PSNEXT Aggressor）、作为受害端的近端串扰之和（PSNEXT_Vict）、作为攻击端的近端串扰之和（NEXT_Aggr）、作为受害端的远端串扰（FEXT Victim）、作为攻击端的远端串扰（FEXT Aggressor）、作为受害端的远端串扰之和（PSFEXT_Vict）、作为攻击端的远端串扰之和（PSFEXT_Aggr）、作为受害端的近端串扰和远端串扰之和（PSXT Victim）、作为攻击端的近端串扰和远端串扰之和（PSXT Aggressor）、插入损耗和串扰之比（ICR）和积分串扰噪声（ICN）。

只有一个 S 参数文件需要查看和计算时，使用 S 参数工具非常高效，一次就能把相关的结果都分析计算出来。

7.2.4　查看 TDR/TDT

不管是仿真还是测试，很多时候都需要通过时域阻抗（TDR）或传输特性（TDT）来分析传输线是否满足总线或系统的要求。在 S 参数工具包中可以直接分析，选择 TDR/TDT 页签，然后选择单端 TDR/TDT（Single-Ended TDR/TDT）或差分 TDR/TDT（Differential TDR/TDT）。接着根据要求设定窗函数（Window to Use）类型、起始时间（Start Time）、截止时间（Stop Time）、延迟（Delay）、采样数量（Samples）和参考阻抗（ZRef）。设置完成后，单击 Start Calculation 按钮即可计算阻抗，选择对应的标号就可以查看 TDR/TDT 的曲线，如图 7.20 所示。

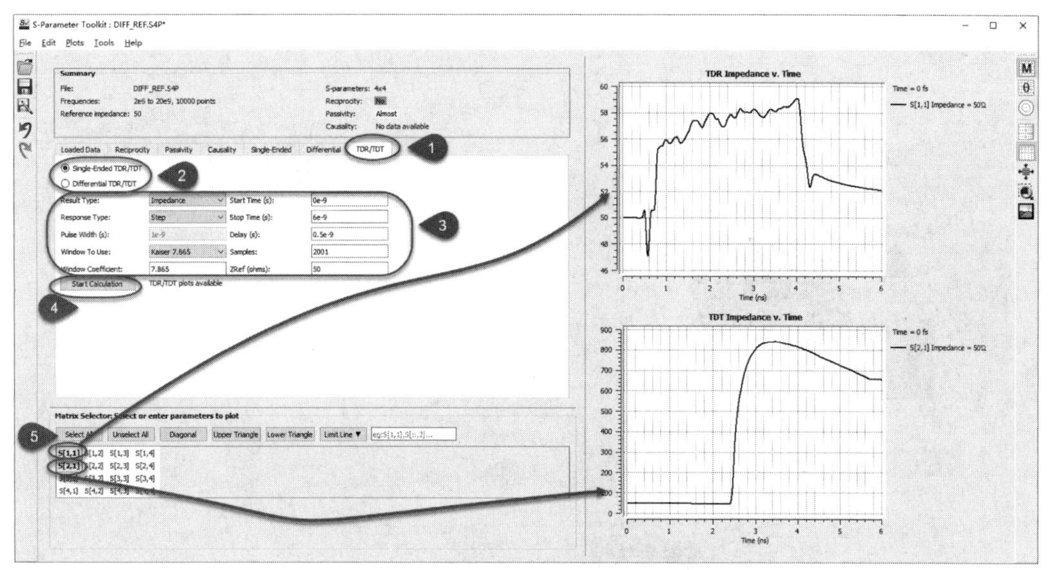

图 7.20　查看单端 TDR/TDT 曲线

差分的 TDR/TDT 的计算方法与单端的一样，如图 7.21 所示。

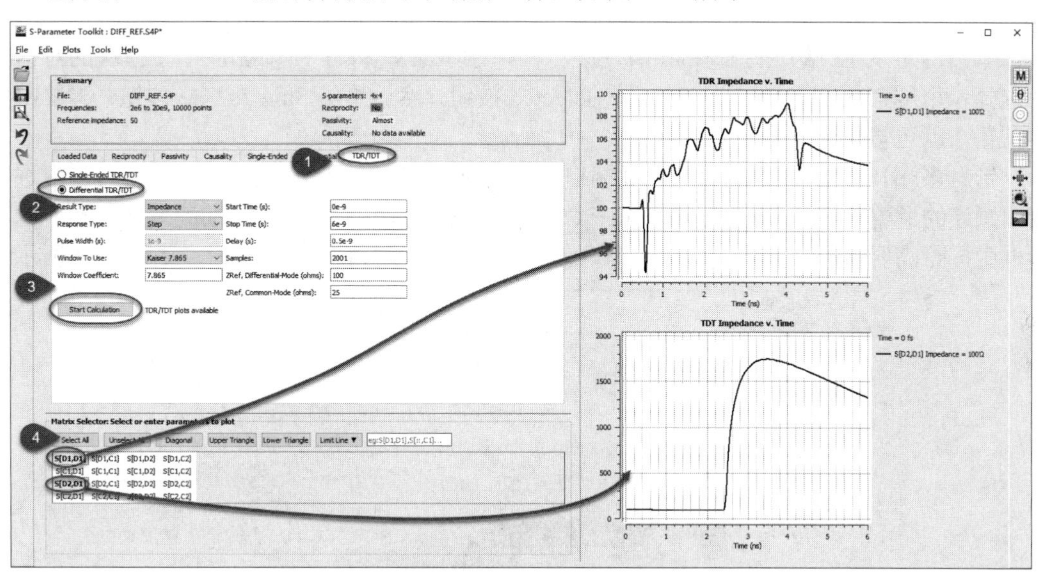

图 7.21　查看差分 TDR/TDT 曲线

7.2.5　多端口 S 参数处理

在日常工作中经常会遇到非常多端口的 S 参数，而有时候又不需要使用所有端口的 S 参数；如果每次仿真都用多端口 S 参数中的一部分，就会导致仿真效率不高。所以在不影响仿真精度的情况下，可以考虑减少 S 参数的端口数，在 S 参数工具包中就可以进行这个处理。把多端口 S 参数导入 S 参数工具包后，在菜单栏中选择 File→Save Subset To 选项，如图 7.22 所示。

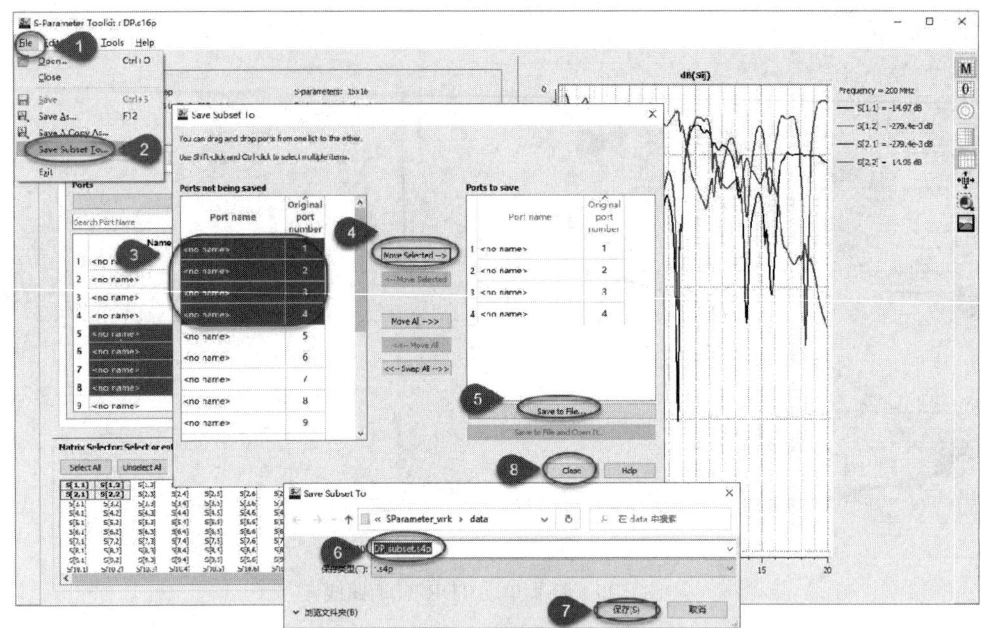

图 7.22　多端口 S 参数处理

本案例是从 16 端口的 S 参数中产生一个 4 端口的 S 参数，所以在保存子模块的对话框中选择 4 个端口的 S 参数，单击 Move Selected 按钮，然后单击 Save to File 按钮，再单击保存按钮，就可以保存一个新的 S 参数。

针对多端口的 S 参数，如果出现端口顺序混乱的情况，还可以在 S 参数工具包中进行端口顺序的调整，在菜单栏中选择 Edit→Change Port order 选项，在弹出的改变端口顺序的对话框中按照需要的顺序拖动端口放置即可，调整完成之后，单击 OK 按钮，如图 7.23 所示。

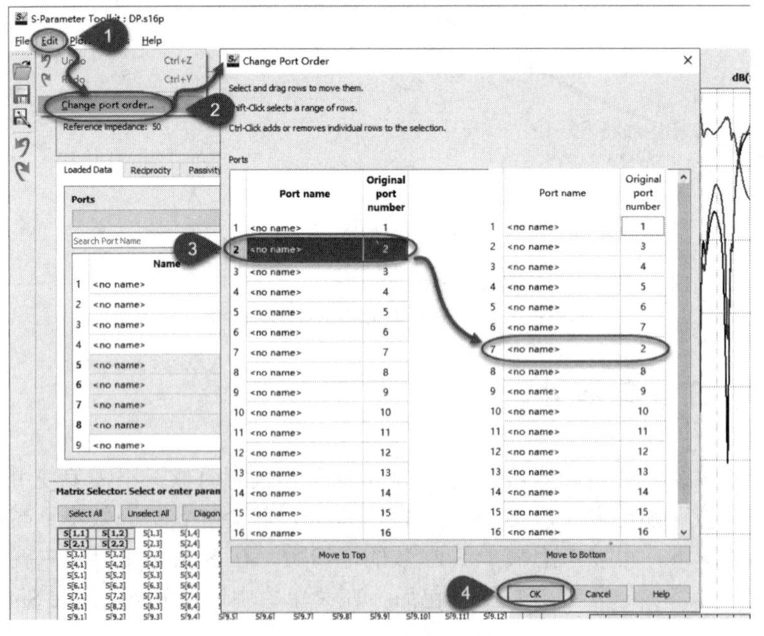

图 7.23　调整端口顺序

可以把调整好的 S 参数另存为一个新的 S 参数文件，这样原始的文件依然保留不变。

7.3　S 参数仿真

在 ADS 中仿真和提取 S 参数的场景非常多，如仿真传输线的 S 参数、查看和分析 S 参数数据、提取过孔的 S 参数、提取 PCB 信号网络的 S 参数等。本节主要介绍原理图 S 参数的仿真以及数据的处理，过孔的仿真和提取 PCB 信号网络的 S 参数将在其他章节中介绍。

7.3.1　提取传输线的 S 参数

S 参数仿真是 ADS 最基本的功能，只需要最基本的配置即可仿真 S 参数。仿真 S 参数时要使用 S 参数仿真控件，如图 7.24 所示。

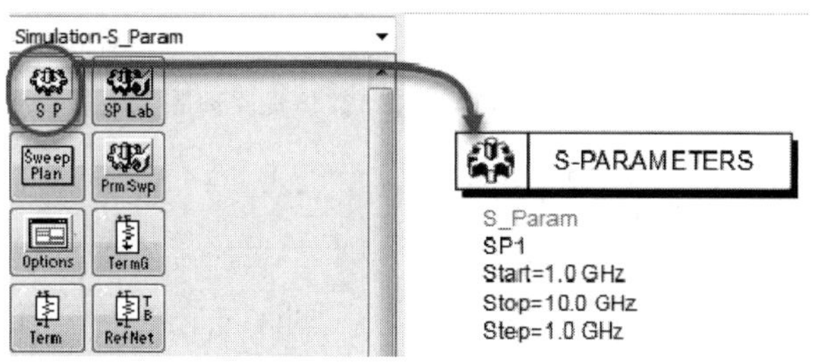

图 7.24　S 参数仿真控件

双击 S 参数仿真控件，设置仿真频率扫描的类型以及仿真的频率等。仿真频率扫描的类型分为 Single point（单频点扫描）、Linear（线性扫描）以及 Log（对数扫描）方式，一般默认信号完整性和电源完整性仿真时选择线性扫描。设置仿真的起始频率、终止频率，以及步长或者仿真采样点数，本案例使用的起始频率（Start）为 0.05 GHz，终止频率（Stop）为 28.1 GHz，步长（Step-size）为 0.01 GHz，如图 7.25 所示。

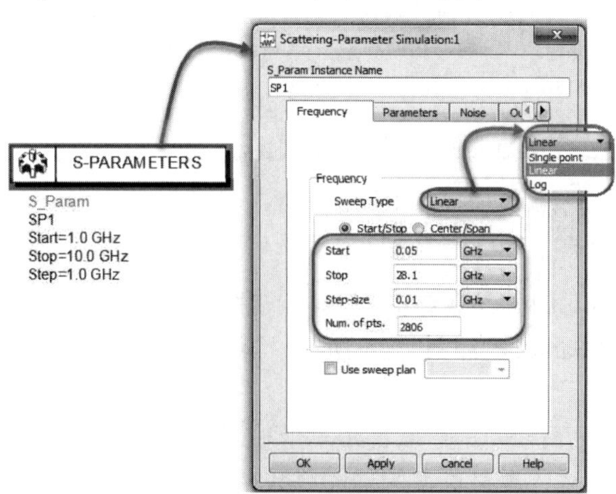

图 7.25　设置 S 参数仿真控件

在没有特殊要求时，其他选项保持默认设置。在信号完整性的前仿真中经常会评估传输线的设计，例如，评估传输线在一定长度、线宽、线间距结构的条件下，能否满足总线的插入损耗、回波损耗、阻抗、串扰等要求。要仿真 S 参数还需要添加 TermG 元件，每个端口都需要连接一个 TermG 元件。在原理图编辑区建立传输线 S 参数仿真的原理图，如图 7.26 所示。

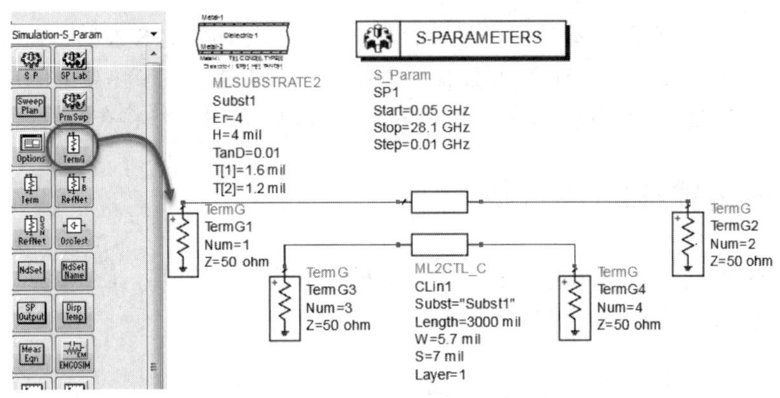

图 7.26　传输线 S 参数仿真原理图

运行仿真后获得的结果如图 7.27 所示。

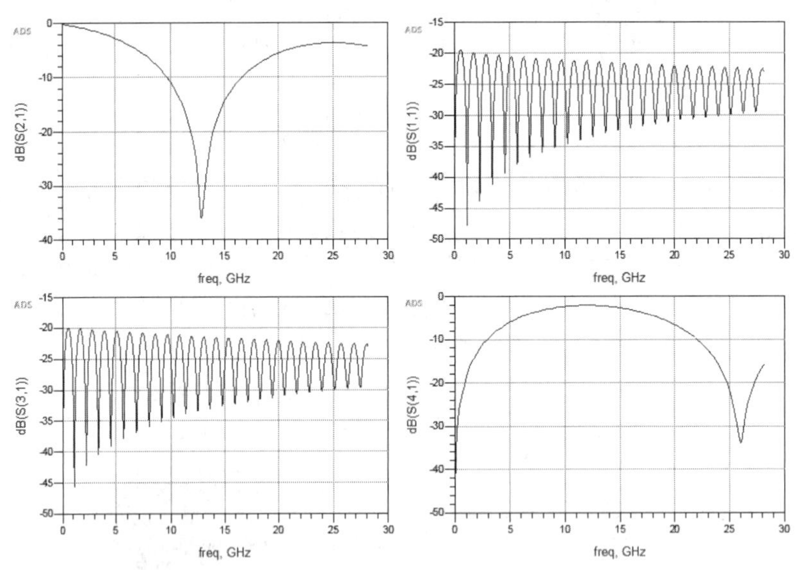

图 7.27　S 参数仿真结果

如果要把这对差分对的 S 参数导出为*.s4p 文件，则在原理图中添加 SPOutput 元件，并输入导出文件的名称 SPara01，如图 7.28 所示。再运行一次仿真，SPara01.s4p 文件即被保存到了仿真根目录下。

S 参数在仿真完成之后获得的一般都是单个独立的 S 参数，如果需要查看差分的 S 参数，除了使用前面介绍的方式，也可以在原理图或数据显示窗口中编辑等式。在数据显示窗口中编辑差分插入损耗和差分回波损耗的等式，如图 7.29 所示。

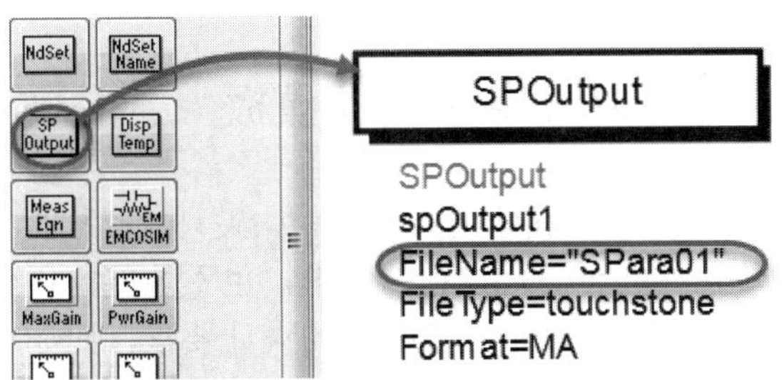

图 7.28　添加导出 S 参数的文件

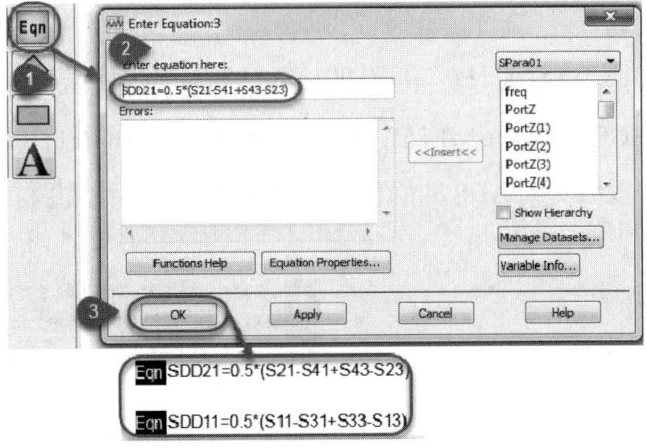

图 7.29　编辑差分插入损耗和差分回波损耗的等式

等式编辑完成之后，在 Plot Traces & Attributes 对话窗下 Plot Type 页签中的 Datasets and Equations 下拉列表中选择 Equations，然后选择需要显示的插入损耗 SDD21 和回波损耗 SDD11，单击 Add 按钮进行添加，如图 7.30 所示。

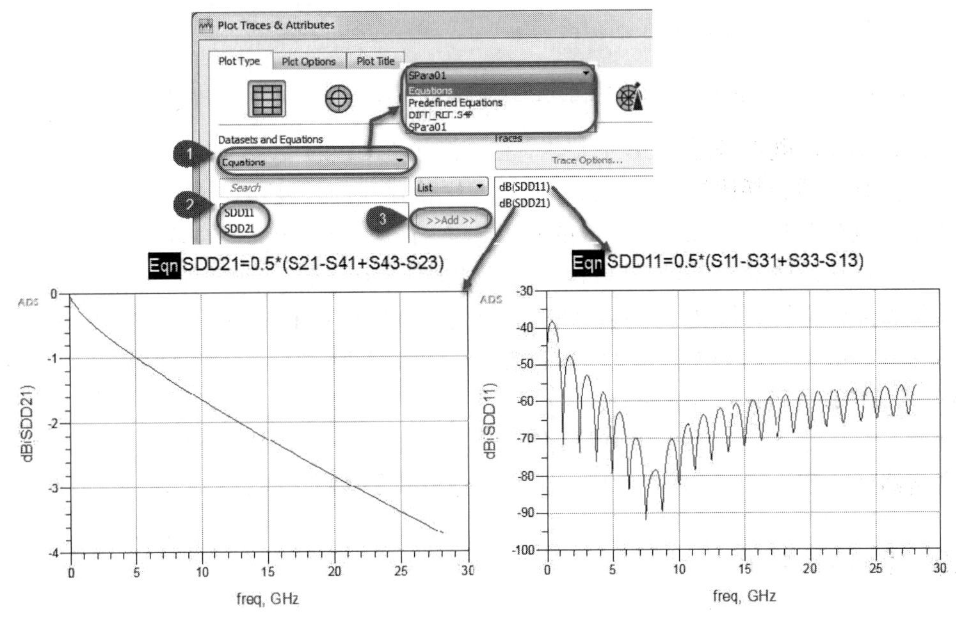

图 7.30　选择等式中需要显示的曲线

7.3.2 S 参数数据处理以及定义规范模板

在 7.3.1 节中仿真获得了一段传输线的 S 参数，如果只从其插入损耗和回波损耗等参数来看，并不能说明这段传输线能否满足设计的要求，也不能就此得到可以指导设计工程师进行设计的规则。很多总线会明确规定无源链路的设计要求，比如在规范中会定义无源链路的插入损耗、回波损耗、近端串扰、远端串扰、综合串扰噪声、插入损耗偏差等。以 OIF-CEI-03.1 为例，它对 HCB 和 MCB 的插入损耗就有明确的要求，如图 7.31 所示。

两条曲线的公式为

$$\text{HCB}\quad \text{SDD21} = 2.00\left(0.001 - 0.096\sqrt{\text{f}} - 0.046(\text{f})\right)\text{dB}$$

$$\text{HCB}\quad \text{SDD21} = (1.25)\left(0.001 - 0.096(\sqrt{\text{f}}) - 0.046(\text{f})\right)\text{dB}$$

把这些要求的模板编辑到 ADS 的原理图或数据显示窗口中，并与差分损耗一起添加到显示图中，如图 7.32 所示。

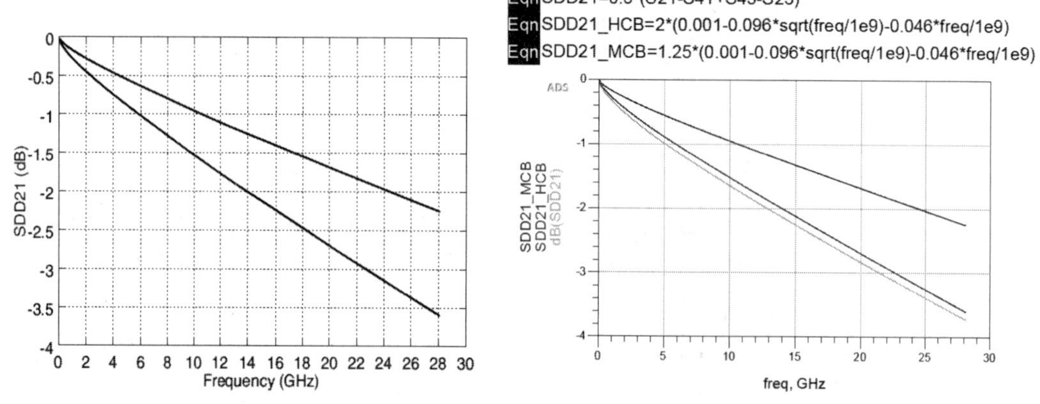

图 7.31 OIF-CEI-03.1 中 HCB 和 MCB 的插入损耗要求

图 7.32 添加了模板的差分插入损耗

显然，SDD21 既不满足 HCB 的要求，也不满足 MCB 的要求，说明传输线的衰减过大。这时要么选择介质损耗比较小的材料，要么缩短传输线的长度。在实际的工程项目中，往往有很多限制的条件，例如，传输线的长度无法缩短，传输线的线宽或线间距无法变动，这都是实际存在的情况。本案例中如果只是从实验的角度调整，就可以通过调谐（Tuning）的方式调整其传输线的长度，当传输线的长度为 2300 mil 左右时，可以满足 HCB 的要求；调整为 1400 mil 左右，则能满足 MCB 的要求。图 7.33 所示为调整为 2300 mil 时，SDD21 与 HCB 和 MCB 规范的要求的对比。

当然，并不是每一类总线都对无源链路有明确的要求，如果没有明确的要求，就需要对无源链路结合芯片的模型进行有源的仿真，分析其是否符合设计的要求。

7.3.3 S 参数级联

通常在一个无源的传输链路中不仅包含 PCB，还可能包含封装、过孔、连接器以及线缆等，图 7.34 所示为一个典型的高速产品系统示意图。

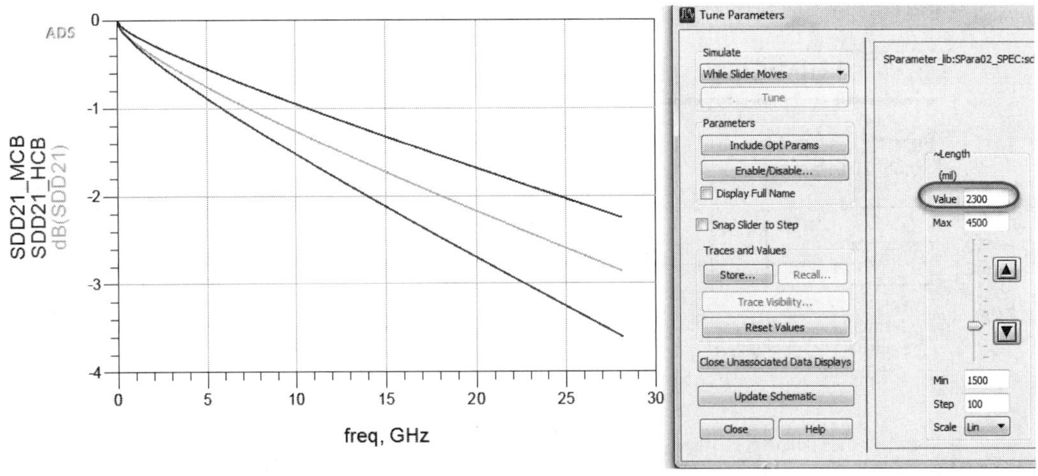

图 7.33　SDD21 与 HCB 和 MCB 规范的要求的对比

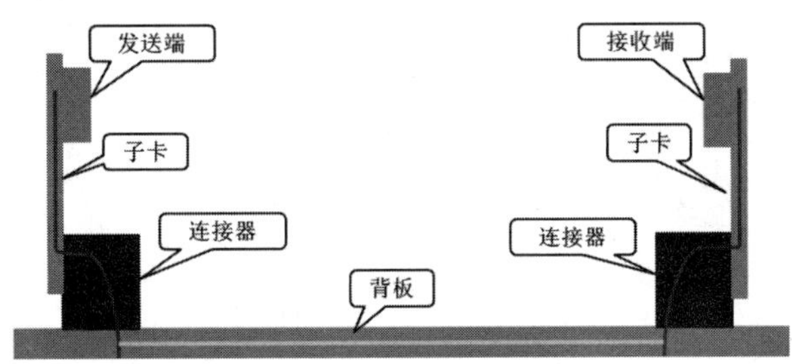

图 7.34　典型的高速产品系统示意图

分析链路的时候，需要把所有组成部分的 S 参数级联在一起进行分析。在 ADS 的原理图中需要通过一个 SnP 元件导入 S 参数，如图 7.35 所示。

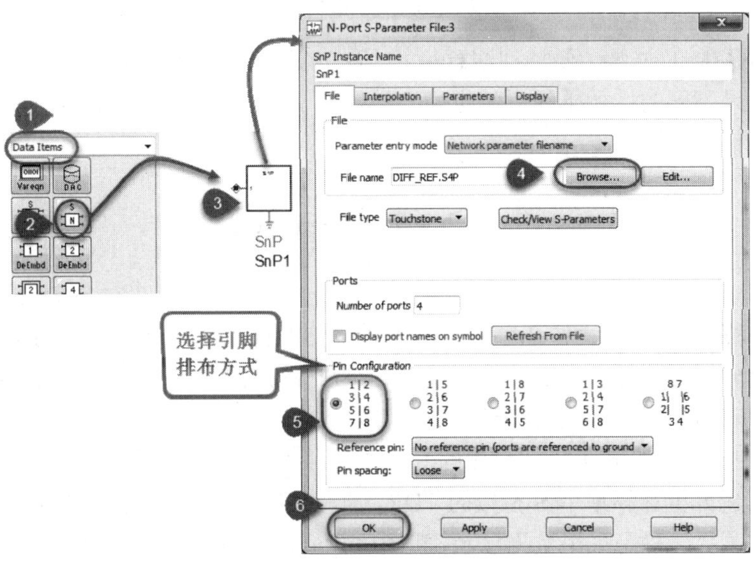

图 7.35　通过 SnP 导入 S 参数

在 SnP 元件对话框中，可以通过单击 Check/View S-Parameters 按钮查看引脚的连通方式，图 7.36 所示为 3 段传输线经过两个连接器后的级联 S 参数原理图。

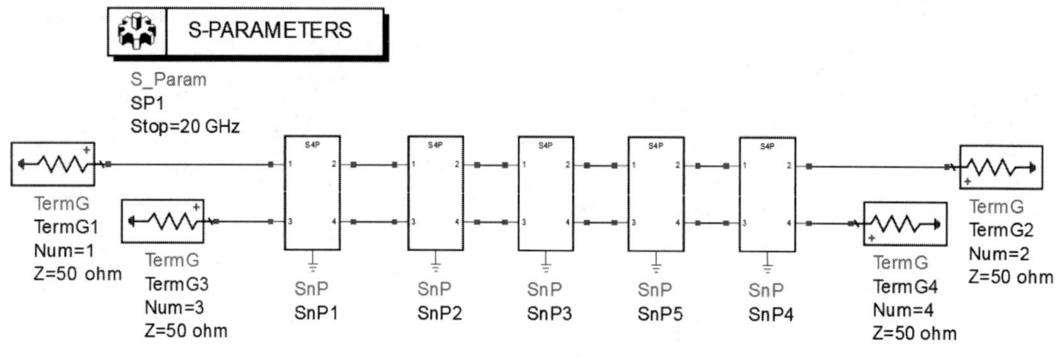

图 7.36 级联 S 参数原理图

SnP1、SnP3 和 SnP4 为传输线，SnP2 和 SnP5 为连接器。运行仿真后以与前文同样的方式查看 S 参数，如图 7.37 所示。

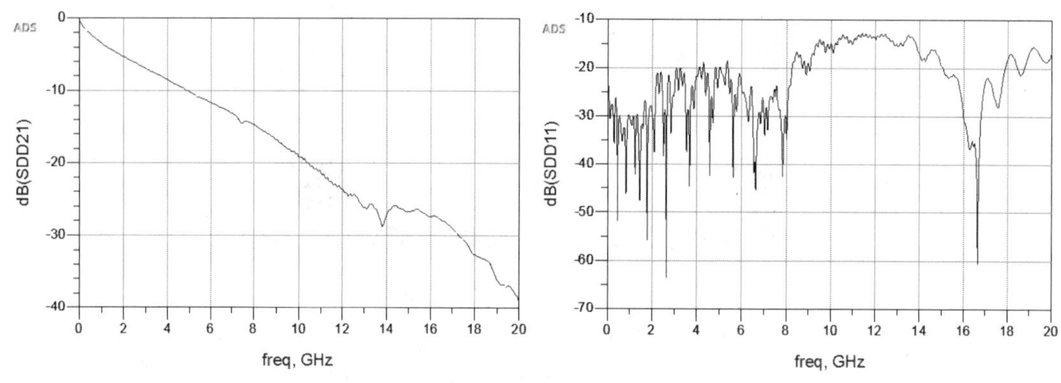

图 7.37 级联 S 参数仿真的结果

在级联 S 参数的时候，要特别注意每一个端口连接的顺序，因为多端口的 S 参数连接的顺序很可能是不同的，如果级联的时候连接错了，就会导致仿真结果出错。

7.4 S 参数与 TDR

通过 S 参数可以观察元件在频域中随着频率的变化。在频域中分析的是元件的整体，在时域中才能分析元件每一个点的具体情况。TDR 的结果表征的是阻抗随着时间的变化，所以 TDR 是在时域上对元件进行分析。

在 ADS 中有多种方式可以把频域的 S 参数转换为 TDR 的结果。7.2.4 节介绍了如何使用 S 参数工具包分析计算单个 S 参数的 TDR，本节将介绍两种常用的方式，一种是采用编辑公式的方式，另一种是采用数据显示窗口中 Front Panel SP TDR 工具的方式。

7.4.1　编辑 TDR 公式

首先在 ADS 中建立一个 S 参数仿真的原理图，如图 7.38 所示。

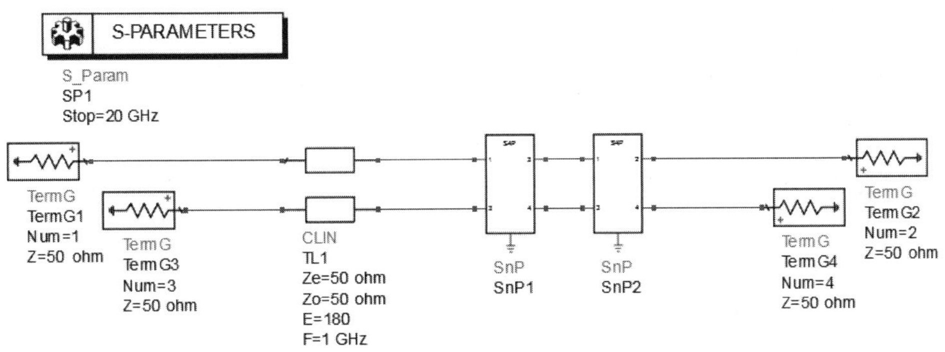

图 7.38　S 参数仿真的原理图

S 参数转换为 TDR 使用的公式为

TDR= tdr_sp_imped(Sii, delay, zRef, Tstart, Tstop, NumPts, window)

式中，Sii 表示端口回波损耗，delay 表示延迟，zRef 表示端口参考阻抗，Tstart 和 Tstop 分别表示查看阻抗的起始时间和终止时间，NumPts 表示分析的采样点，window 表示窗函数的类型。

运行仿真后，在数据显示窗口中编辑公式：

TDR_Diff1=tdr_sp_ imped(SDD11, 0.05ns, 100, 0 ns, 5 ns, 401, "Hamming")

式中，SDD11 表示差分回波损耗，TDR 公式以及结果如图 7.39 所示。

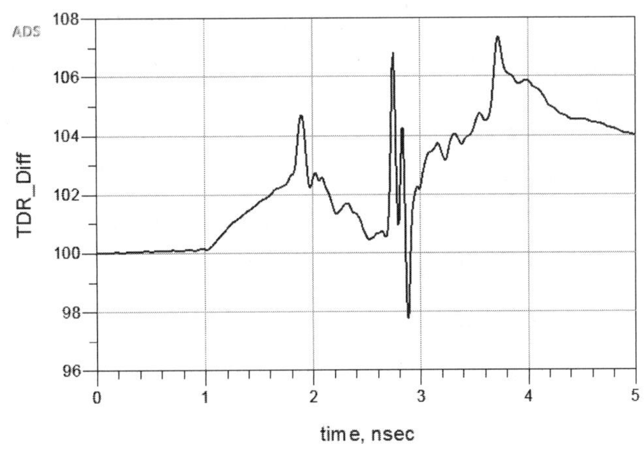

图 7.39　TDR 的公式以及结果

这是一段传输线和一个连接器级联后的 S 参数，阻抗需要满足 100 ohm+/−10%TDR 的要求，很显然此结果满足设计的要求。也可以在 Plot 中插入模板线，更容易判断结果与规范要求的关系。在数据显示窗口中单击 Insert A Line Mask Into A Rectangular Plot 按钮，分别添加 110 ohm[①]和 90 ohm 两条模板线，如图 7.40 所示。

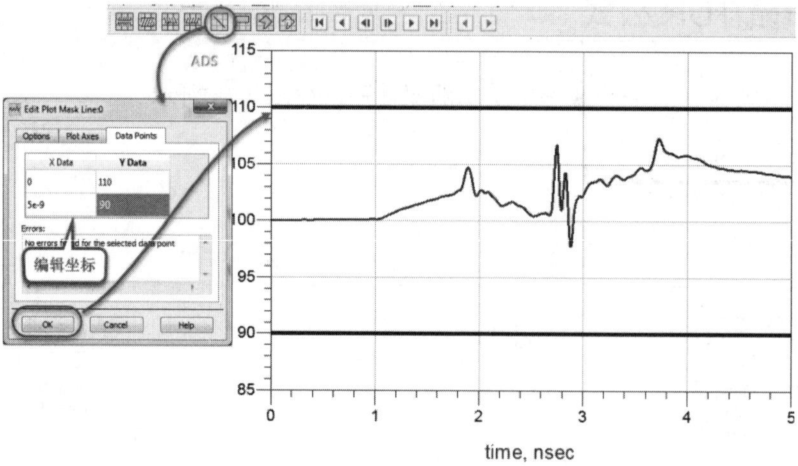

图 7.40 添加模板线

从模板线与阻抗曲线的位置可以看到，结果是满足要求的，但是阻抗偏上限值较多一点，主要是由于中间连接器连接的部分阻抗偏高。

单端传输线的阻抗分析方式与差分对分析方式相同，只是在使用的时候需要把差分回波损耗修改为单端回波损耗，把参考阻抗修改为单端的阻抗。

7.4.2 Front Panel 的 SP TDR 工具

使用同一个仿真原理图仿真出来的数据，在数据显示窗口的菜单栏中选择 Tools→FrontPanel→SP TDR 选项，启动 SP TDR 工具，如图 7.41 所示。

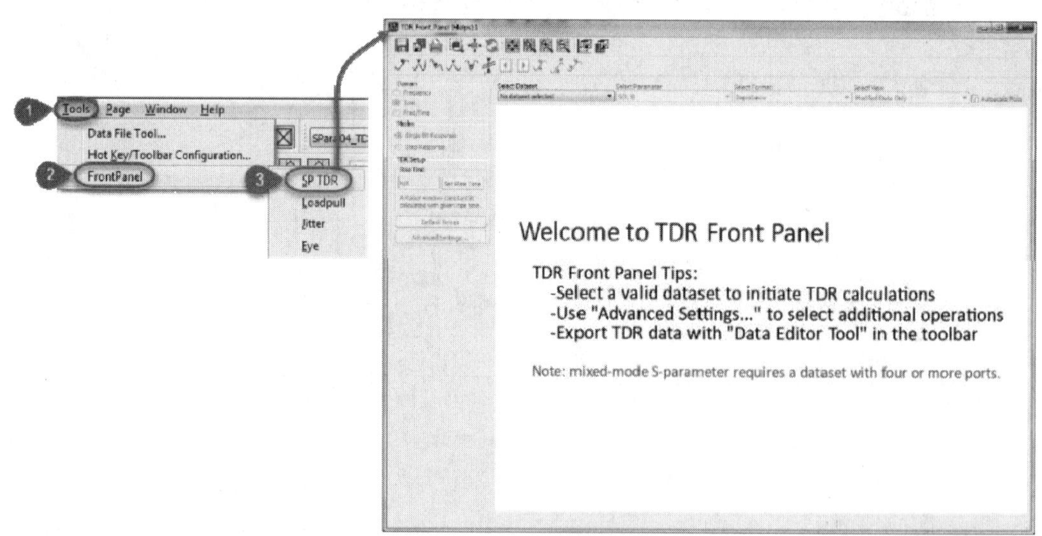

图 7.41 启动 SP TDR 工具

① 注：ohm 同 Ohm，后文不再赘述。

在 TDR_Front_Panel 窗口的 Select Dataset 下拉列表中选择需要计算的 Dataset，在 Advanced Settings 中单击 Port Mapping 按钮，设置端口的映射关系，计算差分阻抗，在计算差分阻抗的时候选中 Differential-Out Differential-In 单选按钮，如果是单端的阻抗，则保持默认即可；在 Time Domain 页签中设置扫描的时间参数，本案例中扫描的时间为 5ns；在 Port Extension 页签中设置端口延时的参数，由于在原理图中已经添加了一段理想传输线作为延时，所以将端口延时设置为 0；在 Windowing 页签中设置窗函数，窗函数要根据实际需要选择，默认为 Kaiser；其他选项保持默认设置，如图 7.42 所示。

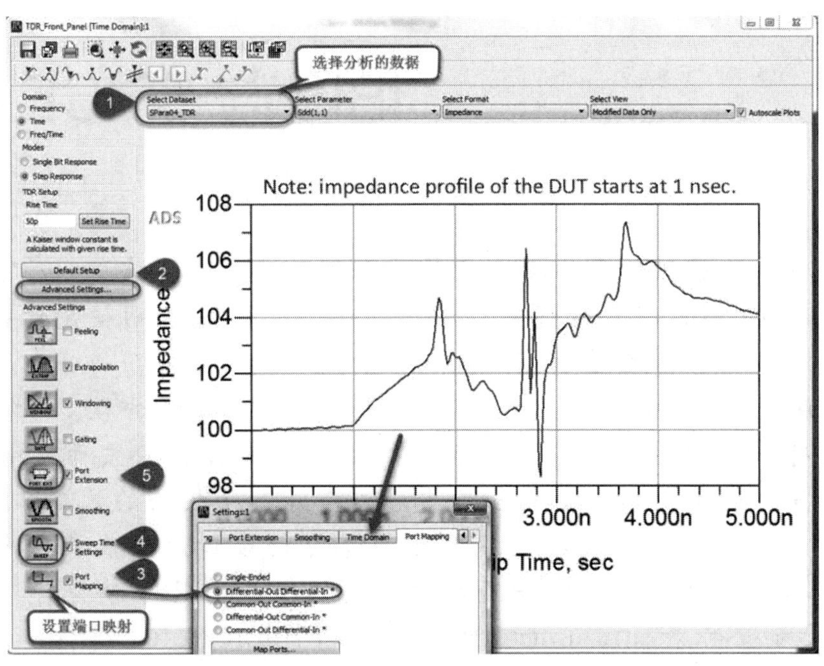

图 7.42　TDR_Front_Panel 窗口

得到的结果与使用公式计算获得的结果几乎是一致的，如果存在较大的差异，则可能是因其中的一些设置不同导致的。

本章小结

本章主要介绍 S 参数的基本概念，如何使用 ADS 的 S 参数工具包对 S 参数进行查看、分析和计算，如何使用 ADS 仿真传输线的 S 参数，如何使用 ADS 级联多段 S 参数，如何对 S 参数进行处理。还介绍了如何在 ADS 中编辑无源链路的规范，通过对比规范可以判断无源链路是否满足设计的要求。最后，详细介绍了如何将 S 参数转换为时域阻抗。

第 8 章

IBIS 与 SPICE 模型

对于信号完整性仿真，需要有仿真模型的支持。常言道："种瓜得瓜，种豆得豆。"这句话在信号完整性领域非常贴切，它表明使用什么样的模型，就会获得什么样的结果。

IBIS 最早公开的版本是 V1.1，由 Intel 领导的 IBIS 协会在 1993 年发布，目前已经有 30 年的发展历史。2015 年 11 月，IBIS 协会发布了 IBIS V6.1 版本的规范，不仅使模型的兼容性更好，在融入了相关的数学算法之后，在高速仿真时也更加精确。现在各主流芯片的设计厂商和集成电路制造厂商都可以在提供芯片数据手册的同时提供相应的 IBIS 模型。

SPICE 的全称是 simulation program with integrated circuit emphasis（集成电路通用模拟程序），它是早期数字电路仿真主要使用的模型。SPICE 模型是由各基本电路元件（如电阻、电容、电感、电压源、电流源等）构成的，它是一种电路级仿真模型。在仿真的过程中，SPICE 模型会对电路中的每一个元件进行仿真，因此这样的仿真就非常准确。目前 SPICE 主要用于集成电路、数模电路、电源电路等电子系统的设计和仿真。

为了更好地了解相关概念，我们先看一个例子，图 8.1 所示为芯片模型在仿真中的应用，图 8.2 所示为信号完整性仿真获得的波形。

图 8.2 中的波形是单纯的芯片与芯片的模型互连通信仿真的结果，发送端的芯片是完全相同的，由于接收端的芯片不一样，导致了结果不一样，由此也可以说明芯片的模型决定了仿真的结果。当然，在实际的产品设计中，芯片与芯片之间还会存在传输线、连接器等，在仿真中，这些模型也会影响接收端信号的波形质量。

ADS 对模型的兼容性非常好，几乎能兼容目前所有厂商提供的信号完整性相关的仿真模型，包括 IBIS、IBIS-AMI、Spice、S 参数模型等。

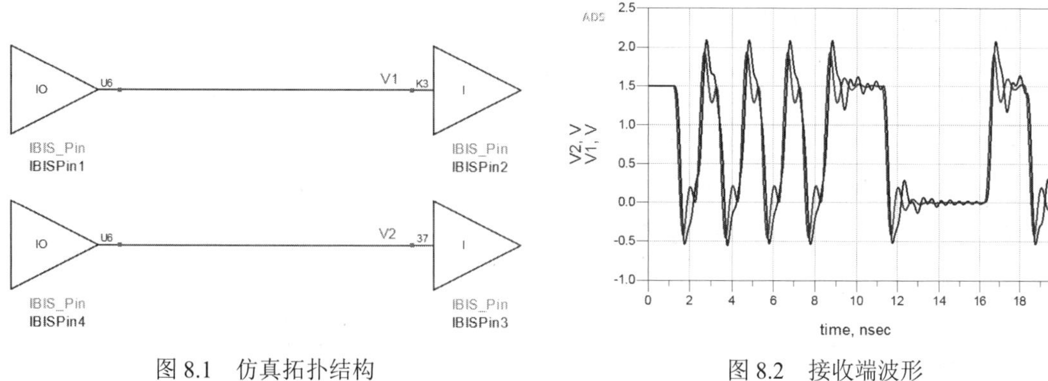

图 8.1 仿真拓扑结构　　　　图 8.2 接收端波形

8.1 IBIS 模型简介

一般情况下，芯片和电路的 SPICE 模型比较难获得，但是随着高速电路的发展，工程师必须进行一些仿真以提高产品设计的效率和正确率，在这种情况下，IBIS 模型就应运而生了。ibis 是 input/output buffer information specification 的缩写，即输入和输出缓冲器。IBIS 是一种简单的行为级模型，描述的是芯片输入和输出（I/O）接口行为特性，在不泄露芯片公司知识产权电路结构的情况下，能很好地仿真互连通路的相互关系，如信号质量（单调性、最大/小值、串扰等）和信号时序关系（建立/保持时间）。

因为 IBIS 描述的只是各个 I/O 口的特性，所以在进行电路板板级仿真时，仿真软件采用的是查表的计算方式，而不需要对芯片中的每一个电路元件进行仿真，这就大大地提高了仿真的效率。

由于 IBIS 模型无须描述 I/O 单元的电路设计结构和晶体管制造工艺参数，因此得到了几乎所有的芯片公司的欢迎和支持。另外，IBIS 文件几乎能被所有的 EDA 工具读取/转化、识别和应用。在各大芯片厂商和 EDA 厂商的大力推广下，IBIS 也比较容易从芯片厂商处获得。现在各主流芯片的设计厂商和集成电路制造厂商都可以在提供芯片数据手册的同时提供相应的 IBIS 模型。IBIS 模型是一种由 ASCII 码表示的数据列表文件，根据其语法规则，可以把芯片的模型数据组织成一个文件，文件格式为*.ibs。

8.2 IBIS 模型的基本语法和结构

任何一种语言和模型类型都有其自身的语法和书写结构，IBIS 模型也不例外，其语法和结构都相对比较简单，本节将对 IBIS 的基本语法与结构做一个简单的介绍。

8.2.1 IBIS 的基本语法

IBIS 模型比较常见的相关语法和书写格式如下。

- IBIS 模型文件的后缀名为*.ibs。
- POWER、GND、NC、NA 和 CIRCUITCALL 这 5 个是特殊关键字，不能在 IBIS 模型中被定义做其他用途。
- 除了以上 5 个关键字，其他的关键字都需要使用中括号“[]”标识，如[Date]。
- “|”为注释行符号，同一行后面的都是注释语或是无效语句。
- 模型中每一行最长不能超过 120 个字符，如果超过，则需要换行。
- 每一个 IBIS 模型都要以[END]结束。

8.2.2 IBIS 结构

IBIS 模型不是一个可以执行的文件，只是通过一些语法结构，把芯片的相关参数编辑在一起，用以描述芯片的电气特性，主要通过 EDA 仿真软件执行。虽然一个完整的 IBIS 文件比较复杂，但是可以概括成头文件、器件以及引脚信息、模型信息和子参数。

- 头文件：主要包括文件名、厂商和声明之类的信息。
- 器件以及引脚信息：排列和引脚到缓冲器映射。
- 模型信息：模型的类型、工作温度、电压、V/T 和 I/V 曲线等。
- 子参数：有的 IBIS 模型需要定义子参数，有的没有子参数，并不是每一个模型都会有。

图 8.3 所示为一个 IBIS 模型的简单结构框架。

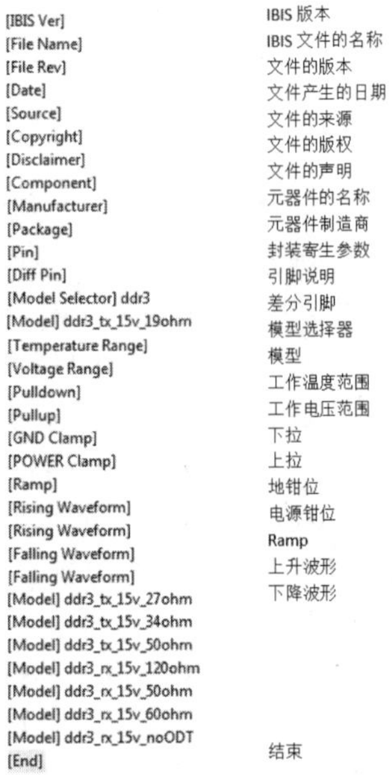

[IBIS Ver]
[File Name]
[File Rev]
[Date]
[Source]
[Copyright]
[Disclaimer]
[Component]
[Manufacturer]
[Package]
[Pin]
[Diff Pin]
[Model Selector] ddr3
[Model] ddr3_tx_15v_19ohm
[Temperature Range]
[Voltage Range]
[Pulldown]
[Pullup]
[GND Clamp]
[POWER Clamp]
[Ramp]
[Rising Waveform]
[Rising Waveform]
[Falling Waveform]
[Falling Waveform]
[Model] ddr3_tx_15v_27ohm
[Model] ddr3_tx_15v_34ohm
[Model] ddr3_tx_15v_50ohm
[Model] ddr3_rx_15v_120ohm
[Model] ddr3_rx_15v_50ohm
[Model] ddr3_rx_15v_60ohm
[Model] ddr3_rx_15v_noODT
[End]

IBIS 版本
IBIS 文件的名称
文件的版本
文件产生的日期
文件的来源
文件的版权
文件的声明
元器件的名称
元器件制造商
封装寄生参数
引脚说明
差分引脚
模型选择器
模型
工作温度范围
工作电压范围
下拉
上拉
地钳位
电源钳位
Ramp
上升波形
下降波形
结束

图 8.3 IBIS 模型的结构框架

8.2.3 IBIS 文件实例

IBIS 模型的结构框架包含了相关的关键词，当然这其中并没有包含 IBIS 规范中所述的所有关键词。IBIS 中规定的关键词又分为必选项和可选项。如果是必选项关键词，那么在 IBIS 模型中是必须要存在的；如果是可选项关键词，那么在 IBIS 模型中可以存在也可以不存在。接下来，根据 8.2.2 节的模型结构框架，以实际的 IBIS 模型结合模型编辑器对一些主要的关键词进行介绍。

1. [IBIS Ver]

该项是 IBIS 的版本号，目前 IBIS 的版本号已经升级到 7.2，IBIS 的版本号是 IBIS 模型的必选项。每个不同的版本，其语法稍微有一些不同，一般情况下，高版本的可以兼容低版本的语法，[IBIS Ver]的例子如下。

```
[IBIS Ver] 4.0
```

说明这个模型是按照 IBIS 4.0 版本的语法创建的，如果是低版本的一些编辑器可能会报错。

2．[File Name]

该项是 IBIS 文件的名称，文件名是 IBIS 模型的必选项。此处的文件名必须要与外部的文件名一样，同时不能出现大写字母或非法字符，否则模型会报错。在多年的仿真经验中发现这是非常容易出错的一个点，所以在检查或创建模型时需要特别注意，[File Name]的例子如下。

```
[File Name] adscpu.ibs
```

3．[File Rev]

该项是 IBIS 文件的版本号，文件的版本号是必选项。这是文件编辑或产生的版本号，一般不会报错，这只是对每一个版本的改变的记录，但是每一个 IBIS 文件都必须存在，[File Rev]的例子如下。

```
[File Rev] 1.0
```

4．[Date]

该项是 IBIS 文件的生成日期，文件的生成日期是 IBIS 模型的可选项，在 IBIS 文件中可以有，也可以没有，[Date]的例子如下。

```
[Date] Thu Dec 11 19:48:23 2014
```

5．[Source]

该项是 IBIS 文件的生成源，是 IBIS 模型的可选项。目前主要由 SPICE 模型转换得到，很少有自行测试后编辑的，这样成本太高，[Source]的例子如下。

```
[Source] Models from Spice
```

6．[Notes]

该项是 IBIS 文件的注释说明，是 IBIS 模型的可选项。主要是对 IBIS 模型进行一些总体性的说明，比如对模型使用的场合，适用于哪一系列的芯片等，[Notes]的例子如下。

```
[Notes] The following information corresponds to the adscpu chip.
```

7．[Disclaimer]

该项是 IBIS 声明项，是 IBIS 模型的可选项。主要是模型的提供者声明版权或免责之类的内容，[Disclaimer]的例子如下。

```
[Disclaimer] Only for ads booK using
```

8．[Copyright]

该项是 IBIS 的版权所有，是 IBIS 模型的必选项。用于说明版权所有者，[Copyright]的例子如下。

```
[Copyright] Copyright 2013, Gaotuo.
```

9. [Component]

该项是 IBIS 模型元器件，是 IBIS 模型的必选项。通常与元器件的名称一致，方便使用模型的工程师更容易找到并且理解每一项的意义。有的 IBIS 模型只有一个[Component]，有的则有多个，特别是 SDRAM 这样的芯片，由于其数据位数不一样或引脚数不一样，其[Component]的个数就会不一样，[Component]的例子如下。

```
[Component] adscpu
```

10. [Manufacturer]

该项是 IBIS 模型芯片的制造商，是 IBIS 模型的必选项，[Manufacturer]的例子如下。

```
[Manufacturer] gaotuo
```

11. [Package]

该项是 IBIS 模型芯片封装参数，即各引脚的寄生参数，包括寄生电阻（R_pkg）、寄生电感（L_pkg）和寄生电容（C_pkg）。该项为 IBIS 模型的必选项，这是整个 IBIS 模型中所有引脚的寄生参数，相当于一个全局物理量。当引脚没有给出自身特定的寄生参数时，仿真软件就会调用这个[Package]中的参数；如果引脚有自身特定的参数，就会优先使用自身的参数，[Package]的例子如下。

```
[Package]
Variable        typ          min          max
R_pkg           8.135e-01    5.690e-02    1.570e+00
L_pkg           3.500e-09    1.030e-09    5.970e-09
C_pkg           1.565e-12    7.590e-13    2.370e-12
```

12. [Pin]

该项是 IBIS 模型的引脚说明和引脚对应模型及其寄生参数，是 IBIS 的必选项。[Pin]的内容包含引脚位号、引脚信号名称、引脚对应的模型和寄生参数。引脚在 IBIS 模型中是唯一的，其位号不能与其他位号相同，如果相同，模型在检查时就会报错，如图 8.4 所示。

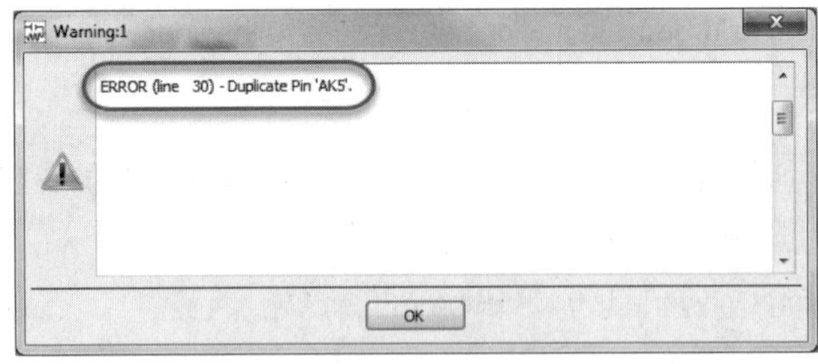

图 8.4 报错

在图 8.4 中，调入 IBIS 模型检查后，输出信息中出现一条“ERROR (line 30) - Duplicate Pin 'AK5'.”信息，说明在第 30 行中出现了重复的 AK5 的位号，查看内容，确实有两个，这时就必须要修改其中一个为实际的位号。

[Pin]的内容中还描述了每一片引脚对应的寄生参数，这个参数与[Package]的参数的形

式是一样的，包含寄生电阻（R_pin）、寄生电感（L_pin）和寄生电容（C_pin）。[Pin]的描述中如果没有这些寄生参数，那么仿真软件就会自动调用[Package]中的寄生参数。

如下是在[Pin]中截取的部分引脚内容，其中包含信号引脚、电源和地引脚，没有模型的引脚用 NC 表示，没有寄生参数的引脚用 NA 表示。在仿真时，软件会调用[Package]中的内容。

[Pin]	Signal_Name	Model_name	R_pin	L_pin	C_pin
V12	TDIO_A	NC	NA	NA	NA
AK5	SSB_ADDR3	NC	NA	NA	NA
AC25	FC_VREF	NC	NA	NA	NA
AE4	DDR_DQ60	ddr3	9.89e-01	4.48e-09	1.99e-12
AB6	DDR_DQ51	ddr3	7.40e-01	3.60e-09	1.75e-12
N8	DDR_VREF	NC	NA	NA	NA
A5	DDR_DQ03	ddr3	1.23e+00	5.38e-09	2.26e-12
D2	DDR_DQ12	ddr3	1.32e+00	5.69e-09	2.36e-12
AC7	BOPTION2	NC	NA	NA	NA
AC8	BOPTION0	NC	NA	NA	NA
AA11	VSS	GND	NA	NA	NA
...	...	...	...	...	...

13．[Diff Pin]

该项是 IBIS 模型中的差分对，是 IBIS 模型的可选项。这个很容易理解，因为并不是每一款芯片都有差分对的，差分对主要存在于高速信号中，如 PCIe、SATA、DDR3 等。在[Diff Pin]中主要对差分对进行定义，包括差分接收端的阈值电压和驱动端的时间延迟。[Diff Pin]中的部分内容如下。

[DiffPin]	inv_pin	vdiff	tdelay_typ	tdelay_min	tdelay_max
A3	A4	0.18	0	0	0
C2	C3	0.18	0	0	0
F1	E1	0.18	0	0	0
H1	G1	0.18	0	0	0
AA1	Y1	0.18	0	0	0
AC1	AB1	0.18	0	0	0
AE1	AD1	0.18	0	0	0
AH1	AG1	0.18	0	0	0
AJ1	AK1	0.18	0	0	0
R1	P1	0.18	0	0	0
N1	M1	0.18	0	0	0

以上内容说明[Diff Pin]对应的是 A3 引脚，inv_pin 对应的是 A4 引脚，说明是一对差分对，其差分接收端的阈值电压为 0.18V。

14．[Model selector]

该项是模型的选择器，是 IBIS 模型的可选项。只有当同一引脚有多个模型可以选择时，才会使用[Model selector]，特别是像 DDR 总线这类的芯片，如果 DDR2/3/4 都有多个 ODT（on die termination）模型可供选择，一般都会有[Model selector]。[Model selector]中的内容如下。

```
[Model selector] ddr3
    ddr3_tx_15v_19ohm      tx output with 19ohm Driver Impedance (1.5v - ddr3)
    ddr3_tx_15v_27ohm      tx output with 27ohm Driver Impedance (1.5v - ddr3)
    ddr3_tx_15v_34ohm      tx output with 34ohm Driver Impedance (1.5v - ddr3)
    ddr3_tx_15v_50ohm      tx output with 50ohm Driver Impedance (1.5v - ddr3)
    ddr3_rx_15v_50ohm      rx input with 50ohm (1.5v - ddr3)
    ddr3_rx_15v_60ohm      rx input with 60ohm (1.5v - ddr3)
    ddr3_rx_15v_120ohm     rx input with 120ohm (1.5v - ddr3)
    ddr3_rx_15v_noODT      rx input with no ODT (1.5v - ddr3)
```

ddr3 是模型选择器的名称。在[Pin]对应的模型一列选择的就是[Model selector]的内容。在仿真中，根据需要选择[Model selector]的模型。这里包含 8 个模型，分别是 ddr3_tx_15v_19ohm、ddr3_tx_15v_27ohm、ddr3_tx_15v_34ohm、ddr3_tx_15v_50ohm、ddr3_rx_15v_50ohm、ddr3_rx_15v_60ohm、ddr3_rx_15v_120ohm 和 ddr3_rx_15v_noODT，每一个模型后面的内容是对模型的说明，一般都是说明模型是驱动端或接收端，以及其相应的阻抗。

15. [Model]

该项用来表示每个缓冲器的数据，主要包括缓冲器的类型（Model_type）、极性（Polarity）、使能端（Enable）、输入高电平（Vinh）、输入低电平（Vinl）、平均电压，以及芯片的硅电容（C_comp）。

IBIS 模型中定义的缓冲器的类型非常多，常用的包括输入（Input）模型、输出（Output）模型、输入/输出（I/O）模型、三态（3-state）模型、开漏极（Open_drain）模型、输入/输出、开漏极（I/O_open_drain）模型、射极耦合逻辑输入（Input_ECL）模型、射极耦合逻辑输出（Output_ECL）模型、射极耦合逻辑输入/输出（I/O_ECL）模型和射极耦合逻辑三态（3-state_ECL）模型等。

在实际项目中，使用最多的还是输入模型、输出模型和输入/输出模型这 3 类。

输入模型只是作为一个接收端使用。比如在 DDR3 仿真中，DDR3 颗粒的地址、控制和命令信号就是输入模型。输入模型中必须定义输入高电平 Vinh 和输入低电平 Vinl，否则在模型检查时，可能会有注意语法的提示，输入模型如下所示。

```
[Model]  ddr3_rx_15v_120ohm
Model_type Input
Vinl = 0.6000V
Vinh = 0.9000V
```

输出模型只是作为一个驱动器使用，输出模型如下所示。

```
[Model]        CPU_OUTPUT
Model_type          Output
```

输入/输出模型既可以作为接收端使用，也可以作为驱动器使用，要根据实际的需要选择使能端。输入/输出模型兼具输入和输出模型的特点，输入/输出模型如下所示。

```
[Model]  ddr3_tx_15v_19ohm
Model_type I/O
```

```
Polarity    Non-Inverting
Enable        Active-High
Vinl = 0.5500V
Vinh = 0.9500V
```

其中，Enable 是输入/输出模型作为输出模型时的使能信号，当需要作为驱动器时，使能端要有效；如果做接收端时，使能端可以无效。在 ADS 中可以直接选择使能与否，如图 8.5 所示。

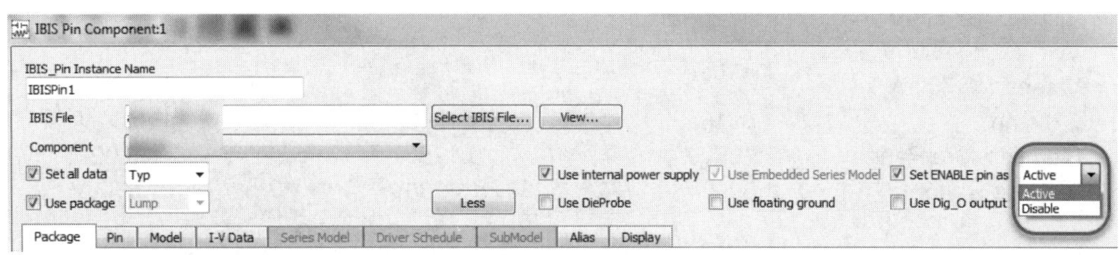

图 8.5　设置使能端

输入/输出模型与输入模型都具有输入高/低电平说明内容，这是一个逻辑门限电平，可以作为判断标准。

芯片的硅电容（C_comp）是 IBIS 模型的必选项。与封装电容不同，封装电容是芯片引脚的寄生电容。硅电容是焊盘与芯片功能电路之间的电容，电容参数值会影响信号波形的参数。硅电容的描述中包含典型值、最小值和最大值，如下所示。

Variable	typ	min	max
C_comp	1.6174pF	1.0901pF	1.8313pF

16. [Temperature Range]

该项用来描述芯片工作的温度范围，是 IBIS 模型的必选项。温度范围对于 IBIS 模型而言非常重要，因为温度不同，其相关的参数和寄生参数也会不同。对温度范围的描述中包含典型值、最小值和最大值，如下所示。

Variable	typ	min	max
[Temperature Range]	25.0000	0.1250k	-40.0000

17. [Voltage Range]

该项用来描述芯片工作的电压范围，是 IBIS 的必选项。对工作电压范围的描述中包含典型值、最小值和最大值，如下所示。

Variable	typ	min	max
[Voltage Range]	1.5000V	1.4000V	1.6000V

接下来就是 IBIS 模型中非常重要的两项数据，即 I/V 数据和 V/T 数据，这两项数据直接关系到 IBIS 模型的精准度。对于输入/输出模型和输出模型，既需要 I/V 数据，也需要 V/T 数据；而对于输入模型，则只需要 I/V 数据。

首先来看 I/V 数据。I/V 数据包含 4 个关键部分，即 I/V 上拉数据[Pullup]、I/V 下拉数据[Pulldown]、I/V 地钳位数据[GND_ clamp]、I/V 电源钳位数据[Power_clamp]。[Pullup]

[Pulldown] [GND_ clamp]和[Power_clamp]是可选项。不同的模型类型所需的数据不同，输入/输出模型需要 4 个部分的数据，输入模型只需要[GND clamp]和[Power clamp]两个部分的数据。截取部分输入/输出模型的 I/V 数据，如下所示。

```
 [Model]          ddr3_tx_15v_50ohm
Model_type        I/O
Polarity          Non-Inverting
Enable            Active-High
Vinl =    0.5500V
Vinh =     0.9500V
Vmeas = 0.7500V
C_comp                  1.6916pF          1.1203pF          1.8551pF
[Temperature Range]     25.0000           0.1250k           -40.0000
[Voltage Range]         1.5000V           1.4000V           1.6000V

[Pulldown]
 Voltage      I(typ)            I(min)            I(max)
  -1.5000     -11.6624mA        -5.7366mA         -11.3931mA
  -1.4500     -12.0101mA        -6.2098mA         -11.3703mA
  -1.4000     -12.3168mA        -6.6781mA         -11.2703mA
   ...          ...               ...               ...
  2.8500      30.5004mA         26.3818mA         27.4090mA
  2.9000      30.5730mA         26.4406mA         27.4749mA
  2.9500      30.6437mA         26.4980mA         27.5386mA
  3.0000      30.7126mA         26.5541mA         27.6006mA

[Pullup]
 Voltage      I(typ)            I(min)            I(max)

  -1.5000     9.5557mA          3.9228mA          10.3527mA
  -1.4500     9.9902mA          4.3178mA          10.5503mA
  -1.4000     10.4048mA         4.7467mA          10.6899mA
   ...          ...               ...               ...
  -0.1000     1.9195mA          2.0522mA          1.5528mA
  -0.0500     0.9561mA          1.0202mA          0.7743mA
  0.0000      -4.5475pA         -21.8300pA        0.0A
  0.0500      -0.9472mA         -1.0068mA         -0.7688mA
   ...          ...               ...               ...
  2.9500      -24.3961mA        -22.3157mA        -22.2685mA
  3.0000      -24.4673mA        -22.3745mA        -22.3399mA

[GND_clamp]
 Voltage      I(typ)            I(min)            I(max)
  -1.6000     -87.4806m         -88.6722m         -95.5454m
  -1.5500     -81.7176m         -83.4452m         -89.4675m
   ...          ...               ...               ...
  -0.1000     -52.6593n         -0.6287u          -7.4756n
  -0.0500     -6.0615n          -0.1026u          -0.7052n
  0.0000      0.0000            0.0000            0.0000
```

```
0.0500      0.0000          12.5016n        0.0000
  ...         ...             ...             ...
3.1500      66.9661n        2.1400u         0.0000
3.2000      68.8862n        2.1983u         0.0000

[POWER_clamp]
Voltage     I(typ)          I(min)          I(max)
-1.6000     0.1004          0.1022          0.1077
-1.5500     93.7681m        96.2882m        0.1003
-1.5000     87.3126m        90.5209m        93.0771m
-1.4500     81.0120m        84.8532m        86.1874m
  ...         ...             ...             ...
-0.1000     0.1000u         1.7131u         11.2746n
-0.0500     13.1061n        0.3429u         1.3256n
0.0000      0.0000          0.0000          0.0000
3.1500      -43.0165n       -1.2912u        -19.3212n
3.2000      -44.1743n       -1.3229u        -19.8925n
```

I/V 数据表示的是与信号质量相关的参数，V/T 数据表示的是与信号时序相关的参数。V/T 数据包含 3 个部分，即变换率[Ramp]、上升沿波形[Rising Waveform]和下降沿波形[Falling Waveform]。[Ramp]是 IBIS 模型的必选项，[Ramp]定义的是上升沿和下降沿波形的变化率，即

$$\frac{\mathrm{dV}}{\mathrm{dt}}=\frac{\text{上升沿20\%至80\%的电压差或者是下降沿80\%至20\%的电压差}}{\text{电压变化的时间}}$$

[Ramp]包含了上升沿的变化（dV/dt_r）、下降沿的变化（dV/dt_f）和得到上升沿和下降沿参数的负载电阻（R_load）。R_load 是可选项，一般模型默认 R_load=50 ohm，这时可以不用在模型中进行描述；如果不是 50 ohm，那么就一定要在模型中描述。

[Rising Waveform]和[Falling Waveform]是模型的可选项，描述的是驱动端的上升沿和下降沿的波形形状。上升和下降速度包含输入/输出模型或输出模型的上升沿和下降沿的速率信息，表示从逻辑高电平到逻辑低电平或者从逻辑低电平到逻辑高电平所需的时间。

下降和上升波形表示在驱动连接到 GND 和接口电源 VCC 时，芯片的阻性负载从高电平到低电平和从低电平到高电平所需的时间。

从 IBIS 模型中截取部分 V/T 数据，如下所示。

```
[Ramp]
Variable        typ                 min                 max
dV/dt_r         0.6570/0.1720n      0.5884/0.2141n      0.6832/0.1609n
dV/dt_f         0.6583/0.1708n      0.5942/0.2185n      0.6912/0.1555n
R_load = 50.0000

[Rising Waveform]
R_fixture= 50.0000
V_fixture= 1.5000
V_fixture_min= 1.4000
V_fixture_max= 1.6000
time            V(typ)          V(min)          V(max)
```

```
0.0            0.4031      0.4097      0.4482
72.7273e-12    0.3998      0.4078      0.4454
0.1455e-9      0.4058      0.4048      0.4711
0.2182e-9      0.6493      0.4393      0.8937
0.2909e-9      1.0725      0.5972      1.2739
0.3636e-9      1.3038      0.9050      1.4491
0.4364e-9      1.4047      1.1354      1.5275
0.5091e-9      1.4525      1.2558      1.5644
0.5818e-9      1.4753      1.3194      1.5821
0.6545e-9      1.4869      1.3539      1.5909
0.7273e-9      1.4929      1.3732      1.5953
0.8000e-9      1.4961      1.3840      1.5976
0.8727e-9      1.4978      1.3903      1.5988
0.9455e-9      1.4978      1.3940      1.5988
1.0182e-9      1.4978      1.3963      1.5988
1.0909e-9      1.4978      1.3977      1.5988

[Falling Waveform]
R_fixture= 50.0000
V_fixture= 1.5000
V_fixture_min= 1.4000
V_fixture_max= 1.6000
time           V(typ)      V(min)      V(max)
0.0            1.4993      1.3992      1.5998
72.7273e-12    1.5035      1.4018      1.6027
0.1455e-9      1.5078      1.4105      1.5800
0.2182e-9      1.3577      1.3993      1.2755
0.2909e-9      1.0260      1.3082      0.8724
0.3636e-9      0.7168      1.1244      0.6445
0.4364e-9      0.5606      0.8779      0.5373
0.5091e-9      0.4776      0.6775      0.4887
0.5818e-9      0.4393      0.5636      0.4665
0.6545e-9      0.4208      0.4952      0.4565
0.7273e-9      0.4120      0.4588      0.4519
0.8000e-9      0.4075      0.4365      0.4498
0.8727e-9      0.4053      0.4253      0.4488
0.9455e-9      0.4041      0.4189      0.4488
1.0182e-9      0.4041      0.4152      0.4488
1.0909e-9      0.4041      0.4130      0.4488
1.1636e-9      0.4041      0.4117      0.4488

End [Model] ddr3_tx_15v_19Ohm
```

最后，IBIS 模型一定要以关键字[END]结束。[END]是 IBIS 模型中的必选项，不管是整个模型编写结束，还是 IBIS 模型中子电路模块编写结束，或者是[Model]描述结束，都需要以关键字[END]结束。这也是很多编写不规范的模型容易遗漏之处。

IBIS 模型规范的内容比较多，由于篇幅有限，本书只对其中一些内容做了介绍，完整的 IBIS 规范手册请到 IBIS 官网阅读，关于 IBIS-AMI 模型的介绍，请参考 11.3 节。

8.3　ADS 中 IBIS 模型的使用

ADS 对 IBIS 模型的兼容性非常好，从 IBIS 最初的版本一直到目前最新的 7.2 版本，ADS 都能非常好地支持。

8.3.1　IBIS 模型的应用

IBIS 模型有非常多的类型，以对应不同的输入输出电路结构，如 IBIS_IO 表示 IBIS 的输入和输出模型；ADS 从 2017 版本开始提供通用的 IBIS_Pin，可以支持任意一种电路结构。IBIS 模型的所有类型如表 8.1 所示。

表 8.1　IBIS 模型的类型

序　　号	名　　称
1	IBIS (Generic Model)
2	IBIS_3S_ECL (3-State_ECL)
3	IBIS_3S (3-State)
4	IBIS_D3S_ECL (Differential 3-State_ECL)
5	IBIS_D3S (Differential 3-State)
6	IBIS_DI_ECL (Differential Input_ECL)
7	IBIS_DI (Differential Input)
8	IBIS_DIO_ECL (Differential Input-Output_ECL)
9	IBIS_DIO (Differential Input-Output)
10	IBIS_DIO_OPENSINK (Differential IO Open Sink)
11	IBIS_DIO_OPENSOURCE (Differential IO Open Source)
12	IBIS_DO_ECL (Differential Output_ECL)
13	IBIS_DO (Differential Output)
14	IBIS_DOPENSINK (Differential Open Sink)
15	IBIS_DOPENSOURCE (Differential Open Source)
16	IBIS_DT (Differential Terminator)
17	IBIS_I_ECL (Input_ECL)
18	IBIS_I (Input)
19	IBIS_IO_ECL (Input-Output_ECL)
20	IBIS_IO (Input-Output)
21	IBIS_IO_OPENSINK (IO Open Sink)
22	IBIS_IO_OPENSOURCE (IO Open Source)
23	IBIS_O_ECL (Output_ECL)
24	IBIS_O (Output)

续表

序　　号	名　　称
25	IBIS_OPENSINK (Open Sink)
26	IBIS_OPENSOURCE (Open Source)
27	IBIS_Pin Model
28	IBIS_Pkg Model
29	IBIS_T (Terminator)
30	IBIS_S_O (IBIS Series Output)
31	IBIS_S_I (IBIS Series Input)
32	Tx_AMI
33	Rx_AMI
34	XtlkTx_AMI
35	XtlkRx_AMI

在 ADS 的库中选择 Signal Integrity-IBIS 即可选择每一种 IBIS 模型类型的元件，如图 8.6 所示。

下面以 DDR3 的 IBIS 模型为例，介绍其在 ADS 中的应用。在 ADS 的原理图中调入 IBIS_Pin 元件，然后添加 IBIS 模型文件。双击 IBIS_Pin，然后在弹出的对话框中单击 Select IBIS File 按钮，在存放 IBIS 模型文件的文件夹下选择仿真的 IBIS 文件，本案例中选择的是 adscpu_ddr3.ibs。在选择 IBIS 模型时，软件会对模型进行检查，如图 8.7 所示。

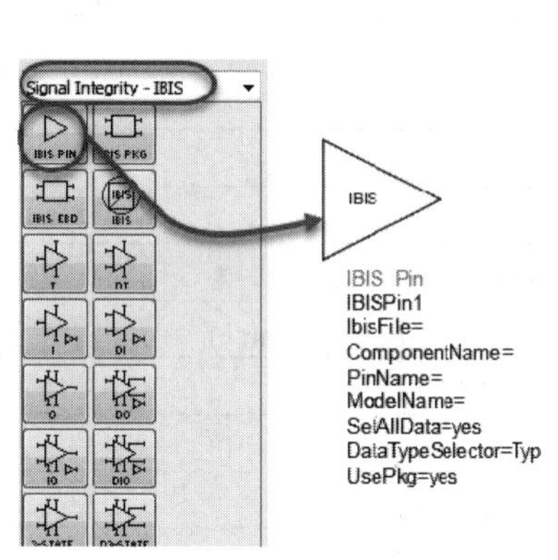

图 8.6　选择 IBIS 模型元件

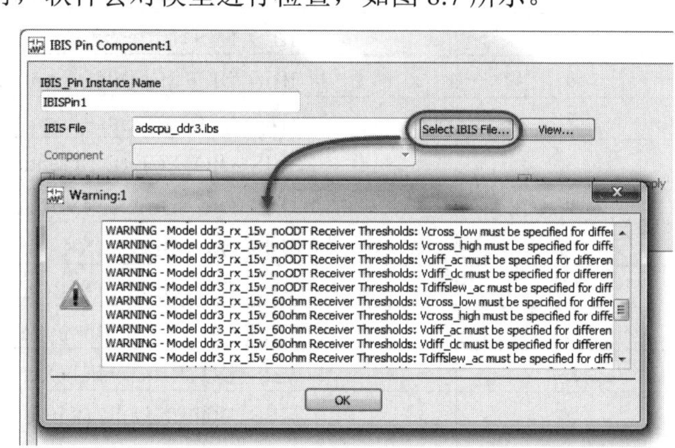

图 8.7　添加 IBIS 模型并检查

这些都是按照 IBIS 规范进行检查，要注意出现的警告（Warning）或错误（Error），特别是错误出现时要进行检查和修正，如不修正不仅会影响仿真的进程，还有可能造成结果错误。

单击 OK 按钮，弹出 IBIS 引脚元件对话框，如图 8.8 所示。

对话框中包含 IBIS 模型参数的选项和设置，如果有多个器件（Component）共用一个模型，则在 Component 选项中选择需要的器件，此 IBIS 模型只有一个器件，此项保持为默认设置。

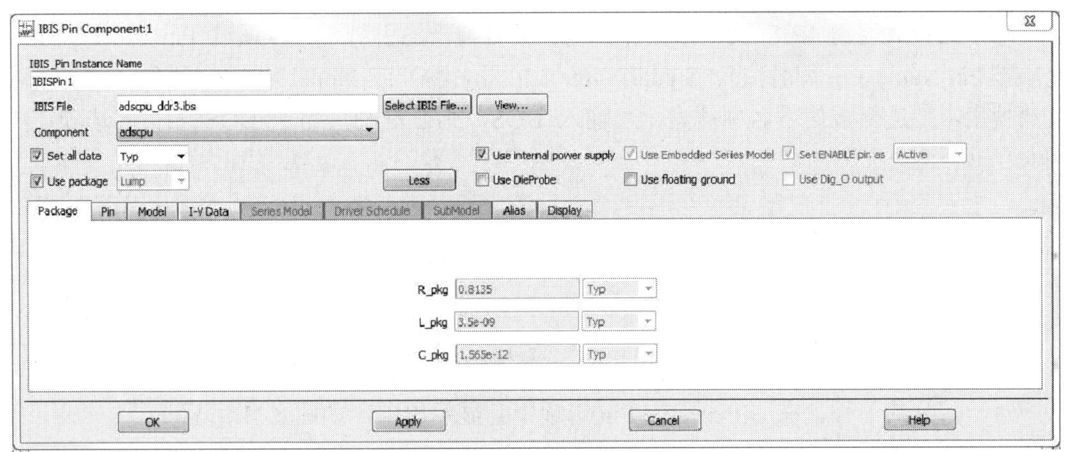

图 8.8　IBIS 引脚元件对话框

Set all data 选项用于设置全局参数，一般分为 3 种，即 Typ（典型值）、Min（最小值）和 Max（最大值），或者将芯片角设置为 Fast（快）模式和 Slow（慢）模式。一般默认设置典型值，也可以自定义一个变量。选中该选项之后，所有选项都按此类型选择参数；如果不选中，则可以在设置对应的参数时，自行选择其他类型。

Use package 用于设置是否使用封装参数。

Package 页签显示的是 IBIS 模型的封装参数，这是一个全局参数，如果引脚有对应的封装参数，则使用引脚的封装参数；如果没有，则使用 Package 标签栏中的参数。Package 参数的使用还与 Use package 的设置有关。

选择 Pin（引脚）页签，可按引脚编号、名称或者信号名称选择仿真所需要的模型；如果选择的引脚有多个可选的模型，则在 Model Selector（模型选择器）中选择对应的具体模型，如果只有一个，则忽略此步骤；在本案例中选择 DDR_DQ00（B6）引脚，同时，其模型为 ddr3_tx_15v_19ohm。在 Package Overrides 选项中包含了对应的封装参数，如图 8.9 所示。

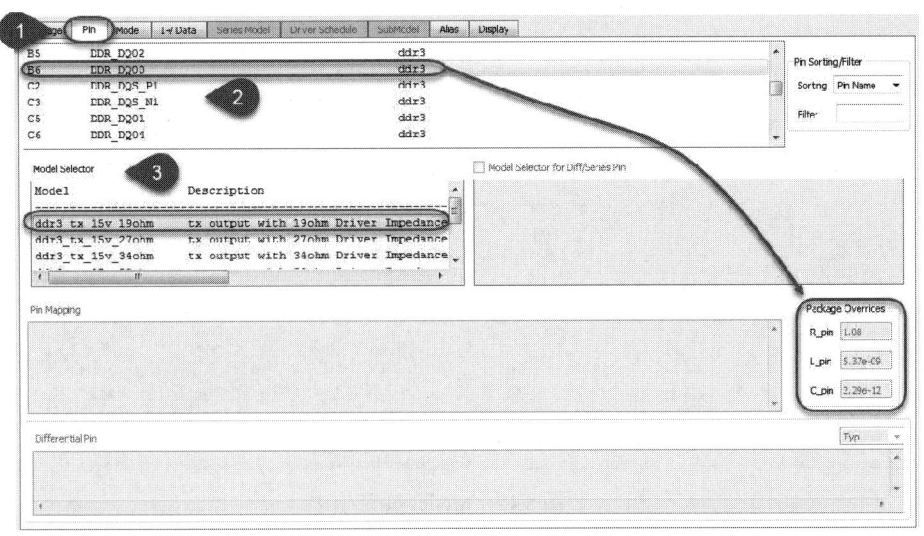

图 8.9　选择仿真模型

对于比较大型的 IBIS 模型，往往会包含成百上千的引脚，可以通过 Pin Sorting/Filter 选项按 Pin Name（引脚名称）、Signal Name（信号名称）或 Model Name（模型名称）进行过滤搜索，如选择按信号名称搜索，可输入 DQS，则在左侧只剩下 DQS 相关的选项，如图 8.10 所示。

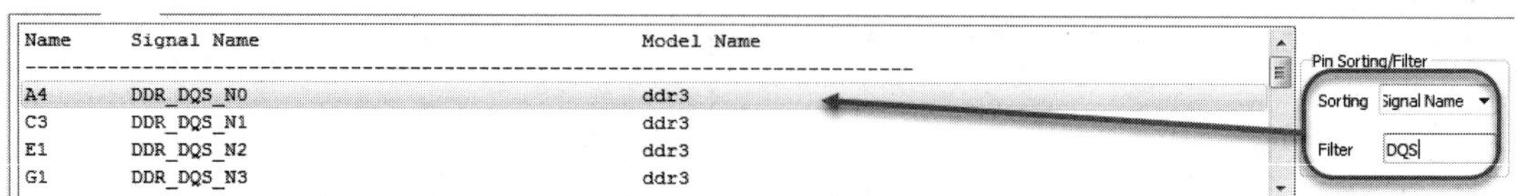

Name	Signal Name	Model Name
A4	DDR_DQS_N0	ddr3
C3	DDR_DQS_N1	ddr3
E1	DDR_DQS_N2	ddr3
G1	DDR_DQS_N3	ddr3

图 8.10　设置搜索类型

对于差分的信号，在 Differential Pin 选项中会显示出来，如图 8.11 所示。

Differential Pin

[Diff pin]	inv_pin	vdiff	tdelay_typ	tdelay_min	tdelay_max
A3	A4	0.18	0	0	0

图 8.11　差分的信号

选择 Model 页签，这里显示的是模型的类型、极性以及使能类型等，如图 8.12 所示。

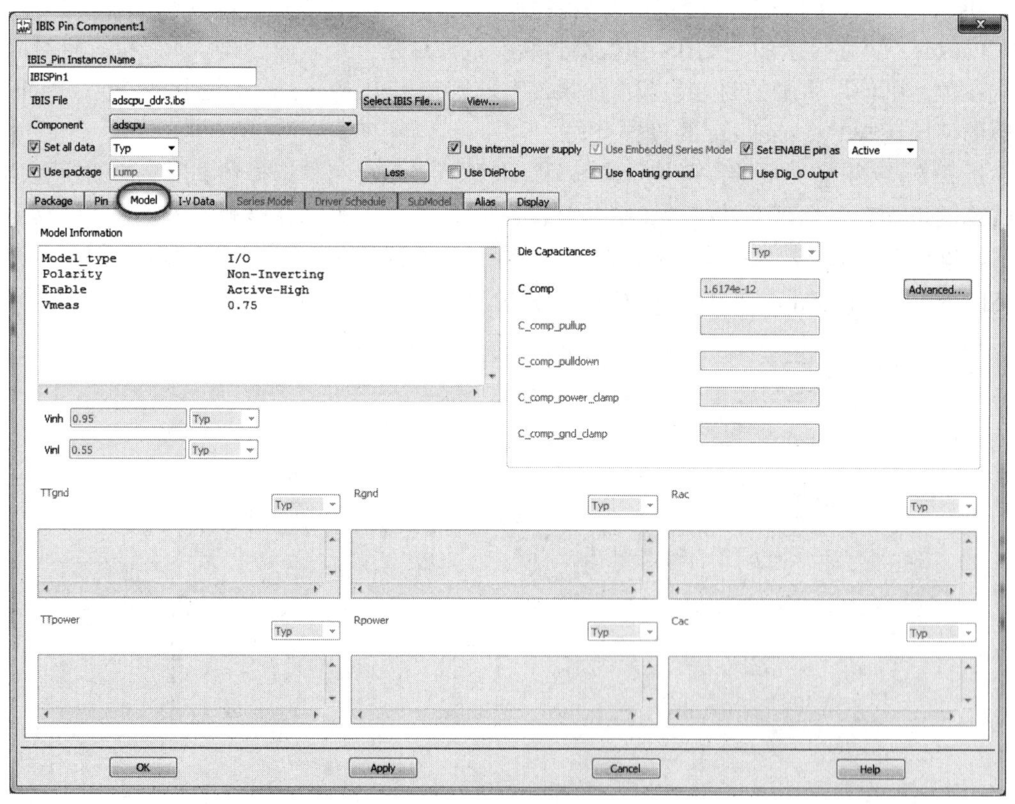

图 8.12　Model 页签

此模型类型为 I/O，作为输出时，使能为高电平（Active-High），如选中 Set ENABLE pin

as 复选框，默认设置为 Active，那么在电路图中将不再需要设置使能端的外部电路。其他页签都保持默认设置，单击 OK 按钮后，IBIS_Pin 元件如图 8.13 所示。

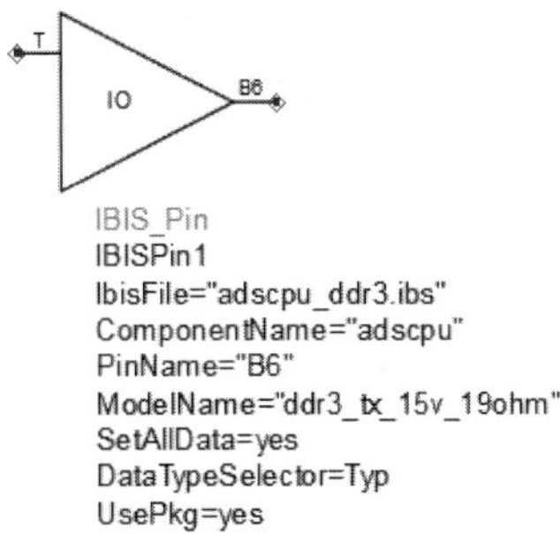

图 8.13　IBIS_Pin 元件

同理，接收端的模型选择为 adsddr3.ibs，模型为 DQ_34_ODT40_1600，由于此模型为接收端的模型，设置其使能端为 Disable。具体的 IBIS 仿真电路如图 8.14 所示。

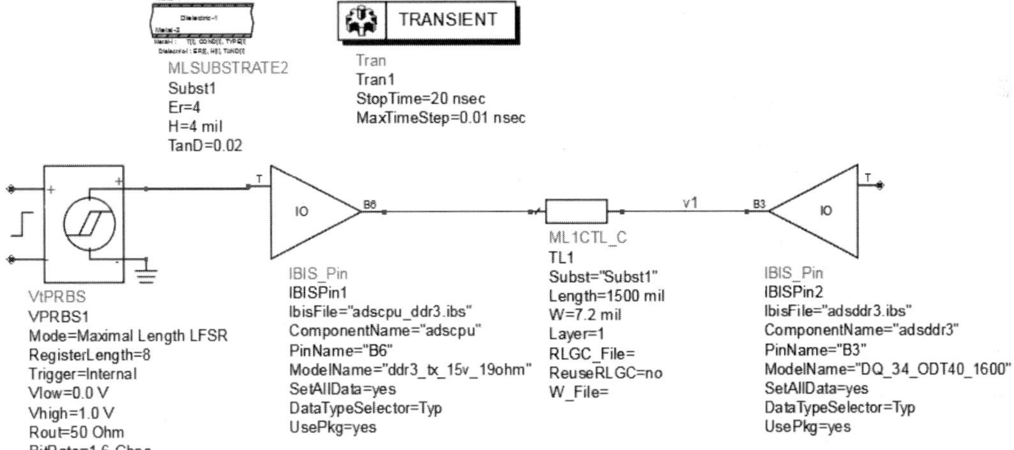

图 8.14　IBIS 仿真电路

运行仿真的结果如图 8.15 所示。

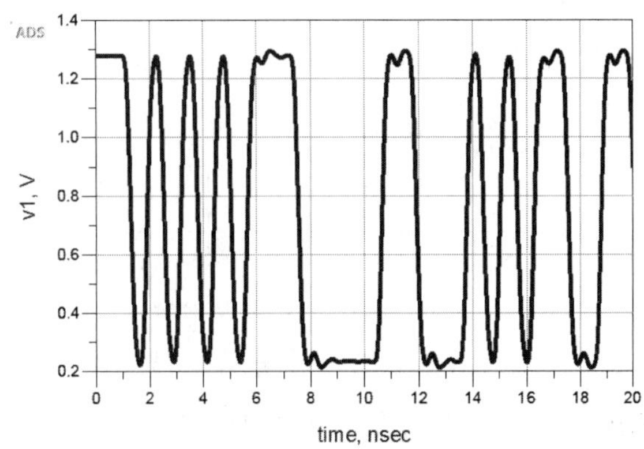

图 8.15　仿真结果

以上是关于输入/输出（I/O）的案例，在仿真中，另外还有一类使用比较多的就是输入（Input）模型，其外部引脚会更少，如选择 DDR3 地址信号网络，其接收端的模型为输入模型，模型的选择、设置以及模型符号如图 8.16 所示。

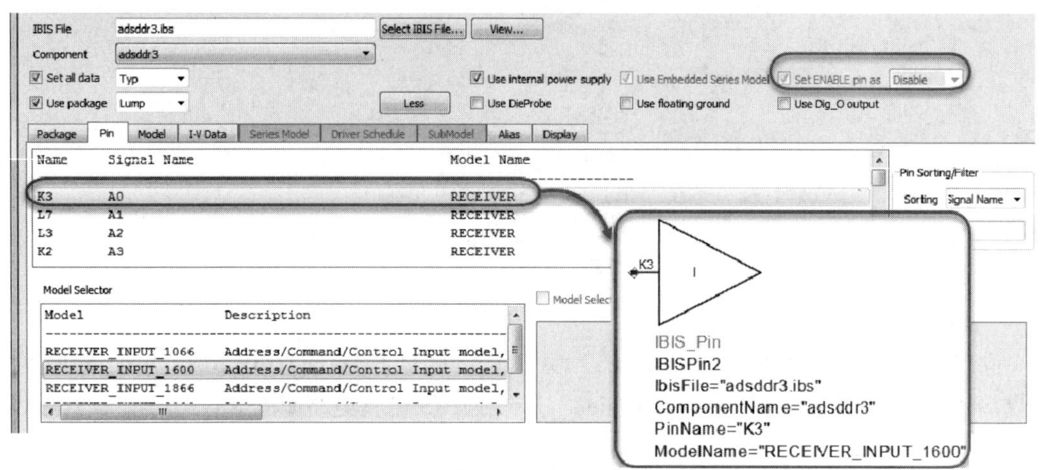

图 8.16　输入模型的选择、设置以及模型符号

仿真电路以及仿真结果如图 8.17 所示。

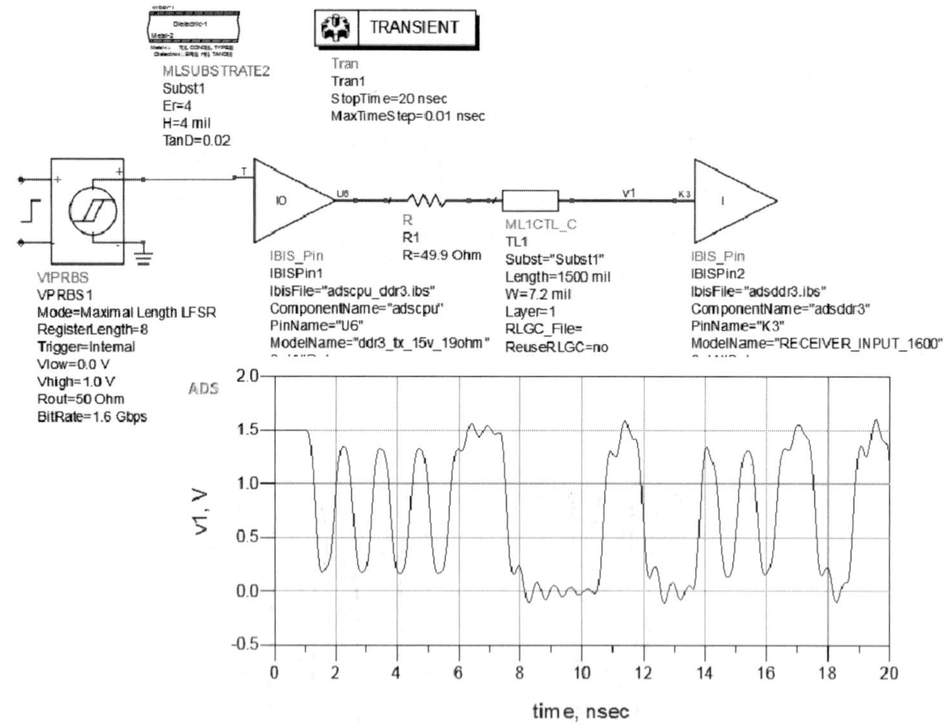

图 8.17　输入模型仿真电路以及仿真结果

还可以直接查看芯片 Die 上的波形，在 IBIS 模型界面上选中 Use DieProbe 复选框即可，如图 8.18 所示。

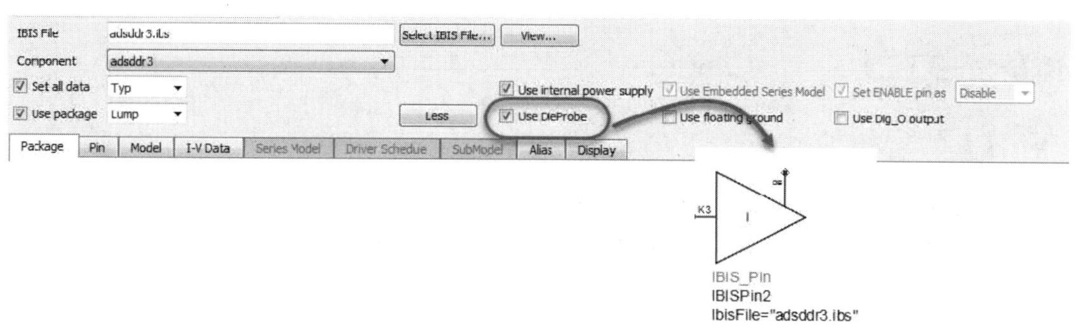

图 8.18　设置 DieProbe

如果考虑封装的参数的影响，通过仿真就可以直接对比 Die 和引脚上的波形，仿真电路和波形如图 8.19 所示。

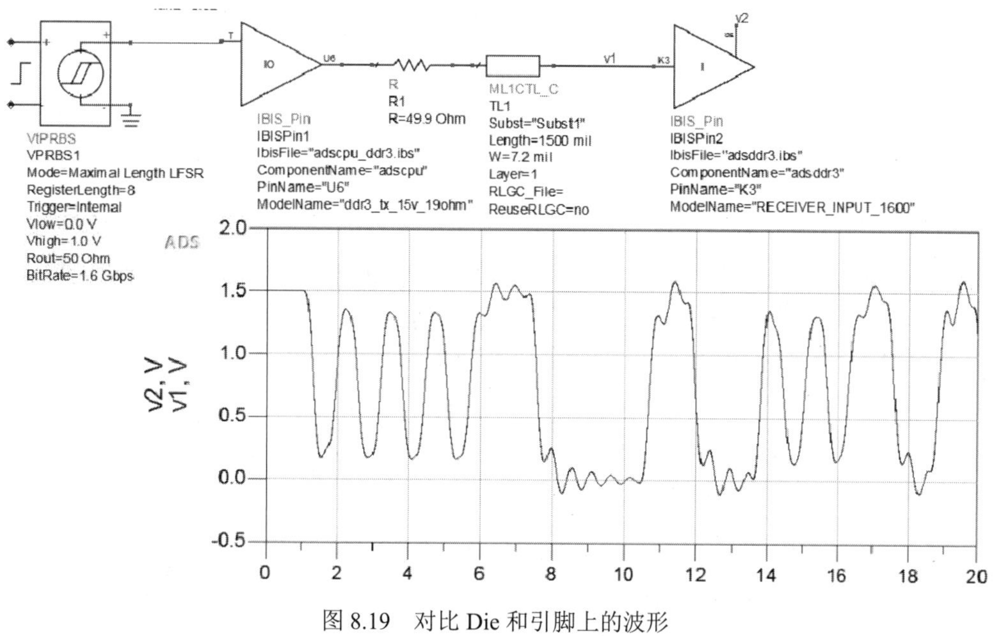

图 8.19　对比 Die 和引脚上的波形

从仿真结果可以看出，在模型中包含了封装参数的前提下，Die 和引脚上的结果是有差异的，差异的大小与封装参数的大小以及信号的速率有直接的关系。仿真的时候到底是观察引脚处的结果还是 Die 处的结果，要根据实际情况而定。如果只是通过仿真指导设计，建议尽量观察 Die 处的结果。

本节只介绍了一些 IBIS 模型的基本用法，对于 IBIS 模型的扫描以及一些更高级的用法，将在第 10 章介绍。

8.3.2　在 ADS 中使用 EBD 模型

EBD（electrical board description）模型属于 IBIS 模型类型，其后缀为.ebd。在 ADS 中有一个专门的导入 EBD 模型的元件 IBIS_Ebd，如图 8.20 所示。

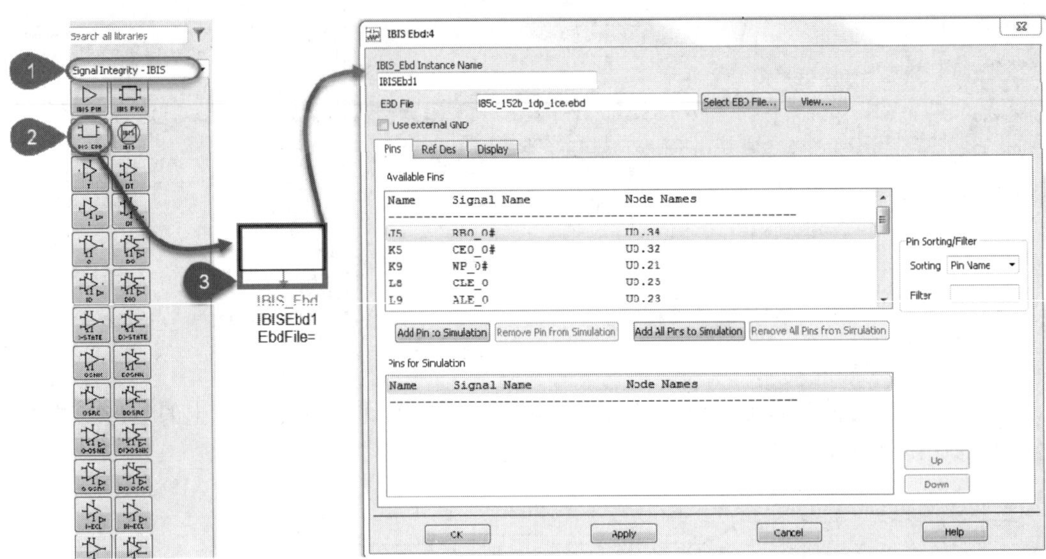

图 8.20　添加 EBD 元件

双击 IBIS_Ebd 模型后，单击 Select EBD File 按钮，选择 EBD 模型，导入后再选择需要仿真的信号网络，如图 8.21 所示。

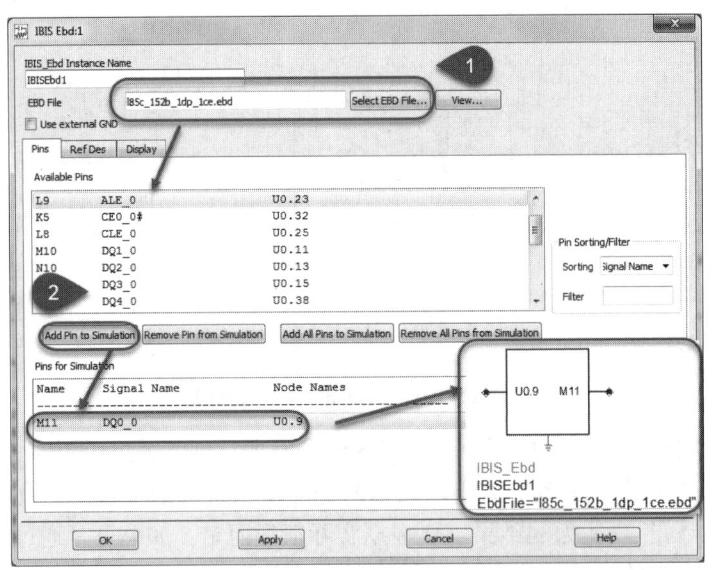

图 8.21　导入 EBD 模型并设置

在设置 EBD 模型时，要注意 Ref Des 页签中的信息，该页签中会描述连接的 IBIS 模型的相关信息，如图 8.22 所示。

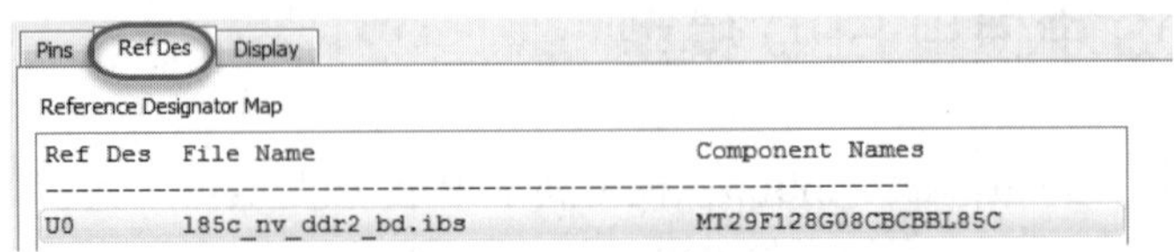

图 8.22　EBD 模型的 Ref Des 页签

EBD 模型的仿真方式与 IBIS 模型仿真方式是一样的，图 8.23 所示为仿真的原理图。

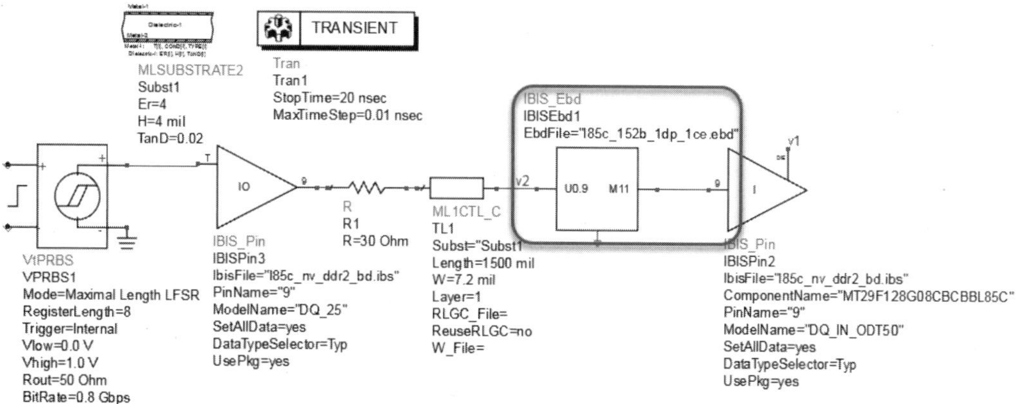

图 8.23　EBD 模型仿真原理图

运行仿真后，查看 v1 和 v2 的结果，如图 8.24 所示。

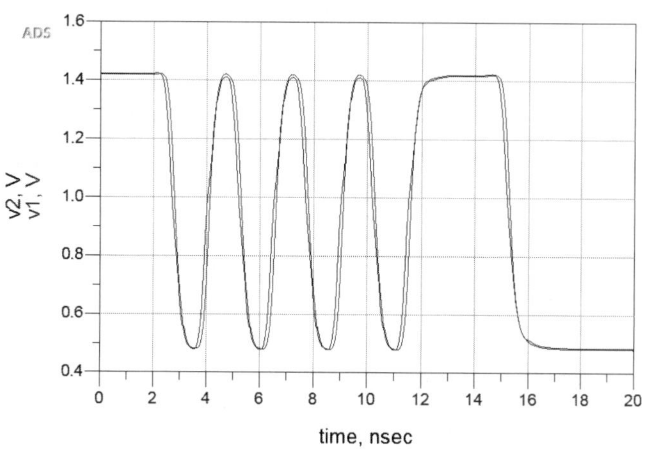

图 8.24　EBD 模型仿真结果

显然，v1 和 v2 的结果不一样，v2 的结果是在 EBD 模型之前，相当于是连接 PCB 处的结果，v1 是最终点的结果。

8.3.3　在 ADS 中使用 Package 模型

Package 模型也属于 IBIS 模型，与前面介绍 IBIS 模型时涉及的封装参数一样，都属于封装参数，只是 Package 模型是单独形成的一个封装模型，其后缀为.pkg。在 ADS 中也可以直接使用 Package 的.pkg 模型，有一个专用的元件 IBIS_Pkg，在 Signal Integrity-IBIS 库中选择 IBIS_Pkg 模型，如图 8.25 所示。

双击 IBIS_Pkg 元件，在弹出的对话框中单击 Select IBIS File 按钮，选择仿真封装模型。由于调用.pkg 文件的语句在与之相关的 IBIS 模型中，所以导入 Package 模型时还是调用的 IBIS 模型，如图 8.26 所示。

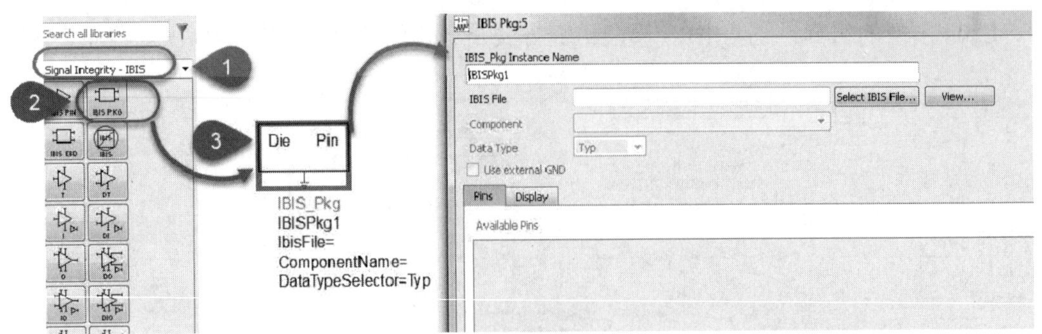

图 8.25　添加 IBIS_Pkg 元件

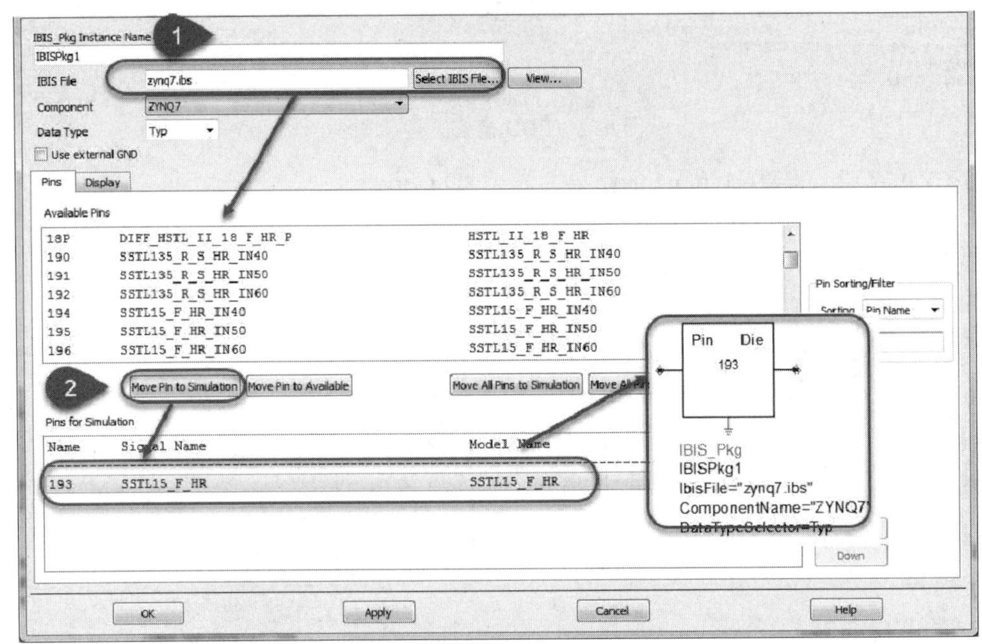

图 8.26　导入 Package 模型

同样建立一个仿真电路，如图 8.27 所示。

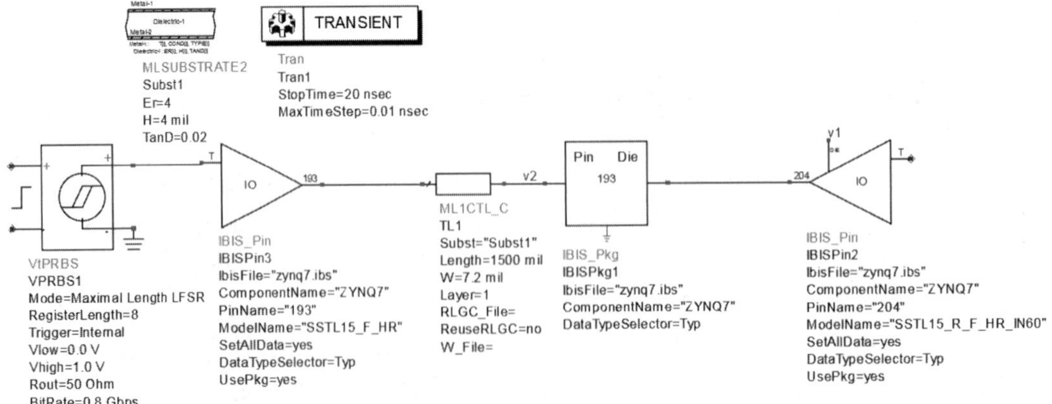

图 8.27　Package 模型仿真原理图

运行仿真后，查看 v1 和 v2 的结果，如图 8.28 所示。

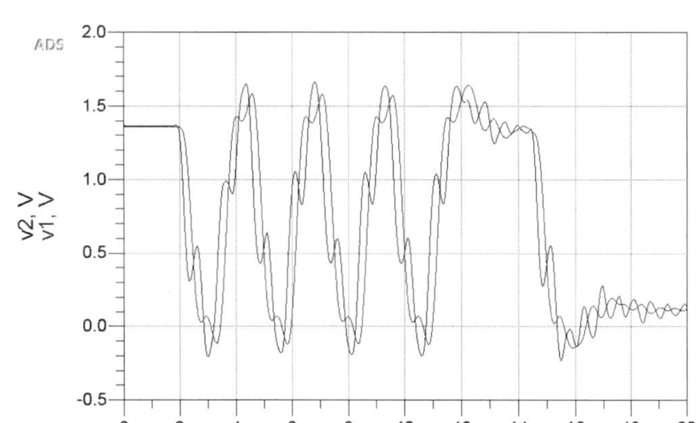

图 8.28　Package 模型仿真结果

由于 v2 是在封装上的结果，不是在最终端，而且封装参数比较大，导致结果非常不好，有明显的非单调。v1 的结果相对 v2 而言就比较好。

8.4　SPICE 模型

前面提到，目前 SPICE 主要用于集成电路、数模电路、电源电路等电子系统的设计和仿真。当然，SPICE 模型也会用于系统级别的仿真，但是由于系统级的产品的结构比较复杂，仅对一段电路进行建模就会相当复杂，这就导致整个系统在仿真时非常费时，对仿真设备的性能要求也非常高。

另外，在系统级仿真时，需要芯片公司提供仿真模型，但是 SPICE 模型中包含电路元件参数、电路结构以及制造工艺参数等，这些都是芯片公司不愿意提供的。这就导致系统级的仿真工程师无法获得模型，从而无法进行仿真。现在一些大型的芯片设计公司会提供自己的网页仿真工具，以免自己的 SPICE 模型外流，如 Intel 提供 SISTAI，Boardcom 提供 LinkEye。但并不是每一家芯片公司都有这类工具，而且这些工具也有一定的局限性，比如有的公司要求所有的芯片都是其一家的，或者对模型有特殊的要求等。

ADS 支持使用 SPICE 模型，也可以通过自带工具把 S 参数模型转换为宽带的 SPICE 模型，这样可以帮助工程师进行仿真。

8.4.1　在 ADS 中使用 SPICE 模型

ADS 自带了一个 HSPICE 向导工具，可以导入 SPICE 模型。在菜单栏中选择 Tools→HSPICE Compatibility Component→Wizard 选项，或者在工具栏上单击 HSPICE Compatibility Wizard 按钮 H ，启动 HSPICE 兼容性向导，如图 8.29 所示。

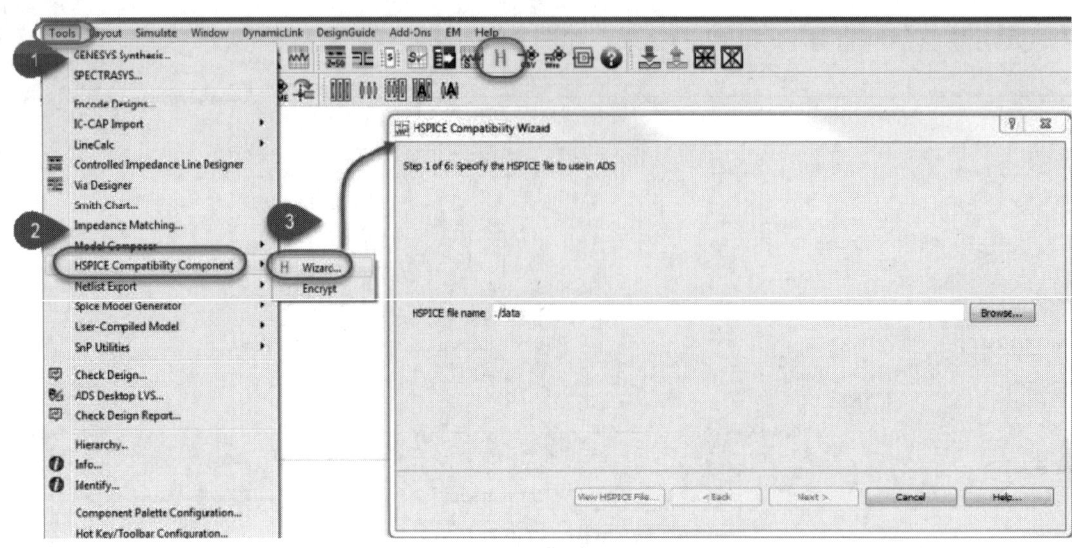

图 8.29 启动 HSPICE 兼容性向导

本案例使用的是一个简单的子电路 tx_io.inc。在对话框中单击 Browse 按钮，在放置模型的目录下选择 SPICE 模型文件，单击 Next 按钮后选择使用的子电路，如图 8.30 所示。

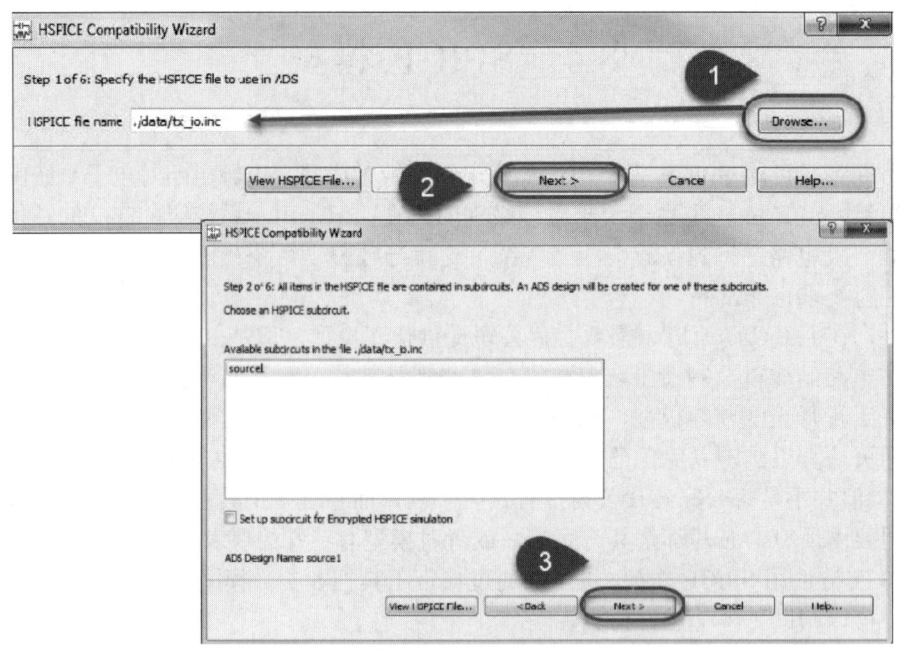

图 8.30 选择 SPICE 模型以及子电路

单击 Next 按钮，设置 SPICE 元件的符号，如图 8.31 所示。

单击 Next 按钮，设置 ADS 设计的参数，一般这一步不需要设置，除非要改变模型中的参数，如图 8.32 所示。

单击 Next 按钮即完成了 SPICE 模型向导设置，单击 Finish 按钮，在原理图编辑区就生成了一个 SPICE 模型的符号，如图 8.33 所示。

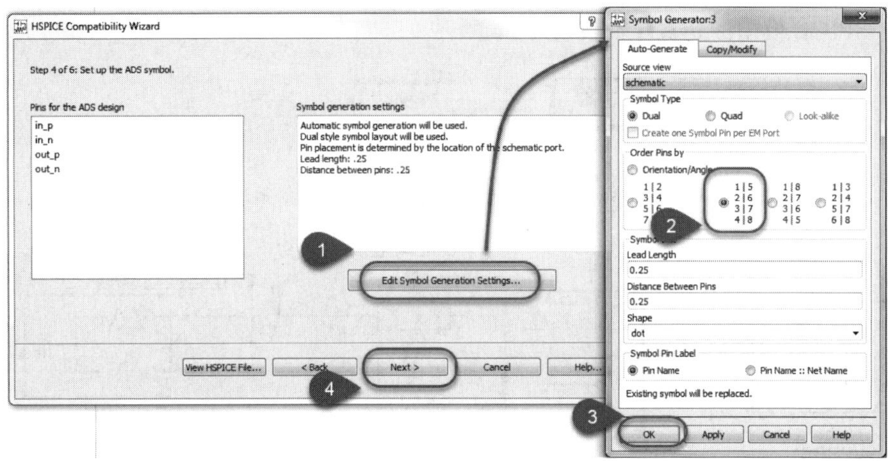

图 8.31　设置元件符号

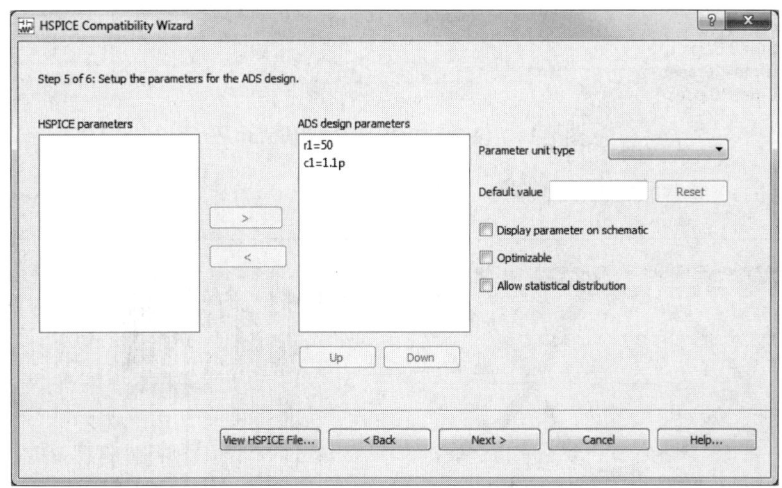

图 8.32　设置 ADS 设计参数

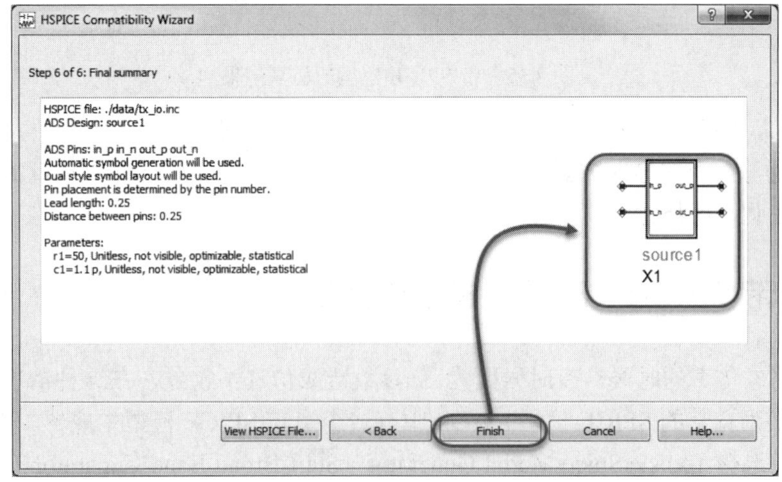

图 8.33　完成 SPICE 模型向导设置

包含 SPICE 模型的仿真电路如图 8.34 所示。

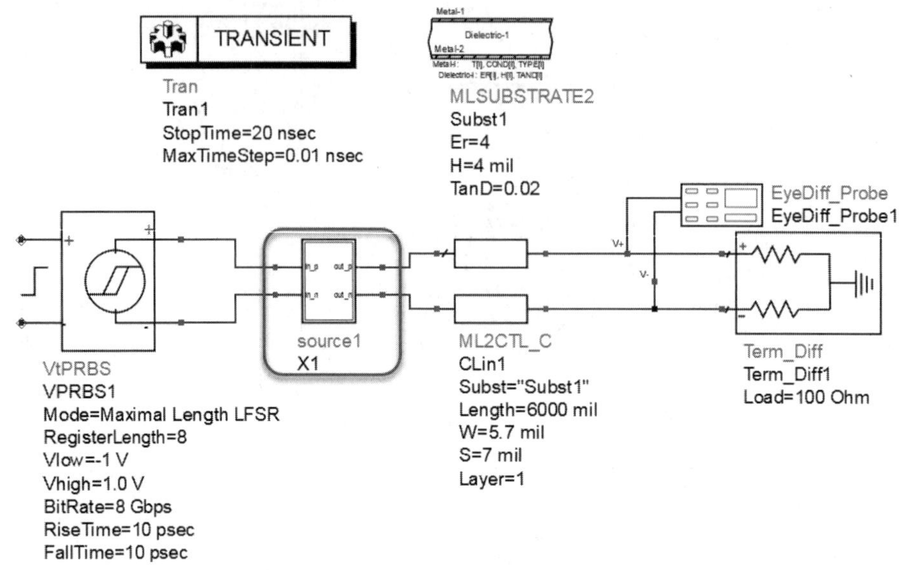

图 8.34 包含 SPICE 模型的仿真电路

运行仿真后，查看眼图以及波形，如图 8.35 所示。

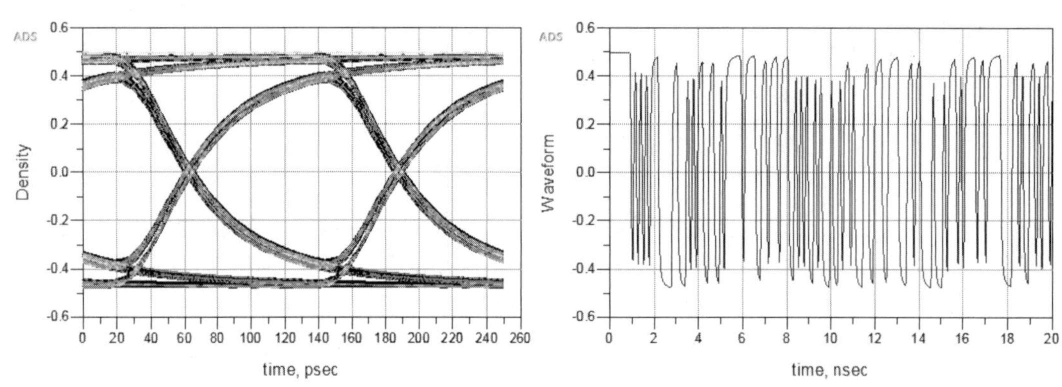

图 8.35 带 SPICE 模型的仿真结果

有时候，芯片厂商不仅会提供芯片的 SPICE 模型，还会提供一些传输线的 SPICE 模型，使用的方式也与上面的导入方式一样，导入原理图之后，其仿真方式与常规的传输线模型仿真一样，在此不再赘述。

8.4.2 宽带 SPICE（BBS）模型生成器

在进行瞬态仿真的时候，有时候因为 S 参数造成仿真不收敛，在这种情况下可以考虑把 S 参数转换为宽带的 SPICE 模型。ADS 中有一个宽带 SPICE 模型生成器。在 ADS 原理图的菜单栏中选择 Tools→Spice Model Generator→Start Broad Band Generator 选项，弹出宽带 SPICE 模型生成器的窗口，如图 8.36 所示。

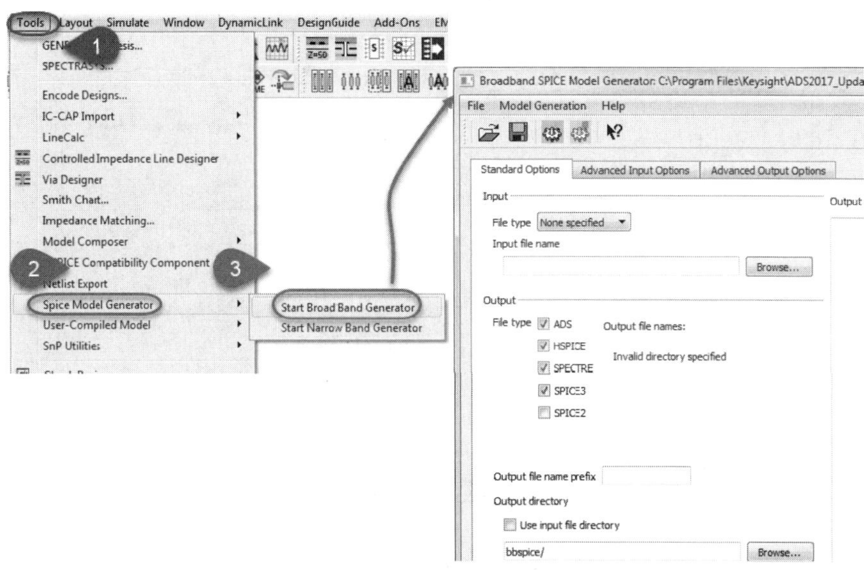

图 8.36　启动宽带 SPICE 模型生成器

在弹出的窗口中有 3 个页签，分别是 Standard Options（标准选项）、Advanced Input Options（高级输入选项）和 Advanced Output Options（高级输出选项），在 Standard Options 页签下 File type 下拉菜单中有 None Specified、Dataset、Citifile、Touchstone 和 Momentum RAT 选项，本案例使用的是 S 参数，所以选择 Touchstone。然后单击 Browse 按钮，选择 S 参数文件 DIFF_REF.S4P，根据需要选择输出模型的类型，也可以保持默认的设置，输出所有的类型，包括 ADS、HSPICE 等。在没有特殊要求的情况下，其他选项保持默认，然后在工具栏上单击开始生产模型按钮，如图 8.37 所示。

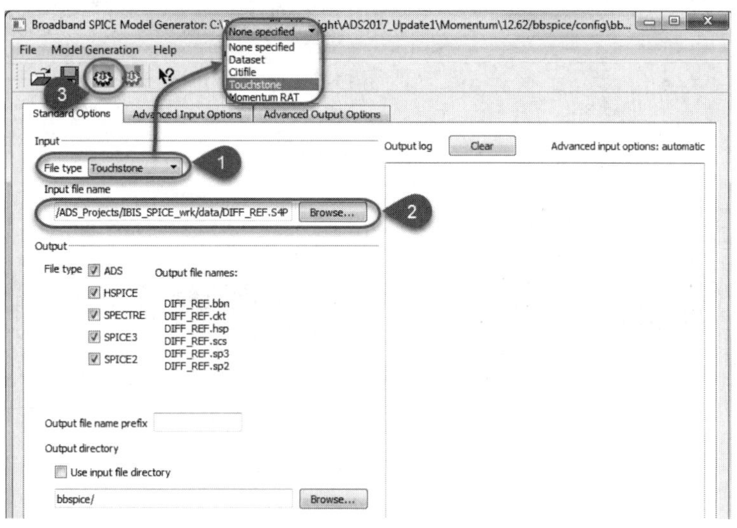

图 8.37　设置和运行宽带模型生成器

运行完成后，可以看到窗口的右下方有对应的输出文件名称，也可以在输出文件夹中查看所有生成的新模型文件，如图 8.38 所示。

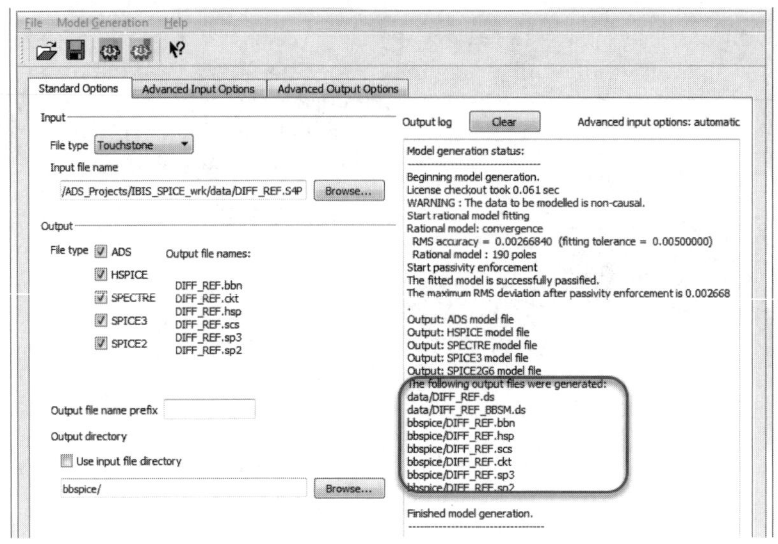

图 8.38　生成新模型文件的信息

宽带 SPICE 模型生成之后，会自动弹出一个数据显示窗口，其中可以对比生成前后的结果，如图 8.39 所示。

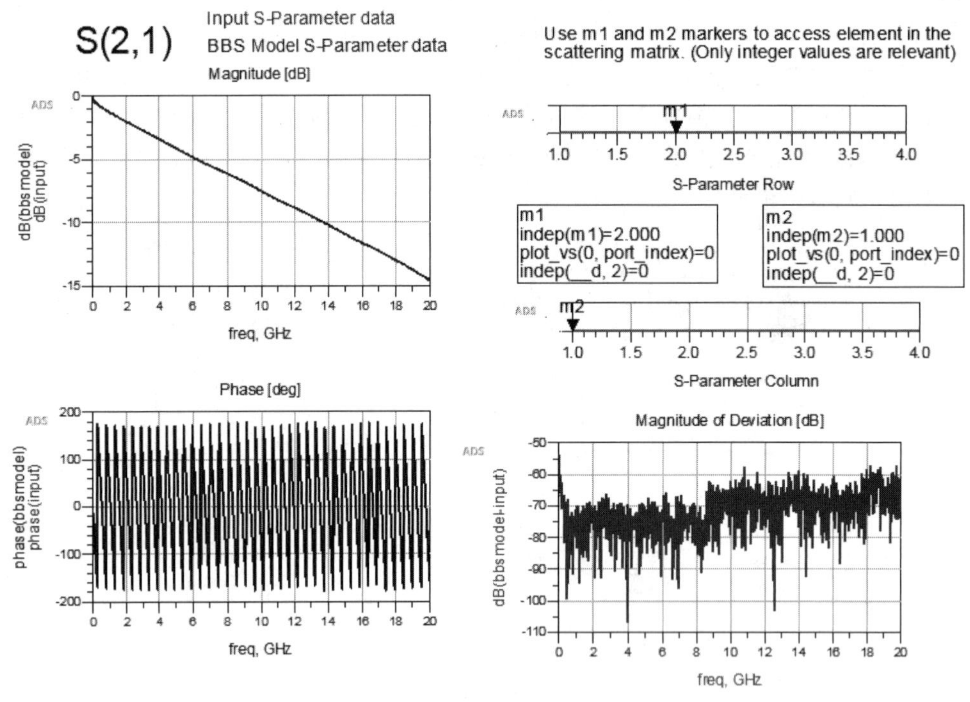

图 8.39　对比生成前后的结果

也可以把生成的宽带 SPICE 模型导入 ADS 中进行验证，导入的方式与前面使用 SPICE 模型的方式相同，分析的原理图如图 8.40 所示。

运行仿真后查看其仿真结果，并与转换前的 S 参数对比，对比结果如图 8.41 所示。

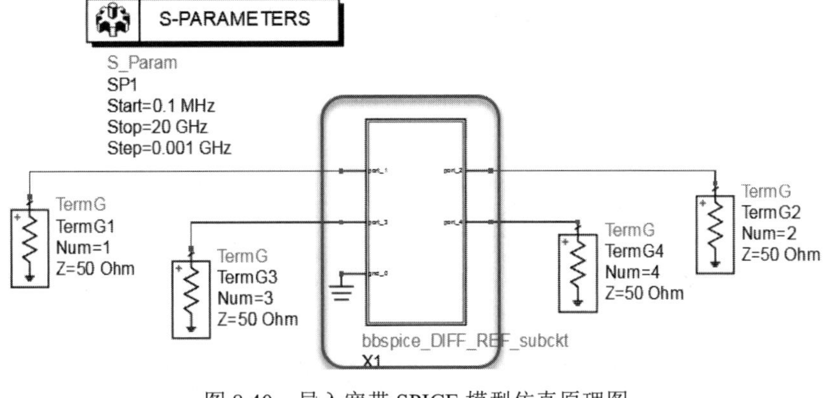

图 8.40　导入宽带 SPICE 模型仿真原理图

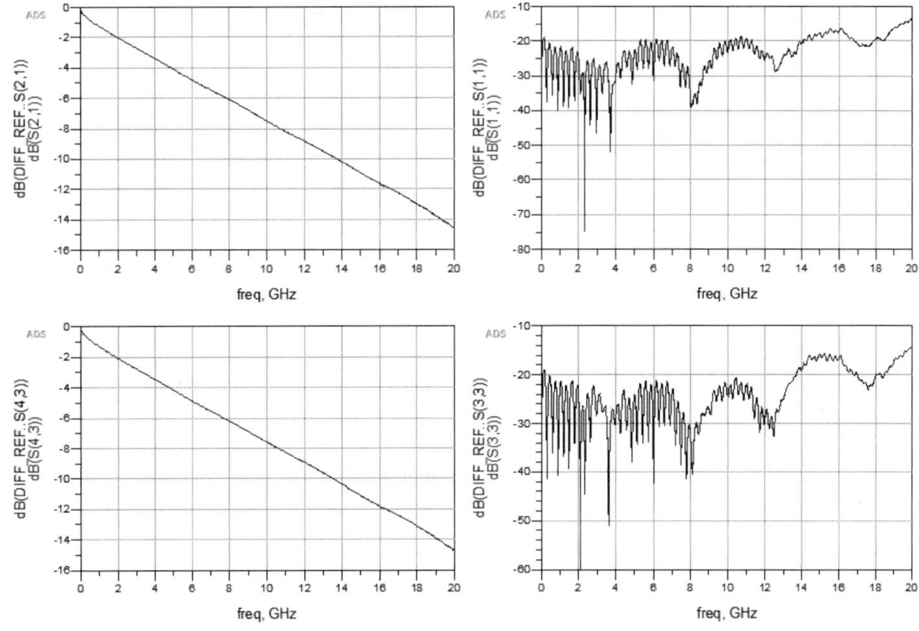

图 8.41　对比宽带 SPICE 模型与原 S 参数的结果

从仿真结果可以看出，插入损耗比较一致，回波损耗有少许差异，有兴趣的工程师也可以对其他结果做进一步对比。

生成的宽带 SPICE 模型就可以直接应用于时域仿真电路中。使用方式与前面使用 SPICE 模型一样，在此不再赘述。

8.4.3　W-element 模型生成

W-element 是一种基于 RLGC 矩阵的通用频率相关传输线模型。有的工程师在使用 SPICE 模型仿真时，传输线使用 W-element 模型。在 ADS 中可以把传输线的模型转换为 W-element 模型。

首先建立一个多层结构的传输线，然后双击传输线结构，在弹出的对话框中设置输出的 W-element 名称以及格式，W-element 的格式分为 HSPICE subckt with tabular RLGC data、HSPICE subckt with static RLGC data、Tabular data files(separate RLGC files)和 Static data file。根据实际需要进行选择，一般建议选择 HSPICE subckt with tabular RLGC data。具体设置如图 8.42 所示。

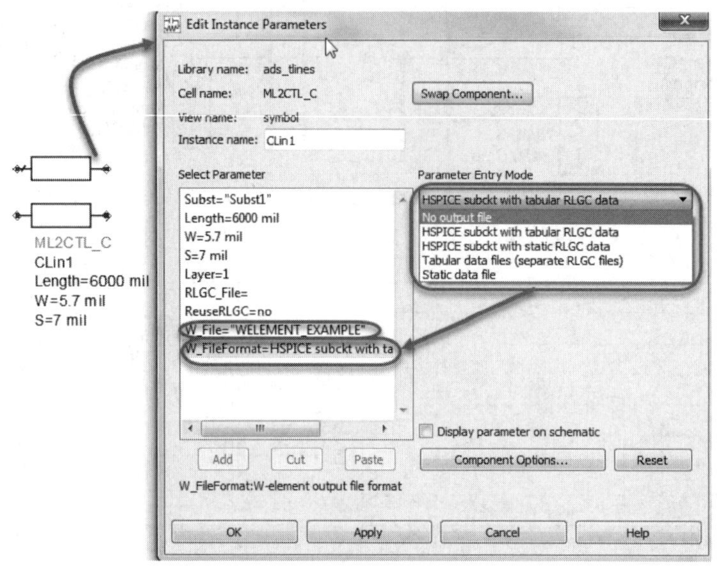

图 8.42 设置提取 W-element 的传输线

建立好传输线之后，提取 W-element 时还需要添加一个 W-element 提取控件（W-element Extraction Controller），然后编辑提取的 Start（起始）频率、Stop（终止）频率和 Step（步长），如图 8.43 所示。

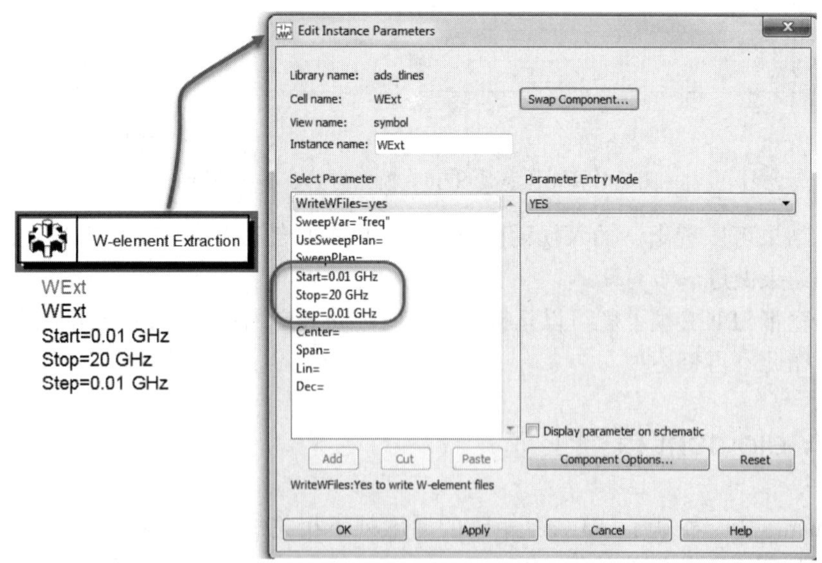

图 8.43 设置 W-element 提取仿真控件

这些频率可以与 S 参数仿真控件的设置一致，也可以不一致，以实际需求为准。本案例设置为一致，建立仿真的原理图如图 8.44 所示。

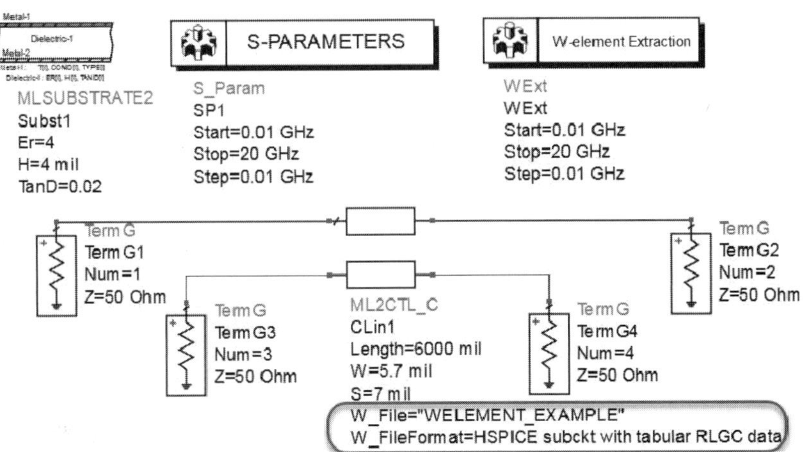

图 8.44　提取 W-element 的原理图

运行仿真，获得的 W-element 模型如图 8.45 所示。

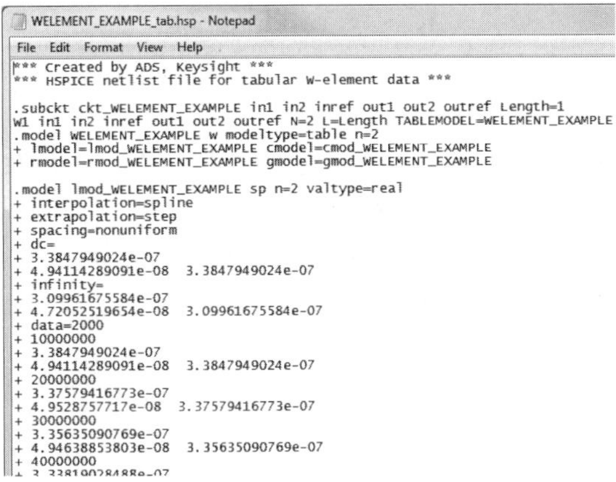

WELEMENT_EXAMPLE_tab.hsp - Notepad

File　Edit　Format　View　Help

```
*** Created by ADS, Keysight ***
*** HSPICE netlist file for tabular W-element data ***

.subckt ckt_WELEMENT_EXAMPLE in1 in2 inref out1 out2 outref Length=1
W1 in1 in2 inref out1 out2 outref N=2 L=Length TABLEMODEL=WELEMENT_EXAMPLE
.model WELEMENT_EXAMPLE w modeltype=table n=2
+ lmodel=lmod_WELEMENT_EXAMPLE cmodel=cmod_WELEMENT_EXAMPLE
+ rmodel=rmod_WELEMENT_EXAMPLE gmodel=gmod_WELEMENT_EXAMPLE

.model lmod_WELEMENT_EXAMPLE sp n=2 valtype=real
+ interpolation=spline
+ extrapolation=step
+ spacing=nonuniform
+ dc=
+ 3.3847949024e-07
+ 4.94114289091e-08  3.3847949024e-07
+ infinity=
+ 3.09961675584e-07
+ 4.72052519654e-08  3.09961675584e-07
+ data=2000
+ 10000000
+ 3.3847949024e-07
+ 4.94114289091e-08  3.3847949024e-07
+ 20000000
+ 3.37579416773e-07
+ 4.9528757717e-08  3.37579416773e-07
+ 30000000
+ 3.35635090769e-07
+ 4.94638853803e-08  3.35635090769e-07
+ 40000000
```

图 8.45　W-element 模型

同样，使用此方式可以把其他格式的 W-element 模型提取出来。把 W-element 模型通过 HSPICE 向导导入并建立仿真原理图，如图 8.46 所示。

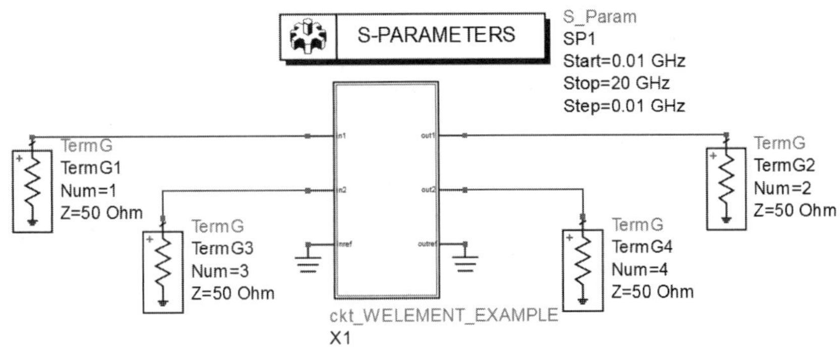

图 8.46　导入 W-element 模型的原理图

运行仿真并对比使用传输线时仿真的结果，如图 8.47 所示。

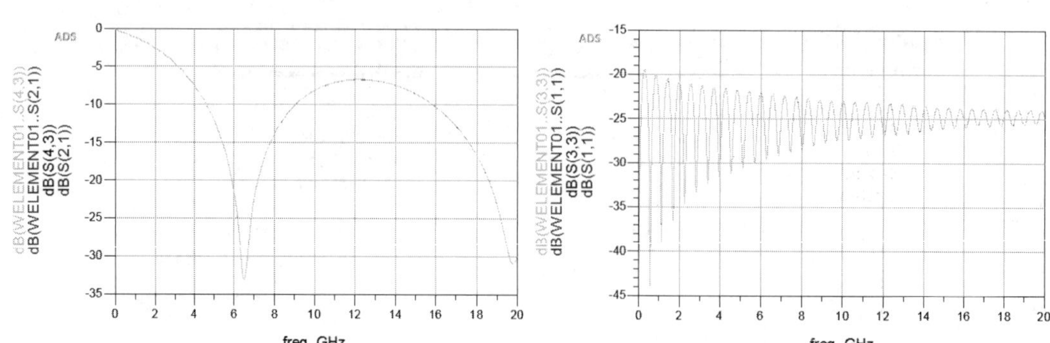

图 8.47　对比传输线和 W-element 模型的仿真结果

从仿真结果来看，插入损耗和回波损耗都比较吻合，但是对于不同类型的模型，当频率比较高的时候，会有一些差异，在工程中要做好模型的验证。

本 章 小 结

建模是信号完整性和电源完整性仿真最重要的工作之一，因为模型的准确性直接影响仿真的准确性。IBIS 模型和 SPICE 模型是常用的两种模型，尤其是 IBIS 模型在实际工程中应用得更多。本章主要从基本的模型概念着手，介绍了 IBIS 模型和 SPICE 模型的应用，同时介绍了如何在 ADS 中产生宽带 SPICE 模型和 W-element 模型及其在 ADS 中的应用。

第 9 章

HDMI 仿真

屏幕和显示技术的发展是现代人们生活方式改变的一个小缩影。人们对显示质量的要求逐步提升，同时对显示设备的分辨率、色彩、刷新率也都提出了更高的要求，在此过程中，HDMI 总线应运而生。

9.1　HDMI

HDMI（high-definition multimedia interface）被称为高清晰度多媒体接口，是首个支持在单线缆上传输不经过压缩的全数字高清晰度、多声道音频和智能格式与控制命令数据的数字接口。HDMI 接口由美国矽映公司（SiliconImage）发起，由索尼、日立、松下、飞利浦、汤姆逊、东芝等 8 家著名的消费类电子制造商联合成立的工作组共同开发。

2002 年，HDMI 发布最初的版本 HDMI1.0，之后又陆续发布了 HDMI1.1、HDMI1.2、HDMI1.2a、HDMI1.3、HDMI1.4 和 HDMI2.0 版本，现在最新的版本是 HDMI2.1a，每一个版本的发布都伴随着传输速率和信息量的增加，目前市场上使用最多的是 HDMI1.4 和 HDMI2.0 版本，其信号速率为 3.4 Gb/s，三对信号线同时传输的总线速率为 10.2 Gb/s。当前，HDMI 最新的规范是 HDMI2.1a，它的信号速率达到了单通道 12 Gb/s，四对信号线的总线速率达到 48 Gb/s，这么高的速率和信息量，在互连链路上有任何处理不好的点都会带来很严重的信息传递问题。

HDMI 总线采用 TMDS（time minimized differential signal）最小化传输差分信号的传输技术。每一个标准的 HDMI 通道都包含 3 对用于传输数据的 TMDS 信号线和 1 对独立的 TMDS 时钟传输线，以保证传输时所需的时序是统一的。在一个时钟周期内，每对 TMDS 通道都能传送 10 bit 的数据流，而这 10 bit 数据流可以由若干种不同的编码格式构成。通常情况下，时钟线上的时钟频率为数据线上数据传输速率的十分之一。当然，HDMI 总线上不仅只有数据和时钟信号，还有很多其他比较重要的信号，如热插拔信号线 HPD 线、显示数据的通道信号线 DDC（display data channel）、电源和地线等。图 9.1 所示为 HDMI 总线协议中定义的各种信号连接示意图。

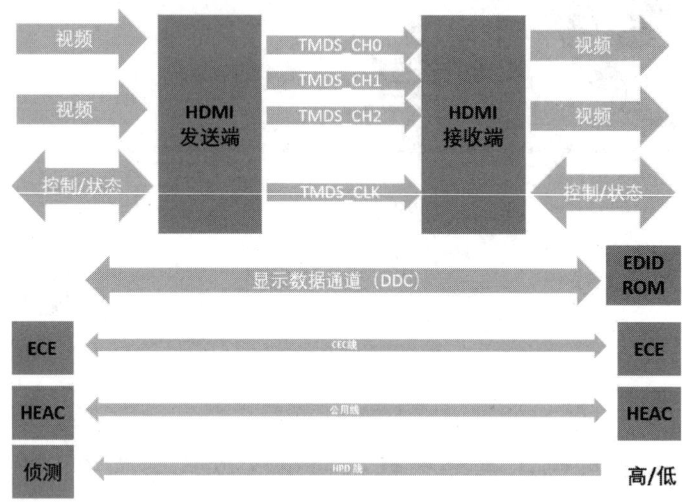

图 9.1　HDMI 连接示意图

HDMI 出现在很多需要显示的产品设备上。根据 HDMI 标准协议的定义，可将 HDMI 设备分为源设备（source）、接收设备（sink）和线缆（cable）。源设备是产生 HDMI 信号的设备，主要有机顶盒、计算机、高清视频播放器等；接收设备就是接收 HDMI 信号的设备，主要有显示器、投影机等；线缆是传输 HDMI 信号的电缆，用于连接源设备和接收设备，电缆又分为有源电缆和无源电缆。

不管是源设备、接收设备，还是电缆，都会涉及信号完整性方面的问题。对于源设备，主要关注的是 TMDS 的发送信号质量；对于接收设备，就需要保证完整地接收到 HDMI 信号并显示出来，重点关注的是接收的 TMDS 信号的质量。

对于某一种类型的设备，芯片通过传输线、共模电感与 HDMI 连接器相连接，HDMI 总线设计的原理图可以简化为图 9.2。

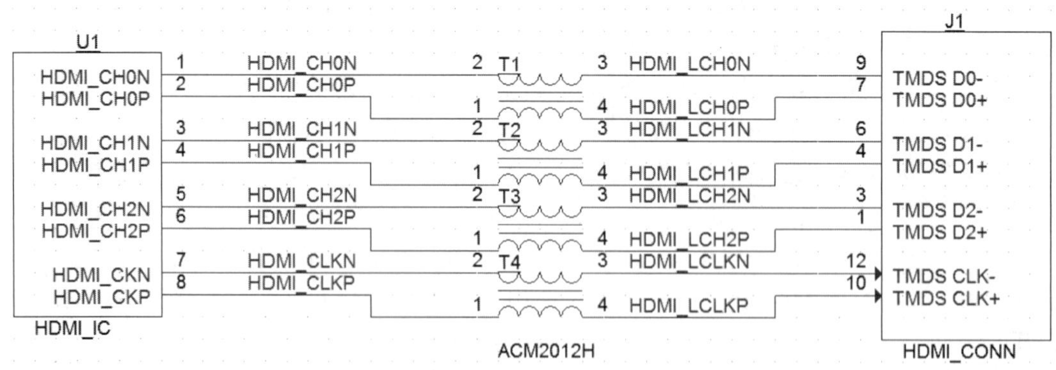

图 9.2　HDMI 简化原理图

9.2　HDMI 电气规范解读

每一类总线或总线接口都有其相应的规范，HDMI 也一样，在规范中有包含总线的概述、机械结构的定义、各种设备的物理层/电气规范、通信协议、电源模块管理等。对于信号完整性设计和仿真，需要重点关注总线协议中的电气规范。

前面介绍了 HDMI 有 3 种设备，对于信号完整性工程师来说，主要关注的是 TMDS 信号，图 9.3 所示为 TMDS 连接测试点示意图。图中有发送端、接收端和传输线缆 3 个部分，也是 HDMI 的 3 种设备。

接下来以 HDMI1.4 版本为例，分别就 3 种设备的电气规范要求做一些简要的介绍。

9.2.1　HDMI 线缆规范

HDMI 的线缆各式各样，从电气性能角度可以将其分为有源线缆和无源线缆。HDMI 线缆主要由线缆和连接器两部分构成。不管是有源线缆还是无源线缆，都会有不同长度的需求，连接器端子也包含 A 型、B 型、C 型、D 型和 E 型共 5 种类型，它们的电气性能要求也各有不同。图 9.4 所示为不同的 HDMI 线缆类型。

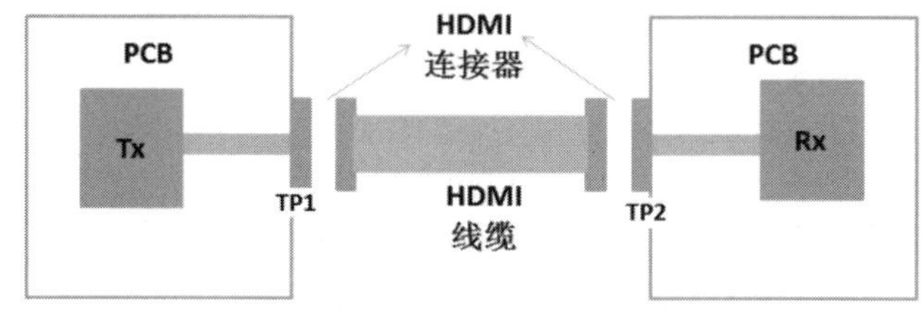

图 9.3　TMDS 连接测试点示意图

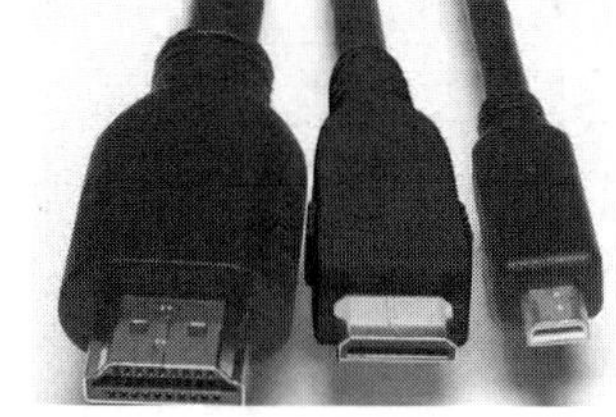

图 9.4　HDMI 线缆类型

线缆和连接器都属于无源器件，它们的电气参数主要有阻抗、插入损耗、回波损耗、时延、绝缘性能等。以 HDMI 无源线缆、A 型连接器为例，它的部分电气性能要求如表 9.1 所示。

表 9.1　A 型连接器部分电气性能要求

项　　目	规 范 要 求	备　　注
差分阻抗	100 ohm +/−15%	测试时上升时间≤200 ps（10%～90%）
差分远端串扰	最大值为 5%	测试时上升时间≤200 ps（10%～90%）
耐电压强度	500 V	交流电，单个连接器
静电要求	8.0 kV	
绝缘电阻	最小值为 100 Mohm	
接触电阻	最大值为 10 ohm	

表 9.2 所示为 A 型-A 型无源线缆部分电气性能要求。

表 9.2 A 型-A 型无源线缆部分电气性能要求

项 目	规 范 要 求	备 注
差分阻抗	100 ohm +/–15%	测试时上升时间≤200 ps（10%～90%）
差分远端串扰	最大值<–20 dB	测试时上升时间≤200 ps（10%～90%）
差分信号对内长度偏差	最大值为 112 ps	
差分信号对与对之间的偏差	最大值为 1.78 ns	
差分损耗	–5 dB/min 0～825 MHz –12 dB/min 825～2475 MHz –20 dB/min 2475～4125 MHz	

关于其他的机械、环境等参数就不一一罗列了，读者可以查看相应的协议规范。通常在电子产品设计过程中，线缆和连接器都是作为零组件使用，所以工程师在使用的时候，主要测量并确认线缆和连接器的相关参数没有问题即可。

9.2.2 HDMI 源设备规范

HDMI 源设备是 HDMI 信号的发送端，协议规范中有对源端的电气性能参数的明确规定，如表 9.3 和表 9.4 所示。

表 9.3 源端 TP1 处直流（DC）电气参数

项 目	规 范 要 求	备 注
单端待机输出电压	AVcc±10 mV	AVcc =3.3V±5%
单端输出摆动电压（Vswing）	400 mV≤Vswing≤600 mV	
单端高电平输出电压	AVcc±10 mV（接收设备信号频率≤165 MHz） （AVcc – 200 mV）≤VH≤（AVcc + 10 mV）（接收设备速度>165MHz）	AVcc =3.3V±5%
单端低电平输出电压	AVcc ±10 mV（接收设备信号频率≤165 MHz） （AVcc – 200 mV）≤VH≤（AVcc + 10 mV）（接收设备信号频率>165 MHz）	AVcc =3.3V±5%

表 9.4 源端 TP1 处交流（AC）电气参数

项 目	规 范 要 求	备 注
上升、下降时间	最小值为 75 ps	20%～80%
差分信号对内长度偏差	0.15 T_{bit}	最大值，T_{bit} 表示数据的位宽
差分信号对与对之间的偏差	0.20 $T_{character}$	最大值，$T_{character}$ 表示一个字符，相当于 10 个数据位宽
占空比	40%、50% 、60%	最大值、平均值、最小值
差分线时钟抖动	0.25 T_{bit}	最大值，T_{bit} 表示数据的位宽
输入高电平	200 mV	
输入低电平	–200 mV	
输入信号最大值	780 mV	
输入信号最小值	–780 mV	

图 9.5 所示为源端测试点 TP1 处的眼图模板。在仿真 TMDS 数据信号时，在 TP1 处获

得的眼图一定要满足此眼图模板的要求。

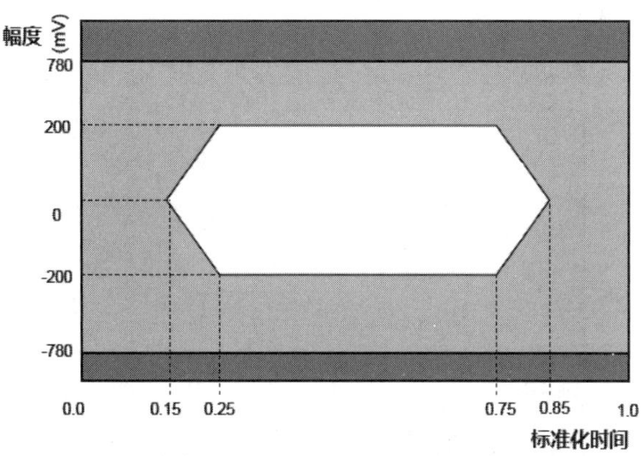

图 9.5　源端测试点 TP1 处的眼图模板

如图 9.5 所示，眼图纵坐标表示幅值，单位为 mV，横坐标表示信号一个单位的位宽，单位为 1 个 UI。

9.2.3　HDMI 接收设备规范

HDMI 接收设备是 HDMI 信号的接收端，协议规范中有对接收设备端的电气性能参数的明确规定，如表 9.5 和表 9.6 所示。

表 9.5　接收设备端 TP2 处直流（DC）电气参数

项　目	规 范 要 求	备　注
输入差分电压（V_{idiff}）	$150 \leqslant V_{idiff} \leqslant 1200$ mV	
输入共模电压 V_{icm}, V_{icm1}, V_{icm2}	（AVcc – 300 mV）$\leqslant V_{icm1} \leqslant$（AVcc – 37.5 mV） （接收设备信号频率≤165 MHz） （AVcc – 400 mV）$\leqslant V_{icm1} \leqslant$（AVcc – 37.5 mV） （接收设备信号频率>165 MHz）	AVcc =3.3 V±5%

表 9.6　接收设备端 TP2 处交流（AC）电气参数

项　目	规 范 要 求	备　注
上升、下降时间	最小值为 75ps	20%~80%
差分信号对内长度偏差	0.4 T_{bit}（TMDS 的时钟频率≤222.75 MHz） 0.15 T_{bit}（TMDS 的时钟频率>222.75 MHz）	最大值，T_{bit} 表示数据的位宽
差分信号对与对之间的偏差	0.20 $T_{character}$	最大值，$T_{character}$ 表示一个字符，相当于 10 个数据位宽
占空比	40%、50%、60%	最大值、平均值、最小值
差分线时钟抖动	0.30 T_{bit}	最大值，T_{bit} 表示数据的位宽
输入高电平	75 mV	
输入低电平	−75 mV	
输入信号最大值	780 mV	
输入信号最小值	−780 mV	

图 9.6 所示为测试点 TP2 处的眼图模板。在仿真 TMDS 数据信号时，在 TP2 处获得的眼图一定要满足此眼图模板的要求。

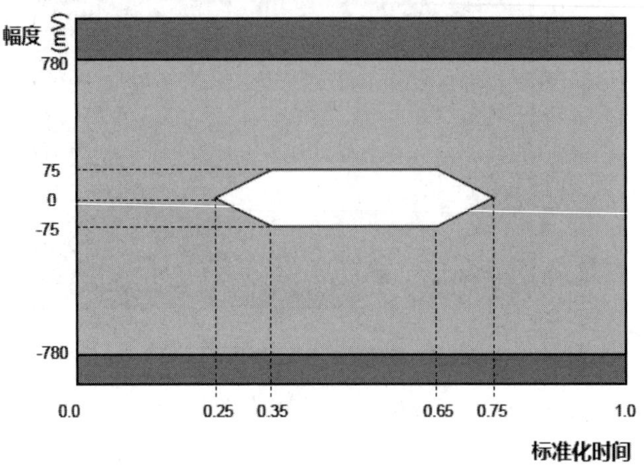

图 9.6　接收设备端 TP2 测试点的眼图模板

图 9.6 中，眼图纵坐标表示幅值，单位为 mV，横坐标表示信号一个单位的位宽，单位为 1 个 UI。

9.3　眼图和眼图模板

本书在 1.1.12 节中简单介绍了眼图的定义，本节将进一步介绍眼图和眼图模板在信号完整性中的应用，以及如何在 ADS 中设置眼图和眼图模板。

9.3.1　眼图和眼图模板介绍

简单地说，眼图就是把一连串接收端接收的脉冲信号（000,001,010,011,100,101,110, 111）同时叠加在示波器或者图形软件中一个比特周期内形成的图形，如图 9.7 所示。

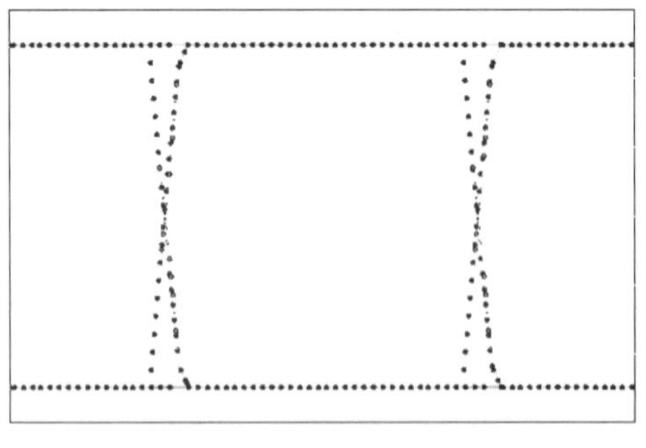

图 9.7　眼图

眼图的概念最早出现在光通信领域。随着信号的传递速率越来越高，眼图几乎成为所有高速信号中评估信号完整性的一个重要指标，因为眼图中包含了很多信号信息。由于眼图是通过大量的信号位的累加得到的，所以通过眼图可以观察信号波形的变化，如单调性、串扰、上升时间、下降时间、过冲、输入逻辑高电平、输入逻辑低电平和抖动等。

为了使眼图在使用的时候更加简单和直观，很多总线在定义眼图的时候，也会同时定义一个眼图模板。眼图模板对于信号而言没有任何实际的物理意义，仅相当于一个禁止区域，如图 9.8 所示。

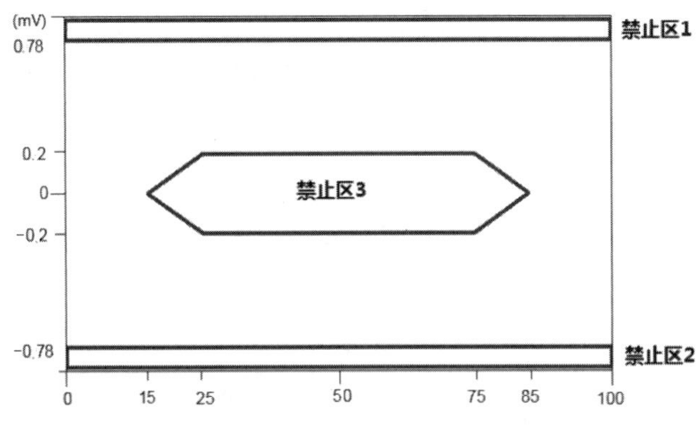

图 9.8　HDMI 测试点 TP1 的眼图模板

通常把禁止区 1 和禁止区 2 叫作外模板，表示眼图波形不能超过的最大值（HDMI 在 TP1 处的最大值为 780 mV）和最小值（HDMI 在 TP1 处的最小值为-780 mV）；将禁止区 3 叫作内模板，表示眼图波形在幅值方向上的输入高电平（HDMI 在 TP1 处为 200 mV）和输入低电平（HDMI 在 TP1 处为-200 mV），在水平方向上表示抖动的容限，100 表示 1 个位宽（UI）的宽度，其最大容限为 0.3UI。

眼图的特性是累加了一连串的脉冲波形，所以使用眼图可以测量信号的重复性。假如整个互连通信系统无任何噪声，通道的一致性也非常好，并且衰减也非常小，那么眼图上的轨迹应基本为相同的波形叠加在一起，如图 9.9 所示。

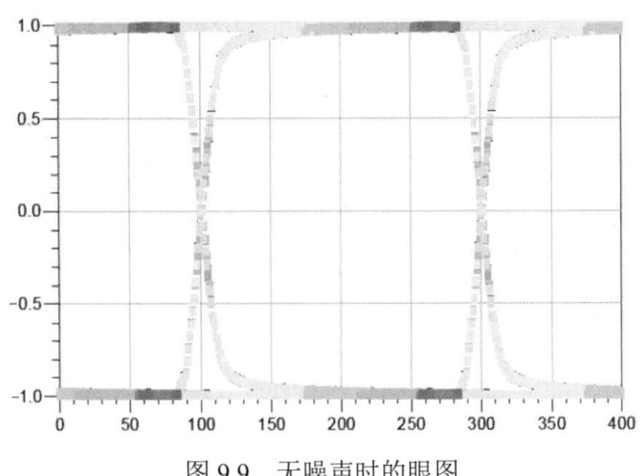

图 9.9　无噪声时的眼图

如果存在外部的噪声干扰，通道有一定的衰减，或者传输通道的一致性不好，那么信号的眼图轨迹会发生一些改变。在垂直方向上的叠加使纵向轨迹变粗，而水平方向上抖动的增加会使横向轨迹变粗，误码率也会随之增加，这时眼图类似图 9.10 所示的效果。

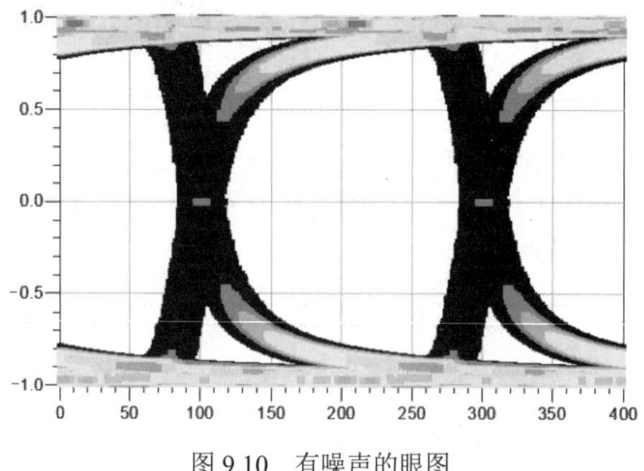

图 9.10　有噪声的眼图

如果信号受到的干扰非常大，或者信号衰减非常大，眼图就可能会闭合，类似图 9.11 所示的效果。

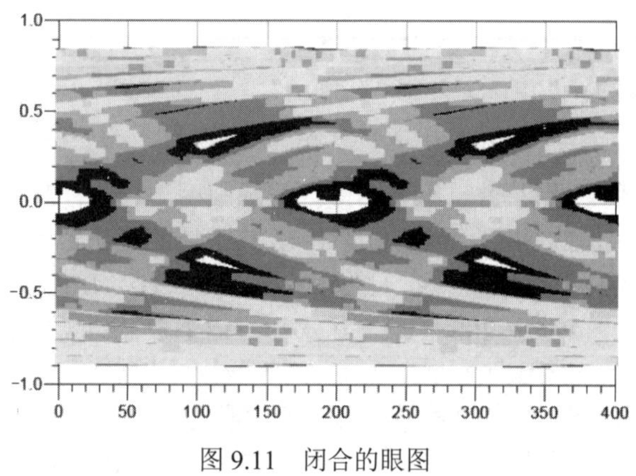

图 9.11　闭合的眼图

当然，这类闭合的眼图不一定就不符合设计要求，可根据具体的总线要求进行判断，有的总线对噪声和抖动的容限比较宽。现在的很多信号总线，通过使用一些均衡技术之后也会使闭合的眼图恢复。

9.3.2　选择眼图探针，在 ADS 中设置眼图模板

在 ADS 中仿真眼图时，可以在软件中调用眼图模板以辅助判断眼图是否符合设计要求。在 ADS 中有两个眼图元件，分别是 Eye_Probe 和 EyeDiff_Probe，如图 9.12 所示。

Eye_Probe 和 EyeDiff_Probe 两个元件存在于 Probe Components、Simulation-ChannelSim、Simulation-Transient 和 Simulation-DDR 库中。

Eye_Probe 和 EyeDiff_Probe 都是眼图探针，它们的功能是一样的，只是使用的场合不同，Eye_Probe 使用在单个连接点上，EyeDiff_Probe 使用在差分线上，图 9.13 所示为常见的使用方式。

从功能上来讲，两个元件是一模一样的，都是用于测量相关的眼图的。下面以 Eye_Probe 为例进行介绍。双击 Eye_Probe 打开眼图探针属性设置对话框，如图 9.14 所示。

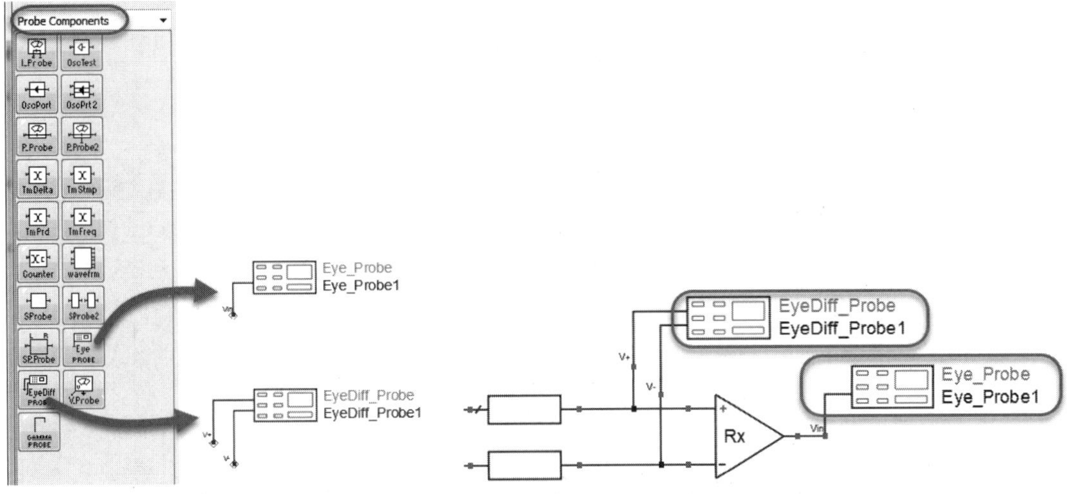

图 9.12　眼图元件　　　　图 9.13　使用 Eye_Probe 和 EyeDiff_Probe 眼图探针

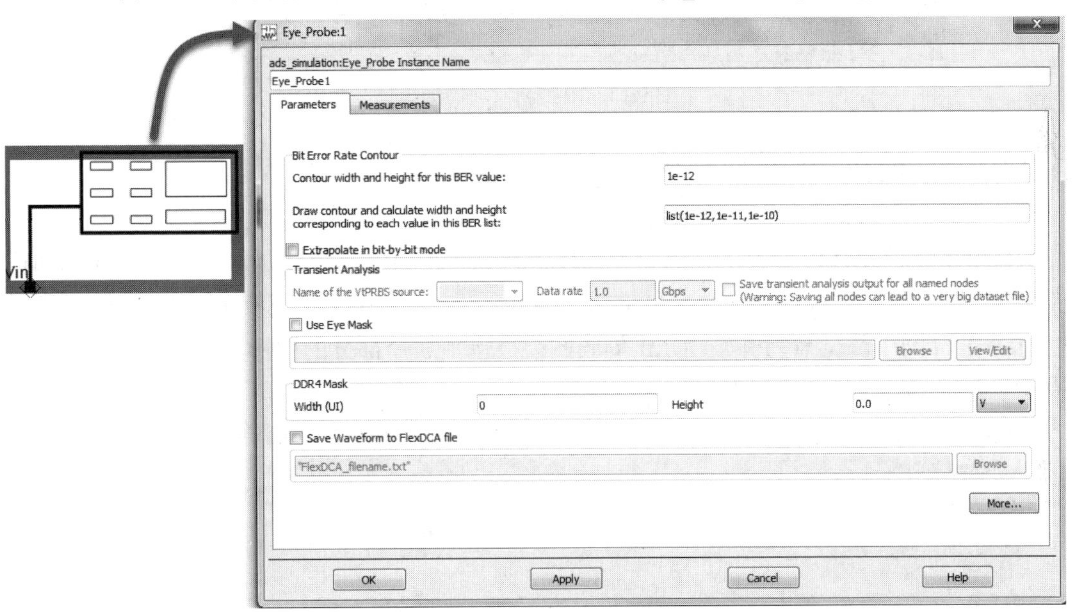

图 9.14　眼图属性设置对话框

眼图属性设置对话框包含两个页签，分别是 Parameters（参数）和 Measurements（测量）。在 Parameters 页签中可设置 Bit Error Rate Contour（误码率等高线）相关的参数、Transient Analysis（瞬态分析）激励源、Use Eye Mask（眼图模板调用）、DDR4 Mask（DDR4 眼图模板）以及 Save Waveform to FlexDCA file（保存到 FlexDCA 的文件波形）等。

Measurements 页签主要用于选择测量和显示的项目，包括眼图、波形、眼图高度、上升时间、下降时间、误码率、等高线等。

由于每一个仿真需要测试的电气参数并不完全相同，所以在选择测量项时要根据需要来选择。为了方便，可以在 Available（可用）栏中单击 Add All（添加所有）按钮，即选择全部的测试项。选中每一个测试项时，在对话框的下方会出现对选中项的详细解释，如图 9.15 所示。

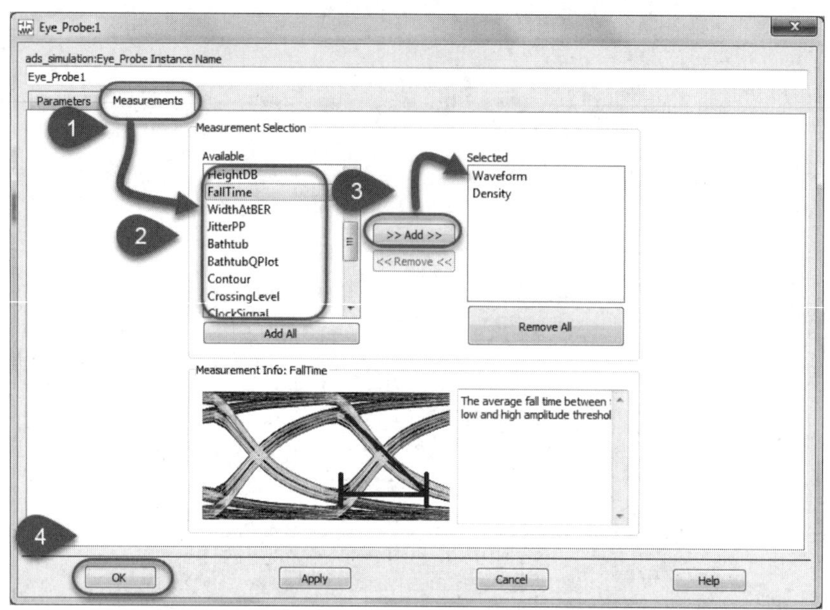

图 9.15　眼图测量项的选择

9.3.3　在 ADS 中设置眼图模板

在眼图探针元件设置中，有一个眼图模板选项，通过它可以添加眼图模板。在添加模板前，需要设置眼图模板文件，文件的后缀名为*.msk。ADS 眼图模板有固定的语法结构，以 HDMI 的 TP1 测试点为例，HDMI 的眼图模板包括 3 个部分的图形，分别是上模板、下模板和中间模板，其格式如下。

```
1 /* 表示第一个部分 */
4 /* 表示有 4 个点 */
0, 0.78
1, 0.78
1,0.9
0,0.9

2 /* 表示第二个部分 */
4 /* 表示有 4 个点*/
0, -0.78
1, -0.78
1, -0.9
0, -0.9

2 /* 表示第三个部分 */
6 /* 表示有 6 个点*/
0.15,0
0.25,0.2
0.75,0.2
0.85,0.0
```

```
0.75, -0.2
0.25, -0.2
```

把此文件保存为 ADS_HDMI_TP1.msk，并在 Eye_Probe 中调用，效果如图 9.16 所示。

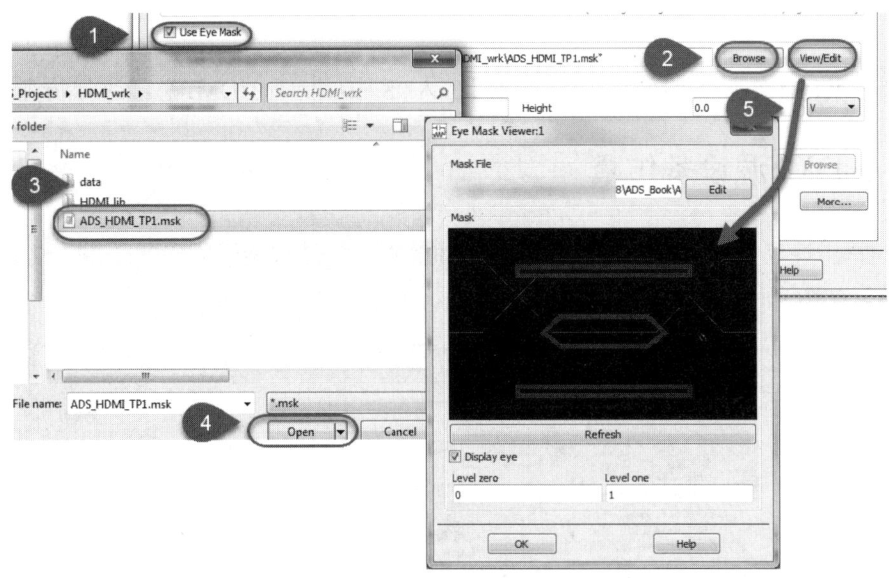

图 9.16　调用眼图模板

单击 View/Edit（查看/编辑）按钮即可查看编辑好并调入的眼图模板。将眼图模板调入 Eye_Probe 之后，不能立即在数据显示窗口中查看，需要运行仿真后才能查看。

在 ADS 数据显示窗口中选择 Mask 选项，即可调入编辑好的眼图模板，通过观察仿真的眼图是否碰到模板来判断是否满足设计的要求。在数据显示窗口中显示的 HDMI TP1 的眼图模板如图 9.17 所示。

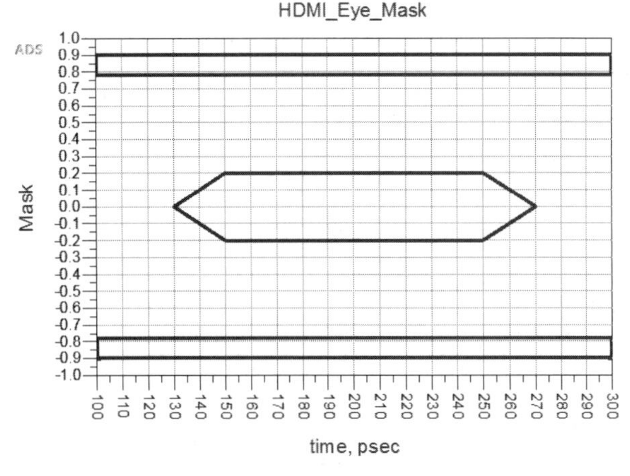

图 9.17　HDM P1 眼图模板

眼图模板对于信号完整性工程师而言非常有用。特别是对初学者来说，对一些无法快速做出判断的问题，套用眼图模板之后就能迅速判断结果是否满足总线要求。其他的总线自定义眼图模板和调用类似，在此不再赘述。

9.4 HDMI 仿真

本节主要以源端设备的仿真为例，介绍在 ADS 中如何对 HDMI 总线进行仿真。

9.4.1 HDMI 源设备仿真

在 HDMI 规范中对 HDMI 源设备的测试和仿真拓扑结构做了明确的要求，仿真拓扑结构简化模型如图 9.18 所示。

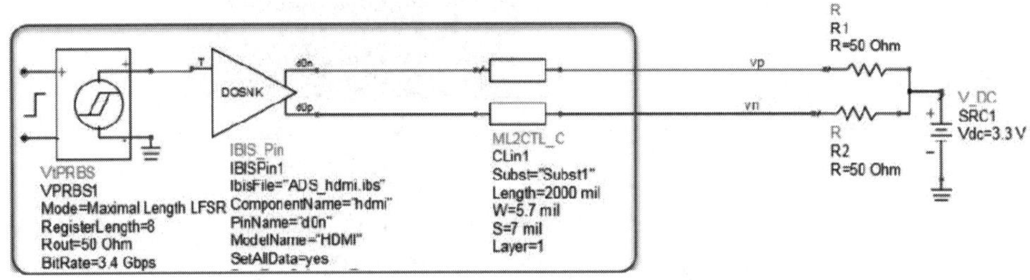

图 9.18　TP1 测试点的仿真测试拓扑结构简化模型

图 9.18 中方框内为源端设备部分，方框外为仿真和测试所需要的外部连接。对于仿真来讲，就是使用两个 50 Ω 的上拉电阻 R1 和 R2，上拉电源电压为 3.3 V。

方框内的部分包括信号发送芯片、传输链路（传输线和过孔）和无源器件（共模电感和连接器）。对于 HDMI 的前仿真，应主要评估两个方面，一是评估布线长度、等长关系、过孔设计、布线间距等；二是评估物料的选型，如共模电感、连接器的选择。具体的仿真拓扑要根据实际的项目工程建模，如图 9.19 所示。

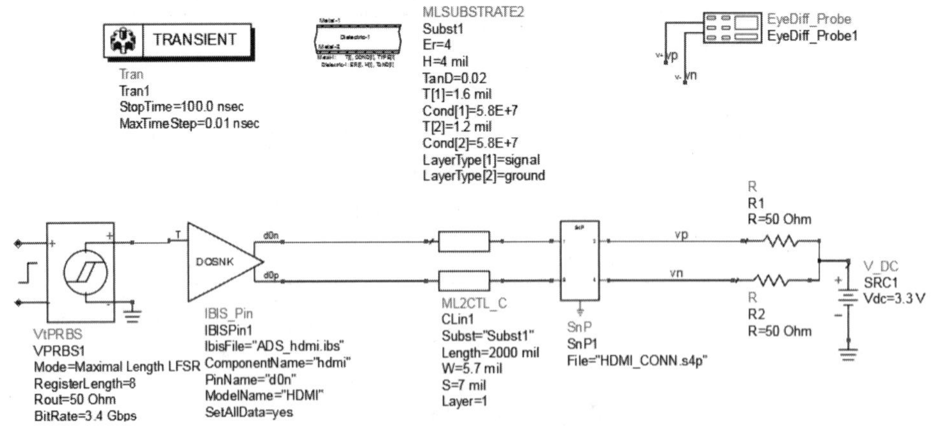

图 9.19　实际 HDMI 仿真工程建模

图 9.19 为按照 HDMI 协议规范和实际项目搭建的仿真拓扑结构，IBISPin1 为发送端的芯片，CLin1 为芯片到连接器之间的传输线，长度为 2000 mil，SnP1 是 HDMI 连接器模型。

使用 PRBS8 的激励源，比特率为 3.4 Gb/s，在 EyeDiff_Probe1 中调入 ADS_HDMI_TP1.msk 眼图模板，并且在瞬态分析栏中选择 VPRBS1，具体设置如图 9.20 所示。

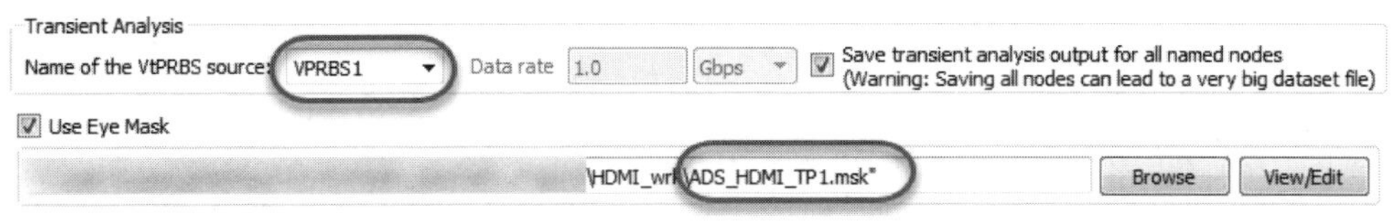

图 9.20　设置眼图探针

由于 HDMI 采用的是 TMDS 差分信号，电阻 R1 和 R2 都是单端线上的上拉电阻，上拉到 3.3 V 的电源。在拓扑结构中需要使用差分眼图探针，同时为了更清晰地查看每一个节点的波形，在连接器之后分别添加了两个网络节点 vp 和 vn，并与眼图探针连接。

运行仿真，在数据显示窗口中选择查看眼图（Density）以及眼图模板（Mask），如图 9.21 所示。

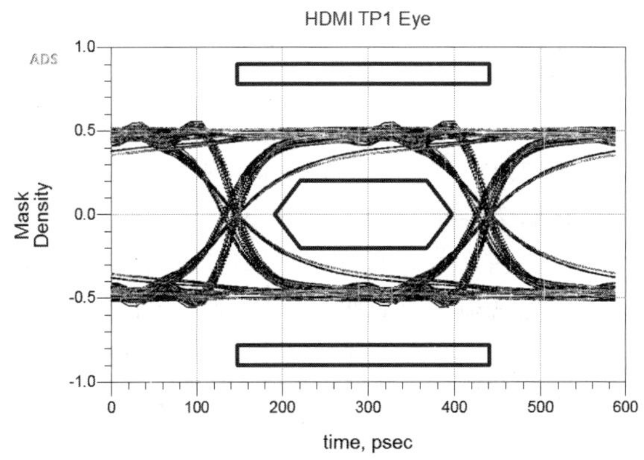

图 9.21　HDMI TP1 眼图结果

显然，从仿真结果来看，该设计满足规范和设计要求。在数据显示窗口中选择 List 选项，在对话框中选择 Summary（概要）并添加到显示项目中，获得 Height（眼图高度）和 Width（眼图宽度）的结果，如图 9.22 所示。

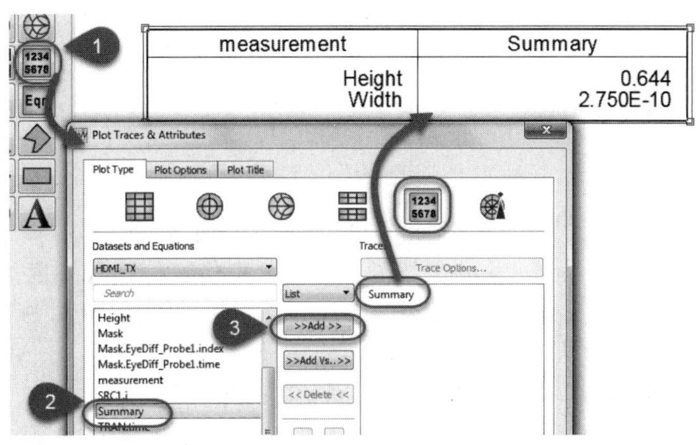

图 9.22　显示眼图高度和眼图宽度

从上述结果中可以得知，眼图高度和眼图宽度分别为 644 mV 和 275 ps。同时可以查看其单端信号和差分信号波形，如图 9.23 所示。

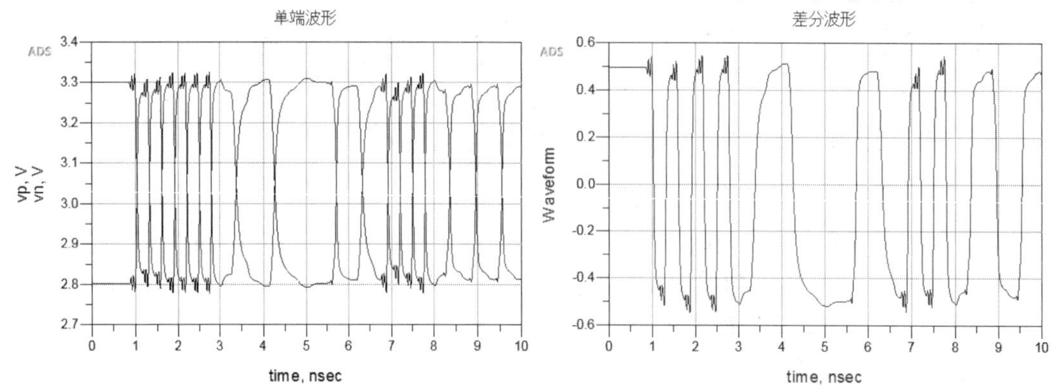

图 9.23　HDMI TP1 单端信号和差分信号波形

9.4.2　HDMI 布线长度仿真

在设计 PCB 之前，工程师需要制定 HDMI 的布线规则，对于这类高速总线，传输线的长度通常对总线的信号完整性起着关键的作用，传输线太长，损耗就会比较大，所以一般都会在设计之前设定一个最长的长度值作为设计规则。在前仿真中，通过对多组长度值进行扫描仿真，找出使眼图最差且能满足规范和设计要求的长度。扫描仿真拓扑结构如图 9.24 所示。

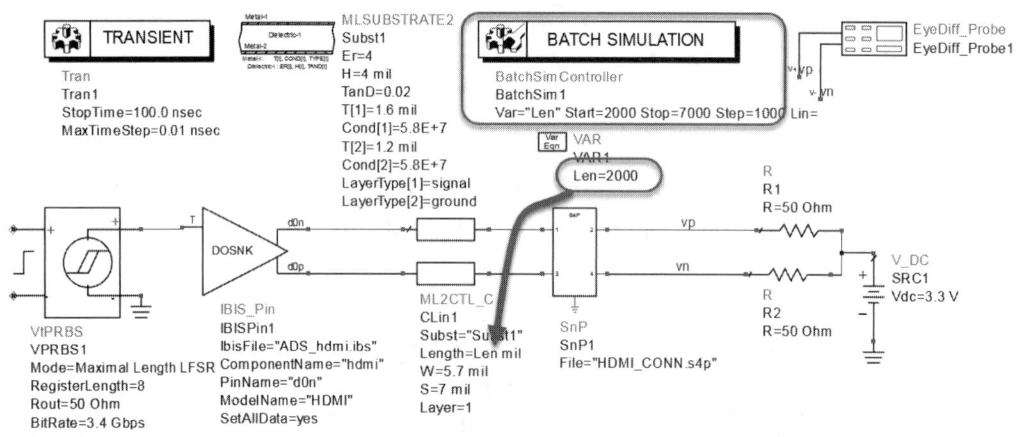

图 9.24　长度扫描仿真拓扑结构

把传输线 Clin1 的长度设置为变量 Len，对传输线的长度进行扫描仿真。初始值为 2 inch，终止值为 7 inch，步长为 1 inch，总共扫描 6 次，即分别仿真传输线长度为 2 inch、3 inch、4 inch、5 inch、6 inch 和 7 inch 的 6 种情况，仿真后获得的眼图如图 9.25 所示。

显然，当传输线的长度为 4 inch 时，眼图的裕量就已经非常小了，波形的上升沿将要碰到内模板。同样，使用列表方式可以获取不同长度时眼图的眼高和眼宽。

分析以上各个长度对应的眼图，长度为 2 inch 时，眼图裕量比较大，噪声和抖动比较小。当长度达到 4 inch 以后，眼图裕量变得比较小，所以为了将风险控制到较小的程度，在设定 PCB 设计规则时，建议最大长度不应超过 3 inch。

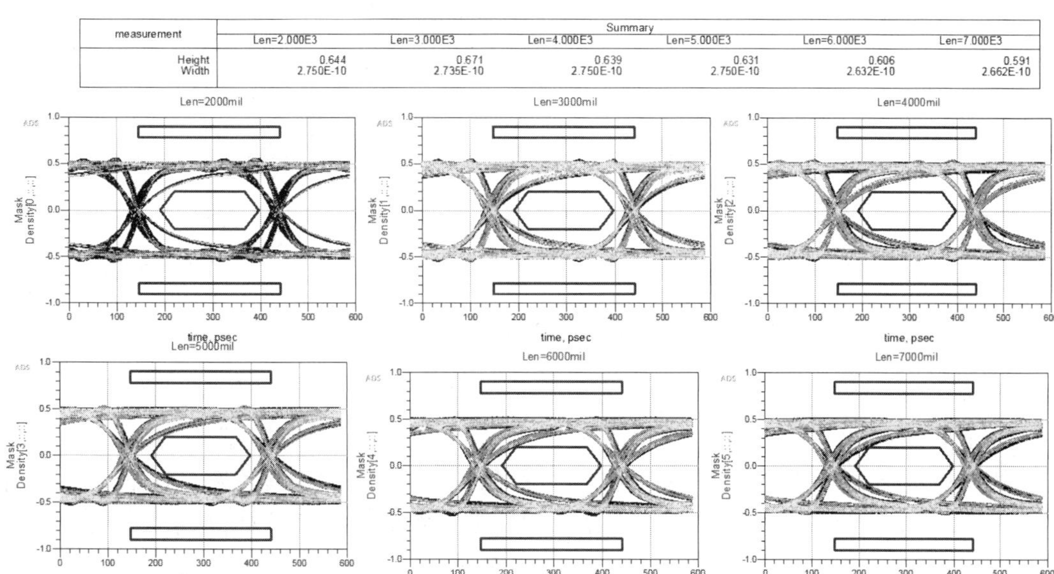

measurement	Summary					
	Len=2.000E3	Len=3.000E3	Len=4.000E3	Len=5.000E3	Len=6.000E3	Len=7.000E3
Height	0.644	0.671	0.639	0.631	0.606	0.591
Width	2.750E-10	2.735E-10	2.750E-10	2.750E-10	2.632E-10	2.662E-10

图 9.25　扫描长度的眼图

9.4.3　HDMI 差分对内长度偏差仿真

在规范中，明确要求了对内长度偏差应在 0.15 倍位宽之内，以上使用的仿真速率为 3.4 Gb/s，那么对内长度偏差应控制在 44 ps 以内。

仿真对内长度偏差时，需要使其中一段传输线长一点，使另外一段短一点，所以在建模时，在传输线 CLin1 后增加一段传输线 TL1，将长度设置为变量 Len，为了找到满足设计的 PCB 设计规则，对变量 Len 进行扫描，仿真电路拓扑建模如图 9.26 所示。

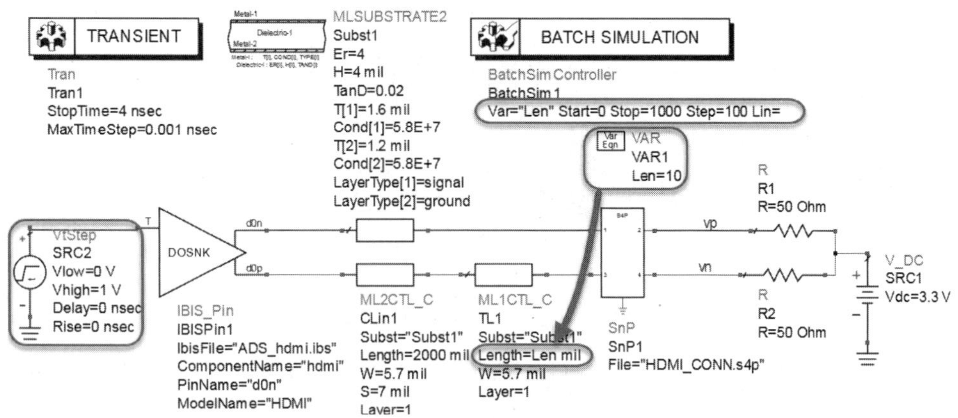

图 9.26　TMDS 对内长度偏差仿真拓扑

仿真使用的激励源为阶跃激励源（VtStep），激励源使用上升时间为 0，由于规范定义了对内长度偏差需要控制在 44 ps 以内。接下来就通过扫描 TL1 的长度，找到符合设计要求的最长的值，TL1 的起始值为 0 inch，终止值为 1 inch，步长为 0.1 inch，总共仿真 11 次，即分别仿真了 0 inch、0.1 inch、0.2 inch、0.3 inch、0.4 inch、0.5 inch、0.6 inch、0.7 inch、0.8 inch、0.9 inch 和 1 inch。设置完成后，在数据显示窗口中查看 vp 和 vn 的波形，如图 9.27 所示。

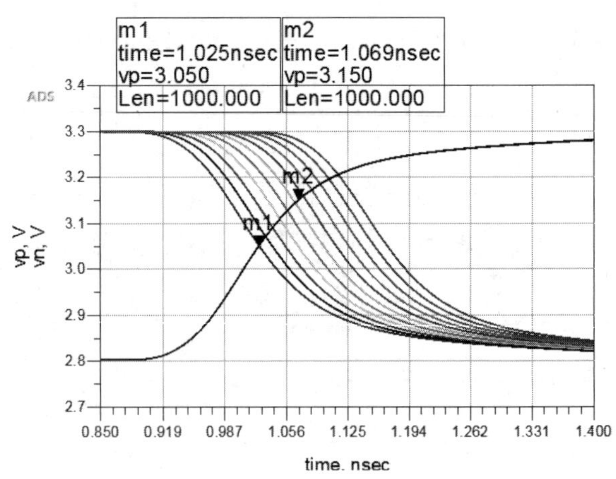

图 9.27 对内长度偏差扫描仿真结果

在数据显示窗口中添加两个标记点 m1 和 m2，m2 与 m1 之差为 44ps。在 m2 的时间之内，TL1 最长为 0.5 inch，此时 vp 和 vn 相交，0.5 inch 即为对内长度偏差最长的长度。经过对波形和数据的分析，当 TL1 的长度小于 0.5 inch 时，都符合规范和系统设计的要求。

以下是针对 TL1 不同的偏差长度仿真得到的眼图，分别仿真 TL1 的长度为 0 inch、0.1 inch、0.2 inch、0.3 inch、0.4 inch 和 0.5 inch。眼图对比如图 9.28 所示。

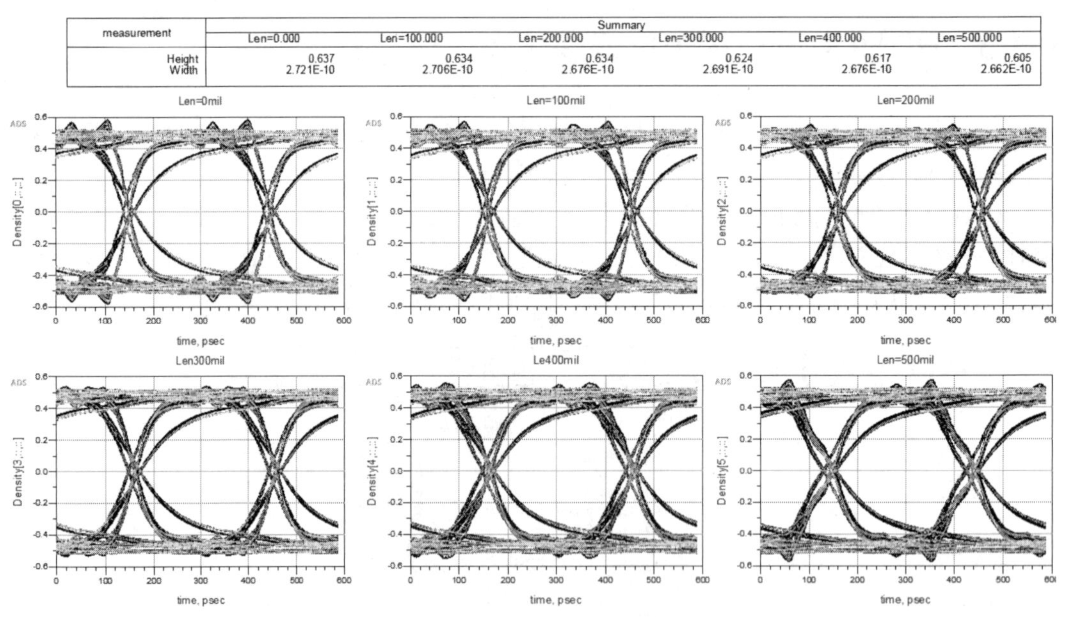

measurement	Summary					
	Len=0.000	Len=100.000	Len=200.000	Len=300.000	Len=400.000	Len=500.000
Height	0.637	0.634	0.634	0.624	0.617	0.605
Width	2.721E-10	2.706E-10	2.676E-10	2.691E-10	2.676E-10	2.662E-10

图 9.28 对内不同偏差长度的眼图

分析眼高和眼宽的数据，偏差不同，对眼图的眼宽和眼高会有不同程度的影响，偏差越大，眼宽越小、眼高越小，抖动也会增加。而完全等长和偏差 0.1 inch 的眼宽和眼高值，它们的变化非常小，从信号完整性的角度分析，在设计中不一定需要追求差分对内完全等长，只要能满足设计的要求即可。但是，偏差过大不仅会造成信号完整性的问题，也会带来电磁兼容性的问题，所以在分析问题时需要进行全方位的考虑。

9.4.4　HDMI 差分对间长度偏差仿真

HDMI 一共有 3 对 TMDS 数据信号线和一对时钟线，规范规定了差分信号对与对之间的偏差。对于源端设备，在测试点 TP1 处，偏差最大值为 $0.2T_{character}$，即约为 588 ps。

以两对数据信号为例，对间长度偏差的仿真拓扑结构中至少有两对传输线，在原理图中添加一个含有两对传输线的结构 CLin1，长度为 2000 mil；其中一对传输线比另外一对传输线要长，所以需要增加一段差分传输线 Clin2，将长度设置为变量 Len，变量 Len 长度为 1000 mil；使用阶跃激励源（VtStep），上升时间为 0；对变量 Len 进行批量扫描仿真，起始值为 1000 mil，终止值为 5000 mil，步长为 1000 mil，一共仿真 5 次，即分别仿真 1000 mil、2000 mil、3000 mil、4000 mil 和 5000 mil 的长度，具体仿真的拓扑结构如图 9.29 所示。

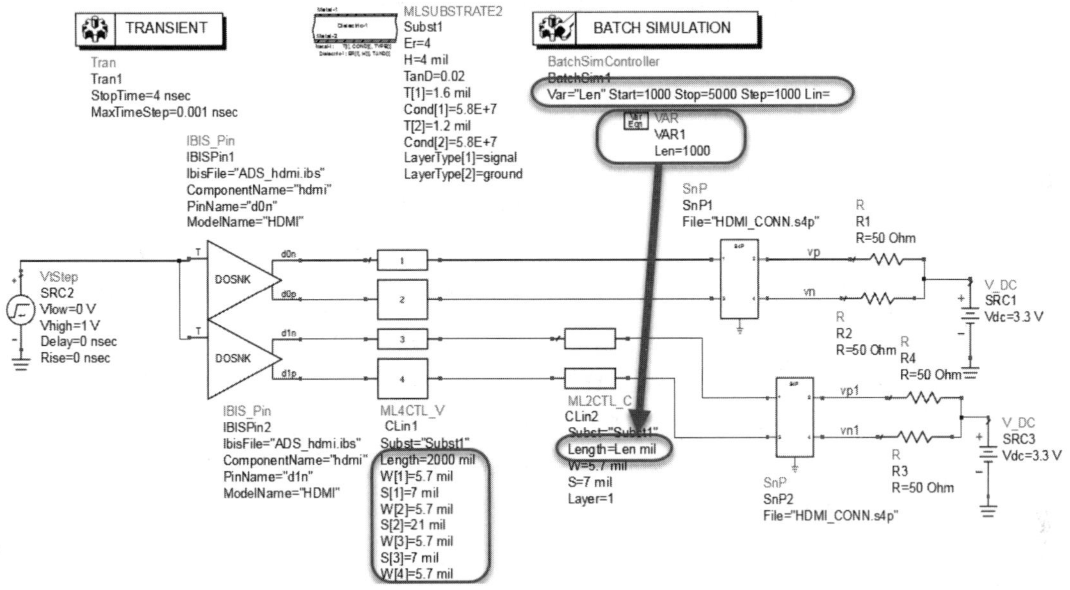

图 9.29　对间长度偏差仿真拓扑结构

设置完成之后，运行仿真。在数据显示窗口查看 vp 和 vp1 两个网络节点的波形。由于规范要求对间偏差在 588 ps 以内。在显示的波形图中加入一段限制线（limit line），横坐标长度为 588 ps，纵坐标为 3.05 V，如图 9.30 中的红色虚线；m1 为 vp 的标记点，m2 为 vp1 的标记点，在长度差 CLin2 的长度为 4000 mil 时，与红色虚线相交，如图 9.30 所示。

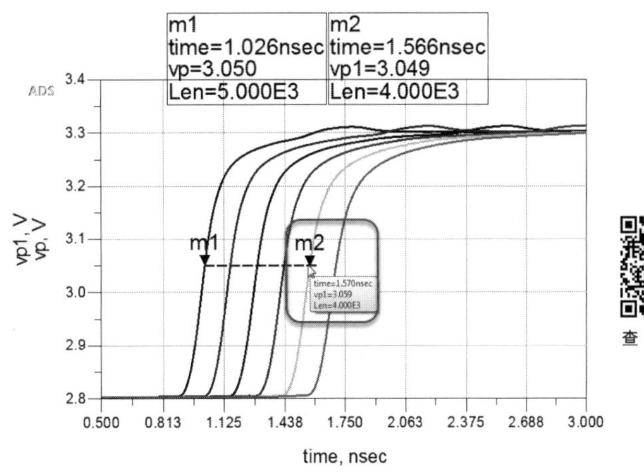

图 9.30　对间长度偏差扫描波形

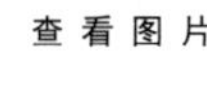

当 CLin2 为 5000 mil 时，没有与红色虚线相交，此时可以把 4 inch 长

度定为对间最大的长度偏差。实际上在 4000 mil 到 5000 mil 之间还有红色虚线存在，如果需要获取精确相交的长度，可以进一步对 CLin2 的长度扫描仿真，缩小范围和步长。当然，为了提高仿真的效率以及保留足够的设计裕量，4000 mil 的长度也可以当作对间长度差的设计最大值。

由于篇幅有限，本章只介绍了部分 HDMI 源端设备部分内容的仿真，还有一些内容并没有完全介绍，包括无源参数的仿真、添加共模电感和 ESD 防护器件后的仿真等。

HDMI 的后仿真也非常重要，PCB 后仿真主要是通过电磁场求解器提取 HDMI 的数据和时钟信号网络的 S 参数，然后把上述内容中的传输线替换为提取的 S 参数文件即可，仿真的方法都是一样的。关于 PCB 后仿真请参考本书第 12 章中关于 SIPro 使用流程的内容。

9.5 HDMI 设计规则

不管是前仿真还是后仿真，都是为了使设计的 HDMI 产品能够符合使用要求。在设计 HDMI 时，需要注意以下几点。

- 原理方案要明确。分析产品需要使用哪个版本的 HDMI，明确之后才能正确选择芯片。
- 选择合适的连接器。HDMI 的连接器类型比较多，不一样的连接器有不一样的要求。
- 选择合适的共模电感。对于接口类的电路，共模电感非常重要，不合适的共模电感会直接导致信号质量达不到总线电气规范的要求。
- TMDS 信号尽量参考完整的地平面。
- TMDS 传输线阻抗为 100 ohm。在布线过程中尽量不要出现较大的阻抗突变点。
- 如果 TMDS 信号需要经过换层过孔，尽量将过孔的阻抗设计到 100 ohm，并尽量减少过孔残桩。
- 设计 PCB 时，TMDS 对内偏差尽量短。这不仅要考虑信号完整性的问题，还要考虑电磁兼容性的问题。
- TMDS 对间偏差尽量短。

本 章 小 结

本章以一个实际的总线为例介绍了 ADS 前仿真，主要讲解了眼图和眼图模板的概念、如何设计及调用 ADS 的眼图模板，并针对 HDMI 的设计和仿真做了详细的介绍。以 HDMI 为例介绍了如何阅读总线规范，并从规范中获得仿真和测试需要的电气参数，同时围绕规范要求着重介绍了如何仿真 HDMI 相应的参数。最后，介绍了在设计 HDMI 时的注意事项。通过对本章的学习，读者可以掌握眼图以及眼图模板的设置，学会使用 ADS 进行 HDMI 信号完整性仿真。

第10章 DDR4/DDR5 仿真

在高速总线迅速发展的当今，SerDes 架构串行总线已经占据了绝对的主流。然而，并行总线的代表 DDR（double data rate，双倍速率）总线却没有衰退之势，每隔几年就会发布一代新产品，到目前为止，JEDEC 协会已经发布了 DDR5。每一代新的产品不仅会在速率上翻倍，电源功耗也会减小。无论是速率的提高还是电源功耗的减小，都会在信号完整性和电源完整性上带来不小的挑战。

如今，在电子产品中，无论是服务器、交换机、航天器等大型产品，还是手机、平板等小型的消费电子产品，都使用了 DDRx 系列产品。因此，进行 DDRx 系列总线的信号完整性仿真和电源完整性仿真分析就显得愈发重要。

10.1 DDRx 总线介绍

10.1.1 DDR 介绍

DDR 总线是由 SDRAM 发展而来的一种并行总线。DDR 总线规范由 JEDEC（joint electron device engineering council）组织制定并发布。

从第一代的 DDR1，到 DDR2 和 DDR3，目前发展到了的第四代 DDR4。另外，对于一些移动端设备或者对低电压和低功耗有需求的设备，JEDEC 还发布了 LPDDR2、LPDDR3、LPDDR4、LPDDR5 等低功耗产品。DDRx 总线几乎是伴随着电子技术而发展的，这也是由 DDRx 是电子产品数据交换的“中转站”这一功能而决定的。

DDRx 总线每一代的升级都会带来传输速率的提升和供电电压的降低。最初的 DDR1

数据最大传输速率只能达到 400 Mb/s，而当前 DDR5 的最大传输速率可以达到 6.4 Gb/s；DDR1 的供电电压为 2.5 V，DDR2 的供电电压为 1.8 V，DDR3 的供电电压为 1.5 V，DDR4 的供电电压为 1.2 V，DDR5 的供电电压只有 1.1 V。DDRx 总线每一代的升级不仅是数据传输速率的提升以及电源电压的降低，还包含多方面技术的提升和改变，如端接电阻 ODT 的应用、接口电平、数据预取技术的发展和应用等。

表 10.1 所示为 5 种主流的 DDRx 的对比数据。

表 10.1　DDRx 参数对比

对比项目	DDR1	DDR2	DDR3	DDR4	DDR5
工作电压/V	2.5	1.8	1.5	1.2	1.1
数据传输速率/（Mb/s）	200～400	400～1066	800～2133	1600～3200	3200～6400
数据选通（DQS）	单端	单端和差分	差分	差分	差分
ODT/ohm	无	50，75，150	20，30，40，60，120	34，40，48，60，80，120，240	34，40，48，60，80，120，240
DQ 接口电平	SSTL25	SSTL18	SSTL15	POD12	POD11
DBI	不支持	不支持	不支持	支持	不支持
VPP	不支持	不支持	不支持	2.5V	1.8
均衡	不支持	不支持	不支持	不支持	支持

DDR3 采用的都是 SSTL 电平；DDR4 的数据和数据选通信号采用的是 POD12（pseudo open drain）电平，DDR4 的地址、控制、命令以及时钟线依然采用的是 SSTL 电平；DDR5 的数据和数据选通信号采用的是 POD11（pseudo open drain）电平，DDR5 的地址、控制、命令以及时钟线依然采用的是 SSTL 电平。POD 有助于解决与较高信号数据速率相关的信号完整性问题，并可以降低 DDR4 的功耗。这一点可以从 POD 与 SSTL 的等效电路图中看出，如图 10.1 所示。

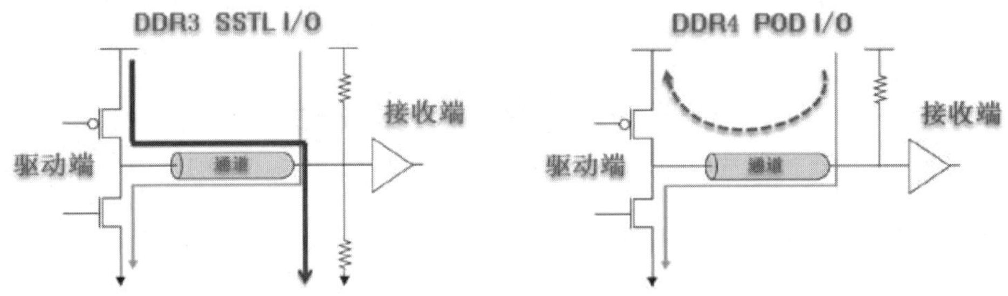

图 10.1　POD 和 SSTL 的等效电路图

DDR5 于 2020 年发布正式规范，至今已经有 3 年的时间，它从 DDR4 演化而来，比早期的 DRAM 产品具有更低的功耗、更高的性能和更好的可制造性，目前主要应用于服务器、交换机等高性能产品中。虽然 DDR5 性能更好，但是基于应用和成本的考虑，目前大规模应用的还是 DDR3 和 DDR4。DDR5 和 DDR4 在协议上有一些差异，但是在原理方案设计上大体相同。本章以 DDR4/5 作为主要对象，介绍 DDR 的设计以及如何使用 Memory Designer 进行仿真。

10.1.2　DDR4 电气规范

在进行 DDR 仿真之前，需要明确 DDR 总线的规范，DDRx 总线规范一般都会不定期更新，直到新一代的总线规范发布，DDR4 最新的规范是 JESD79-4。对于信号完整性工程师而言，主要关注规范中对电气特性的要求。在规范中定义了非常多的内容，如 DQ 接收端的眼图模板、过冲/下冲、交叉点电压、建立和保持时间、斜率、输入高/低电平等。

虽然 JEDEC 制定了明确的规范，但是对有些产品的要求可能会更加严格，所以在制订仿真计划或者通过仿真指导设计时，不仅要关注规范的要求，还要关注具体芯片的要求。接下来，依据 JESD79-4 的要求，对部分规范做进一步的介绍。

本书第 1 章介绍了过冲和下冲的概念，对于 DDR4 信号质量而言，过冲和下冲也是主要关注的参数。在 DDR4 规范中，定义过冲和下冲有两种方式，分别为最大值计算和面积计算，如图 10.2 所示。这两种定义的着重点不同，最大值的方式关注的是最大幅度值的点，只与电压有关；而面积计算是幅值与时间积分，与电压和时间都有关，它关注的是一个累积的过程，而不是一个点。

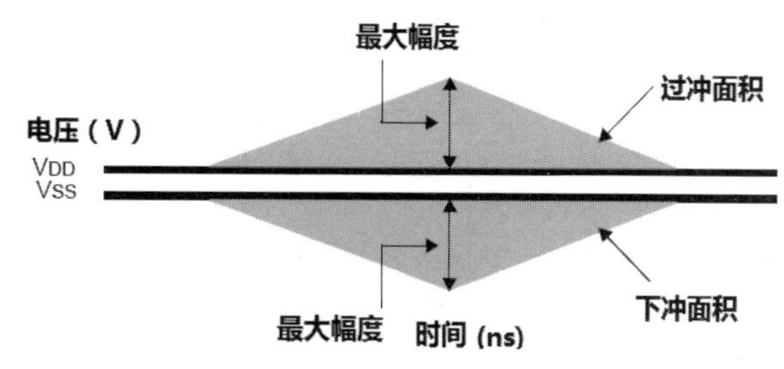

图 10.2　DDR4 过冲和下冲的定义

DDR4 对过冲/下冲的要求也不同，表 10.2 所示为 DDR4 规范对地址和控制/命令信号的过冲和下冲的设计要求。

表 10.2　DDR4 规范对地址和控制/命令信号的过冲和下冲的设计要求

	DDR4-1600	DDR4-1866	DDR4-2133	DDR4-2400	DDR4-2666/3200	单位
过冲最大峰值	0.3	0.3	0.3	0.3	TBD	V
下冲最大峰值	0.3	0.3	0.3	0.3		V
过冲最大面积	0.25	0.25	0.25	TBD		V-ns
下冲最大面积	0.25	0.25	0.25	TBD		V-ns
A0～A15，BA0～BA3，CS#，RAS#，CAS#，WE#，CKE，ODT						

DDR4 时钟、数据（DQ）、数据选通（DQS）和数据掩码（DM）的过冲和下冲随速率的不同也都不同，对时钟的设计要求如表 10.3 所示。

表 10.3　对时钟的设计要求

	DDR4-1600	DDR4-1866	DDR4-2133	DDR4-2400	DDR4-2666/3200	单位
过冲最大峰值	0.3	0.3	0.3	0.3	TBD	V
下冲最大峰值	0.3	0.3	0.3	0.3		V
过冲最大面积	0.1	0.1	0.1	TBD		V-ns
下冲最大面积	0.1	0.1	0.1	TBD		V-ns
CK_t，Ck_c						

DQ、DQS 和 DM/DBI 的过冲和下冲如表 10.4 所示。

表 10.4　DQ、DQS 和 DM/DBI 的过冲和下冲

	DDR4-1600	DDR4-1866	DDR4-2133	DDR4-2400	DDR4-2666	DDR4-3200	单位
过冲最大峰值	0.4	0.4	0.4	0.4	TBD	TBD	V
下冲最大峰值	0.32	0.32	0.32	0.32	0	0	V
过冲最大面积	0.1	0.1	0.1	TBD	TBD	TBD	V-ns
下冲最大面积	0.1	0.1	0.1	TBD	0	0	V-ns
DQ, DQS_t, DQS_c, DM/DBI							

为了满足信号的建立条件和保持时间，差分信号单端交叉点必须保证在一定的范围内。JESD79-4 规范对 DDR4 差分信号输入交叉点电压的定义如图 10.3 所示。

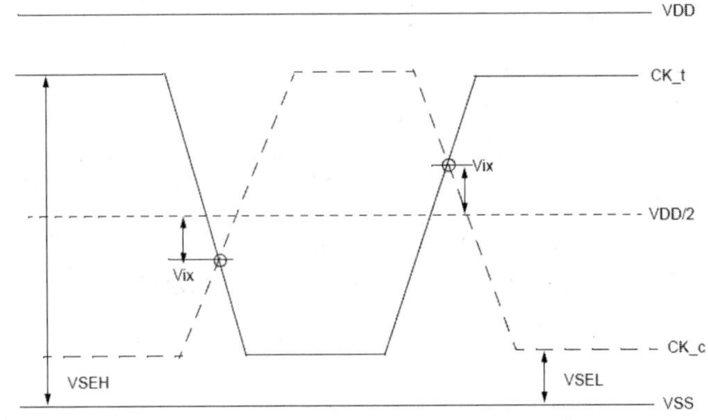

图 10.3　差分信号输入交叉点电压定义（时钟）

时钟差分信号输入交叉点是以 VDD/2 作为参考电压，测量的是相对于 VDD/2 的偏离，偏离得越小越好。表 10.5 定义了对时钟差分信号输入交叉点电压范围的要求。

表 10.5　时钟差分信号输入交叉点电压

符　号	参　数	DDR4-1600/ 1866/ 2133/ 2400/2666/3200		单　位	备　注
		最 小 值	最 大 值		
VIX（CK）	时钟差分信号输入交叉点电压	−120	−120	mV	2
		−TBD	−TBD	mV	1

注：

1．适用情况：当时钟差分信号的斜率大于 3V/ns 时，单端时钟信号有比较好的单调性，且电平摆幅不低于（VDD/2）+/−TBD mV，但是也不能超过对过冲和下冲值的要求。

2．Vix 与高电平摆幅（VSEH）和低电平摆幅（VSEL）的关系：

（VDD/2）+Vix（Min）−VSEL≥25 mV

VSEH−（（VDD/2）+Vix（Max））≥25 mV。

DQS 信号也是差分信号，但是 DDR4 规范没有明确定义其要求，在此就不再做说明，但是需要提醒的是，JEDEC 的规范会不定期更新，如果有更新，则在仿真或测试时就需要把结果与规范做对比。

DDR4 对于 DQ 信号定义了眼图模板，这个模板并不是固定不变的，它不仅与速率相关，还与传输线、Vcent_Dq 等相关，所以要根据实际情况定义并使用眼图模板，眼图模板如图 10.4 所示。

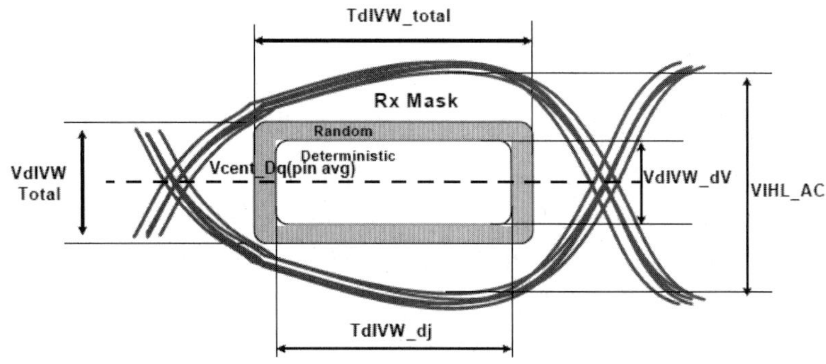

图 10.4　接收端 DQ 的眼图模板

DDR4 使用眼图模板代替了建立保持时间来评估数据信号。DDR4 规范定义了误码率要求达到 BER<1e−16，要获得这个量级的误码率就需要很长时间才能完成仿真或者测试，这也给仿真和测试带来了很大的挑战。

DDR4 的规范中定义的参数太多，要设计且确认好这些参数比较困难，这就需要有行之有效的仿真和测量方式，才能在比较短的时间内设计出比较好的产品。

10.2　DDR4/5 系统框图

在设计分析 DDR4/5 时，首先要了解 DDR4/5 主要信号的特点和流向，然后进行下一步的设计。在 DDR4/5 中，地址信号、控制信号、命令信号和时钟信号都是单向传输，即从控制器到内存颗粒；数据信号和数据选通信号都是双向传输，读操作和写操作都是用同一个信号网络接口。简化的 DDR4 原理框图如图 10.5 所示。

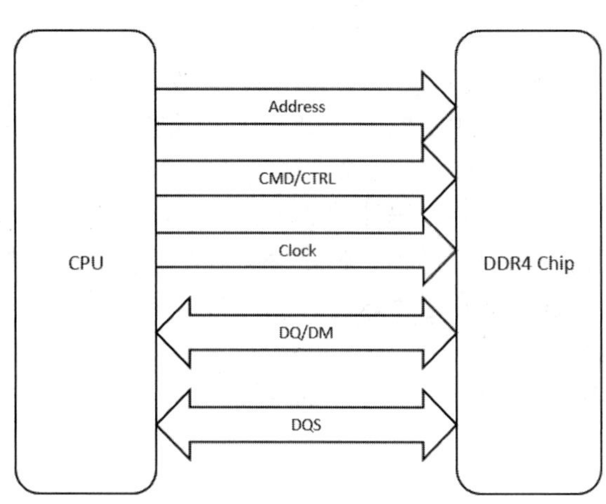

图 10.5　简化的 DDR4 原理框图

10.3 DDR4/5 设计拓扑结构

对于只有一颗 DRAM 的情况，所有信号都采用点对点的拓扑结构，而超过两颗 DRAM 的情况，就涉及拓扑结构的选择。DDR4 包含的信号较多，主要涉及点对点的拓扑结构、T 型拓扑结构以及 Fly-by 拓扑结构。通常情况下，数据信号、数据掩码信号和数据选通信号等使用的是点对点的拓扑结构；而对于两颗或多颗 DRAM 的情况，时钟信号、地址信号、控制信号和命令信号使用的是 Fly-by 或 T 型拓扑结构。点对点的拓扑结构比较简单，在前面的章节中已经介绍过，在此不再赘述，下面主要介绍 T 型拓扑结构和 Fly-by 拓扑结构。

在早期的 DDR 设计中主要使用 T 型拓扑结构。但是随着信号速率的提升，T 型拓扑结构无法满足设计的要求，为了获得更好的信号完整性，演变出 Fly-by 拓扑结构。Fly-by 拓扑结构从 DDR3 就引入了，以 4 颗 DRAM 为例，T 型拓扑结构和 Fly-by 拓扑结构如图 10.6 所示。

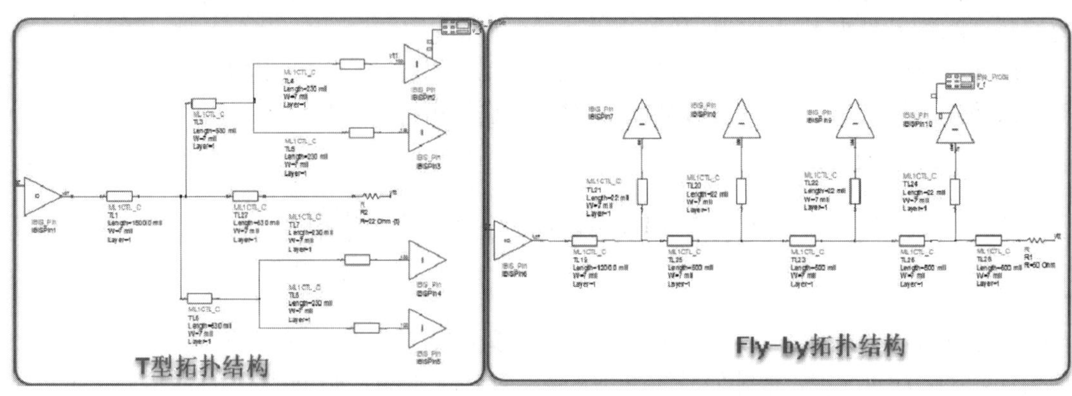

图 10.6　T 型拓扑结构和 Fly-by 拓扑结构示意图

从 Fly-by 的拓扑结构可以看到，它是由菊花链的拓扑结构演变而来的。Fly-by 的拓扑结构减少了分支桩线的数量，也缩短了其长度，从而减少了信号完整性的一些问题。但由于每颗 DRAM 的时钟和数据选通信号的长度不同，导致它们之间会有偏移，会出现信号时序的问题。为了解决这个问题，JEDEC 规范规定在控制芯片端引入 write leveling 的特性，补偿时钟和数据选通信号之间的偏移，以满足信号时序的要求。write leveling 的功能只有控制芯片端才具备，这个功能是由寄存器控制的，只有开启相应选项才能使用。虽然 Fly-by 拓扑结构使信号具有更好的信号完整性，但是并不是在每种设计中都可以使用，只有当控制端芯片具备并开启了 write leveling 功能之后才能使用 Fly-by 拓扑结构。

通过 ADS 仿真对比 T 型拓扑结构和 Fly-by 拓扑结构，结果如图 10.7 所示，红色波形以及左边的眼图为 Fly-by 拓扑结构仿真获得的结果，蓝色波形以及右边的眼图为 T 型拓扑结构仿真获得的结果。

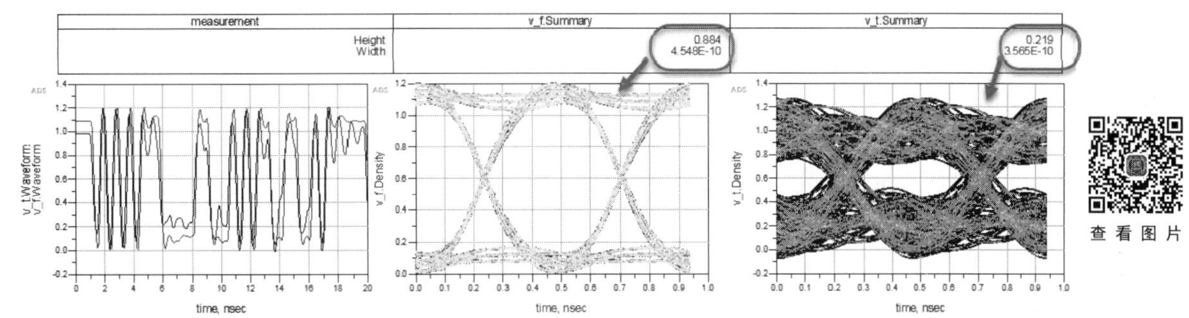

查看图片

图 10.7　对比 T 型和 Fly-by 的仿真结果

从结果可以看出，对于多 DRAM 的设计，Fly-by 拓扑结构设计的波形更好，眼图的眼高和眼宽都要优于 T 型拓扑结构，所以 Fly-by 拓扑结构更适合用于 DDR4/5 的设计。而当信号的速率不高时，也可以使用 T 型拓扑结构。总之，不管什么时候，都需使用仿真对比这两种结构之后再做下一步的设计。

10.4　片上端接（ODT）

芯片终端端接匹配电阻（On-Die Termination）简称为片上端接（ODT）。ODT 是从 DDR2 后期的产品才开始出现的，随着产品的升级，ODT 会呈现更多的数值。当前，在 DDR5 之前的 DRAM 总线中，ODT 主要是用于数据（DQ）、数据选通（DQS/DQS#）和数据掩码（DM）3 类信号；而在 DDR5 这一代总线中，CK_t、CK_c、CS 和 CA 信号也支持 ODT。ODT 的功能就是代替常规的电路匹配设计，将原本在芯片外部的分立端接电阻集成到芯片内部，其简化拓扑结构如图 10.8 所示。

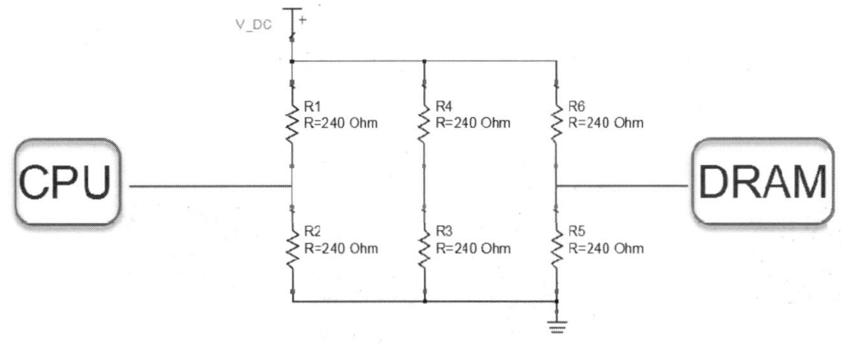

图 10.8　ODT 简化拓扑结构

ODT 匹配原理与戴维宁电路匹配原理非常相似，在应用上也比较简单。ODT 技术在设计上的优势非常明显，具体如下。

第一，去掉了板级的分立端接电阻元件，在一定程度上降低了硬件设计成本。

第二，由于没有端接电阻，使 PCB 设计有更多的布线空间，可以有效地减少由于布线太密而引起的串扰。

第三，由于 ODT 是通过内部的寄存器进行调节，可以迅速地将其开启和关闭，不需要人为调节以匹配电阻，避免带来烦琐的工作。

第四，芯片内部端接比板级端接更加有效，这样没有过多的寄生效应。

第五，减少了外部元件的数量，在可靠性上也获得了优化。这也使得进一步提高 DDRx 内存的工作频率成为可能。

当然，ODT 也有一些不足，因为使用了 ODT，匹配电阻的种类和数值已经确定并无法修改，在某种程度上也会带来一定的功耗增加，所以在一些消费类的产品上并不是都会开启 ODT 功能。

对于 ODT 的开启和关闭，都是通过主控的寄存器来控制的。前面介绍的 DDR4/5 DQ 和 DQS 的 ODT 的类型比较多，包括 34 ohm、40 ohm、48 ohm、60 ohm、80 ohm、120 ohm 和 240 ohm；而 DDR5 的 CK_t、CK_c、CS 和 CA 的 ODT 包括 480 ohm、240 ohm、120 ohm、80 ohm、60 ohm 和 40 ohm。对于设计和仿真工程师而言就需要了解每一种 ODT 配置的信号质量情况。

10.5 Memory Designer 介绍

Memory Designer 是 ADS 中专门针对存储接口仿真的一个平台，推出这个平台的目的是简化存储接口信号完整性的仿真，其中包括瞬态仿真（transient）和 DDR 总线仿真（DDRsim）两种仿真控件，其原理图如图 10.9 所示。

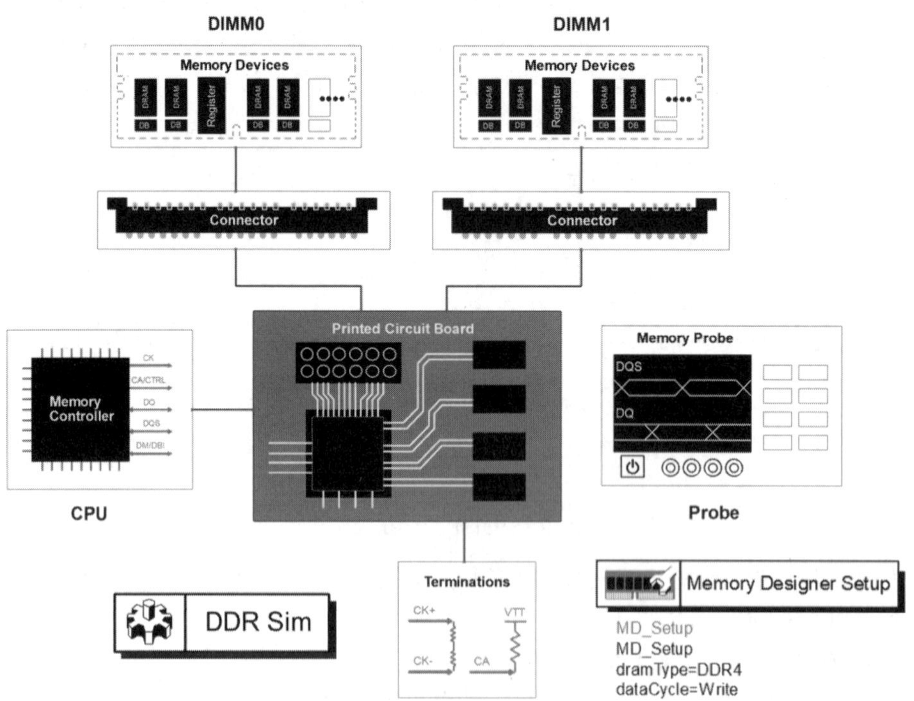

图 10.9　Memory Designer 原理图

10.5.1　Memory Designer 的特点

Memory Designer 作为存储总线仿真平台，可以支持绝大多数的存储总线仿真，其具备如下特点。

- 在一份原理图中可以同时进行 DDR 总线的仿真和常规的时域瞬态仿真。
- 前仿真和后仿真可以使用同一份原理图。
- 可以应用 IBIS 模型、SPICE 模型。
- 可以进行单端 IBIS-AMI 模型的仿真分析。
- 操作简便，所有的互连都是总线连接。
- ADS SIPro 中集成了 DDR 仿真设置功能。
- 可以输出一致性的仿真报告。
- 可以输出自定义的仿真报告。

10.5.2　Memory Designer 支持的存储总线

Memory Designer 作为一个存储接口的仿真平台，可以支持丰富的总线类型，如图 10.10 所示，其中包含 DDR4、DDR5、GDDR6、GDDR6X、GDDR7、HBM2/HBM2E、LPDDR4、LPDDR4X、LPDDR5、NAND Flash NVDDR、NAND Flash NVDDR2/3 和 NAND Flash NVLPDDR4。

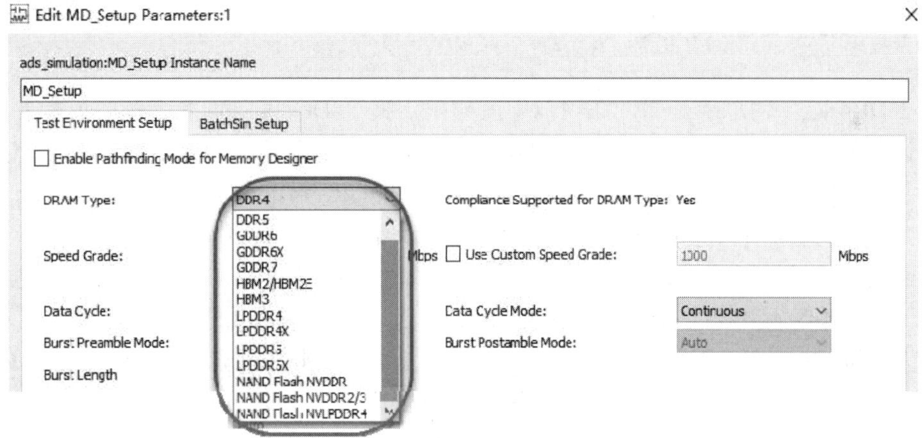

图 10.10　Memory Designer DRAM 类型

10.5.3　Memory Designer 仿真流程

使用 Memory Designer 可以进行信号完整性的前仿真分析和后仿真分析，区别在于使用的传输线模型不同，前仿真采用的是在 ADS 中建立的均匀传输线模型，而后仿真则采用的是仿真工具或者测试设备获取的传输线模型。

Memory Designer 的仿真流程如图 10.11 所示。

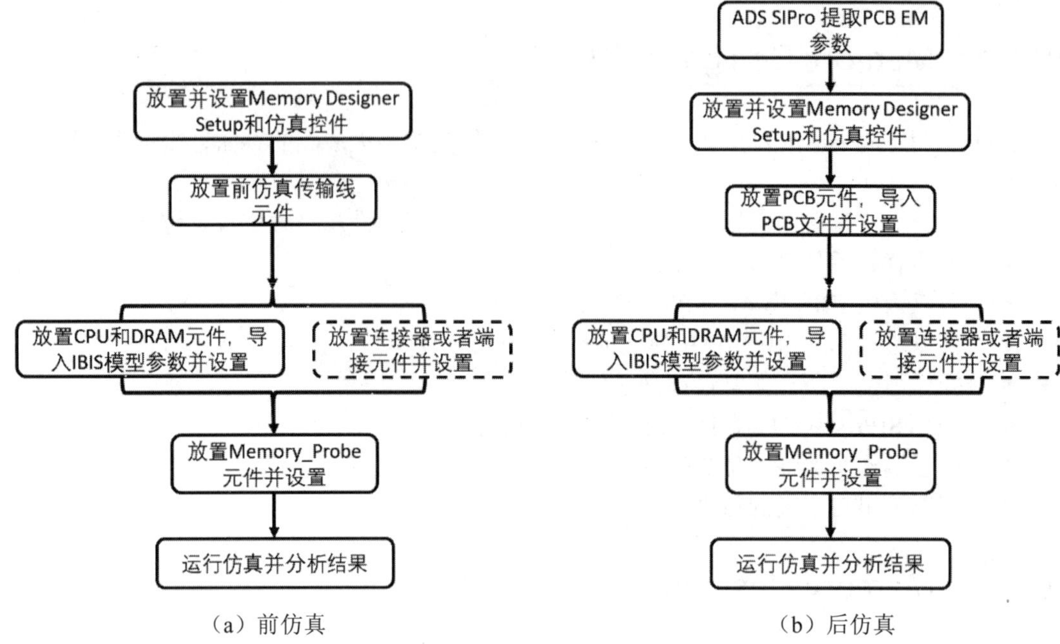

（a）前仿真　　（b）后仿真

图 10.11　Memory Designer 仿真流程

仿真流程并不是一成不变的，比如有的项目仿真由多块 PCB 板构成，则需要多次放置 PCB 元件；有的项目需要添加封装文件；有的会先放置 PCB 文件等，具体应该视情况而定。

10.5.4　DDR bus 仿真

从 DDR4 这一代总线开始，在规范中就明确定义了 DQ 信号输入眼图模板的要求，并规定了误码率要小于 1e−16。使用传统的瞬态仿真器要仿真到这个量级的误码率显然是无法实现的，需要使用新的仿真器，即 DDR bus 仿真器 DDRSim。

DDR bus 仿真器采用了高效的统计算法，可以计算连续读写操作中的 DQ 和 DQS 眼图概率分布函数，然后根据统计的结果计算特定误码率（BER，如 1e−16）下的时序和电压幅度的裕量。在线性时不变（LTI）系统假设的条件下，眼图概率分布是经过严格计算的，相当于仿真了无限量的比特数，不需要外推就可以在任意低误码率水平下测量准确的眼图仿真结果。

DDR bus 仿真器不仅比传统的瞬态仿真器快速，还可以直接使用 Eye_probe 或者 Memory Probe 中的 DDR4 mask 模板。它可以自动计算时序和幅度裕量，支持自定义均衡值等参数，还支持通道之间的串扰仿真。

在使用 Eye_Probe 或者 Memory Probe 测量分析 DDR4 的 Margin 时，会根据眼图和眼图模板上下（幅度裕量）和左右（时序裕量）计算裕量的大小，眼图裕量定义示意图如图 10.12 所示。

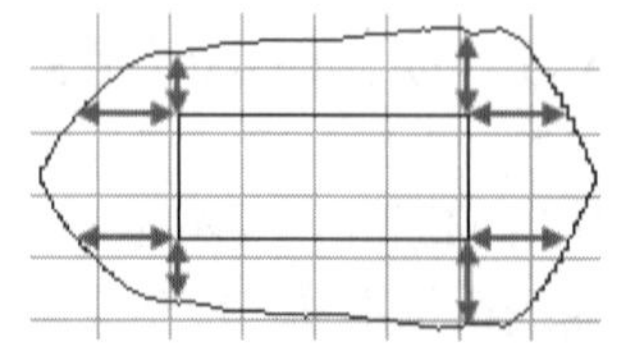

图 10.12　眼图裕量定义示意图

可在数据显示窗口中查看眼图以及测量参数，如图 10.13 所示。

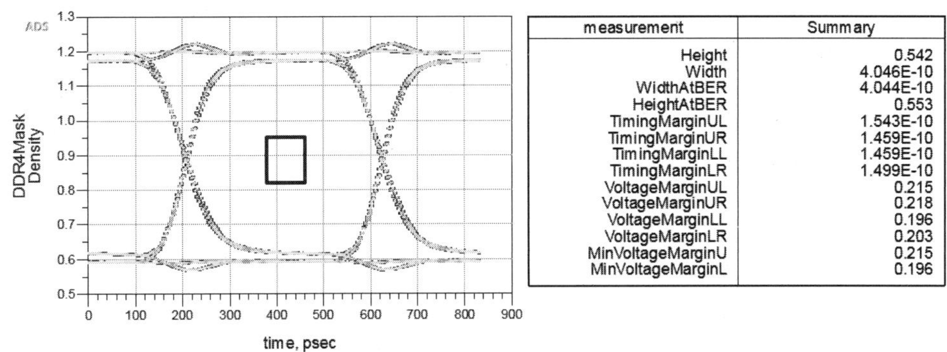

measurement	Summary
Height	0.542
Width	4.046E-10
WidthAtBER	4.044E-10
HeightAtBER	0.553
TimingMarginUL	1.543E-10
TimingMarginUR	1.459E-10
TimingMarginLL	1.459E-10
TimingMarginLR	1.499E-10
VoltageMarginUL	0.215
VoltageMarginUR	0.218
VoltageMarginLL	0.196
VoltageMarginLR	0.203
MinVoltageMarginU	0.215
MinVoltageMarginL	0.196

图 10.13　眼图及测量参数

在眼图结果中添加了眼图模板，只要眼图和模板没有接触，就可以直接判断结果满足 DQ 模板的要求，反之则不满足 DQ 模板的需求。在测量的结果中可以直接读取眼图时序和电压幅度的裕量，以及在 1e−16 的误码率量级时眼图的高度和宽度。

10.6　DDRx 总线仿真

DDRx 的仿真同样分为前仿真和后仿真，前仿真主要针对拓扑结构设计、端接电阻的选择、ODT 的仿真、串扰仿真（不同通道之间的间距）等；后仿真主要是针对 PCB 设计，进行电源完整性仿真、串扰仿真、信号时序的仿真、SSN 仿真等。本章主要介绍使用 Memory Designer 进行 DDR4 和 DDR5 仿真。

10.6.1　Memory Designer 前仿真

在进行 DDR 总线设计时，很多时候都要进行前仿真，即通过前仿真分析传输线物理结构或拓扑结构。在前面的内容中介绍过，在 Memory Designer 中进行前仿真需要定义传输线，可以通过 MD_BusDesigner、MD_BusTLine 或 DDR_PreLayout 元件进行定义。

一般在使用 Memory Designer 进行仿真的时候，建议先放置仿真控件（DDRSim 或 Tran）和 Memory Designer 设置元件（MD_Setup），如图 10.14 所示。

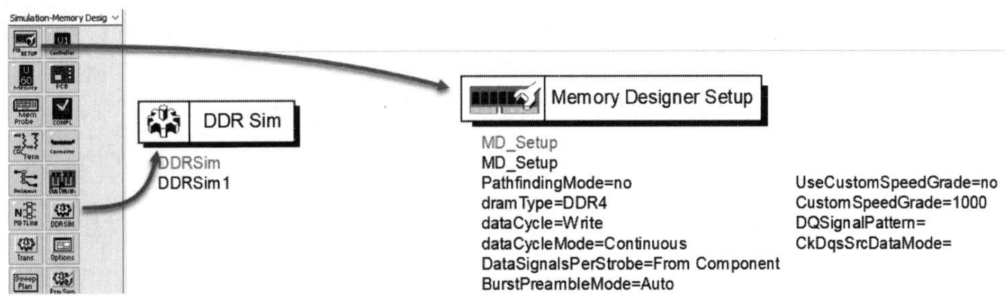

图 10.14　放置仿真控件和 Memory Designer 设置元件

然后放置传输线或 PCB 元件，前仿真传输线的元件如图 10.15 所示。

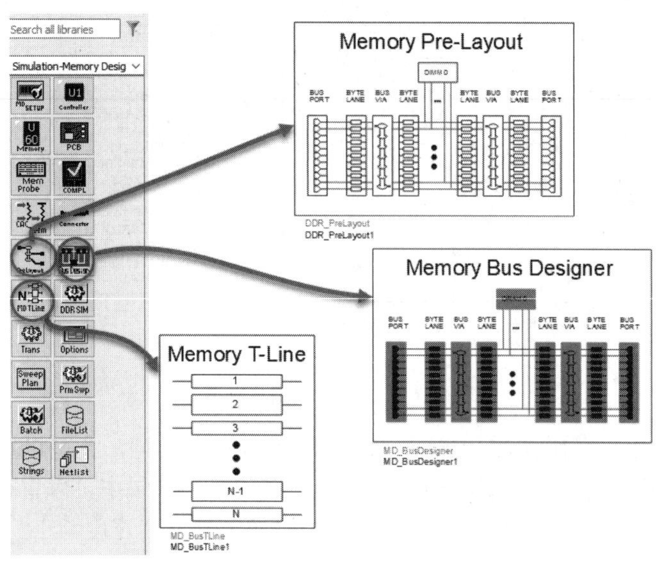

图 10.15　Memory Designer 前仿真传输线元件

不管使用哪一种传输线元件，都需要建立一个层叠结构，以便更好地建立传输线的结构。下面以 MD_BusTLine 为例，双击 MD_BusTLine 元件，弹出编辑 MD Bus TLine 参数的对话框，如图 10.16 所示。

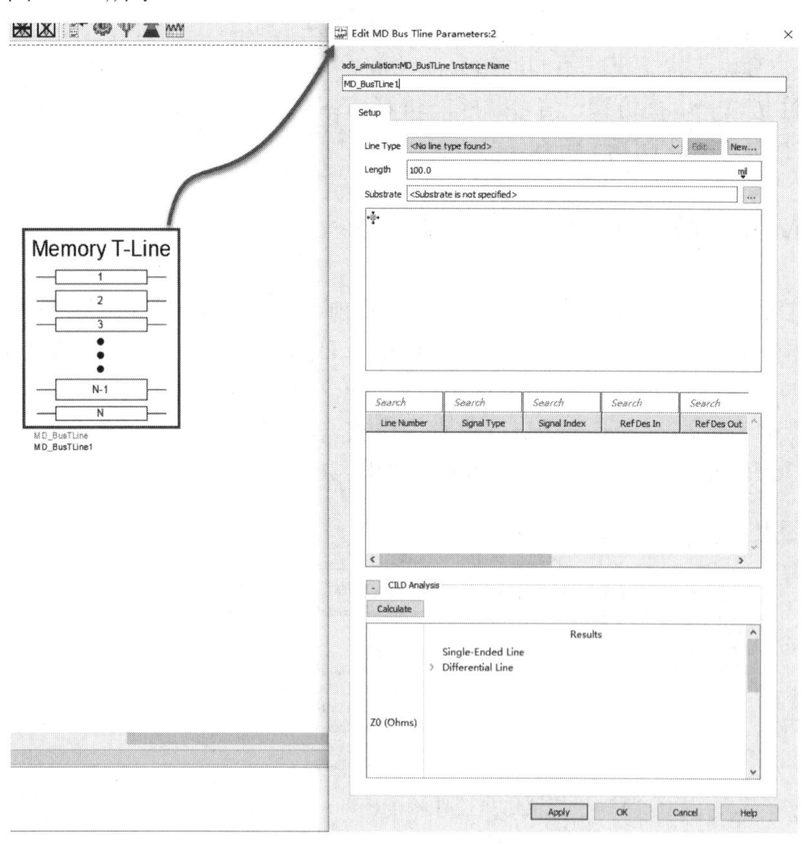

图 10.16　编辑 MD Bus TLine 参数

对话框中都是空白的，说明在仿真的工程中没有层叠结构，如果建立了层叠结构，则对话框如图 10.17 所示。

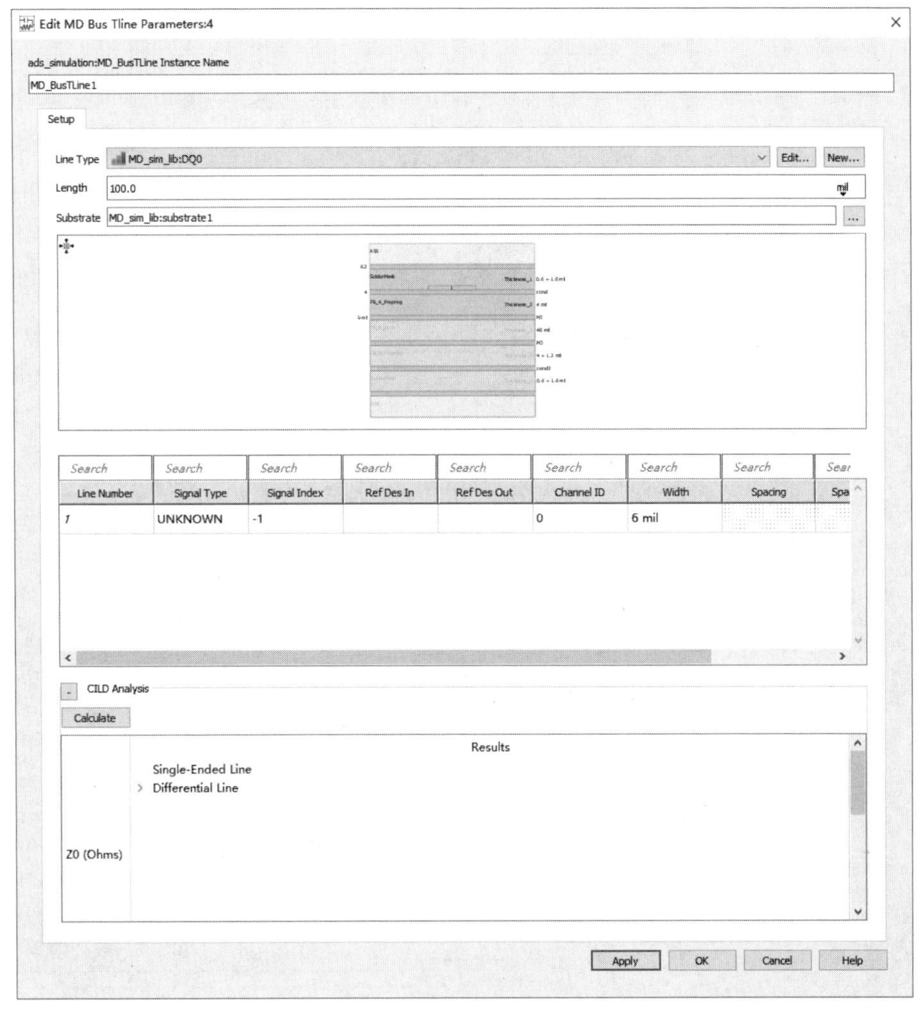

图 10.17　有层叠结构的对话框效果

根据实际的应用需求，设置层叠和传输线的长度（Length）、数量（Line Number）、信号类型（Signal Type）、信号连接两端的位号（RefDes In、RefDes Out）等。建立一个 DQ 网络信号线的结构，如图 10.18 所示。

对于信号类型，选择 DQ，如果建立的传输线是其他网络类型，就选择其他的；将 Ref Des In 设置为 U1，将 Ref Des Out 设置为 U2，这个名称可以随意定义，只要不重复即可。设置完成之后单击 OK 按钮，就建立好了前仿真的传输线，然后放置 CPU 元件，如图 10.19 所示。

放置 CPU 元件之后，在弹出的对话框中可选择对应参考的 PCB 或电路，然后单击 Next 按钮，选择 IBIS 模型，如图 10.20 所示。

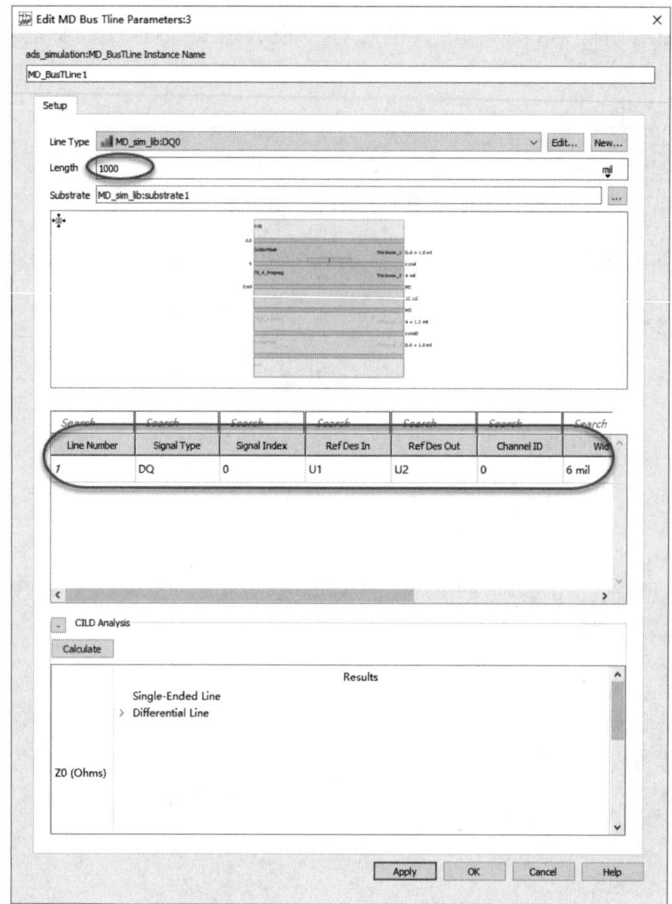

图 10.18　建立一个 DQ 网络信号线结构

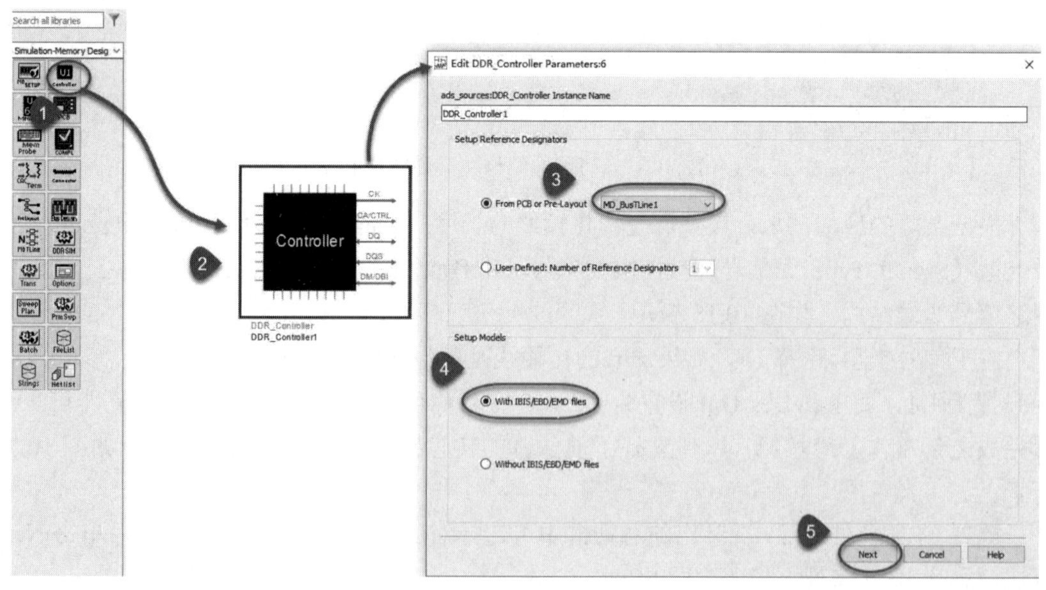

图 10.19　放置 CPU 元件

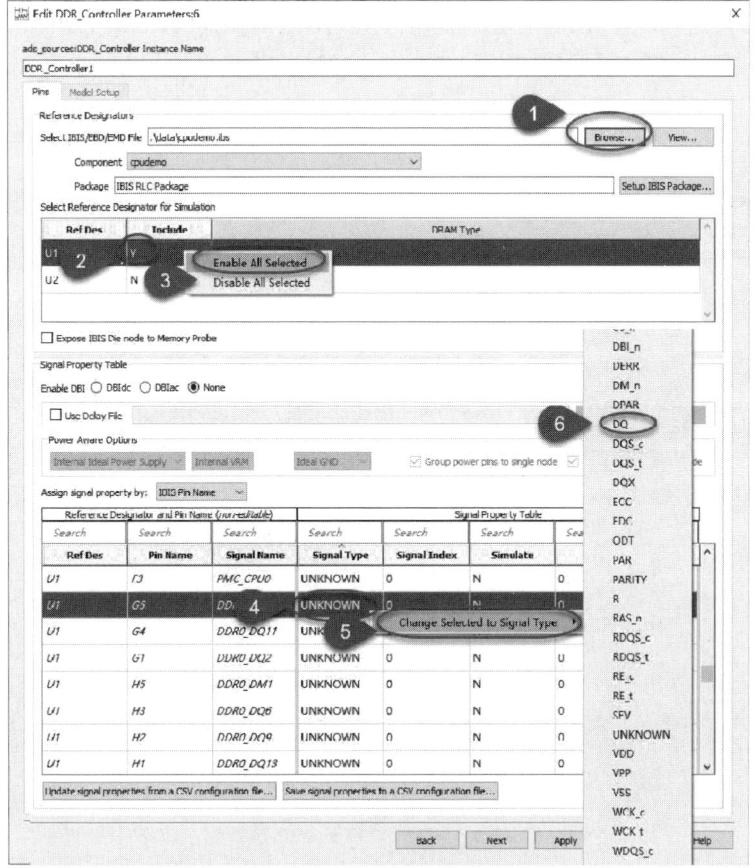

图 10.20　导入 IBIS 模型

根据电路实际结构选择对应的芯片位号，此案例在对话框中选择对应的器件 U1，右击，选择 Enable All Selected 选项，此时即完成了 IBIS 模型导入。根据实际需要选择需要仿真的信号名称，然后在 UNKNOWN 处右击，选择 Change Selected to Signal Type→DQ 选项。接着选择对应需要仿真的网络，再选择 Enable All Selected 选项，即可设置好需要仿真的信号，如图 10.21 所示。

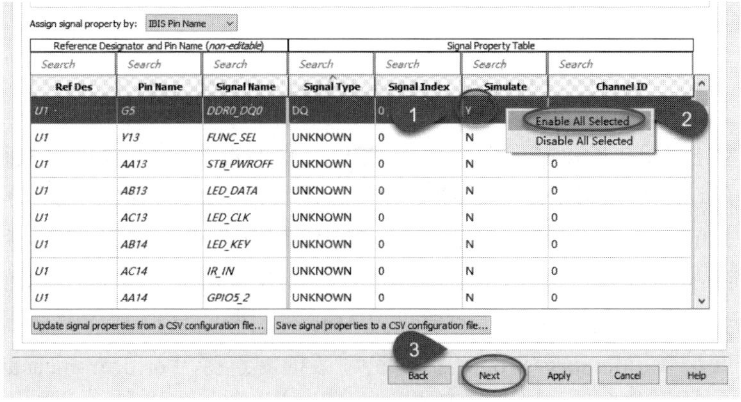

图 10.21　选择仿真的网络

单击 Next 按钮，设置 IBIS 模型的驱动模型（IBIS Model Selector Tx）和接收模型（IBIS Model Selector Rx），驱动模型默认使用 hi_drv4_4080，接收模型使用 hi_rcv4_odt40，如图 10.22 所示。

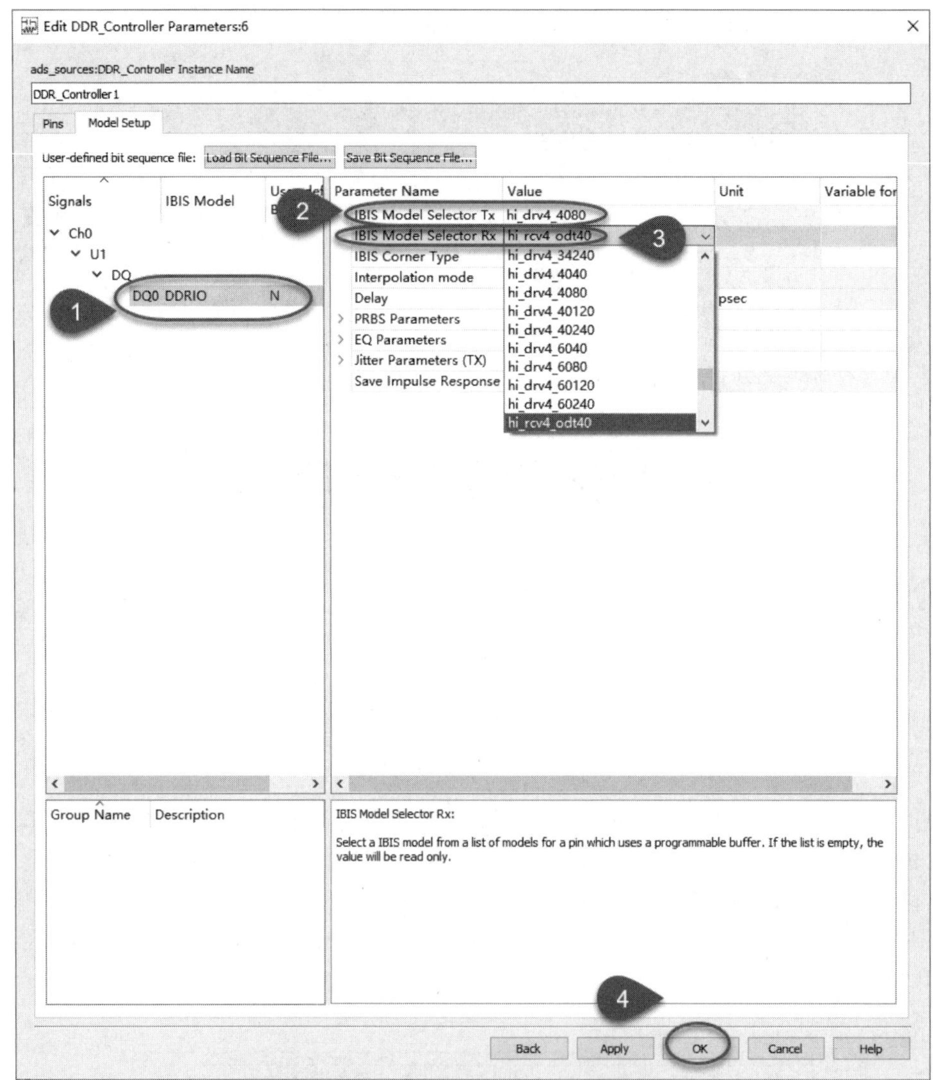

图 10.22　设置 IBIS Model Selector Tx/Rx 模型

设置好模型之后单击 OK 按钮即完成了 CPU 元件的设置。用同样的方式设置 DRAM 元件，DRAM 的驱动模型使用 DQ_34，接收模型使用 DQ_IN_ODT60。接着连接各个元件，在工具栏上单击 Insert Wire 按钮，然后连接 CPU 和 PCB 元件，如图 10.23 所示。

连接好之后，原理图比较简洁，采用的是总线连接的方式，如图 10.24 所示。

各个元件连接并设置完毕后，接着要设置 Memory Probe 元件，将其放置在编辑区域，双击元件，打开编辑 Memory_Probe 参数的对话框，选择 Perform measurements and/or compliance tests 单选按钮，如图 10.25 所示。

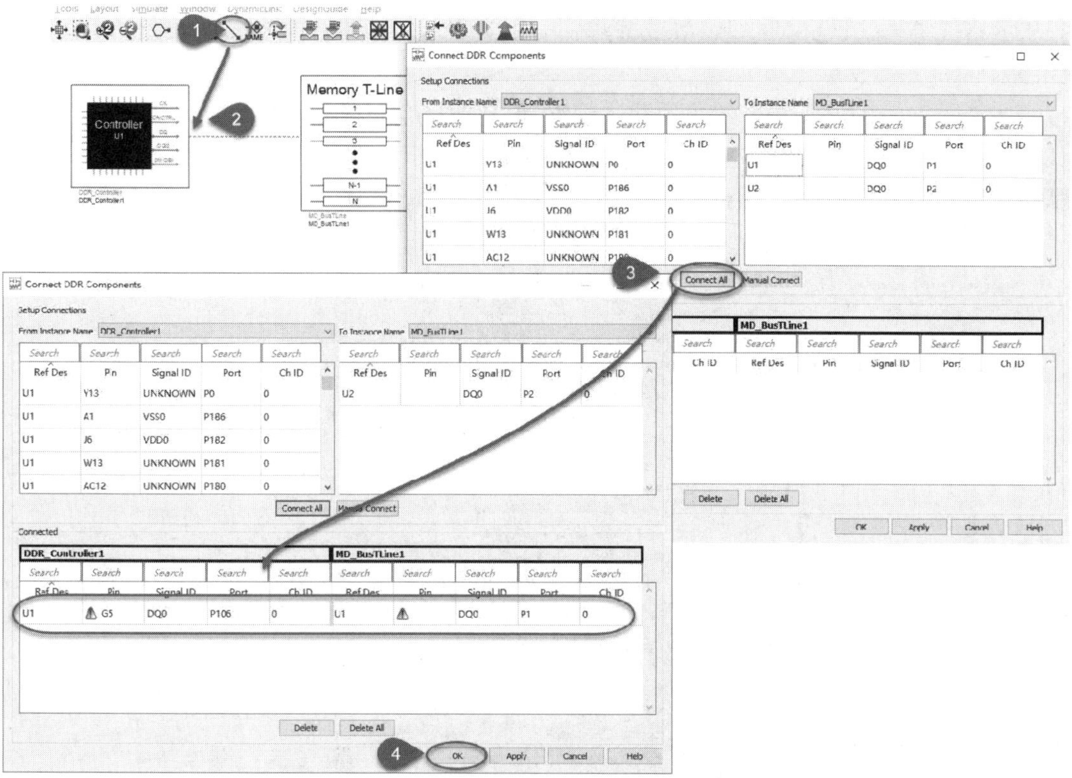

图 10.23　连接元件

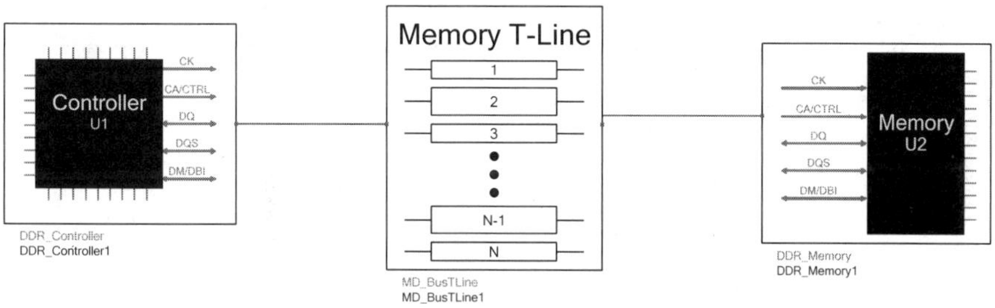

图 10.24　连接好的原理图

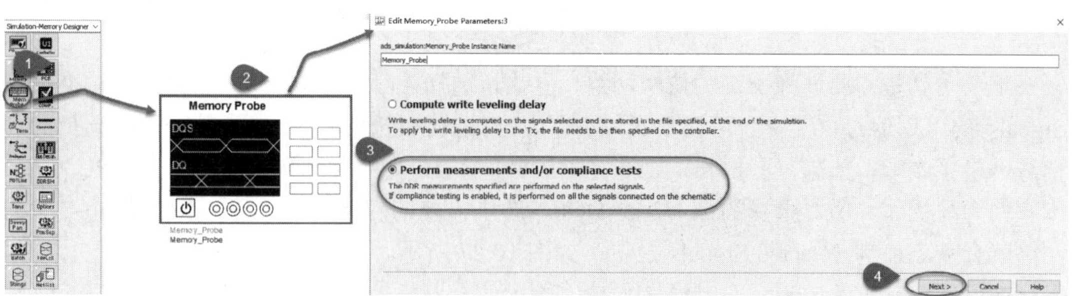

图 10.25　设置 Memory Probe

Memory Probe 的作用是分析 Memory Designer 仿真的数据，同时可以输出仿真报告，所以，在 Memory Probe 中要设置分析数据的基础环境、分析的信号、测试的项目以及输出报告的格式等。需要注意的是，Memory Probe 的设置与前面设置的 Memory Setup、CPU 和 DRAM 的相关参数有关。

在 Setup Probe 页签中一般采用默认设置，但是如果有一些特殊的要求则可以调整设置，如自定义信号的电压、自定义眼图模板、调整眼图 UI 采样的数量等。本案例保持 Setup Probe 默认设置即可，如图 10.26 所示。

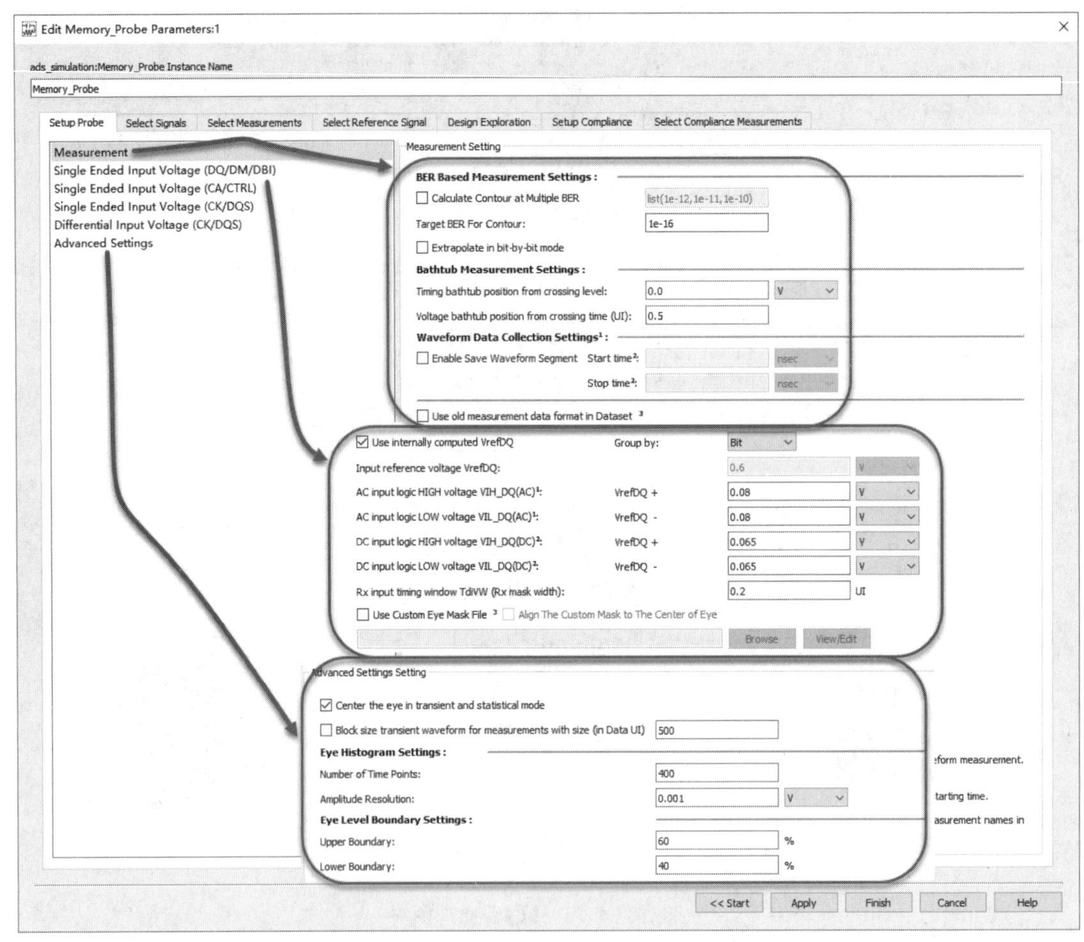

图 10.26　Setup Probe 页签的默认设置

下一步就是需要选择仿真的信号网络，也就是选择在哪个点观察仿真的结果。在 Select Signals 的可用信号页签中，可以看到包含了发送端的信号和接收端的信号。一般选择的是信号网络接收端，如果是写操作，则选择 DRAM 端的；如果是读操作，则选择 CPU 端的。本案例为写操作，所以选择的是 U2 的 DQ0，选中需要的网络后，单击 Add 按钮，对应的网络就会被添加到 Selected Signals 栏中，如图 10.27 所示。

在可用信号页签中不仅有发送端和接收端的信号网络，还包含了 Die 以及 Rx Output 端的选项，这与前面 CPU 和 DRAM 的设置有关系，如果选择了 Expose IBIS Die node to Memory Probe 选项，那么在可用信号一栏中就会出现 Die 相关的信号网络，这样就可以观察到 Die 上的结果。而 Rx Output 只有在 DDRsim 仿真时会出现。

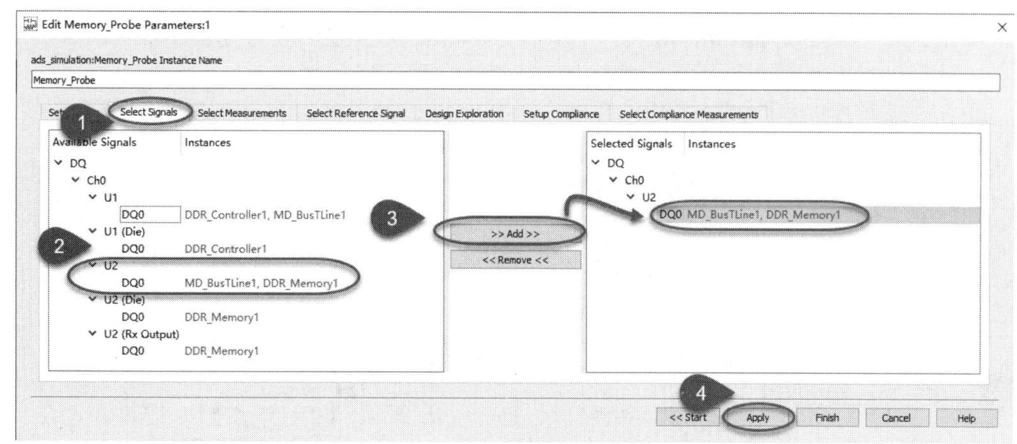

图 10.27 选择信号网络

单击 Apply 按钮即可完成对 Select Signals 的设置。然后单击 Select Measurements 页签，设置仿真测量的参数。在 Selected Signals 栏中选择对应的位号或者网络名称，在可测量的参数一栏中选择需要关注的指标参数，选中之后单击 Add 按钮，即可把对应的参数添加到 Selected Measurements 栏中，如图 10.28 所示。

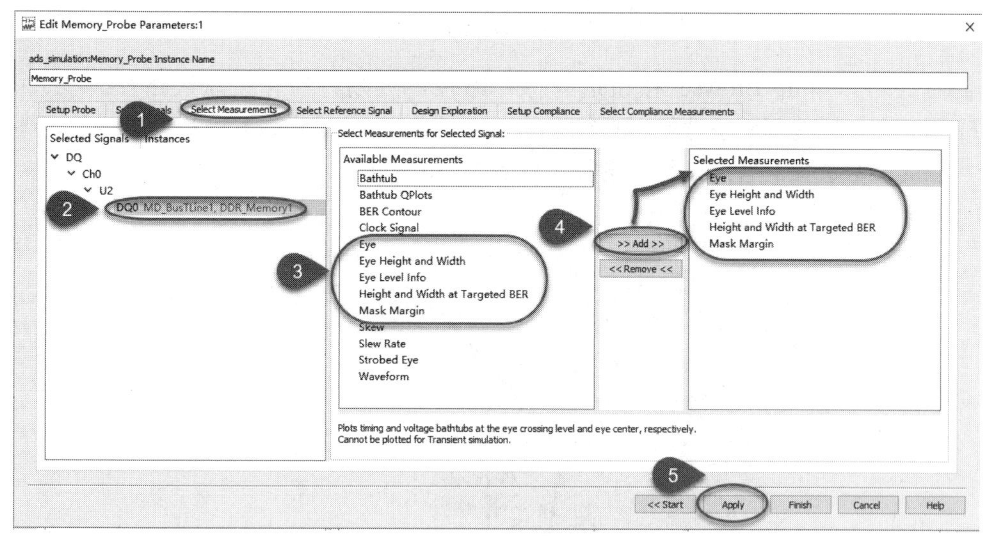

图 10.28 选择测量选项

由于可用测量选项中包含的是 DDRSim 和 Transient 两类仿真的参数，所以在选择时要注意是否能在当前的仿真中获取到。单击 Apply 按钮即可完成选择测量选项的设置。

Select Reference Signal 页签用于选择参考信号，例如，测量 Skew 时需要一个参考对象，则要设置。一般软件都会自动选择，所以此页签一般保持默认设置。

接着设置在 ADS 中自定义仿真报告，这样在 ADS 中仿真完成之后，就会有一份仿真报告，报告中包含的内容就是在 Design Exploration 这个页签中选择的内容。默认是不输出报告的，如果要输出报告，则要选中 Enable Design Exploration 复选框。报告有两种格式，分别是 CSV 和 html，这两种格式输出的形式和内容有所不同，如果要输出眼图，就只能选择 html 格式。本案例选择 html 格式。Design Exploration 页签的设置如图 10.29 所示。

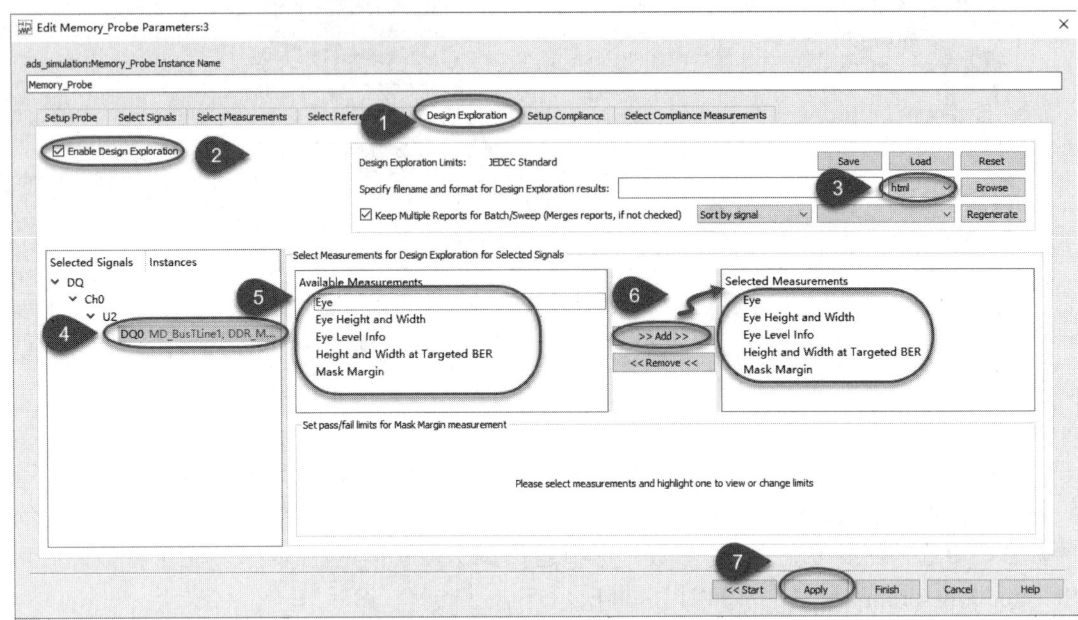

图 10.29 Design Exploration 页签的设置

同时还可以单击 Browse 按钮选择保存路径，否则将保存在默认路径。在 Design Exploration 中内置的判断条件的判断结果是 pass 或 fail，如果要调整这些判断条件，则可以选择对应的参数选项，自定义相关参数，如图 10.30 所示。

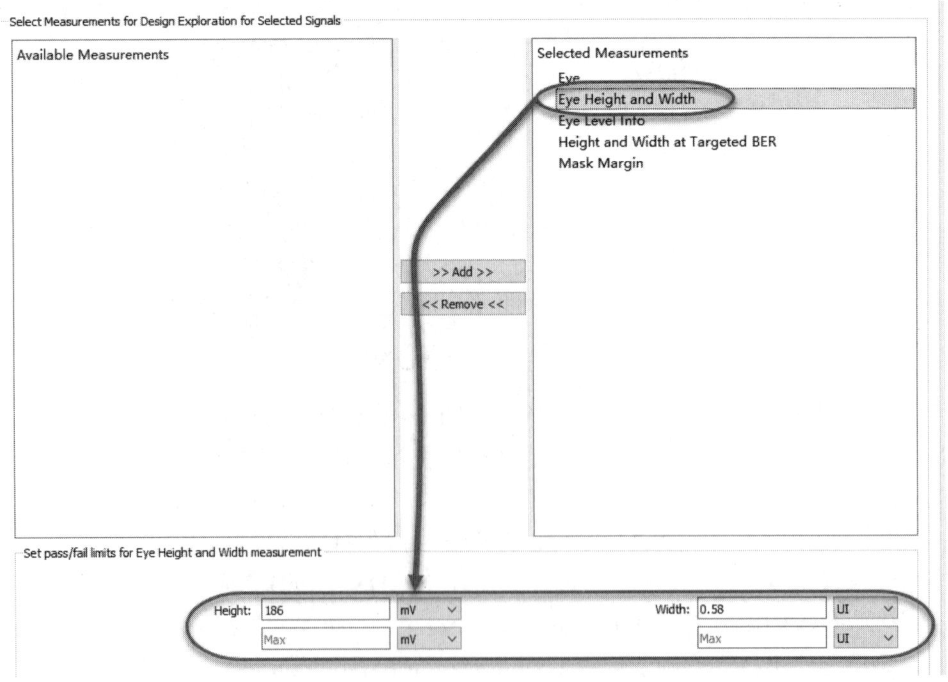

图 10.30 定义判断条件

如果需要仿真一致性的报告，则需要设置一致性设置（Setup Compliance）页签。一致性报告需要结合示波器软件 Infiniium 以及一致性分析软件才能输出仿真报告。若不选中一致性设置页签中的 Enable Compliance Measurements 复选框，那么在仿真中就不输出一致性报告，如果需要输出，则要选中该复选框。

在进行一致性报告输出时，有一些基本的测试环境（Test Environment）可以设置。例如，如果需要一致性报告中包含分析数据的截图，则要选中 Enable Capturing Screenshots 复选框，否则保持默认设置；如果要保存一致性分析结果的报告，则要选中 Save Compliance Results to PDF in Specified Directory 复选框，否则保持默认设置。同时还可以单击 Browse PDF Directory 按钮选择保存路径，否则保存在默认路径。如果仿真完成之后，要自动退出一致性软件，则要选中 Exit Compliance App and Infiniium after Test Finished 复选框，否则保持默认设置。一致性报告仿真测试环境设置如图 10.31 所示。

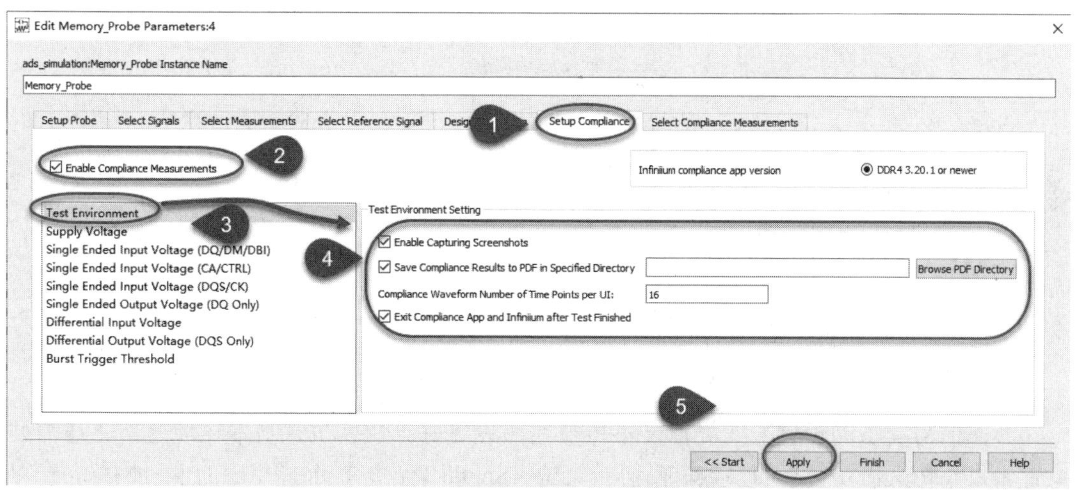

图 10.31　一致性报告仿真测试环境

存储总线的电源类型非常多，有 VDD、VDDQ、VTT 等。一般情况下，软件默认的电压都是标准的电源供电电压。如果有特殊要求，则可以自定义。供电电压设置如图 10.32 所示。

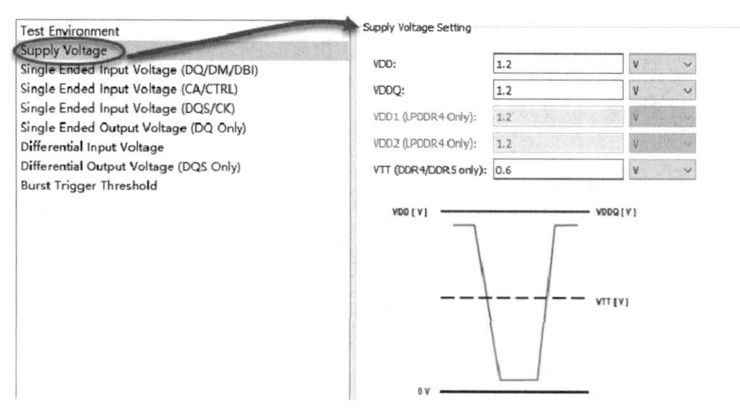

图 10.32　供电电压设置

仿真一致性报告时，软件会默认采用 DQ、DM、DBI、CA、CTRL、DQS 和 CK 的输入和输出电压，或者通过软件自动计算来计算参考电压或输入/输出电压，参考电压用以判断仿真结果是否满足一致性仿真的要求。如果实际的产品在设计中有一些特殊的要求，则可以自定义其判断条件。以 DQ、DM 和 DBI 为例，如果需要手动计算参考电压，则不要选中 Use internally computed VrefDQ 复选框；如果需要调整输入直流和交流逻辑高、低电平电压，则须手动输入相应的值。设置 DQ、DM 和 DBI 的单端输入电压如图 10.33 所示。

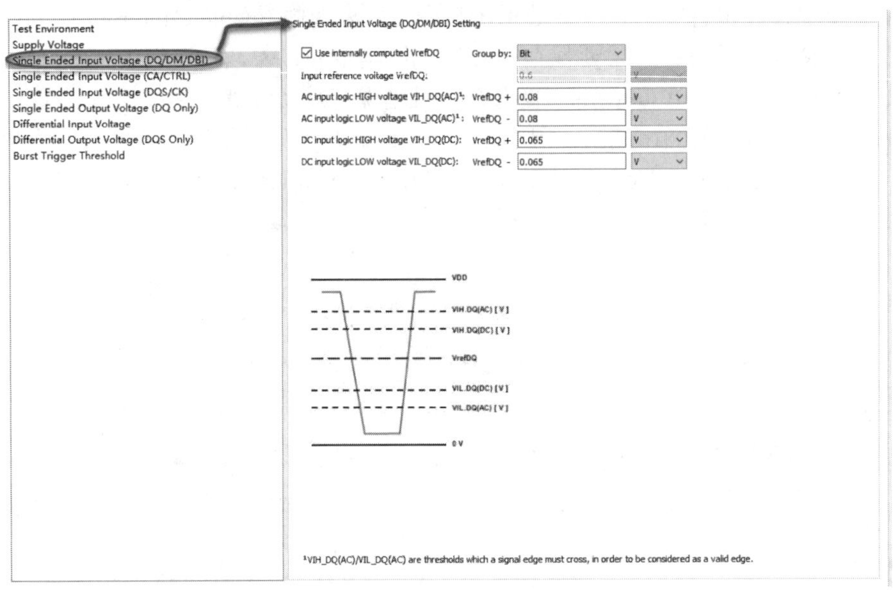

图 10.33　设置 DQ、DM 和 DBI 的单端输入电压

其他信号类型的设置方式类似，不再赘述。设置好一致性仿真基本环境之后，还需要设置一致性仿真需要仿真的参数，在信号类型（Signal Type）栏选择相应的信号网络，在可用一致性测试（Available Compliance Test）栏选择要仿真分析的项目，单击 Add 按钮即选择好了对应的项目，如图 10.34 所示。

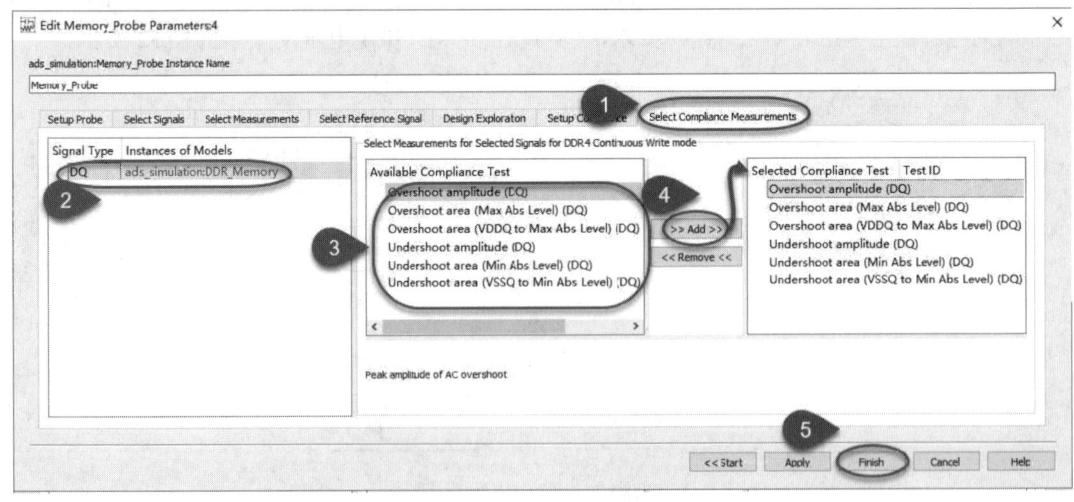

图 10.34　选择一致性仿真测量选项

单击 Finish 按钮即关闭对话框，同时完成了所有 Memory Probe 的设置。在 Memory Designer 中建立的前仿真的原理图包含 CPU、DRAM、Memory Deisgner 设置、仿真控件和 Memory Probe 元件，如图 10.35 所示。

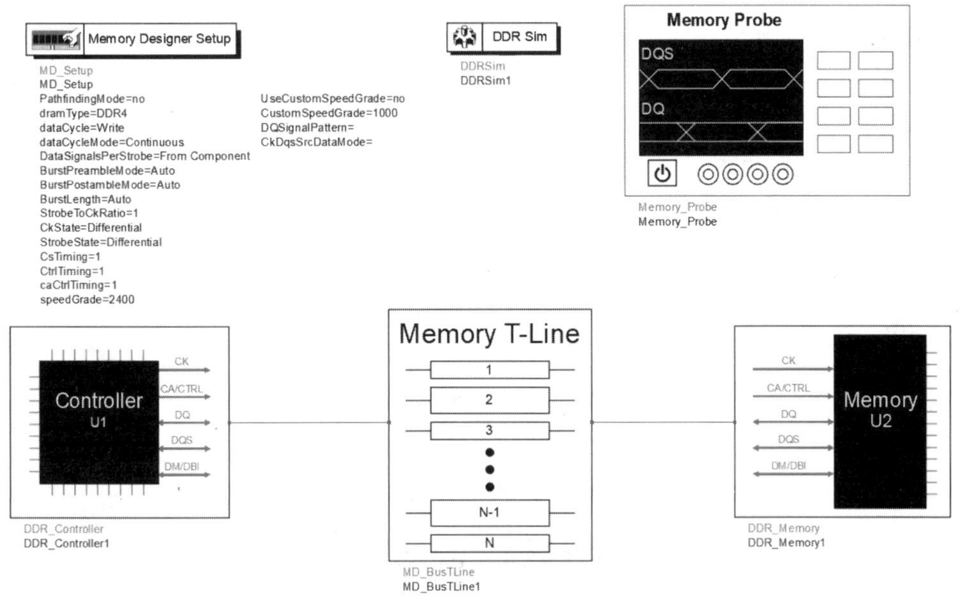

图 10.35　Memory Designer 前仿真原理图

运行仿真后在弹出的数据显示窗口中可以查看眼图，如图 10.36 所示。

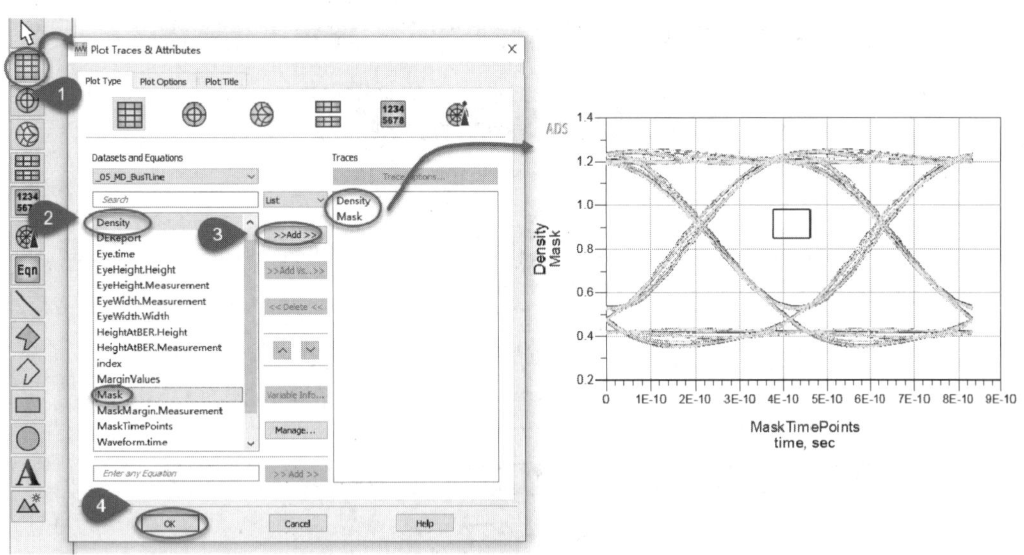

图 10.36　Memory Designer 仿真的眼图

也可以在数据窗口中查看眼图裕量相关的参数，如图 10.37 所示。

在仿真文件夹下可以查看 ADS 输出的仿真报告。在报告中可以很清晰地查看仿真的速率、仿真控件、仿真的结果以及仿真结果判断的条件范围等信息，如图 10.38 所示。

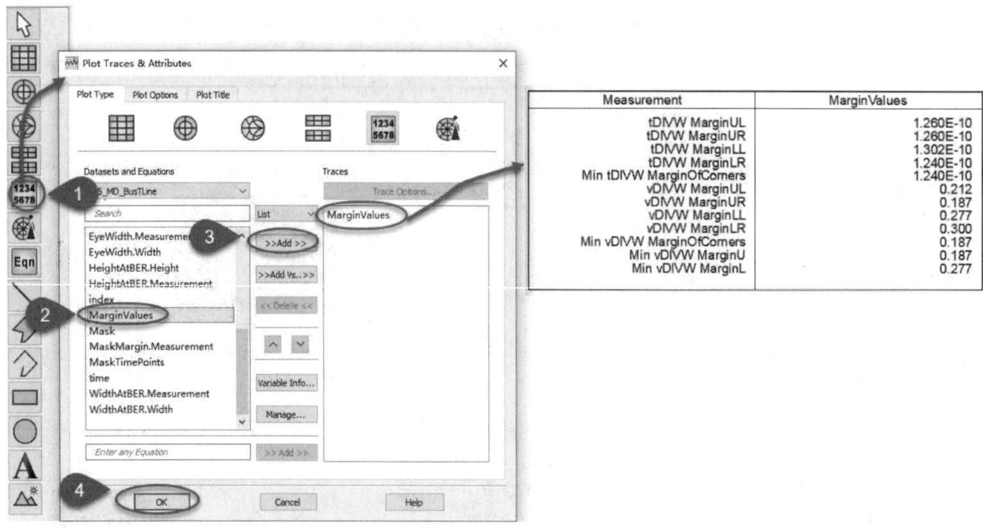

图 10.37 Memory Designer 仿真的眼图裕量参数

Memory Designer Report

Configuration Details	
Design Name	05_MD_BusTLine
Simulation Mode	DDRSim
Dram Type	DDR4
Data Rate	2400 Mbps
Data Cycle	Write
Data Cycle Mode	Continuous

Summary of Scalar Results

Ch0_U2_DQ0

Measurement	Value	Unit	Deviation(%)	Range	Pass or Fail
Eye Height	0.579	V	261.875	0.16 V to inf V	Pass
Eye Width	3.66667e-10 (0.88)	sec (UI)	51.7241	2.41667e-10 sec to inf sec (0.58 UI to inf UI)	Pass
Mask Margin tDIVW Margin UL	1.20833e-10 (0.29)	sec (UI)	NA	0 sec to inf sec (0 UI to inf UI)	Pass
Mask Margin tDIVW Margin UR	1.18750e-10 (0.285)	sec (UI)	NA	0 sec to inf sec (0 UI to inf UI)	Pass
Mask Margin tDIVW Margin LL	1.31250e-10 (0.315)	sec (UI)	NA	0 sec to inf sec (0 UI to inf UI)	Pass
Mask Margin tDIVW Margin LR	1.18750e-10 (0.285)	sec (UI)	NA	0 sec to inf sec (0 UI to inf UI)	Pass
Mask Margin vDIVW Margin UL	0.197	V	NA	0 V to inf V	Pass
Mask Margin vDIVW Margin UR	0.195	V	NA	0 V to inf V	Pass
Mask Margin vDIVW Margin LL	0.254	V	NA	0 V to inf V	Pass
Mask Margin vDIVW Margin LR	0.261	V	NA	0 V to inf V	Pass
Height At BER = 1.000e-16	0.631	V	294.375	0.16 V to inf V	Pass
Width At BER = 1.000e-16	3.83333e-10 (0.92)	sec (UI)	58.6207	2.41667e-10 sec to inf sec (0.58 UI to inf UI)	Pass

Eye Diagrams

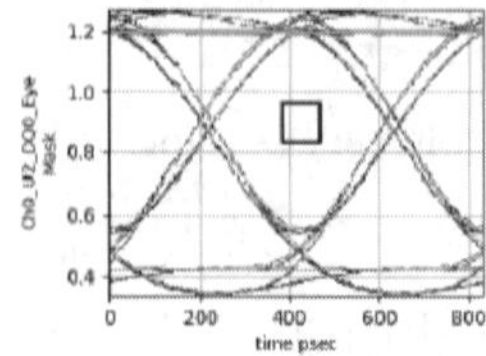

图 10.38 Memory Designer 输出的仿真报告

如果选中了 Enable Compliance Measurements 复选框，在仿真的时候，ADS 软件会自动调用 Infiniium 以及相应的一致性测试软件，如图 10.39 所示。

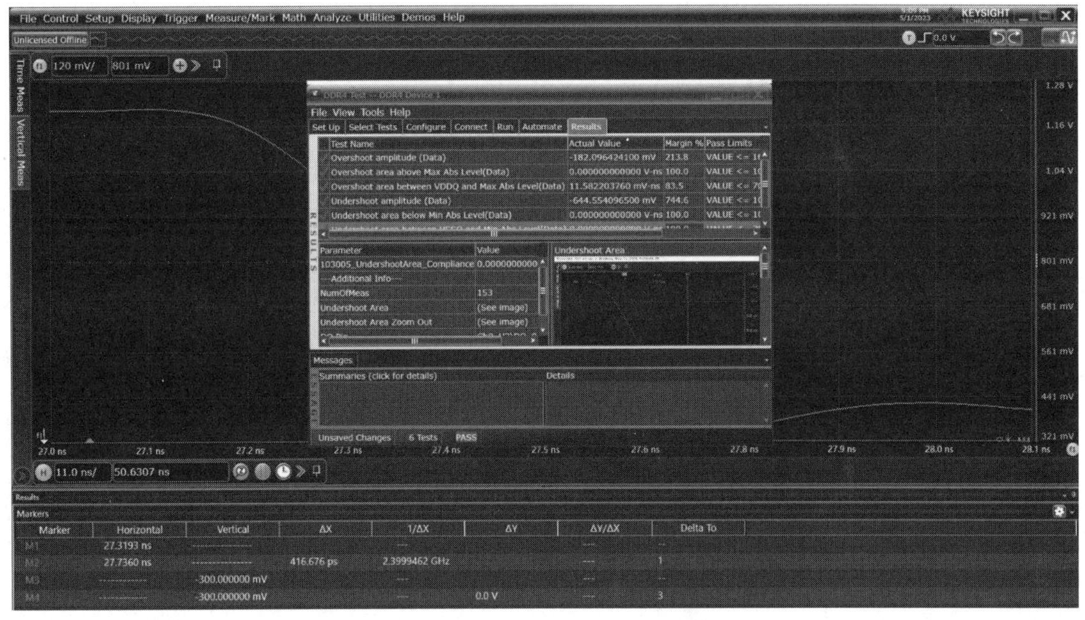

图 10.39　Infiniium 以及相应的一致性测试软件

Memory Designer 结合示波器的分析软件对数据进行分析，最终生成 DDR4 的一致性仿真报告，如图 10.40 所示。

一致性仿真分析报告中包括仿真分析的结果、结论以及仿真的波形。有的时候，需要对地址、控制、命令以及 DQS 仿真分析时序，也可以使用一致性仿真分析获得时序的结果。

10.6.2　地址、控制、命令以及时钟信号前仿真

在前面的框图中介绍过地址、控制、命令以及时钟信号都是单向传输的，对于多 DRAM 的时候，还需要考虑拓扑结构的选择，相对来讲比较复杂。下面以 4 颗 DRAM 并且使用 Fly-by 拓扑结构为例进行介绍。地址、控制、命令信号为单端传输线，时钟为差分传输线，但是它们的拓扑结构都是一致的。

把传输线分为 4 个部分，分别是主通道 M，连接每一颗 DRAM 之间的传输线 B，分支 S 以及连接上拉电阻的 P。每一段传输线的长度以及线宽都需要根据实际情况而定，比如在实际电路中常用的 Fly-by 拓扑结构，如图 10.41 所示。

对于一些比较复杂的设计，有的还需要考虑中间连接的过孔等。仿真结果如图 10.42 所示。

获得仿真的波形和眼图后，按照 JEDEC 规范以及 DRAM 的要求判断其是否符合设计的要求。本案例中，DRAM 要求输入高电平不低于 0.7 V，输入低电平不高于 0.5 V，如以波形中的两条红色的粗虚线为判断的标准，显然仿真结果都满足设计的要求。

Test Report

Pass

Test Configuration Details	
Application	
Name	D9040DDRC DDR4 Test
Version	3.70.0.0
Device Description	
Test Mode	Custom
LPDDR4	No
LPDDR4X	No
Custom Data Rate [MT/s]	2400
Burst Triggering Method	Rd or Wrt ONLY
LPDDR4X_MODE	Differential
Test Session Details	
Run Mode	ADS Automation
Infiniium SW Version	11.25.00101
Infiniium Model Number	N8900A
Infiniium Serial Number	HD47399684
Debug Mode Used	No
Compliance Limits	DDR4-2400 Test Limit (official)
ADS Version	hpeesofsim (*) 550.shp
Last Test Date	2023-05-01 21:08:54 UTC +08:00

Summary of Results

Test Statistics	
Failed	0
Passed	6
Total	6

Margin Thresholds	
Warning	< 5 %
Critical	< 0 %

Pass	# Failed	# Trials	Test Name (click to jump)	Actual Value	Margin	Pass Limits
✓	0	1	Overshoot amplitude (Data)	-182.096424100 mV	213.8 %	VALUE <= 160.000000000 mV
✓	0	1	Overshoot area above Max Abs Level(Data)	0.000000000000 V-ns	100.0 %	VALUE <= 10.000000000 mV-ns
✓	0	1	Overshoot area between VDDQ and Max Abs Level(Data)	11.582203760 mV-ns	83.5 %	VALUE <= 70.000000000 mV-ns
✓	0	1	Undershoot amplitude (Data)	-644.554096500 mV	744.6 %	VALUE <= 100.000000000 mV
✓	0	1	Undershoot area below Min Abs Level(Data)	0.000000000000 V-ns	100.0 %	VALUE <= 10.000000000 mV-ns
✓	0	1	Undershoot area between VSSQ and Min Abs Level(Data)	0.000000000000 V-ns	100.0 %	VALUE <= 70.000000000 mV-ns

Report Detail

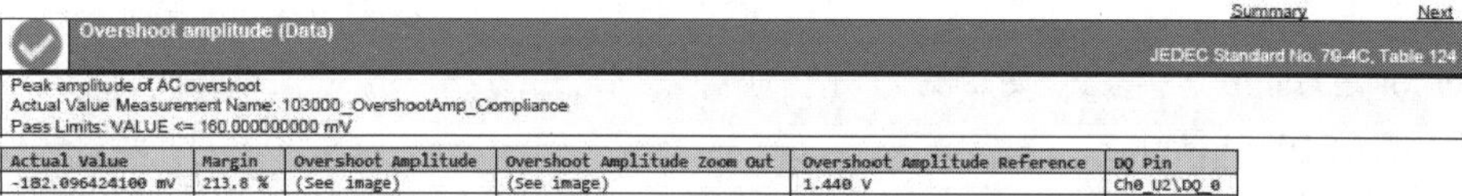

Summary Next

Overshoot amplitude (Data)

JEDEC Standard No. 79-4C, Table 124

Peak amplitude of AC overshoot
Actual Value Measurement Name: 103000_OvershootAmp_Compliance
Pass Limits: VALUE <= 160.000000000 mV

Actual Value	Margin	Overshoot Amplitude	Overshoot Amplitude Zoom Out	Overshoot Amplitude Reference	DQ Pin
-182.096424100 mV	213.8 %	(See image)	(See image)	1.440 V	Ch0_U2\DQ_0

Overshoot Amplitude

Keysight Infiniium : Monday, May 1, 2023 9:07:58 PM

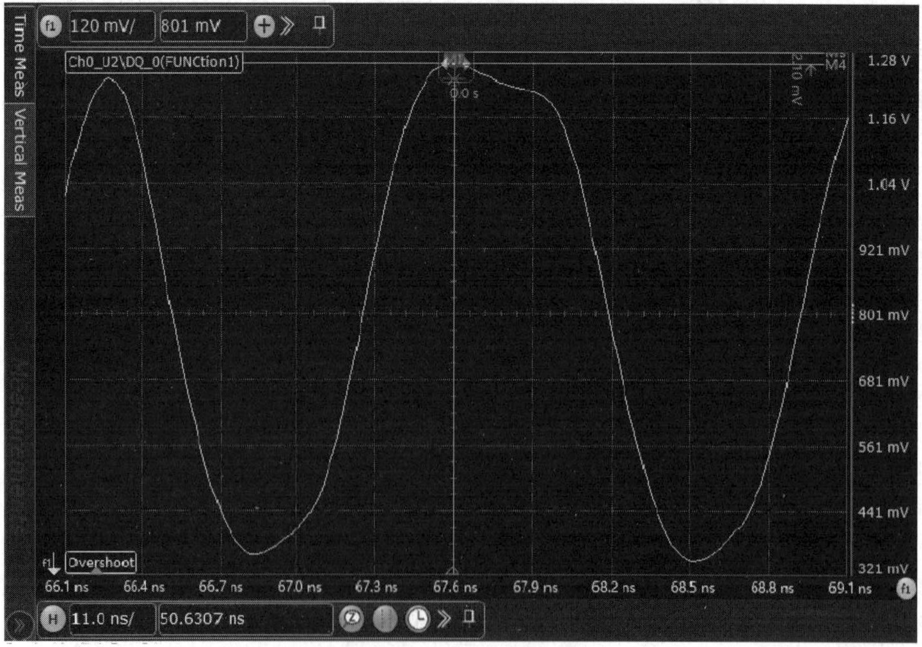

图 10.40　Memory Designer 的一致性仿真报告

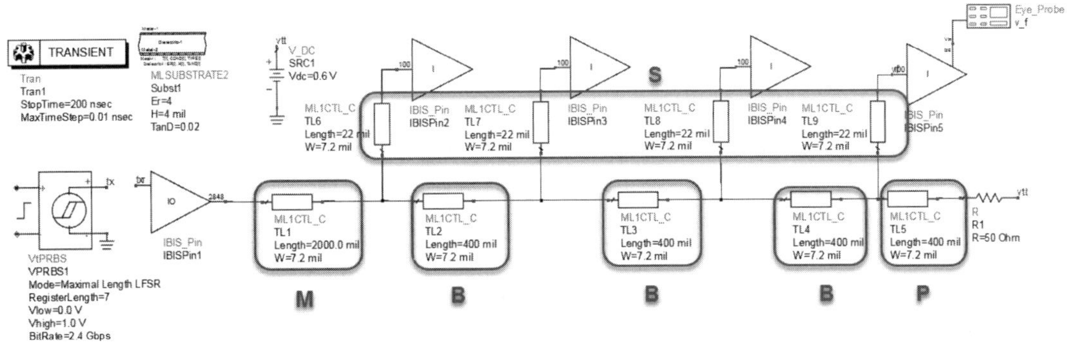

图 10.41　Fly-by 拓扑结构

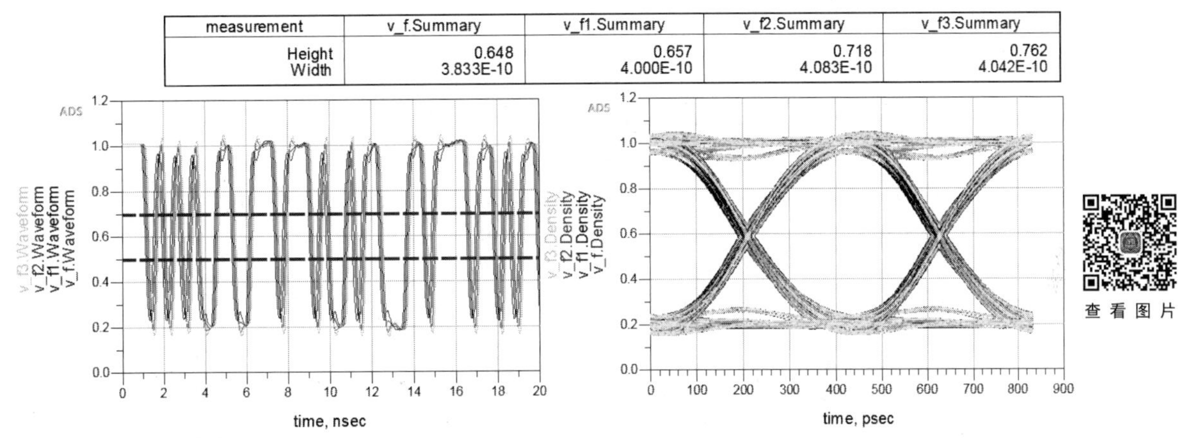

measurement	v_f.Summary	v_f1.Summary	v_f2.Summary	v_f3.Summary
Height Width	0.648 3.833E-10	0.657 4.000E-10	0.718 4.083E-10	0.762 4.042E-10

查看图片

图 10.42　地址、控制以及命令信号线的仿真结果

在实际的工程仿真中，还有可能调节各段传输线的长度以调整时序；调节传输线的线宽以匹配传输线阻抗，尤其是调整主通道（M）的阻抗。这些都可以通过扫描的方式寻找最合适的设计。

时钟信号的拓扑结构也是一样，只是时钟信号的芯片模型为差分模型，传输线为差分线，其拓扑结构如图 10.43 所示。

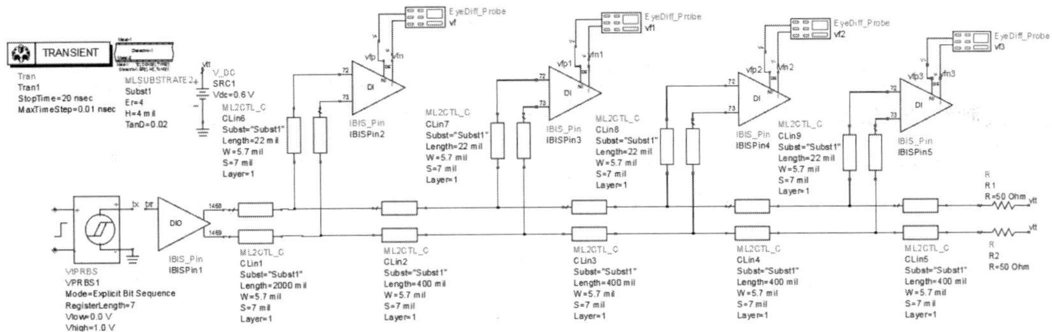

图 10.43　时钟信号线的拓扑结构

其仿真结果可以是单端的波形或差分的波形，如图 10.44 所示。

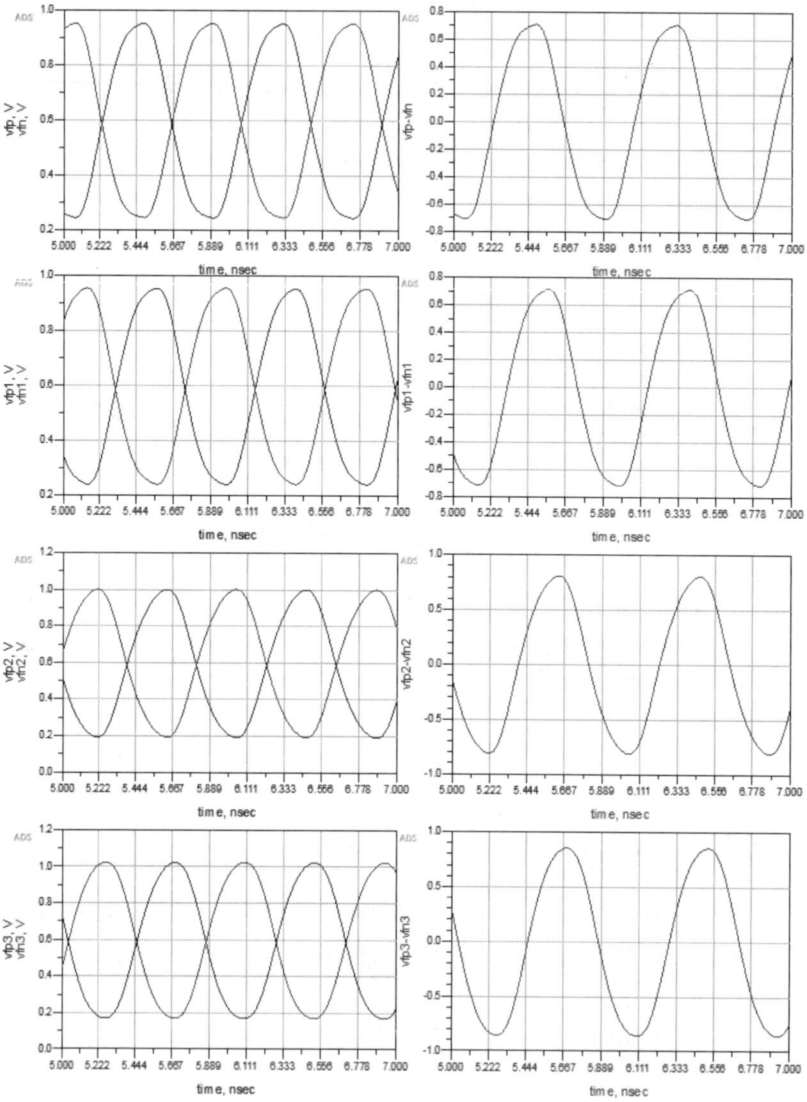

图 10.44　时钟信号线的仿真波形

时钟波形主要分析其单端信号之间的交叉点电压 Vix 以及差分信号的信号质量。通过添加限制线或 Mark 点就能测量出结果，本案例中的时钟信号都符合设计规范。

在 Memory Designer 中进行地址、控制、命令以及时钟信号前仿真时，一般建议先建立一个子电路，以地址信号为例，其 Fly-by 拓扑结构的子电路如图 10.45 所示。

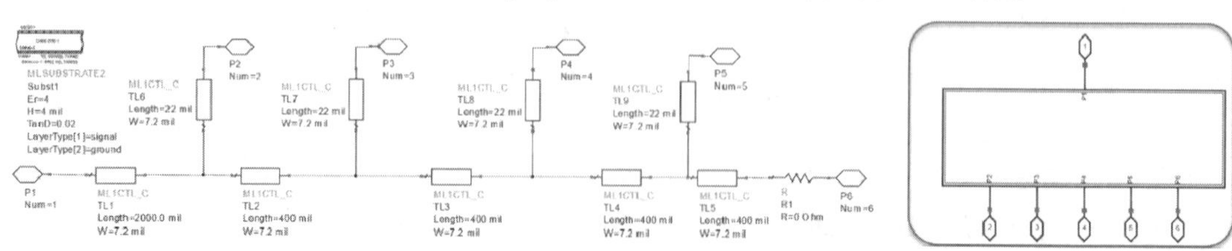

图 10.45　Fly-by 拓扑结构的子电路

建立好子电路之后，在原理图编辑区放置并双击 DDR_PreLayout 元件，在弹出的对话框中选中 Use an existing ADS Cell 单选按钮，如图 10.46 所示。

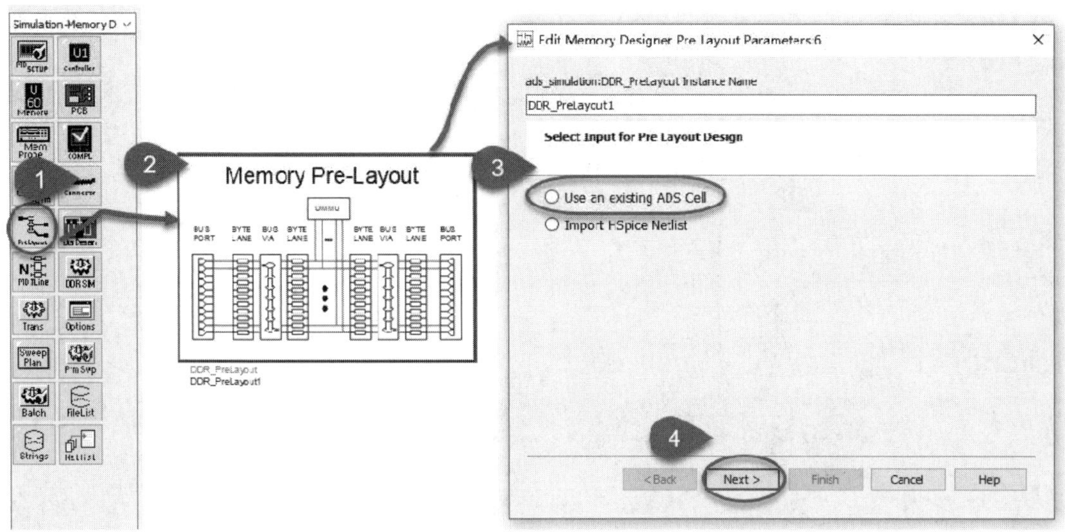

图 10.46　放置 DDR_PreLayout 元件

单击 Next 按钮后，在对话框中选择子电路的 Cell，如图 10.47 所示。

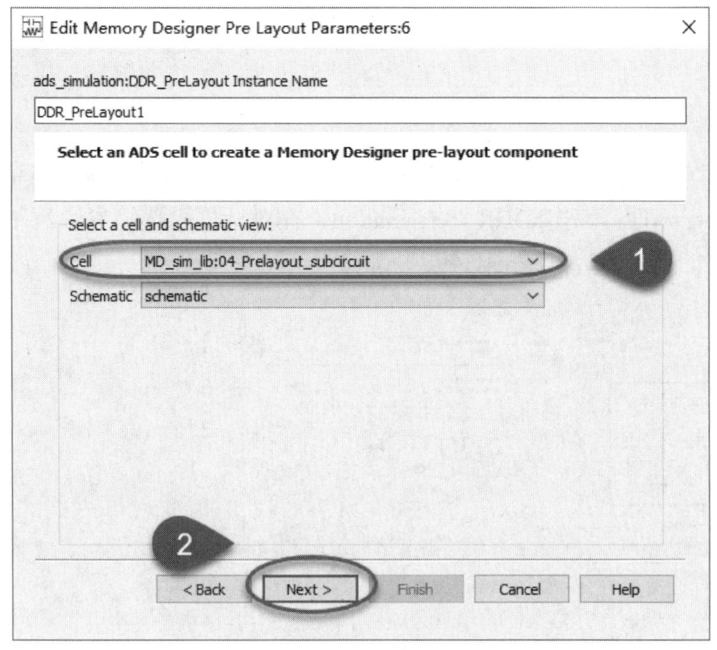

图 10.47　选择子电路的 Cell

单击 Next 按钮后，在编辑前仿真对话框中编辑位号（Ref Des）、信号类型（Signal Type）以及索引号（Signal Index），如图 10.48 所示。

单击 Finish 按钮，完成对 DDR_PreLayout 元件的编辑。

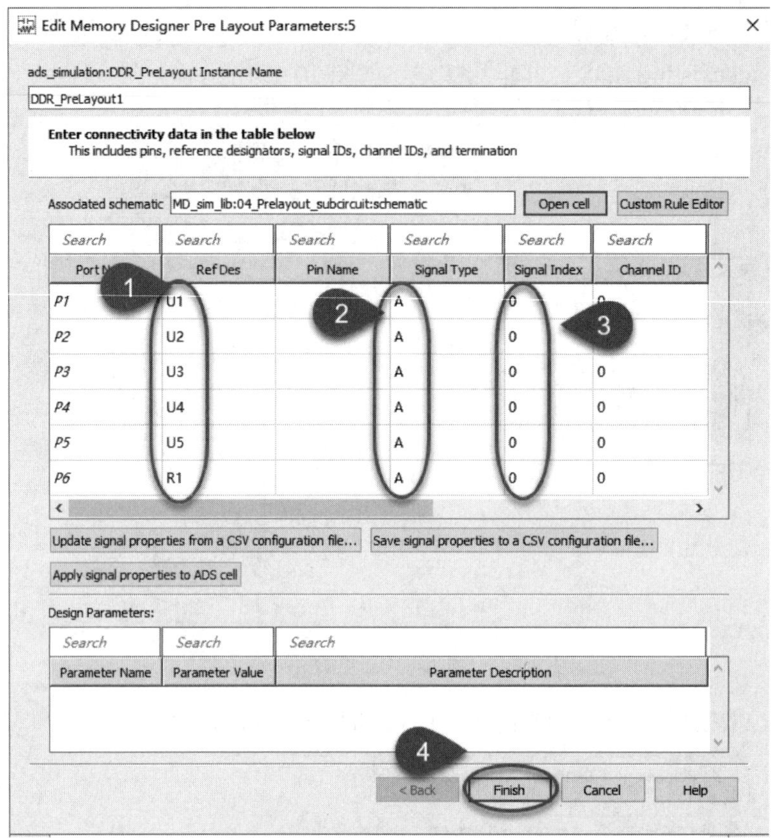

图 10.48 编辑前仿真参数

从子电路中可以看到电路中有端接电阻，所以在原理图编辑区要放置一个端接电阻 DDR_Termination 元件。双击 DDR_Termination，在对话框中选择参考的 PCB，单击 Next 按钮，选择端接的电阻 R1，如图 10.49 所示。

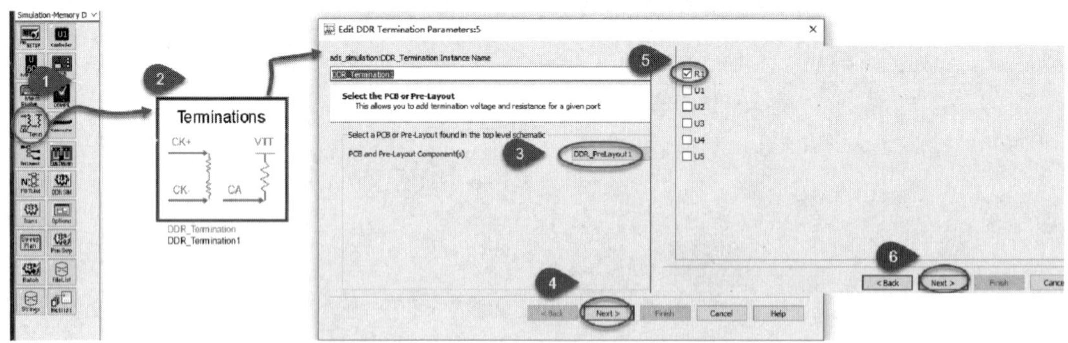

图 10.49 放置端接电阻元件并设置

单击 Next 按钮，在对话框中设定端接电阻、上拉电压并选择仿真的网络，如图 10.50 所示。

单击 Finish 按钮，设置好端接，并设置要分析的参数，然后连接原理图各个元件，地址信号的仿真原理图如图 10.51 所示。

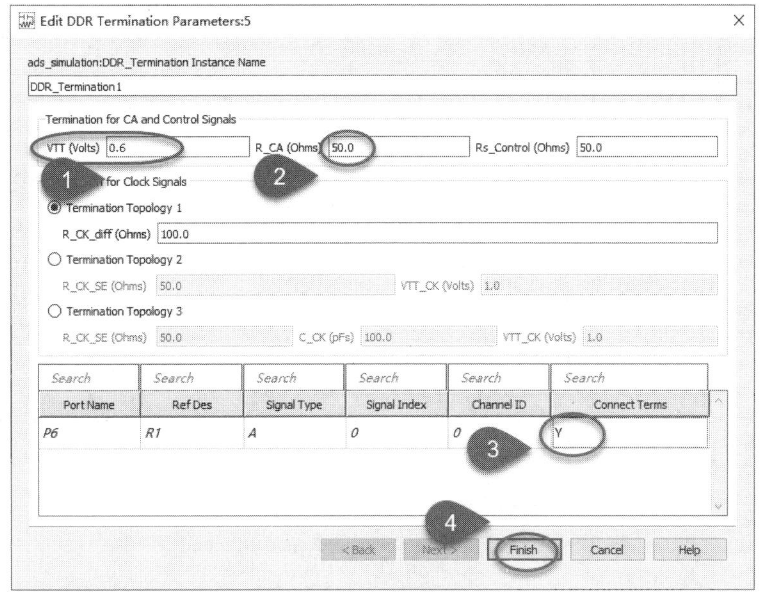

图 10.50　编辑端接参数

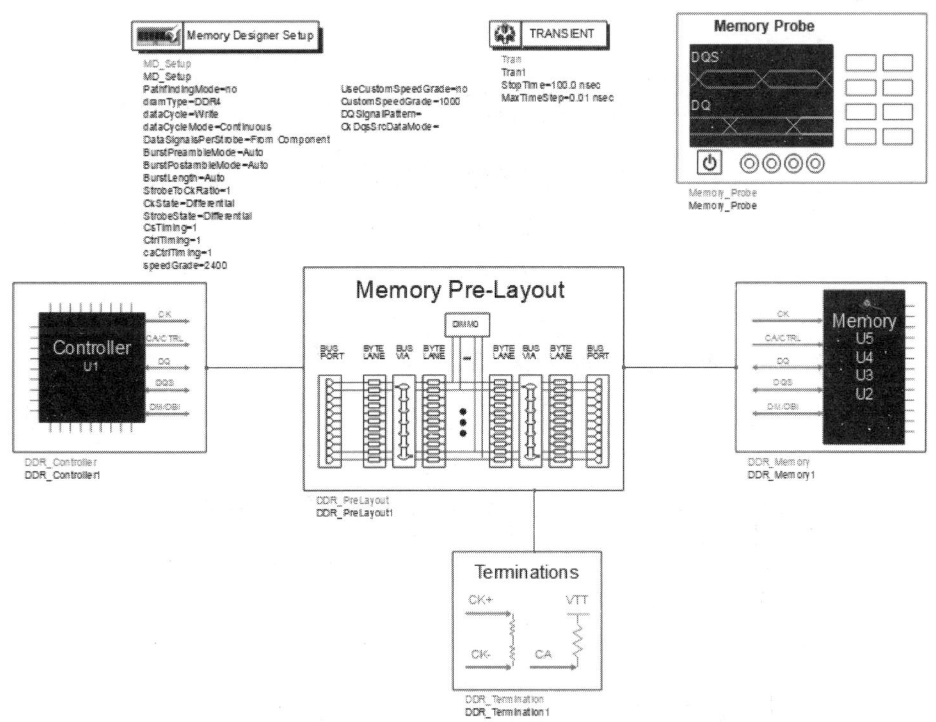

图 10.51　地址信号仿真原理图

运行仿真后，在数据显示窗口查看波形和眼图，如图 10.52 所示。

在本案例中，DRAM 要求输入高电平不低于 0.7 V，输入低电平不高于 0.5 V，如以波形中的两条红色的粗虚线为判断的标准，显然仿真结果都满足设计的要求。地址信号 ADS 仿真报告显示所有的结果都能满足信号完整性要求，部分报告如图 10.53 所示。

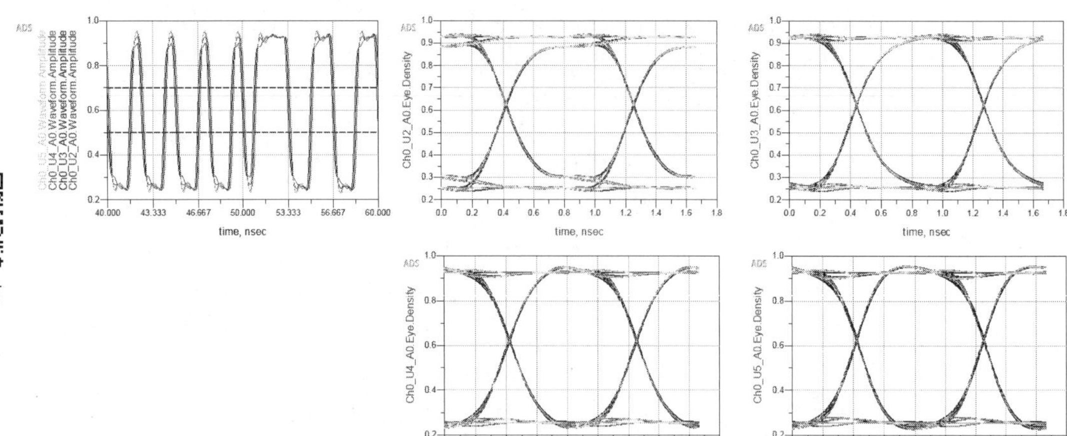

查看图片

图 10.52　地址信号的波形和眼图

Memory Designer Report

Configuration Details	
Design Name	03_MD_DDR4_Tran
Simulation Mode	Transient
Dram Type	DDR4
Data Rate	2400 Mbps
Data Cycle	Write
Data Cycle Mode	Continuous

Summary of Scalar Results

Ch0_U2_A0					
Measurement	Value	Unit	Deviation(%)	Range	Pass or Fail
SlewRate Rise Min	1.72076	V/ns	20.0115	0.4 to 7	Pass
SlewRate Rise Max	1.8405	V/ns	21.8258	0.4 to 7	Pass
SlewRate Fall Min	1.83459	V/ns	21.7362	0.4 to 7	Pass
SlewRate Fall Max	1.95952	V/ns	23.6291	0.4 to 7	Pass
Eye Height	0.571	V	280.667	0.15 V to inf V	Pass
Eye Width	8.12500e-10 (0.975)	sec (UI)	98.1707	4.10000e-10 sec to inf sec (0.492 UI to inf UI)	Pass

Ch0_U3_A0					
Measurement	Value	Unit	Deviation(%)	Range	Pass or Fail
SlewRate Rise Min	1.7489	V/ns	20.4378	0.4 to 7	Pass
SlewRate Rise Max	1.83648	V/ns	21.7649	0.4 to 7	Pass
SlewRate Fall Min	1.85757	V/ns	22.0845	0.4 to 7	Pass
SlewRate Fall Max	1.93645	V/ns	23.2795	0.4 to 7	Pass
Eye Height	0.613	V	308.667	0.15 V to inf V	Pass
Eye Width	8.16667e-10 (0.98)	sec (UI)	99.187	4.10000e-10 sec to inf sec (0.492 UI to inf UI)	Pass

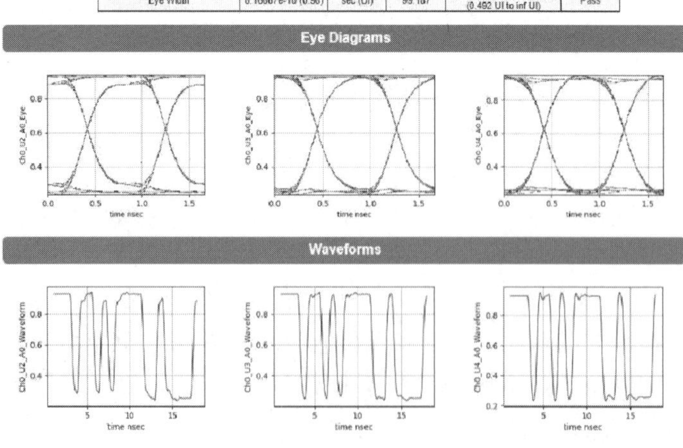

图 10.53　地址信号仿真报告

由于 DDR4 是并行总线，信号网络比较多，可能导致串扰比较大，且难以处理，尤其是芯片区域、连接器区域或者高密度板等串扰更是如此。如何减小信号与信号之间的串扰是工程师需要重点仿真的一个内容。由于篇幅有限，关于 DDR4 所有信号网络的串扰仿真请参考“6.2.2 串扰的仿真”小节以及“第 12 章 PCB 板级仿真 SIPro”的内容，在此不再赘述。

10.6.3　Memory Designer 批量扫描 ODT

数据信号（DQ）和数据选通信号（DQS）都是双向传输的信号，且是点对点传输，但是由于数据和数据选通信号分为读操作和写操作，在仿真时，CPU 和 DRAM 分别作为发送端进行信号完整性仿真。

由于 DQ 和 DQS 都有 ODT，所以在仿真之初，都会对比每一种 ODT 的信号质量，确认是否满足 DDR 总线的信号完整性要求以及哪种 ODT 最符合当前的要求。在 Memory Designer 中要进行 ODT 的仿真，需要在 IBIS 模型设置中把 IBIS Model Selector Rx（或 IBIS Model Selector Tx）设置为变量，本案例设置的变量名为 ODT，如图 10.54 所示。

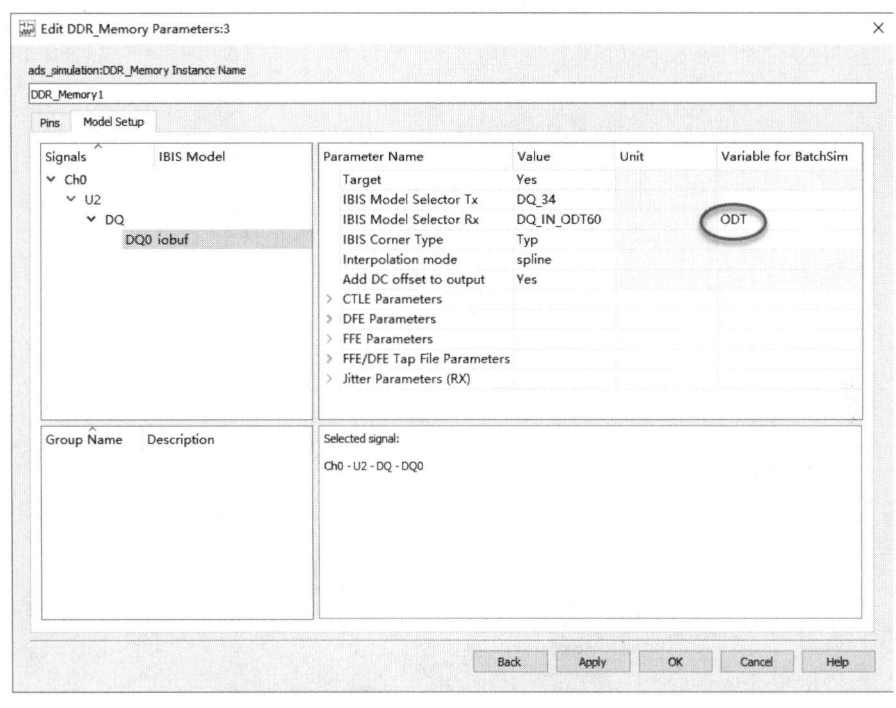

图 10.54　设置 ODT 的变量名

在原理图编辑区双击 Memory Designer Setup，在弹出的对话框中选择 BatchSim Setup→List Model，选中 ODT 复选框，再单击 ODT 对应的 Value List，选择并添加相应的模型 DQ_IN_ODT34、DQ_IN_ODT40、DQ_IN_ODT48、DQ_IN_ODT60、DQ_IN_ODT80、DQ_IN_ODT120 和 DQ_IN_ODT240，ODT 扫描设置和列表如图 10.55 所示。

选择了ODT模型之后一定要为这些ODT模型选择一个保存列表，即单击Save BatchSim csv file to 后面的 Browse 按钮，选择一个*.csv 文件，如果没有，就新建一个再选择。设置好了 List Mode 之后，接着设置扫描模式（Sweep Mode）。先选中对应扫描对象的复选框，然后根据前面扫描的列表设置批量扫描的起始值（Start）、终止值（Stop）以及扫描步长（Step Size），扫描模式设置如图 10.56 所示。

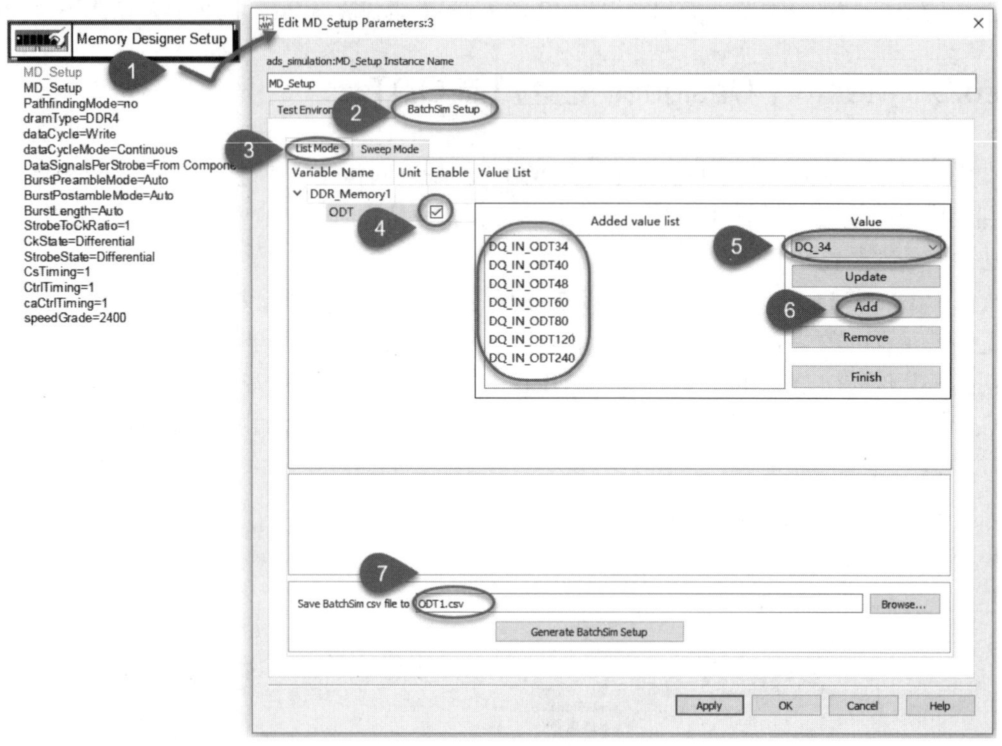

图 10.55 设置 ODT 扫描列表

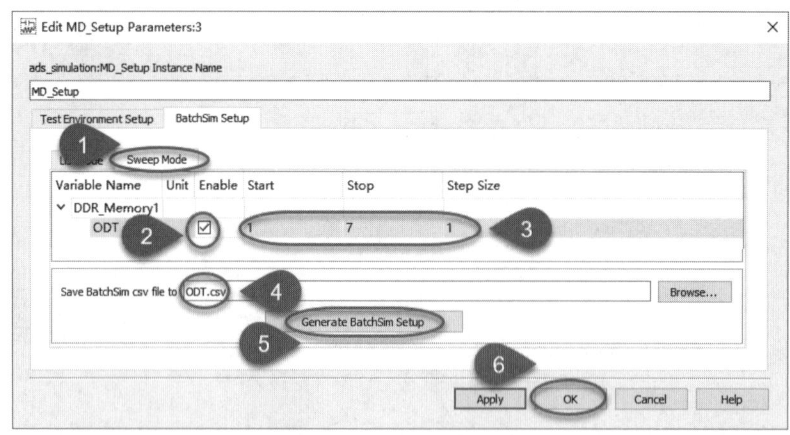

图 10.56 设置扫描模式

同样，单击 Save BatchSim csv file to 后面的 Browse 按钮，选择一个新的 csv 文件。单击 Generate BatchSim Setup 按钮即可生成一个批量扫描元件，如图 10.57 所示。

可以看到自动生成的批量扫描元件中包含了扫描的列表以及对应的仿真分析类型。ODT 扫描仿真原理图如图 10.58 所示。

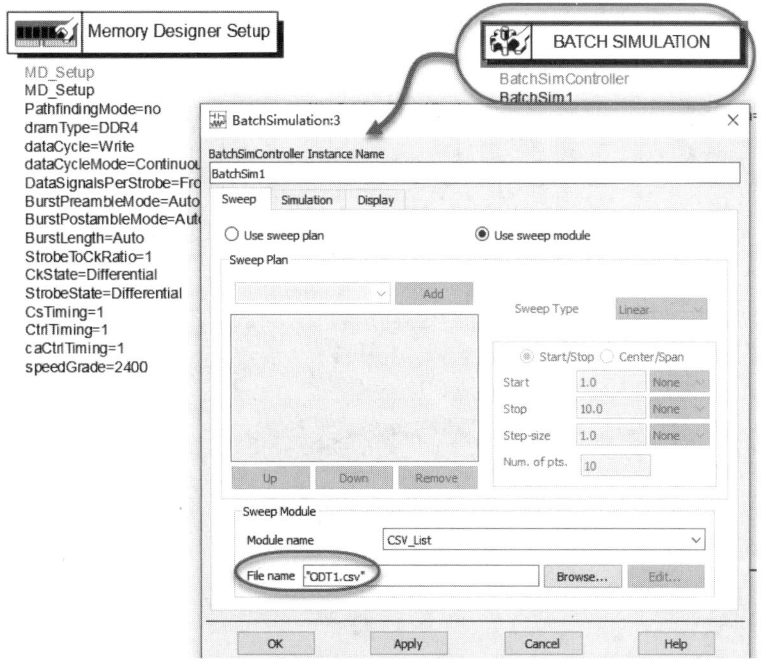

图 10.57　批量扫描元件

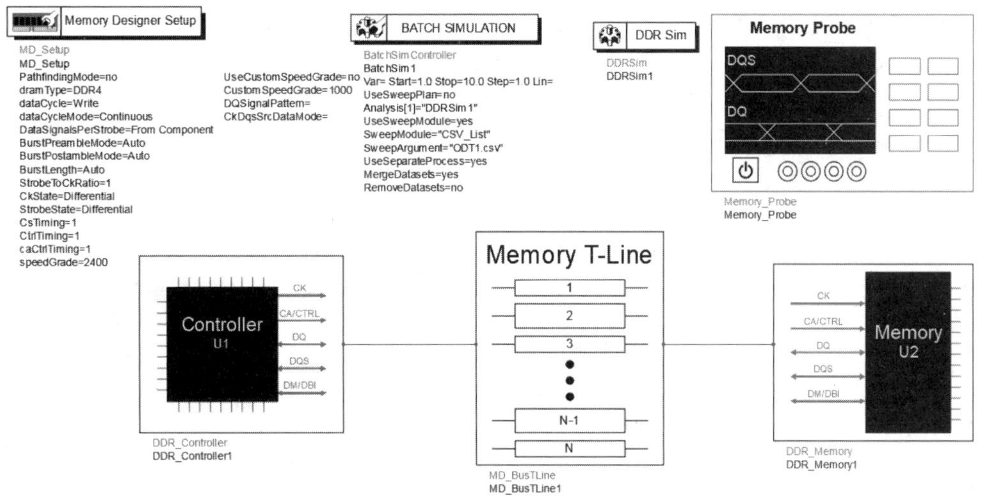

图 10.58　ODT 扫描仿真原理图

运行批量仿真后，在数据显示窗口中将显示 ODT 批量仿真的结果，如图 10.59 所示。

从结果中可以看到，对于同一个仿真链路，做不同的 ODT 设置，会有不同的仿真结果，虽然仿真结果都满足 DDR4 眼图模板的要求，但是不同的应用场景下电子产品的性能还是会有所不同。这些在实际的工程中都需要一一确认之后才能判断哪个设置合适。

有的驱动端芯片也有多种驱动模型，与 ODT 的选择类似，下面以 DQS 为例进行批量扫描分析。DQS 在发送端的驱动有 12 种模型，分别是 hi_drv4_3440、hi_drv4_3480、hi_drv4_34120、hi_drv4_34240、hi_drv4_4040、hi_drv4_4080、hi_drv4_40120、hi_drv4_40240、 hi_drv4_6040、hi_drv4_6080、hi_drv4_60120 和 hi_drv4_60240，DQS 信号仿真原理如图 10.60 所示。

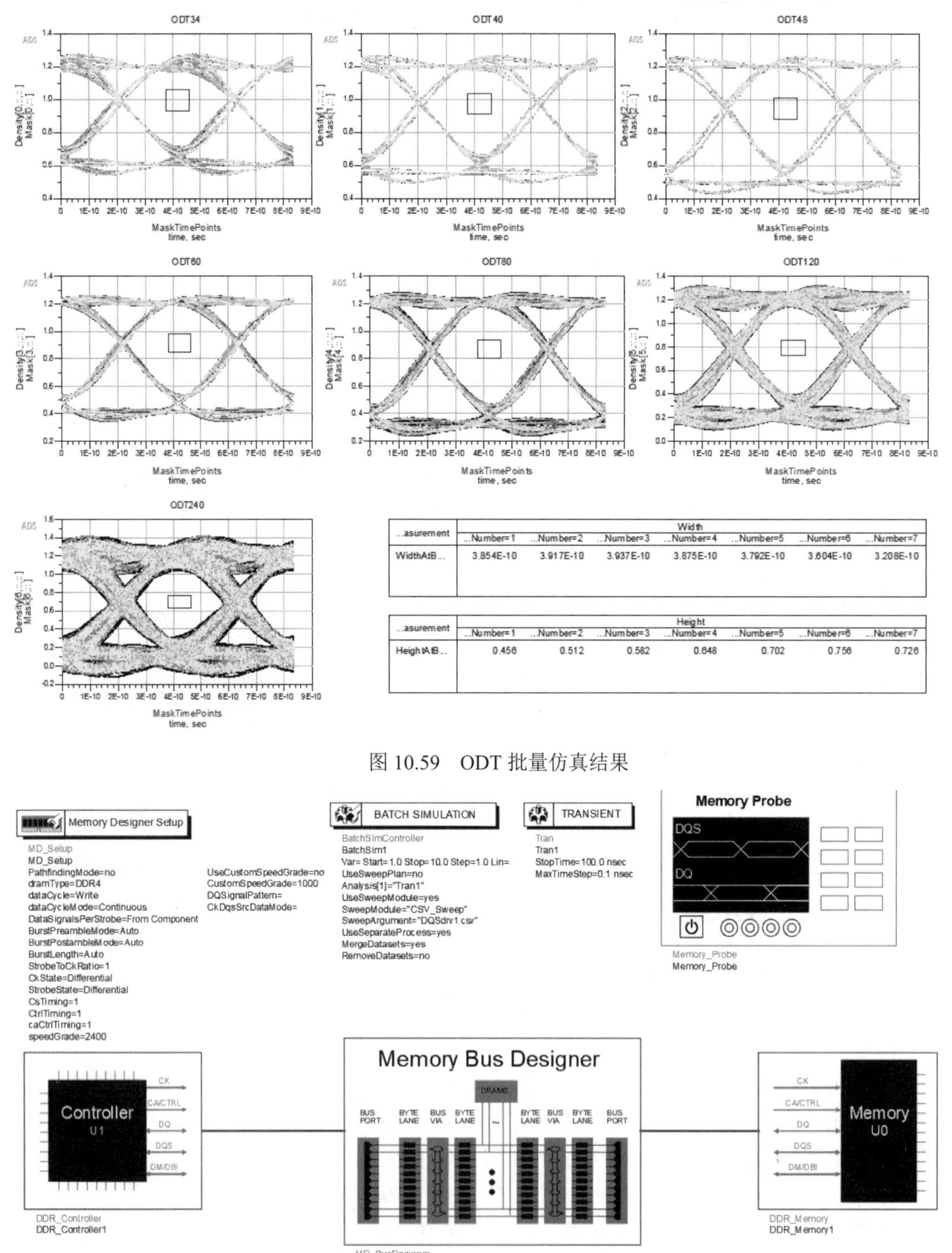

...asurement	Width						
	...Number=1	...Number=2	...Number=3	...Number=4	...Number=5	...Number=6	...Number=7
WidthAtB...	3.854E-10	3.917E-10	3.937E-10	3.875E-10	3.792E-10	3.604E-10	3.208E-10

...asurement	Height						
	...Number=1	...Number=2	...Number=3	...Number=4	...Number=5	...Number=6	...Number=7
HeightAtB...	0.456	0.512	0.582	0.648	0.702	0.756	0.726

图 10.59　ODT 批量仿真结果

图 10.60　DQS 信号仿真原理

运行仿真后，获得的仿真差分波形和单端波形结果如图 10.61 所示。

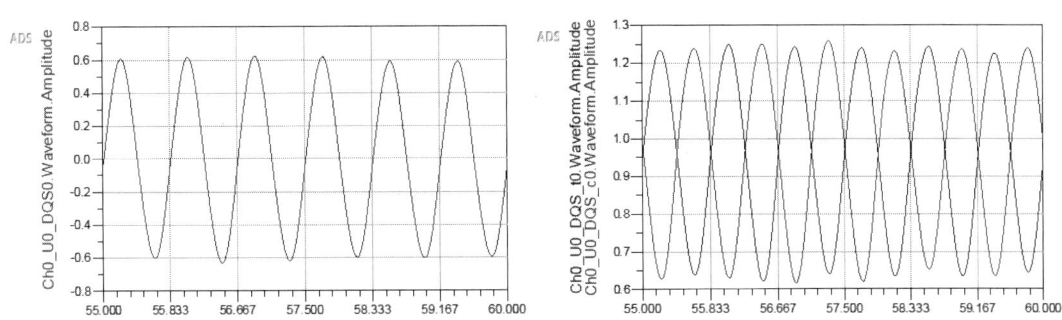

图 10.61　DQS 信号仿真结果

虽然仿真了 12 种模型，但是结果都是一样的，所以在仿真中任意选择其中一种即可。由于 DQS 类似于时钟，是用来触发 DQ 信号采样的，所以在分析时要特别注意其信号的质量以及其交叉点的电压。

10.6.4　DDR PCB 仿真

如果仿真是针对 PCB 的，在 ADS SIPro 中专门针对 DDR 做了一个功能，用于快速地进行信号选择、分类、频率设置、端口生成和仿真工程生成等。本节只对 DDR setup 这个部分进行介绍，关于 SIPro 的基本应用可参考本书第 12 章的内容。

启动 SIPro，在菜单栏中选择 Tools→DDR→DDR Setup 选项，弹出 DDR Setup 窗口，如图 10.62 所示。

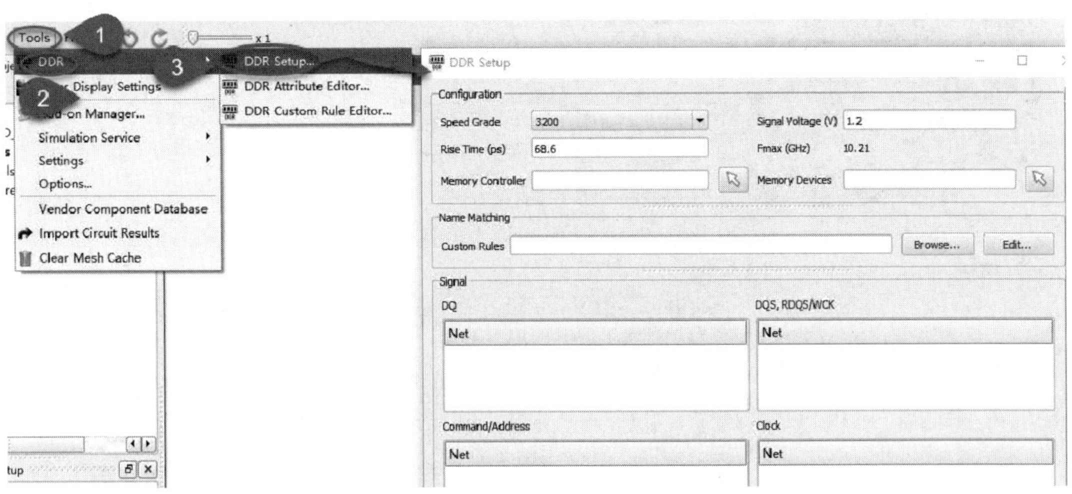

图 10.62　打开 DDR Setup 窗口

在 DDR Setup 窗口中设置信号的速率（Speed Grade）、信号的电压（Signal Voltage）、上升时间（Rise Time），最大频率（Fmax）与上升时间是一一对应的。一般情况下，设置了信号速率就不用再设置上升时间，因为上升时间与信号的速率直接相关联。将信号的速率设置为 2400 Mb/s，将电压设置为 1.2 V，如图 10.63 所示。

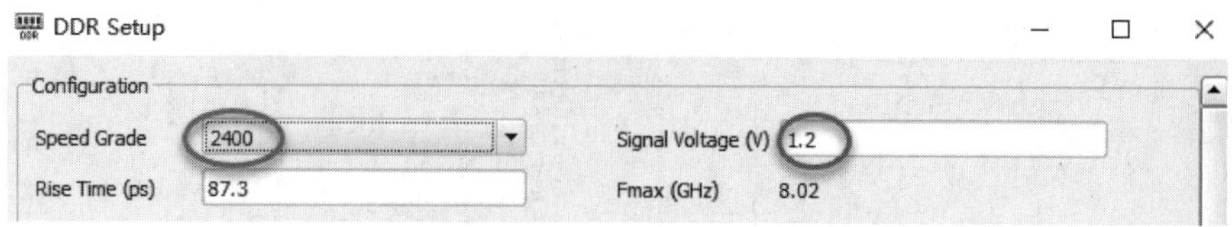

图 10.63　设置信号速率和电压

也可以在生成仿真工程之后再设置或者调整信号速率。

接着，选择 Memory Controller 和 Memory Devices。首先在 PCB 显示区域选中对应的芯片，再单击 Memory Controller 的箭头按钮，或者在 Memory Controller 后面的空格处输入相应的位号，本案例选中的是 U3；接着选择 U15 和 U16，再单击 Memory Devices 的箭头按钮，或者在 Memory Devices 后面的空格处输入相应的位号；软件会根据 Memory Controller 和 Memory Devices 直接的连接关系以及信号网络名称对它们进行分类，分别归类到 DQ、DQS,RDQS/WCK、Command/Address、Clock、Miscs、Power Net 以及 Ground Net 栏中，如图 10.64 所示。

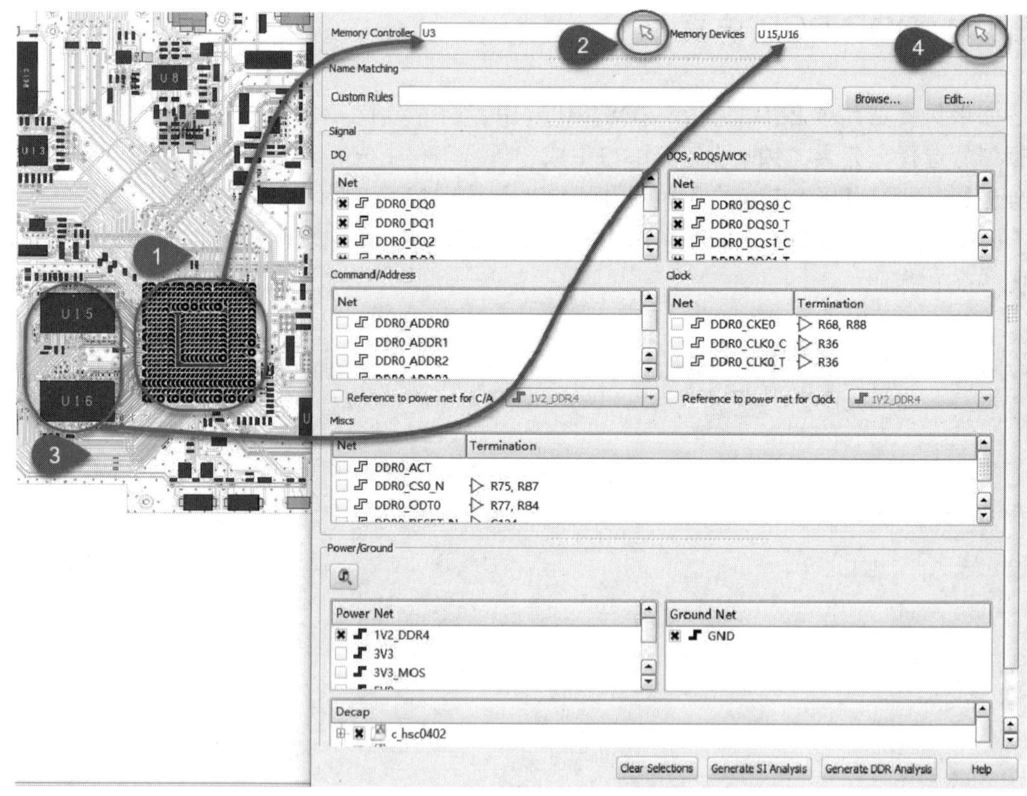

图 10.64　选择 Memory Controller 和 Memory Devices

同时，也会把连接电源和地网络的电容归类到 Decap 栏中。

这是按照 JEDEC 以及一些约定俗成的方式对信号进行分类的，例如，将含 DQ 的归类到 DQ 栏中，将含 CK 或者 CLK 的归类到 Clock 栏中，等等。如果没有正确地进行分类，一般都是由设计不规范或者有的公司自己有一些定义方式导致的，这样就需要在设定之前自定义信号分类规则。以含 DATA 的信号网络为例定义新的规则，如图 10.65 所示。

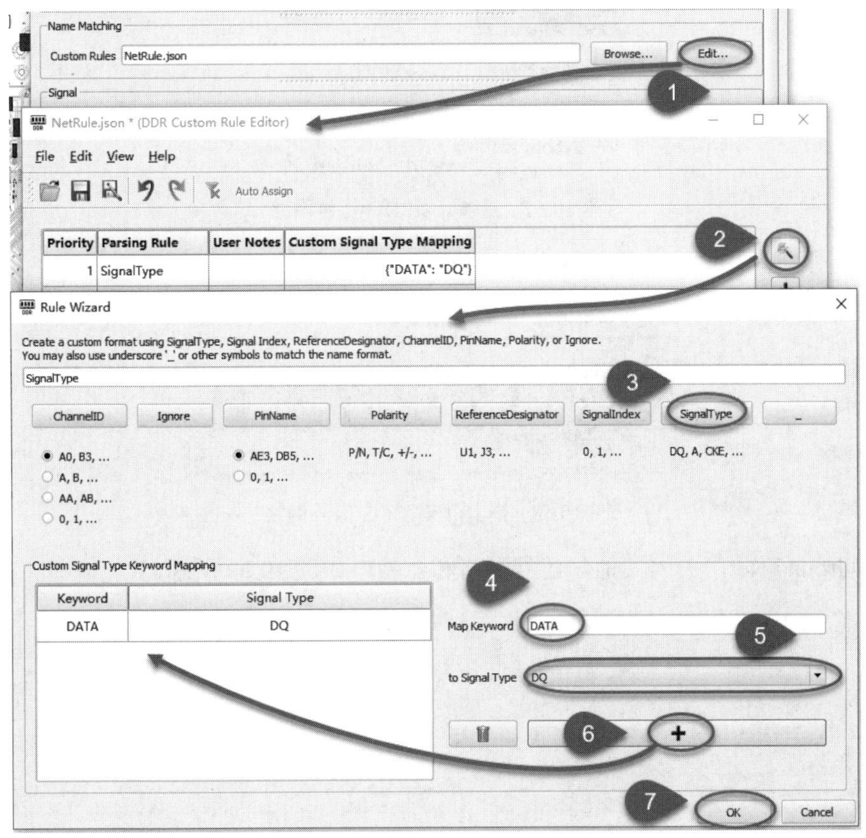

图 10.65　自定义信号分类规则

这样，如果在网络中含有 DATA 就会被归类到 DQ 栏中。

分类好之后，根据仿真的需要选择相应的信号网络，本案例仿真一组 DQ 信号，首先关闭所有的 DQ 信号，选中一个网络，右击，选择 Check Off All 选项，如图 10.66 所示。

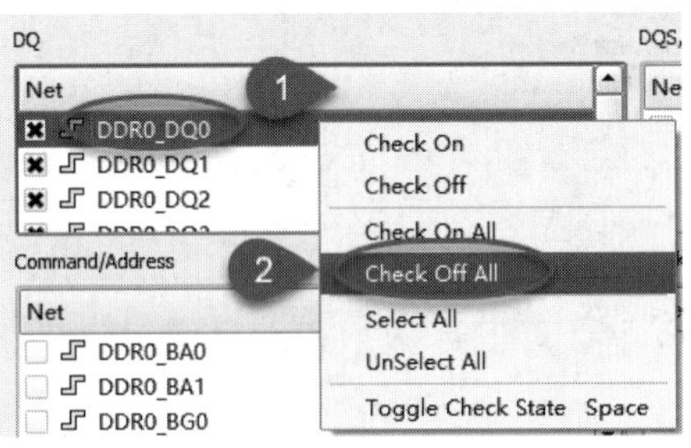

图 10.66　选择 Check Off All 选项

然后选择 DDR0_DQ0～DDR0_DQ7 这 8 个信号网络，右击，选择 Check On 选项，即选中了一组 DQ 信号网络，如图 10.67 所示。

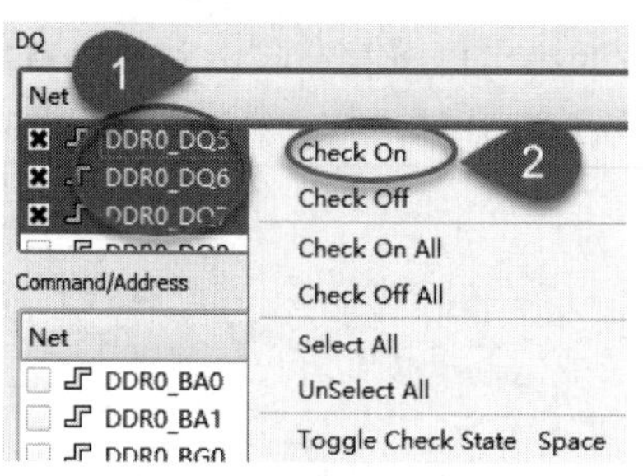

图 10.67　选择 1 组 DQ 信号网络

使用相同的方式选择一对 DQS 信号，如图 10.68 所示。

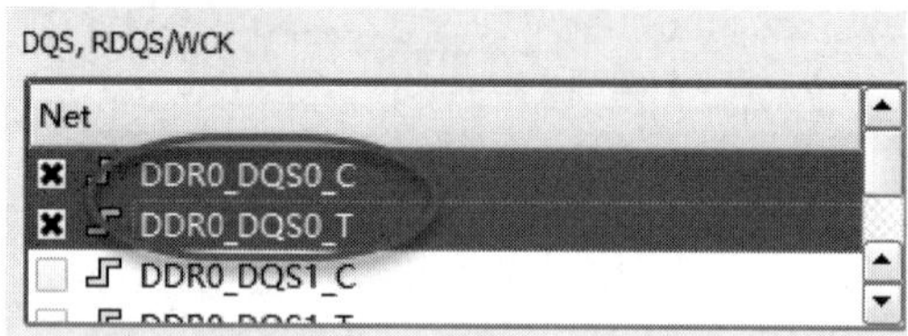

图 10.68　选择 1 对 DQS 信号网络

保留 Ground Net，关闭其他的信号网络和器件，如图 10.69 所示。

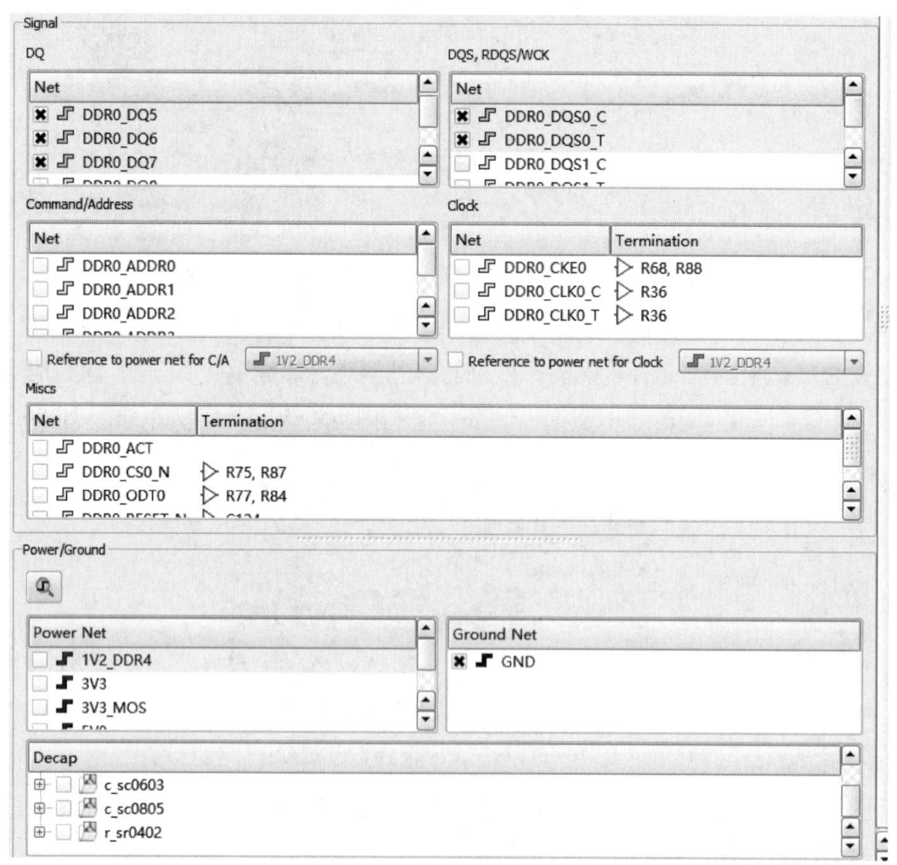

图 10.69　设置好的信号网络

选择并设置好需要仿真的网络之后，接着就可以生成仿真工程。在 DDR Setup 中有两种方式，分别是 Generate SI Analysis 和 Generate DDR Analysis。两种方式会有一些不同点，比如 Generate SI Analysis 生成的工程文件可以调整扫频方式，自动生成的工程使用的是线性（Linear）方式，需要修改才能使用；而 Generate DDR Analysis 可以直接仿真信号网络之间的偏移。当然，两种方式都可以提取 PCB 信号网络的 S 参数，也可以分析 TDR 结果。用 Generate SI Analysis 方式生成的工程如图 10.70 所示。

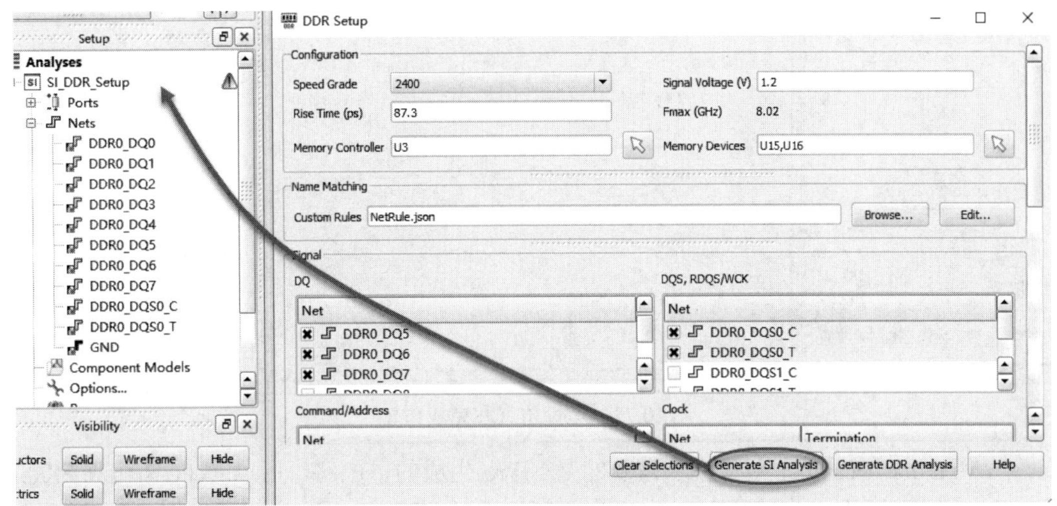

图 10.70　用 Generate SI Analysis 方式生成的工程

在生成的工程中修改扫描方式（Frequency Plans），把 Linear 修改为 Adaptive，同时把仿真的频率设置为 10 GHz，如图 10.71 所示。

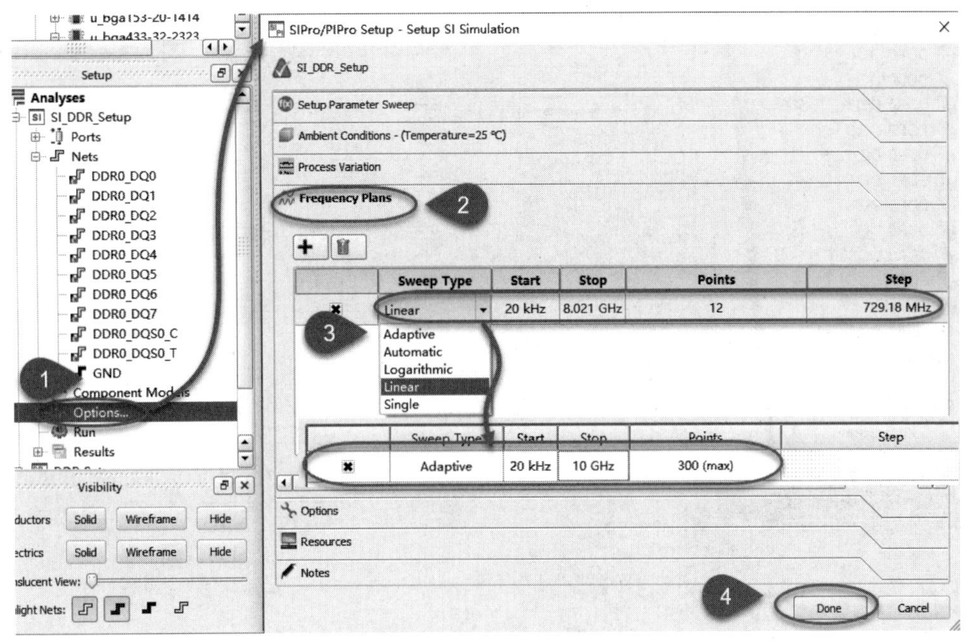

图 10.71　修改扫描方式

如果是提取 S 参数，一般建议修改为 Adaptive，这样提取的 S 参数精度比较高，效率也非常高。单击工程下面的运行（Run）就可以直接仿真。运行仿真和完成仿真如图 10.72 所示。

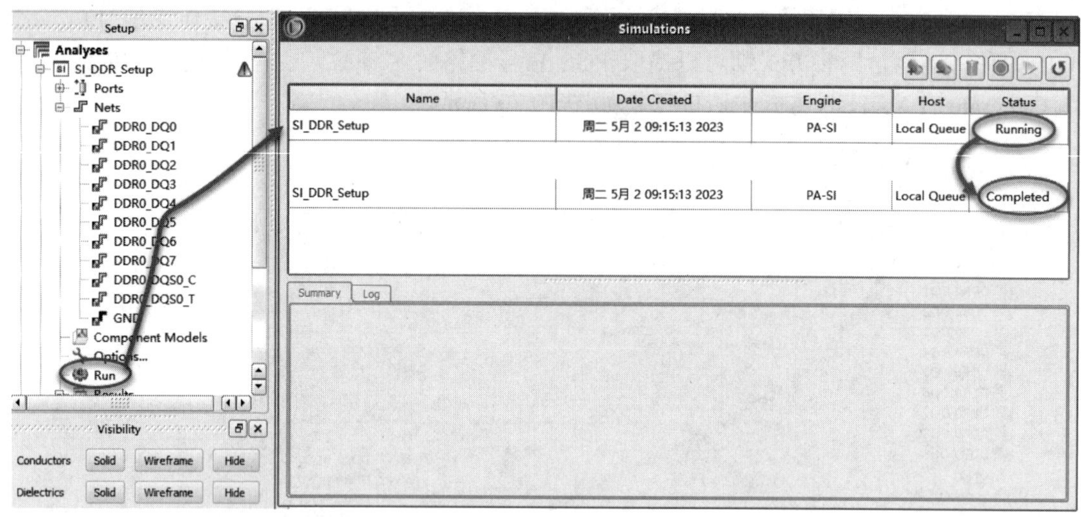

图 10.72　运行仿真和完成仿真

在 Memory Designer 中仿真所需要的是 SIPro 生成的子电路，所以在 PCB 仿真完成之后，双击结果下面的 Generate Sub Circuit 即可生成子电路，如图 10.73 所示。

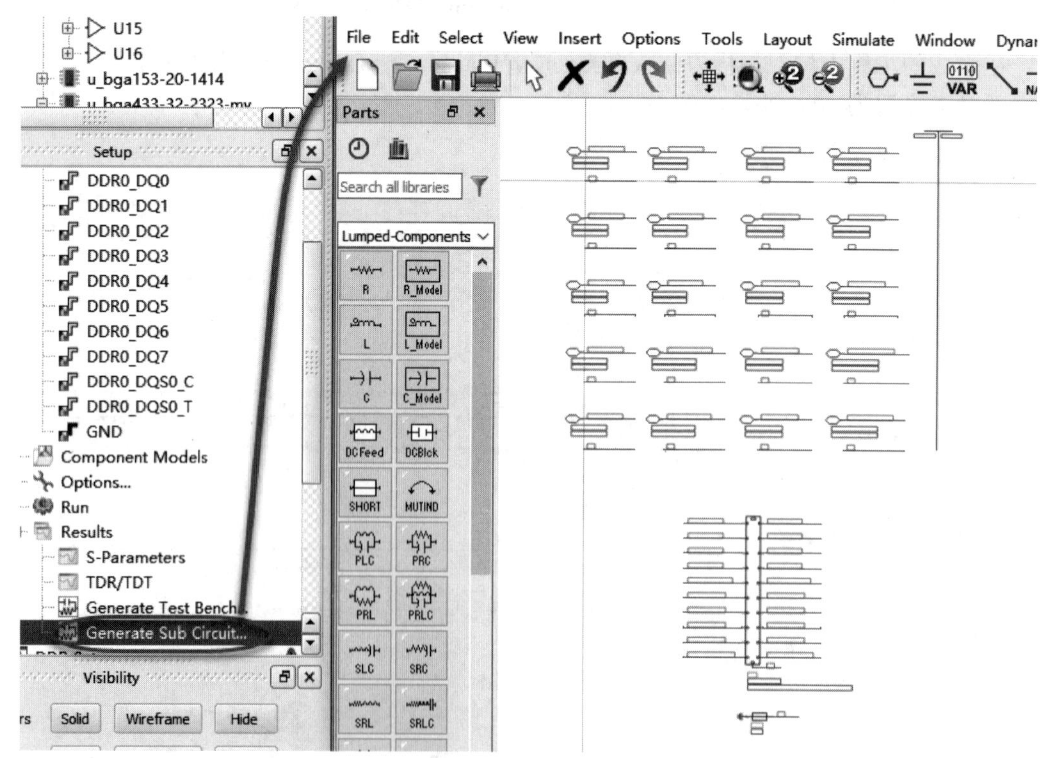

图 10.73　生成子电路

在 Memory Designer 仿真的时候就可以直接调用生成的子电路。

Generate DDR Analysis 的使用方式类似。本案例中因为没有 U16 相应的网络需要仿真，所以可以去掉 U16，这样在使用 Generate DDR Analysis 的时候才不会出错。使用 Generate DDR Analysis 生成的工程如图 10.74 所示。

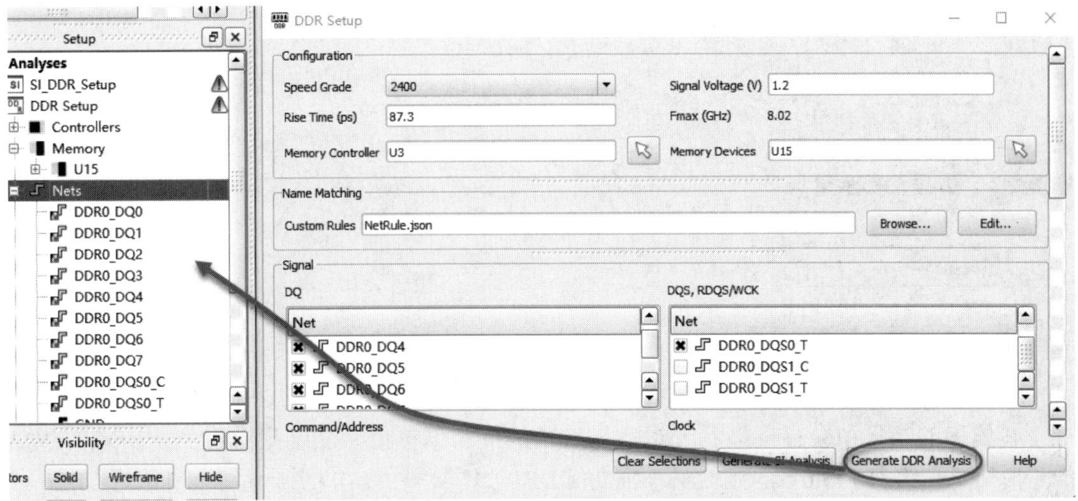

图 10.74　使用 Generate DDR Analysis 生成的工程

在生成的工程中修改 DDR 的仿真频率，把最大的仿真频率（Fmax）修改为 10 GHz，如图 10.75 所示。

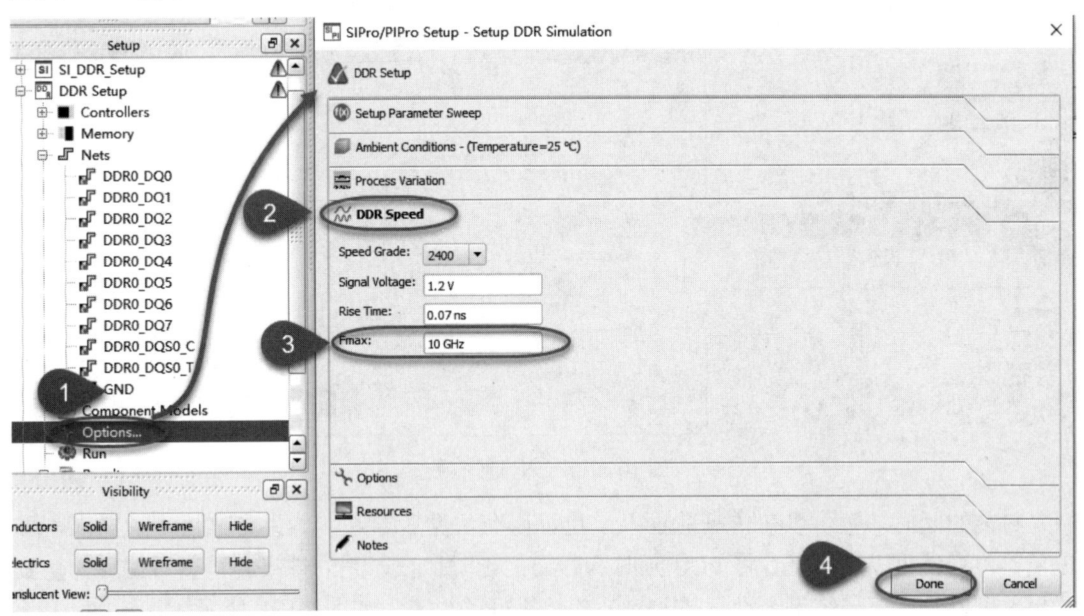

图 10.75　修改仿真频率

单击工程下面的 Run 就可以直接仿真，生成子电路的方式与前面介绍的方式类似。唯一不同的是在 Results 下面还有一个偏移（Skew）的结果，双击 Skew 就会弹出 Skew 的结果，如图 10.76 所示。

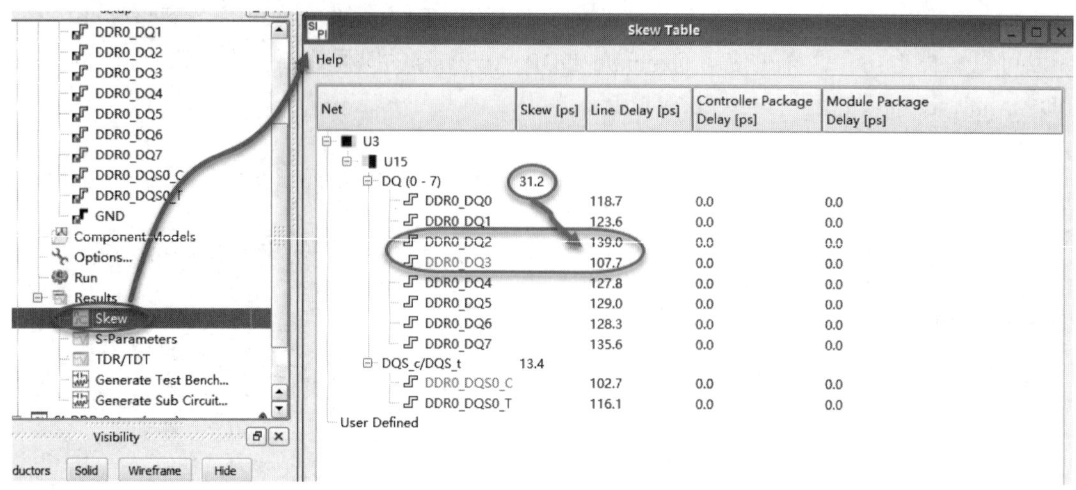

图 10.76　查看偏移的结果

在偏移的结果中会直接显示一组信号网络的最大偏移值。从结果中看到，DDR0_DQ2 的延时最大，约为 139.0 ps，延时最小的是 DDR0_DQ3，约为 107.7 ps。结果显示为 31.2 ps。需要说明一下，这个值会有 0.1 ps 的误差，是因为软件内部保留的小数点后面的有效位比较多，而此处只显示了小数点后一位。

有的设计封装比较大，且内部长度差可能非常大，这就需要导入封装的延时，使其与外部的 PCB 长度一起做匹配，在 SIPro 中就可以导入封装的延时参数，如图 10.77 所示。

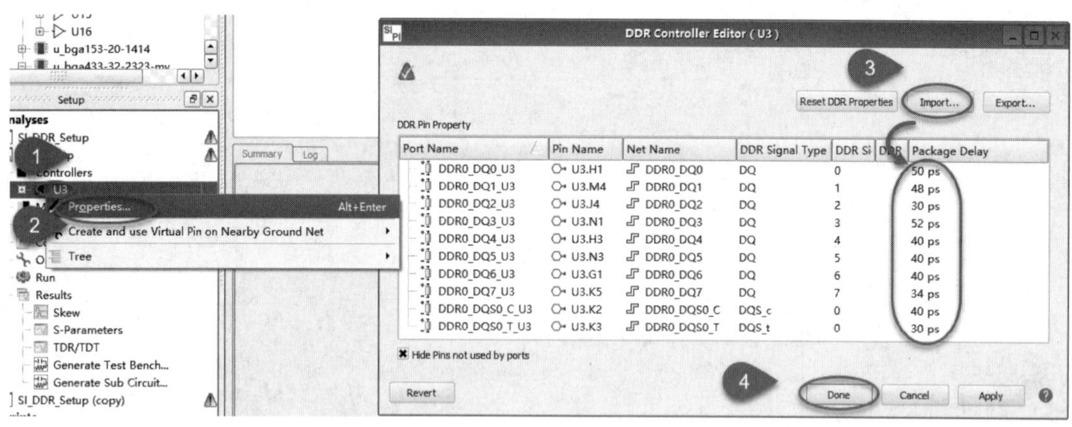

图 10.77　导入延时参数

封装的延时参数可以在仿真前导入，也可以在仿真后导入。如果是在仿真后导入，不需要再仿真就可以直接查看将 PCB 延时和封装的延时加在一起的结果。再查看偏移的仿真结果，可以看到偏移结果比没有加入封装的结果好了很多，如图 10.78 所示。

生成子电路的方式是一样的，在此不再赘述。

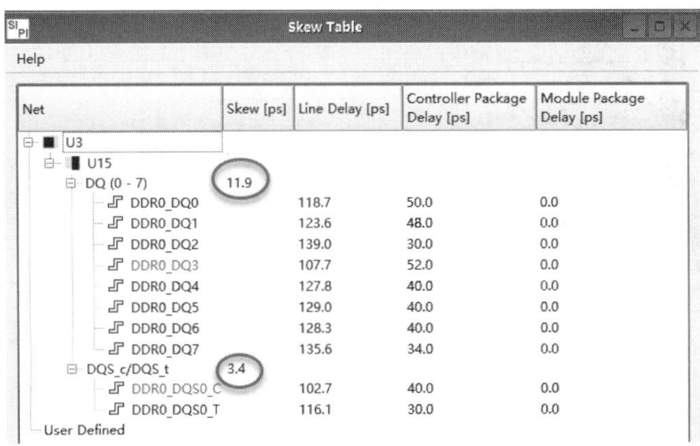

Net	Skew [ps]	Line Delay [ps]	Controller Package Delay [ps]	Module Package Delay [ps]
U3				
U15				
DQ (0 - 7)	11.9			
DDR0_DQ0		118.7	50.0	0.0
DDR0_DQ1		123.6	48.0	0.0
DDR0_DQ2		139.0	30.0	0.0
DDR0_DQ3		107.7	52.0	0.0
DDR0_DQ4		127.8	40.0	0.0
DDR0_DQ5		129.0	40.0	0.0
DDR0_DQ6		128.3	40.0	0.0
DDR0_DQ7		135.6	34.0	0.0
DQS_c/DQS_t	3.4			
DDR0_DQS0_C		102.7	40.0	0.0
DDR0_DQS0_T		116.1	30.0	0.0
User Defined				

图 10.78　更新后的偏移结果

10.6.5　Memory Designer 后仿真

通常所说的后仿真就是对已经设计的 PCB 进行仿真，在 Memory Designer 中直接导入 PCB 后仿真提取传输线或者电源网络的电磁参数（EM 参数或 S 参数），就可以进行完整的内存总线仿真。

首先在原理图编辑区放置 MD_Setup 和 DDRSim 元件，并设置信号的速率为 2400 Mb/s。接着在原理图编辑区放置 DDR_PCB 元件，如图 10.79 所示。

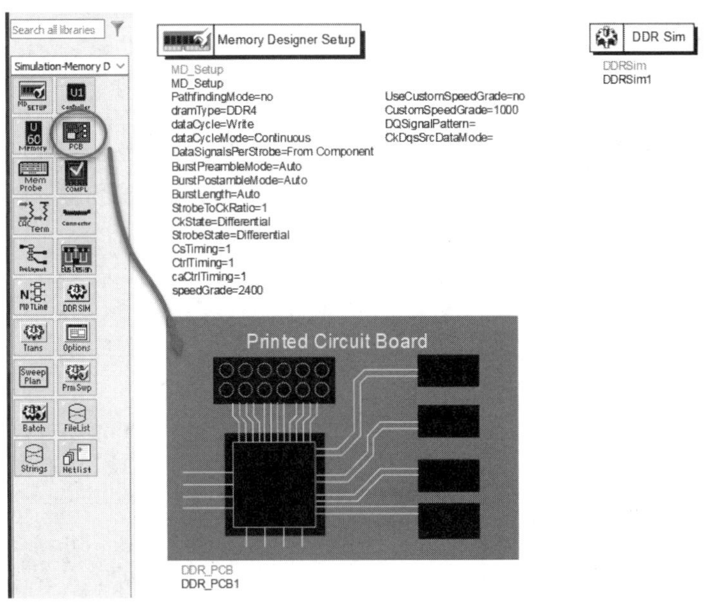

图 10.79　放置 DDR_PCB 元件

DDR_PCB 可以导入 SIPro 仿真生成的子电路、S 参数或 ADS 仿真结果数据（Dataset）。双击 DDR_PCB，选中 SIPro Generated Cell 单选按钮，单击 Next 按钮，选择前面生成的子电路 ADS_MD_Demo_SI_Ckt_SI_DDR_Setup，如图 10.80 所示。

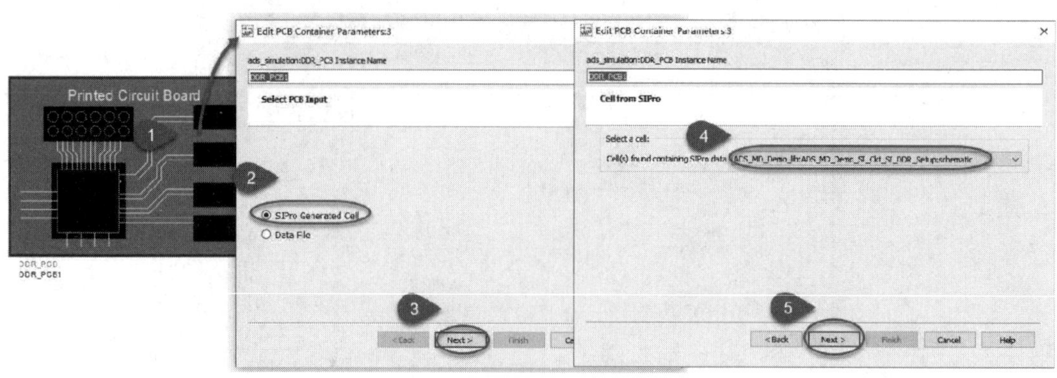

图 10.80 导入 PCB SIPro 生成的子电路

单击 Next 按钮，弹出编辑 PCB 容器参数的对话框，在 Channel ID 这一列填入 0，再核对一下其他参数是否有错，如果没有错就单击 Finish 按钮，完成 PCB 参数的导入，如图 10.81 所示。

Edit PCB Container Parameters:3

acs_simulation:DDR_PCB Instance Name

DDR_PCB1

Enter connectivity data in the table below

This includes pins, reference designators, signal IDs, channel IDs, and termination

SIPro Cell ADS_MD_Demo_lib:ADS_MD_Demo_SI_Cct_SI_DDR_Setup:schematic

Port Name	RefDes	Pin Name	Signal Type	[illegible]	Channel ID	Term'ed	Term (Ohms)	Alt Sig Type	Alt Sig Index	Channel ID
DDR0_DQ0_U3	U3	H1	DQ	0		☐	50			0
DDR0_DQ1_U3	U3	M4	DQ	1		☐	50			0
DDR0_DQ2_U3	U3	J4	DQ	2		☐	50			0
DDR0_DQ3_U3	U3	N1	DO	3		☐	50			0
DDR0_DQ4_U3	U3	H3	DQ	4		☐	50			0
DDR0_DQ5_U3	U3	N3	DQ	5		☐	50			0
DDR0_DQ6_U3	U3	G1	DQ	6		☐	50			0
DDR0_DQ7_U3	U3	K5	DQ	7		☐	50			0
DDR0_DQS0_C_U3	U3	K2	DQS_c	0		☐	50			0
DDR0_DQS0_T_U3	U3	K3	DQS_t	0		☐	50			0
DDR0_DQ0_U15	U15	G2	DQ	0		☐	50			0
DDR0_DO1_U15	U15	F7	DO	1		☐	50			0
DDR0_DQ2_U15	U15	H3	DQ	2		☐	50			0
DDR0_DQ3_U15	U15	H7	DQ	3		☐	50			0
DDR0_DQ4_U15	U15	H2	DQ	4		☐	50			0
DDR0_DQ5_U15	U15	H8	DQ	5		☐	50			0
DDR0_DQ6_U15	U15	J3	DQ	6		☐	50			0
DDR0_DQ7_U15	U15	J7	DQ	7		☐	50			0
DDR0_DQS0_C_U15	U15	F3	DQS_c	0		☐	50			0
DDR0_DOS0_T_U15	U15	G3	DOS_t	0		☐	50			0

< Back　Finish　Cancel　Help

图 10.81 编辑 PCB 参数

如果在 Memory Designer 中导入 S 参数，可放置 DDR_PCB 后双击，选中 Data File 单选按钮，单击 Next 按钮，然后单击 Browse 按钮，选择对应的 S 参数，当然也可以选择其他类型的数据，如图 10.82 所示。

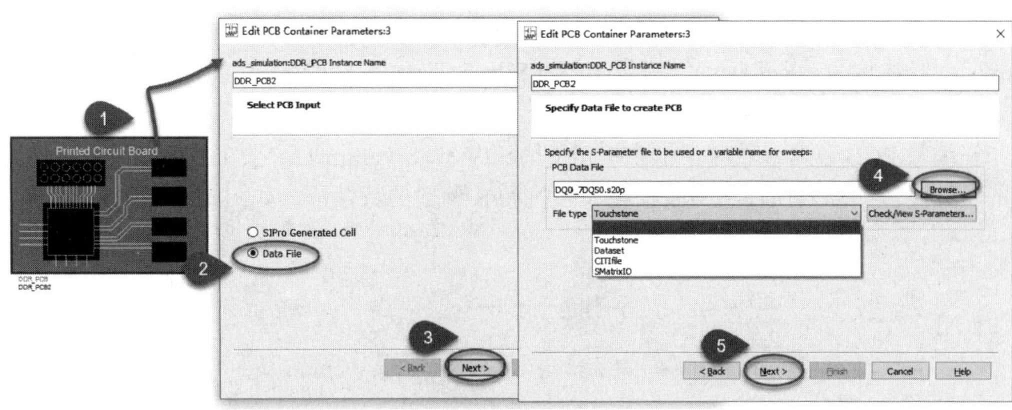

图 10.82　导入 S 参数

由于这个 S 参数是 SIPro 导出的，所以单击 Next 按钮之后，弹出编辑 PCB 容器参数对话框，不需要对任何参数做设置和调整，直接单击 Finish 按钮即可完成设置，如图 10.83 所示。

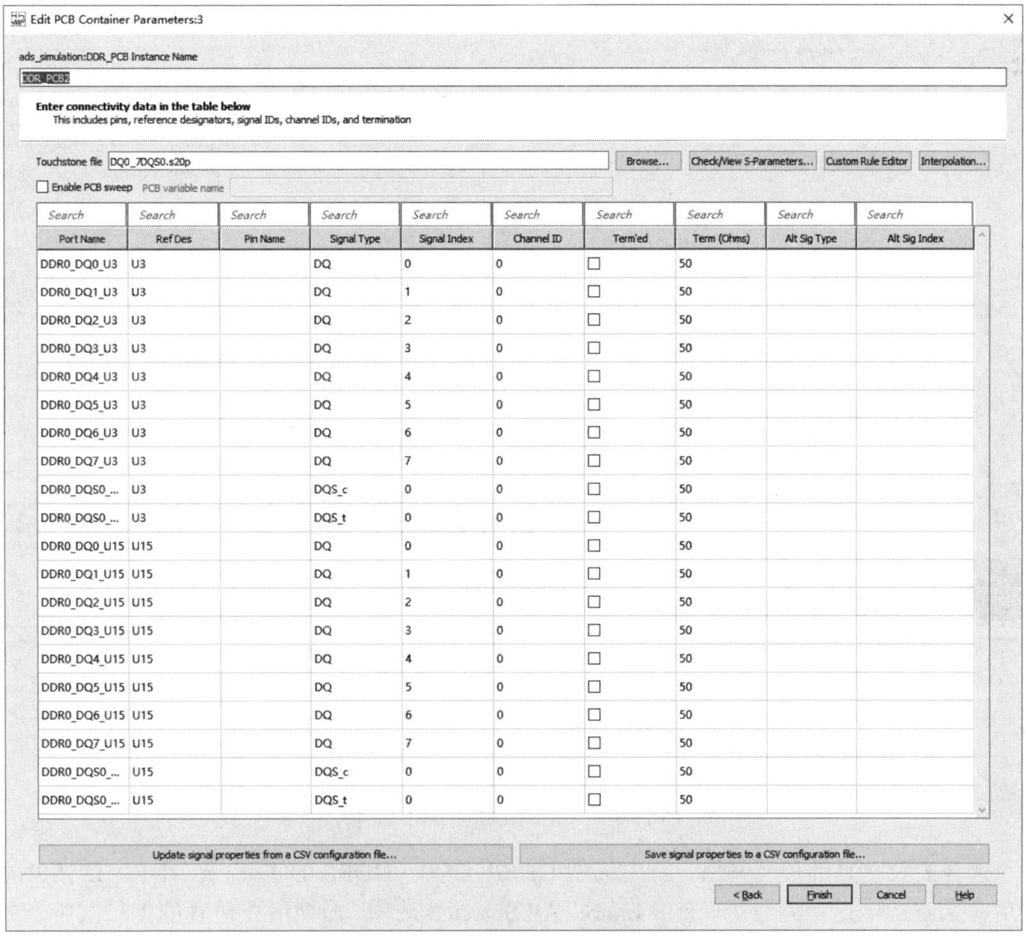

Edit PCB Container Parameters:3

ads_simulation:DDR_PCB Instance Name

DDR_PCB2

Enter connectivity data in the table below
This includes pins, reference designators, signal IDs, channel IDs, and termination

Touchstone file DQ0_7DQS0.s20p　Browse...　Check/View S-Parameters...　Custom Rule Editor　Interpolation...

☐ Enable PCB sweep　PCB variable name

Port Name	Ref Des	Pin Name	Signal Type	Signal Index	Channel ID	Term'ed	Term (Ohms)	Alt Sig Type	Alt Sig Index
DDR0_DQ0_U3	U3		DQ	0	0	☐	50		
DDR0_DQ1_U3	U3		DQ	1	0	☐	50		
DDR0_DQ2_U3	U3		DQ	2	0	☐	50		
DDR0_DQ3_U3	U3		DQ	3	0	☐	50		
DDR0_DQ4_U3	U3		DQ	4	0	☐	50		
DDR0_DQ5_U3	U3		DQ	5	0	☐	50		
DDR0_DQ6_U3	U3		DQ	6	0	☐	50		
DDR0_DQ7_U3	U3		DQ	7	0	☐	50		
DDR0_DQS0_...	U3		DQS_c	0	0	☐	50		
DDR0_DQS0_...	U3		DQS_t	0	0	☐	50		
DDR0_DQ0_U15	U15		DQ	0	0	☐	50		
DDR0_DQ1_U15	U15		DQ	1	0	☐	50		
DDR0_DQ2_U15	U15		DQ	2	0	☐	50		
DDR0_DQ3_U15	U15		DQ	3	0	☐	50		
DDR0_DQ4_U15	U15		DQ	4	0	☐	50		
DDR0_DQ5_U15	U15		DQ	5	0	☐	50		
DDR0_DQ6_U15	U15		DQ	6	0	☐	50		
DDR0_DQ7_U15	U15		DQ	7	0	☐	50		
DDR0_DQS0_...	U15		DQS_c	0	0	☐	50		
DDR0_DQS0_...	U15		DQS_t	0	0	☐	50		

Update signal properties from a CSV configuration file...　Save signal properties to a CSV configuration file...

< Back　Finish　Cancel　Help

图 10.83　编辑 PCB 容器参数对话框

如果测量的是 S 参数或者是其工具产生的 S 参数，可能需要编辑端口名称（Port Name）、器件位号（Ref Des）、信号类型（Signal Type）、信号索引（Signal Index）和通道号（Channel ID）。

在编辑 PCB 容器参数对话框中单击 Check/View S-Parameters 按钮，可以查看 S 参数相关的特性，包括插入损耗、回波损耗、阻抗和 S 参数的特性等，如图 10.84 所示。

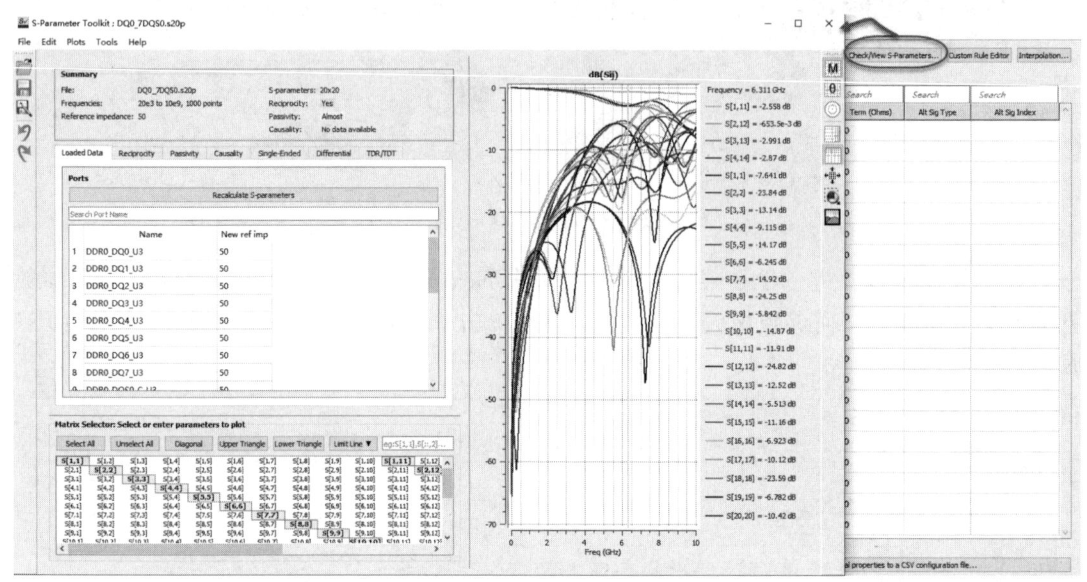

图 10.84　查看 S 参数的特性

本案例使用的是 SIPro 产生的子电路。

放置 DDR_Controller 并导入 CPU 的 IBIS 模型，选择 U3，如图 10.85 所示。

图 10.85　导入 CPU 的 IBIS 模型

选择需要仿真的信号网络，首先选中 DDR0_DQ0～DDR0_DQ7 以及 DDR0_DQS0N/P，然后在 Simulate 这一列右击，选中 Enable All Selected 选项，即把所要仿真的信号网络选好，如图 10.86 所示。

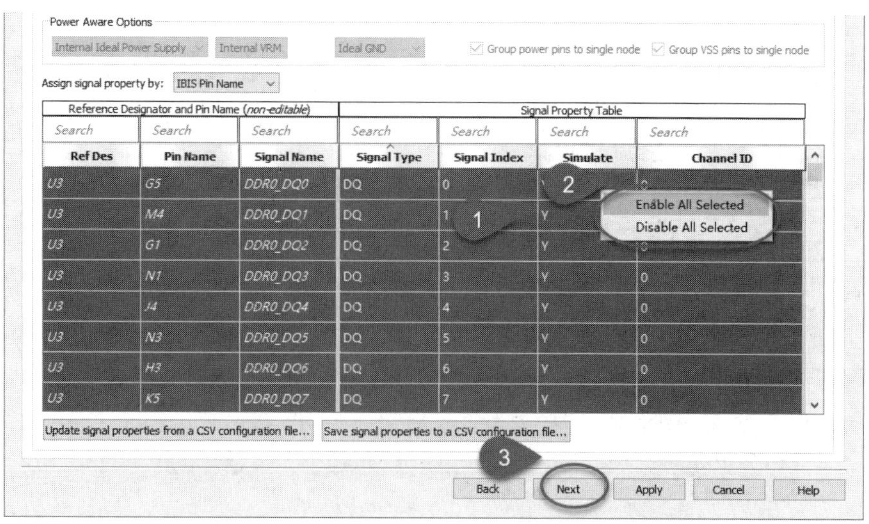

图 10.86　选择要仿真的信号网络

单击 Next 按钮，在模型设置（Model Setup）页签中选择 IBIS 模型的驱动模型为 hi_drv4_4080，接收模型为 hi_rcv4_odt40，如图 10.87 所示。

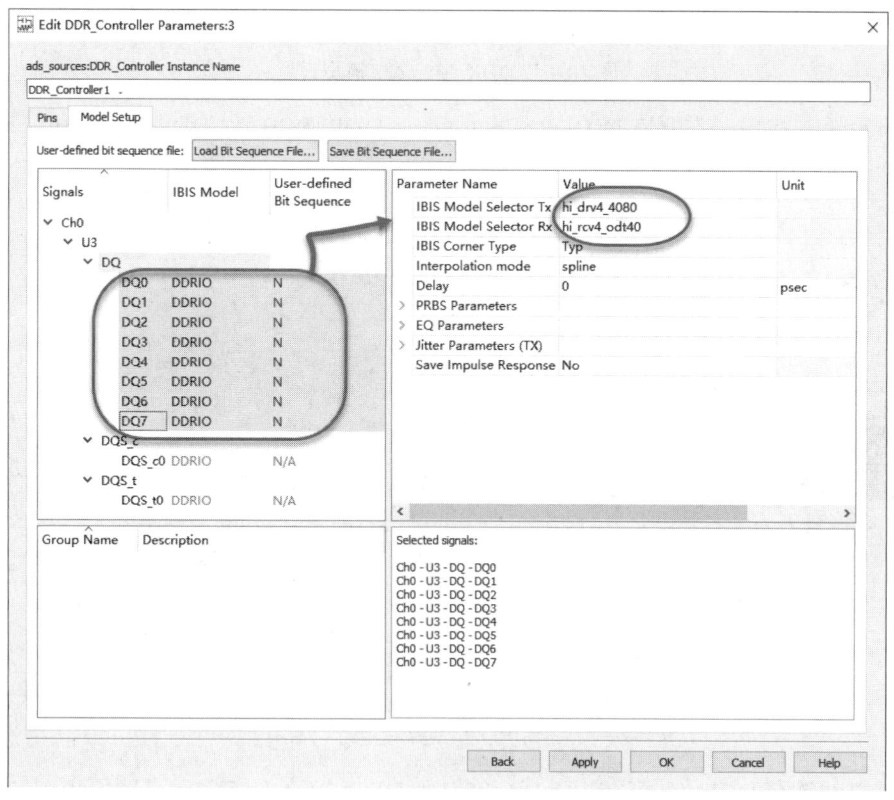

图 10.87　DDR_Controller 模型设置

单击 OK 按钮即完成 DDR_Controller 的设置，用同样的方式设置 DDR_Memory，驱动模型默认使用 DQ_34，接收模型使用 DQ_IN_ODT60，如图 10.88 所示。

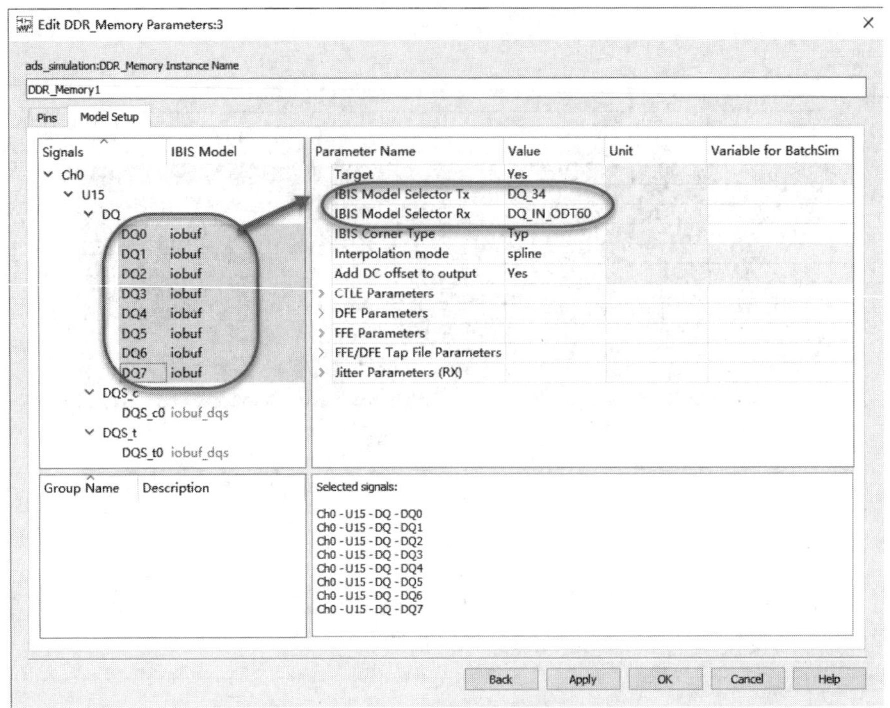

图 10.88　DDR_Memory 模型设置

模型设置完成后，需要连接 DDR_Controller、DDR_PCB 和 DDR_Memory，采用的是总线连接方式，如图 10.89 所示。

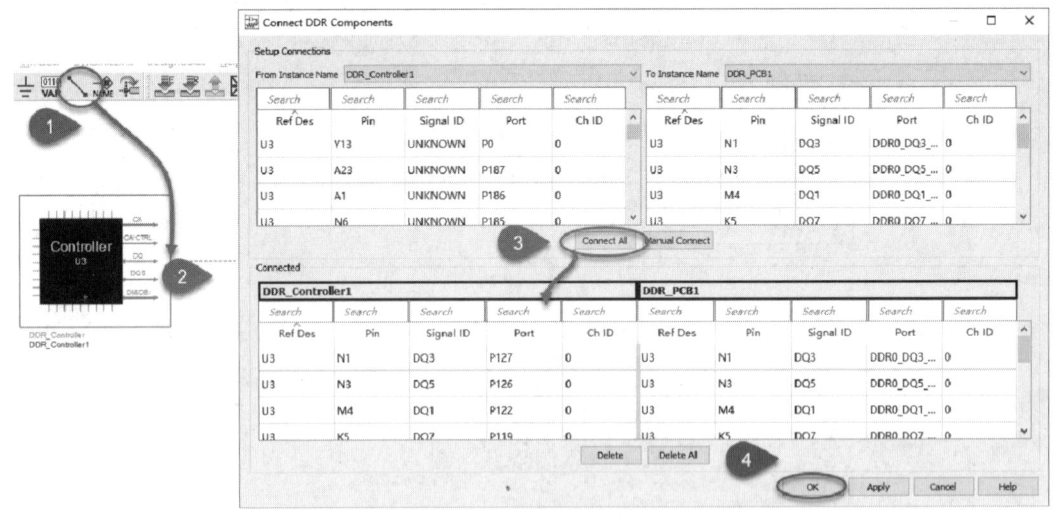

图 10.89　总线连接

采用总线连接 DDR_Controller、DDR_PCB 和 DDR_Memor 三个元件的原理图如图 10.90 所示。

放置并双击 Memory Probe 元件，由于 DRAM 只有一颗，所以在对话框中选中 Perform measurements and /or compliance tests 选项，单击 Next 按钮，如图 10.91 所示。

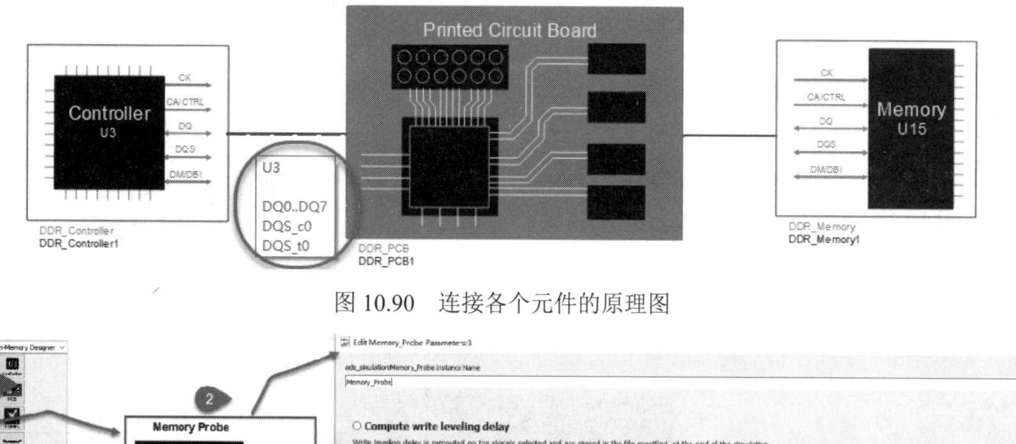

图 10.90　连接各个元件的原理图

图 10.91　放置 Memory Probe 元件

按流程设置仿真环境、选择仿真信号网络、设置仿真分析参数并输出报告，如图 10.92 所示。

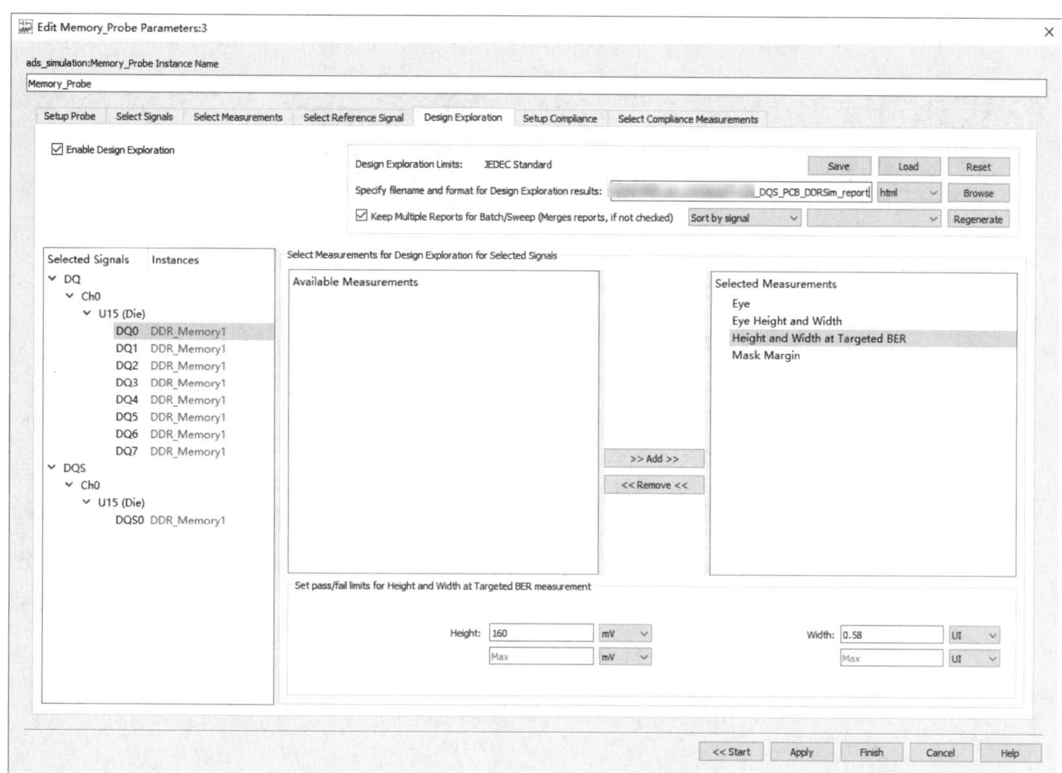

图 10.92　设置 Memory Probe 元件

Memory Designer 后仿真的原理图如图 10.93 所示。

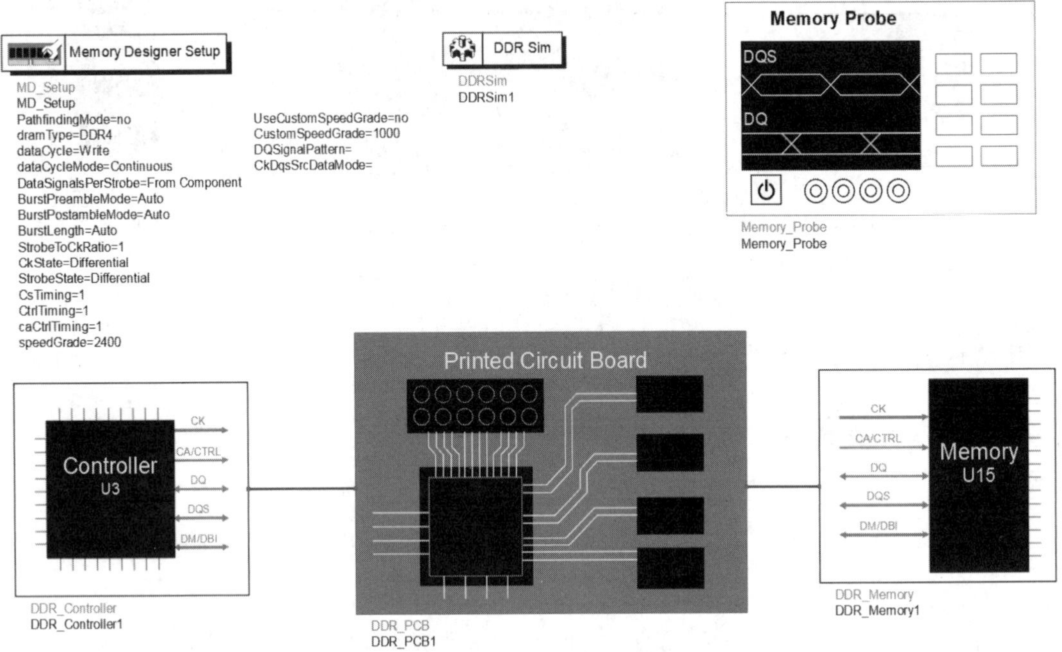

图 10.93 Memory Designer 后仿真原理图

运行仿真后，在数据显示窗口中可查看 DQ 和 DQS 的仿真结果，如图 10.94 所示。

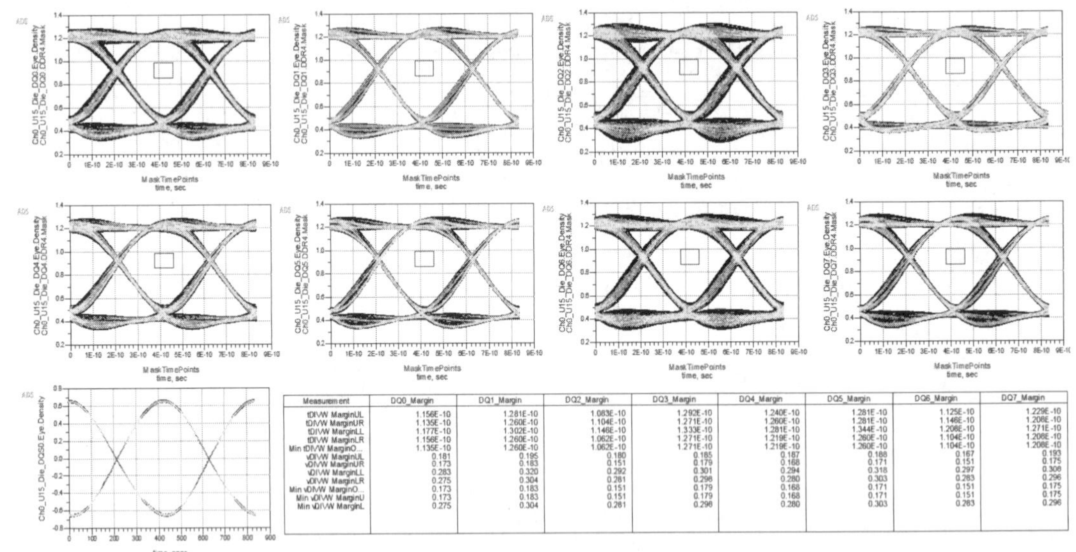

Measurement	DQ0_Margin	DQ1_Margin	DQ2_Margin	DQ3_Margin	DQ4_Margin	DQ5_Margin	DQ6_Margin	DQ7_Margin
tDIVW MarginUL	1.156E-10	1.281E-10	1.083E-10	1.292E-10	1.240E-10	1.281E-10	1.125E-10	1.229E-10
tDIVW MarginUR	1.135E-10	1.260E-10	1.104E-10	1.271E-10	1.260E-10	1.281E-10	1.146E-10	1.208E-10
tDIVW MarginLL	1.177E-10	1.302E-10	1.146E-10	1.333E-10	1.281E-10	1.344E-10	1.208E-10	1.271E-10
tDIVW MarginLR	1.156E-10	1.260E-10	1.062E-10	1.271E-10	1.219E-10	1.260E-10	1.104E-10	1.208E-10
Min tDIVW MarginO...	1.135E-10	1.260E-10	1.062E-10	1.271E-10	1.219E-10	1.260E-10	1.104E-10	1.208E-10
vDIVW MarginUL	0.181	0.195	0.180	0.185	0.187	0.188	0.167	0.193
vDIVW MarginUR	0.173	0.183	0.151	0.179	0.168	0.171	0.151	0.175
vDIVW MarginLL	0.283	0.320	0.292	0.301	0.294	0.318	0.297	0.308
vDIVW MarginLR	0.275	0.304	0.281	0.298	0.280	0.303	0.283	0.296
Min vDIVW MarginO...	0.173	0.183	0.151	0.179	0.168	0.171	0.151	0.175
Min vDIVW MarginU	0.173	0.183	0.151	0.179	0.168	0.171	0.151	0.175
Min vDIVW MarginL	0.275	0.304	0.281	0.298	0.280	0.303	0.283	0.296

图 10.94 DQ 和 DQS 的仿真结果

同样也可以查看 ADS 输出的仿真报告，部分结果如图 10.95 所示。

Memory Designer Report

Configuration Details	
Design Name	07_DQ_DQS_PCB_DDRSim
Simulation Mode	DDRSim
Dram Type	DDR4
Data Rate	2400 Mbps
Data Cycle	Write
Data Cycle Mode	Continuous

Summary of Scalar Results

Ch0_U15_Die_DQ0

Measurement	Value	Unit	Deviation(%)	Range	Pass or Fail
Eye Height	0.569	V	255.625	0.16 V to inf V	Pass
Eye Width	3.54167e-10 (0.85)	sec (UI)	46.5517	2.41667e-10 sec to inf sec (0.58 UI to inf UI)	Pass
Mask Margin tDIVW Margin UL	1.15625e-10 (0.2775)	sec (UI)	NA	0 sec to inf sec (0 UI to inf UI)	Pass
Mask Margin tDIVW Margin UR	1.13542e-10 (0.2725)	sec (UI)	NA	0 sec to inf sec (0 UI to inf UI)	Pass
Mask Margin tDIVW Margin LL	1.17708e-10 (0.2825)	sec (UI)	NA	0 sec to inf sec (0 UI to inf UI)	Pass
Mask Margin tDIVW Margin LR	1.15625e-10 (0.2775)	sec (UI)	NA	0 sec to inf sec (0 UI to inf UI)	Pass
Mask Margin vDIVW Margin UL	0.18075	V	NA	0 V to inf V	Pass
Mask Margin vDIVW Margin UR	0.17275	V	NA	0 V to inf V	Pass
Mask Margin vDIVW Margin LL	0.28325	V	NA	0 V to inf V	Pass
Mask Margin vDIVW Margin LR	0.27525	V	NA	0 V to inf V	Pass
Height At BER = 1.000e-16	0.641	V	300.625	0.16 V to inf V	Pass
Width At BER = 1.000e-16	3.64583e-10 (0.875)	sec (UI)	50.8621	2.41667e-10 sec to inf sec (0.58 UI to inf UI)	Pass

Ch0_U15_Die_DQS0

Measurement	Value	Unit	Deviation(%)	Range	Pass or Fail
Eye Height	1.190	V	300	0.20 V to inf V	Pass
Eye Width	4.02083e-10 (0.965)	sec (UI)	28.125	3.83333e-10 sec to 4.50000e-10 sec (0.92 UI to 1.08 UI)	Pass

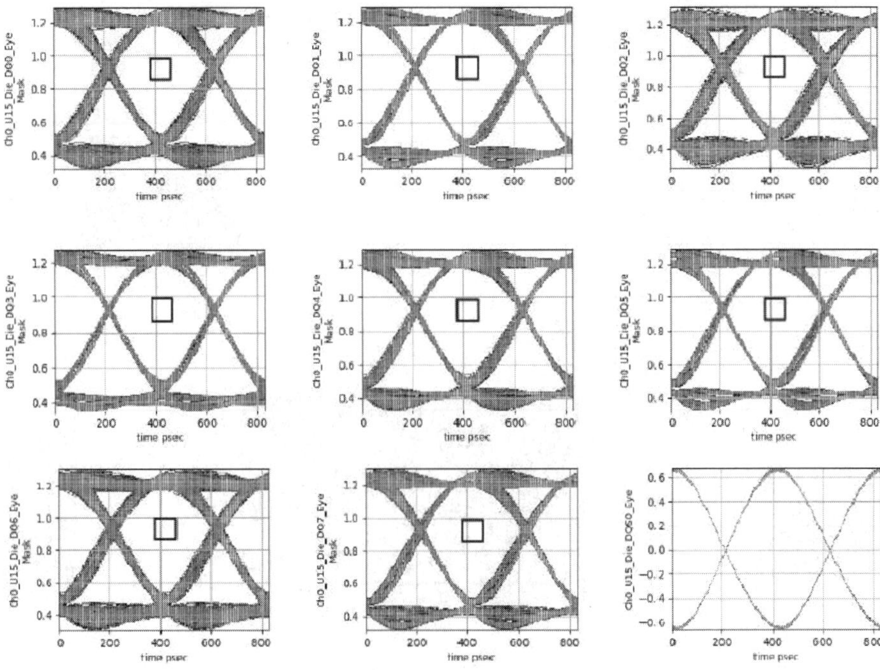

图 10.95　ADS 仿真报告

10.6.6 读操作仿真

在 DDRx 总线中，数据信号（DQ）和数据选通信号（DQS）都是双向传输的，分为读操作和写操作。前面介绍的是数据信号的写操作。在原有的写操作原理图中，修改 MD_Setup 中的数据周期（Data Cycle），如图 10.96 所示。

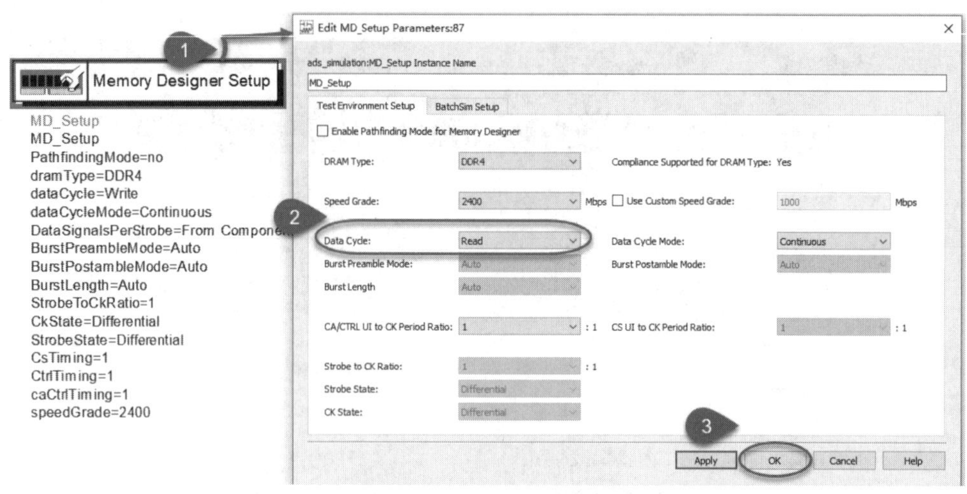

图 10.96 修改数据周期

一般在修改之后，需要再双击 DDR_Controller 和 DDR_Memory 两个元件，只要进入对话框即可。同时，还要修改 Memory_Probe 中的设置，因为一般分析的都是接收端的信号，从写操作换到读操作之后，DRAM 端作为发送端，CPU 端就作为接收端。修改之后，原理图如图 10.97 所示。

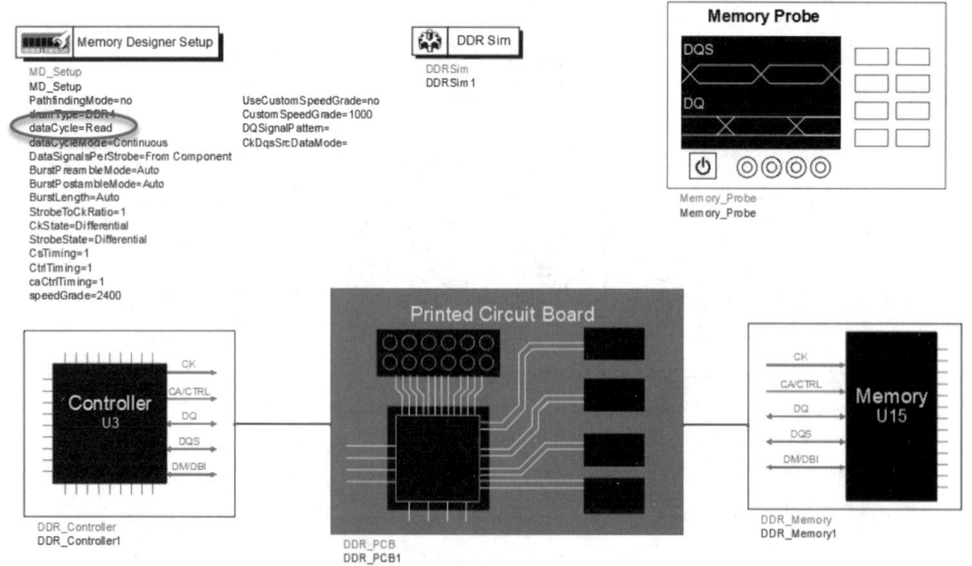

图 10.97 读操作原理图

运行仿真后，在数据显示窗口可查看读操作时 U3 的 DQ 和 DQS 的眼图，如图 10.98 所示。

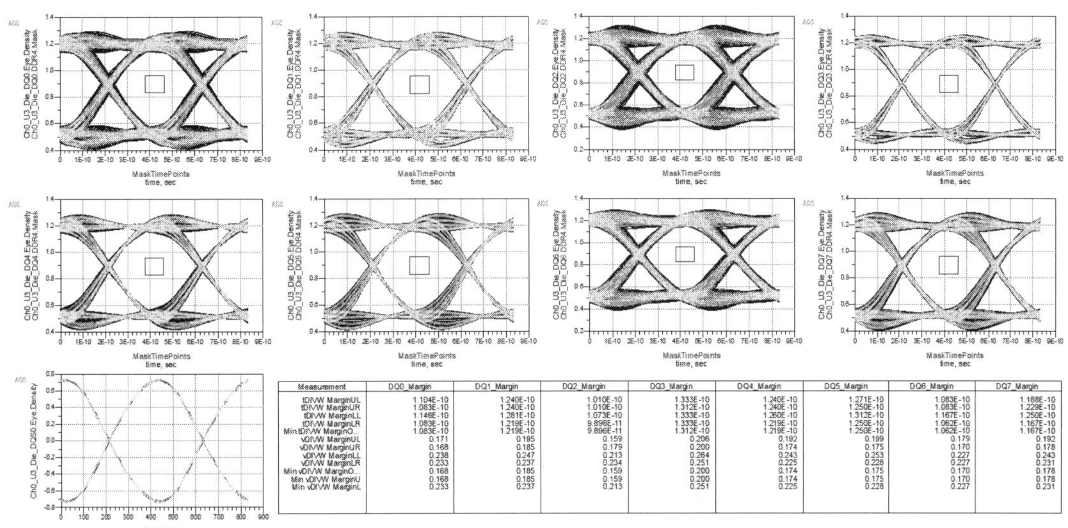

Measurement	DQ0_Margin	DQ1_Margin	DQ2_Margin	DQ3_Margin	DQ4_Margin	DQ5_Margin	DQ6_Margin	DQ7_Margin
tDIVW MarginUL	1.104E-10	1.240E-10	1.010E-10	1.333E-10	1.240E-10	1.271E-10	1.083E-10	1.188E-10
tDIVW MarginUR	1.083E-10	1.240E-10	1.010E-10	1.312E-10	1.240E-10	1.250E-10	1.083E-10	1.229E-10
tDIVW MarginLL	1.146E-10	1.281E-10	1.073E-10	1.333E-10	1.260E-10	1.312E-10	1.167E-10	1.250E-10
tDIVW MarginLR	1.083E-10	1.219E-10	9.896E-11	1.333E-10	1.219E-10	1.250E-10	1.062E-10	1.167E-10
Min tDIVW MarginO...	1.083E-10	1.219E-10	9.896E-11	1.312E-10	1.219E-10	1.250E-10	1.062E-10	1.167E-10
vDIVW MarginUL	0.171	0.195	0.159	0.206	0.192	0.199	0.179	0.192
vDIVW MarginUR	0.168	0.185	0.179	0.200	0.174	0.175	0.170	0.178
vDIVW MarginLL	0.238	0.247	0.213	0.264	0.243	0.253	0.227	0.243
vDIVW MarginLR	0.233	0.237	0.234	0.251	0.225	0.228	0.227	0.231
Min vDIVW MarginO...	0.168	0.185	0.159	0.200	0.174	0.175	0.170	0.178
Min vDIVW MarginU	0.168	0.185	0.159	0.200	0.174	0.175	0.170	0.178
Min vDIVW MarginL	0.233	0.237	0.213	0.251	0.225	0.228	0.227	0.231

图 10.98　读操作时 U3 DQ 和 DQS 的眼图

10.6.7　地址、控制、命令以及时钟信号后仿真

在 SIPro 中仿真抽取一个地址信号和一对时钟信号的电磁参数，然后在原理图中编辑仿真原理图。地址信号、控制命令信号和时钟信号与 DQ 和 DQS 不同，首先它们都是单向传输的，其次它们可能需要端接。Memory Designer 中有一个专门的端接元件 DDR_Termination。本案例中的时钟信号采用了差分端接，把 DDR_Termination 放置在原理图编辑区并双击，在弹出的对话框中就可以设置端接参考的 PCB 并选择端接电阻，如图 10.99 所示。

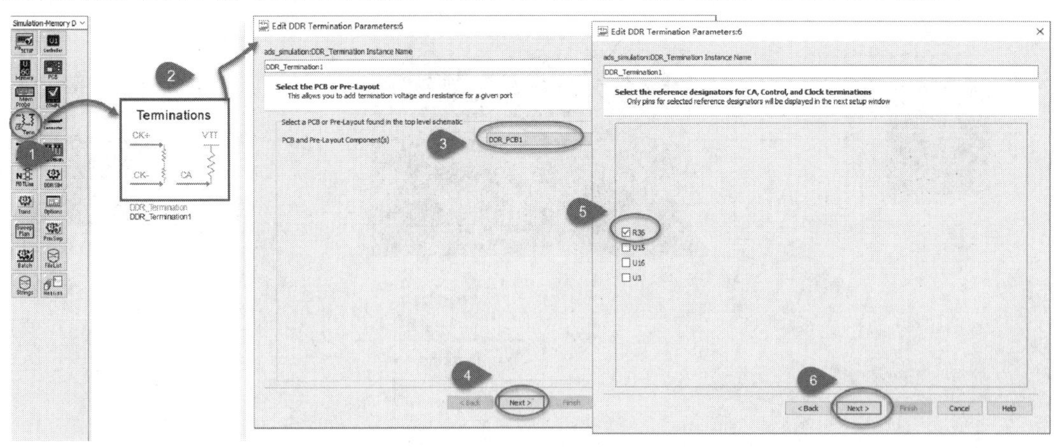

图 10.99　设置端接参考的 PCB 并选择端接电阻

单击 Next 按钮，在弹出的编辑端接参数对话框中可以设置端接电阻数值，如果有上拉，也可以设置电压的大小。在本案例中，地址信号没有端接，时钟信号采用的是差分端接，端接电阻的值为 75 ohm，如图 10.100 所示。

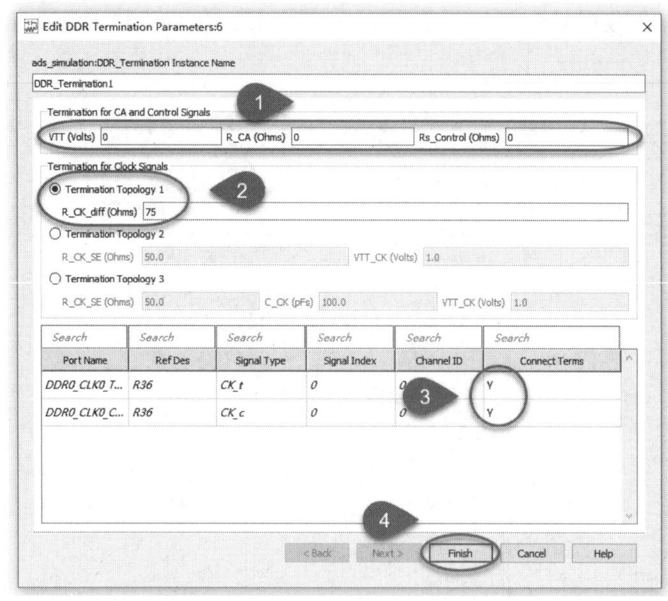

图 10.100　编辑端接参数

设置好端接及要分析的参数，然后连接原理图各个元件，地址和时钟信号的仿真原理图如图 10.101 所示。

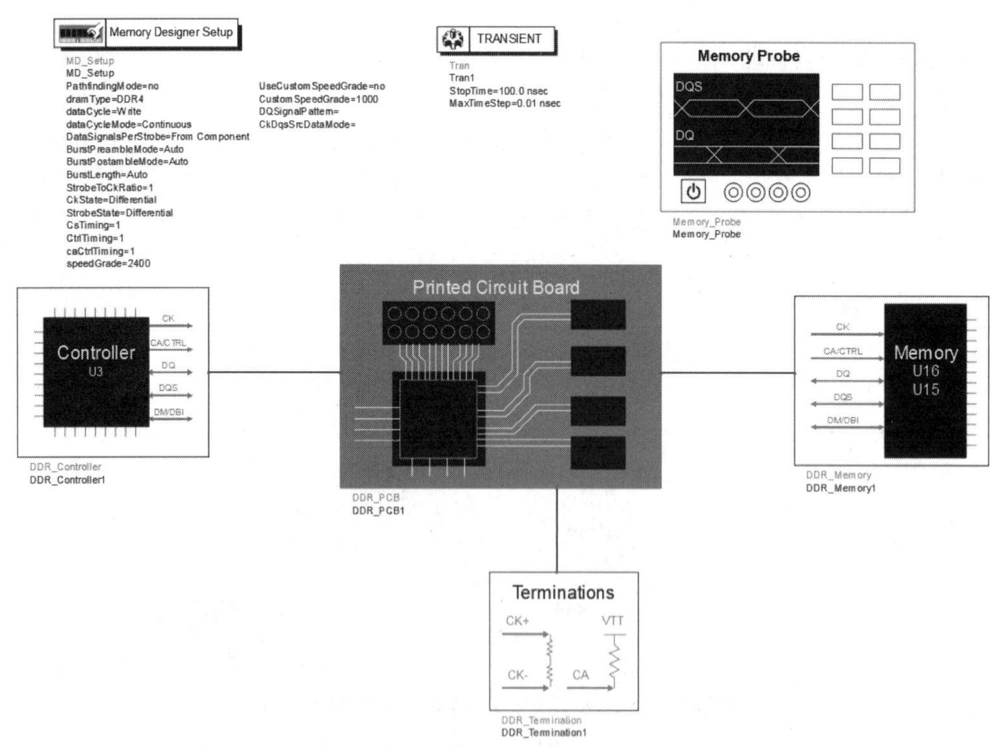

图 10.101　地址和时钟信号的仿真原理图

运行仿真后，在数据显示窗口可以直接查看地址信号和时钟信号的波形，如图 10.102

所示。

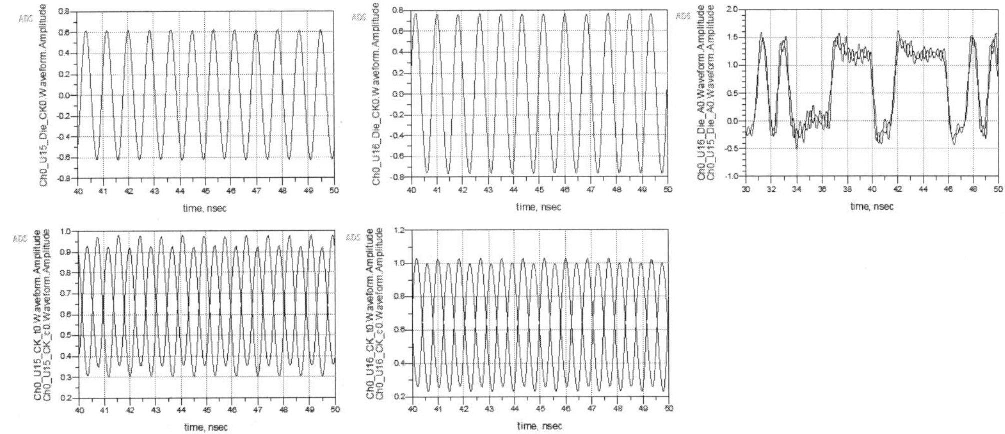

图 10.102　地址和时钟信号的仿真波形

如果要判断波形是否满足 JEDEC 或者系统的要求，需要添加一些判断条件。例如，输入高低电平电压、最大值或者最小值等。也可以直接查看仿真报告，因为仿真报告显示了仿真结果是否满足 JEDEC 或者系统的要求，部分仿真报告如图 10.103 所示。

Memory Designer Report

Configuration Details	
Design Name	08_ADDR_CLK_PCB_TRAN
Simulation Mode	Transient
Dram Type	DDR4
Data Rate	2400 Mbps
Data Cycle	Write
Data Cycle Mode	Continuous

Summary of Scalar Results

Ch0_U15_Die_A0					
Measurement	Value	Unit	Deviation(%)	Range	Pass or Fail
SlewRate Rise Min	3.49686	V/ns	46.9221	0.4 to 7	Pass
SlewRate Rise Max	7.26332	V/ns	-3.98965	0.4 to 7	Fail
SlewRate Fall Min	2.62274	V/ns	33.6778	0.4 to 7	Pass
SlewRate Fall Max	7.7379	V/ns	-11.1803	0.4 to 7	Fail

Ch0_U16_Die_A0					
Measurement	Value	Unit	Deviation(%)	Range	Pass or Fail
SlewRate Rise Min	1.26327	V/ns	13.0798	0.4 to 7	Pass
SlewRate Rise Max	4.09708	V/ns	43.9836	0.4 to 7	Pass
SlewRate Fall Min	1.16375	V/ns	11.572	0.4 to 7	Pass
SlewRate Fall Max	3.6745	V/ns	49.6136	0.4 to 7	Pass

Waveforms

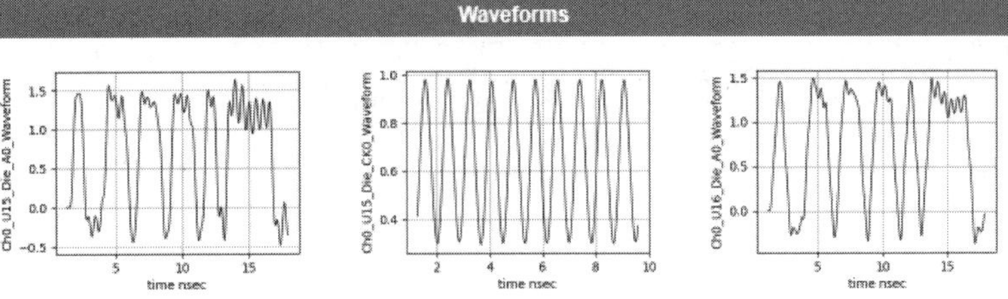

图 10.103　地址和时钟信号的仿真报告

10.6.8 同步开关噪声（SSN）仿真

同步开关噪声（simultaneous switch noise，SSN）是指芯片的 I/O 在开关切换时产生瞬间变化的电流，电流通过回流路径、封装等的寄生电感而产生了噪声。同步开关噪声又称地弹或 di/dt 噪声，这是数字电路中的主要噪声源之一。这种噪声通过电源传递路径和电路层叠传递到其他电路中，会引起电源噪声增加、信号抖动以及误码率的增加，进而导致电路故障或系统性能下降。SSN 与驱动端 I/O 的驱动能力有非常紧密的关联，还与 I/O 的数量以及激励源的格式或码型相关。

IBIS 5.0 版本以前的 IBIS 模型都是假设 I/O 由理想电源供电，所以在仿真 SSN 噪声时，其结果会不太准确。IBIS 5.0 版本的模型加入了非理想电源供电的影响，新增了三个关键字，分别是[Composite Current]、[ISSO PU]和[ISSO PD]，这对 SSN 仿真非常重要，但是这些关键字并不是必选项，即使 IBIS 5.0 的模型中不包含这些关键字，也可以进行电源感知的仿真，这样可以考虑到 PDN 的影响。

以一组 DQ 信号网络为例，其他设置与常规的建立原理图的方式一样，主要差异点在于设置 IBIS 模型时需要选择使用外部电源供电并需要建立外部电源。如果要进行 SSN 仿真，则需要在电源感知选项（Power Aware Options）栏中选择外部电源供电（External Power Supply）；同时还要选择一个 DQ IO 供电网络，并在 Simulate 栏中选择使其参与仿真。IBIS 模型设置如图 10.104 所示。

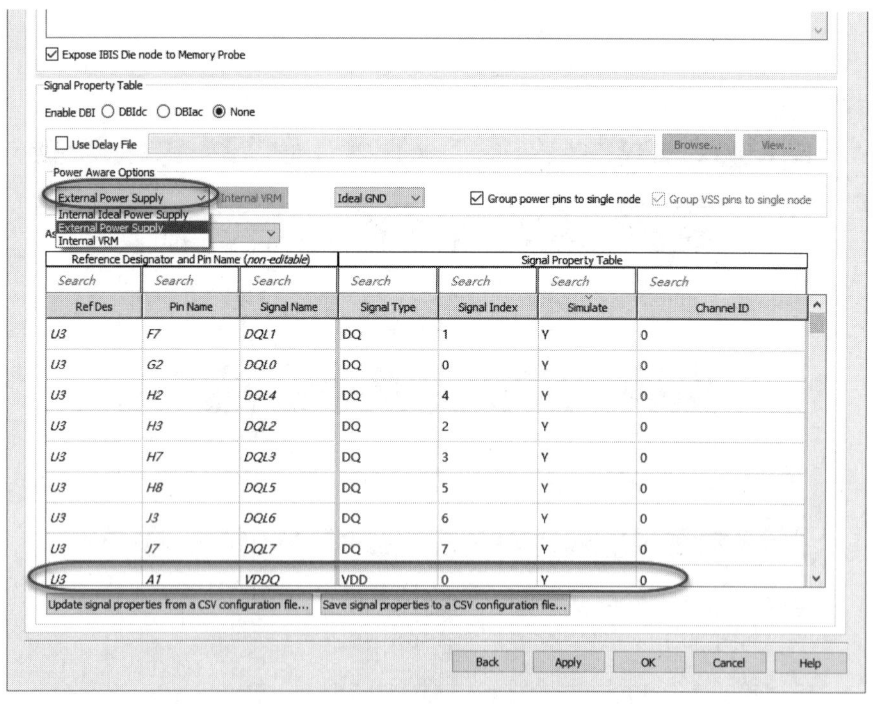

图 10.104 选择 IBIS 模型的外部电源供电

在有的设计中也会使用外部的 GND（External GND），本案例使用理想的 GND（Ideal

GND）。DDR_Controller 和 DDR_Memory 都要按照这个方式进行设置。

接着要建立外部的供电电源。使用 PIPro 提取的电源网络平面的子电路或者 S 参数建立外部供电电源。首先放置一个 DDR_PreLayout 元件，双击后在对话框中选择 Use an existing ADS Cell，单击 Next 按钮，在对话框中的 Cell 下拉菜单中选择对应的供电电源，如图 10.105 所示。

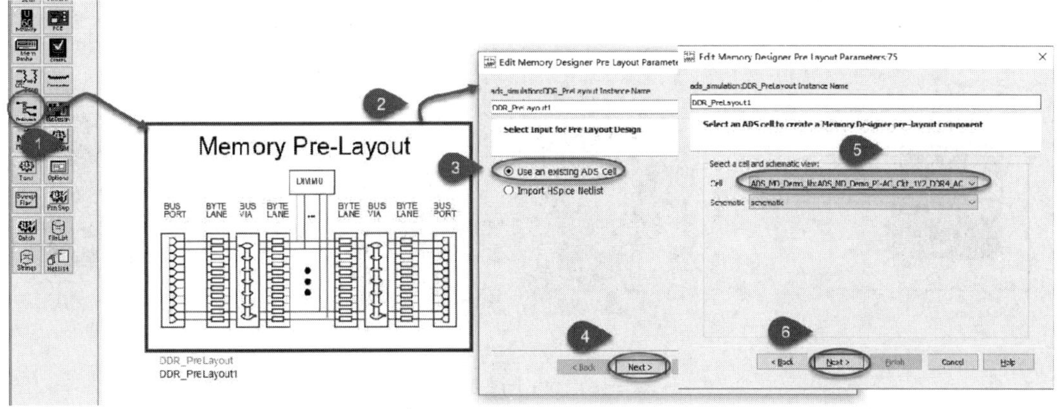

图 10.105　设置供电电源

单击 Next 按钮后，在对话框中编辑信号索引（Signal Index），如图 10.106 所示。

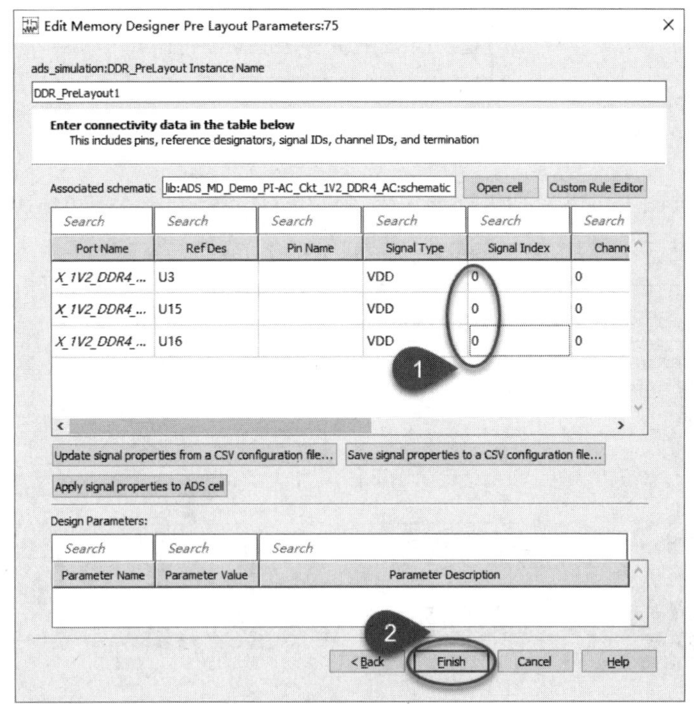

图 10.106　编辑信号索引

单击 Finish 按钮即完成了对外部供电电源的设置。如果使用的是 S 参数或者自定义的电源供电网络，则还需要编辑位号、信号类型等参数。

在 Memory Designer 中进行 SSN 仿真的原理图如图 10.107 所示。

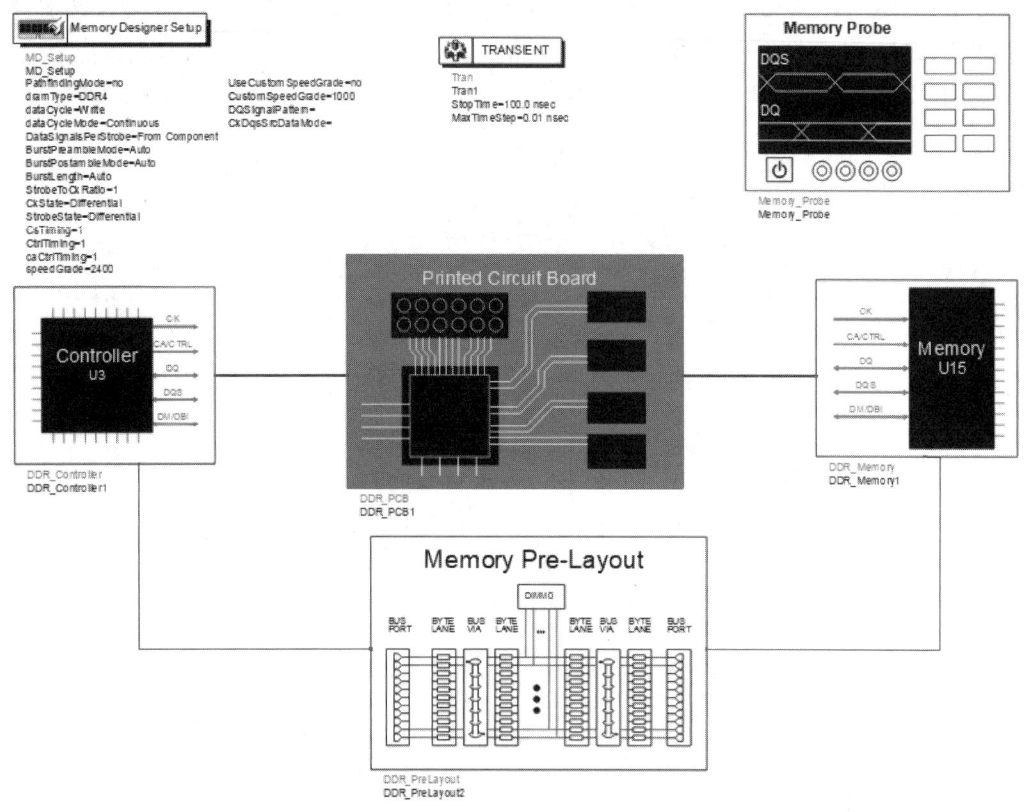

图 10.107　SSN 仿真的原理图

在同一个原理图中可以分别进行理想电源供电的仿真，其结果如图 10.108 所示。

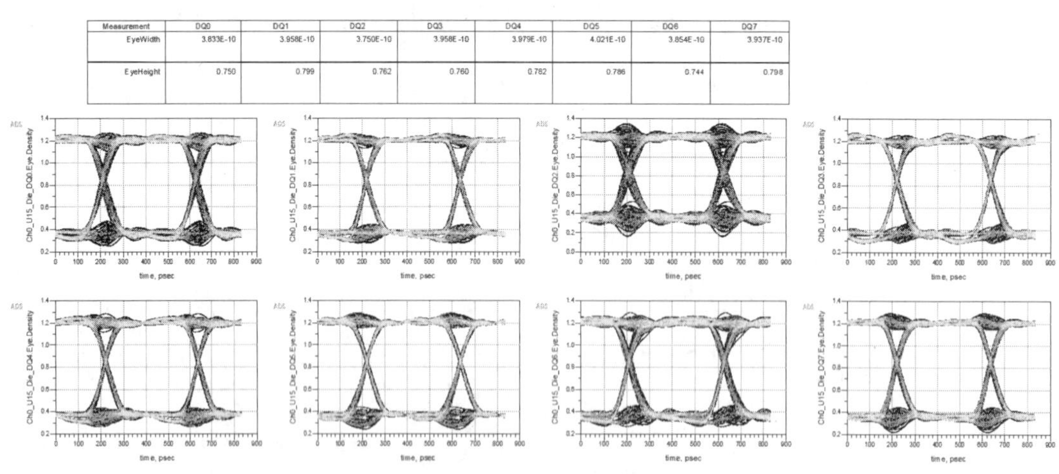

Measurement	DQ0	DQ1	DQ2	DQ3	DQ4	DQ5	DQ6	DQ7
EyeWidth	3.833E-10	3.958E-10	3.750E-10	3.958E-10	3.979E-10	4.021E-10	3.854E-10	3.937E-10
EyeHeight	0.750	0.799	0.762	0.760	0.762	0.786	0.744	0.798

图 10.108　理想电源供电的仿真结果

使用外部非理想电源供电时，也就是用经过电源网络平面后的电源供电，仿真的结果如图 10.109 所示。

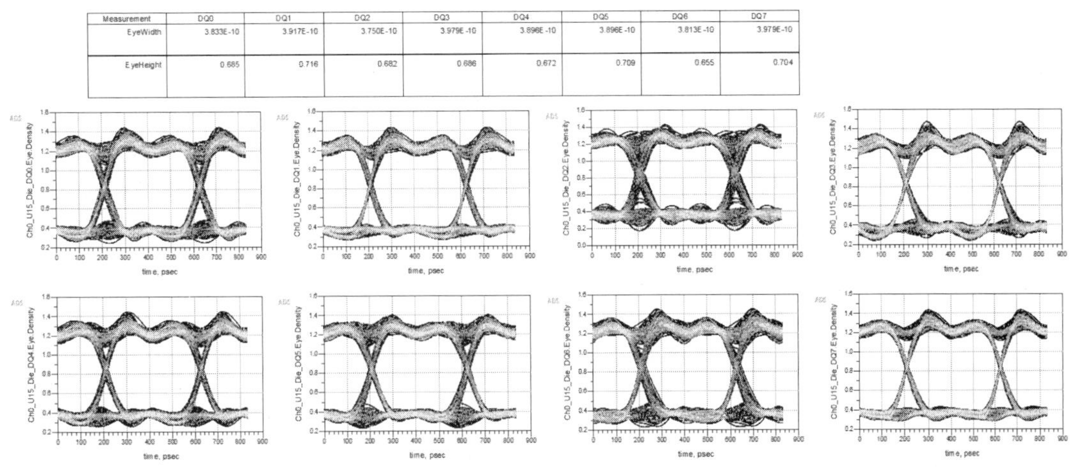

Measurement	DQ0	DQ1	DQ2	DQ3	DQ4	DQ5	DQ6	DQ7
EyeWidth	3.833E-10	3.917E-10	3.750E-10	3.979E-10	3.896E-10	3.896E-10	3.813E-10	3.979E-10
EyeHeight	0.685	0.716	0.682	0.686	0.672	0.709	0.655	0.704

图 10.109　非理想电源供电的仿真结果

对比两个仿真结果，显然，两个结果有明显的差异，使用非理想电源供电时，信号的抖动和噪声都变大了，时序裕量以及噪声裕量基本都变小了，说明本案例中电源平面对信号的影响比较大。

SSN 的仿真影响的因素比较多，验证方法类似，在此不再赘述。

本章仅使用信号网络以及电源网络的子电路，关于提取信号网络和电源网络的电磁参数或者子电路请参考第 12 章和第 13 章。

10.6.9　DDR5 仿真

由于 DDR5 的信号速率非常高，最高速率能达到 6.4 Gb/s，如果超频，可以达到 8.4 Gb/s。这么高速率的并行信号显然会带来串扰、反射、码间干扰等信号完整性问题。为了提高 DDR5 的信号完整性，引入了均衡技术。单纯从电路设计而言，均衡的引入并不会带来设计上的困难，但是对于信号完整性工程师而言就会带来很多问题，例如，如何测量均衡后的信号，如何进行信号完整性仿真等。

在高速串行总线中，有均衡的时候通常会采用 IBIS-AMI 模型进行仿真，DDR5 也同样需要使用 IBIS-AMI 模型。但是 DDR5 与传统高速串行总线不一样，它不能使用传统的 IBIS-AMI 模型以及仿真技术。因为 DDR5 的数据信号是单端的，而高速串行总线是差分的；DDR5 是并行总线，高速串行总线是串行总线；DDR5 的数据信号参考数据选通信号，而高速串行总线的时钟一般都是内嵌在数据信号中，在接收端再通过时钟恢复（CDR）电路恢复出来；等等。

为了在仿真 DDR5 的时候更精确地使用 IBIS-AMI 模型，IBIS 论坛在新的规范中做了很多更新。例如，在 DDR5 的 IBIS-AMI 模型中引入了直流偏置（DC offset）参数，以保证 Rx Getwave 输入、输出信号中心电平均为 0 V；在 DDR5 的 IBIS-AMI 模型中引入了关键字 Rx_Use_Clock_Input，在仿真中可以选择参考信号；等等。关于对 AMI 模型的介绍可以参考第 11 章以及 IBIS 规范。

DDR5 的仿真与 DDR4 的仿真的基本流程是一样的，本节主要以 DQ 为例，介绍如何在 Memory Designer 中使用 DDR5 的 IBIS-AMI 模型。

双击 DDR_Controller，调入 DDR5 发送端的 IBIS 模型，通常把 IBIS 与相应的*.ami 和*.dll 文件模型放置在同一个文件夹下，这样就能在调入 IBIS 模型文件的同时调入*.ami 和*.dll 文件。然后在 Model Setup（模型设置）页签中设置与均衡相关的参数。设置的 DDR5 发送端均衡参数如图 10.110 所示。

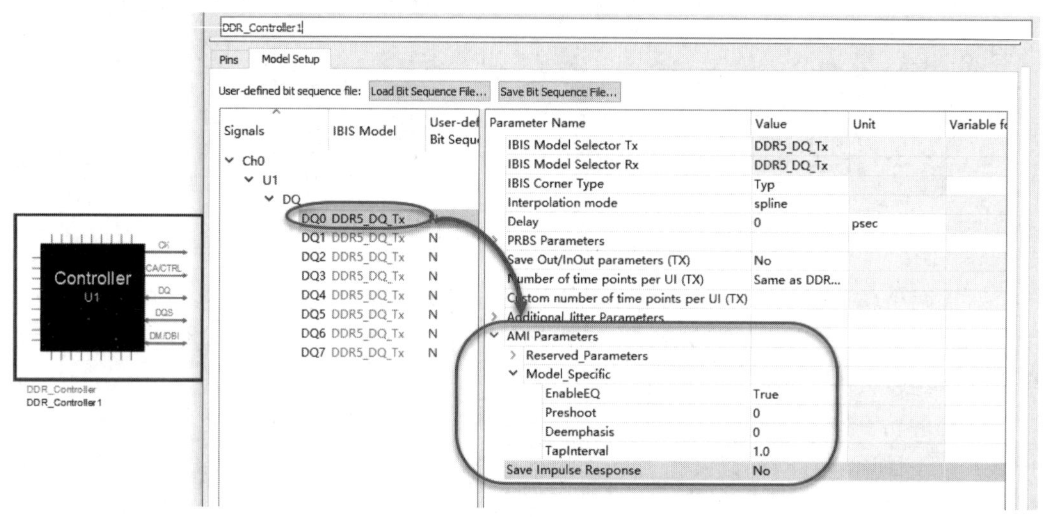

图 10.110 设置 DDR5 发送端均衡参数

双击 DDR_Memory，调入 DDR5 接收端的 IBIS 模型，设置 DDR5 接收端的均衡参数，如图 10.111 所示。

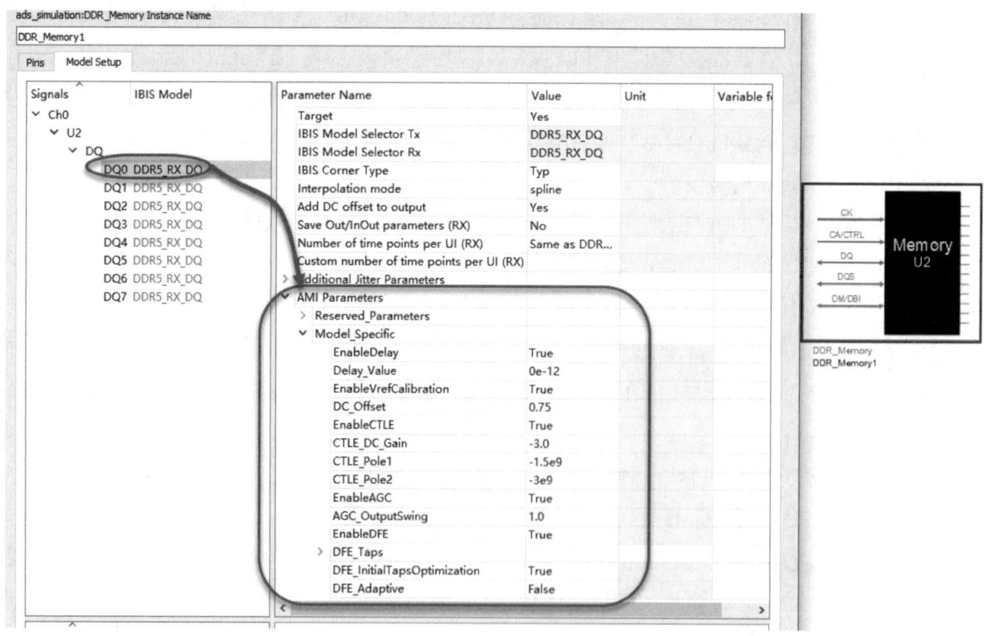

图 10.111 设置 DDR5 接收端的均衡参数

设置好发送端、接收端的模型之后，连接好各个元件，并设置 MD_Setup、DDRSim 和 Memory_Probe。设置 DDR5，且速率为 4800 Mb/s，DDR5 仿真原理图如图 10.112 所示。

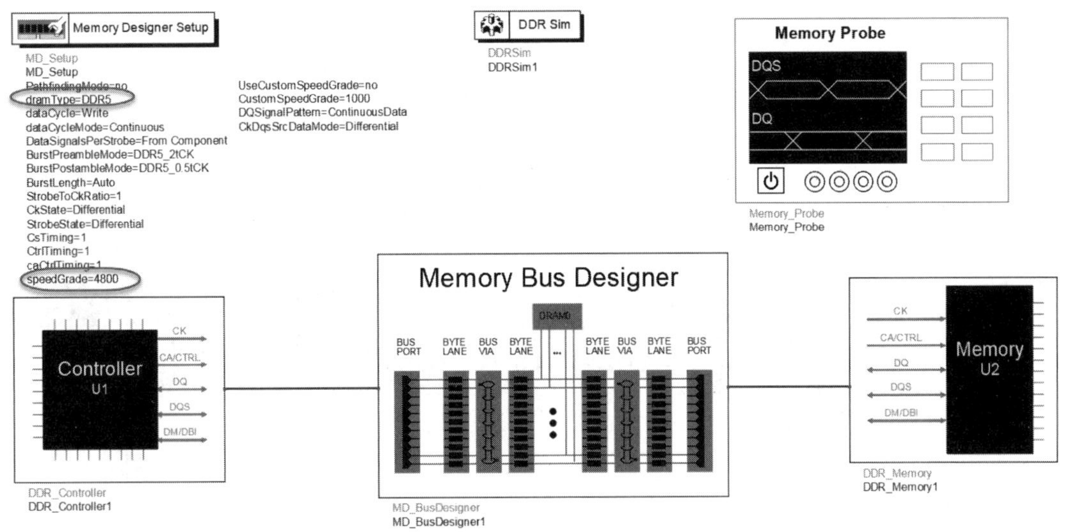

图 10.112　DDR5 仿真原理图

运行仿真后，在数据显示窗口中查看眼图结果，如图 10.113 所示。

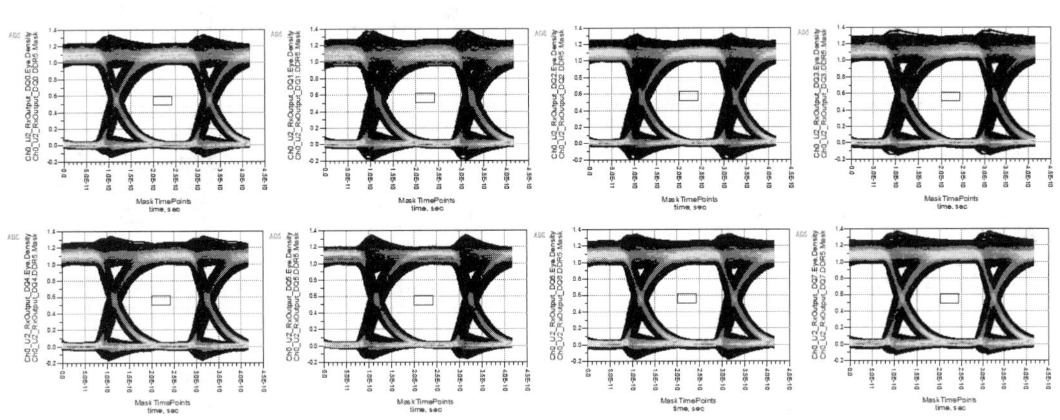

图 10.113　DDR5 的眼图

DDR5 的眼图裕量结果如图 10.114 所示。

Measurement	....MaskMargin.MarginValues	....MaskMargin.MarginValues	....MaskMargin.MarginValues	....MaskMargin.MarginValues	....MaskMargin.MarginValues	....MaskMargin.MarginValues	....MaskMargin.MarginValues	....MaskMargin.MarginValues
tDIVW MarginUL	5.965E-11	5.705E-11	5.797E-11	5.864E-11	6.150E-11	5.988E-11	6.034E-11	6.198E-11
tDIVW MarginUR	6.430E-11	6.274E-11	6.078E-11	6.532E-11	6.559E-11	6.408E-11	6.258E-11	6.302E-11
tDIVW MarginLL	6.486E-11	6.434E-11	6.631E-11	6.489E-11	6.462E-11	6.404E-11	6.565E-11	6.615E-11
tDIVW MarginLR	6.222E-11	5.857E-11	5.661E-11	6.115E-11	6.246E-11	6.200E-11	5.946E-11	6.093E-11
Min tDIVW MarginOfCorners	5.965E-11	5.705E-11	5.661E-11	5.864E-11	6.150E-11	5.988E-11	5.946E-11	6.093E-11
vDIVW MarginUL	0.333	0.284	0.320	0.328	0.334	0.329	0.317	0.331
vDIVW MarginUR	0.381	0.331	0.365	0.382	0.381	0.381	0.360	0.372
vDIVW MarginLL	0.396	0.403	0.418	0.405	0.398	0.393	0.395	0.383
vDIVW MarginLR	0.437	0.452	0.466	0.457	0.455	0.443	0.445	0.432
Min vDIVW MarginOfCorners	0.333	0.284	0.320	0.328	0.334	0.329	0.317	0.331
Min vDIVW MarginU	0.333	0.284	0.320	0.328	0.334	0.329	0.317	0.331
Min vDIVW MarginL	0.396	0.403	0.418	0.405	0.398	0.393	0.395	0.383

图 10.114　DDR5 的眼图裕量结果

ADS 输出的 DDR5 部分仿真报告如图 10.115 所示。

Memory Designer Report

Configuration Details	
Design Name	10_DQ_DDR5_IBISAMI
Simulation Mode	DDRSim
Dram Type	DDR5
Data Rate	4800 Mbps
Data Cycle	Write
Data Cycle Mode	Continuous

Summary of Scalar Results

Ch0_U2_RxOutput_DQ0					
Measurement	**Value**	**Unit**	**Deviation(%)**	**Range**	**Pass or Fail**
Mask Margin tDIVW Margin UL	5.96548e-11 (0.286343)	sec (UI)	NA	0 sec to inf sec (0 UI to inf UI)	Pass
Mask Margin tDIVW Margin UR	6.43035e-11 (0.308657)	sec (UI)	NA	0 sec to inf sec (0 UI to inf UI)	Pass
Mask Margin tDIVW Margin LL	6.48631e-11 (0.311343)	sec (UI)	NA	0 sec to inf sec (0 UI to inf UI)	Pass
Mask Margin tDIVW Margin LR	6.22202e-11 (0.298657)	sec (UI)	NA	0 sec to inf sec (0 UI to inf UI)	Pass
Mask Margin vDIVW Margin UL	0.333	V	NA	0 V to inf V	Pass
Mask Margin vDIVW Margin UR	0.381	V	NA	0 V to inf V	Pass
Mask Margin vDIVW Margin LL	0.396	V	NA	0 V to inf V	Pass
Mask Margin vDIVW Margin LR	0.437	V	NA	0 V to inf V	Pass
Eye Height	0.884	V	531.429	0.14 V to inf V	Pass
Eye Width	1.80208e-10 (0.865)	sec (UI)	NA	NA	NA
Height At BER = 1.000e-16	0.93	V	564.286	0.14 V to inf V	Pass
Width At BER = 1.000e-16	1.73958e-10 (0.835)	sec (UI)	NA	NA	NA

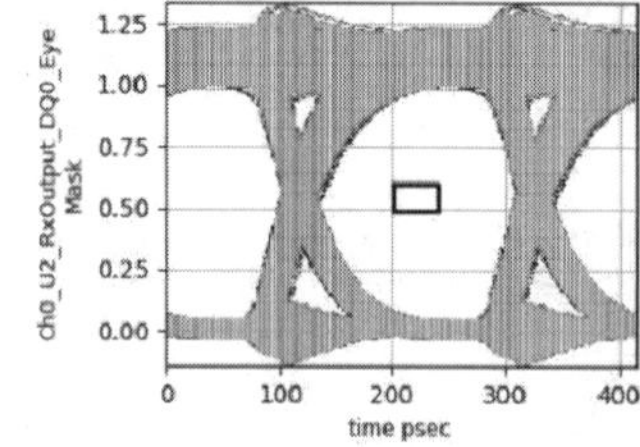

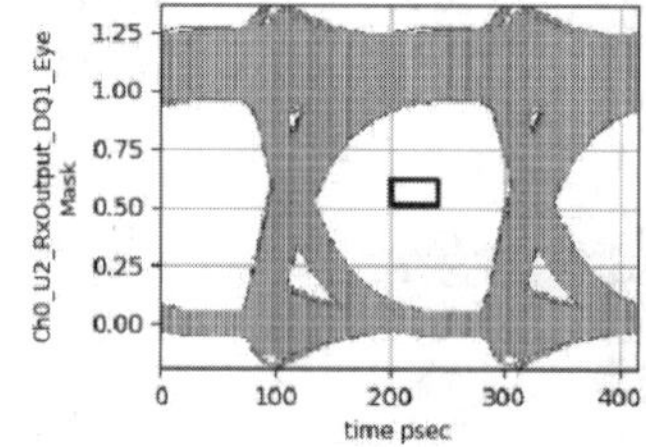

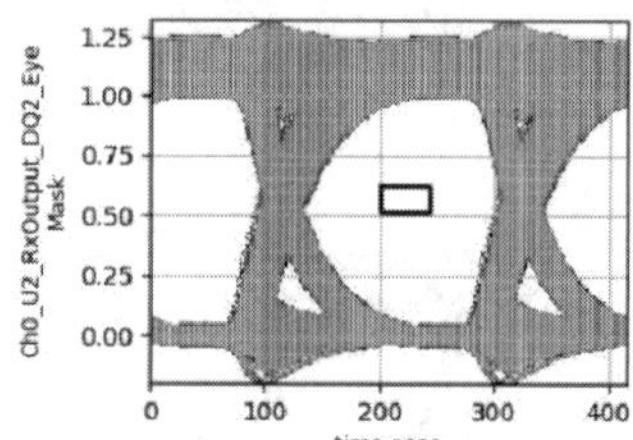

图 10.115 DDR5 的仿真报告

10.7 DDRx 的电源分配网络仿真

电源完整性越来越被工程师所重视，尤其是 DDRx 这类复杂的电源系统，设计上稍有偏差可能就会导致设计失败。DDRx 电源类型非常多，包括 DDRx 芯片供电电源 VDD、I/O 口供电电源 VDDQ、DQ 参考电源 VrefDQ、CA 参考电源 VrefCA、上拉电源 VTT 以及地 VSS、VSSQ、DDR4 和 DDR5，还新增了 VPP 电源。所以在设计 DDRx 总线系统时，也要考虑并确保每一组电源的电源完整性设计符合要求。

本章前面已经介绍了关于 SSN 的仿真部分，关于 DDRx 的电源完整性的直流仿真、PDN

阻抗仿真等内容请参考第 13 章。

10.8　DDRx 设计注意事项

DDR5 已经大规模地应用在了数据中心、通信和 IT 类的工业产品中，DDR4 也早已进入了消费级电子产品中，尽管 DDR5、DDR4 和 DDR3 在设计上有很多相同点，但是随着信号速率越来越高，信号幅度越来越低，噪声容忍度也越来越小，不管是串扰还是 ISI 的影响都会增加，因此对电源的设计要求也更加严格。所以不管是硬件方案、原理图设计，还是对 PCB 设计的各个环节，都要非常重视，归纳起来主要应注意如下几点。

- 设计好电源系统。电源系统不好可能会导致 DDRx 不能工作。例如，VDD≥VDDQ 且(VDD−VDDQ) < 0.3V，如果不满足可能就会导致系统无法初始化。
- 参考电源的布线尽量短，线宽大约为 25 mil。上拉电源尽量短，尽量铺铜平面。
- 电路阻抗匹配要合适。选择合适的电阻以匹配时钟/地址/控制/命令信号网络的阻抗。对于 DDR5 而言，就选择合适的 ODT。
- PCB 布局之前，要确定拓扑结构。DDR3、DDR4 和 DDR5 主要使用点对点和 Fly-by 拓扑结构。
- Fly-by 拓扑结构可以提高信号完整性质量。若采用 Fly-by 拓扑结构，那么 stub 线应尽量短。
- 所有的信号线尽量远离 PCB 的边缘、功率器件、晶振电路、连接器等。
- 要分清楚信号参考层，在没有特殊要求的情况下，建议所有的信号都以完整的地平面作为参考层。
- 信号需要控制阻抗，并保证阻抗的连续性。要注意不同的平台对阻抗的特殊要求，例如，有的平台要求单端阻抗控制在 38 ohm，有的平台要求单端阻抗控制在 50 ohm。
- 地址/控制/命令信号与时钟信号、数据/数据掩码与数据选通信号以及数据选通信号与时钟信号之间的长度（时序）关系要明确。
- 地址/控制/命令信号与时钟信号尽量同层设计（对称也可以），如果要换层也尽量一起换，避免因为换层不一致带来延时不同。
- 同组的数据/数据掩码与数据选通信号尽量同层设计（对称也可以），如果要换层也尽量一起换，避免因为换层不一致带来延时不同。
- 时钟线比 DQS 线适当长一点。
- 在设计 DDR4/5 的 PCB 布线时，尽量使用等时进行设计。
- 信号与信号之间的距离要尽量远，以减少信号之间的串扰。但也没有必要对所有的信号都采用包地铜处理。
- 信号若换层，在换层过孔附近尽量添加地过孔。

以上只是笔者在工作中遇到的一些问题，不可能面面俱到，在设计中总会有意外的情况发生。在设计 DDRx 总线的时候，只要尽量做到在设计前进行前仿真实验和验证，设计完成后进行后仿真验证，最后再经过产品的测试验证，基本上能在量产前把问题都解决掉。

本 章 小 结

本章主要介绍 DDR 总线的基本概念以及 DDR4 的电气规范，包括如何在 ADS 中使用 Memory Designer 仿真 ODT、地址、控制、命令、时钟以及数据和数据选通信号，如何使用 SIPro 中的 DDR Setup 功能进行 PCB 电磁参数的提取，在 Memory Designer 中如何进行 SSN 仿真，在 Memory Designer 中如何进行 DDR5 IBIS-AMI 模型的仿真，最后介绍了 DDRx 在设计中的注意事项。

第 11 章

高速串行总线仿真

随着电子产品系统中数据传输速率的提高，对互连传输带宽的要求也随之提高，而随着时钟频率的提升，传统的并行接口技术已经成为数据传输的一大瓶颈。高速串行接口不仅提高了数据传输速率，还扩展了许多功能，以满足互连传输网络高带宽的需求。然而，高速串行传输也迎来了很多的挑战，例如，怎样进一步提高数据传输速率；如何降低误码率（BER）；如何在保证信号和电源完整性的同时维持高功效不变，并优化设计效能。这些都是工程师需要面对的问题，但高速串行信号已经是未来总线发展的趋势。本章将主要介绍 ADS 通道仿真（ChannelSim）器，以及使用 ADS 对高速串行总线仿真的流程，并以 USB 为代表进行信号完整性仿真流程的介绍。

11.1 高速串行接口

从当前的信号速率来看，几乎所有的串行接口的速率都达到了吉比特每秒以上，表 11.1 所示为当前主流的一些总线的信号速率以及相应的协会组织。

表 11.1 总线速率表

总 线	信号速率/（Gb/s）				备 注
	Gen1	Gen2	Gen3	Gen4	
USB	0.012	0.48	10	40	USB-IF 协会
PCIe	2.5	5.0	8.0	16	PCI-SIG，PCIe6.0 的速率为 64 Gb/s
SATA	1.5	3.0	6.0	N/A	SATA-IO 协会
SAS	3.0	6.0	12	24	SCSI 贸易协会，SAS4.0 的阻抗为 24 Gb/s

续表

总　　线	信号速率/（Gb/s）				备　　注
	Gen1	Gen2	Gen3	Gen4	
Thunderbolt	N/A	10	20	40	主要由 Intel 制定和发布
HDMI	3.4（1.3 和 1.4a 版本）	18	N/A	N/A	HDMI 协会，HDMI2.1 的速率为 36 Gb/s
DisplayPort	2.7	5.4	N/A	32	视频电子标准协会
820.3xx	10（Mb/s）、100（Mb/s）、1、10、25、56、112				铜线以太网的速率可以达到 25 Gb/s；由 IEEE 委员会制定
CEI x.x	10.3125、28、56、112				OIF
Rapid I/O	3.125、6.25				Rapid I/O 贸易协会

以上只列举了部分总线接口，还有一些芯片厂商制定的芯片特定场合使用的总线也是高速的串行总线。例如，Intel 在主控芯片之间用的 QPI（quick path interconnect）总线，现在的最高速率也达到了 9.6 Gb/s。AMD 也有与 QPI 类似的总线，即 AMD 芯片间的通信协议 HT（HyperTransport）总线，速率也可以达到 9.6 Gb/s。Xilinx 也制定了 Aurora 协议规范。未来，还会有更多的串行总线协议发布并将应用到各类产品中。

11.2　USB

11.2.1　USB 的发展历史

USB 是一类典型的串行总线，采用的是 SerDes 的架构。它由 USB-IF 协会组织制定并发布。USB 自诞生以来，已经被广泛应用于各种电子产品中。USB 初次问世时，USB1.1 的版本仅可在低速（LS）模式和全速（FS）模式下运行，分别提供 1.5 Mb/s 和 12 Mb/s 的速率。2000 年，USB2.0 面市，新的高速（HS）模式可提供高达 480 Mb/s 的速率，并且依然向下兼容低速模式和全速模式。虽然 USB3.0 的接口有比较大的改动，但是依然向下兼容。USB3.0 不仅包含了 USB2.0 的全部功能（HS、FS 和 LS），而且提供了名为超高速度（SuperSpeed）的单独的全新超高速数据链路。超高速度模式可提供的最高速率为 5 Gb/s。在 USB3.1 时，USB-IF 协会推出了 USB Type-C 的接口，在电源管理、协议以及物理结构上都有非常大的不同。当前最新版本是 2019 年发布的 USB4，速率达到了 40 Gb/s。

11.2.2　USB3.0 的物理结构及电气特性

USB3.0 的物理结构如图 11.1 所示。为同时支持 USB2.0 功能和新的超高速度模式，USB3.0 采用了新的结构，包含 3 对差分信号线（TX+/Tx−、RX+/Rx−和 D+/D−）、VCC 线和接地线。图 11.2 所示为 USB3.0 的简单原理图连接结构。

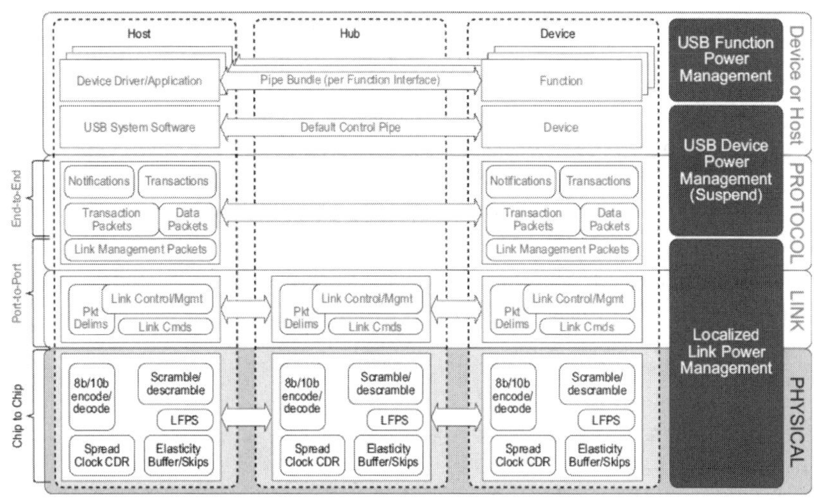

图 11.1　USB3.0 的物理结构

USB3.0 物理层定义端口的 PHY 部分，以及端口和设备上的端口之间的物理连接。USB3.0 两对差分对 TX+/−和 RX+/−的信号速率为 5 Gb/s；D+/−向下兼容 USB2.0、USB1.1 和 USB1.0，其速率分别为 480 Mb/s、12 Mb/s 和 1.5 Mb/s。

USB3.0 采用 8b/10b 的编码方式，这种编码方式的效率并不算高，只有 80%。因此，在后续升级到 USB3.1 时，采用了 128b/132b 的编码方式。

一个完整的 USB3.0 链路包括 USB3.0 的发送端、传输线链路以及接收端，传输线链路由 PCB/线缆以及 USB 连接器组成，可能还会包含去耦电容、共模电感、ESD 器件 Re-driver 或 Re-timer 等器件。

在 USB3.0 的规范中针对 USB3.0 的连接器、线缆、发送端和接收端都制定了电气规范。例如，规范定义了 USB3.0 裸线缆在 200 ps 的上升时间情况下的特性阻抗规范为 90 ohm±7，如果加上连接器，则裸线缆的阻抗规范在 50 ps 的上升时间情况下的特性阻抗为 90 ohm±15%；对于裸线缆，则要求差分对内的偏移小于 15 ps/m。USB3.0 线缆对损耗的要求如图 11.3 所示。

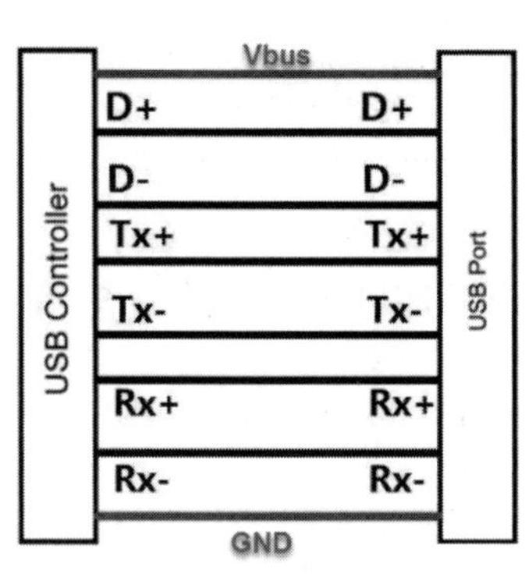

图 11.2　USB3.0 原理图连接结构

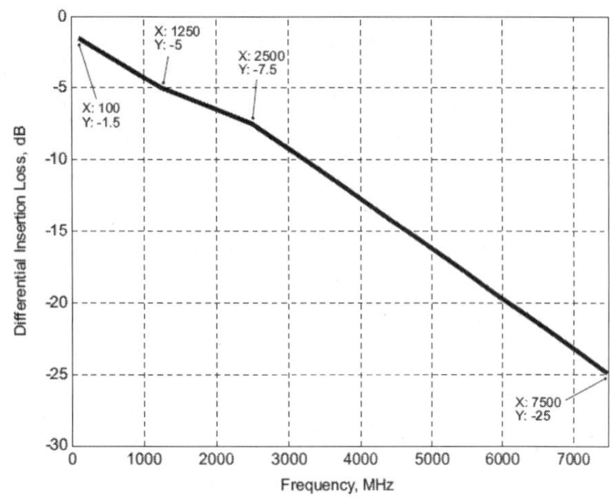

图 11.3　USB3.0 线缆对损耗的要求

USB3.0 线缆中有两对差分线以及一对 USB2.0 的信号线，规范中也定义了它们之间的串扰要求，如图 11.4 所示。

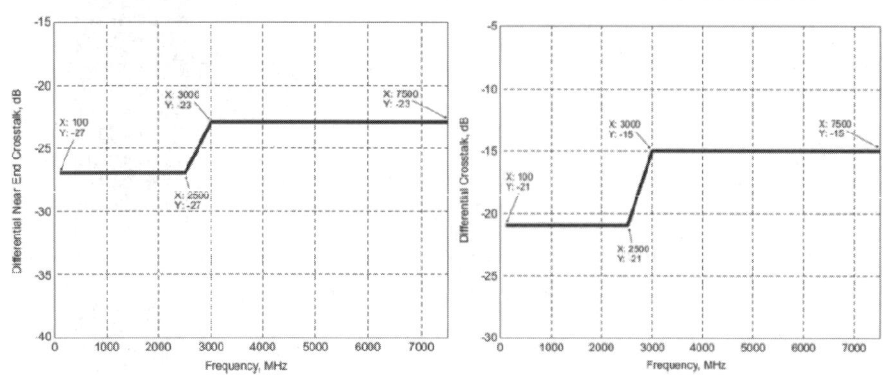

图 11.4　USB3.0 线缆串扰要求

图 11.4 中左图为 Tx±与 Rx±之间的近端串扰要求，右图为 D±与 USB3.0 信号线的远端串扰和近端串扰的要求。

对于有源电路，规范中定义了发送端的标准电气参数，如图 11.5 所示。

Symbol	Parameter	5.0 GT/s	Units	Comments
UI	Unit Interval	199.94 (min) 200.06 (max)	ps	The specified UI is equivalent to a tolerance of ±300 ppm for each device. Period does not account for SSC induced variations.
$V_{TX-DIFF-PP}$	Differential p-p Tx voltage swing	0.8 (min) 1.2 (max)	V	Nominal is 1 V p-p
$V_{TX-DIFF-PP-LOW}$	Low-Power Differential p-p Tx voltage swing	0.4 (min) 1.2 (max)	V	Refer to Section 6.7.2. There is no de-emphasis requirement in this mode. De-emphasis is implementation specific for this mode.
$V_{TX-DE-RATIO}$	Tx de-emphasis	3.0 (min) 4.0 (max)	dB	Nominal is 3.5 dB
$R_{TX-DIFF-DC}$	DC differential impedance	72 (min) 120 (max)	Ω	
$V_{TX-RCV-DETECT}$	The amount of voltage change allowed during Receiver Detection	0.6 (max)	V	Detect voltage transition should be an increase in voltage on the pin looking at the detect signal to avoid a high impedance requirement when an "off" receiver's input goes below ground.
$C_{AC-COUPLING}$	AC Coupling Capacitor	75 (min) 200 (max)	nF	All Transmitters shall be AC coupled. The AC coupling is required either within the media or within the transmitting component itself.
$t_{CDR\_SLEW\_MAX}$	Maximum slew rate	10	ms/s	See the jitter white paper for details on this measurement. This is a df/ft specification; refer to Section 6.5.4 for details.

图 11.5　发送端的标准电气参数

对于 USB3.0 发送端的测试，规范定义在 TP1 处进行测试，测试结构如图 11.6 所示。

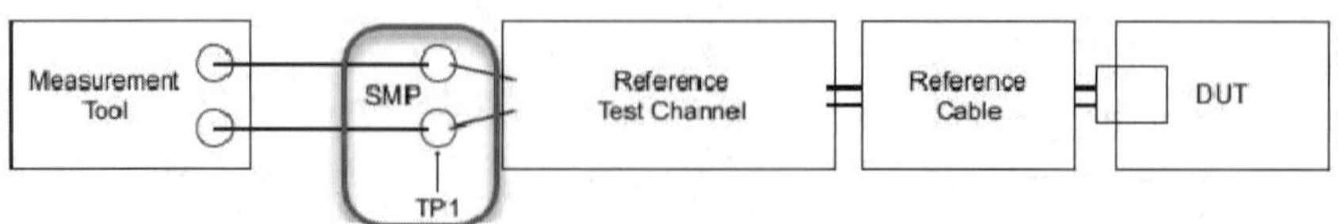

图 11.6　发送端测试结构

当测试或仿真的点在 TP1 处时，发送端的眼图标准要求如图 11.7 所示。

Signal Characteristic	Minimal	Nominal	Maximum	Units	Note
Eye Height	100		1200	mV	2, 4
Dj			0.43	UI	1,2,3
Rj			0.23	UI	1,2,3, 5
Tj			0.66	UI	1,2,3

Notes:

1. Measured over 10^6 consecutive UI and extrapolated to 10^{-12} BER.
2. Measured after receiver equalization function.
3. Measured at end of reference channel and cables at TP1 in Figure 6-14.
4. The eye height is to be measured at the maximum opening (at the center of the eye width ± 0.05 UI).
5. The Rj specification is calculated as 14.069 times the RMS random jitter for 10^{-12} BER.

图 11.7　在 TP1 处时发送端的眼图标准

规范中还定义了接收端的参数以及均衡和加重的参数，由于篇幅有限，在此不一一列举。在使用的时候，查阅 USB3.0 的规范即可。

11.3　IBIS-AMI 模型介绍

高速串行总线在使用的过程中经常会出现一类问题：由于链路较长或频率较高，造成信号衰减过大，从而在接收端无法判别信号，所以这类 SerDes 架构的串行总线芯片都会有集成均衡或者加重的电路。普通的 IBIS 模型无法描述这些比较复杂的均衡和加重的电路，所以在 IBIS 模型的基础上，出现了一种更新的模型，即 IBIS-AMI 模型。

IBIS-AMI（algorithmic modeling interface）是 IBIS 模型为了支持高速串行信号总线和高速并行总线仿真而设计的一种模型，IBIS-AMI 也属于 IBIS 模型的一种。

IBIS-AMI 模型包含两个部分，一个是电气部分，另一个是算法部分。电气部分与普通的 IBIS 模型类似，但是会增加调用 AMI 文件参数的语句。

一个完整的 IBIS-AMI 模型包含 IBIS 模型文件、AMI 参数文件和动态链接库 DLL/SO 文件，具体如表 11.2 所示。

表 11.2　IBIS-AMI 模型包含的主要文件

名　称	类　型
USB30_Tx.ibs	IBIS 模型文件
EEsof_USB_CTLE_Rx.ibs	
USB30_Tx.ami	AMI 参数定义文件
EEsof_USB_CTLE_Rx.ami	
USB30_Tx.dll	DLL 文件，Windows 下的算法文件
USB30_Tx_x64.dll	
EEsof_USB_CTLE_Rx.dll	
EEsof_USB_CTLE_Rx_x64.dll	

续表

名　称	类　型
USB30_Tx.so	SO 文件，Linux 下的算法文件
USB30_Tx_x64.so	
EEsof_USB_CTLE_Rx.so	
EEsof_USB_CTLE_Rx_x64.so	

IBIS 文件中会有执行语句选择 AMI 模型，如下所示，[Algorithmic Model]和[End Algorithmic Model]为关键字。

```
[Algorithmic Model]
Executable Windows_cl16.00.40219.01_64 USB30_Tx_x64.dll USB30_Tx.ami
Executable Linux_gcc4.6.2_64 USB30_Tx_x64.so USB30_Tx.ami
[End Algorithmic Model]
```

仿真软件会根据使用的系统选择合适的 AMI 模型进行仿真，如果是 Windows 系统就会选择对应于 Windows 的 AMI 模型，否则就选择对应 Linux 的 AMI 模型；同时模型还有系统位数之分，即分为 64 位和 32 位。很多工程师经常会遇到模型与系统不对应的情况，这会导致软件无法执行仿真。

AMI 模型文件中会定义 IBIS-AMI 的参数，一般包括两个部分，即用于定义模型的处理流程的保留部分（Reserved_Parameters）和用户自定义参数的模型参数部分（Model_Specific）。主要包含一些通道响应、加重、均衡、抖动等参数。例如，在下面的 AMI 模型中，Model_Specific 参数中定义判决反馈均衡器（DFE）参数，名称是 rx_dfe_t1，参数值范围是 0～15，默认值是 0，如下所示。

```
(Model_Specific
(rx_dfe_t1    (Usage InOut)
          (Type Integer)
          (Format Range 0 0 15)
          (Default 0)
          (Description "DFE Tap 1 Setting")
)
)
```

.dll 和.so 文件为算法文件，主要用于描述信号的处理。这也是 IBIS-AMI 模型的关键，IBIS 中调用的就是这个文件。一般，芯片厂商都会提供 4 种不同系统的模型，与 IBIS 文件、AMI 文件放在同一个路径下即可调用，但并不是 4 种都会执行，每次只执行与系统匹配的文件。

11.4 通道仿真

当今几乎所有的消费类和企业级数字产品，包括笔记本电脑、数据中心服务器、电信交换中心和互联网路由器等，均含有高速串行链路。

在数据传输速率较低时，设计人员可以在类 SPICE 仿真软件中使用普通的 IBIS 模型以及集总元件模型来执行仿真，仿真的精度和效率都能满足产品设计的要求。但是，随着芯片间数据传输速率提升至吉比特每秒的量级，高频和分布式效应越来越不容忽视，例如，阻抗失配、反射、串扰、趋肤效应、介质和导体损耗等因素对信号传输的影响非常大。为了评估这些影响，信号完整性工程师需要在仿真中使用数百万甚至上亿的采样点确定超低比特误码率（BER）轮廓，以确定最佳性能的发射机、通道和接收机组合。即便使用多核和现代化线性代数方法，瞬态仿真仍需耗费大量时间：一百万比特就需要一天以上的时间。为了提高仿真效率，ADS 通道仿真器提供了两种新模式，以避免耗时的瞬态仿真。通过充分利用通道传输线、过孔、连接器、线缆等器件的线性时不变（LTI）特性，工程师就无须在每次时间步进时运行瞬态求解程序这种粗略的近似方法，而是可以在几秒钟或者几分钟，而不是在几天内确定超低比特误码率轮廓，从而能够快速、全面地探索可能的设计。

ADS 中主要有两种时域仿真的仿真方法，分别是瞬态仿真分析方法（Transient）、通道仿真分析方法（ChannelSim），其中通道仿真分析方法又分为逐比特分析方法（Bit-by-bit）和统计分析方法（Statistical）。每种仿真分析方法都有其一定的要求，表 11.3 所示的时域仿真器对比中，列举了各种仿真分析模式的仿真方法、应用条件以及在 1 分钟内分析到误码率（BER）的量级。

表 11.3　时域仿真器对比

仿真分析模式	瞬态仿真分析	逐比特分析	统计分析
仿真方法	根据基尔霍夫电流定律计算每个节点的电压电流	基于冲击响应，逐比特叠加计算	基于冲击响应的统计计算
应用条件	通道、发送端和接收端都可以是非线性时变的系统，也可以是线性时不变的系统	通道必须是线性时不变的系统；发送端和接收端可以是非线性时变的系统	通道、发送端和接收端必须是线性时不变的系统
1 分钟可以仿真的 BER 量级	大约 10^{-3}	大约 10^{-6}	可以达到 10^{-18} 或更低

典型的瞬态仿真就是所有单一比特的输入，仿真结果是单一比特输出，如图 11.8 所示。

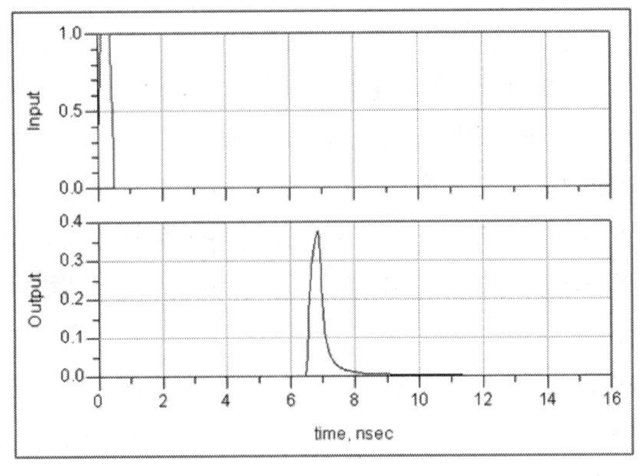

图 11.8　单一比特信号的输入和输出

如果输入的是一个比特序列，那么输出的也是一个比特序列，叠加在一起就可以形成一个完整的结果，在仿真的时间内循环输出比特序列。

逐比特模式是通过计算一个比特序列的响应，利用通道的线性时不变特性对输出的单比特响应线性的叠加。图 11.9 所示为一个 10101000 的比特序列经过脉冲叠加后的结果，图 11.9（a）为单比特响应叠加的结果，图 11.9（b）为瞬态仿真输出的结果。

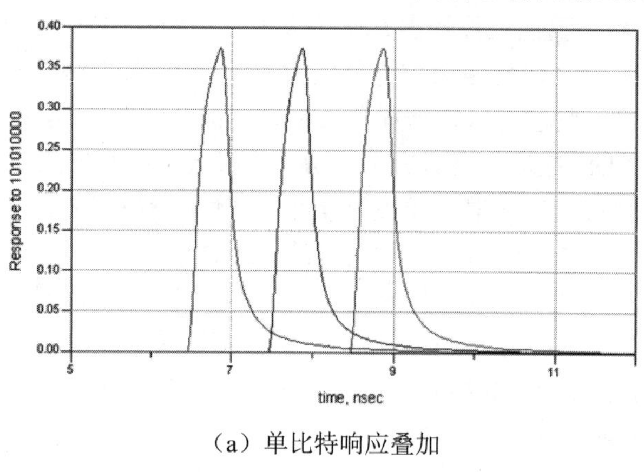

（a）单比特响应叠加

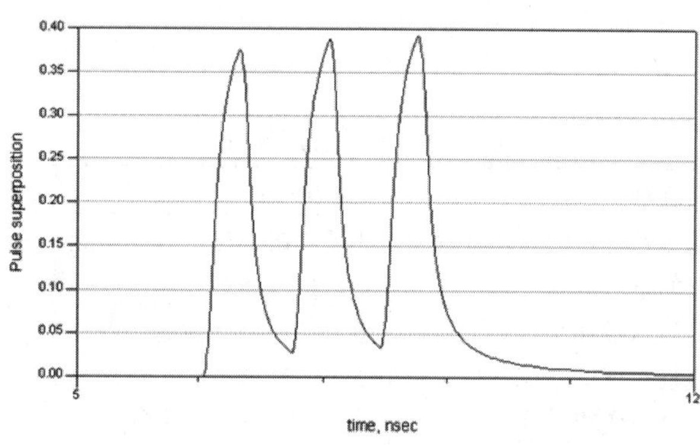

（b）瞬态仿真输出

图 11.9 比特序列经过脉冲叠加后的结果

通道仿真的逐比特模式包含两个阶段，分别是阶跃响应计算阶段和脉冲响应叠加阶段。

对于阶跃响应计算的阶段，通道仿真器通过调用 ADS 瞬态/卷积仿真引擎来精确计算系统的阶跃响应，仿真器自动检测阶跃响应持续的时间，如果发送端和接收端有均衡器，还会考虑发送端和接收端均衡的影响。根据不同的抖动来调节阶跃响应输入的上升沿和下降沿。

对于脉冲响应叠加的阶段，仿真器将所有输入的比特序列的单个脉冲响应相加，并将结果输出到眼图探针中进行进一步的处理，计算眼图的各项参数，如眼高、眼宽、误码率、等高线等。如果仿真链路中包含串扰源和多个眼图探针，仿真器将重复地进行这一步骤，直到完成所有的仿真计算。

在通道仿真的统计模式中，系统的性能不是由脉冲响应的重复叠加获得的，而是由脉冲响应的统计计算得到的。ADS 采用了比较先进的算法来处理随机抖动、周期性抖动、占空比失真抖动等产生的一些影响。

由于不是采用重复叠加的计算，而是在一个比特内的某一个特定的时刻，通过统计计算获得波形的概率密度函数，分别获取逻辑高电平和逻辑低电平的分布结果，如图 11.10 所示。

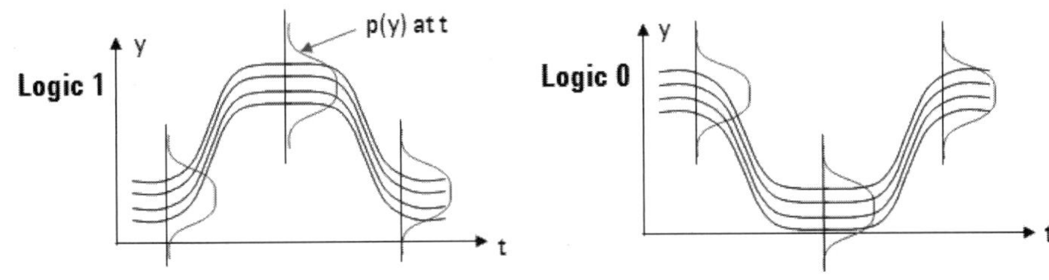

图 11.10　统计模式眼图形成图示

统计模式与逐比特模式类似，也包含两个阶段，分别是阶跃响应计算阶段和统计计算阶段。

阶跃响应计算阶段的处理模式和逐比特模式相同，也是通道仿真器通过调用 ADS 瞬态/卷积仿真引擎来精确计算系统的阶跃响应，仿真器自动检测阶跃响应持续的时间，如果发送端和接收端有均衡器，还会考虑发送端和接收端均衡的影响。

在统计计算阶段，使用统计计算的方式从 ISI 分布中产生眼图，这个眼图考虑了各类抖动、串扰源、均衡和编码等因素。眼图探针根据眼图密度进行数据处理后可以获得浴盆曲线、误码率等高线、眼高、眼宽等参数。

对于非重复比特模式，当输入的比特数量增加到无穷大时，通道仿真的两种模式获得的结果是相同的。如果工程师对低误码率下精确的仿真结果感兴趣，就选择统计模式；如果对发送端或者串扰通道中特定比特序列的系统响应的结果感兴趣，就选择逐比特模式。但是一般在逐比特模式下不可能设置一个无限大的比特数，在通道仿真中可以设置的最大比特数为 20 亿次，而且随着比特数的增加，逐比特模式仿真所需要的时间也会增加。所以，如果需要更快速地获得精确的仿真结果，在满足统计模式使用条件时尽量使用统计模式进行仿真。

在逐比特模式仿真中，DFE/FFE 接收端均衡器能自适应地调节；在统计模式下则不可以，但是当固定抽头系数后依然可以进行统计模式仿真。所以要仿真自适应 DFE/FFE 下低误码率结果，可以先运行逐比特模式并保存好 DFE 的抽头系数；然后换成统计模式，使用逐比特模式仿真最后获得的抽头系数进行统计模式的仿真。

逐比特模式仿真和统计模式仿真获得的结果的测量项大多数一样，但是如果要查看比特序列输出的波形，则只能使用逐比特模式仿真。

11.5　逐比特模式（Bit-by-bit）

前面介绍了通道仿真分析模式分为逐比特模式和统计模式两种。本节主要介绍在逐比特模式下使用 IBIS-AMI 模型进行分析。

在 Simulation-ChannelSim 库中选择 ChannelSim、TX_AMI、RX_AMI 和 Eye_Probe 元件并放置到 ADS 原理图中，如图 11.11 所示。

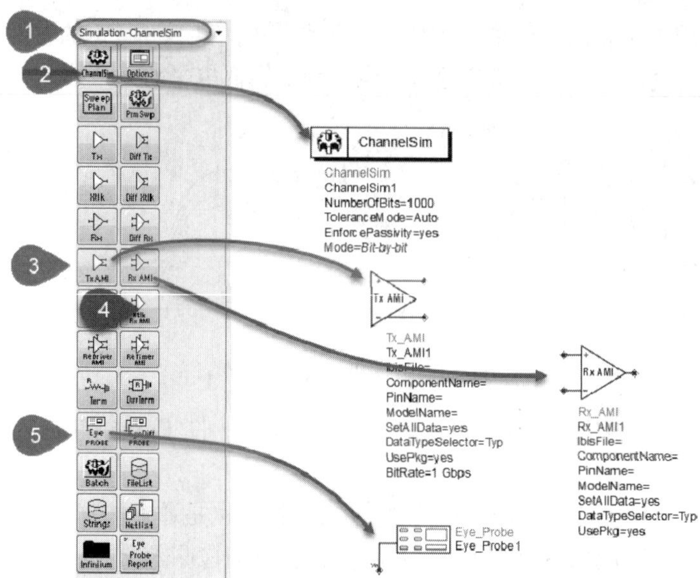

图 11.11　添加元件到原理图中

双击 Tx_AMI1 元件，调入 IBIS-AMI 模型 USB30_TX.ibs，如图 11.12 所示。

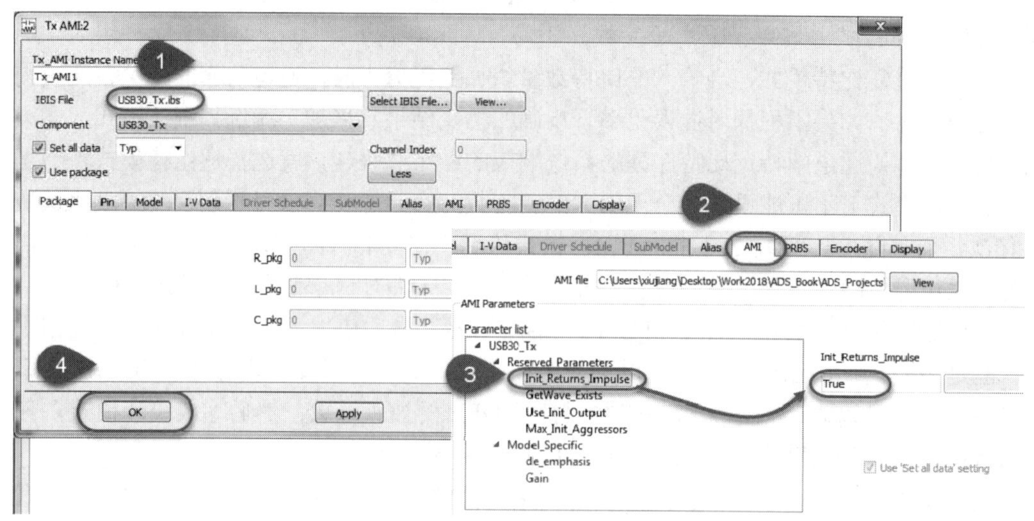

图 11.12　调入发送端 IBIS-AMI 模型

调入模型后，在 AMI 页签中选择 Init_Returns_Impulse，查看返回脉冲响应的值是否为 True。如果为 True，则说明此模型支持通道仿真使用统计模式；如果为 False，则不支持使用统计模式，只支持使用逐比特模式。USB30_TX.ibs 的 Init_Returns_Impulse 为 True。在 PRBS 页签中设置 Bit rate（比特率）为 5 Gb/s，Register length（寄存器长度）为 21，如图 11.13 所示。

用同样的方式，导入接收端的模型并检查 Init_Returns_Impulse 是否为 True，RX_AMI1 导入的模型为 EEsof_USB_CTLE_Rx.ibs，如图 11.14 所示。

EEsof_USB_CTLE_Rx.ibs 的 Init_Returns_Impulse 为 False，因此，综合发送端和接收端两个 IBIS-AMI 模型来看，本案例只能使用逐比特模式仿真。

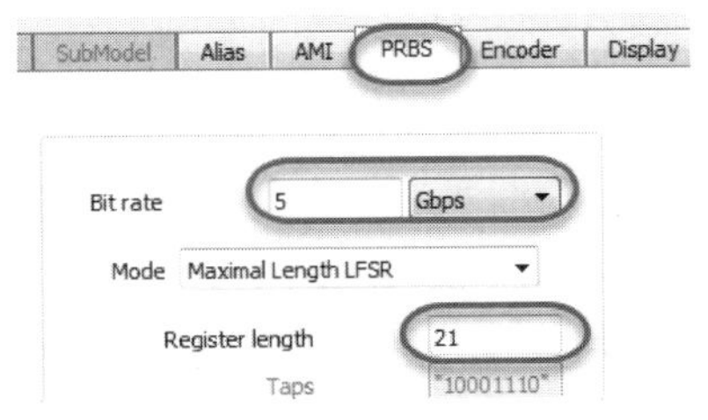

图 11.13　设置 PRBS 页签中的参数

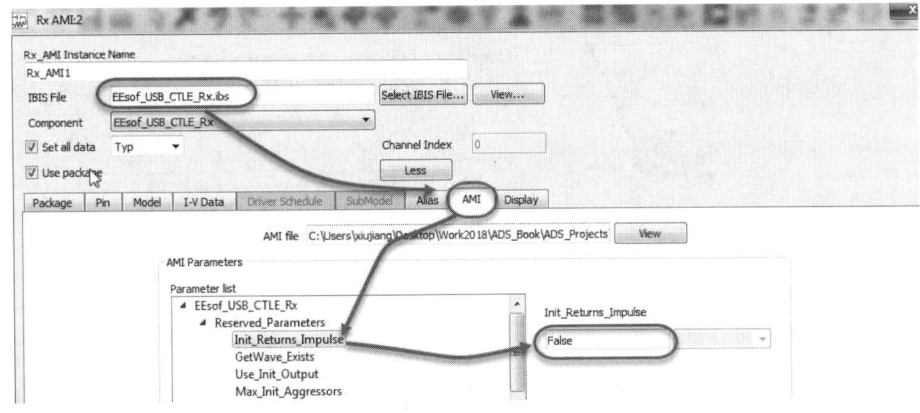

图 11.14　导入接收端 IBIS-AMI 模型

Tx_AMI1 和 RX_AMI1 的其他设置都保持默认值。双击仿真控件 ChannelSim，Analysis（通道仿真控件的分析）页签中包括 Choose analysis mode（分析模式的选择）、Levels（输出状态级别的设置）和 BER（极低误码率设置）。在 Choose analysis mode 栏中选中 Bit-by-bit（逐比特）单选按钮，并设置 Number of bits（仿真的比特数）为 1000000，Status level（状态级别）的数值越大，在信息输出栏中显示的信息越多，默认值为 2，最大值为 5。BER 栏中的复选框默认为不选中，如果选中则可以使仿真分析极低的误码率（小于 1e−16），如图 11.15 所示。

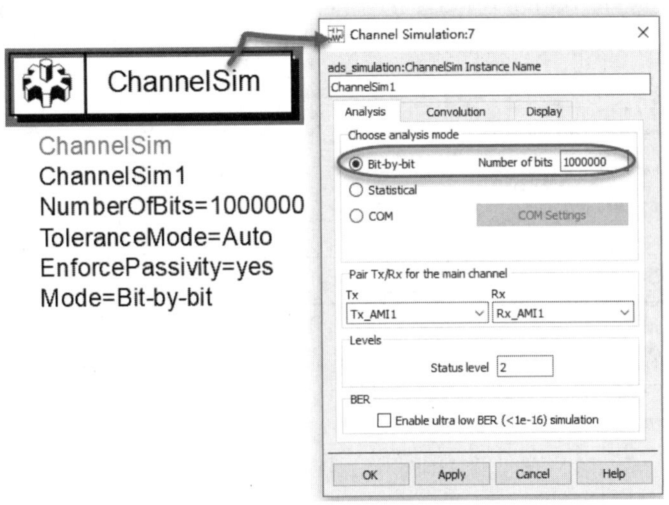

图 11.15　设置 ChannelSim

阶跃响应计算和脉冲响应叠加（逐比特模式）相关的设置在 Convolution（卷积）页签中设置，包括控制阶跃响应的精度、强制阶跃响应无源以及最大脉冲响应长度等，如图 11.16 所示。

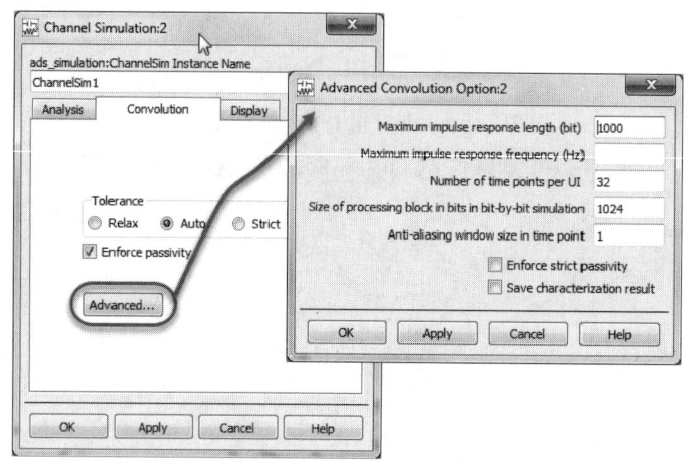

图 11.16 卷积设置

Tolerance（容差）用于设置阶跃响应计算的速度和精度，分为 3 种情况，即 Relax（宽松）、Auto（自动）和 Strict（严格），默认设置为 Auto。

Enforce Passivity（强制无源）用于在卷积计算中强制阶跃响应为无源。对于串行通道，非无源性的模型一般是由测试不准确造成的。

Advanced（高级）中包含一些更进阶的设置，如 Maximum impulse response length（脉冲响应最长的比特数）、Maximum impulse response frequency（脉冲响应时信号频谱的最大值）、Number of time points per UI（脉冲响应中一个 UI 中所含的采样点数）、Size of processing block in bits in bit-by-bit simulation（在逐比特模式仿真中处理块的大小）、Anti-aliasing window size in time point（带通信号反关联窗的大小）、Enforce strict passivity（严格强制无源性）和 Save characterization result（保存特征结果）。在本案例中都保持默认值。

加入传输线之后，连接相关的元件，其仿真拓扑结构如图 11.17 所示。

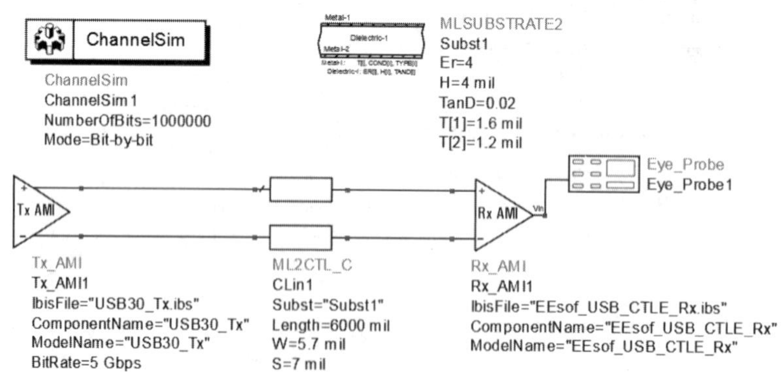

图 11.17 逐比特仿真拓扑结构

运行仿真后，可在数据显示窗口中查看眼图、波形、时间浴盆曲线和测量参数，如图 11.18

所示。

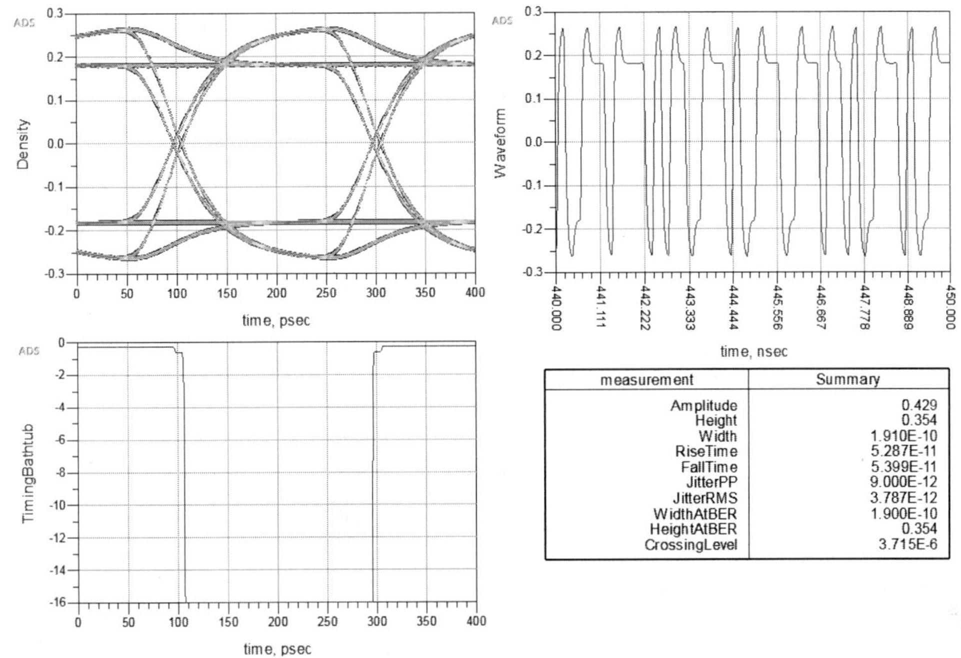

measurement	Summary
Amplitude	0.429
Height	0.354
Width	1.910E-10
RiseTime	5.287E-11
FallTime	5.399E-11
JitterPP	9.000E-12
JitterRMS	3.787E-12
WidthAtBER	1.900E-10
HeightAtBER	0.354
CrossingLevel	3.715E-6

图 11.18　逐比特仿真结果

这只是显示的部分可测量的项目，工程师在仿真时可根据需要选择观察的测量项目。

11.6　统计模式（Statistical）

在 11.5 节中，由于接收端的 IBIS-AMI 模型不满足线性时不变系统的要求，所以只能采用逐比特模式进行仿真。在原来拓扑结构的基础上，把 RX_AMI1 的模型设置为 USB30_CTLE.ibs，将 Init_Returns_Impulse 设置为 True，如图 11.19 所示。

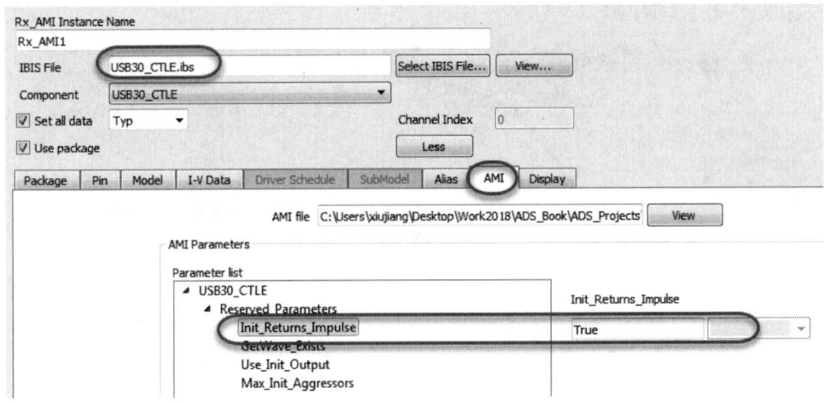

图 11.19　检查模型的 Init_Returns_Impulse

设置后，传输通道、发送端和接收端都满足了线性时不变系统的要求，所以通道仿真可以选择统计仿真模式，其他参数都保持默认，统计仿真拓扑结构如图 11.20 所示。

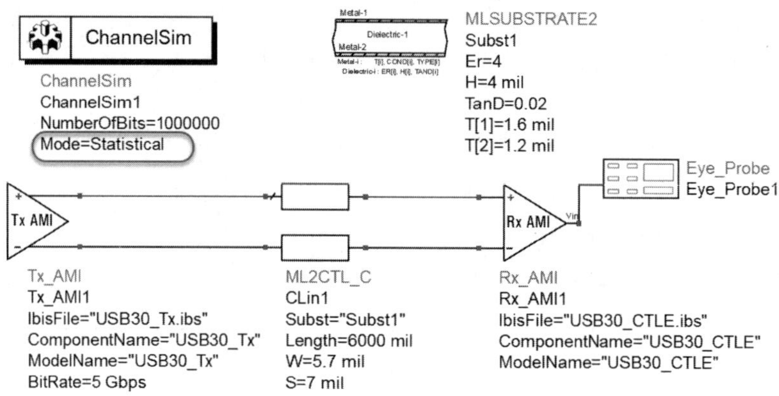

图 11.20　统计仿真拓扑结构

运行仿真后，可在数据显示窗口中查看眼图和测量项目，如图 11.21 所示。

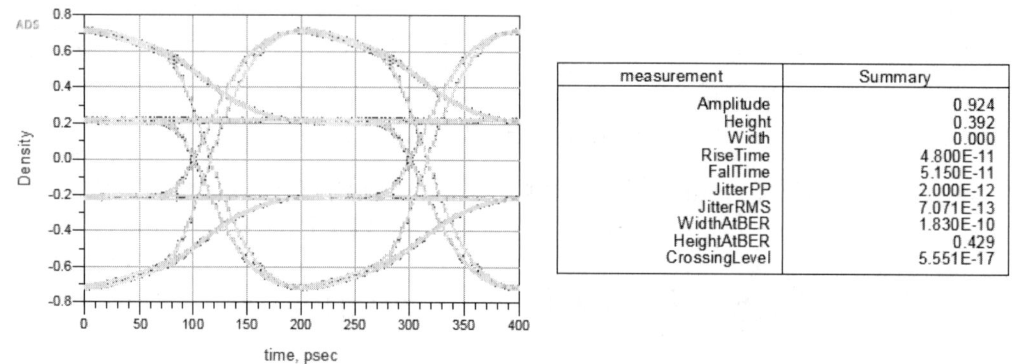

measurement	Summary
Amplitude	0.924
Height	0.392
Width	0.000
RiseTime	4.800E-11
FallTime	5.150E-11
JitterPP	2.000E-12
JitterRMS	7.071E-13
WidthAtBER	1.830E-10
HeightAtBER	0.429
CrossingLevel	5.551E-17

图 11.21　统计仿真后的结果

从图 11.21 中可以看出眼图结果并不是特别好，这有可能是由去加重过重导致的。在原理图中双击 TX_AMI1，在 AMI 页签中选择 Model_Specific 为 de_emphasis，把 de-emphasis 的默认值 4 修改为 0，如图 11.22 所示。

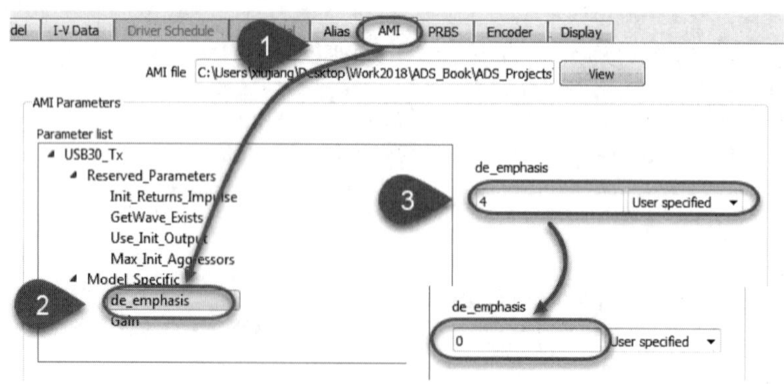

图 11.22　修改 AMI 模型的去加重

再运行一次仿真，获得的结果如图 11.23 所示。

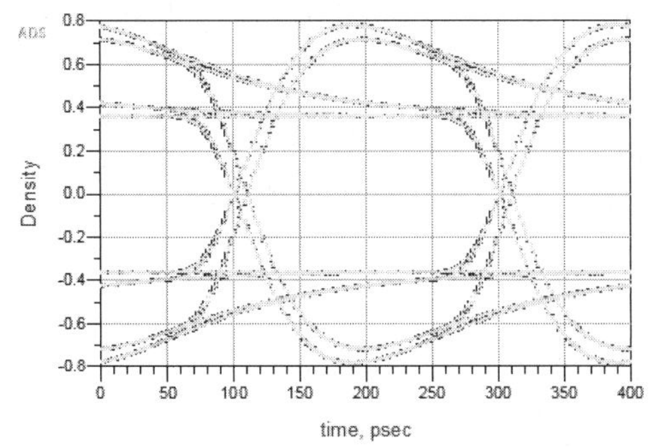

measurement	Summary
Amplitude	1.128
Height	0.713
Width	1.980E-10
RiseTime	5.339E-11
FallTime	5.300E-11
JitterPP	2.000E-12
JitterRMS	7.072E-13
WidthAtBER	1.870E-10
HeightAtBER	0.714
CrossingLevel	0.000

图 11.23　修改去加重后仿真获得的结果

显然修改去加重的值后获得的信号质量比修改前好，眼高更高，眼宽更宽，边沿变化也更快。

如果把仿真模式修改为逐比特模式，仿真的比特数为 1000000，再运行仿真，对比统计模式和逐比特模式的仿真结果，如图 11.24 所示。

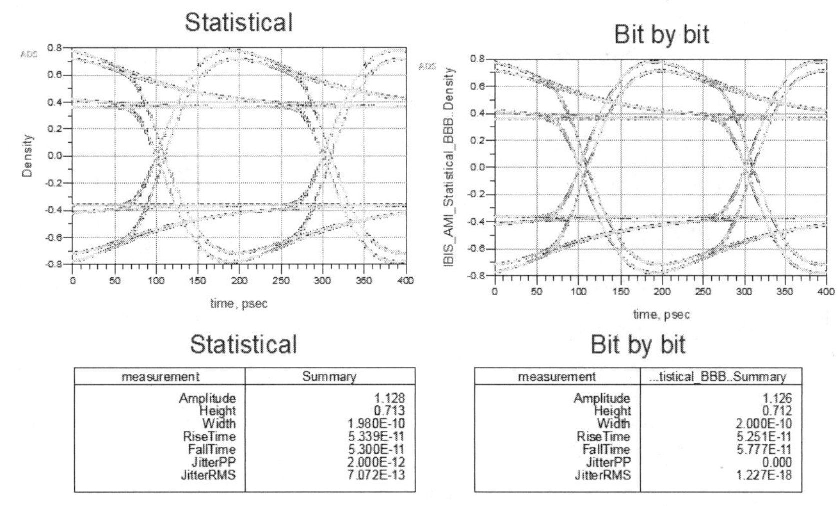

measurement	Summary
Amplitude	1.128
Height	0.713
Width	1.980E-10
RiseTime	5.339E-11
FallTime	5.300E-11
JitterPP	2.000E-12
JitterRMS	7.072E-13

measurement	...tistical_BBB..Summary
Amplitude	1.126
Height	0.712
Width	2.000E-10
RiseTime	5.251E-11
FallTime	5.777E-11
JitterPP	0.000
JitterRMS	1.227E-18

图 11.24　对比统计模式和逐比特模式仿真的结果

从对比结果来看，在有限的仿真比特数内，统计仿真的结果会比逐比特仿真的结果差一些，但是只要比特数足够多，两种仿真模式获得的仿真结果非常接近。但是逐比特仿真所需要的仿真时间明显更长。

11.7　使用理想的发送/接收模型（Tx_Diff/Rx_Diff）

在实际工作中，经常会面临需要仿真的场合没有芯片 IBIS-AMI 模型的情况，尤其是来自系统、连接器、线缆、PCB 材料等厂商的工程师，在需要验证高速串行通道的有源性能时可能很难获取高速串行接口仿真所需的 IBIS-AMI 模型。如果在没有模型的情况下也希望进行高速串行链路的仿真，那么可以使用 ADS 提供的模型，如 Tx_Diff、RX_Diff、Tx_SingleEnded、Rx_SingleEnded、Xtlk2_Diff 和 Xtlk2_SingleEnded。可根据所分析的总线规范，设定发送端和接收端的参数。

在库中选择 Simulation-ChannelSim，然后选择控件 ChannelSim、Tx_Diff、Rx_Diff 和 Eye_Probe，并通过一段传输线连接所有的器件，仿真的拓扑结构如图 11.25 所示。

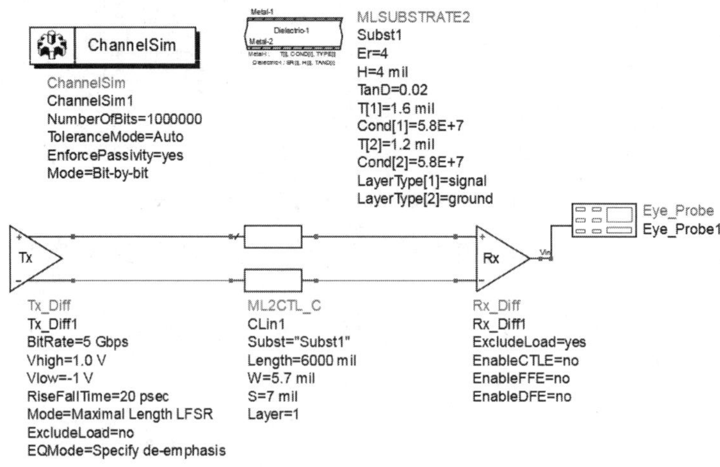

图 11.25 仿真的拓扑结构

以 USB3.0 为例，根据 USB3.0 的规范设定 TX_Diff 和 Rx_Diff，对于 Tx_Diff，需要设置参数 Bit rate（比特率）为 5 Gb/s，设置 Vhigh（高电平电压）为 1.0 V，设置 Vlow（低电平电压）为-1 V，设置 Rise/Fall time（上升下降时间）为 20 psec，设置 Choose equalization method（选择均衡方式）为 Specify de-emphasis（指定去加重），设置 De-emphasis（去加重）为 3.5，并设置 100 ohm 的内阻，单击 OK 按钮完成设置，如图 11.26 所示。

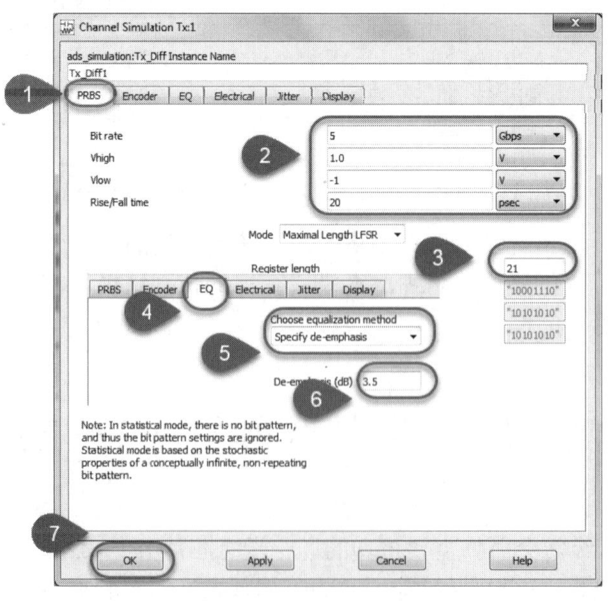

图 11.26 设置 Tx_Diff

Rx_Diff 保持默认。根据需要测量的选项设置 Eye_Probe。设置完成后运行仿真，在弹出的数据显示窗口中选择显示眼图和波形，如图 11.27 所示。

ADS
Density
time, psec
ADS
Waveform
time, usec

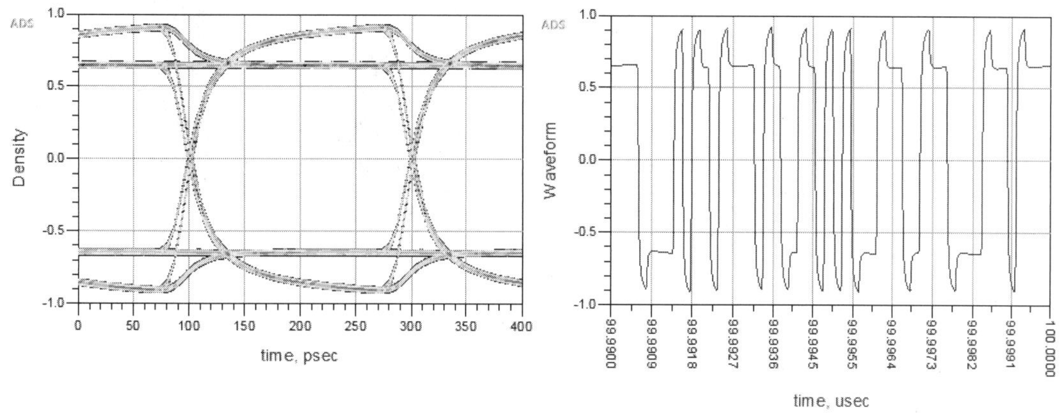

图 11.27　USB3.0 仿真的眼图和波形

从眼图和波形结果中可以看出信号质量非常好。由于这是按照规范设定的参数，都是非常理想的情况。如果需要考虑比较恶劣的情况，可以在发送端 Tx_Diff 和/或接收端 Rx_Diff 中设置 Jitter（抖动）。Tx_Diff 和 Rx_Diff 中有很多抖动的模型，包括 DCD（占空比失真抖动）、Clock DCD（时钟占空比失真抖动）、PJ amplitude（幅度相关的周期性抖动）、PJ frequency（频率相关的周期性抖动）、Random（随机抖动）、DJRJ（固有随机的混合抖动）和 Dual-Dirac（双狄拉克模型抖动）。本案例选择 Random（随机抖动）并在 Sigma（UI）中输入 0.02，如图 11.28 所示。

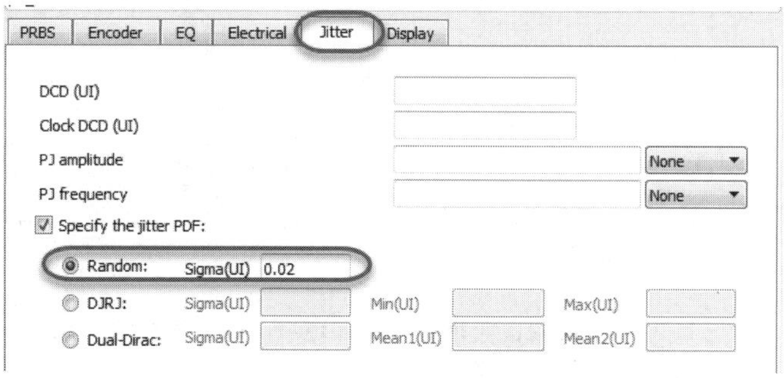

PRBS
Encoder
EQ
Electrical
Jitter
Display
DCD (UI)
Clock DCD (UI)
PJ amplitude
PJ frequency
None
None
Specify the jitter PDF:
Random:
Sigma(UI)
0.02
DJRJ:
Sigma(UI)
Min(UI)
Max(UI)
Dual-Dirac:
Sigma(UI)
Mean1(UI)
Mean2(UI)

图 11.28　Tx_Diff 的抖动模型设置

再运行一次仿真，获得的结果如图 11.29 所示。

对比增加抖动前后的眼图，无论是噪声还是抖动都有明显的增加，符合仿真前的预期。在实际的工程验证过程中，从外部注入抖动也是一种压力测试的方式。

串扰对信号的影响比较大，特别是当速率越高时，串扰的影响越明显。如果在实际的仿真中需要考虑串扰对信号网络的影响，就需要添加串扰的通道和模型，如图 11.30 所示。

运行仿真，获得的结果如图 11.31 所示。

对比原始的眼图和带串扰源及通道的眼图，信号的噪声和抖动都增加了。在实际的高速产品设计中，可能会有不止一对串扰通道，需要根据实际情况而定。

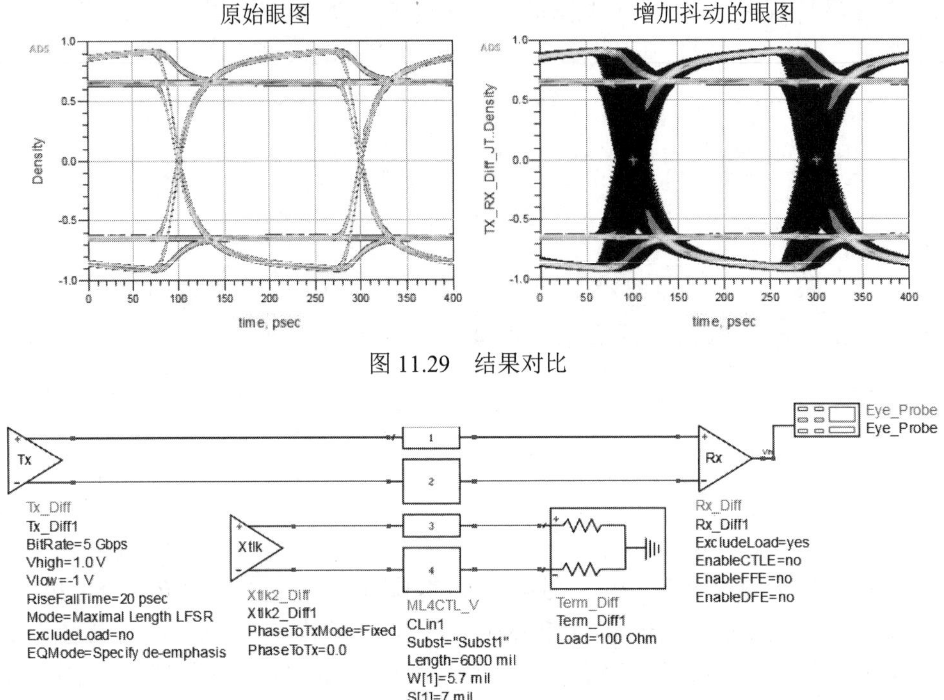

图 11.29 结果对比

图 11.30 带串扰通道和模型的通道仿真拓扑结构

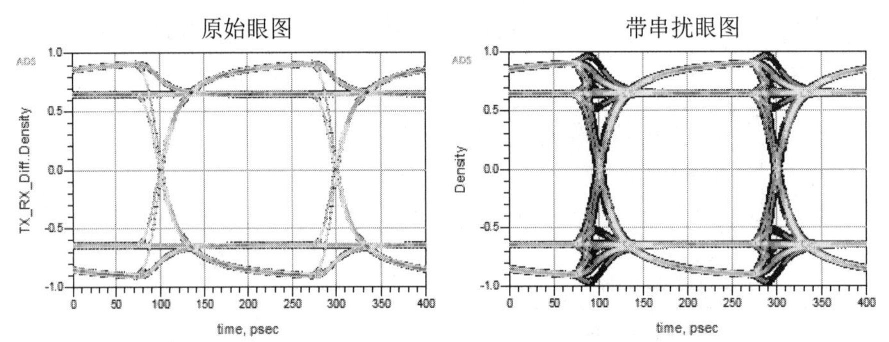

图 11.31 原始眼图与增加串扰通道后的眼图的结果对比

11.8 COM 仿真

COM 是 channel operating margin（通道操作裕量）的简称，其最大的作用就是量化通道。通常，大家都是使用插入损耗、回波损耗、串扰等指标来评估传输链路是否能满足总线要求，而这些指标都是频域中的无源指标。分析有源的指标就需要有 IBIS-AMI 或 SPICE 模型，而一些零组件厂商因为无法获取芯片的模型，就无法评估设计的连接器、线缆或背板等无源系统。所以，Intel 的工程师就开发了一套评估方法，使用 COM 来评估无源系统的时域特性。最初只有 IEEE 802.3bj 以太网总线使用 COM 来评估链路，到现在 USB4 也引入了 COM 来评估链路。根据 IEEE 802.3bj 的要求，只要 COM 大于 3dB 就说明链路能满足系统的要求。

COM 可以用下面的公式表示

$$COM = 20 * \log 10(As/An)$$

As 是指输出信号的幅度，An 是指噪声的幅度，所以从此表达式中可以看出 COM 也可以被认为是在评估通道的信噪比。

COM 的计算工具是由 Richard 使用 Matlab①编写的，很多工程师在使用的时候觉得非常麻烦，尤其是不熟悉 Matlab 的工程师。因此，ADS 的 ChannelSim 中集成了 COM 的仿真分析，双击 ChannelSim 仿真控件，如图 11.32 所示。

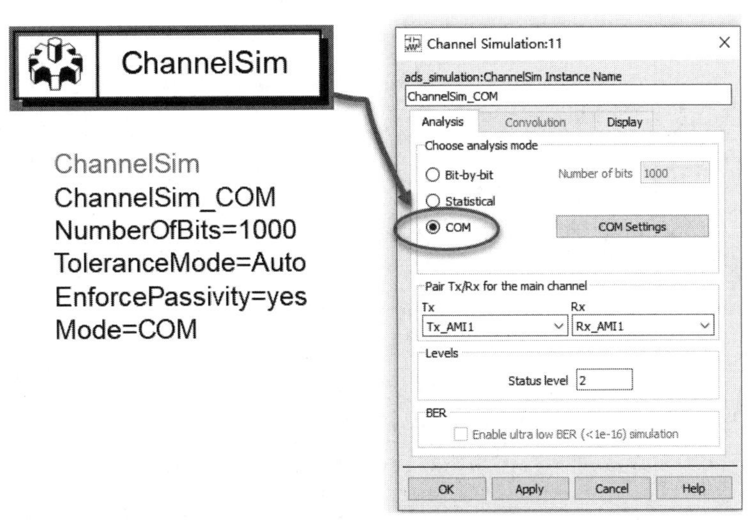

图 11.32 ChannelSim 中的 COM

由于 COM 的原始代码是 Matlab 的脚本，ADS 只是调用并运行这个脚本，所以在使用 ADS 仿真 COM 之前需要安装 Matlab Runtime 软件，在 ADS 的 help 文档中有明确的指导，如图 11.33 所示。

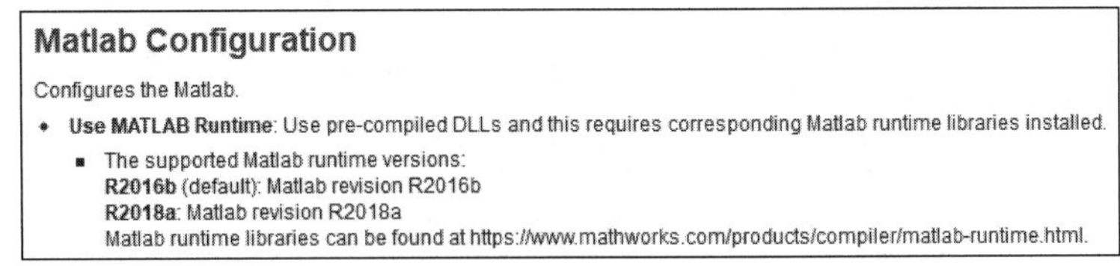

Matlab Configuration

Configures the Matlab.

- **Use MATLAB Runtime**: Use pre-compiled DLLs and this requires corresponding Matlab runtime libraries installed.
  - The supported Matlab runtime versions:
    R2016b (default): Matlab revision R2016b
    R2018a: Matlab revision R2018a
    Matlab runtime libraries can be found at https://www.mathworks.com/products/compiler/matlab-runtime.html.

图 11.33 Matlab Runtime 版本说明

在进行 COM 仿真之前，需要搭建仿真链路，这与前面搭建通道仿真的链路是一样的，其中包括发送端芯片封装、PCB、过孔、连接器以及接收端的封装，一共有 1 个主通道，3 个串扰通道，如图 11.34 所示。

双击 ChannelSim，在 Channel Simulation 对话框中选择 COM 并单击 COM Settings 按钮，弹出 COM 计算配置对话框，如图 11.35 所示。

① 注：Matlab 同 MATLAB，后文不再赘述。

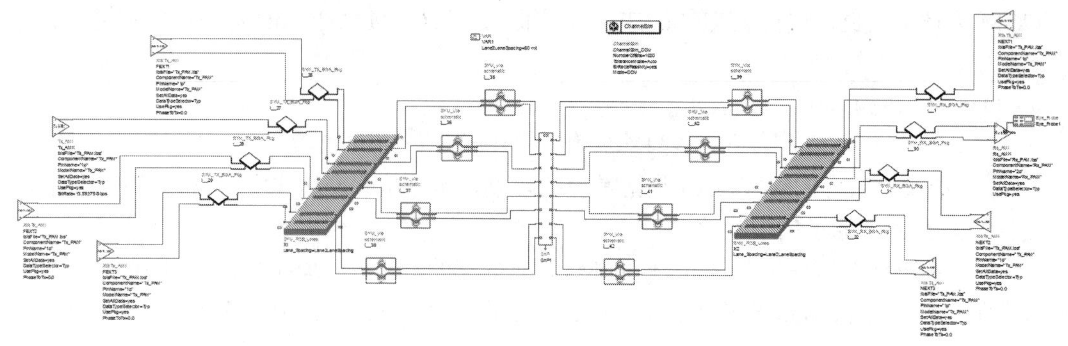

图 11.34　COM 仿真链路

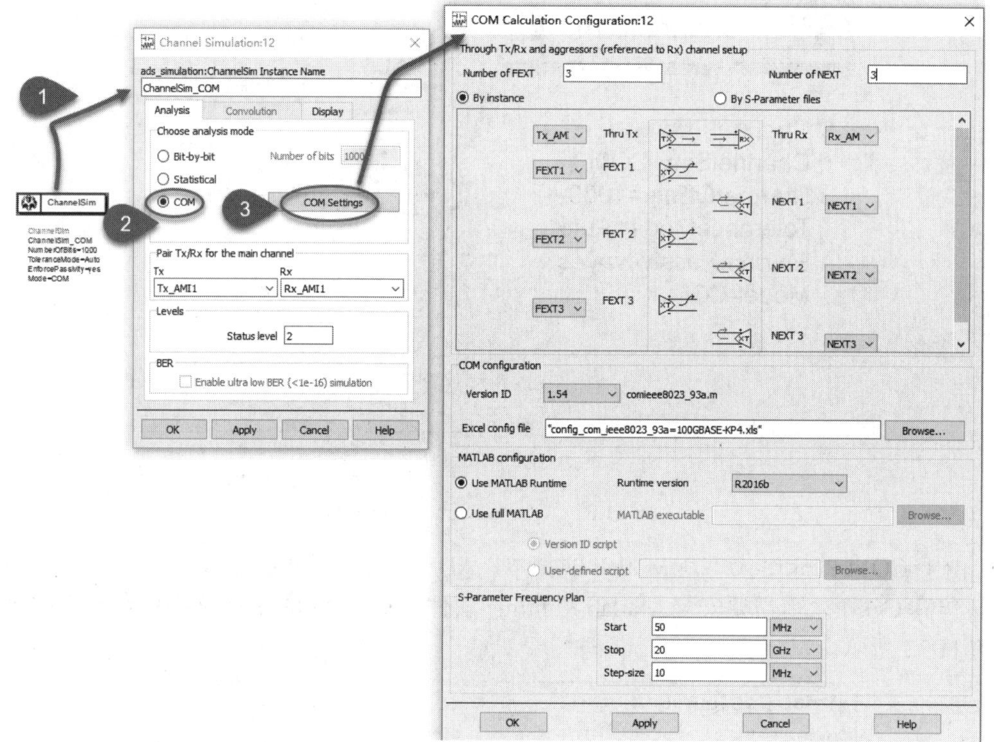

图 11.35　COM 计算配置

在对话框中首先要设置好远端串扰的数量（Number of FEXT）和近端串扰的数量（Number of NEXT），再按照要求设置好 Thru Tx、Thru Rx、FEXT 和 NEXT，如图 11.36 所示。

关于串扰的数量以及串扰的设置要根据实际情况来确定，一般是设置 3 对。如果要求更加严苛，则串扰的数量会更多；如果要求没有那么严苛，则串扰的数量就会减少。总之视情况而定。

设置好通道之后就进行 COM 的配置，首先选择 COM 的版本，ADS 一般会在发布新版本时同步更新 ADS 支持的 COM 版本，ADS 2023 可以支持 COM 的 1.54、1.65、2.28、2.60、2.93、3.10、3.40 和 3.70 版，如图 11.37 所示。

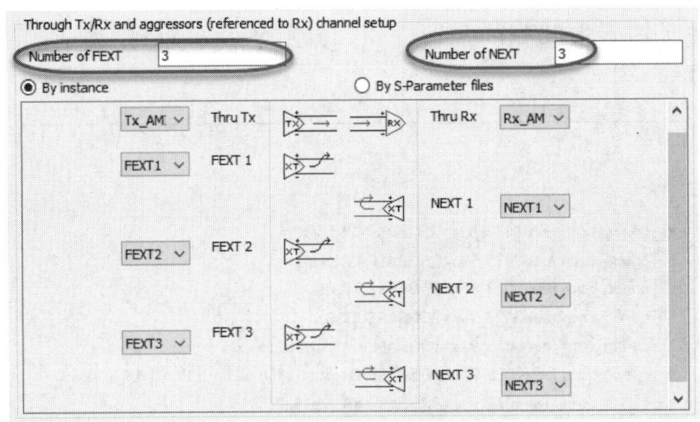

图 11.36　设定拓扑结构参数

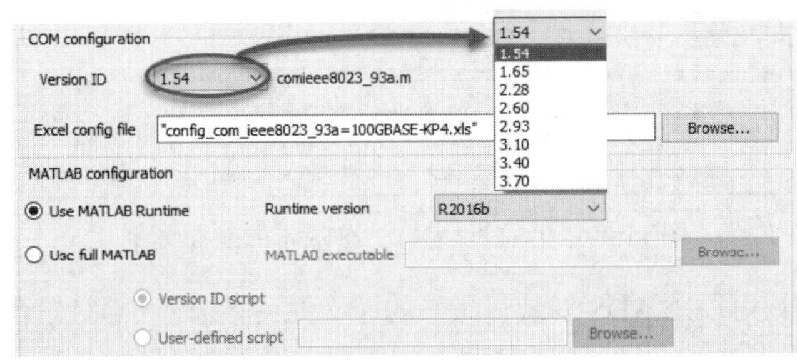

图 11.37　选择 COM 的版本

如果有更新的版本，而 ADS 又没有支持，也没关系，可以在 ADS 中调用 Matlab 脚本。选择了版本之后，还需要设置配置文件。配置文件中定义了信号的速率、芯片封装的损耗、芯片封装的串扰、芯片的均衡、信噪比、COM 判断的条件等，如图 11.38 所示。

Table 93A-1 parameters			
Parameter	Setting	Units	Information
f_b	13.59375	GBd	
f_min	0.05	GHz	
Delta_f	0.01	GHz	
C_d	[2.5e-4 2.5e-4]	nF	[TX RX]
z_p select	[1 2]		[test cases to run]
z_p (TX)	[12 30]	mm	[test cases]
z_p (NEXT)	[12 12]	mm	[test cases]
z_p (FEXT)	[12 30]	mm	[test cases]
z_p (RX)	[12 30]	mm	[test cases]
C_p	[1.8e-4 1.8e-4]	nF	[TX RX]
R_0	50	Ohm	
R_d	[55 55]	Ohm	[TX RX]
f_r	0.75	*fb	
c(0)	0.62		min
c(-1)	[-0.18:0.02:0]		[min:step:max]
c(1)	[-0.38:0.02:0]		[min:step:max]
g_DC	[-12:1:0]	dB	[min:step:max]
f_z	3.3984375	GHz	
f_p1	3.3984375	GHz	
f_p2	13.59375	GHz	
A_v	0.4	V	
A_fe	0.4	V	
A_ne	0.6	V	
L	4		
M	32		
N_b	16	UI	
b_max(1)	1		
b_max(2..N_b)	0.2		
sigma_RJ	0.005	UI	
A_DD	0.025	UI	
eta_0	5.20E-08	V^2/GHz	
SNR_TX	31	dB	
R_LM	0.92		
DER_0	3.00E-04		
Operational control			
COM Pass threshold	3	dB	
Include PCB	0	logical	

I/O control		
DIAGNOSTICS	1	logical
DISPLAY_WINDOW	1	logical
Display frequency domain	1	logical
CSV_REPORT	1	logical
SAVE_FIGURE_to_CSV	0	logical
RESULT_DIR	.\test_results_C94\	
SAVE_FIGURES	0	logical
Port Order	[1 3 2 4]	
Receiver testing		
RX_CALIBRATION	0	logical
Sigma BBN step	5.00E-03	V
IDEAL_TX_TERM	0	logical
T_r	8.00E-03	ns

Non standard control options		
INC_PACKAGE	1	logical
IDEAL_RX_TERM	0	logical
INCLUDE_CTLE	1	logical
INCLUDE_TX_RX_FILTER	1	logical

Table 93A? parameters		
Parameter	Setting	Units
package_tl_tau	6.141E-03	ns
package_tl_gamma0_a1_a2	[0 1.734e-3 1.455e-4]	
package_Z_c	78.2	Ohm

Table 92?2 parameters		
Parameter	Setting	
board_tl_tau	6.191E-03	ns
board_tl_gamma0_a1_a2	[0 4.114e-4 2.547e-4]	
board_Z_c	109.8	Ohm
z_bp (TX)	151	mm
z_bp (NEXT)	72	mm
z_bp (FEXT)	72	mm
z_bp (RX)	151	mm

图 11.38　config_com_ieee8023_93a=100GBASE-KP4 配置文件

在 ADS 中集成了与版本匹配的配置文件，以 2.28 版本为例，集成的配置文件如图 11.39 所示。

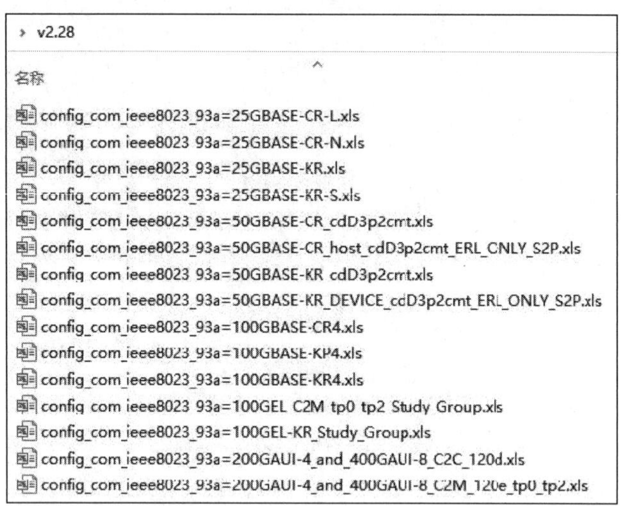

图 11.39　集成的 COM 2.28 版本的配置文件

单击 Browse 按钮可以在 ADS 安装目录下的库文件夹下选择 COM 的配置文件，如图 11.40 所示。

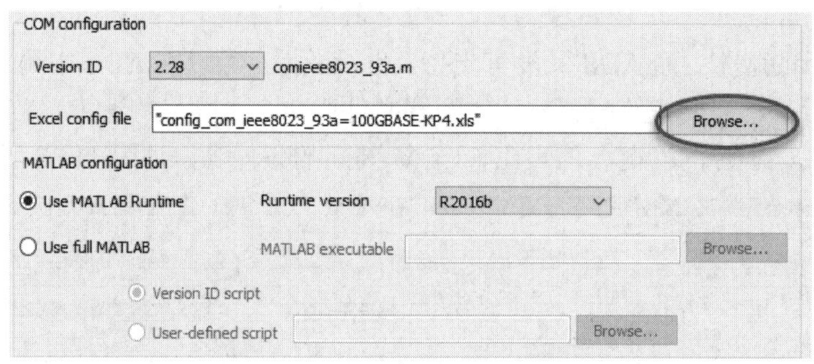

图 11.40　选择 COM 配置文件

Matlab 一般使用默认的配置。如果 ADS 中没有集成需要使用的 COM 版本和配置文件，那么可以选择使用全版本的 Matlab（Use full MATLAB），然后单击 Browse 按钮，选择可执行的 Matlab 文件，如图 11.41 所示。

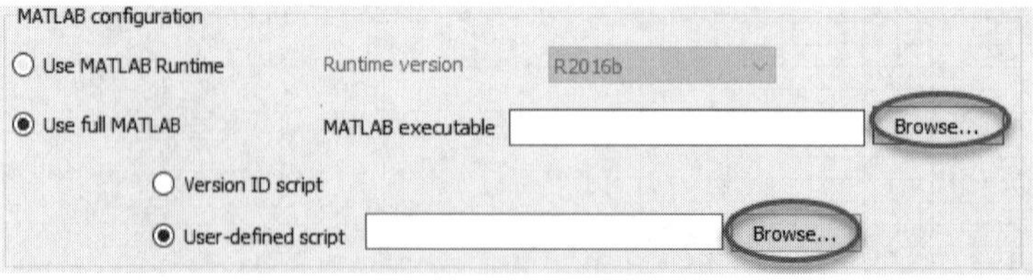

图 11.41　配置 Matlab

如果没有支持的脚本版本，还可以选择用户自定义的脚本（User-defined script）。本案例采用的是默认设置。

全部配置好之后，设定 COM 仿真的频率，如图 11.42 所示。

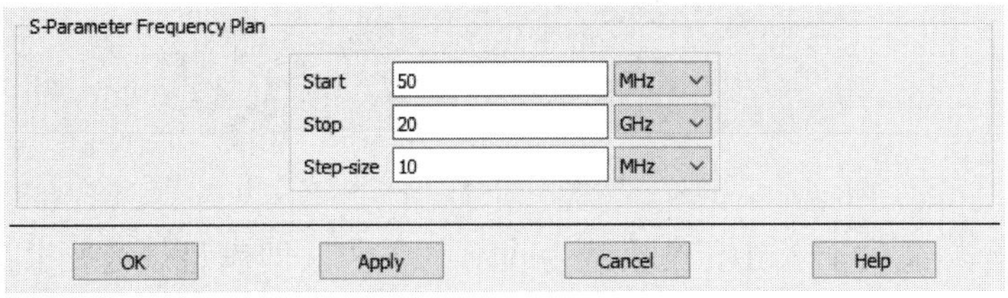

图 11.42　设定仿真频率

再将所有的 COM 计算配置设定好，如图 11.43 所示。

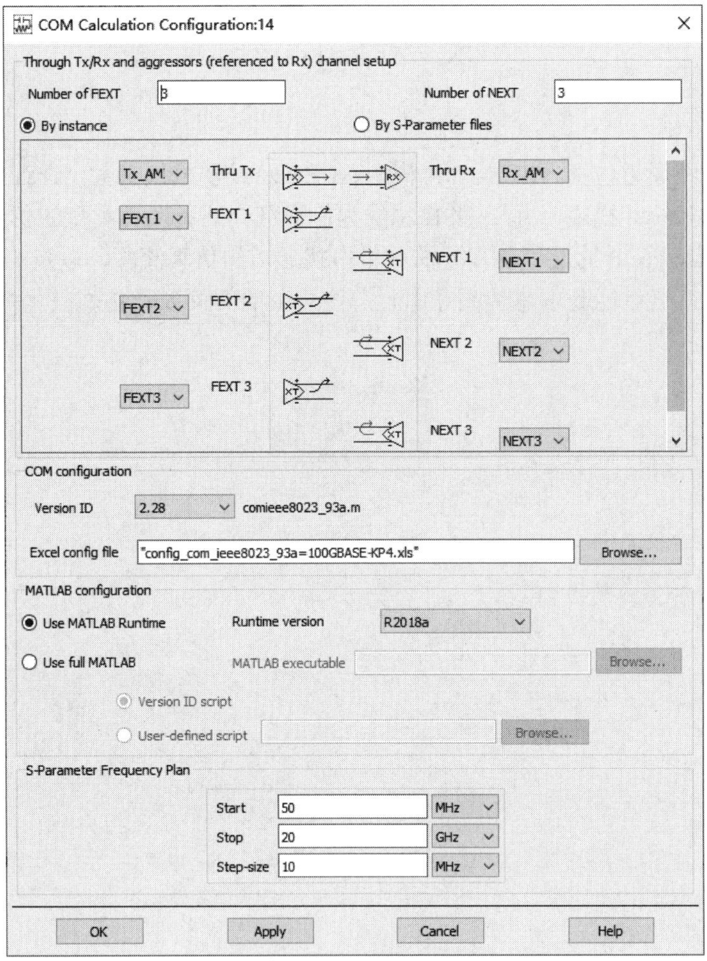

图 11.43　COM 计算配置

单击 OK 按钮后，运行仿真。在 COM 仿真的时候会计算出很多单个的指标结果，如串扰、冲击响应、ICR、ILD、ERL 等，最终会输出一个 COM 结果，如图 11.44 所示。

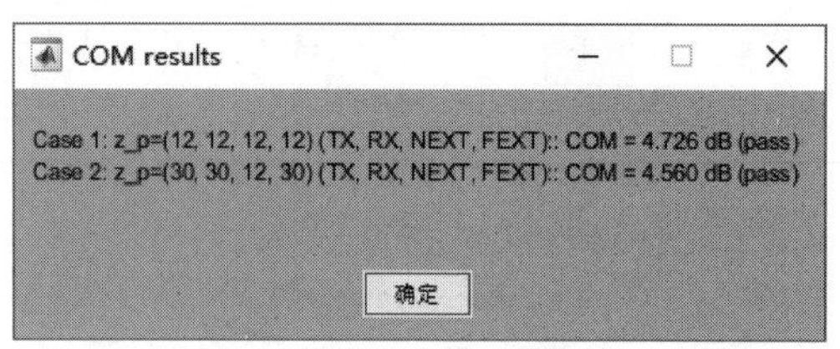

图 11.44 COM 的结果

COM 的输出结果大于 3 dB，结果就为 pass（通过），即满足规范要求；如果输出小于 3 dB，结果就为 fail（失败），即不满足规范的要求。如果不满足，就需要分析过程文件，看是什么因素导致的结果不满足要求。

本 章 小 结

本章主要介绍通道仿真、IBIS-AMI 模型、USB 总线及电气参数，详细介绍了通道仿真中的逐比特模式和统计模式，并以 USB 总线为例详细介绍了两种类型的仿真，最后介绍了在没有 IBIS-AMI 模型时的通道仿真方法和带串扰通道的仿真流程，以及 COM 的仿真。通过对本章的学习，读者能基本掌握高速串行总线规范的阅读以及仿真技术。

第12章

PCB 板级仿真 SIPro

通常，把对于 PCB 版图的仿真称作板级仿真或后仿真。后仿真的目的是确认 PCB 是否满足设计的要求，同时再次确认电路图的设计是否满足原理性的要求。在 ADS 中，用于后仿真的工具有 Momentum 和 SIPro/PIPro。为了更高效地对高速电路进行后仿真，通常建议工程师使用 SIPro 进行信号完整性仿真，使用 PIPro 进行电源完整性相关的仿真。

12.1 PCB 信号完整性仿真的流程

本书前面已经介绍了信号完整性/电源完整性仿真的流程，PCB 后仿真流程与其相似。ADS 进行后仿真的整体流程是将 PCB 文件导入 ADS，然后通过 SIPro 和 PIPro 电磁场仿真提取模型，最后在 ADS 的原理图中进一步分析信号完整性和电源完整性，如图 12.1 所示。

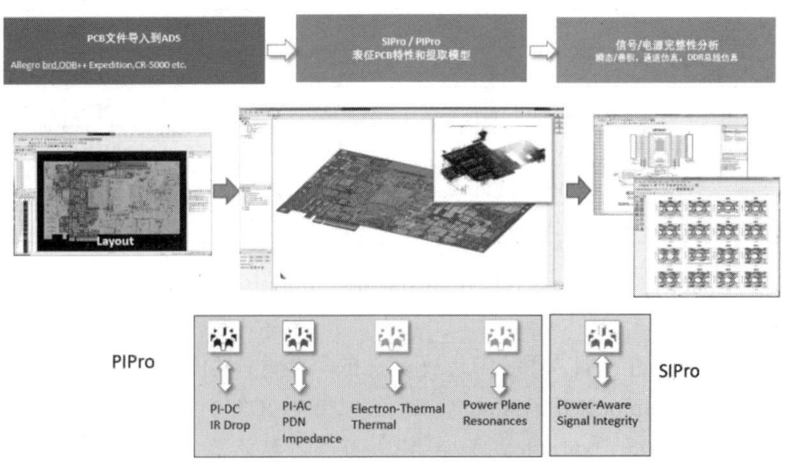

图 12.1　PCB 后仿真流程

图 12.1 所示为一个简化的流程，具体的流程包括导入 PCB 相关的文件、编辑层叠结构及其中的材料参数、启动 SIPro/PIPro、选择网络、给元件赋模型、设置端口、设置仿真频率及其他条件、运行仿真并分析仿真的结果等，如果需要，可以把仿真提取的模型导出到 ADS 的原理图中进一步仿真。对于不同的项目工程，其流程可能稍微有一些差异，用流程图表示如图 12.2 所示。

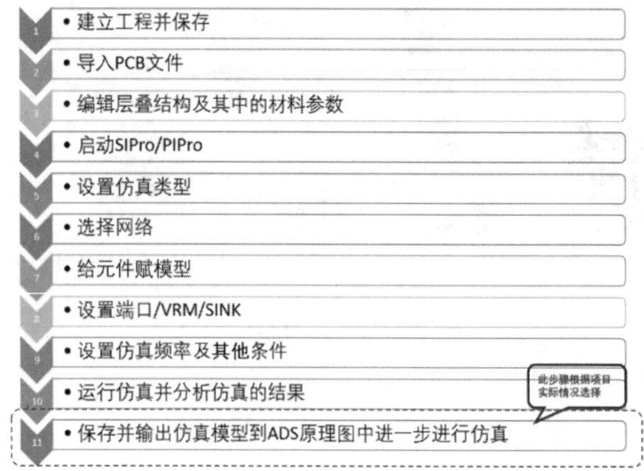

图 12.2 PCB 信号完整性后仿真流程

接下来按照 PCB 信号完整性后仿真的流程做进一步的介绍。

12.2 PCB 文件导入

ADS 作为一个通用的仿真软件，可以将很多格式的文件直接导入，包括 Allegro BRD 文件、ADFI 文件、ODB++文件、PCB 生产文件（Gerber）、DXF/DWG 文件(hierarchical)(.dxf, .dwg)等。商业 PCB 软件非常多，不同的软件输出的 PCB 文件格式会有所不同，表 12.1 所示为常用的不同 PCB 软件导入 ADS 中的文件格式。

表 12.1 不同 PCB 软件导入 ADS 中的文件格式

软 件 厂 商	PCB 工具	推荐的设计转换格式
Altium®	Designer	ODB++
Cadence®	Allegro PCB	BRD 或 ODB++
	APD	ADFI
	SiP	ADFI
	OrCAD	ODB++
Mentor Graphics®	Expedition	ODB++
	PADS	ODB++
	BoardStation	ODB++
Zuken™	CR5000、CR8000、CADSTAR	ODB++

建立好 Workspace 之后，在主界面上选择 File→Import→Design 选项，弹出如图 12.3 所示的 Import 对话框。

在对话框的 File type（文件类型）中选择文件的类型，本案例使用的是 Allegro BRD File，所以保持默认即可。在 Import file name（source）（导入文件名称）中选择需要导入的文件，本案例导入的文件为 ADS_Example.brd。其他设置保持默认值，单击 OK 按钮，会弹出一个对话框，表明导入是否有错误或警告，如果导入成功，则会显示导入文件所需要的时间，如图 12.4 所示。

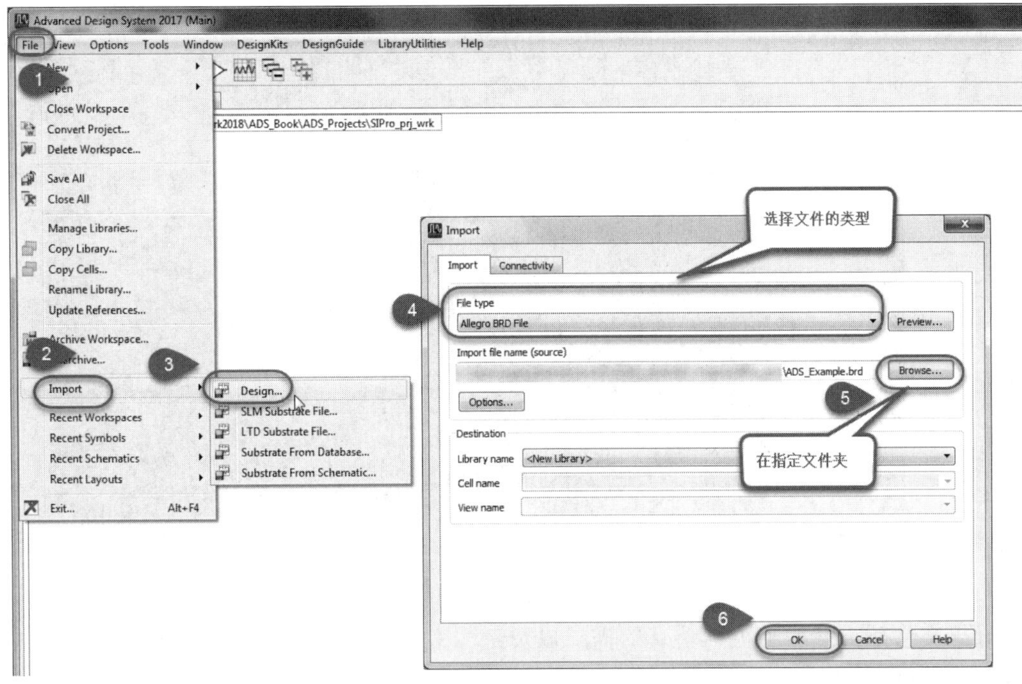

图 12.3　导入 PCB 文件

本案例导入用时为 54.51 秒，导入过程的用时与文件的大小以及仿真设备的配置有关。单击 OK 按钮后，完成文件导入，如图 12.5 所示。

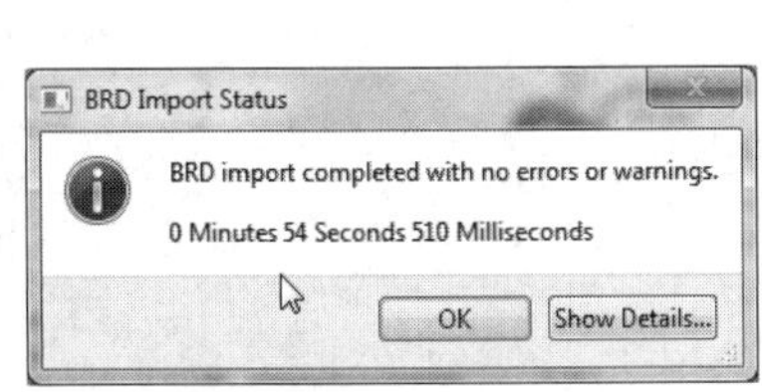

图 12.4　文件导入成功

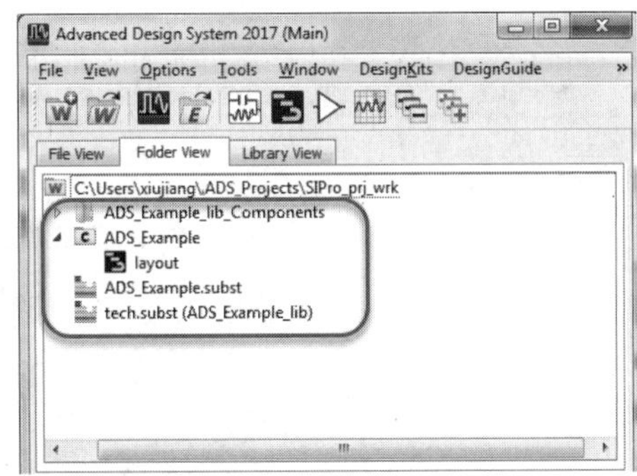

图 12.5　完成文件导入

ADS_Example 文件夹为导入的文件，ADS_Example_lib_Components 文件夹下的内容为导入文件的所有元件的封装。

12.3　剪切 PCB 文件

双击 ADS_Example 下的 Layout，打开导入的文件，如图 12.6 所示。

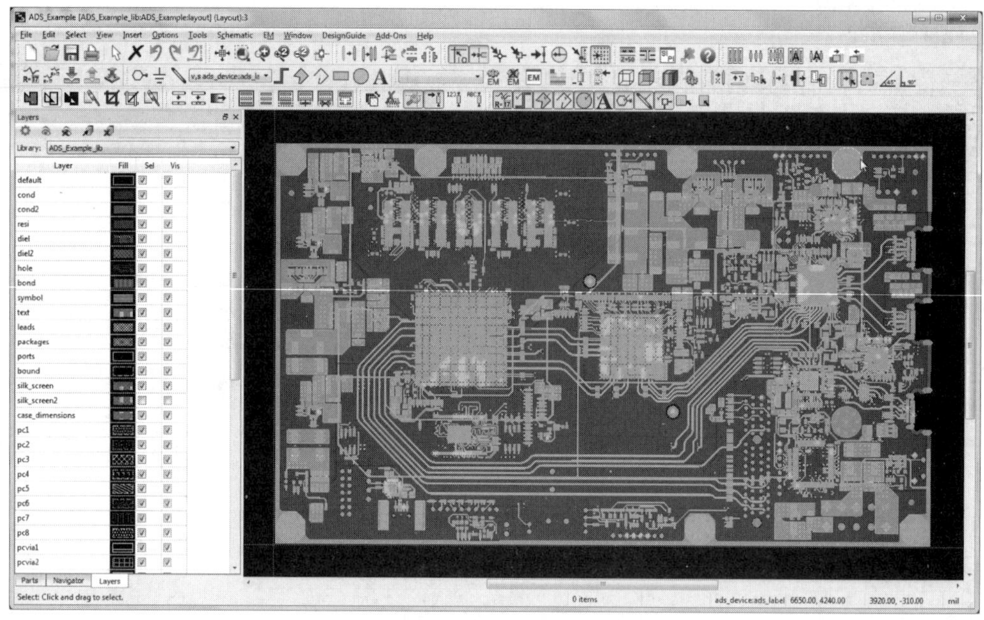

图 12.6 导入的 PCB 文件

导入文件后，一般会根据仿真的需求以及工程文件的大小对文件进行一些编辑操作。本案例的长度为 7385 mil，宽度为 4375 mil，厚度为 1.6 mm，8 层板。

在提取某些信号网络的 S 参数模型时，通常只使用该网络的一个区域，对于这种情况，可以有针对性地剪切这个网络部分。例如，首先选择 Navigator（导航栏），然后在 filter（过滤）一栏中输入要选择网络中所包含的关键字，如 up，再选择网络 UPER0_N 和 UPER0_P，如图 12.7 所示。

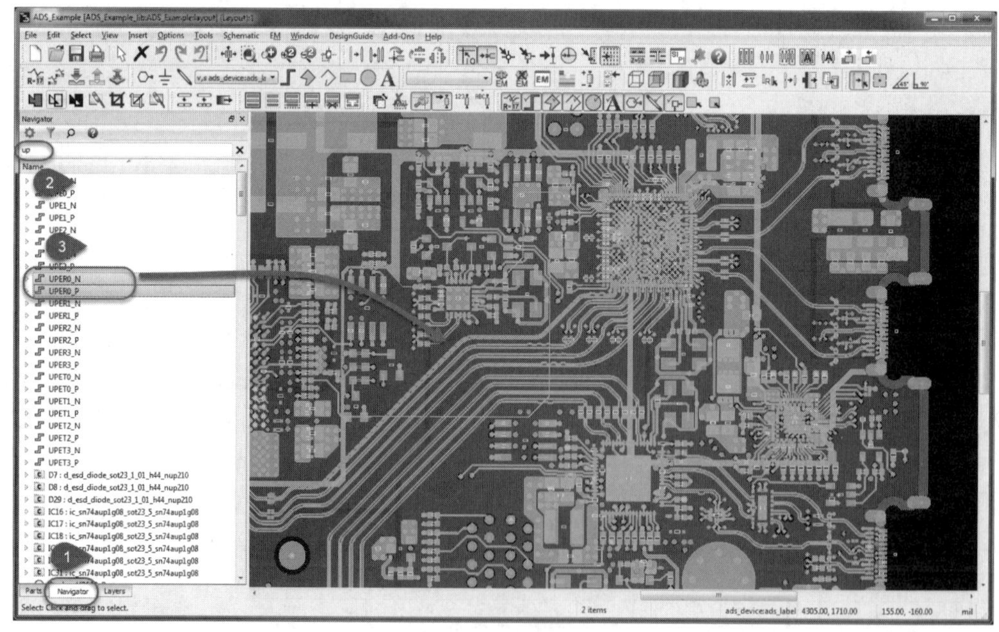

图 12.7 选择需要剪切的网络

选择好网络之后，在菜单栏中选择 EM→Tools→Cookie Cutter 选项，或者在工具栏中单击 Cookie Cutter 按钮，如图 12.8 所示。

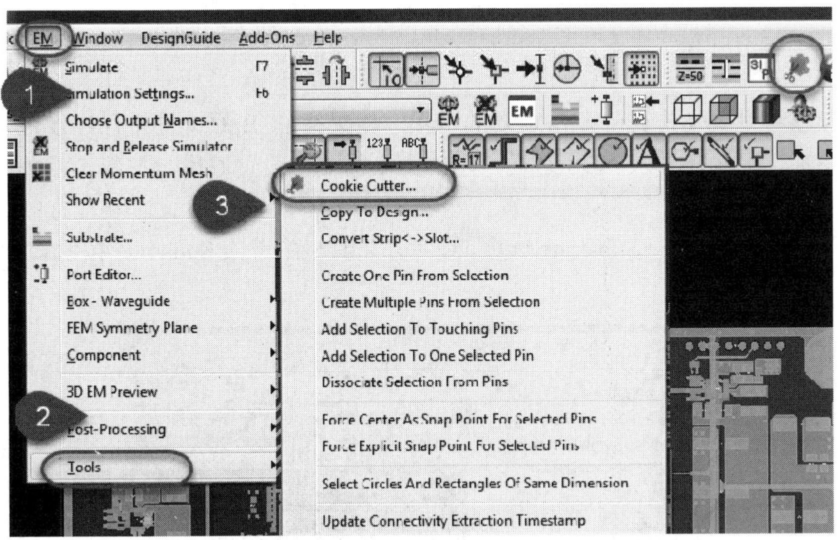

图 12.8　选择 Cookie Cutter

弹出如图 12.9 所示的对话框，在对话框的 Cut proximity nets within（剪切网络所在区域内的距离）一栏中输入数值 200，单位为 mil，其他参数保持默认设置，如图 12.9 所示。

然后单击 Cut 按钮，获得一个新的 layout，名称为 cell_1，如图 12.10 所示。

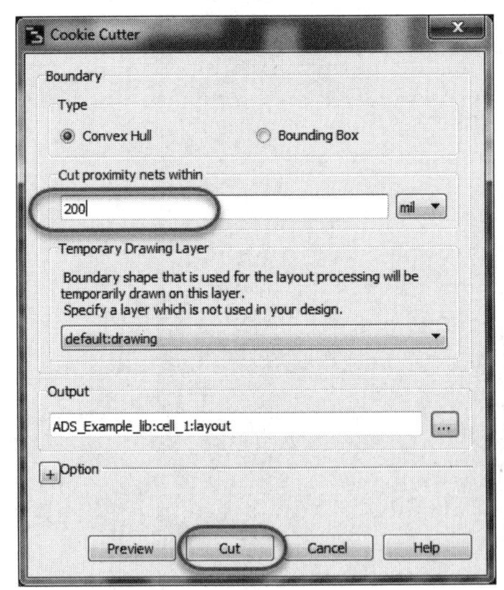

图 12.9　设置 Cookie Cutter

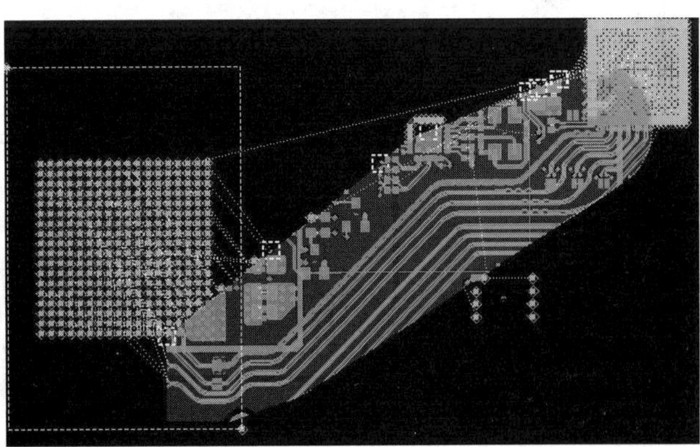

图 12.10　剪切后的 layout

由于剪切过后还保留了一定的区域，还有一些其他网络虽然没有被选中，但是依然会保留在 layout 中，包含一些没有连接的网络鼠线，可以保留这些鼠线和其他网络，也可以手动将其删除。关闭 cell_1，本案例接下来的仿真依然使用没有剪切过的文件 ADS_Example。

12.4 层叠和材料设置

层叠和材料设置是仿真中非常重要的步骤。如果在 PCB 原文件中已经设置好了层叠结构和材料参数，那么在导入 ADS 之后，基本上不需要再设置厚度、材料等相关参数，个别的需要对层叠稍做改动。

在菜单栏中选择 EM→Substrate 选项，或者在工具栏中单击 Substrate 按钮，如图 12.11 所示。

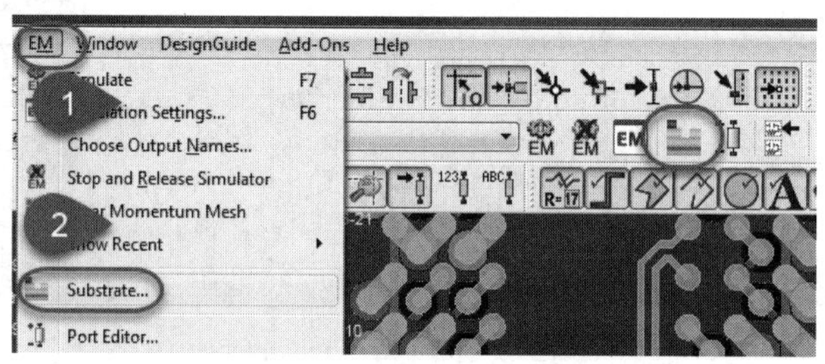

图 12.11 打开层叠结构

弹出如图 12.12 所示的层叠编辑窗口。

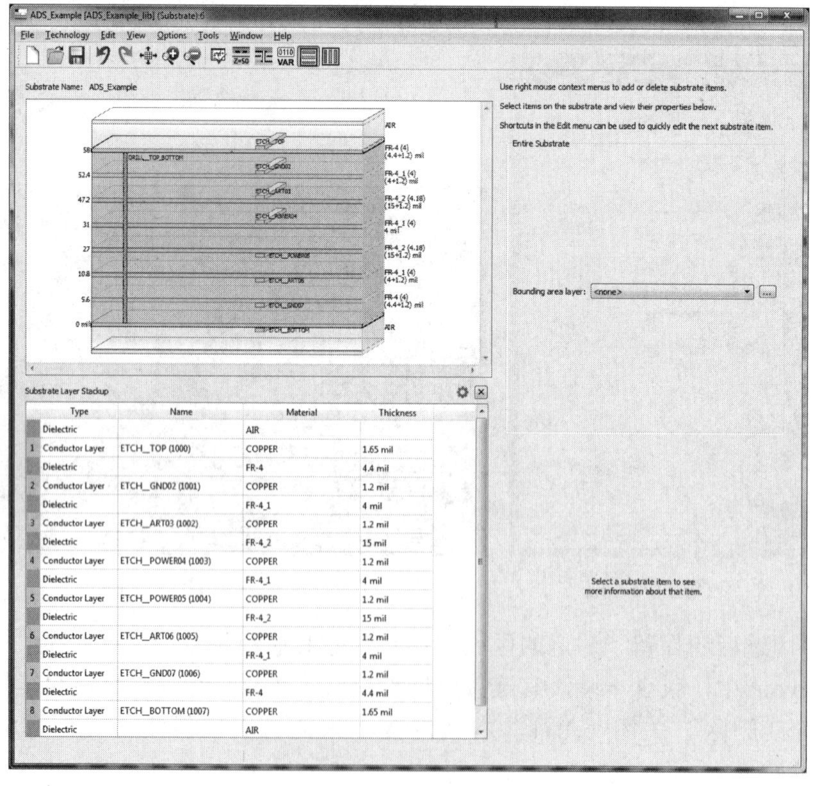

	Type	Name	Material	Thickness
	Dielectric		AIR	
1	Conductor Layer	ETCH_TOP (1000)	COPPER	1.65 mil
	Dielectric		FR-4	4.4 mil
2	Conductor Layer	ETCH_GND02 (1001)	COPPER	1.2 mil
	Dielectric		FR-4_1	4 mil
3	Conductor Layer	ETCH_ART03 (1002)	COPPER	1.2 mil
	Dielectric		FR-4_2	15 mil
4	Conductor Layer	ETCH_POWER04 (1003)	COPPER	1.2 mil
	Dielectric		FR-4_1	4 mil
5	Conductor Layer	ETCH_POWER05 (1004)	COPPER	1.2 mil
	Dielectric		FR-4_2	15 mil
6	Conductor Layer	ETCH_ART06 (1005)	COPPER	1.2 mil
	Dielectric		FR-4_1	4 mil
7	Conductor Layer	ETCH_GND07 (1006)	COPPER	1.2 mil
	Dielectric		FR-4	4.4 mil
8	Conductor Layer	ETCH_BOTTOM (1007)	COPPER	1.65 mil
	Dielectric		AIR	

图 12.12 层叠编辑窗口

检查材料参数、厚度和结构是否存在问题。具体可参照第 3 章关于层叠设计和材料设置的介绍。

对于 6 层及其以上的多层板，一般要手动调整下层叠的结构。在本案例中，把 ART03 层设置为 Below interface，把 ART06 层设置为 Above interface，其他层保持不变，如图 12.13 所示。

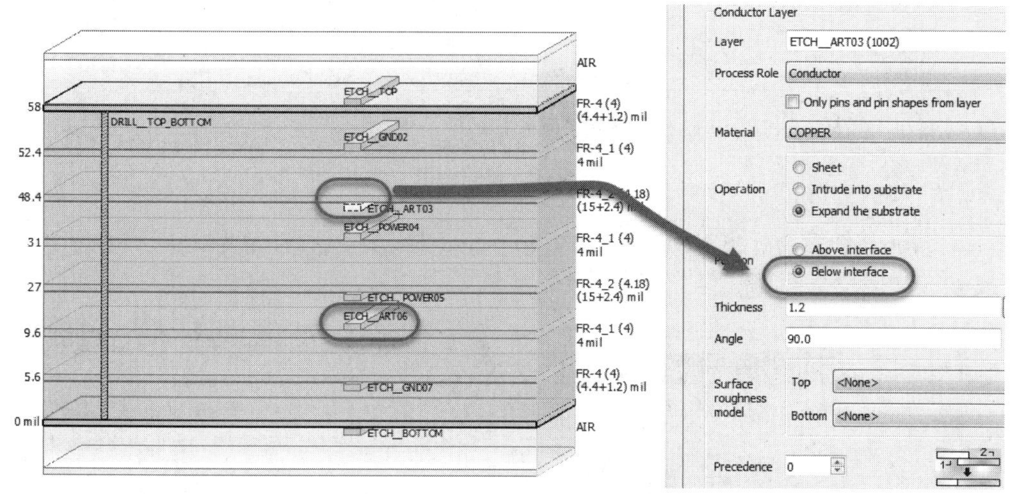

图 12.13　调整导体在层叠中的位置

这需要根据 PCB 加工工艺以及材料的结构进行设置。在工具栏中单击保存按钮，如果没有其他问题，则关闭，进入下一步。

12.5　SIPro 使用流程

SIPro 是 ADS 软件中的一个选件，主要用于提取信号网络的传输线模型。在 SIPro 仿真完成之后可以直接查看仿真结果并分析其无源特性，如阻抗、串扰、插入损耗、回波损耗等。还可以把仿真的数据直接导入 ADS 原理图中进行进一步的仿真，或者保存为 S 参数以供其他工程师使用。SIPro 采用流程化的仿真，非常简单和方便。

12.5.1　启动 SIPro

在 Layout 窗口的菜单栏中选择 Tools→SIPro/PIPro→New Setup 选项，或者在工具栏中单击 SIPro/PIPro 按钮，如图 12.14 所示。

如果是第一次启动，会弹出一个询问“没有找到设置。是否需要创建一个新的设置？”的对话框，单击 Yes 按钮，如图 12.15 所示。

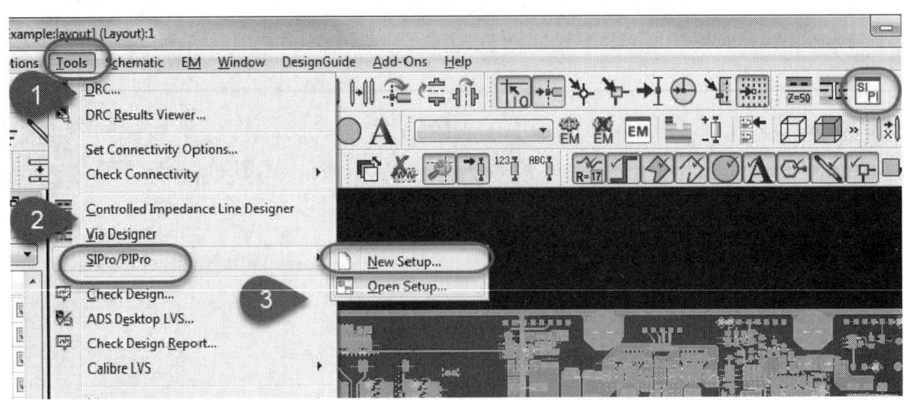

图 12.14 启动 SIPro

单击 Yes 按钮后会弹出 New SIPro/PIPro Setup 对话框，一般保持默认设置，然后单击 OK 按钮，如图 12.16 所示。

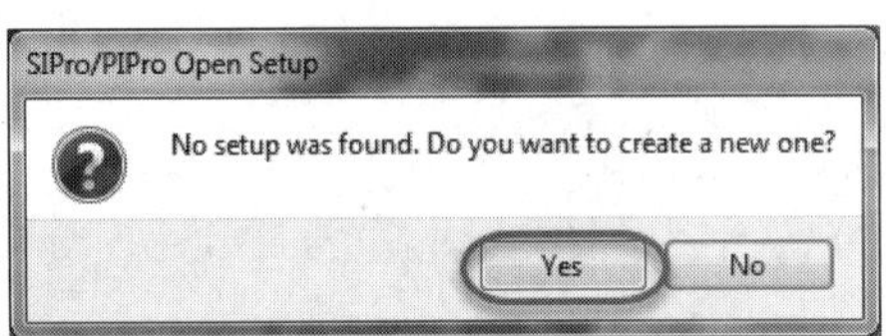

图 12.15 产生新的设置

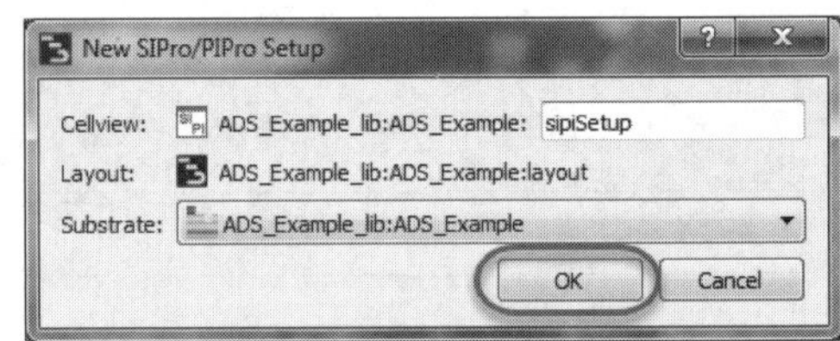

图 12.16 保持默认设置

单击 OK 按钮后即打开了 SIPro/PIPro 界面，如图 12.17 所示。

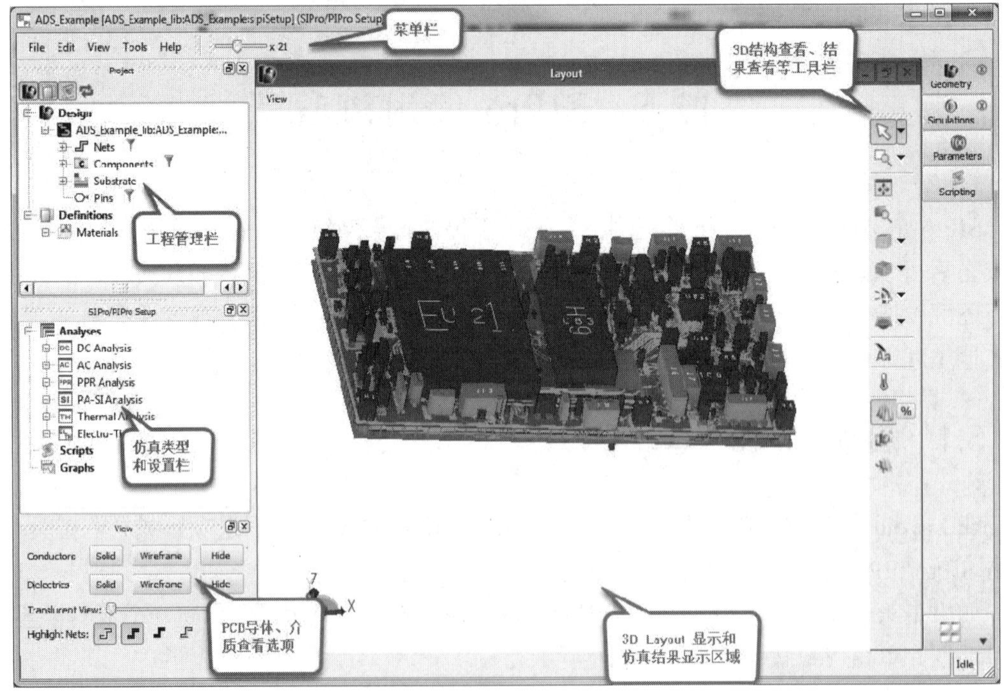

图 12.17 SIPro/PIPro 主界面

SIPro/PIPro 主界面包括菜单栏，工程管理栏，仿真类型和设置栏，PCB 导体、介质查看选项，3D Layout 显示和仿真结果显示区域，3D 结构查看和结果查看工具栏等。模型的提取、电源完整性的仿真和结果查看都是在该界面中完成的。

在 3D Layout 显示区域显示了元件的位号，如果在仿真的时候不需要显示，则选择 Components，然后右击，选择 Set Invisible 选项，如图 12.18 所示。

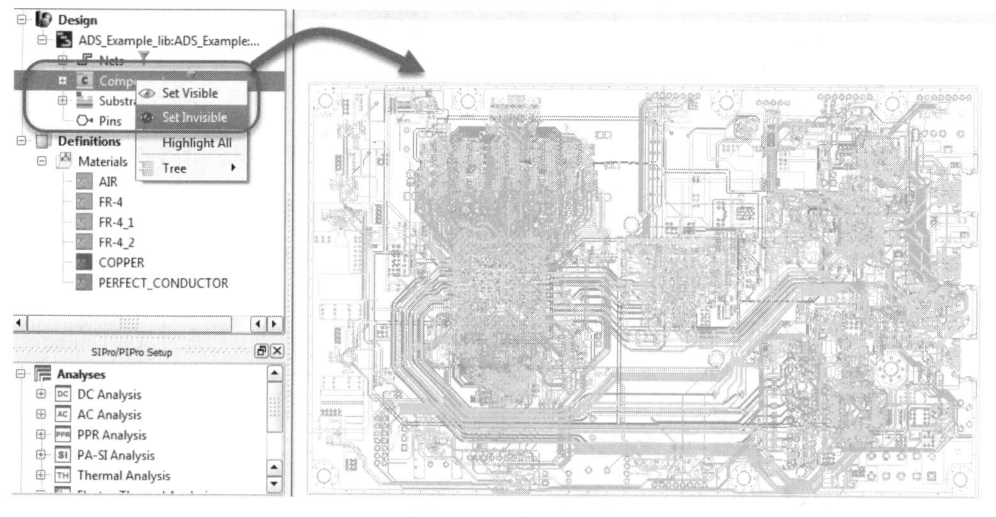

图 12.18　设置元件不可见

也可以针对某部分元件设置可见或不可见。例如，选择 E1 和 H9 元件，右击，选择 Set Invisible 选项，使这两个元件不可见，如图 12.19 所示。

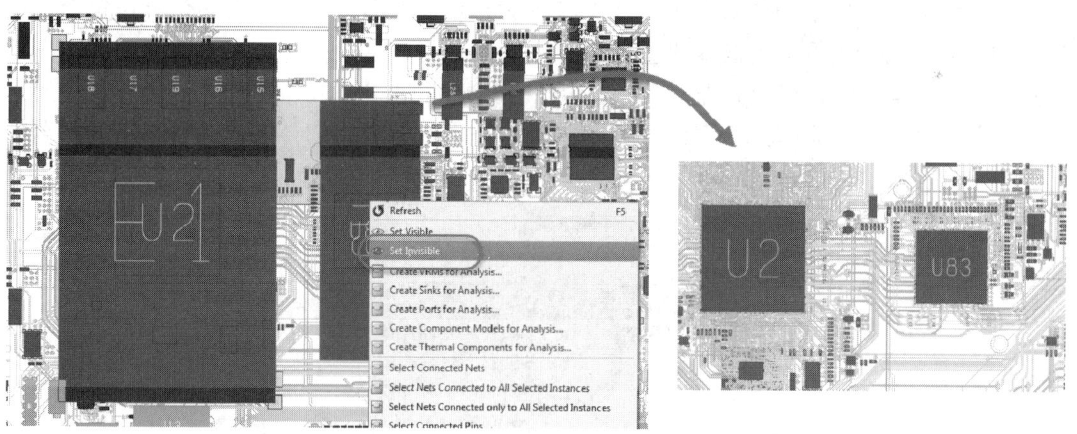

图 12.19　设置部分元件不可见

12.5.2　设置仿真分析类型

SIPro/PIPro 中包括信号完整性类型的仿真和电源完整性类型的仿真，信号完整性的仿真只有 Power Aware SI（PA-SI Analysis）。在进行仿真之前，需要新建一个仿真分析类型，软件已经默认建立了各种仿真分析类型，如图 12.20 所示。

选中 PA-SI Analysis，单击即可修改名称，本案例将名称修改为 PCIE_SI，如图 12.21 所示。

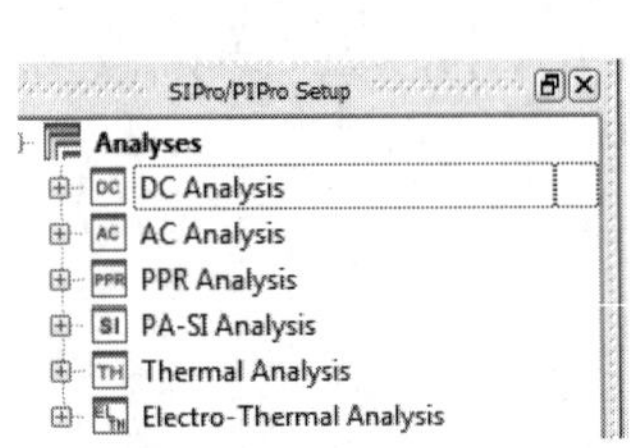

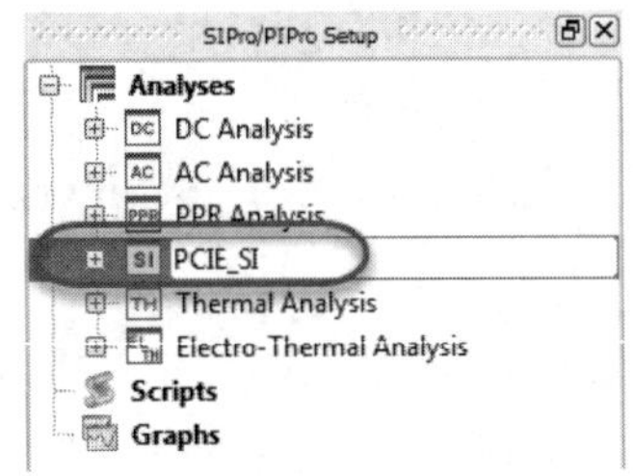

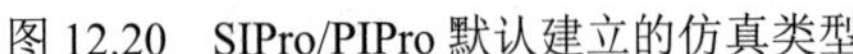

图 12.20　SIPro/PIPro 默认建立的仿真类型

图 12.21　修改仿真分析的名称

如果不使用软件默认的仿真分析，那么就选中 Analyses，然后右击，选择 New Power Aware SI Analysis 选项，即新建了一个仿真分析，如图 12.22 所示。

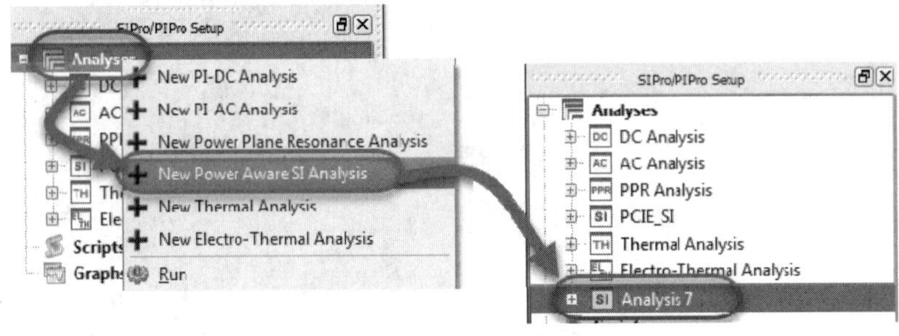

图 12.22　新建仿真分析

也可以复制建立好的仿真分析，能够减少对于相同类型或相同网络的仿真设置端口和模型的步骤，特别是要对比某些设置或者不同的参数时，这个操作会大大提高效率。选择需要复制的仿真分析，然后右击，选择 Copy→To Duplicate 选项，如图 12.23 所示。如果是电源完整性仿真，还可以选择复制到其他的类型。本案例使用软件默认的仿真，并把名称修改为 PCIE_SI。

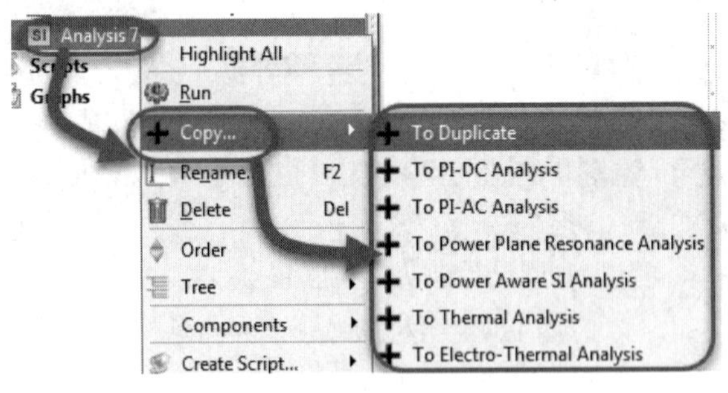

图 12.23　复制仿真分析

12.5.3　选择信号网络

根据仿真之前制订的仿真计划，选定需要仿真的信号网络和信号网络上连接的器件。

单击工程栏中 Net、Components、Substrate 前面的加号，可以把相关的信号/电源/地以及没有定义的网络、元件和层叠都展开，这样可以方便选择，也可以单击每一项后面的 Filter，输入需要查找的网络或元件等。本案例需要仿真的网络是 UPER0_N/ UPER0_P。

在 Filter 中输入 UPER0 后只显示了 UPER0_N 和 UPER0_P 两个信号网络，选中之后，右击，选择 Add to Analysis 选项，如图 12.24 所示。

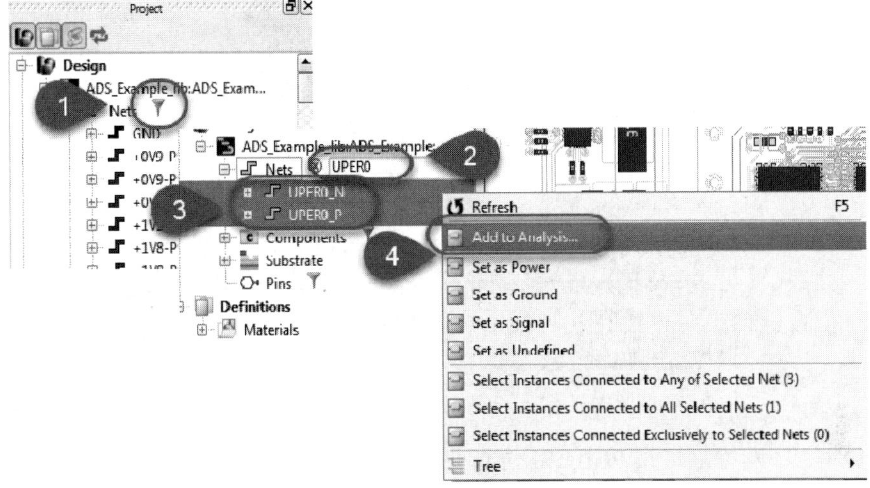

图 12.24　选择分析网络

在弹出的对话框中选择[PA-SI] PCIE_SI 选项，再单击 OK 按钮，即把网络分配到了 PCIE_SI 仿真分析中，如图 12.25 所示。

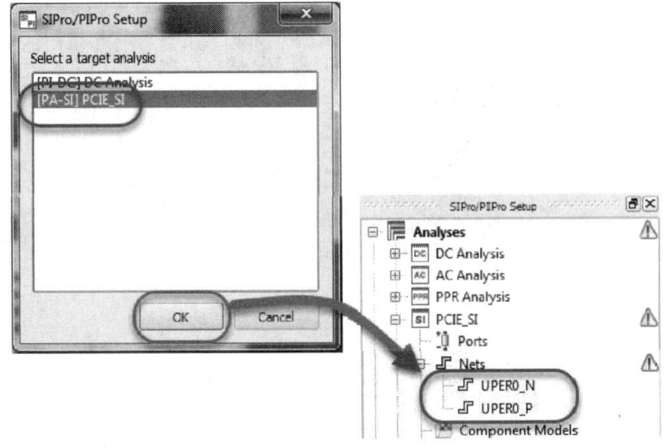

图 12.25　选择目标分析

每一个仿真分析都需要有参考网络，通常都是以地网络作为参考网络，在 Filter 中把 UPER0 删除，然后采用选择信号网络的方式选择 GND 网络并将其添加到 PCIE_SI 中，如图 12.26 所示。

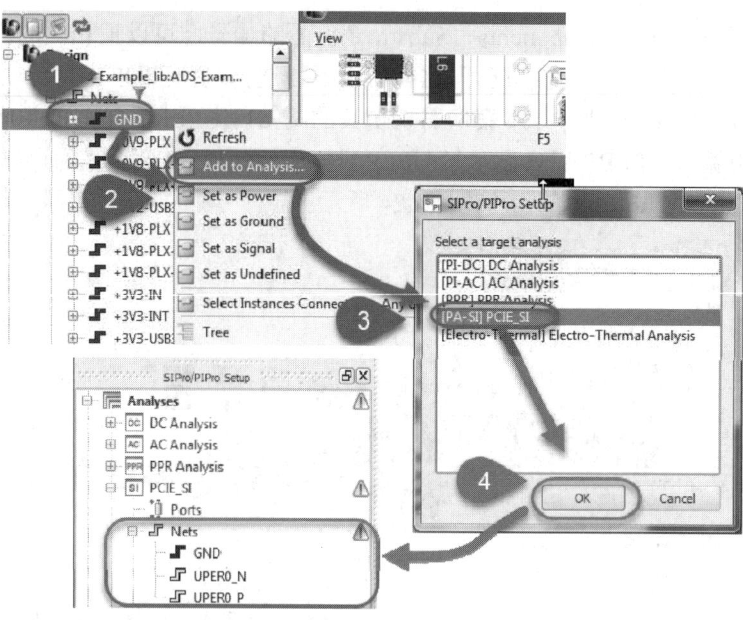

图 12.26 添加参考网络

选择好 GND 网络后，在 PCIE_SI 仿真分析下，单击 NET 前的加号，展开包含的网络，然后选择 UPER0_N 和 UPER0_P 两个信号网络，右击，选择 Select Instances Connected to Any of Selected Net(3)选项，同时两个网络在显示区域也高亮显示，如图 12.27 所示。

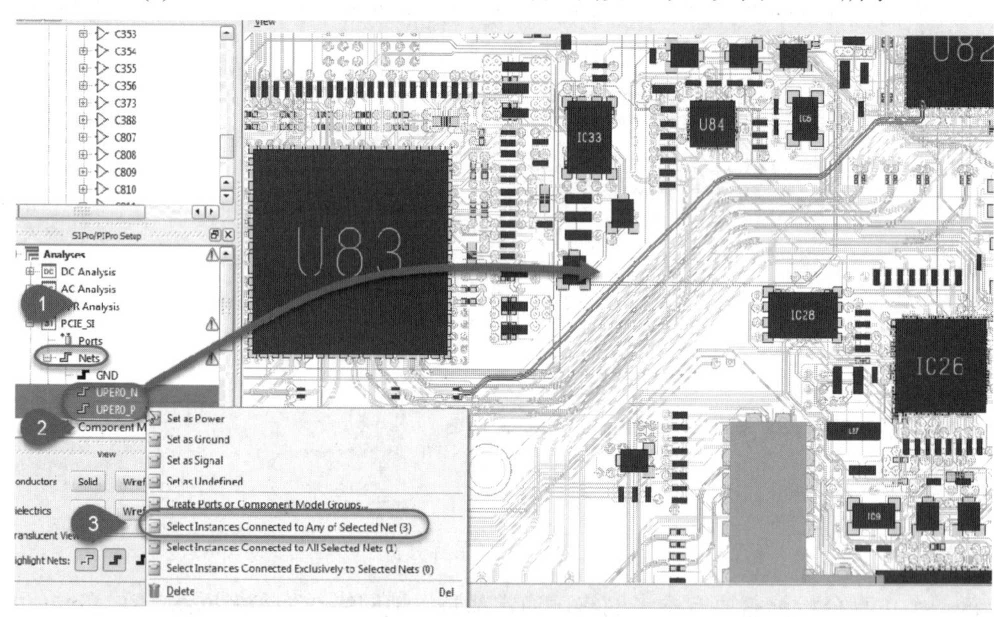

图 12.27 选择网络连接的器件

拖动工程管理栏的滑动条，可以看到有 3 个元件被选中，分别是 C813、C814 和 U82，如图 12.28 所示。

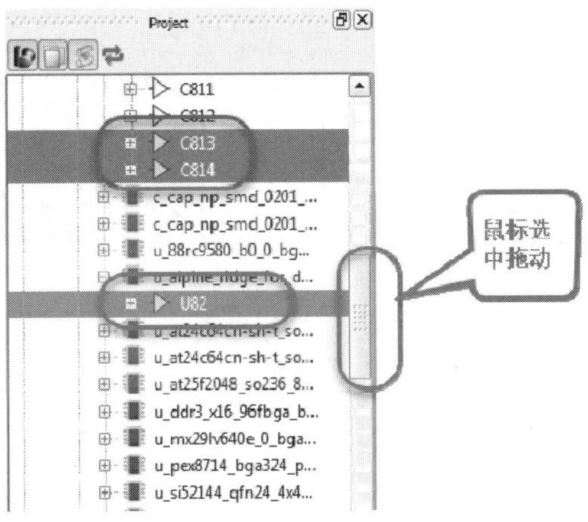

图 12.28　被选中的元件

再选择 C813 和 C814 两个元件，右击，选择 Create Component Models for Analysis 选项，在弹出的对话框中选择[PA-SI] PCIE_SI，然后单击 OK 按钮，就会把选择的器件按组的形式分配到 Component Models 一栏中，如图 12.29 所示。

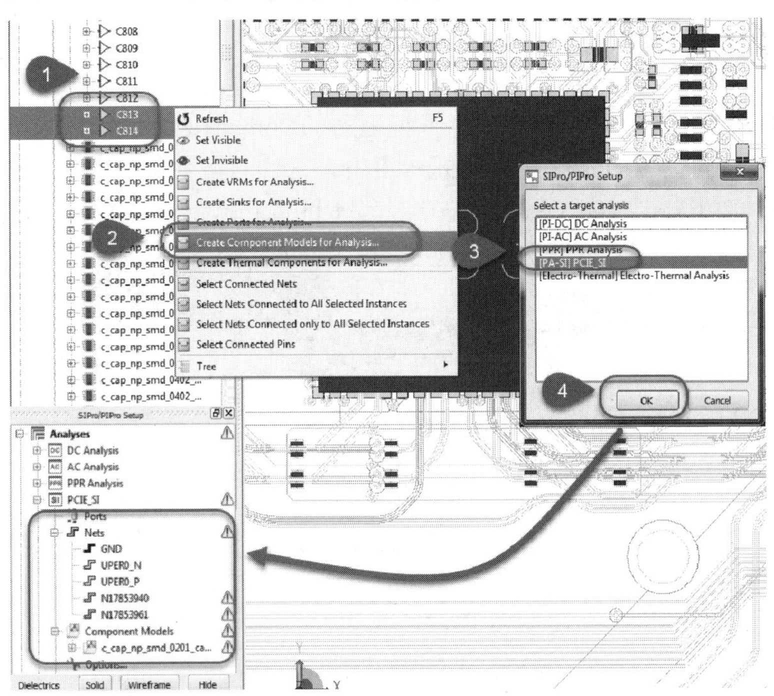

图 12.29　选择元件并分配到仿真分析的元件模型中

在选择元件时，由于与电容元件连接的还有其他网络，即 N17853940 和 N17853961 两个网络，出现这种类型的网络，通常是由于画原理图时没有特意为其设置一个网络名而产生的网络流水号，软件并没有把它们识别为信号网络，所以需要工程师手动把它们定义为信号网络。选择这两个网络，右击，选择 Set as Signal 选项，即把 N17853940 和 N17853961 两个网络定义为信号网络，如图 12.30 所示。这样就把需要仿真的网络都选择到 PCIE_SI

仿真分析中了。

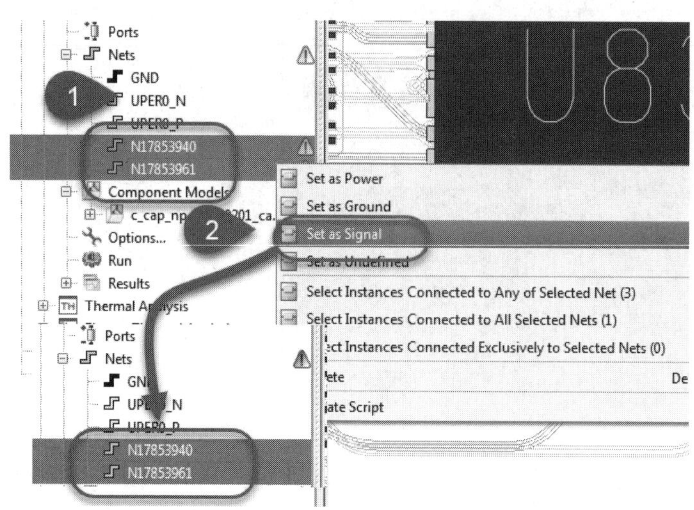

图 12.30 把未定义的网络定义为信号网络

12.5.4 设置仿真模型

前面选择了两个元件 C813 和 C814 并分配到了 Component Models 中。在选择仿真元件时，一般会将同类型的元件归类到同一组中，这样对元件赋模型也比较方便。选中 c_cap_np_smd_0201_cap_220n_06-322，右击，选择 Properties 选项，如图 12.31 所示。

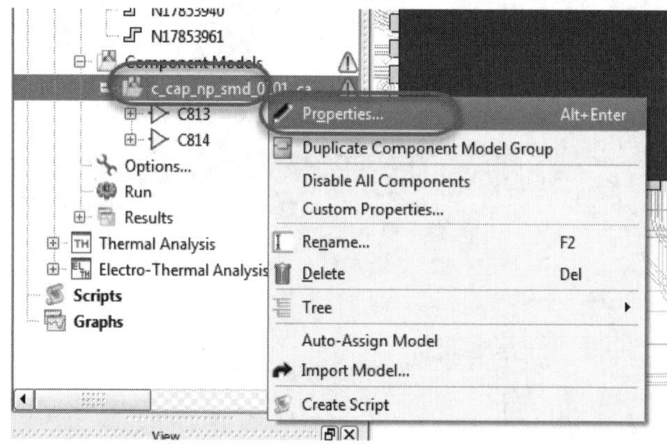

图 12.31 选择元件 Properties

或者双击 c_cap_np_smd_0201_cap_220n_06-322，弹出元件模型编辑窗口，如图 12.32 所示。元件的模型类型有 3 种，分别是 Lumped（集总元件）、SnP（S 参数）和 Model DB（ADS 自带模型库中的元件模型）。

这里用到的元件为 0201 封装的电容，电容值为 220 nF。以集总参数为例，单击 Add 按钮，在下拉列表中选择 Lumped。Lumped 分为 3 种类型，即 All Series（所有的 RLC 都串联）、All Parallel（所有的 RLC 都并联）以及 RL||C（RL 串联与 C 并联）。Resistance（电容的等

效阻抗 ESR）为 25 mOhm，Inductance（等效电感）为 280 pH，Capacitance（等效电容）为 140 pF，如图 12.33 所示。

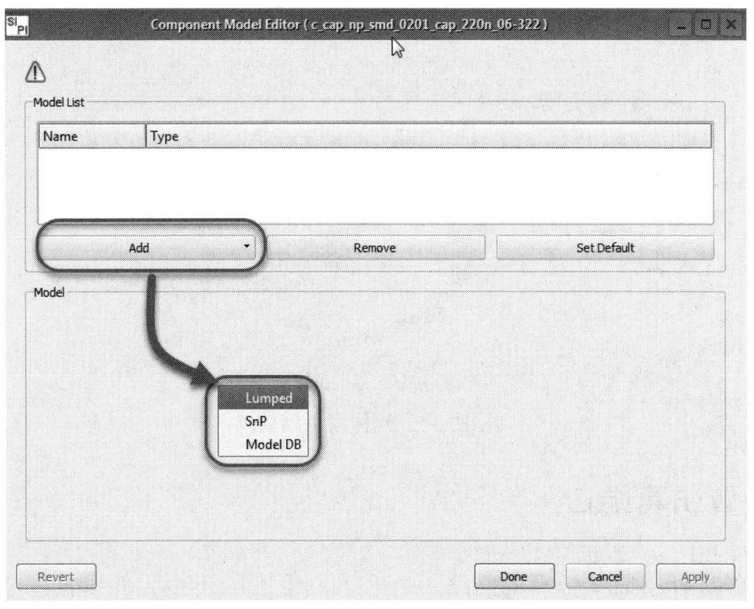

图 12.32　元件模型编辑窗口

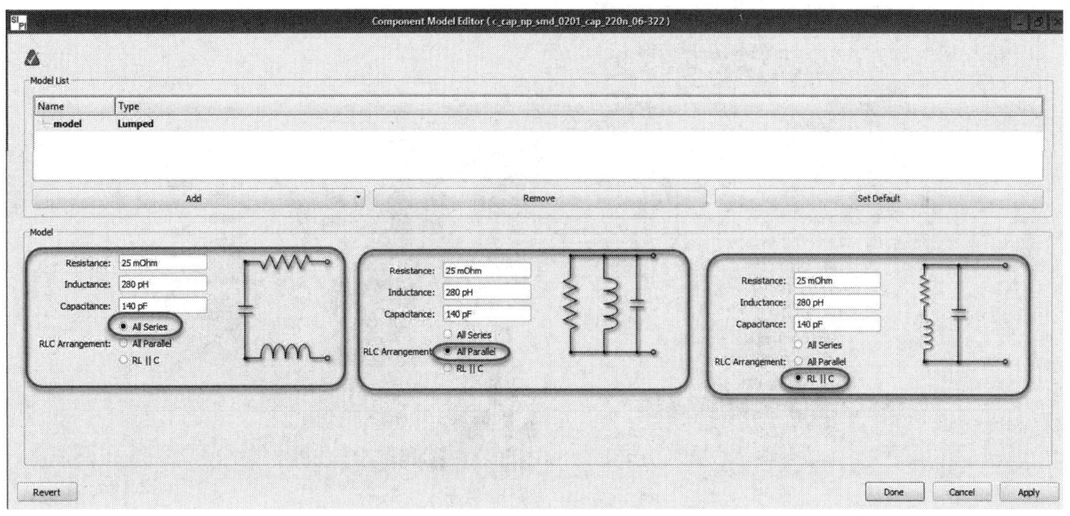

图 12.33　集总模型设置

本案例选择 All Series（所有的 PLC 都串联），然后单击 Done 按钮，即完成模型赋值，如图 12.34 所示。

在完成元件赋值之后，元件模型编辑窗口中会出现一个绿色的勾 ，同时元件处黄色的叹号 会消失。

S 参数赋值的方式和调用 ADS 库中的模型请参考 13.5.2 节。

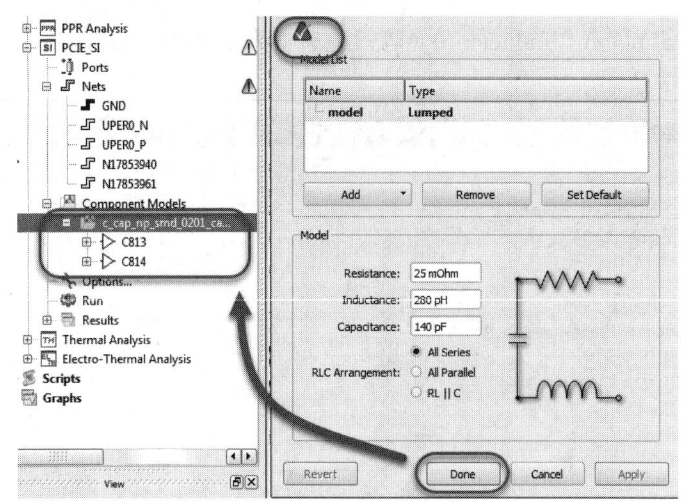

图 12.34　元件模型赋值

12.5.5　设置仿真端口

现在，已经选择了需要仿真的网络，并且为网络上的连接元件设置了模型。PCIE_SI 右侧还存在一个黄色警告的感叹号，把鼠标放置在感叹号的位置，系统提示“No Ports are defined”（没有定义端口），如图 12.35 所示。

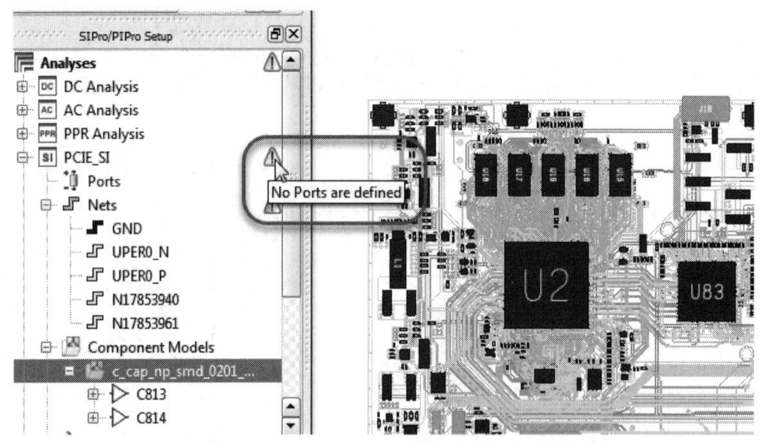

图 12.35　查看警告提示

在 SIPro/PIPro 中，只要显示了感叹号，都意味着存在一些设置问题，需要判断其是否会影响接下来的仿真。

同时选中 4 个信号网络，右击，选择 Create Ports or Component Model Groups（创建端口或者元件模型组）选项，如图 12.36 所示。

弹出为连接元件选择动作的对话框，由于电容起到的是连接作用，U82 和 U83 为信号网络产生端口所在的位置，信号网络的参考网络为 GND，所以保持默认设置，如图 12.37 所示。

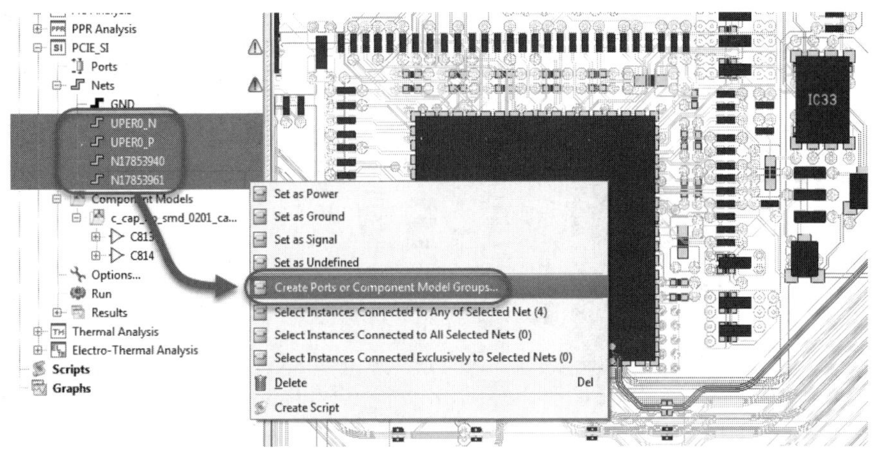

图 12.36　选择网络并产生端口设置

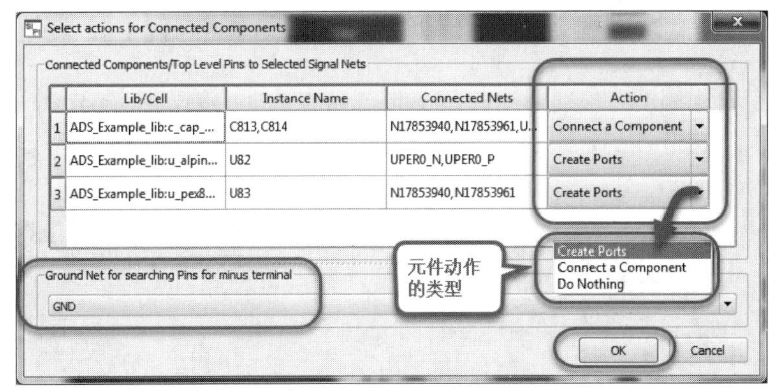

图 12.37　设置连接元件动作

对于没有任何作用的元件，就会设置为 Do Nothing（不起任何作用），这种情况通常出现在有自定义引脚时。对于有多个参考地网络时，需要特别注意参考地的设置，没有特殊设计时，一般都是按默认值设置。单击 OK 按钮后，即完成端口的设置，如图 12.38 所示。

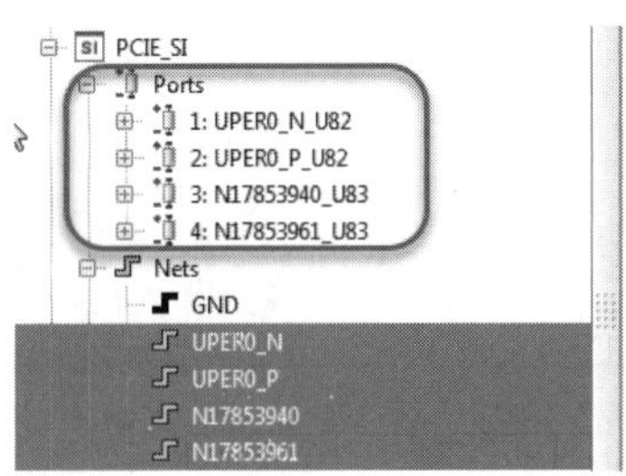

图 12.38　产生的端口

一共产生了 4 个端口，一对差分对也正好就是 4 个端口。端口设置完成之后，整个仿真分析工程没有任何警告提示。可以选中所有的端口，查看各端口信号端和参考端是否比较合适，如图 12.39 所示。

一般在设置端口时，要注意正端和负端不能离得太远。软件在设置的时候会自动寻找最近的参考网络作为负端。

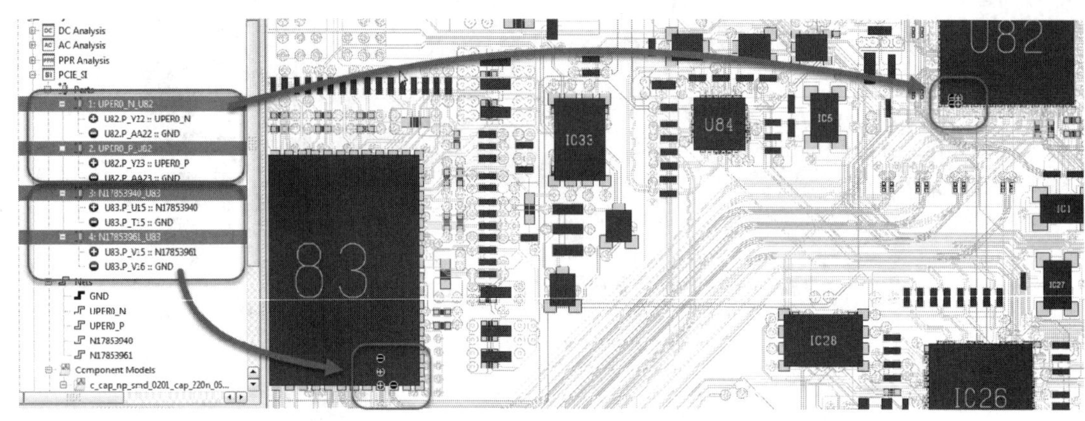

图 12.39　端口位置

12.5.6　设置仿真频率和 Options

在以上所有设置都没有任何问题的情况下，设置仿真的频率扫描方式、采样点，以及一些特殊的要求。双击 Options，弹出 SIPro/PIPro Setup 对话框，设置频率扫描方式和其他选项，如图 12.40 所示。

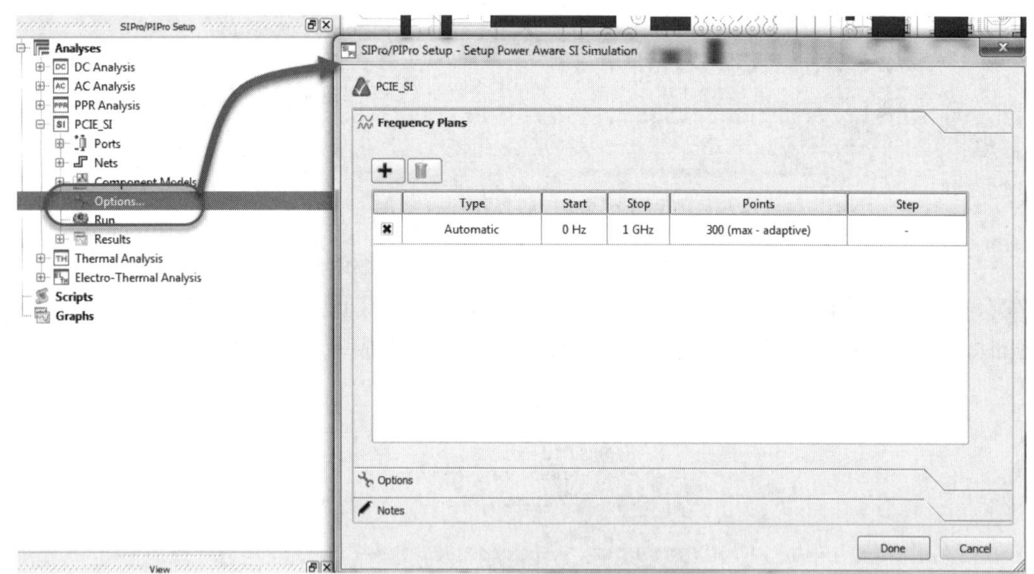

图 12.40　设置相关参数

频率的扫描方式有 Adaptive（自适应）、Logarithmic（对数）、Linear（线性）、Single（单点频率点仿真）和 Automatic（自动选择），如图 12.41 所示。

- Adaptive（自适应）：根据仿真进行的状态，软件在频率范围内自行调整扫描的点，这时需要设置起始频率点、截止频率点和最大需要仿真的采样点数。如果在频率范围内没有达到收敛的要求，而达到了最大仿真的采样点数时，仿真自动停止。
- Logarithmic（对数）：在设置的起始频率点和截止频率点范围内按设置的每 10 倍

频扫描的采样点数进行仿真。所以需要设置起始频率点、截止频率点和每 10 倍频仿真的采样点数。

Frequency Plans

	Type	Start	Stop	Points	Step
✖	Adaptive	1MHz	20GHz	100 (max)	-
✖	Logarithmic	1 MHz	20GHz	50/decade (217 points)	-
✖	Linear	1 MHz	20GHz	2000	10 MHz
✖	Single	1 MHz	-	-	-
✖	Automatic	1 MHz	20 GHz	300 (max - adaptive)	-

图 12.41　仿真频率扫描方式

- Linear（线性）：从起始频率点开始按步长（step）一直仿真到最大的仿真频率点。所以在使用线性扫描时需要设置的参数有起始频率点、截止频率点、步长或者采样点数。
- Single（单点频率点仿真）：指仿真设置的起始频率点，所以只需要设置一个起始频率。在高速数字电路仿真中，一般单点仿真都会结合其他扫描的方式一起使用。
- Automatic（自动选择）：使用最优的线性扫描和自适应扫描的组合方式进行仿真。所以使用自动扫描方式时需要设置起始频率点、截止频率点和最大需要仿真的采样点数。

具体使用哪一种频率扫描的方式，需要根据实际项目的需要来选择。软件默认设置为 Automatic（自动）扫描方式，建议在没有特殊要求的情况下使用默认的扫描方式。

本案例使用的频率扫描类型和设置如图 12.42 所示。

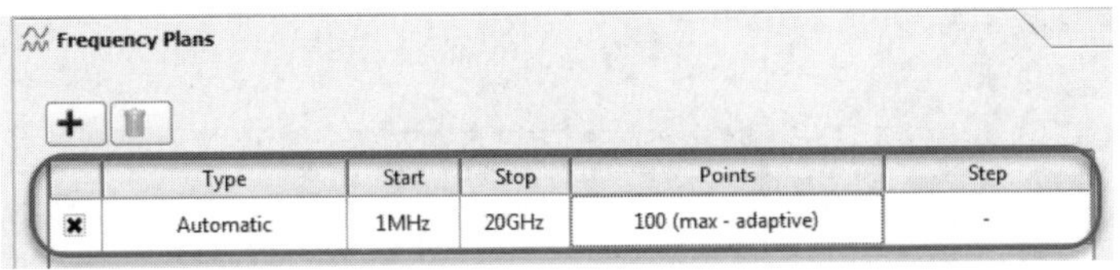

Frequency Plans

	Type	Start	Stop	Points	Step
✖	Automatic	1MHz	20GHz	100 (max - adaptive)	-

图 12.42　仿真频率设置

在仿真设置对话框中，选择 Options 标签栏，可以设置网格剖分相关的选项。这些选项需要根据实际情况设定。

- Arc Resolution（圆弧分辨率）：该选项的值表示在仿真过程中离散的圆和弧度在低于 60° 时按 60° 进行仿真。
- Custom Mesh Resolution（自定义网格剖分的分辨率）：用于设定仿真时的网格剖分的大小。不选择该选项，则仿真软件会自动设定网络剖分的大小；选择该选项，则仿真软件按设定的值进行仿真。
- Custom Target Mesh Size（自定义目标网络大小）：用于在剖分网络中自定义目标网络的大小。
- Use Ideal Power/Ground Approximation（使用近似理想的电源/地）：如果选用此选项，那么在仿真时认为所有的地都是短接在一起的，电压降都由电源平面贡献，电源和地平面就近似为理想的，能够提高仿真的效率，但是会影响仿真的精度。如果没有特殊的要求，建议选用此选项，以缩短仿真的时间。

- Use Optimized Modeling（使用优化的过孔建模）：如果选用此选项，在仿真时软件会自动优化过孔，能够提升仿真的效率，但是会影响仿真的精度，尤其是过孔部分。如果仿真的信号网络上有过孔，建议不选用此选项；如果仿真的信号网络上没有过孔，则选用此选项。
- Use Mesh Domain Optimization（使用网格剖分域优化）：如果选用此选项，在仿真时使用网格域优化，可提升仿真的效率并减少仿真的内存。选用此选项也会影响仿真的精度，但对于均匀完整的参考平面，此选项对结果的影响非常小。

在对仿真精度影响不是很大的情况下，为了提升仿真的效率，可以把 Custom Mesh Resolution 的值设置得大一些，并选用 Use Ideal Power/Ground Approximation、Use Optimized Via Modeling 和 Use Mesh Domain Optimization 选项。本案例不选用 Use Ideal Power/Ground Approximation 和 Use Optimized Via Modeling 选项。单击 Done 按钮即完成设置。对 Options 的设置如图 12.43 所示。

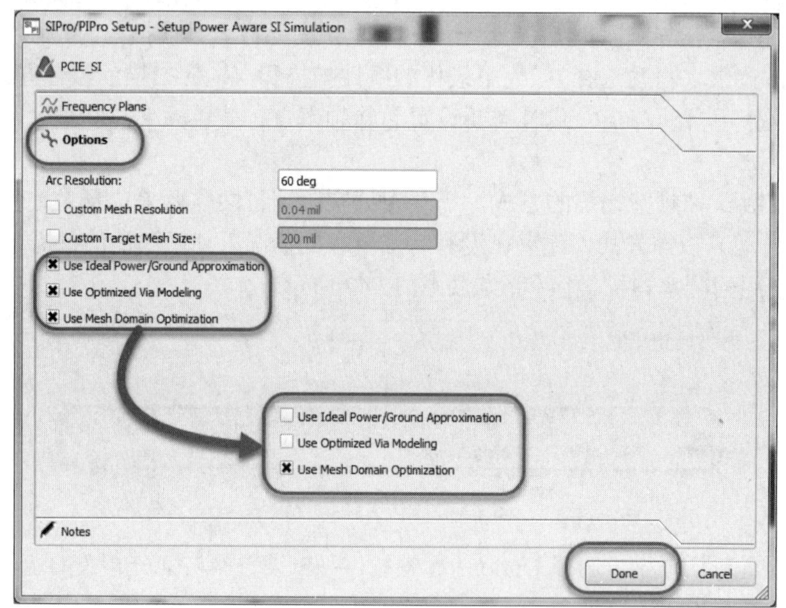

图 12.43　设置 Options

很多时候，设计都是千变万化的，所以在做项目之前，可以针对一些特定的设置做一些仿真比较，获得一套适合工程师自有产品的仿真设置。

12.5.7　运行仿真

设置完成后，双击 Run 运行仿真，弹出图 12.44 所示的对话框。

单击 Yes 按钮，保存工程。然后弹出如图 12.45 所示的仿真窗口。

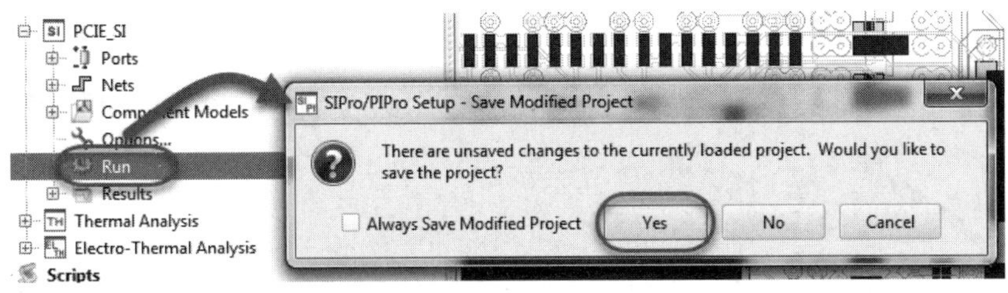

图 12.44　运行仿真

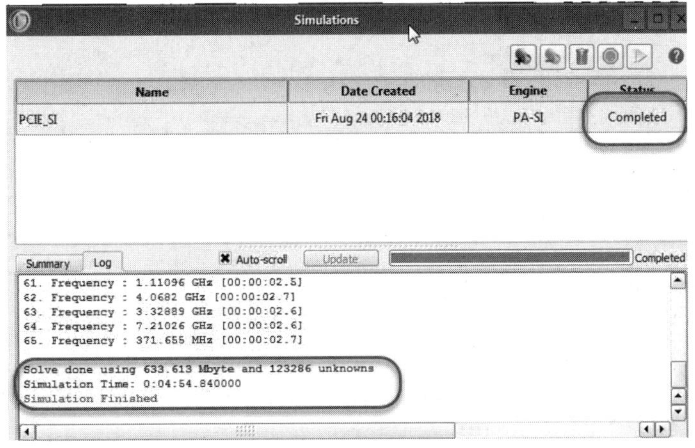

图 12.45　仿真窗口

在仿真窗口中显示了仿真的状态、仿真的总结以及日志信息，包括仿真频率点以及仿真所需要的时间等。

12.5.8　查看和导出仿真结果

SIPro 仿真的结果是实时的，所以在仿真的过程中也可以查看仿真的结果，为了保证仿真时效，建议在仿真完成之后查看结果。SIPro 可以查看的仿真结果包括 S 参数、TDR/TDT 阻抗。SIPro 可以把仿真的结果以 CTI、SnP 的格式保存，还可以生成 ADS 原理图格式以及子电路的格式。

单击 Result 前的加号⊞，展开所有的结果类型，包括 S-Parameters（S 参数）、TDR/TDT（时域阻抗）、Generate Test Bench（产生 ADS 试验台）和 Generate Sub Circuit（产生子电路），如图 12.46 所示。

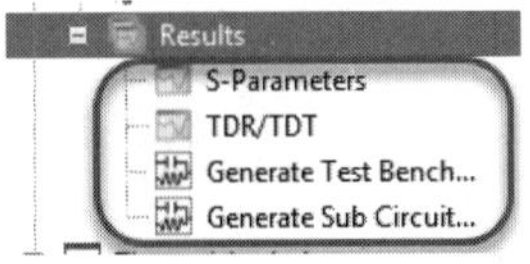

图 12.46　SIPro 结果类型

12.5.8.1　单端和差分 S 参数

S 参数表征的是信号网络在频域的表现，双击 S-Parameters 选项，弹出 S-Parameters 结果显示窗口，如图 12.47 所示。

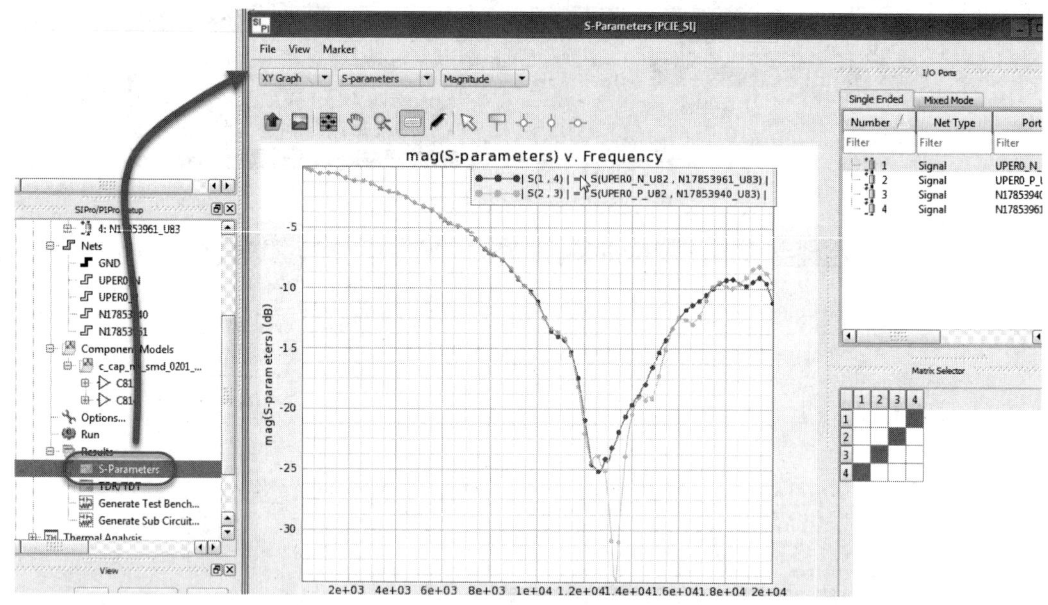

图 12.47　S 参数结果显示窗口

窗口中默认显示的是单端（Single Ended）S 参数，在九宫格中选择 14 和 23，在曲线显示区域会画出单端 S 参数曲线图。也可以选择 1、2、3 和 4 四个端口，右击，选择 Plot Through Path（损耗曲线）选项，如图 12.48 所示。

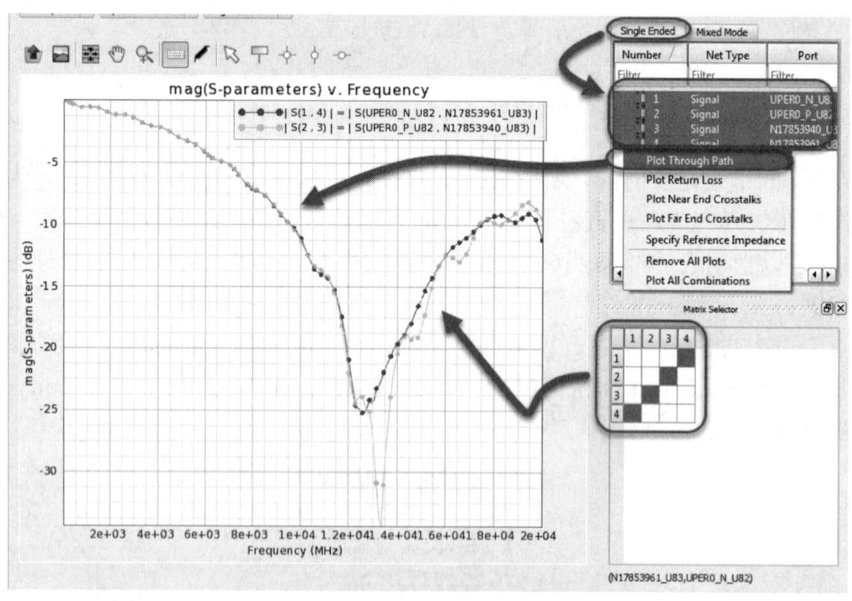

图 12.48　单端 S 参数——插入损耗结果

用同样的方式，可以选择 Plot Return Loss（回波损耗）曲线、Plot Near End Crosstalks（近端串扰）曲线、Plot Far End Crosstalks（远端串扰）曲线，如图 12.49 所示。

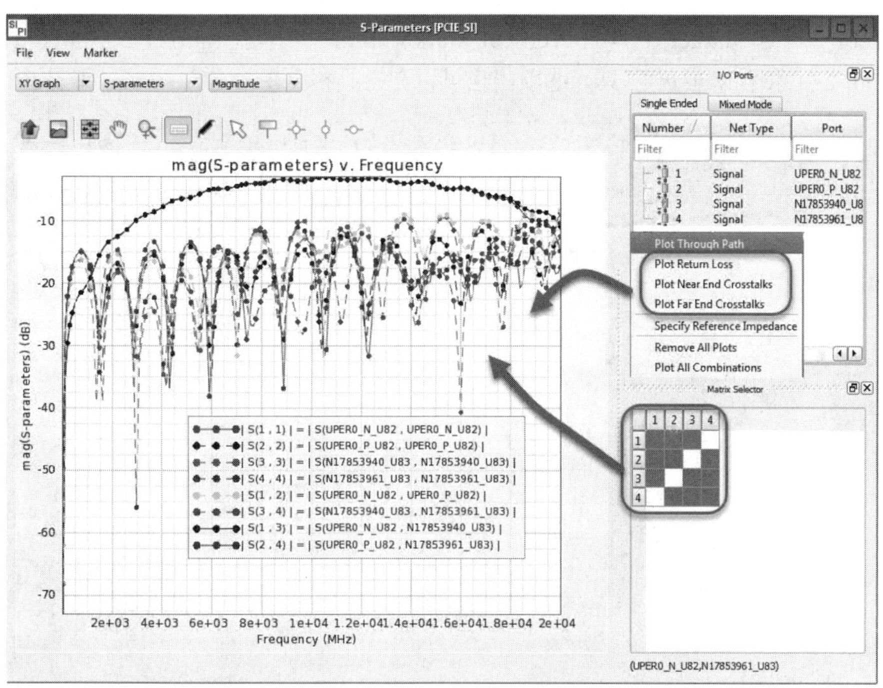

图 12.49　单端 S 参数——回波损耗、近端串扰、远端串扰结果

选择 Mixed Mode（混合模式）页签，同时选中 1 和 2 端口，然后右击，选择 Make Differential Pairs（差分对）选项，把两个端口设置为一对差分对端口，如图 12.50 所示。

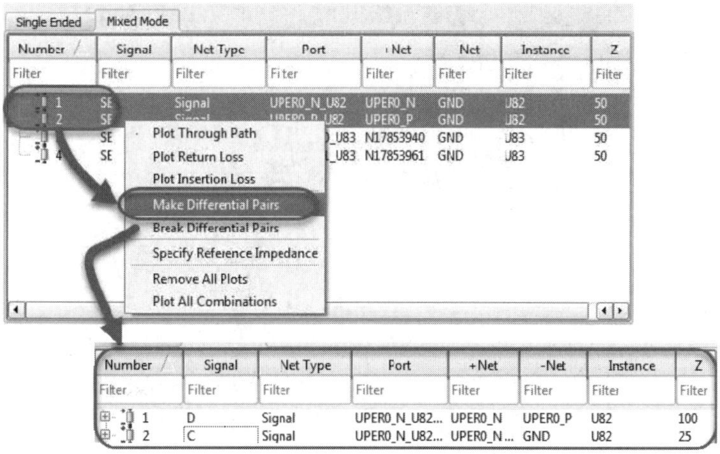

图 12.50　组合差分对

在端口阻抗（Z）一列中可以设置端口阻抗的值，默认差分阻抗为 100 ohm、共模阻抗为 25 ohm，如果有特殊要求，改动差分阻抗的数值即可，共模阻抗也会随之改动为差分阻抗的四分之一。

用同样的方式，把 3 和 4 端口也设置为差分对，然后画差分的插入损耗和回波损耗曲线，如图 12.51 所示。

在菜单栏中选择 Marker，其中有 Crosshairs Marker Tool（十字相交 Marker 工具）、Point

Marker Tool（点 Marker 工具）、Vertical Marker Tool（垂直 Marker 工具）和 Horizontal Marker Tool（水平 Marker 工具）选项，也可以在工具栏上单击各个按钮，如图 12.52 所示。

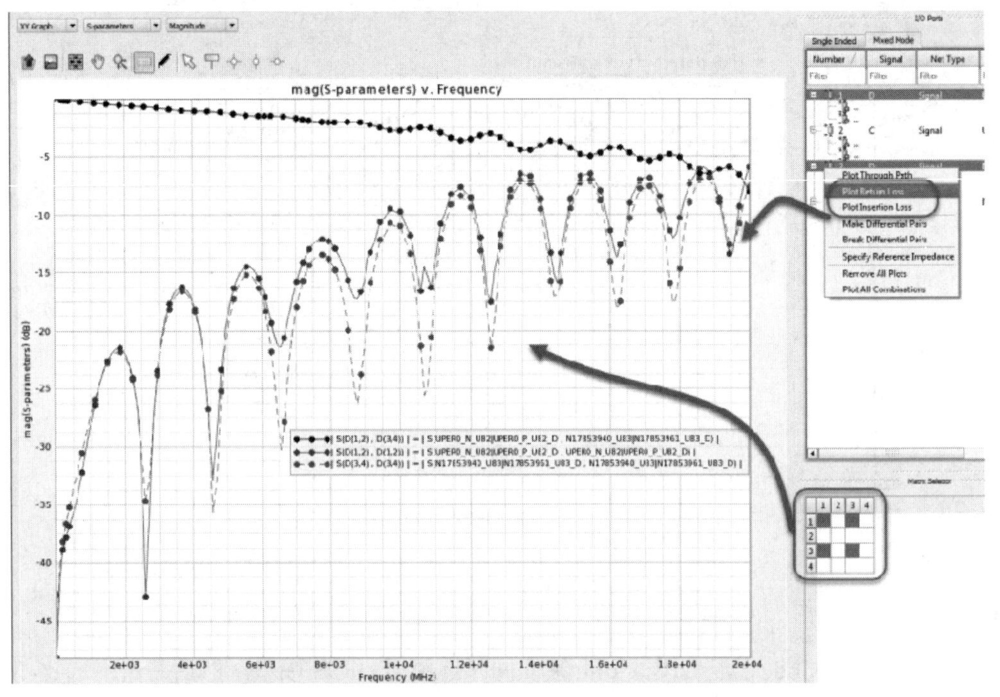

图 12.51　S 参数——差分插入损耗和回波损耗

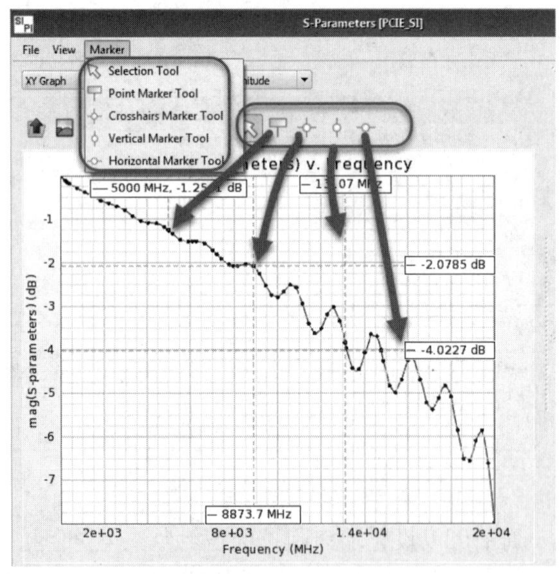

图 12.52　添加 Marker

12.5.8.2　单端和差分 TDR

TDR 是时域的阻抗，查看 TDR 与查看 S 参数的方式类似，如图 12.53 所示。在显示窗口中可以通过修改起始时间（Start Time）、截止时间（Stop Time）查看传输线的阻抗；通过延迟（Delay）的参数，使起始端的阻抗稳定，一般建议不低于 0.5 ns；采样点数（Samples）为在时域中数据的样本数，保持默认设置；对于显示结果的类型（Result Type），查看 TDR 时，选择阻抗（Impedance），即软件默认设置；响应的类型（Response Type）分为阶跃（Step）和冲击（Impulse），选择软件默认的阶跃设置即可；在窗函数（Window）选项中可选择查看阻抗时的窗函数类型，选择不同的窗函数，阻抗值会有一些差异，这需要根据实际情况而定，软件默认设置为 8510 6.0 类型。

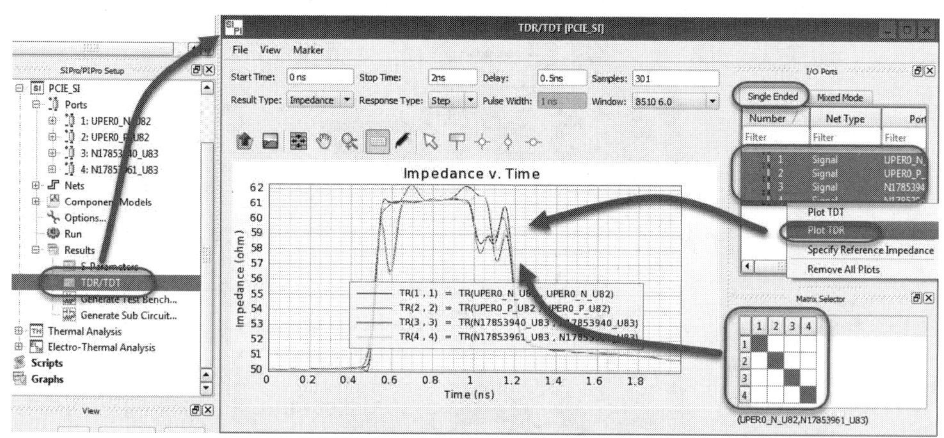

图 12.53　TDR——单端阻抗结果

如果先查看了差分模式的 S 参数，在查看差分阻抗时，就不需要再设置差分组合，可以沿用查看 S 参数的差分模式，如图 12.54 所示。

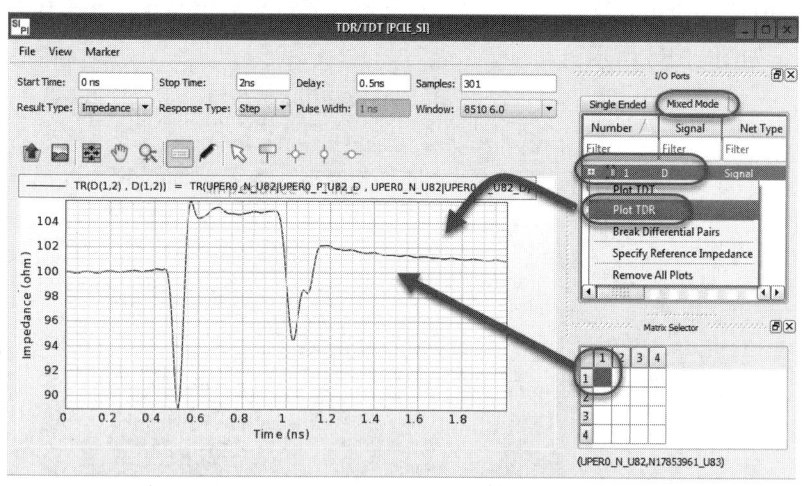

图 12.54　TDR——差分阻抗结果

12.5.8.3　保存和导出仿真结果

SIPro 仿真一方面是为了分析传输线的设计是否满足系统或总线的频域和阻抗要求，另一方面是为了提取信号传输线网络的模型，这样可以将模型进一步使用到瞬态仿真或通道仿真中。

在结果显示窗口中选择 File→Save As 选项，在弹出的对话框中的 Format 中选择输出的数据格式，有 CTI 和 SnP 两种格式可供选择，本案例选择 SnP；设置输出总的采样点数，一般按照总的频率变化范围的大小来决定，也可以按照每隔 10 MHz 一个采样点的数据量设置；其他按默认设置，然后单击 Export 按钮，即输出 S 参数文件 PCIE_UPER0.s4p，如图 12.55 所示。

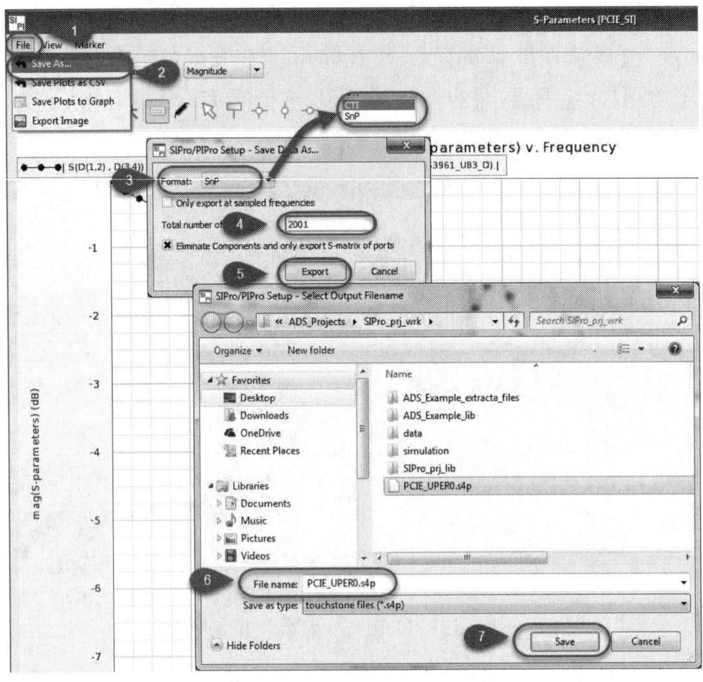

图 12.55　输出 S 参数

可以为仿真的结果生成 ADS 原理图，双击 Generate Test Bench，就生成了一个完整的 ADS 原理图，如图 12.56 所示。

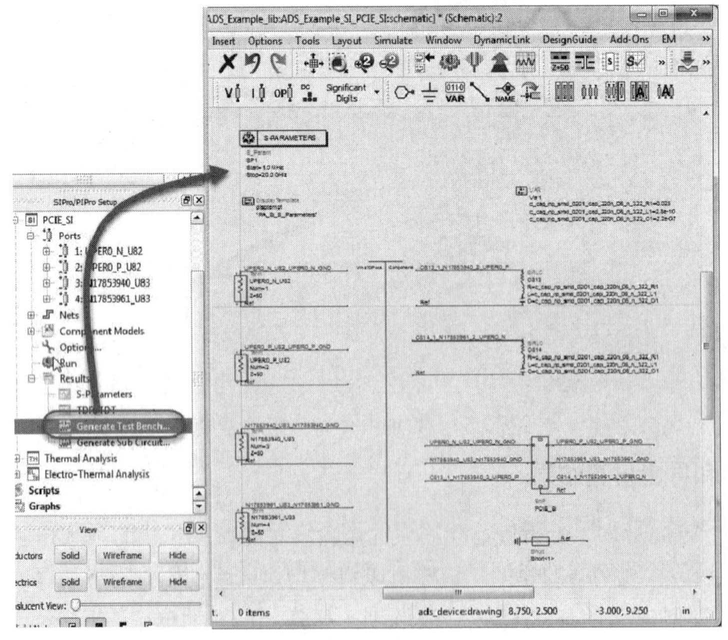

图 12.56　产生 ADS 原理图

产生的 ADS 原理图中包括 S 参数仿真控件、端口、信号网络模型以及无源器件的模型等，可以独立仿真，获得的结果与在 SIPro 中获得的结果一致。这样可以利用 ADS 强大的数据处理能力，进一步分析更多内容。

同样，双击 Generate Sub Circuit，就可以产生一个 ADS 子电路原理图，其中包括 4 个端口、无源器件以及信号网络的参数，如图 12.57 所示。

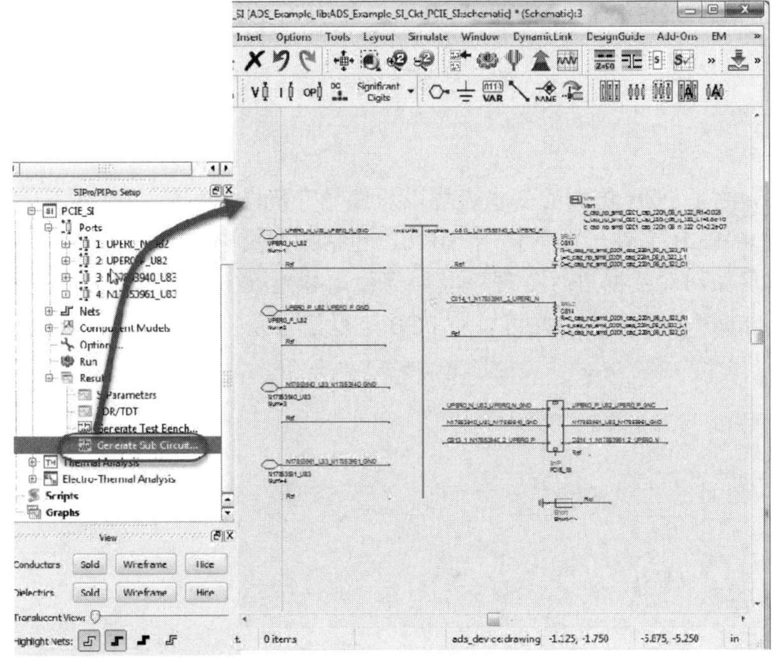

图 12.57　产生 ADS 子电路原理图

该子电路可以应用到瞬态电路、通道仿真或者其他仿真电路中，图 12.58 所示为在通道仿真中调用子电路的例子。

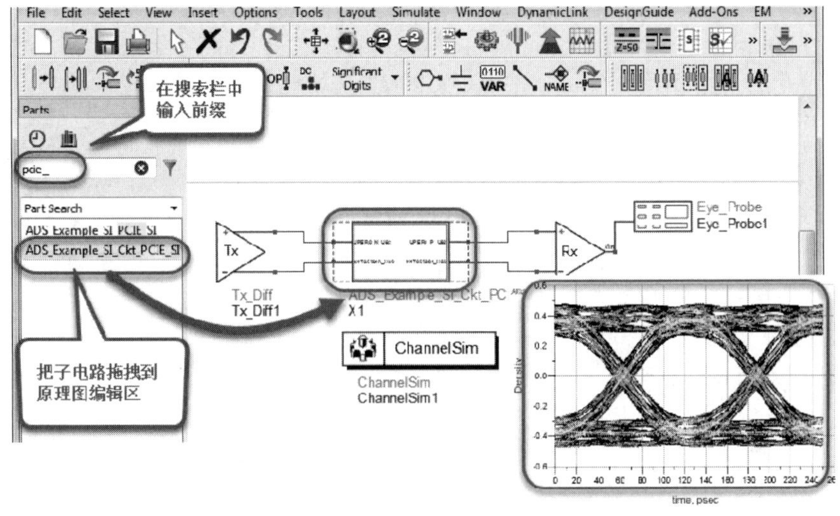

图 12.58　调用子电路仿真及其结果

SIPro 还可以导出其他仿真结果，包括图片、当前显示的曲线数据等，读者可根据自己的需要自行使用。

以上主要介绍了从 PCB 文件到使用 SIPro 仿真获得结果的一些主要流程，对于一些其他应用，如 TDT 结果分析、S 参数坐标变换、脚本生成等，由于篇幅有限，这里就不再一一介绍。

本章小结

本章主要介绍了 PCB 仿真的基本流程以及信号完整性的后仿真，详细介绍了如何导入 PCB 文件、编辑 PCB 文件，如何使用 SIPro，包括如何提取传输线模型、获取仿真的结果和模型、仿真后如何对数据进行处理以及如何使用导出模型。通过对本章的学习，读者能够掌握 SIPro 的基本使用方法，并可以对 PCB 进行信号完整性后仿真。

第13章

PCB 板级仿真 PIPro

目前电子设计技术正在朝着更低电压电平、更高数据传输速率以及更小、更紧凑的产品尺寸的方向发展，这就要求工程师首先确保电子设计中的电源有较小的波动干扰。对更高性能、更高集成度以及更低功耗的持续需求促使着电源电压不断降低，导致电子产品的电源系统变得更加复杂，因此，在进行 PCB 设计时，工程师需要用比较大或多数量的电源平面来满足电源传输的需求，这与产品小型化的趋势相冲突。如何才能平衡这种矛盾，需要工程师在设计之前好好思考。对于一位经验丰富的工程师来说，他可能很清楚如何规划和设计，但是经验有时可能与实际情况不一致，更何况并非所有工程师都有非常丰富的工程设计经验。另外，信号与电源的相互作用也给设计带来了非常大的挑战，这时就需要借助仿真软件对 PCB 设计进行电源完整性仿真和分析，以给设计提供指导。干净、稳定的电源是实现良好性能的基础，最佳电源完整性的设计通常需要通过周密和精确的电源完整性仿真来协助。本章将介绍如何利用 ADS PIPro 进行 PCB 的电源完整性仿真。

13.1 电源完整性基础

信号完整性是为了保证信号从发送端完整地传递到接收端，使信号不发生失真和畸变。电源完整性则是为电子产品提供一个稳定、可靠的电源分配系统，具体到特定的电源网络，就是使用电芯片能持续稳定地获得供电电源，并在芯片用电时控制电压的波动和噪声，以满足设计的要求。

13.1.1 什么是电源完整性

通常电源完整性是一个整体的概念，但是在一些公司中会将其分为 3 个部分，即供电模块、传输路径和用电端。一般对电源的要求是低噪声、低纹波，且输出电压准确、稳定，从而尽可能地减少干扰。电源完整性是指电源供电模块能够输出低噪声、低纹波、准确、稳定的电源，经过电源传输路径之后，在用电端也能获取干净、稳定、持续的电源。合适的电源是一个好的电子设计的前提。

电源完整性设计一直存在于每个电子设计中，只是很多时候都没有引起工程师足够的重视。然而，由电源设计不良引起的产品质量问题和可靠性问题越来越多，这才使得越来越多的工程师开始关注电源完整性。

电源完整性和信号完整性会相互影响和制约。电源、地平面在供电的同时也是信号网络的参考回路，从而直接关系到信号传输性能。同样，信号完整性在传输或工作时，也会给电源系统带来一定的干扰，如果处理不好，也会直接影响电源的完整性设计，如前面介绍的同步开关噪声。

13.1.2 电源分配网络

在电源完整性仿真分析中，交流去耦仿真的主要目的是帮助工程师评估电源分配网络的性能，以确保电源通道具有低阻抗传输路径。一个典型的电源分配网络（power delivery network，以下简称 PDN）包括电源供电端（voltage regulator module，VRM）、电源传输通道（PCB 电源平面和参考地平面）、电源网络的去耦电容以及寄生电容和用电芯片(Sink)。一个完整的 PDN 简化模块如图 13.1 所示。

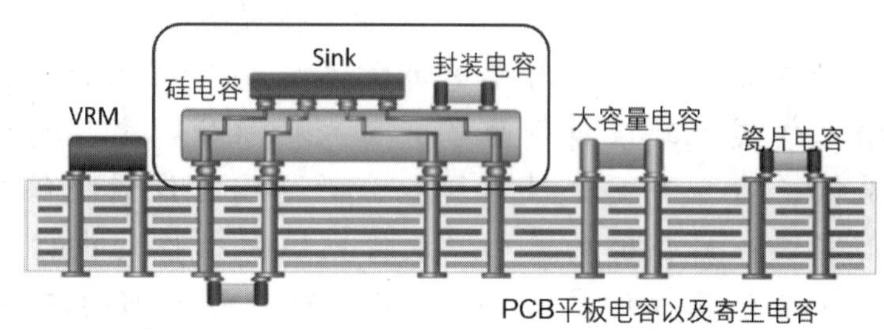

图 13.1 PDN 简化模块

PDN 中每个部分的作用各不相同，其在电源系统中去耦的频段也不一样，有一些经验数据可供工程师参考，具体如下。

- VRM 的去耦频率通常都在 100 kHz 以内，不排除现在有的 VRM 可以达到几兆赫兹。
- 大容量去耦电容的去耦频率通常在 1 MHz 左右。
- 高频瓷片去耦电容的去耦频率在 100 MHz 左右。
- 电源平面构成的平板电容去耦频率在 500 MHz 左右。但是，这类平板电容的去耦频率与平面构成的结构和材料有关，比如使用较大的平面或埋容类的材料等。
- 芯片封装形成电容的去耦频率会达到几百兆赫兹。
- 芯片 Die 电容的去耦频率可以达到几吉赫兹。

以上只是一些经验数据，随着技术和工艺水平的发展，有一些电容的去耦频率范围将更高，带宽将更宽。

13.1.3　目标阻抗

根据欧姆定律，电阻等于电压与电流的比值。同理，目标阻抗也是电源电压与电流的一个比值。目标阻抗是用电芯片对供电电源的一个最低要求，其单位为欧姆（ohm），表达式为

$$Z_{\text{target}} = \frac{\Delta V}{I_{\max}} \tag{13-1}$$

Z_{target} 表示目标阻抗；

ΔV 表示电源网络上波动的电压；

$I_{\max}$ 表示实际使用的电流。由于电流是一个变化的参数，很多工程师在计算目标阻抗时会使用 $I_{\max}$ 的一半。

那么式（13-1）可以简化为

$$Z = \frac{\Delta V}{I_{\max} {*} 50\%} \tag{13-2}$$

例如，DDR3 1.5V 的供电电压，其电源变化范围为 5%，单颗 DDR3 颗粒的最大电流约为 400 mA，那么计算出的目标阻抗为 375 mohm。

13.2　ADS 电源完整性仿真流程

电源完整性和信号完整性一样，分为前仿真和后仿真。前仿真在 ADS 的原理图中进行仿真，主要是通过对不同电容的组合、电容的数量等进行仿真分析，图 13.2 所示为对单颗电容、多颗相同的电容并联以及对多颗不同的电容并联的仿真原理图和仿真结果。

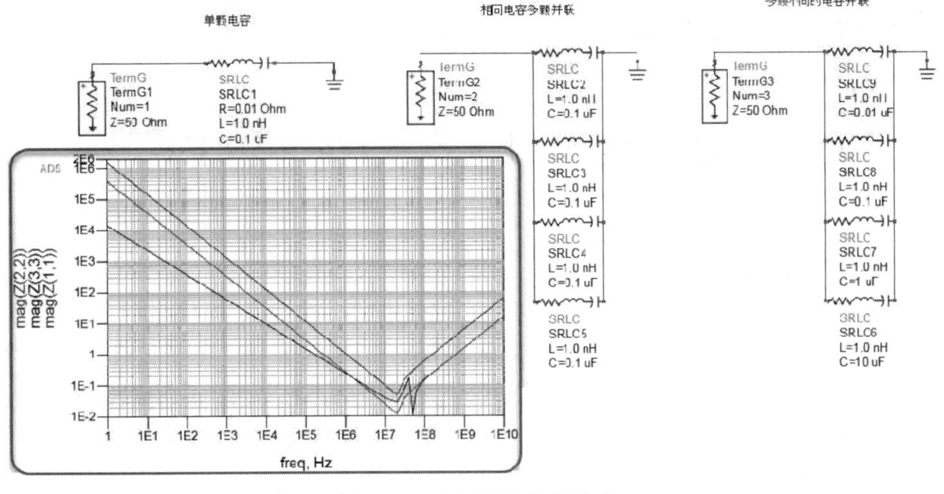

图 13.2　电源完整性前仿真

电源完整性后仿真和信号完整性后仿真基本类似，同样包括导入 PCB 相关的文件、编辑层叠结构以及其中的材料参数、启动 SIPro/PIPro、选择网络、设置 VRM、设置 Sink、给元件赋模型、设置端口、设置仿真频率以及其他条件设置、运行仿真并分析仿真结果、优化仿真分析以及保存结果，如果有需要，可以把仿真提取的模型导出到 ADS 的原理图中进行进一步的仿真。用流程图表示如图 13.3 所示。

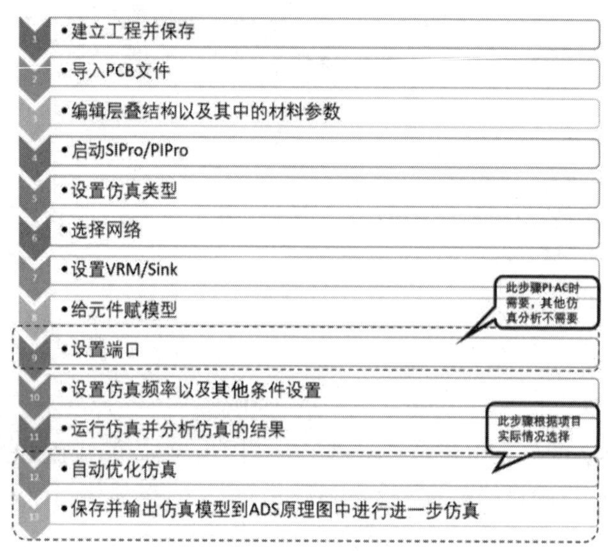

图 13.3　PIPro 仿真流程

对于电源完整性的分析，从不同的角度可以分为不同的种类。通常，按频率把电源完整性分析分为直流分析和交流分析，直流分析主要分析直流压降、电流密度、过孔的电流密度等，交流分析主要分析 PDN 的阻抗。

接下来，结合 PIPro 分别介绍直流仿真分析、电热联合仿真以及交流仿真分析。由于 SIPro 和 PIPro 有一些步骤是一样的，同时本章使用的案例与第 12 章中的案例相同，因此在第 12 章中介绍的 PCB 文件的导入、文件的编辑、层叠和材料参数的设置等步骤将不再赘述，在使用时参考第 12 章中的介绍即可。

13.3　电源完整性直流分析（PI DC）

在进行电源直流仿真分析之前，需要收集仿真相关的资料信息，包括选择需要仿真的电源网络、仿真网络的电源供电端（VRM）的数据手册、用电芯片（Sink）的数据手册、确定电源电压和电流、层叠资料等。另外，还需要明白 PCB 设计中电源设计的大致情况，包括电源通道在 PCB 的哪些层、电源的用电端有哪些、分布在 PCB 哪个位置等。了解这些内容对后面仿真设置和分析非常有用，正所谓“磨刀不误砍柴工”。

电源直流仿真分析主要设置层叠中介质、铜箔厚度等参数，也会设置电源和地网络的选择和赋值、供电端（VRM）的选择和设置、用电端（Sink）的选择和设置、供电网络互连设置，还需根据项目的实际情况设置一些特殊条件。设置完成之后即可运行仿真，分析结果，主要是分析仿真获得的结果并得出结论，如果有问题再给出改善建议，反馈给相关的工程师修改，或者进入下一个设计或制造环节。

在 Layout 界面的工具栏上单击 SIPro/PIPro 按钮可启动 SIPro/PIPro 软件。

13.3.1　建立直流仿真分析

在 SIPro/PIPro 设置栏中把所有软件默认建立的仿真分析都删除。选择 Analyses，然后右击，选择 New PI-DC Analysis 选项，如图 13.4 所示。

选中新产生的 Analysis 1，单击之后将其修改为 1V5_DC，如图 13.5 所示。

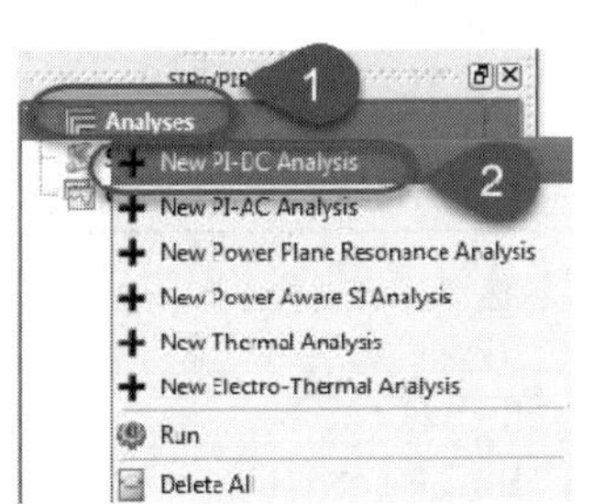

图 13.4　新建 PI-DC 仿真类型

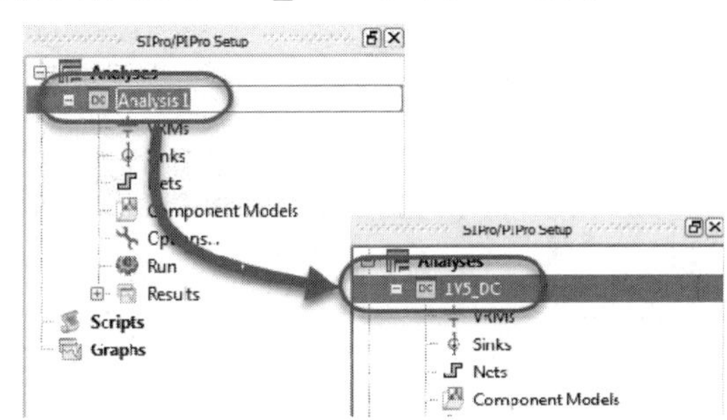

图 13.5　修改仿真分析名称

通常，一个项目中需要仿真的电源网络比较多，所以在命名时，尽量按网络名称命名，这样容易辨识。

13.3.2　选择电源网络并确定参数

在仿真之前需要确定仿真的电源网络和参考地网络。本案例需要仿真的电源网络是 DDR3 的电源供电网络，即 1V5 这个电源网络。

选择好仿真网络后，需要明确这个网络供电端（VRM）、用电端（Sink）和电源网络通道上是否存在无源的互连器件（一般是电感和/或电阻），并明确这个电源网络的电压值和电流分别为多少。

一般电子产品在设计的时候都会设计一个电源树或电源流程图，用于标识电源的整体状况和电源的转换，图 13.6 所示为一个简化的电源树，对于详细的电源树，还会标识每一路电源的用电端和转换的类型等。

同时，在开始仿真之前，需要对仿真的电源网络分类，并记录好每一路电源的源端、用电端以及电源电压与电流分配。分类越详细，仿真设置时就越不容易出错，并且会大大提高设置的效率。以 1V5 的电源网络为例，电源电压和电流分配如表 13.1 所示。

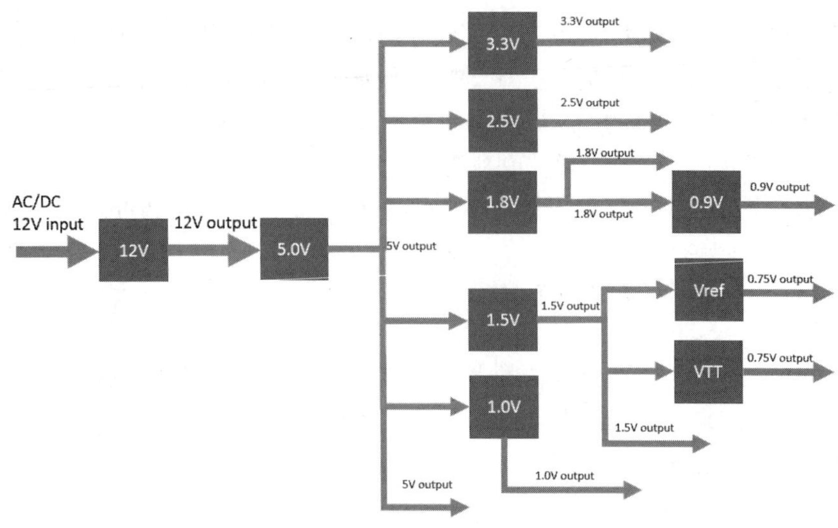

图 13.6　电源树

表 13.1　电源电压和电流分配

电源网络名	供电端（VRM）	电压/V	总电流/A（Sink）	用电芯片	备　注	互连元件
1V5	U25	1.5	3	U2	最大耗电流为 1A	L6，R196，R898，R899
				U15、U16、U17、U18、U19	U15、U16、U17、U18、U19 都是相同的 DDR3 颗粒，所以每一颗的耗电流均约为 0.4A	

以上数据需要结合系统要求、芯片工作情况和芯片的数据手册获取。特别是电流数据的获取，很多工程师都感觉比较困难，因为电流是由用电端芯片的工作情况决定的，所以芯片的电流值是动态的，但是为了产品的可靠性和设计的简单性，通常都是按芯片的最大用电量计算。这也就是为什么很多时候电源会过度设计，从而造成成本的增加。

在 PIPro 中选择网络与在 SIPro 中选择网络的方式是一样的，选择 1V5 和 GND，如图 13.7 所示。

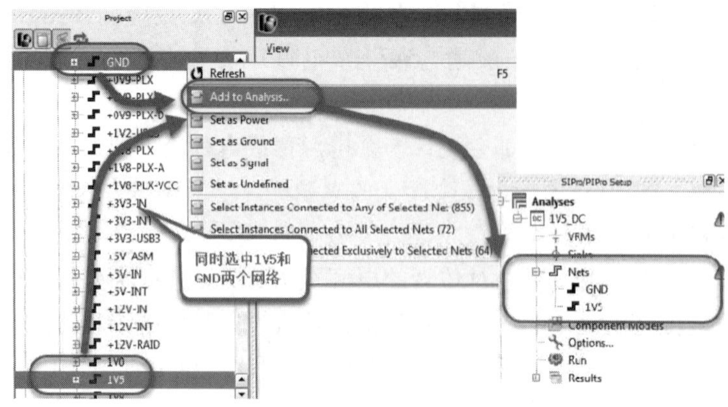

图 13.7　将仿真网络添加到仿真分析中

由于设置栏中只有 1V5_DC 这一个直流仿真分析，所以前面在选择网络添加到分析中时直接就添加到了 1V5_DC 这个分析项目中。

13.3.3　分离元件参数设置

按照前面收集的资料，1V5 这个网络中间由无源器件连接。这时，软件会把网络分成两个网络，另一个网络一般会是设计软件自动赋的流水号网络名。在这种情况下，通常是先把无源器件选择到元件模型中，在元件栏中选择 L6，然后右击，选择 Create Component Models for Analysis 选项，同样元件也会自动添加到 1V5_DC 的 Component Models 栏中，如图 13.8 所示。

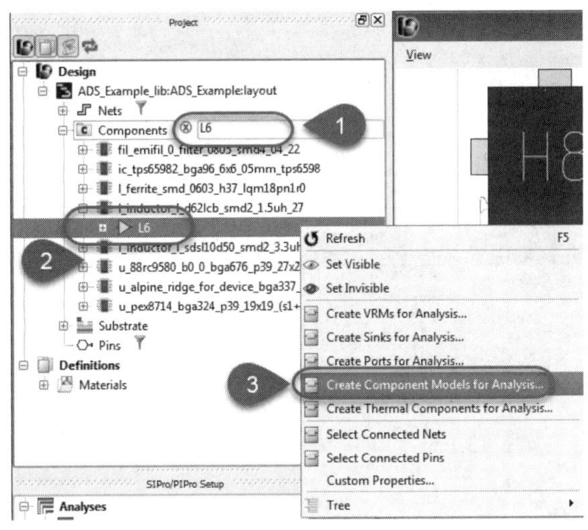

图 13.8　选择电感 L6

用同样的方式，把 R196 也添加到 Component Models 栏中。再以同样的方式选择 R898 和 R899，在添加到 Component Models 中时，由于前面已经添加了 R196，所以会弹出一个对话框，提示是否把选择的器件添加到已存在的元器件组中，由于 R196、R898 和 R899 是相同类型的器件，所以单击 Add to existing Group 按钮，如图 13.9 所示。

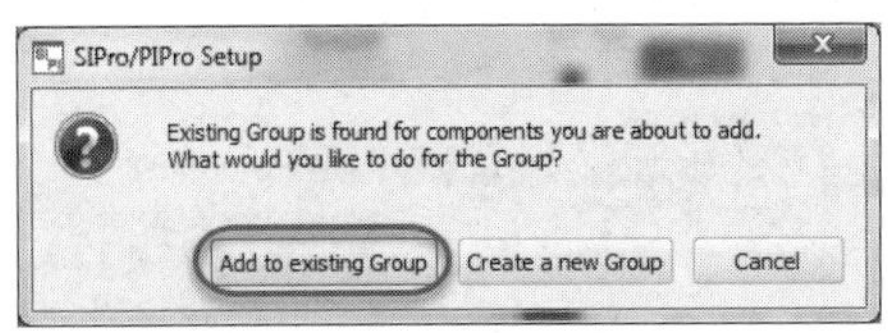

图 13.9　选择是否归纳为同一组

如果是相同的器件，在工程中想给器件赋不同的值，就需要单击 Create a new Group 按钮。选择所有器件之后，给所有的器件分配为 Lumped 的参数类型，所有的数值都为 0，如图 13.10 所示。

在选择器件时，器件连接两端的信号网络都会被自动添加到 Nets 栏中。由于 N16365551 网络没有被定义，所以在右侧会出现感叹号，选择 N16365551，然后右击，选择 Set as Power

选项，将其设置为电源网络，如图 13.11 所示。

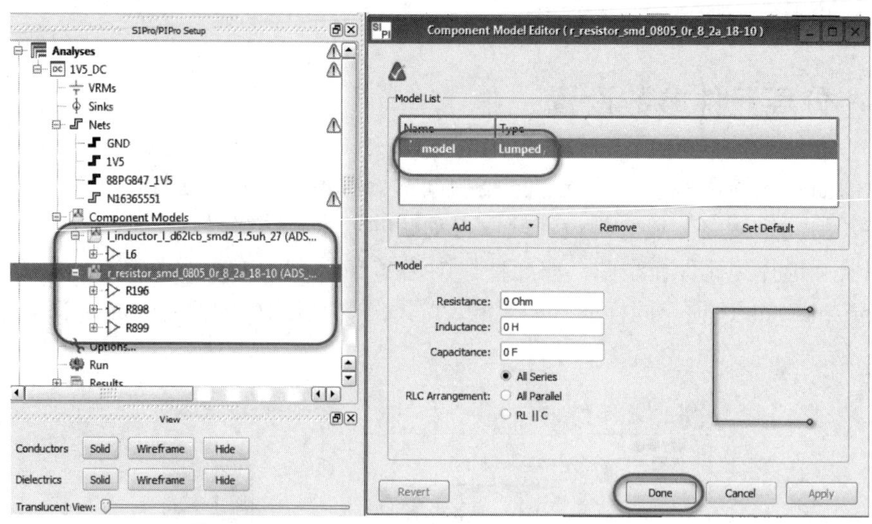

图 13.10　无源器件赋值

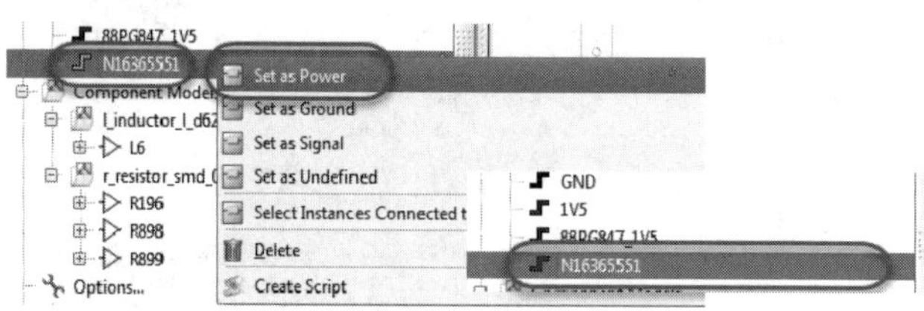

图 13.11　把未定义的网络定义为电源网络

13.3.4　VRM 设置

在 Components 栏中选择 U25，右击，选择 Create VRMs for Anslysis 选项，在弹出的对话框中选择电源网络 N16365551，如图 13.12 所示。

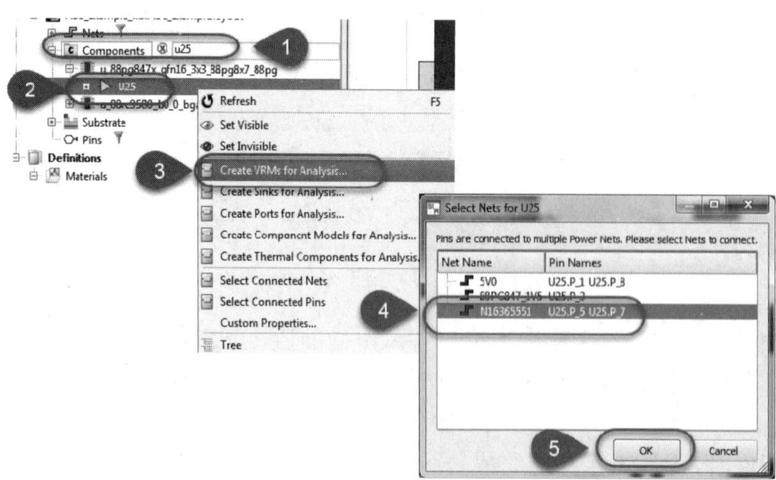

图 13.12　选择 VRM 元件

单击 OK 按钮之后，就会自动产生 VRM 端口，如图 13.13 所示。

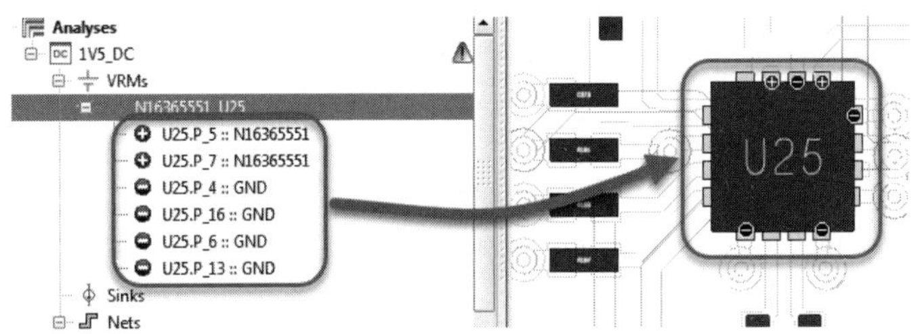

图 13.13　VRM 端口

在 VRM 下选择 N16365551_U25，右击，选择 Properties 选项，弹出 VRM 编辑器窗口，如图 13.14 所示。

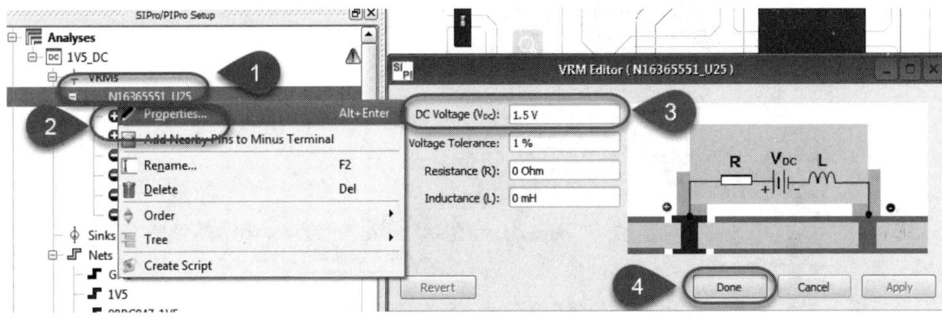

图 13.14　设置 VRM 属性

在 VRM 编辑器窗口中可以编辑 VRM 的 DC Voltage（VDC）（电压）、Voltage Tolerance（电压的容差）、VRM 的 Resistance（R）（内阻）和 VRM 的 Inductance（L）（寄生电感）。VRM 的电压默认值为 1.5V，与 1V5 的电压一致，其他值保持默认，单击 Done 按钮即可完成 VRM 参数的设置。

如果 VRM 有多个元件，则除了像上面一样做设置，为了提高设置的效率，可以对所有器件同时编辑参数，选中 VRMs，然后右击，选择 All Properties 选项，如图 13.15 所示。

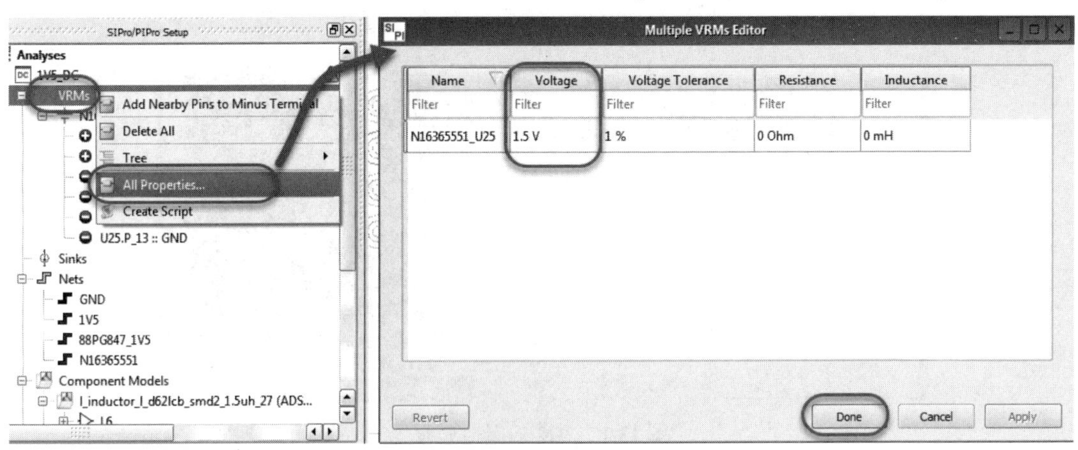

图 13.15　编辑多个 VRM 属性

VRM 包含的参数都是一样的，设置完之后单击 Done 按钮关闭窗口即可。

13.3.5 Sink 设置

设置 Sink 与设置 VRM 类似，只是设置的参数不同。Sink 的元件包括 U2、U15、U16、U17、U18 和 U19。在选择元件时，如果元件在 Layout 显示区域能明显地看到，那么可以直接选中元件，如直接选中 U2，然后右击，选择 Create Sinks for Analysis 选项，在弹出的窗口中选择 1V5 的电源网络，如图 13.16 所示。

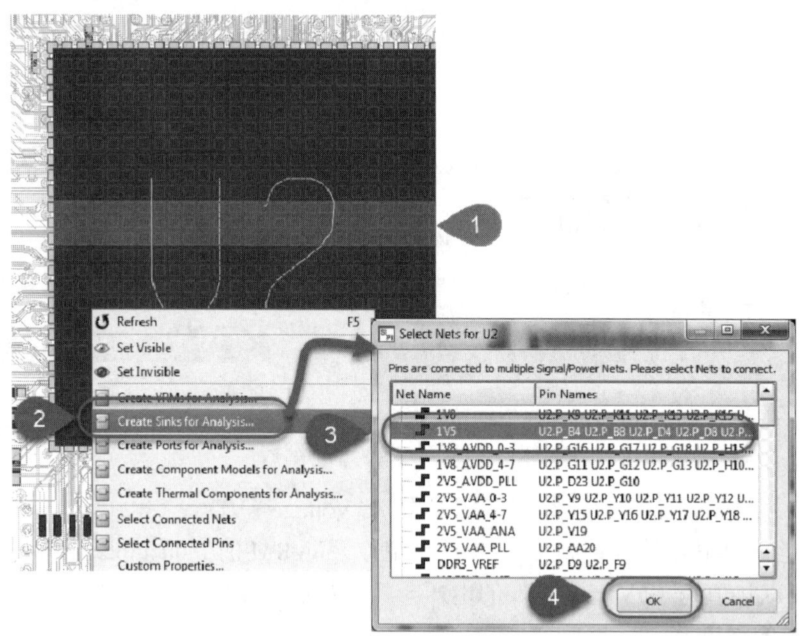

图 13.16　选择 Sink 元件

由于 U2 中包含了很多电源网络，所以一定要选择对应的网络，然后单击 OK 按钮，即自动产生了 Sink U2 的端口，选中 1V5_U2，端口的分布如图 13.17 所示。

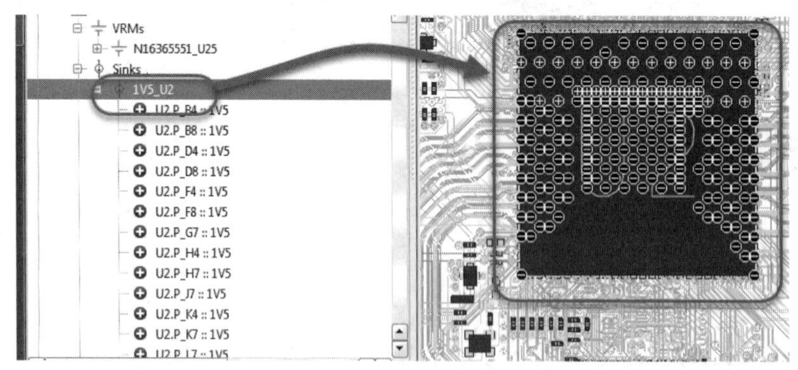

图 13.17　U2 的端口分布

选择 1V5_U2，右击，选择 Properties 选项，弹出 Sink 编辑器窗口，设置 Sink 的 DC Current

（IDC）（直流电流）、Sink 的 Resistance（R）（内阻）、Voltage Tolerance（输入电压的容差）并选择 Pin Current Model（引脚处电流的模型），如图 13.18 所示。

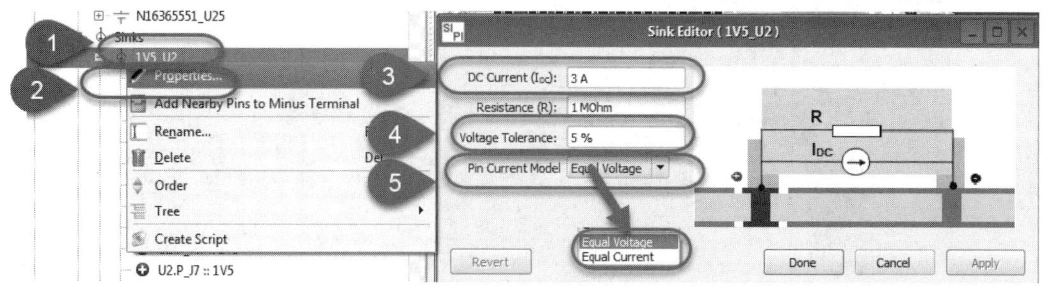

图 13.18　打开 Sink 编辑器窗口

直流电流就是用电芯片工作时需要使用的电流，针对的是所选择的网络，而不是整颗芯片，根据前面的表格所列举的参数，将电流设置为 1 A。内阻为 1 MOhm，一般保持默认值。

输入电压的容差一般与芯片的要求有关，就是芯片的供电电压范围。有的公司也会针对特定的一些电源网络有一些特殊的要求，例如，1 V 的电压要求的容差是 2%，1.5 V 的电压要求的容差是 3%，大于 1.5 V 要求的容差是 5%等。本案例设置为 3%。

引脚处的电流模型分为 Equal Voltage（等电压）和 Equal Current（等电流）两种，就是设置在芯片的引脚处电源的形式，等电压表示电压相同，此时所有的引脚的正端短接在一起，所有的负端也短接在一起，根据不同引脚的内阻不同，流经的电流也不同；等电流表示电流相同，即所有的正端都短接在一起，强制其电流相同，负端通过一个小电阻连接在一起，这样就保证了电压几乎也是相等的。根据实际情况设定，本案例按软件默认设置为等电压模式。设置好之后，如图 13.19 所示。单击 Done 按钮，完成 Sink U2 的参数设置。

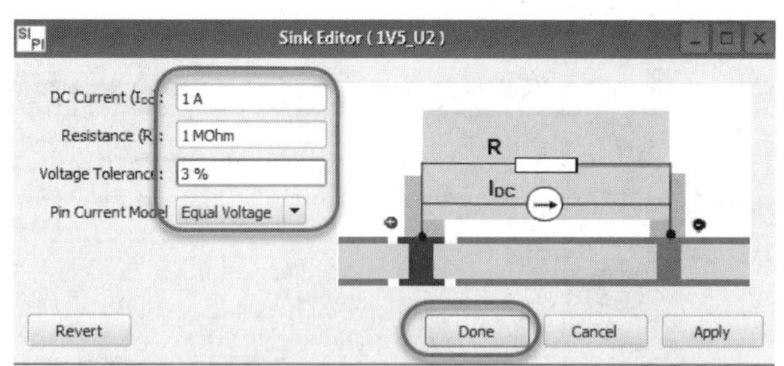

图 13.19　设置 Sink U2 的参数

用相同的方式，同时选中 U15、U16、U17、U18 和 U19 元件，然后右击，选择 Create Sinks for Analysis 选项，在弹出的窗口中选择 1V5 的电源网络，并且选择 Use same selection for all others 选项，如图 13.20 所示。

选择 Use same selection for all others 选项的目的是使其他的元件都选择相同的网络，如果同时选择多个元件，而网络不同时，就不能选择此选项。然后单击 OK 按钮，各个 DRAM 元件的端口分布如图 13.21 所示。

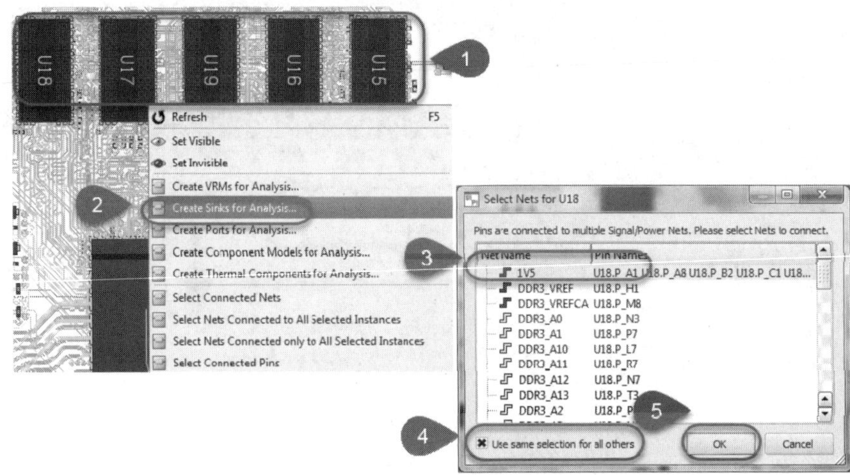

图 13.20　为多个相同的元件设置 Sink

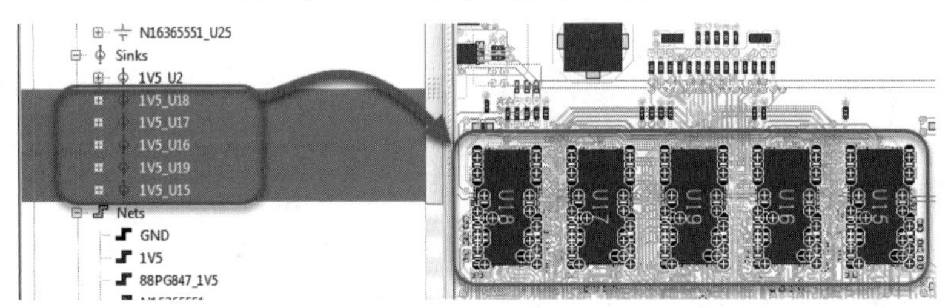

图 13.21　各 DRAM 元件的端口分布

选中 Sinks，右击，选择 All Properties 选项，在弹出的多个 Sink 属性编辑器窗口中分别设置 U15、U16、U17、U18 和 U19 元件的属性，Current（电流）为 0.4A，Voltage Tolerance（输入电压的容差）为 3%，选择 Equal Voltage（等电压）模式，如图 13.22 所示。设置完成后单击 Done 按钮，即完成 Sink 端属性的参数设置。

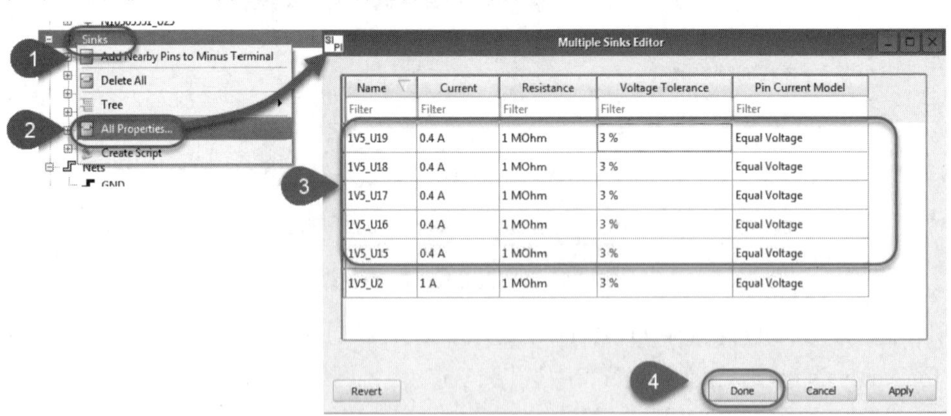

图 13.22　设置多个 Sink 的属性

13.3.6　设置 Options

双击 Options，在弹出的对话框中设置 Background Temperature（环境温度），一般保持默认值 25℃。选择 Options 标签栏可以设置网格剖分的分辨率、网格的大小以及是否使用理想参考地网络，在没有特殊要求的情况下，都保持默认值，如图 13.23 所示。

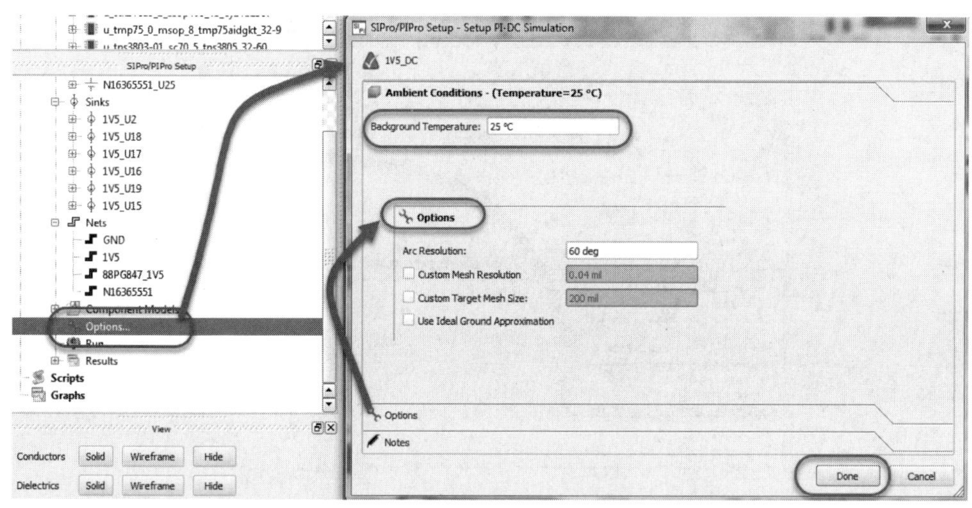

图 13.23　设置 PI-DC Options

在电源完整性仿真时，由于参考地网络也会影响计算的结果，所以一般情况下都不设置为理想值。电源完整性的直流仿真效率非常高，通常只需要几秒钟或几分钟就能跑完。单击 Done 按钮完成设置，并关闭对话框。

13.3.7　运行仿真及查看仿真结果

在菜单栏中选择 File→Save 选项，保存仿真工程。然后双击 Run，在弹出的对话框中单击 Yes 按钮，随即弹出仿真窗口，如图 13.24 所示。

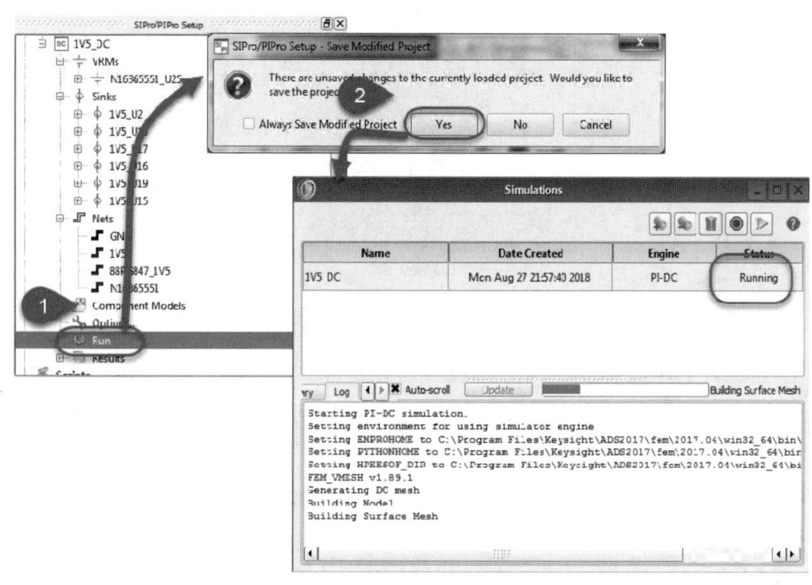

图 13.24　运行仿真

PI-DC 的仿真通常比较快，仿真完成后在仿真的窗口中可以看到状态和完成仿真的时间，如图 13.25 所示。

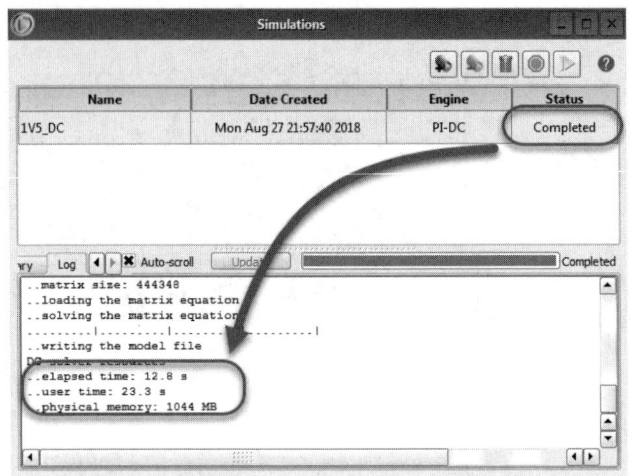

图 13.25　仿真完成

展开 Results 后双击 Overview，弹出 DC Results Overview（直流仿真结果总览）窗口，如图 13.26 所示。

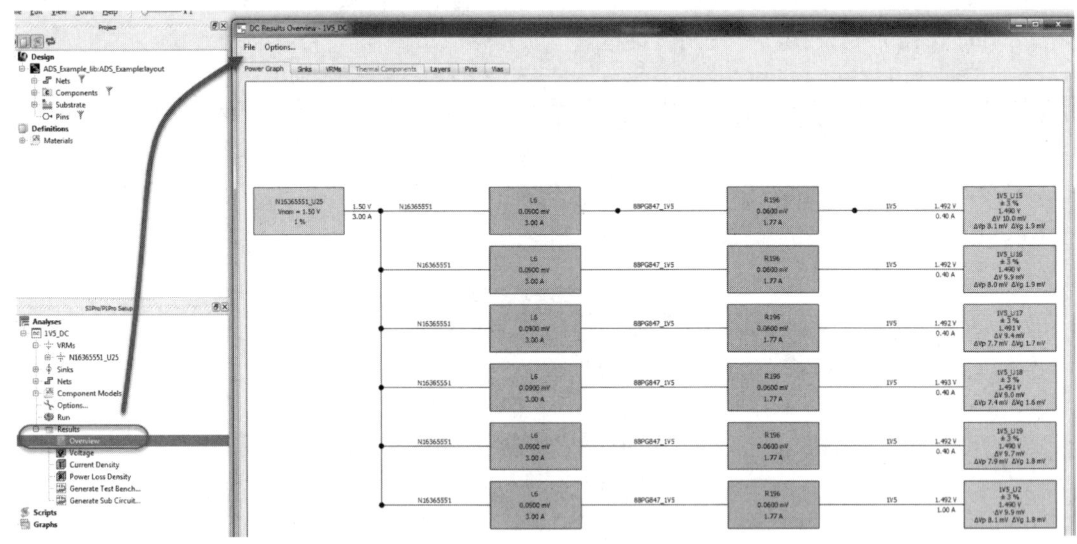

图 13.26　直流仿真结果总览

该窗口中包含了 Power Graph（电源图/树）、Sink、VRMs、Thermal Components（热元件）、Layers（层）、Pins（引脚）以及 Vias（过孔）的结果。在 Power Graph 中可以看到电源树的结构，电源的流向也非常清晰，在各个节点都能查看相关的参数，特别是在 Sink 端，从 Sink 端的颜色就能判断结果是否满足要求，绿色表示满足，本案例中所有的 Sink 都满足电压要求；如果是红色，则表示不满足。

选择 Sinks 页签，其中包含了各 Sink 的输入的电压、输入的电流、电压跌落的大小、电源和参考地上跌落的电压、设置的容差值、设定的目标值的裕量以及电源传递路径的直流电阻。如果仿真的结果符合设定的容差值，那么在 Name（名称）栏中会显示绿色的勾；如果不符合，则显示为黄色的感叹号，并且对应的 Sink 行都是红色的，如图 13.27 所示。

DC Results Overview - 1V5_DC

File　Options...

Power Graph | Sinks | VRMs | Thermal Components | Layers | Pins | Vias

	Name	VRM Voltage [V]	Input Current [A]	Input Voltage [V]	Input Power [W]	IR Drop [mV]	ΔVp [mV]	ΔVg [mV]	Tolerance	Margin [mV]	Resistance [mOhm]
1	1V5_U2	1.49996	1	1.49003	1.49003	9.93	8.12	1.81	3 %	35.07	3.5
2	1V5_U18	1.49996	0.4	1.49096	0.596384	9.00	7.38	1.62	3 %	36.00	3.1
3	1V5_U17	1.49996	0.4	1.49052	0.596206	9.44	7.70	1.74	3 %	35.55	3.3
4	1V5_U16	1.49996	0.4	1.49006	0.596022	9.90	8.05	1.85	3 %	35.09	3.6
5	1V5_U19	1.49996	0.4	1.49024	0.596095	9.72	7.91	1.81	3 %	35.28	3.4
6	1V5_U15	1.49996	0.4	1.48998	0.595992	9.98	8.11	1.87	3 %	35.02	3.7

图 13.27　直流仿真结果的 Sink

VRMs 页签显示的是 VRM 的相关结果，可以查看设置的参数和结果是否正确，如图 13.28 所示。

DC Results Overview - 1V5_DC

File　Options...

Power Graph | Sinks | VRMs | Thermal Components | Layers | Pins | Vias

	Name	Source Voltage [V]	Output Voltage [V]	Output Current [A]	Output Power [W]	Tolerance	Margin [mV]
1	N16365551_U25	1.5	1.49996	3.00001	4.49989	1 %	14.96

图 13.28　直流仿真结果的 VRM

Layers（层）页签显示的主要是各导体层和过孔的温度、电流和电压的分布结果，如图 13.29 所示。

DC Results Overview - 1V5_DC

File　Options...

Power Graph | Sinks | VRMs | Thermal Components | Layers | Pins | Vias

	Layer	Min T [°C]	Max T [°C]	Min Current Density [A/mm**2]	Max Current Density [A/mm**2]	Min Voltage [V]	Max Voltage [V]
1	ETCH_TOP (1000)	25.0	25.0	0	101.819	4.59866e-06	1.5
2	ETCH_GND02 (1001)	25.0	25.0	0	26.3538	0.000673803	0.0018639
3	ETCH_ART03 (1002)	25.0	25.0	0	0.0928177	0.00113078	0.0018244
4	ETCH_POWER04 (1003)	25.0	25.0	0	48.204	0.00113078	1.49497
5	ETCH_POWER05 (1004)	25.0	25.0	4.10455e-08	0.00539831	0.00113078	0.0018244
6	ETCH_ART06 (1005)	25.0	25.0	0	0.067089	0.00113078	0.0018244
7	ETCH_GND07 (1006)	25.0	25.0	0	26.0941	0.000677104	0.00186382
8	DRILL_TOP_BOTTOM (1008)	25.0	25.0	0	54.2652	0.000649603	1.49532
9	ETCH_BOTTOM (1007)	25.0	25.0	0	3.75622	0.00065462	1.49532

图 13.29　直流仿真结果的 Layers

Pins（引脚）页签显示的是每个与仿真电源网络相连的引脚电压、电流和温度，如图 13.30 所示。

默认值显示的是所有引脚的结果（All)，如果要选择具体的元件的引脚，则可以在 Select Pins 栏中选择具体的引脚，如图 13.31 所示。

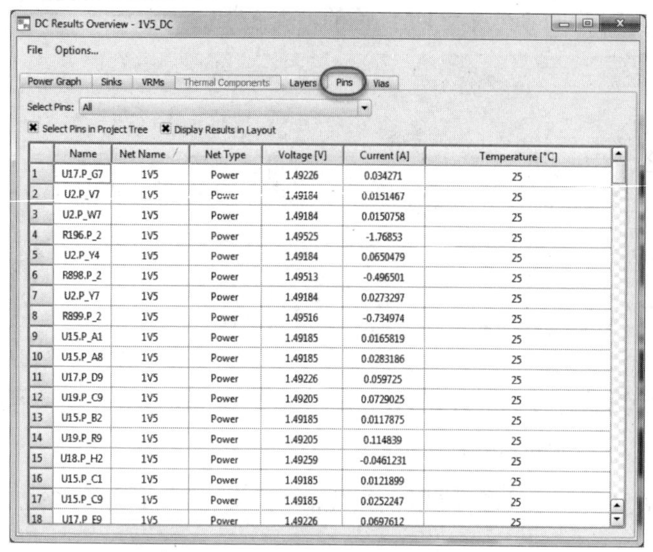

	Name	Net Name	Net Type	Voltage [V]	Current [A]	Temperature [°C]
1	U17.P_G7	1V5	Power	1.49226	0.034271	25
2	U2.P_V7	1V5	Power	1.49184	0.0151467	25
3	U2.P_W7	1V5	Power	1.49184	0.0150758	25
4	R196.P_2	1V5	Power	1.49525	-1.76853	25
5	U2.P_Y4	1V5	Power	1.49184	0.0650479	25
6	R898.P_2	1V5	Power	1.49513	-0.496501	25
7	U2.P_Y7	1V5	Power	1.49184	0.0273297	25
8	R899.P_2	1V5	Power	1.49516	-0.734974	25
9	U15.P_A1	1V5	Power	1.49185	0.0165819	25
10	U15.P_A8	1V5	Power	1.49185	0.0283186	25
11	U17.P_D9	1V5	Power	1.49226	0.059725	25
12	U19.P_C9	1V5	Power	1.49205	0.0729025	25
13	U15.P_B2	1V5	Power	1.49185	0.0117875	25
14	U19.P_R9	1V5	Power	1.49205	0.114839	25
15	U18.P_H2	1V5	Power	1.49259	-0.0461231	25
16	U15.P_C1	1V5	Power	1.49185	0.0121899	25
17	U15.P_C9	1V5	Power	1.49185	0.0252247	25
18	U17.P_E9	1V5	Power	1.49226	0.0697612	25

图 13.30　直流仿真结果的引脚页签

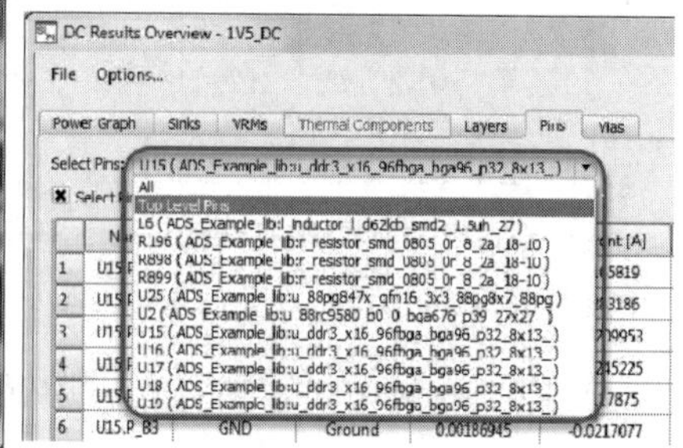

图 13.31　选择显示的引脚

Vias（过孔）页签中显示的是过孔的最大电流密度和温度。在 Maximum Current（最大电流）栏中可以设定最大密度的规范，如果符合设定的要求，则 Current[A]（电流）列对应的框中将显示绿色的勾；如果不符合要求，则显示黄色的感叹号。在 Maximum Temperature（最高温度）栏中可以设定最高温度的规范，与判断最大电流的规则相同，如果符合设定的要求，则在 T[℃]（温度）列对应的框中将显示绿色的勾；如果不符合要求，则显示黄色的感叹号，如图 13.32 所示。

DC Results Overview - 1V5_DC

File Options...

Power Graph | Sinks | VRMs | Thermal Components | Layers | Pins | Vias

Maximum Current: 1 + 0*Area A (0 Violations)

Maximum Temperature 100 degC (0 Violations)

Re-Evaluate | Display Results in Layout | Only Show Violating Vias (Current) | Only Show Violating Vias (T)

	Id	Current [A]	T [°C]	Radius [um]	Plating [um]	Area [um**2]
1	0	0.000964058	25.0	1803.4	0	1.02172e+07
2	1	5.99865e-07	25.0	138.98	0	60681.2
3	2	4.14351e-07	25.0	138.98	0	60681.2
4	3	7.63606e-07	25.0	138.98	0	60681.2
5	4	1.43574e-06	25.0	138.98	0	60681.2
6	5	9.35757e-07	25.0	138.98	0	60681.2
7	6	4.47659e-07	25.0	138.98	0	60681.2
8	7	1.45981e-05	25.0	127	0	50670.7
9	8	1.58374e-05	25.0	127	0	50670.7
10	9	1.43361e-05	25.0	127	0	50670.7
11	10	2.75839e-05	25.0	127	0	50670.7
12	11	6.74163e-05	25.0	127	0	50670.7

图 13.32　直流仿真结果的过孔页签

在 Vias（过孔）页签中选择任意 Id 都会在 SIPro/PIPro 的 Layout 图中高亮过孔，如果有过孔的电流密度或温度过高，就可以对应地进行编辑修改，如图 13.33 所示。

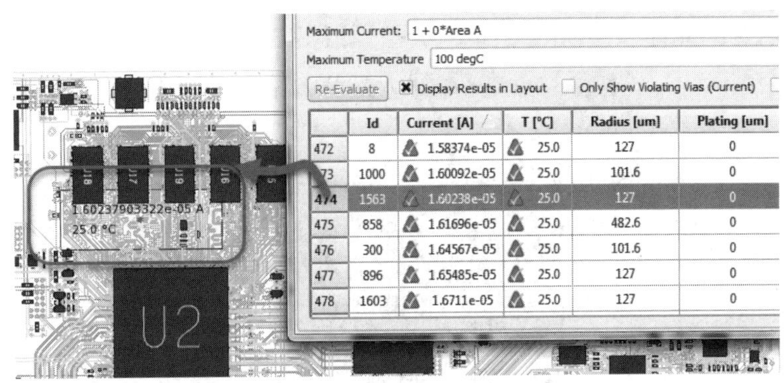

	Id	Current [A]	T [°C]	Radius [um]	Plating [um]
472	8	1.58374e-05	25.0	127	0
473	1000	1.60092e-05	25.0	101.6	0
474	1563	1.60238e-05	25.0	127	0
475	858	1.61696e-05	25.0	482.6	0
476	300	1.64567e-05	25.0	101.6	0
477	896	1.65485e-05	25.0	127	0
478	1603	1.6711e-05	25.0	127	0

图 13.33　选择过孔

在仿真结果总览的窗口中选择 File→Export 选项，可以导出仿真电源完整性直流仿真报告，报告的格式有两种，一种是不可编辑的 HTML 的网页格式，另一种是可编辑的 DocX 格式，如图 13.34 所示。

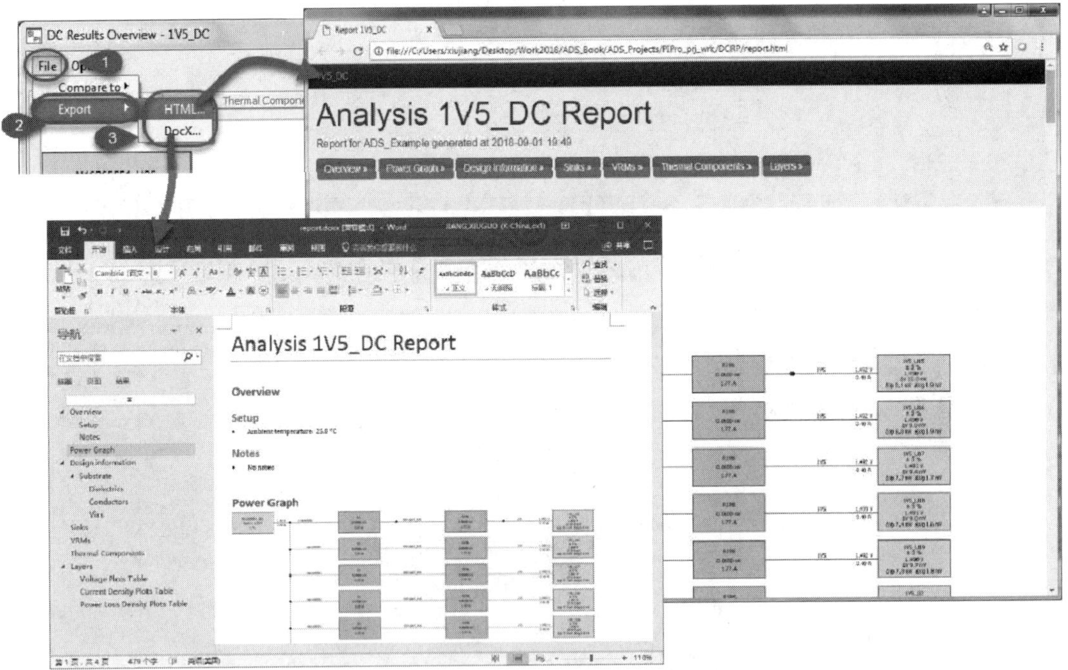

图 13.34　导出直流仿真报告

可以将导出的报告发送给相关的工程师查看分析，但是如果有一些不满足规范的情况，就需要工程师再补充。

双击 Voltage，会弹出电压分布图显示结果的窗口，如图 13.35 所示。

在这个窗口中有电压分布的比色卡。工程师还可以选择显示的网络类型（Net Type）、查看每一层的结果（Layer）以及是否显示或隐藏其他结果。

在弹出的窗口中默认设置是把电源和参考地网络结果都显示出来。如果只观察电源网络的结果，可以在 Net Type 的下拉菜单中选择 Power 选项，这样就只显示电源网络的电压分布图，同时所有的元件和其他网络都不可见，如图 13.36 所示。

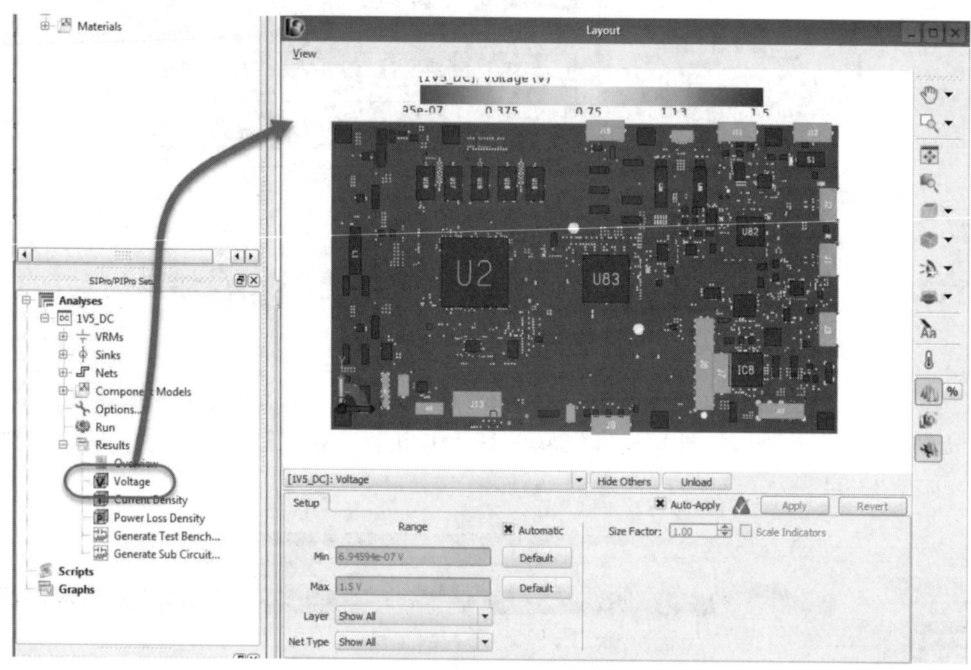

图 13.35　查看电源分布

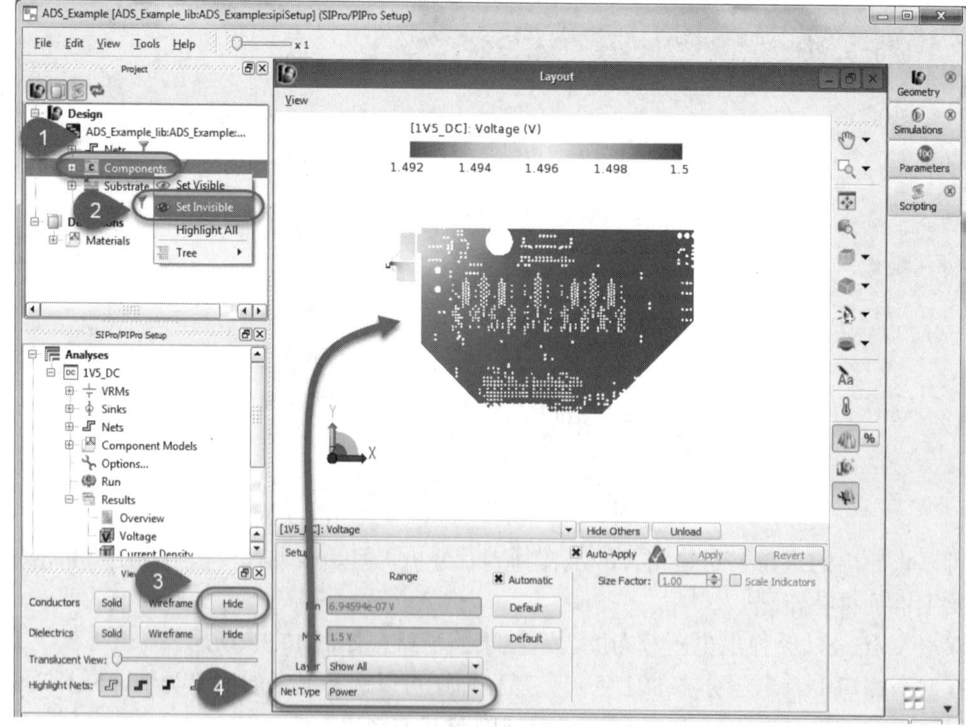

图 13.36　电源网络的电压分布图

查看图片

分布图中的比色卡红色一端代表高电压，显示的区域为 VRM 区域；蓝色一端代表低电压，说明电压经过传递之后，已经被电源传递路径的直流电阻分压了，显示的区域一般就是 Sink 区域。如果蓝色一端显示的电压值低于要求的电压，就说明电源平面的设计不符合要求，要修改设计。

在工具栏上单击 Field Reader 按钮，然后移动鼠标，将鼠标放在图中任意位置，在比色卡中都可以显示该位置的具体值，如图 13.37 所示。

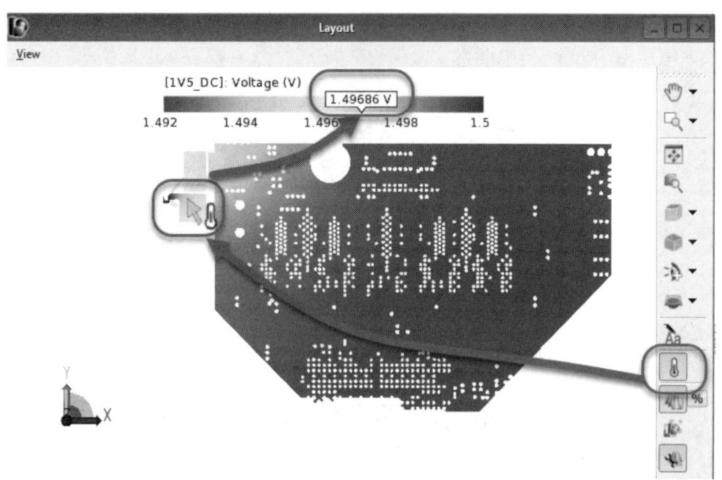

图 13.37　读电压值

双击 Current Density，弹出电流密度分布窗口。在窗口下方的 Net Type 栏中选择 Power，然后单击 Hide Others 按钮，如图 13.38 所示。

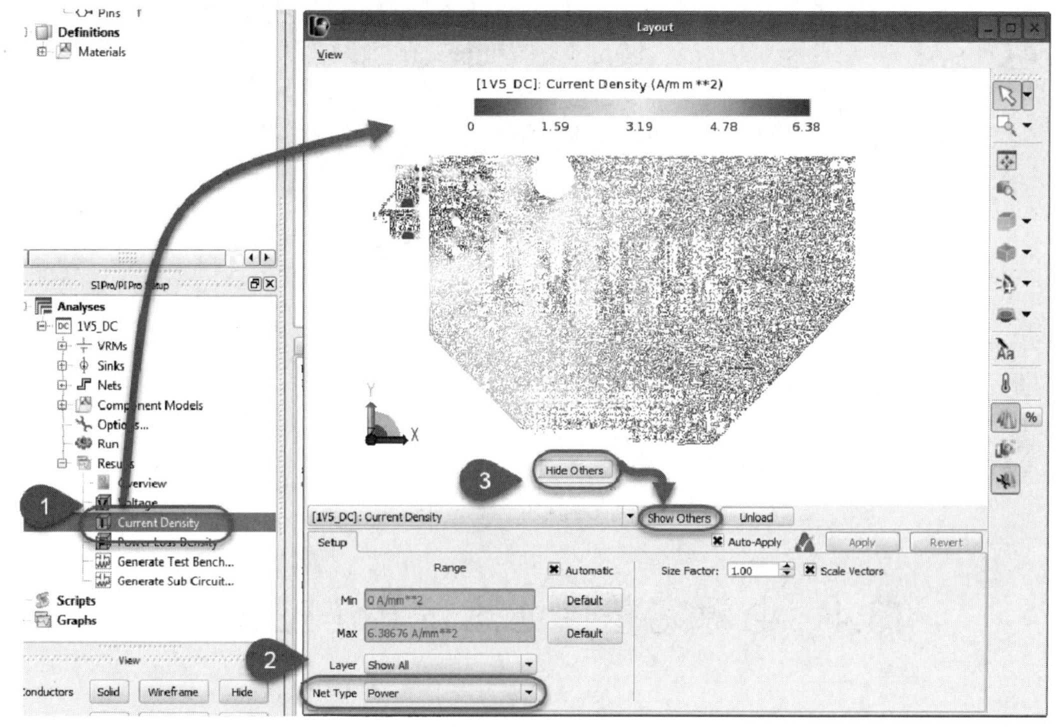

图 13.38　电流密度分布图

如果在查看电流密度之前没有查看过电压跌落的结果，那么就不需要单击 Hide Others 按钮。这个按钮的作用就是把其他结果隐藏，只显示当前的结果。

电流密度的比色卡对应的是电流密度的大小，红色一端表示电流密度最大区域，蓝色一端表示电流密度最小区域。一般在电源通道比较窄的点、换层区域以及过孔连接点，其电流密度比较大。

如果有多个结果，需要再查看之前的结果，可以在 Layout 下方单击下拉菜单，选择对应的需要显示的结果，如图 13.39 所示。

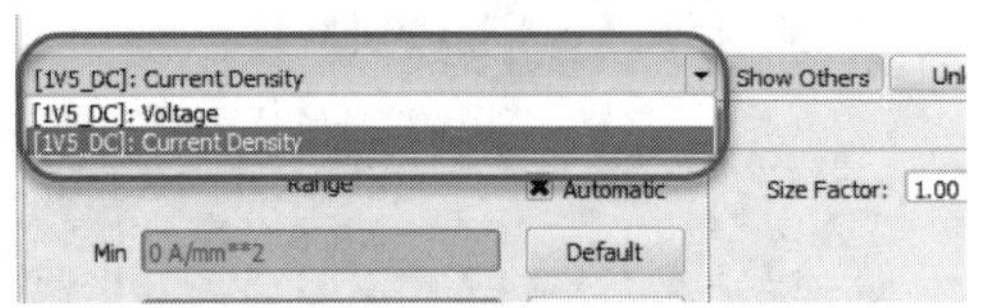

图 13.39　选择显示的结果

与查看电流密度的方式一样，双击 Power Loss Density 可查看功率损失的结果分布图，如图 13.40 所示。

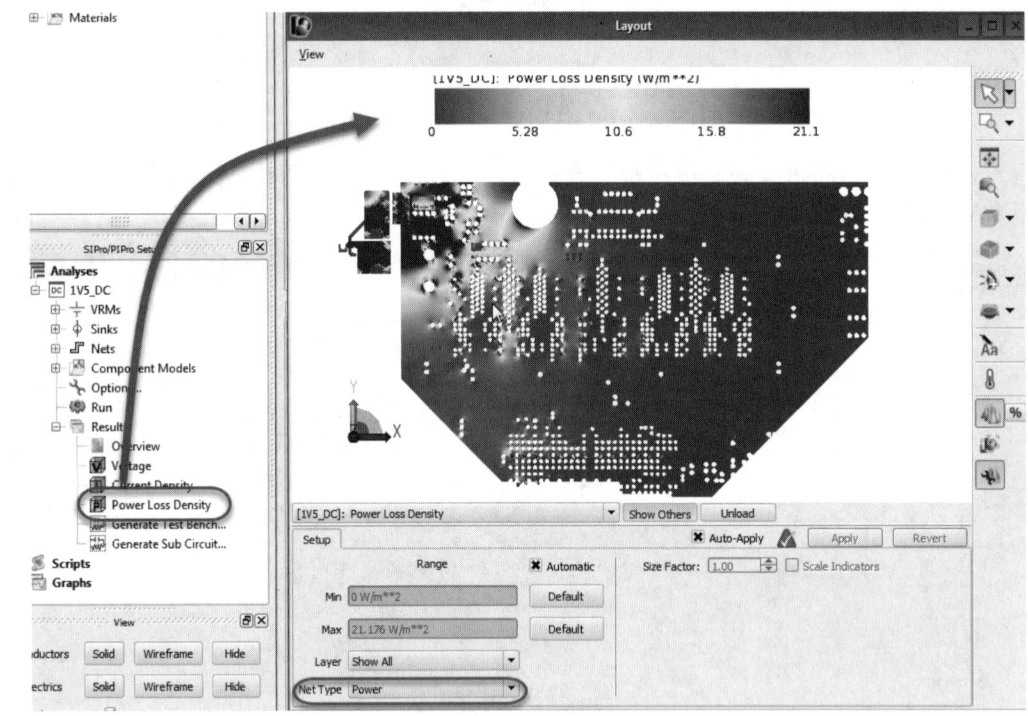

图 13.40　查看功率损失的结果

查 看 图 片

13.4　电源完整性电热仿真（PI ET）

随着产品的集成度越来越高，产品正朝着小型化发展，因此散热就成为产品设计必须要面对的一个问题。如果产品散热不好，或者产品的温度变化比较大，就会影响电源的工作效率。

现实中使用的导体都是非理想导体，因此随着温度的变化，导体的电阻率也会发生变化。PCB 板的导体一般都是铜，铜在常温下的电阻率为 1.7×10^{-8} Ωm。温度升高，铜的电阻率也会增加，所以当温度升高时，直流电阻也会增加，这就会导致直流电压跌落得更多。因此，在设计产生热量比较大的电子产品时，需要考虑电热联合仿真。

电热联合仿真分析（electro-thermal analysis）可以综合考虑电与热的相互影响，在 PIPro 中电热联合仿真分析考虑了金属的焦耳热损耗和芯片等元件工作时产生的热量，计算了 PCB 中的电压分布、直流电压跌落、电流密度、功率损失和温度的分布。热量通过导体材料从热源传递到了周围的环境中，与周围的空气对流或直接辐射出热量。这样就会导致系统中的元件和 PCB 温度升高，进而导致金属的电阻率进一步增加。如此反复，直到达到一个稳定的状态。

13.4.1　建立电热仿真分析

由于前面已经完成了直流仿真分析，可以把前面的仿真分析复制到一个电热联合仿真分析类型中。在 SIPro/PIPro 设置栏中选中 1V5_DC 仿真工程，右击，选择 Copy→To Electro-Thermal Analysis 选项，如图 13.41 所示。

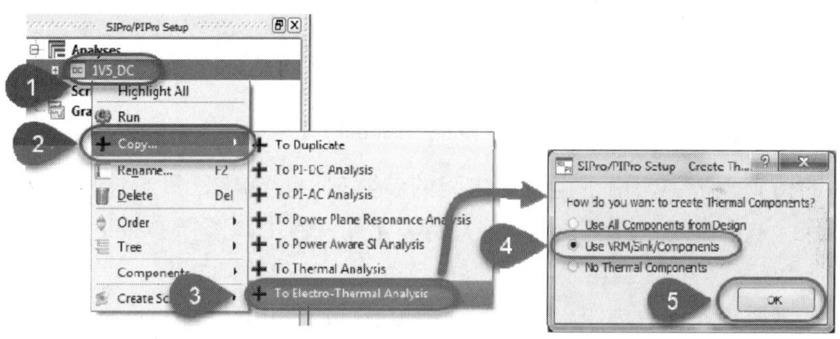

图 13.41　建立电热仿真分析工程

在弹出的对话框中选择需要产生热模型的元件，有 3 种选择，分别是 Use All Components from Design（使用设计中所有元件的热量）、Use VRM/ Sink/ Components（使用 VRM/Sink/电源网络连接的器件）和 No Thermal Components（不使用元件的热量）。热模型要根据实际情况选择。本案例为了方便介绍，选择 Use VRM/ Sink/ Components。然后单击 OK 按钮，即产生了一个电热联合仿真的分析工程，如图 13.42 所示。

单击 1V5_DC（copy），将其改名为 1V5_ET。

如果不复制已有的工程，则可在 SIPro/PIPro 设置栏中选择 Analyses，然后右击，选择 New Electro-Thermal Analysis 选项，即可建立一个新的电热联合仿真分析工程，如图 13.43 所示。

然后按 PI-DC 仿真分析的设置建立 VRM、Sink、Components Model 等，在此不再赘述。

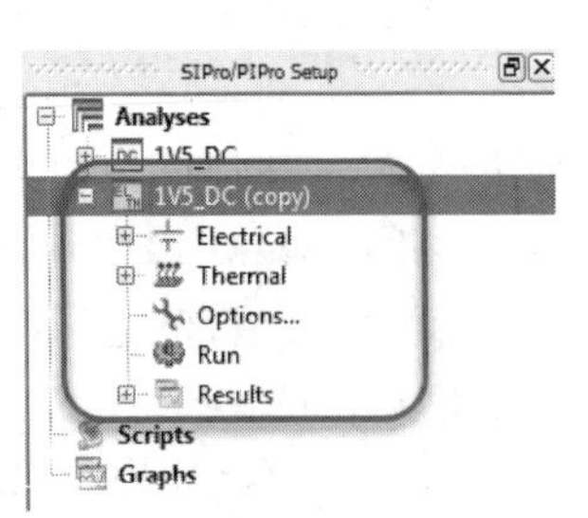

图 13.42 建立的电热联合仿真分析工程

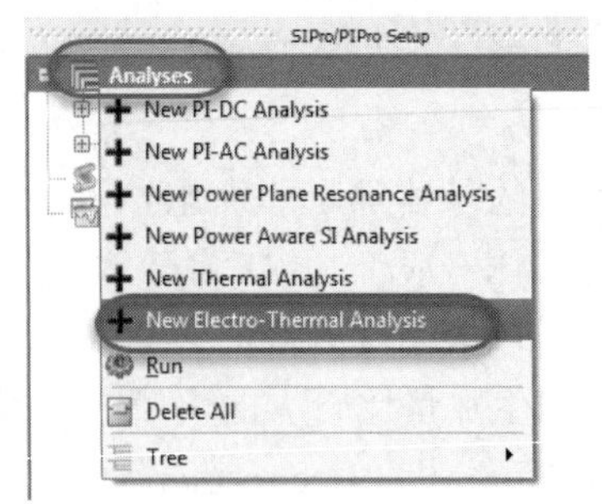

图 13.43 新建电热联合仿真分析工程

13.4.2 热模型设置

1V5_ET 工程分为两个部分，分别是 Electrical（电气）部分和 Thermal（热）部分，由于是复制的 1V5_DC 工程，所以不需要再对电气部分设置任何参数，只要设置热部分即可。

展开 Thermal，Thermal Components（热元件）中包括电感、电阻以及 VRM 和 Sink 的芯片，如图 13.44 所示。

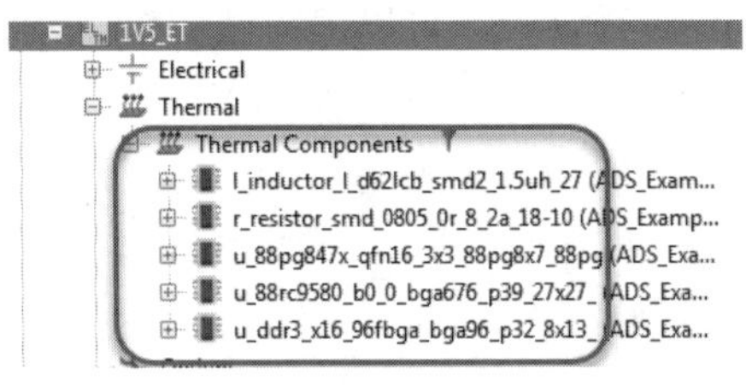

图 13.44 热元件

在前面的仿真分析中，由于电感和电阻的参数都设置为零，只起连接的作用，所以可以把它们删除。选中电感（l）和电阻（r）两类元件，右击，选择 Delete 选项，如图 13.45 所示。

也可以把这两类元件的热作用关闭，选中电感（l）和电阻（r）两类元件，右击，选择 Set Thermal Source To→Disabled 选项，如图 13.46 所示。

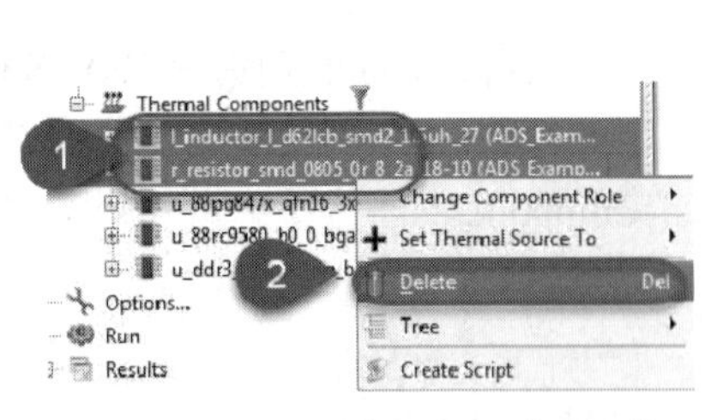

图 13.45 删除电感和电阻两类元件

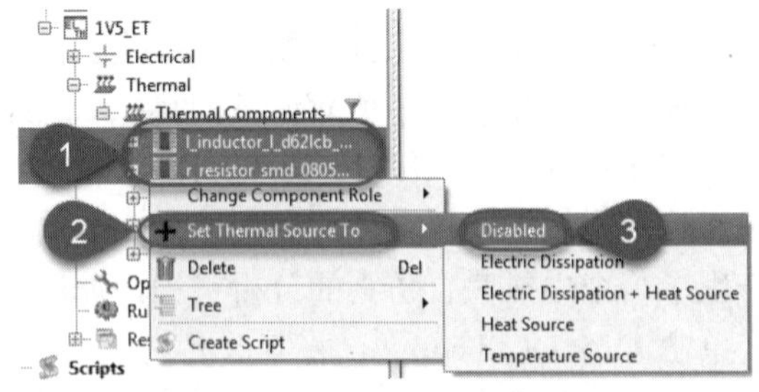

图 13.46 Disabled 热源

双击 u_88pg847x_qfn16_3x3_88pg8x7_88pg，弹出 Thermal Resistance Editor（热阻模型编辑器）窗口，如图 13.47 所示。

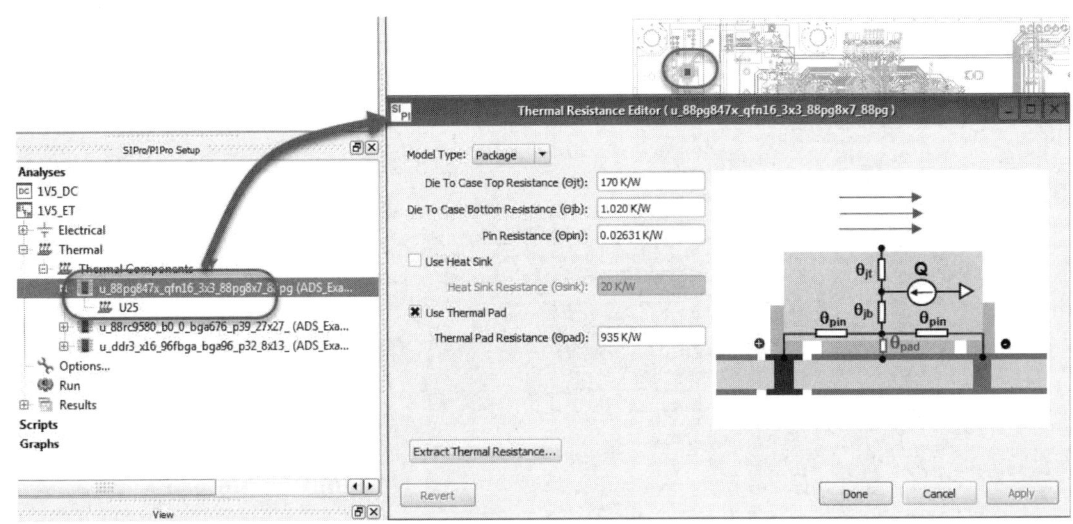

图 13.47　热阻模型编辑器

热阻参数包括 Die To Case Top Resistance（θjt）〔Die 到封装的顶层的结电阻值（θjt）〕、Die To Case Bottom Resistance（θjb）〔Die 到封装的底层的结电阻值（θjb）〕、Pin Resistance（θpin）〔封装的基板与引脚焊盘之间的电阻值（θpin）〕、Heat Sink Resistance（θsink）〔散热片热阻值（θsink）〕、Thermal Pad Resistance（θpad）〔封热焊盘的热阻值（θpad）〕或 To Ambient Resistance（θ）〔连接器与环境之间的热阻值（θ）〕。有的参数是必须设置的，有的参数是可选的。

热阻的 Model Type（模型类型）分为两种，即 Package（封装）和 Connector（连接器），如图 13.48 所示。

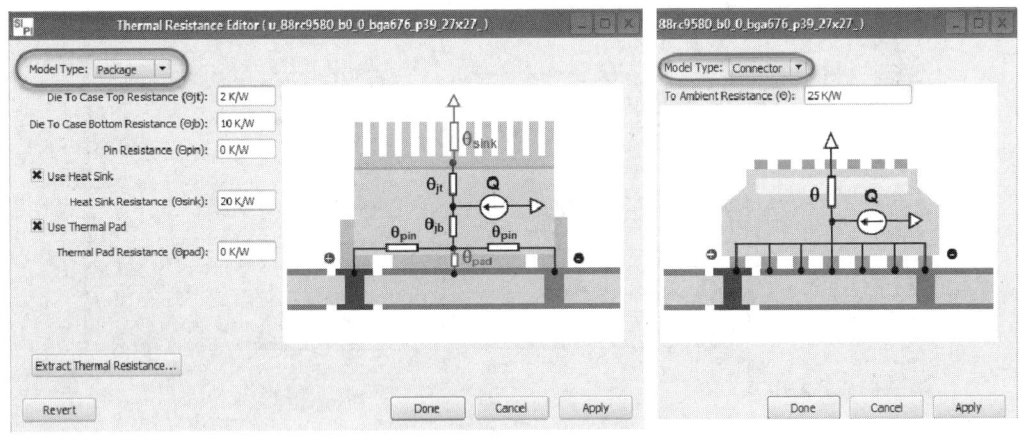

图 13.48　热阻模型的类型

两类热阻模型的参数并不相同，这些参数默认值是由热阻类型和元器件的尺寸决定的，建议从相关元器件的数据手册、供应商处获取。如果确实没有，也可以在热阻模型编辑器窗口中单击 Extract Thermal Resistance（提取热阻模型）按钮，将弹出热阻模型提取工具对话框，如图 13.49 所示。

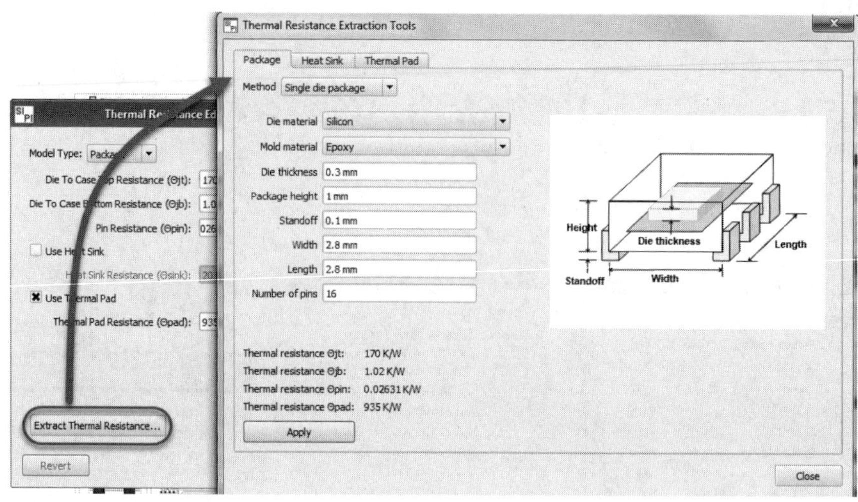

图 13.49 热阻模型提取工具

在该对话框中可以提取 Package（封装）、Heat Sink（散热片）和 Thermal Pad（热焊盘）的热阻模型参数。通过 Method（方法）选择提取封装的热阻模型时需要选择提取的方法，可以选择 Single die package 或 JEDEC Measurement 两种方式设定 Die material、Mold material 和封装的尺寸等参数，热阻模型会随着参数和设置的改变而改变。然后单击 Apply 按钮提取热阻模型，如图 13.50 所示。

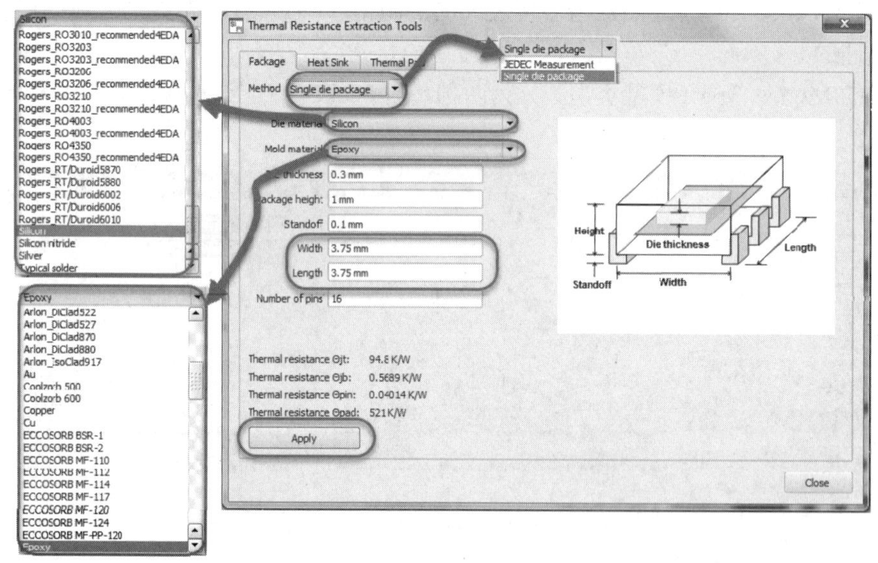

图 13.50 提取热阻模型

单击 Close 按钮，热阻模型已经被修改为新的参数值，如图 13.51 所示。

如果要提取散热片的模型，则选择 Heat Sink 页签，然后选择散热片的类型，分为 Parallel Plate Fin（片状）和 Cylindrical Pin Fin（鳍状）两种类型，选择设定散热片的材料或热导率，然后根据散热片的尺寸设置相关参数，即可计算出散热片的热阻模型。单击 Apply 按钮，把热阻模型添加到热阻模型设置中，如图 13.52 所示。

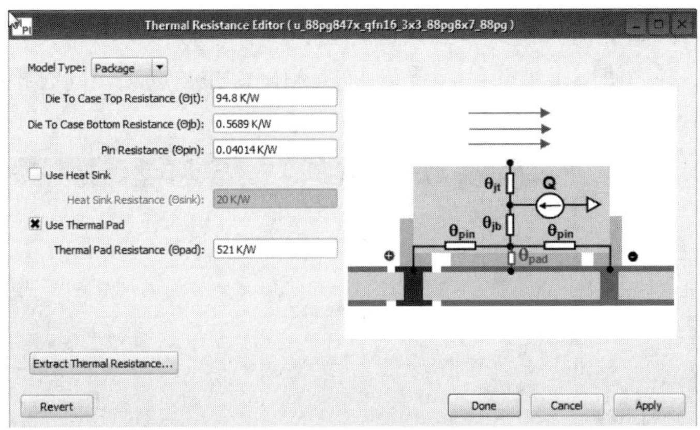

图 13.51　改变后的热阻模型值

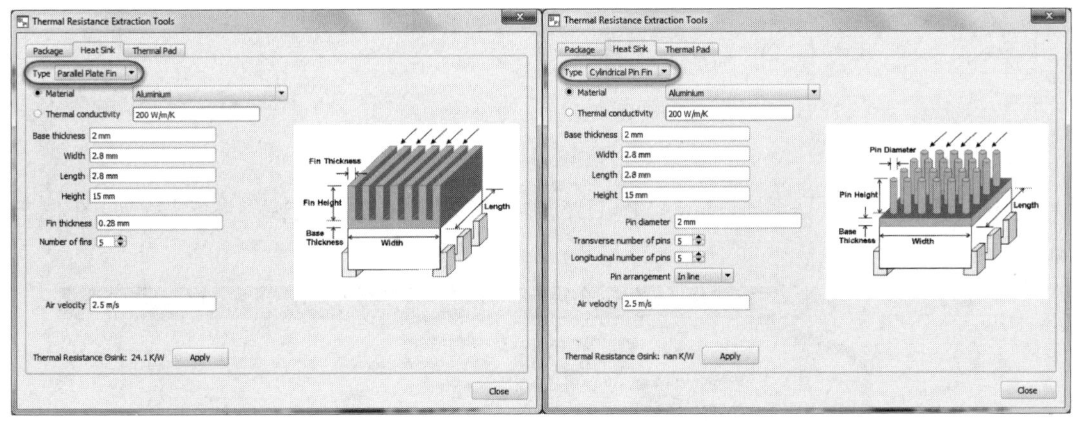

图 13.52　提取散热片的热阻模型

使用相同的方式也可以提取热焊盘的热阻模型。选择 Thermal Pad 页签，选择设定热焊盘的 Material（材料）或 Thermal conductivity（热导率），然后根据热焊盘的尺寸设置相关参数，单击 Apply 按钮，如图 13.53 所示。

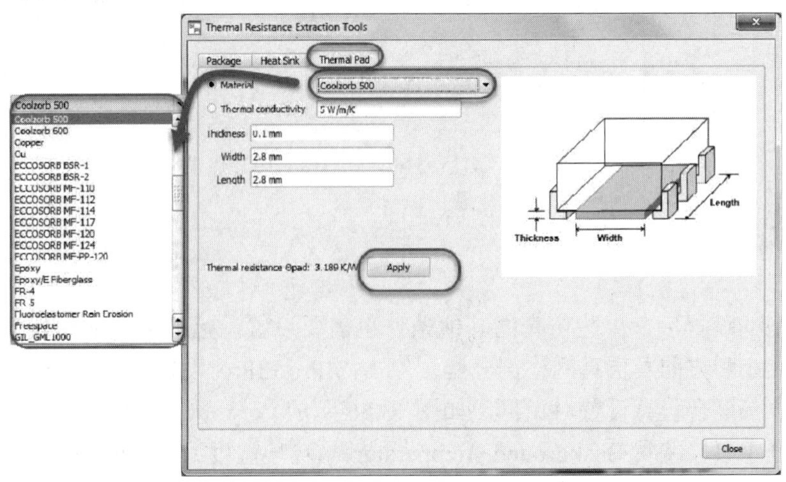

图 13.53　提取热焊盘的热阻模型

在以上设置中，本案例只修改了封装的热阻，其他参数保持默认设置。

同样，CPU（U2）使用了散热片，要选中 Use Heat Sink 选项，同时根据 CPU 的数据手册，设置其模型参数，如图 13.54 所示。

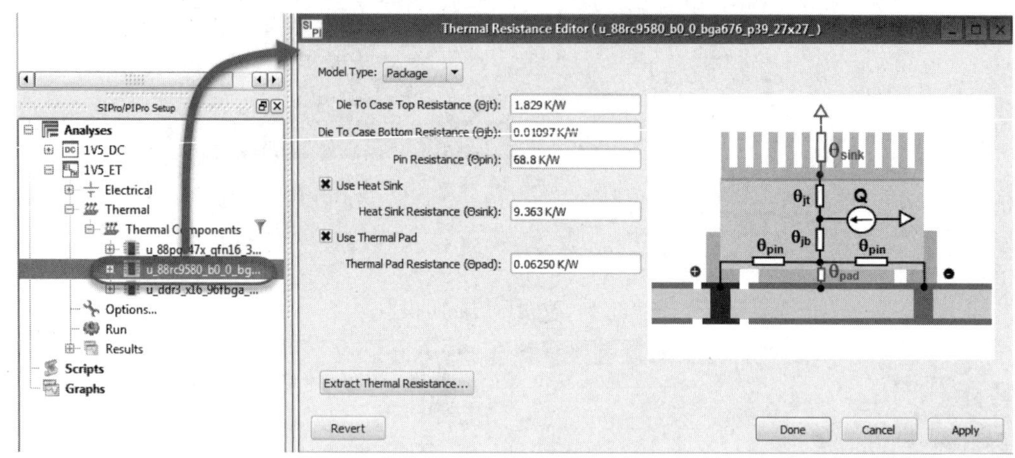

图 13.54　CPU（U2）热模型参数

根据 DRAM 的数据手册，DRAM（U15/U16/U17/U18/U19）的模型参数设置如图 13.55 所示。

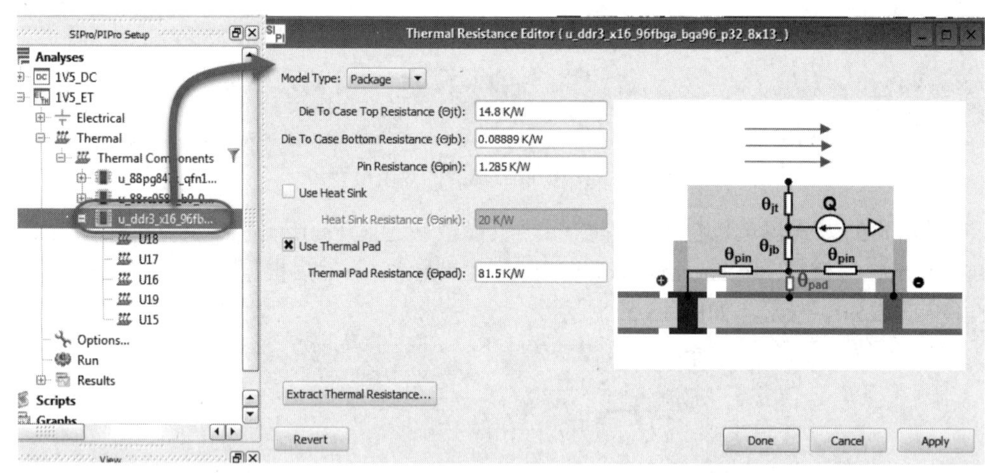

图 13.55　DRAM（U15/U16/U17/U18/U19）热模型参数

13.4.3　设置 Options

完成模型的设置后，一些仿真的其他条件也需要设置，包括环境的问题、是否有空气流、气流的大小和方向及仿真网格剖分等。双击 SIPro/PIPro 设置栏中 1V5_ET 的 Options 选项，弹出电热联合仿真设置对话框，如图 13.56 所示。

在对话框中可以编辑 Background Temperature（环境温度），默认值为 25℃，根据实际情况设定即可。本案例使用默认值。

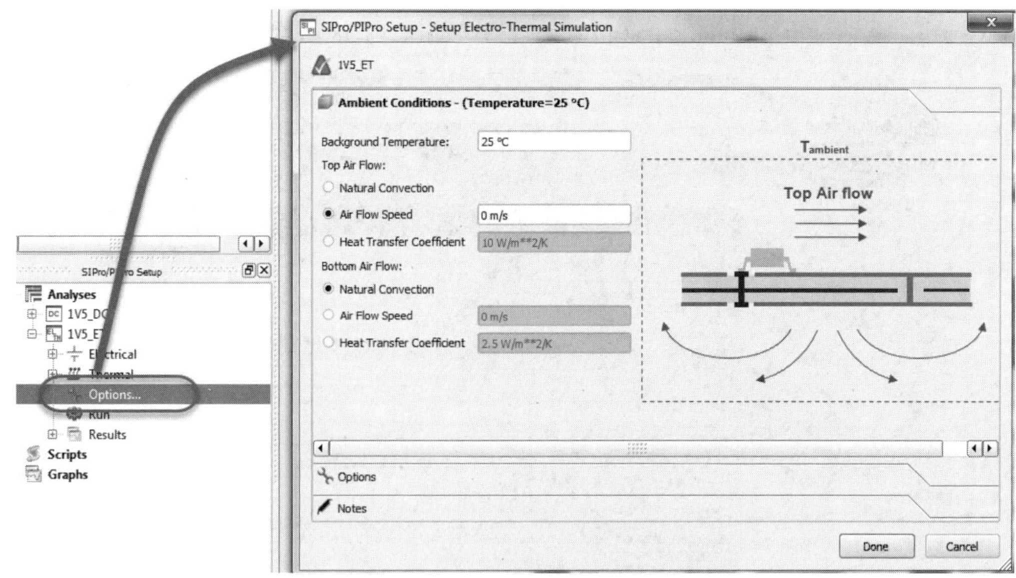

图 13.56　电热联合仿真设置

设置产品的 Top Air Flow（顶层气流）和 Bottom Air Flow（底层气流）的情况。默认设置为 Natural Convection（自然传递），本案例在顶层是有风扇产生的气流流动的，Air Flow Speed（气流速度）为 5 m/s，底层为自然传递，设置如图 13.57 所示。Options 标签栏中网格剖分和其他设置保持默认值。单击 Done 按钮，即完成设置。

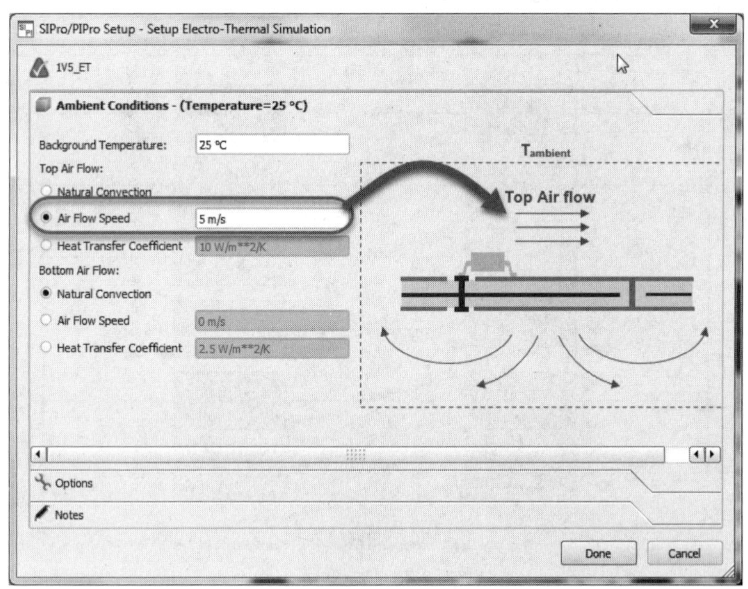

图 13.57　气流以及气流速度设置

13.4.4　运行仿真以及查看仿真结果

在菜单栏中选择 File→Save 选项，保存仿真工程。然后双击 Run，在弹出的对话框中单击 Yes 按钮，随即弹出 Simulations（仿真）窗口，如图 13.58 所示。

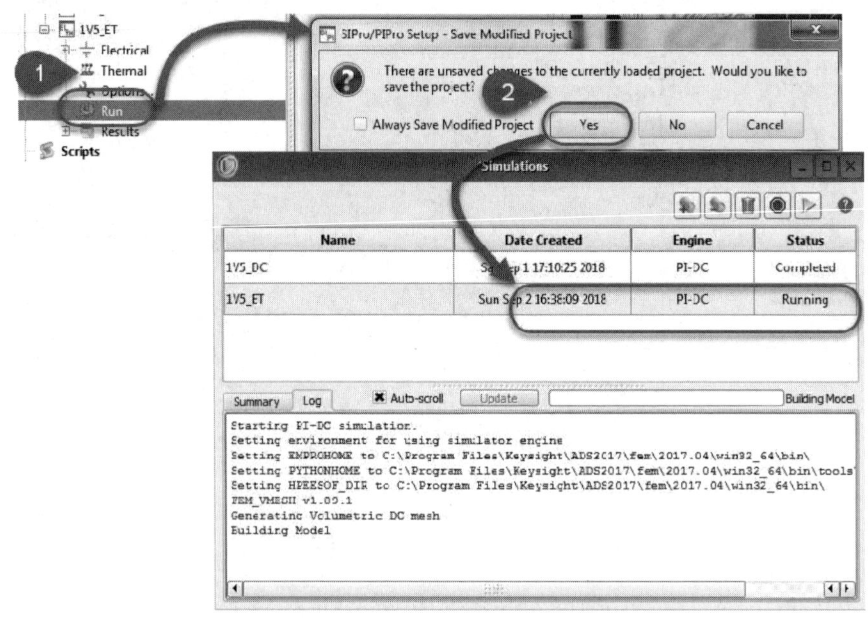

图 13.58　运行仿真

仿真结果如图 13.59 所示。

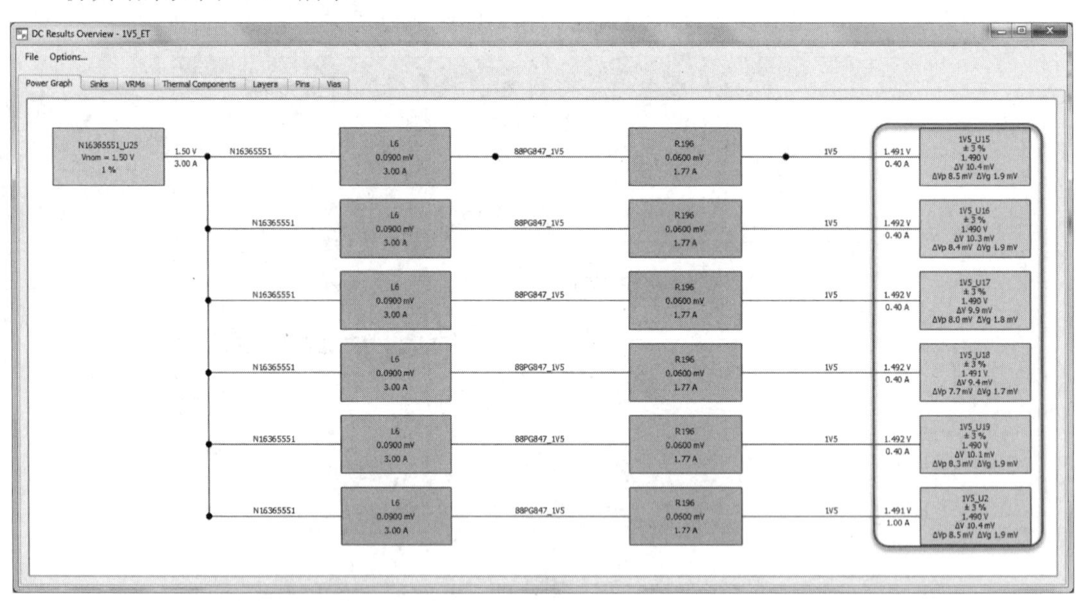

图 13.59　结果总览

如果需要对比电热联合仿真与单纯的电仿真的结果（直流），可在结果总览窗口的菜单栏中选择 File→Compare to→1V5_DC 选项，如图 13.60 所示。

从结果对比上可以看到考虑热效应的影响后，结果变差了一些，但是由于系统添加了气流，所以散热效果比较好，因此对结果的影响并不是特别大，只有 0.4 mV 左右。

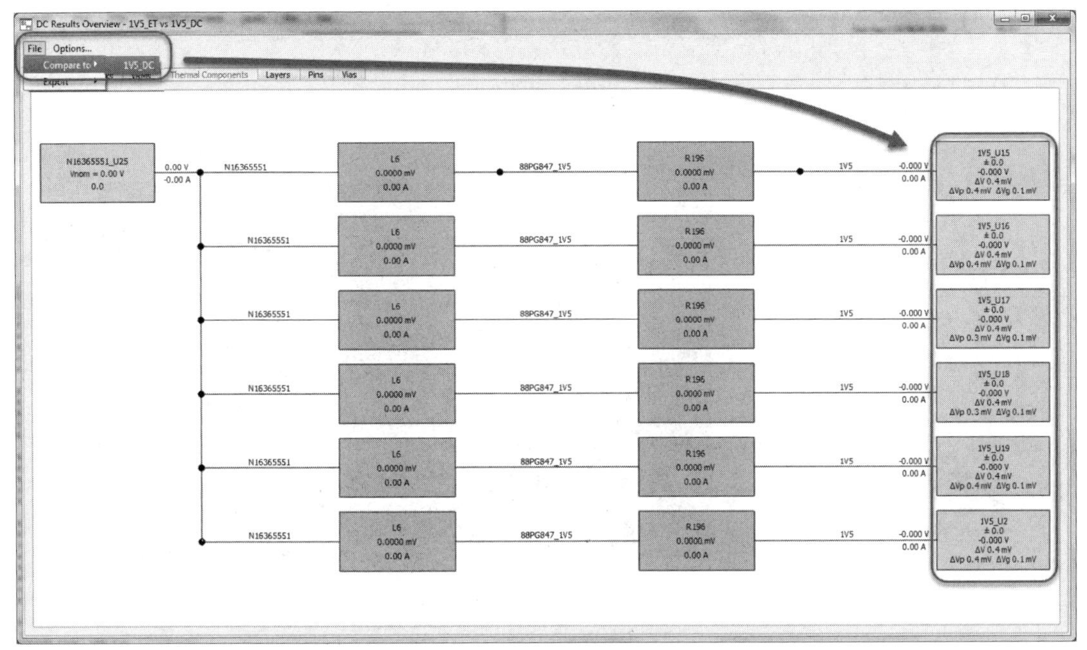

图 13.60　结果对比

在结果总览中选择 Thermal Components（热元件）页签，可以查看每个热元件和各个节点的功率、温度，如图 13.61 所示。

DC Results Overview - 1V5_ET

File　Options...

Power Graph　Sinks　VRMs　Thermal Components　Layers　Pins　Vias

	Name	Source [W]	Heat To Board [W]	Heat To Case [W]	T [°C]	Case Bottom T[°C]	Die T [°C]	Case Top T[°C]	Thermal Resistance Bare Board [K/W]
1	U25	0.000111658	-0.00198246	0.00209412	---	35.3	35.3	35.1	---
2	U2	1.4896	0.565086	0.924515	---	35.2	35.2	33.5	---
3	U18	0.596238	0.565359	0.0308787	---	40.1	40.1	39.7	---
4	U17	0.596047	0.563078	0.0329687	---	41.1	41.2	40.7	---
5	U16	0.595852	0.563566	0.0322861	---	40.8	40.8	40.4	---
6	U19	0.595926	0.562612	0.0333141	---	41.3	41.3	40.8	---
7	U15	0.595819	0.566275	0.029544	---	39.4	39.5	39.0	---

图 13.61　热元件

双击 Temperature，弹出温度分布图结果，VRM 和 Sink 端所在的区域温度是最高的，其他区域也会受到影响，因为温度会从高温区域向低温区域传递，所以其他区域的温度也会升高，整板的温度最低点达到了 26℃，最高点为 41.1℃，如图 13.62 所示。

电压跌落、电流密度和功率损失密度的结果查看方式与 PI-DC 一样，在此不再赘述。

通常，温度变化并不是局部的，如果 PCB 板上有很多热源存在，在仿真时都需要计算热源的贡献，这些贡献相互叠加，使实际效果更加复杂。PIPro 的电热联合仿真和单纯的热仿真分析（Thermal Analysis）都能使工程师快速地进行板级热分析，对产品的热稳定性设计提供一些有价值的参考。

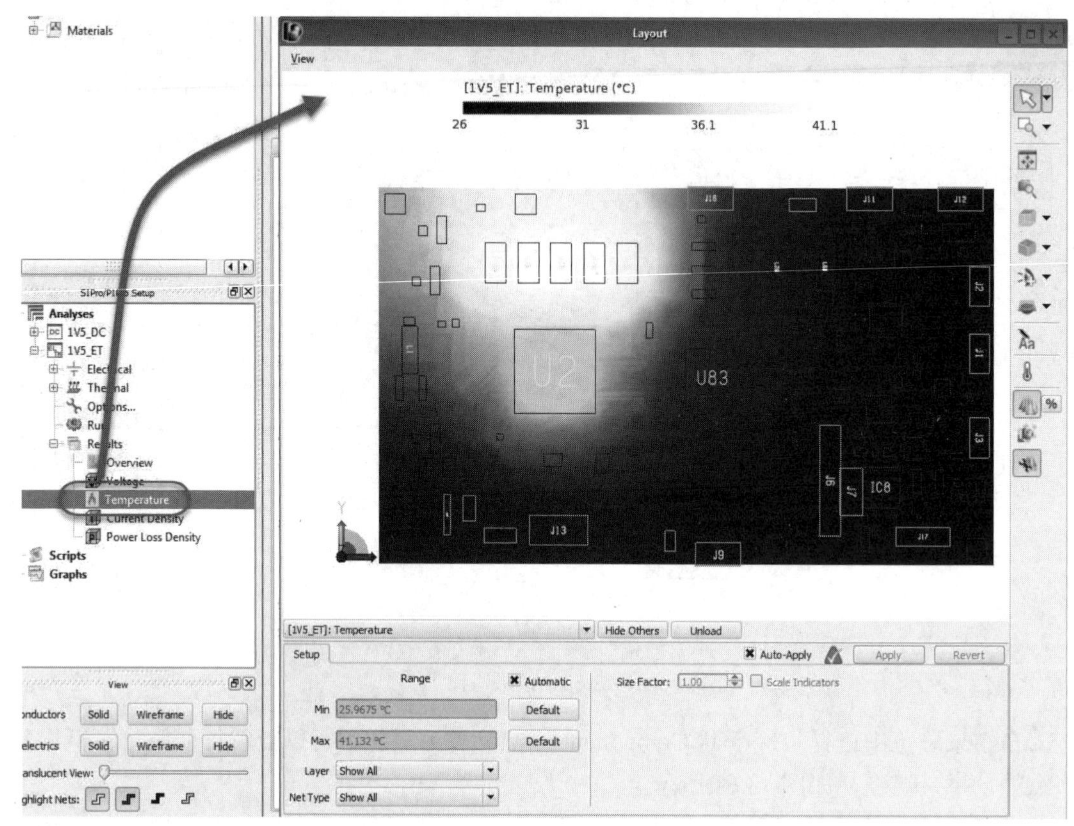

图 13.62　温度显示分布图

13.5　电源完整性交流分析（PI AC）

要保证电源的完整性，不仅需要电源系统满足直流压降、电流密度、过孔的通流等设计要求，还需要保证电源系统不受各频率段噪声的影响，同时不产生影响系统正常运行的噪声。这些与噪声相关的分析就归纳到了电源完整性的交流分析中。

电源完整性的交流分析主要是分析电源分配系统的设计是否满足要求，前面介绍了电源分配系统包括电源供电端（voltage regulator module，VRM）、电源传输通道（PCB 电源平面和参考地平面）、电源网络的去耦电容以及寄生电容、用电芯片（Sink）。实际上在大多数产品设计中，很多时候能设计的就是电源传输通道、电源网络的去耦电容以及设计中产生的寄生参数。VRM 和 Sink 都是芯片端的设计，使用芯片做产品的工程师无法修改这些芯片的参数。这也是为什么板级仿真时无须仿真到较低频率段和较高频率段。

在 PIPro 中使用 PI-AC 进行电源完整性的交流仿真分析，可以把前面建好的仿真分析复制到 PI-AC 仿真分析中。选中 1V5_DC，右击，选择 Copy 选项，在下一级选项中选择 To PI-AC Analysis 选项，即产生一个新的仿真分析 1V5_DC（copy），然后单击 1V5_DC（copy），修改其名称为 1V5_AC，如图 13.63 所示。

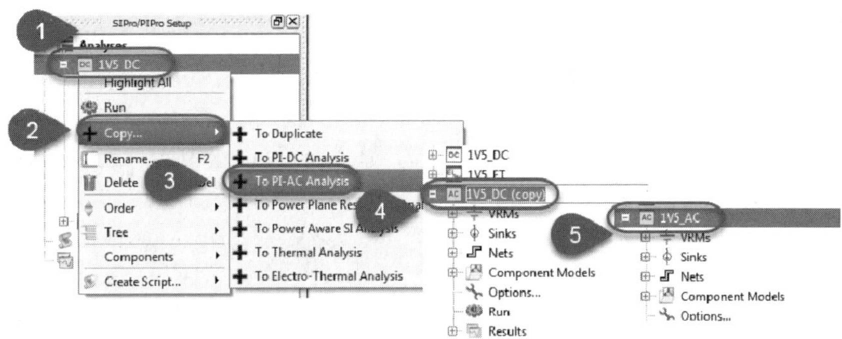

图 13.63　建立 PI-AC 仿真分析

13.5.1　VRM、Sink 设置

VRM 和 Sink 的设置与 PI-DC 和 PI-ET 的设置过程和方式相同。本案例是复制前面设定好的仿真分析，所以不需要再设置 VRM 和 Sink。VRM 和 Sink 的设置过程如图 13.64 所示。

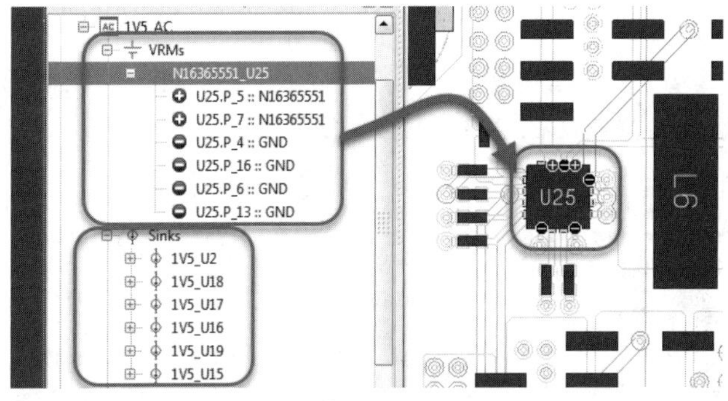

图 13.64　设置 PI-AC 的 VRM 和 Sink

在 PI-AC 分析中，每个 Sink 端都会自动被设置为 PDN 阻抗观察端口。所以通常情况下，在查看结果时，有几个 Sink 端，就会产生几条阻抗曲线。如果有特殊要求的情况，也可以把 Sink 端的用电引脚分别设置为阻抗曲线查看端口。下面的案例都是按默认的情况设置，每个 Sink 都作为一个端口，一共有 6 个端口，分别是 U2、U15、U16、U17、U18 和 U19。

13.5.2　电容模型设置

分立电容是电源分配网络的重要组成部分，电容模型的获取和设置是电源完整性交流仿真的一个关键环节。电容的模型分为两类，一类是 S 参数模型，另一类是集总参数模型（RLC）。由于电容的阻抗会随着频率的变化而变化，所以 S 参数的模型会比集总参数模型更加准确，但是并不是所有的电容供应商都会提供电容的 S 参数模型。一般大型的电容供应商都会提供电容模型参数，有的厂商也会针对 ADS 提供专门的电容库，例如，村田就会在其官网提供 ADS 的电容库。村田公司针对 ADS 提供的电容库下载地址见右侧二维码。

如果供应商不提供电容模型，那么可以在数据手册中查找电容的等效电路模型和寄生

参数。另一种方式就是设计一个测试板，先把需要使用的电容模型都测量出来，然后把电容模型做成一个 ADS 电容库，这也是一些产品公司正在使用的方式。

在建好的仿真分析中，同时选中 GND 和 1V5 两个网络，右击，选择 Select Instances Connected Exclusively to Selected Nets（64）选项，这样可以选中所有连接在 GND 和 1V5 两个网络上的去耦电容，如图 13.65 所示。

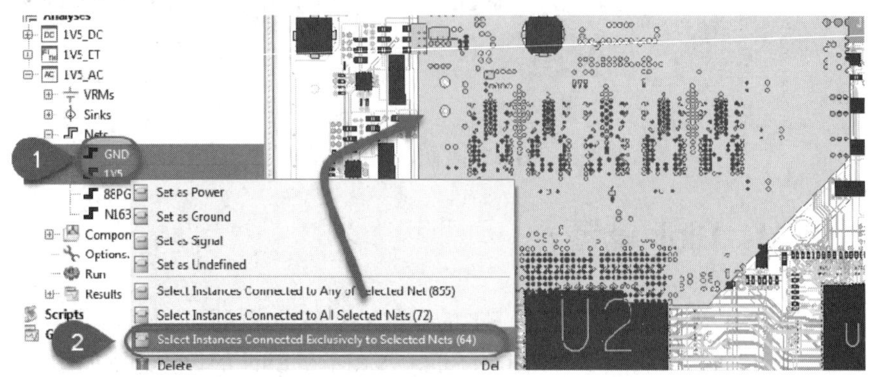

图 13.65　选择连接在 GND 和 1V5 网络上的去耦电容

使用这种方法可以避免多选和漏选去耦电容，也大大提高了设置的效率。选中的电容在元件栏中会变成蓝色的背景，在 PCB 显示区域会呈红色高亮显示，如图 13.66 所示。

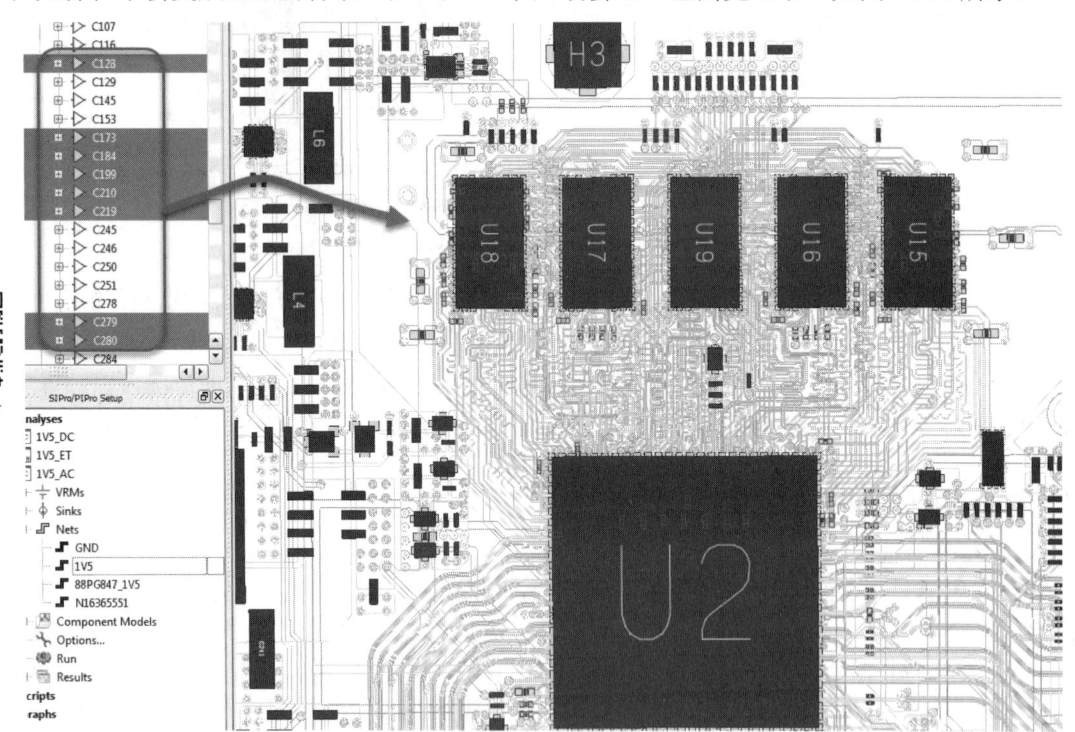

查看图片

图 13.66　高亮显示被选中的去耦电容

选中器件，按住鼠标左键的同时将其拖曳到 1V5_AC 的 Component Models 中，或者选中所有的器件后右击，选择 Create Component Models for Analysis 选项，在弹出的对话框中选择[PI-AC]1V5_AC，然后单击 OK 按钮，即把所有选中的电容器件按不同的类型分配到了 Component Models 中，如图 13.67 所示。

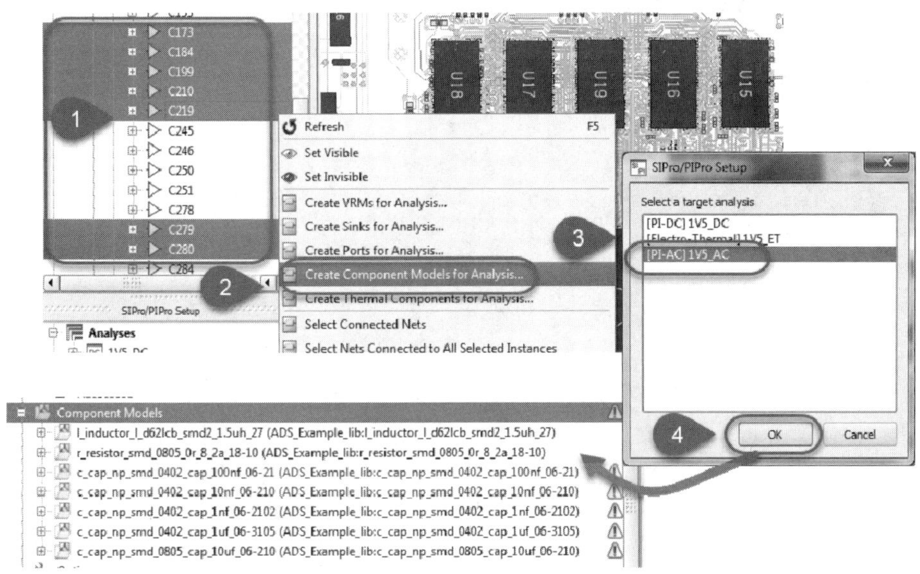

图 13.67　选择电容到元件模型中

由于本案例中 VRM 到 Sink 端经过了两次无源器件，其中 88PG847_1V5 与 GND 之间也有去耦电容，用相同的方式将去耦电容选择到 Component Models 中，将与 1V5 的电源网络有关的去耦电容都选择好，如图 13.68 所示。

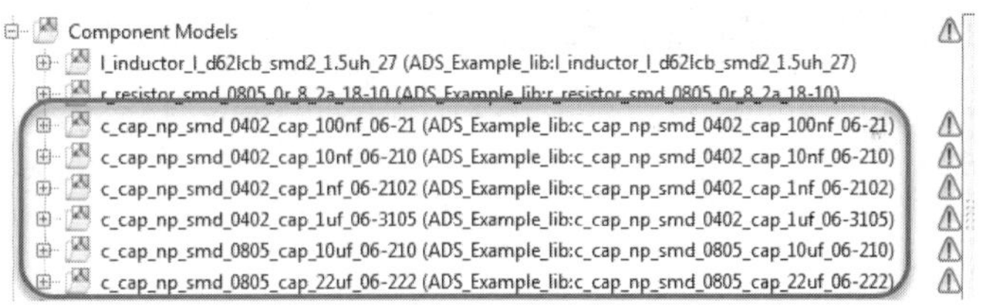

图 13.68　与 1V5 相关的去耦电容

一共有 1 nf、10 nf、100 nf、1 uf、10 uf 和 22 uf 共 6 种去耦电容类型。由于都没有赋模型，所以在右侧都会出现黄色警告的感叹号。相同类型的电容都自动归纳到一起。如果工程师在设计原理图时没有按电容的容值、封装类型、封装大小等做好区分，这时可能会比较混乱。本案例中的电容就非常好地被区分出来，以 1 nf 的电容为例，从类型名称上可以看出电容是 SMD 类型的，其封装大小为 0402，电容的容值为 1 nf。

选择 c_cap_np_smd_0402_cap_100nf_06-21，右击，选择 Properties 选项，或者双击 c_cap_np_smd_0402_cap_100nf_06-21，弹出元件模型编辑器窗口，如图 13.69 所示。

单击 Add 按钮，在下拉菜单中选择 Lumped，如图 13.70 所示。

为 Inductance（等效电感）、Resistance（等效电阻）和 Capacitance（电容）分别赋值为 378.025 pH、20.4596 mOhm 和 94.6497 nF。

本案例使用到 Lumped 时都选择 All Series，设置好模型，如图 13.71 所示。

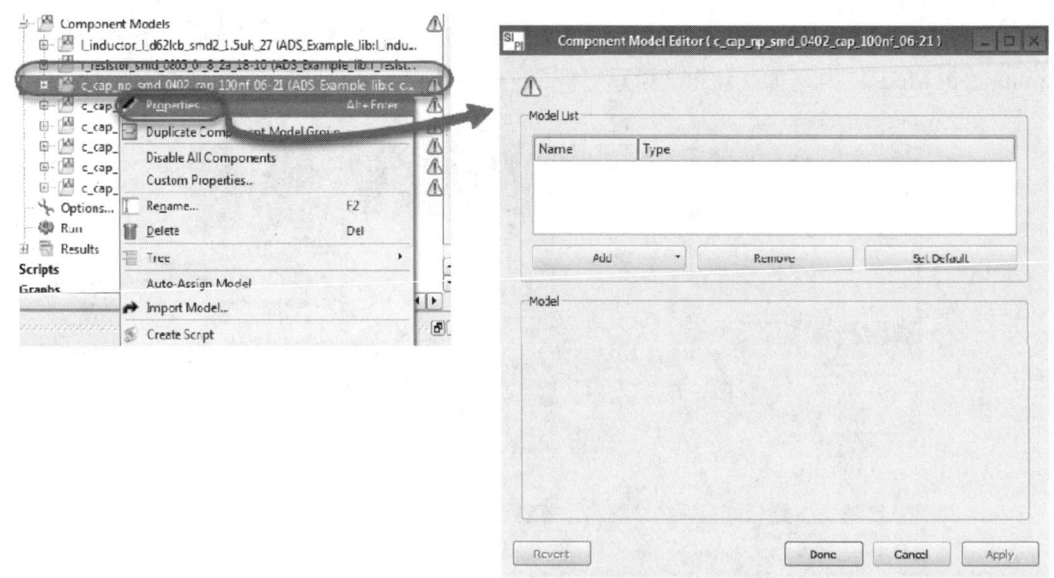

图 13.69　打开元件模型编辑器窗口

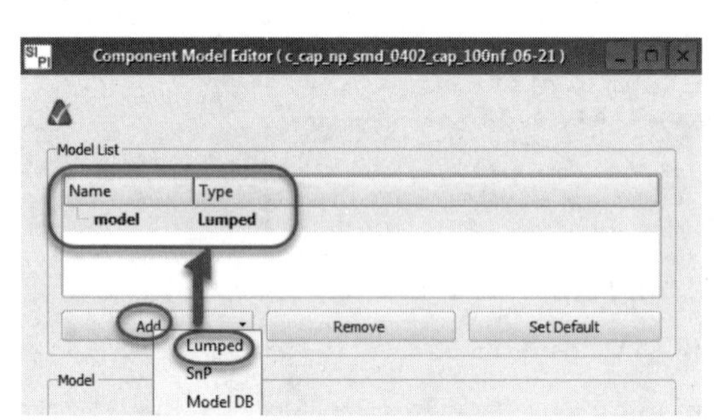

图 13.70　选择 Lumped 类型

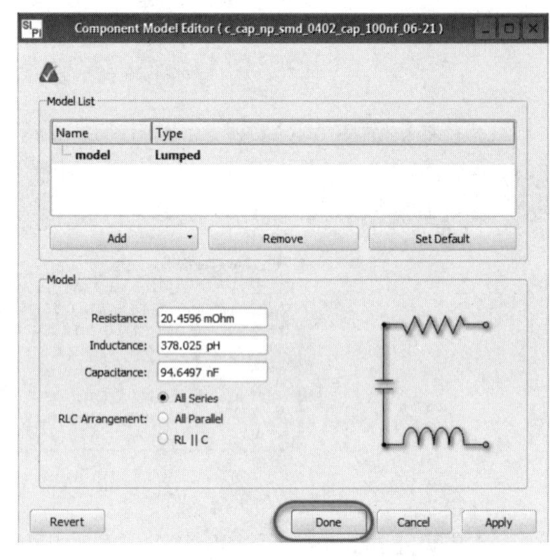

图 13.71　添加 Lumped 模型

单击 Done 按钮完成电容模型的设置。再双击 c_cap_np_smd_0402_cap_100nf_06-21，如果要删除原来的模型，在弹出的窗口中选择模型后，单击 Remove 按钮即可删除；对一颗器件也可以同时设置多个模型，单击 Add 按钮，选择 SnP，就可以添加 S 参数模型，如图 13.72 所示。

单击 Open 按钮后，弹出一个关于减少 S 参数端口的对话框。电容虽然有两个引脚，这应该是一个 2 端口的 S 参数，但是由于电容在使用时，其一端接参考地，另一端接在电源网络上，所以实际上这时可以认为是 1 端口的 S 参数文件。另外，在测量电容模型时，可以并联测试，也可以串联测试，但是在使用时，如果工程师不注意，就会造成错误连接，所以这样强制改为 1 端口的 S 参数更加合适，也避免了错误连接，如图 13.73 所示。

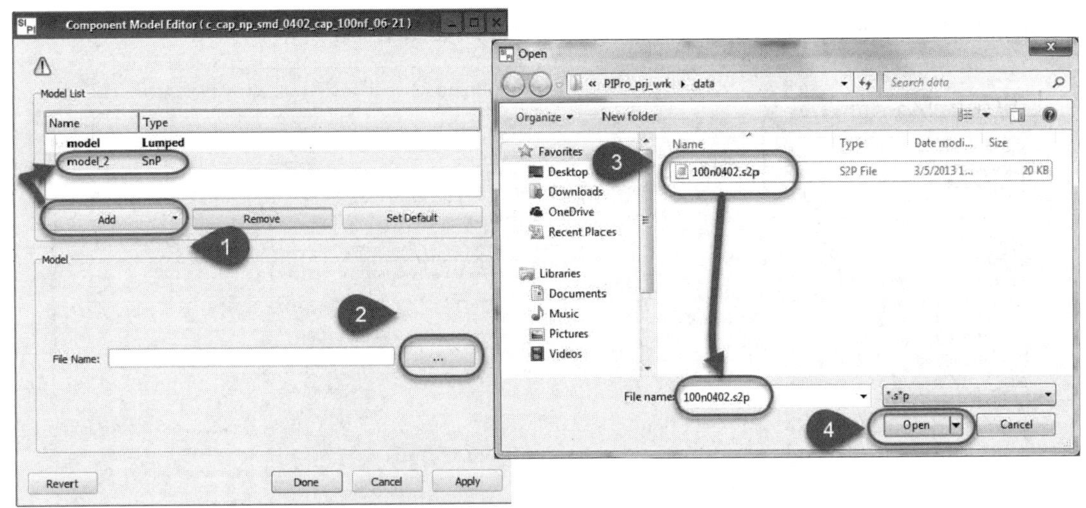

图 13.72　选择 S 参数模型

单击对话框中的 OK 按钮，弹出一个保存 S1P 文件的对话框，如图 13.74 所示。

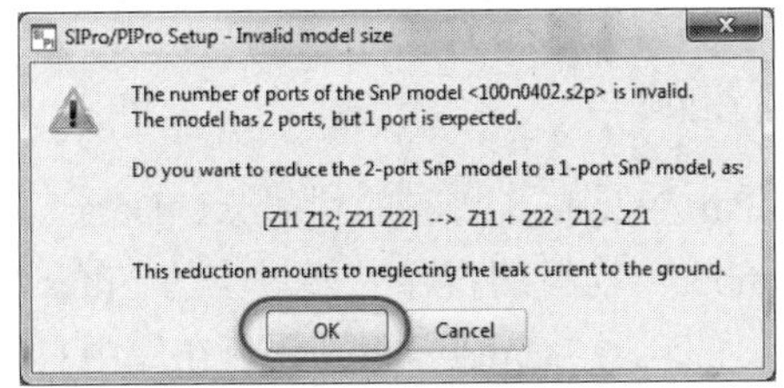

图 13.73　改变模型

图 13.74　保存 S1P 文件

对于文件名称，保存软件默认的设置即可，然后单击 Save 按钮，即选择好了导入的电容 S 参数文件，如图 13.75 所示。

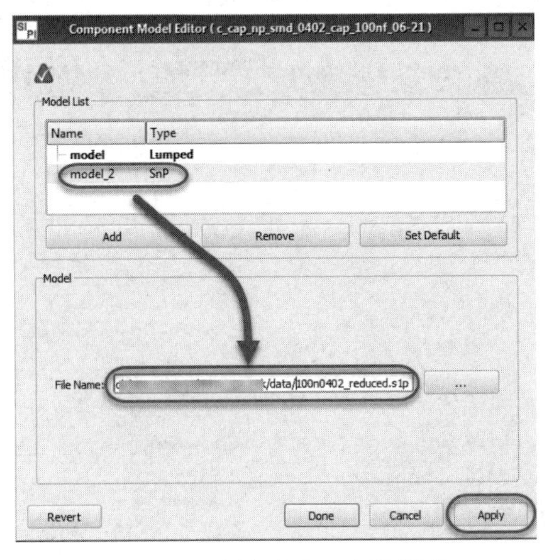

图 13.75　添加电容 S 参数模型

单击 Apply 按钮，即完成了对 S 参数模型的设置。再单击 Add 按钮，在下拉菜单中选择 Model DB，弹出一个 ADS 自带电容库的对话框，如图 13.76 所示。

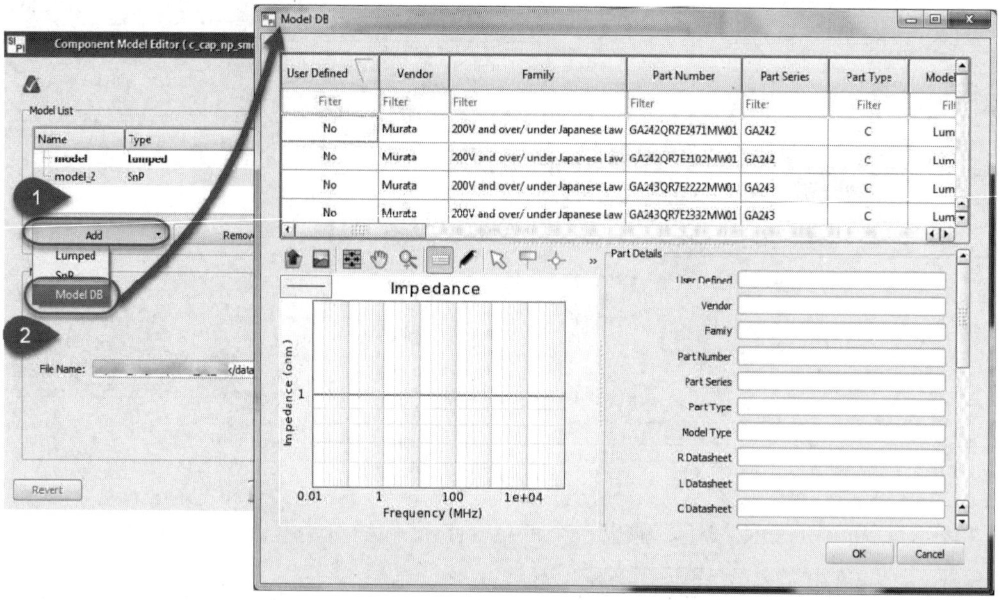

图 13.76 选择 Model DB

从 ADS 自带的模型库中可以根据 Vendor（厂商）、Part Number（物料的料号）、C Datasheet（电容的容值）等参数选择电容，例如，在 Part Number（物料的料号）栏对应的 Filter 中输入 GRM155R61C104KA88。因为 Part Number（物料的料号）是唯一识别码，在库中只有一个选项，选中之后会在下方显示此电容的阻抗曲线。通过阻抗曲线可以查看谐振点所在的频率。单击 OK 按钮即可完成模型的选取，如图 13.77 所示。

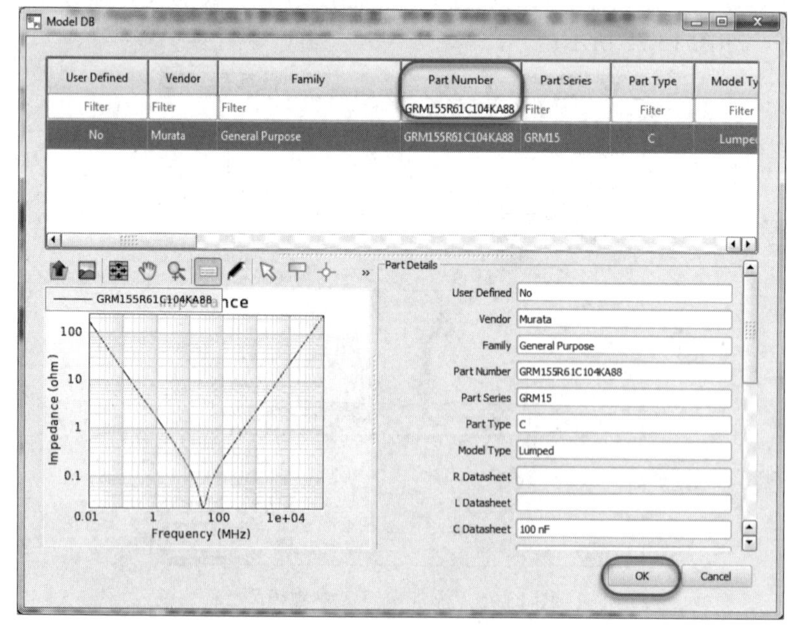

图 13.77 选择电容模型

单击 Apply 按钮即完成 Model DB 模型的选择。如果不继续添加模型，则单击 Done 按钮关闭窗口，如图 13.78 所示。

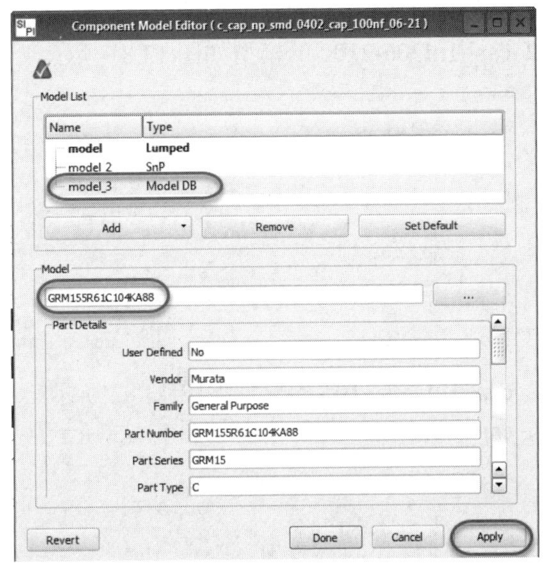

图 13.78　添加 Model DB 模型

在模型库中也可以同时选中多个器件，对比其模型的阻抗曲线，这样就可以非常方便地了解每个电容的特性以及滤波的情况，如图 13.79 所示。

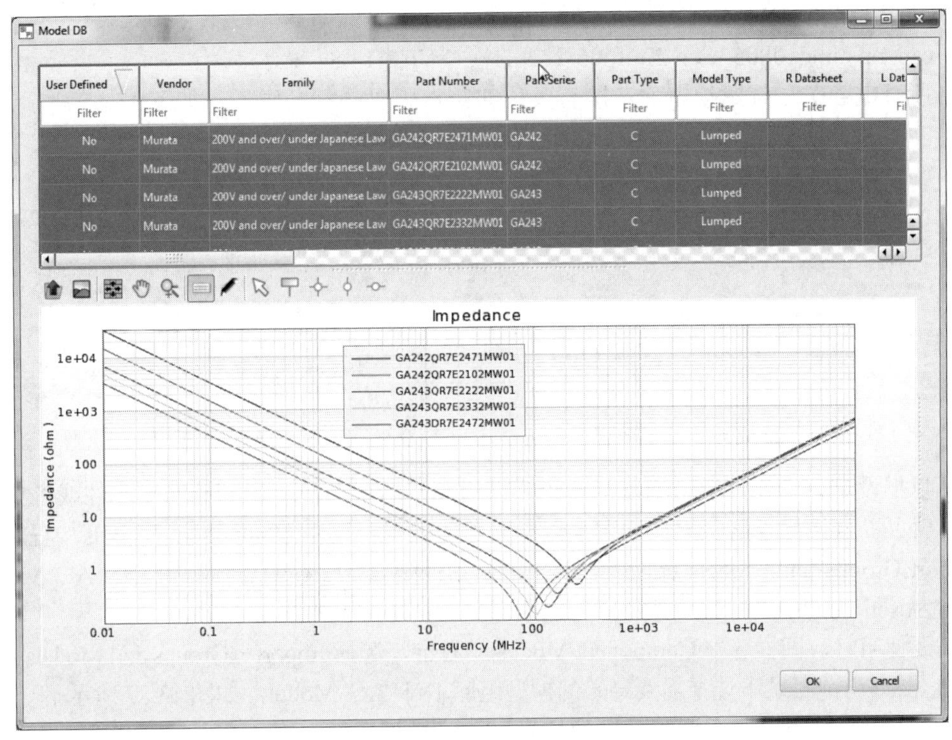

图 13.79　对比电容的阻抗曲线

对于本案例中的 c_cap_np_smd_0402_cap_100nf_06-21 类型的器件，选择 Lumped 模型进行仿真。对于其他几类器件的模型，都赋值为 Lumped。

c_cap_np_smd_0402_cap_10nf_06-210 的模型如图 13.80 所示。

c_cap_np_smd_0402_cap_1nf_06-2102 的模型如图 13.81 所示。

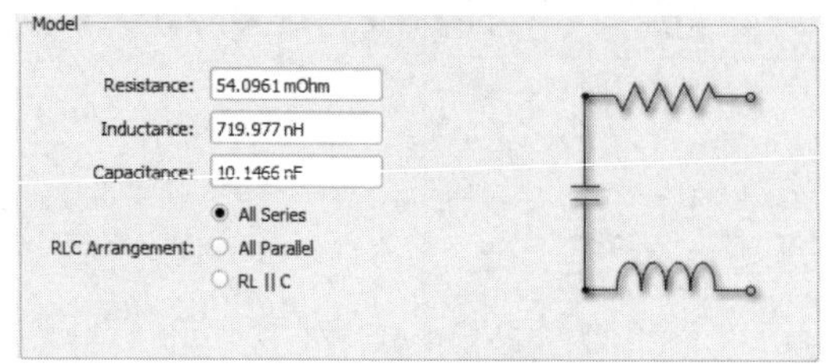

图 13.80　10 nf 电容的等效模型

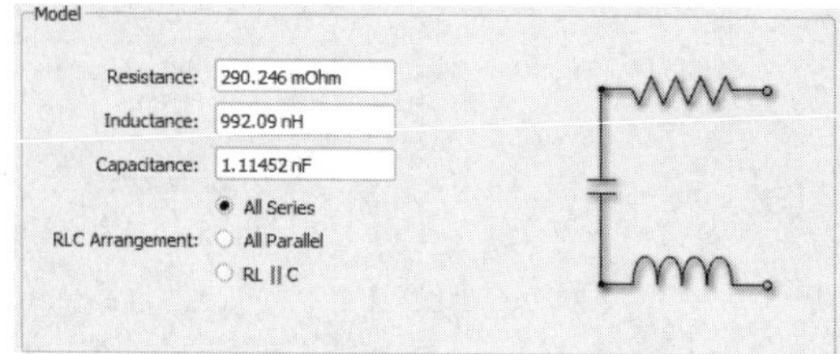

图 13.81　1 nf 电容的等效模型

c_cap_np_smd_0402_cap_1uf_06-3105 的模型如图 13.82 所示。

c_cap_np_smd_0805_cap_10uf_06-210 的模型如图 13.83 所示。

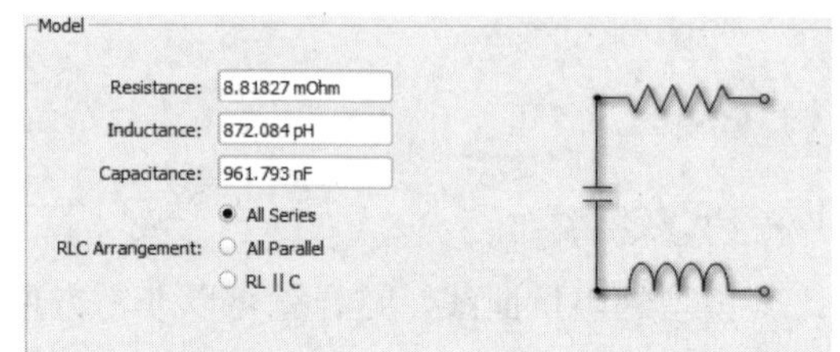

图 13.82　1 uf 电容的等效模型

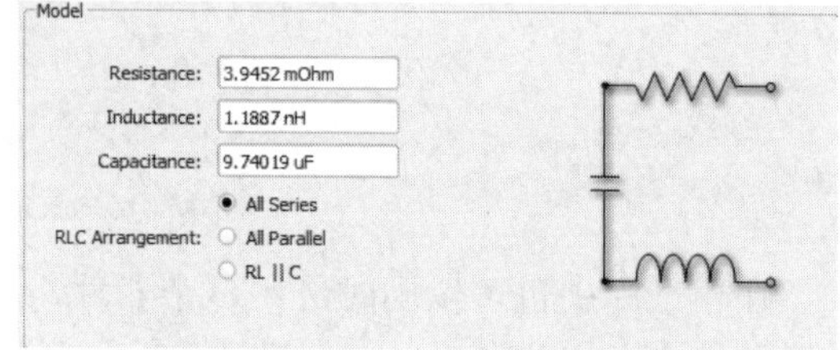

图 13.83　10 uf 电容的等效模型

c_cap_np_smd_0805_cap_22uf_06-222 的模型如图 13.84 所示。

当所有电容类型都赋模型后，所有黄色的警告感叹号都会消失，如图 13.85 所示。

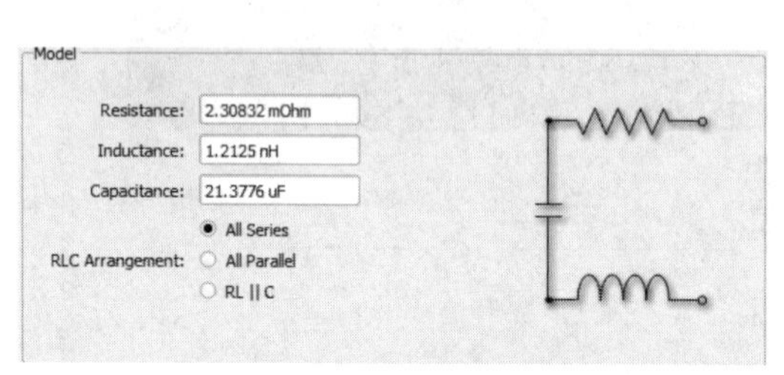

图 13.84　22 uf 电容的等效模型

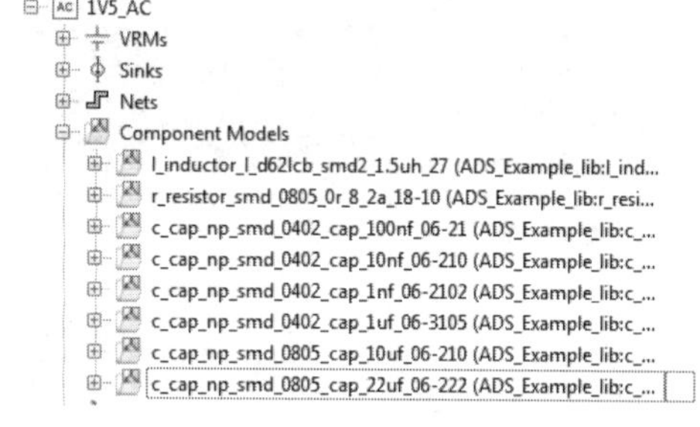

图 13.85　赋模型后的元件

可以把设定好的元件模型导出为一个模型组库，这样在后续用到相同的元件或者重复仿真时，就可以直接导入这些模型，大大提升设置的效率。选中 Component Models，右击，选择 Export Groups and Models 选项，在弹出的对话框中设定保存的名称，如 1V5_AC_Model，后缀名为.json，然后单击 Save 按钮即可完成保存，具体设置如图 13.86 所示。

需要使用时，同样选中 Component Models，右击，选择 Import→Groups and Models 选项，在 workspace 当前目录下选择需要导入的模型组库 1V5_AC_Model，如图 13.87 所示。

单击 Open 按钮，即会按照对应的模型导入赋模型参数。在 PIPro 中也可以自动分配模型，选中 Component Models，右击，选择 Auto-Assign Models 选项，软件就按电容模型自动分配模型，如图 13.88 所示。

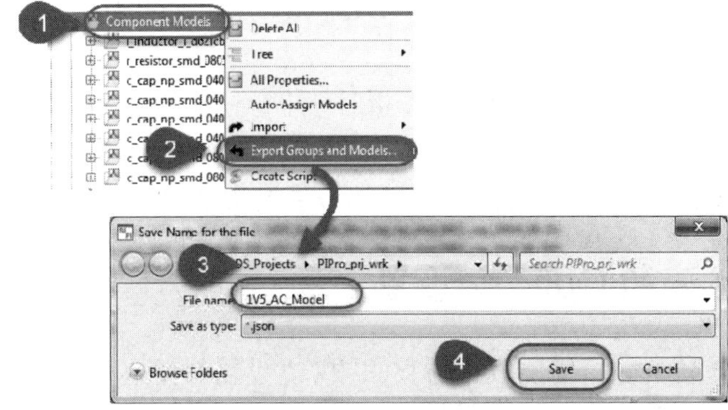

图 13.86　输出设定好的器件模型组库

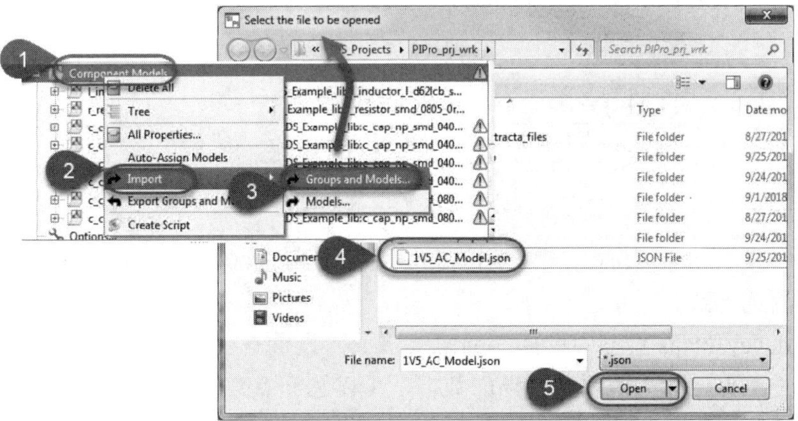

图 13.87　导入模型组库

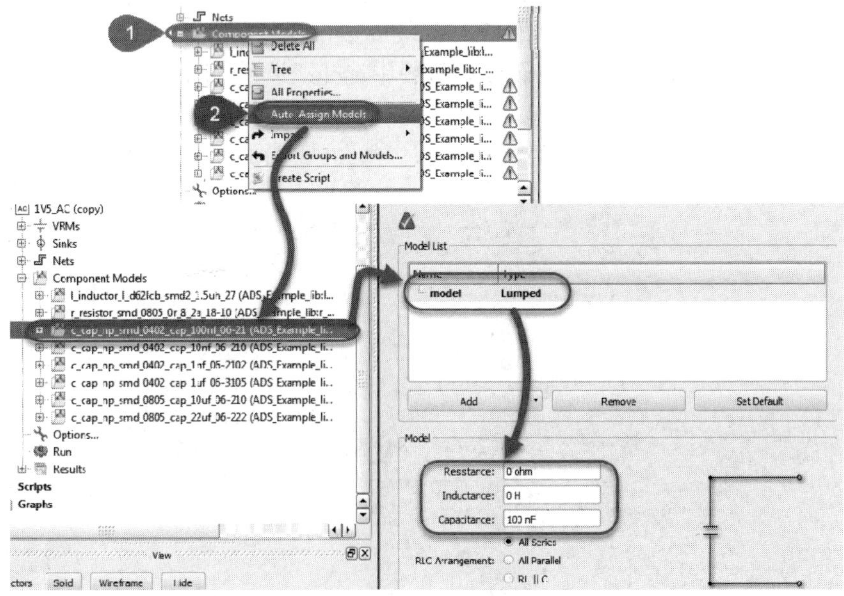

图 13.88　自动分配模型

这种自动分配模型的方式一般都是根据元件的类型以及数值直接赋参数，这类参数都会比较简单，比如电容的模型分配的是一个 Lumped 的模型，并且只赋一个电容值，所以很多时候都需要再次调整元件的模型参数。

工程师在进行电源完整性的交流仿真分析时，电容模型的精度会直接影响仿真的精度，所以在获取和验证电容模型时一定要非常谨慎。建议用户制定一个常用的电容库，随着项目和工程的累积，不仅可以丰富电容模型库，还可以通过仿真和测试校正电容模型的准确性。

13.5.3 仿真频率和 Options 设置

电源完整性交流仿真分析需要设置仿真的频率，设置的类型和方式与 SIPro 一样，具体操作方式请参考 12.5.6 节。本案例使用的频率扫描类型为 Automatic，起始频率为 10kHz，截止频率为 300MHz，最大仿真频率点为 100 个，参数设置如图 13.89 所示。

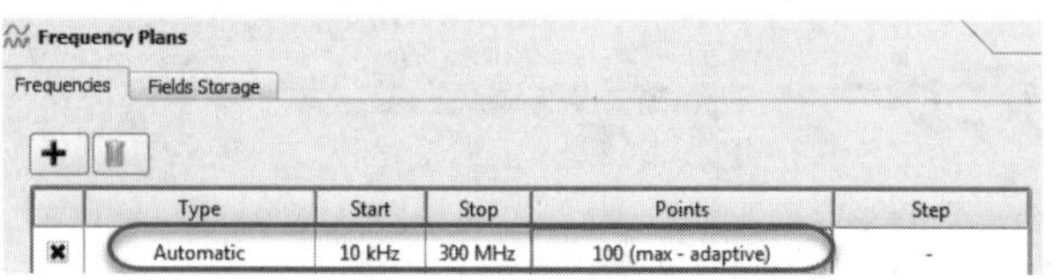

图 13.89 仿真频率设置

当电容模型为 S 参数时，一定要注意电容模型所包含的频率范围，尽量将仿真频率与模型频率设置为一致。

在 Frequency Plans 页签中选择 Fields Storage，设置是否保存场的数据，默认设置是不保存任何场的数据，如果需要查看场的数据，可以选择 All Frequencies from the Frequency Plan and the Mesh Frequency 或者 User Defined Frequencies 选项。场的数据会占用比较大的存储容量，如果存储容量不够会导致仿真无法进行。通常如果不查看场的数据，都会保持默认设置。本案例保持默认设置，不保存任何场的数据，如图 13.90 所示。

在 SIPro/PIPro 设置对话框的 Options 标签栏中选择和设置与网络剖分相关的选项，设置的原理与 SIPro 一样，具体操作方式请参考 12.5.6 节。本案例不选用 Use Ideal Ground Approximation。Options 标签栏的设置如图 13.91 所示。单击 Done 按钮即完成频率计划和网格剖分等的设置。

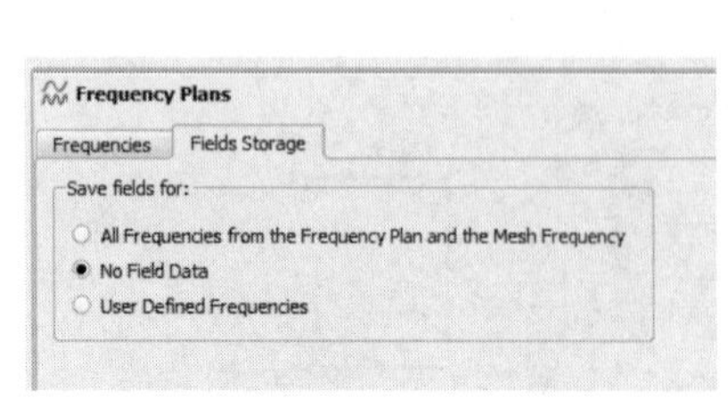

图 13.90 场数据保存设置

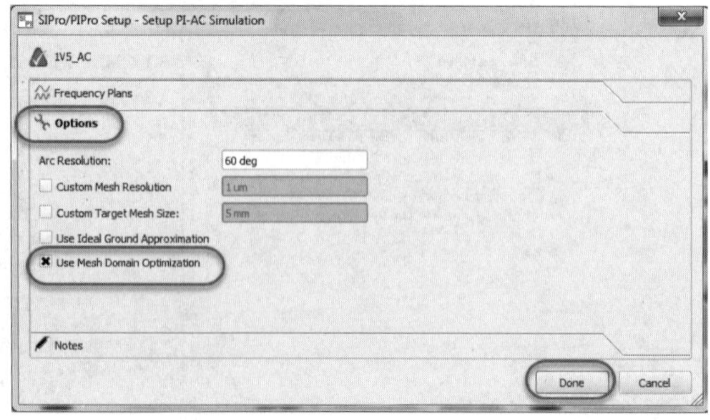

图 13.91 设置 Options 标签栏

13.5.4　运行仿真并查看仿真结果

双击 Run，运行 1V5_AC 仿真。在弹出的对话框中单击 Yes 按钮，如图 13.92 所示。

图 13.92　运行 1V5_AC 仿真并保存工程

电源完整性交流仿真在频域中计算分析电源分配网络的特性，相比于电源完整性的直流分析和电热联合仿真，交流仿真分析需要更多的时间，一般在几分钟到几个小时，这与仿真工程面积的大小，电路板的层数、厚度、过孔的多少等因素有关。

本案例仿真所需的时间为 10 分 03 秒，由于使用的是自动扫描方式，仿真的频率点有 15 个。仿真完成后的状态以及日志如图 13.93 所示。

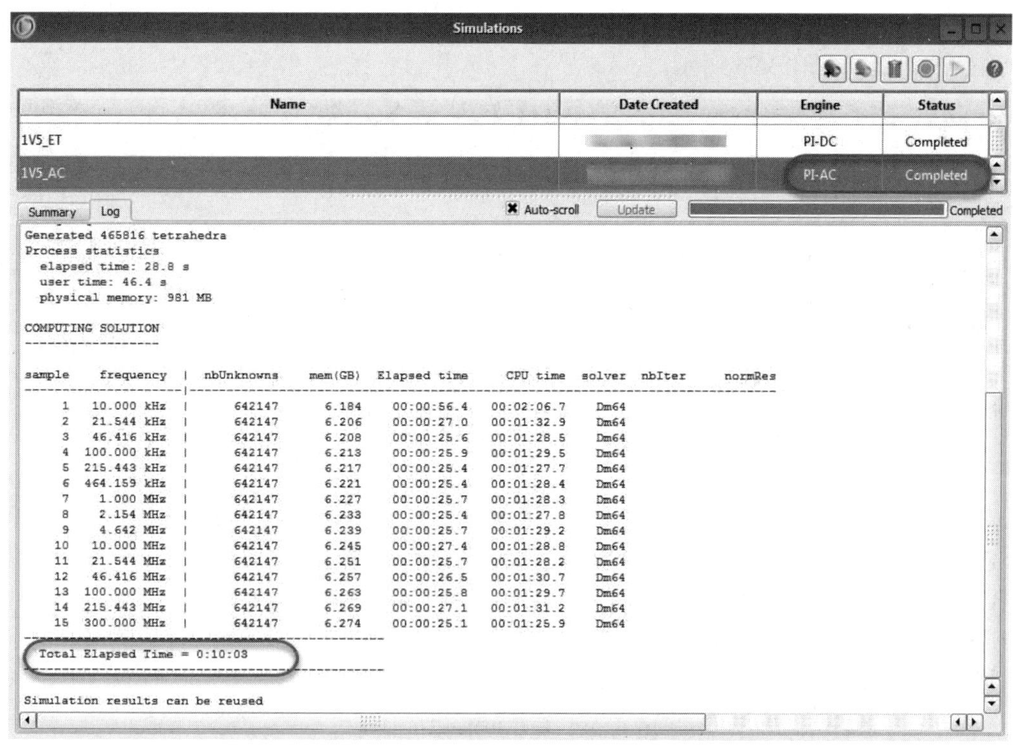

图 13.93　1V5_AC 仿真后的状态以及日志

仿真完成之后展开 Results 选项，可以查看 PDN Impedance、S-Parameters、Electric Field、Magnetic Field 等。通常，在电源完整性交流分析时，主要查看的是 PDN Impedance 曲线。双击 PDN Impedance 选项，弹出查看 PDN Impedance 曲线的窗口，如图 13.94 所示。

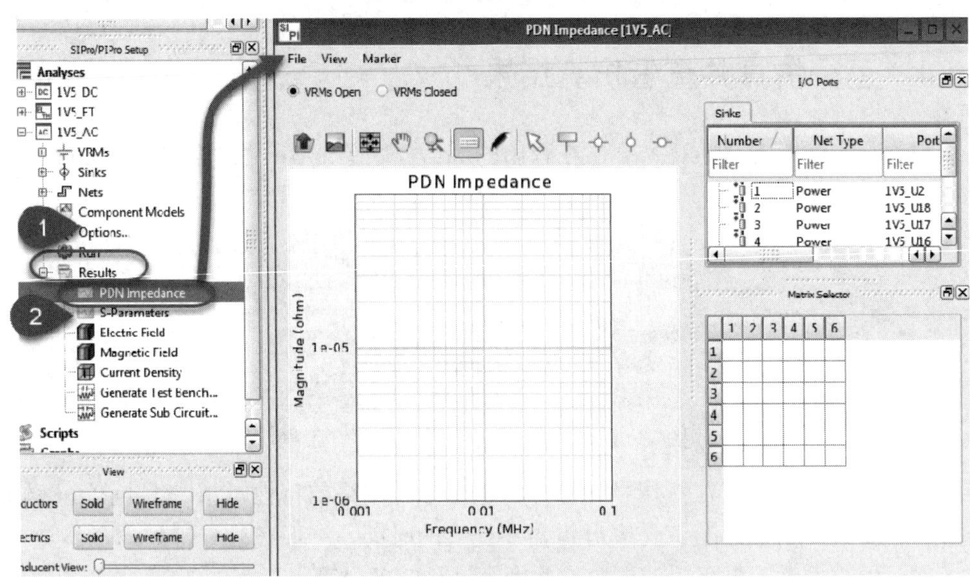

图 13.94　打开查看阻抗曲线的窗口

在 PDN Impedance 窗口的 Sinks 页签中选中所有的 6 个端口，分别是 1V5_U2、1V5_U15、1V5_U16、1V5_U17、1V5_U18 和 1V5_U19，选中这些端口后，PDN Impedance 曲线就会显示在窗口中，如图 13.95 所示。

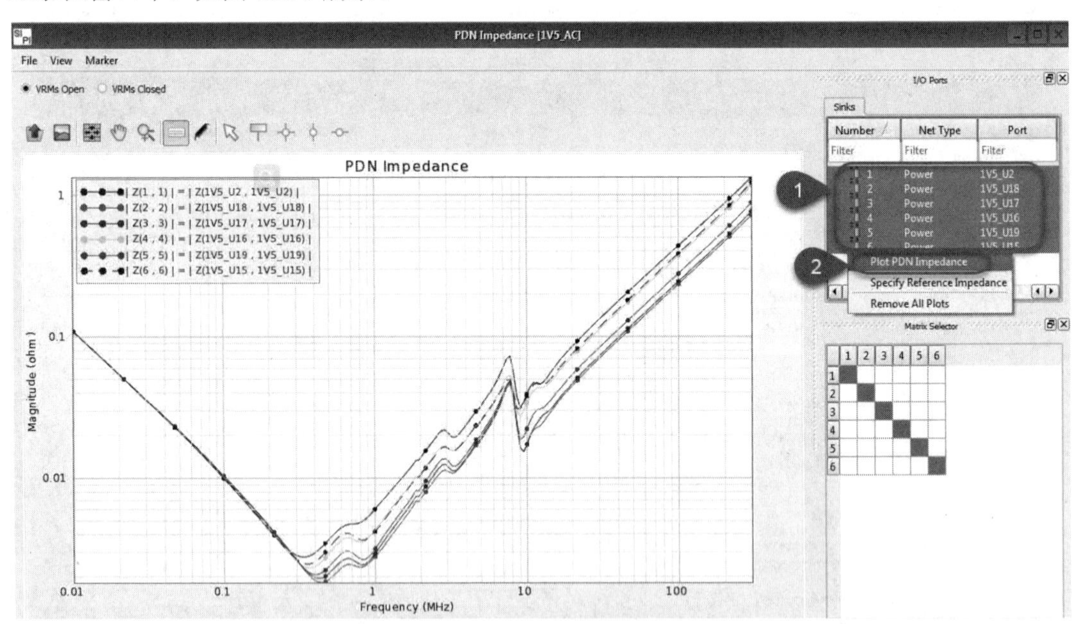

图 13.95　查看 PDN 阻抗曲线

在进行板级的电源完整性交流仿真分析时，通常由于没有 VRM 的模型，软件默认 VRM 是开路的，所以在 PDN 阻抗窗口中默认查看的是 VRM 开路（VRMs Open）时的阻抗。显然，如果是开路，在低频时，显示的阻抗就比较高。为了使低频阻抗值降低，可以选择 VRMs Closed 选项，相当于是给了一个 0 欧姆的电阻，如图 13.96 所示。

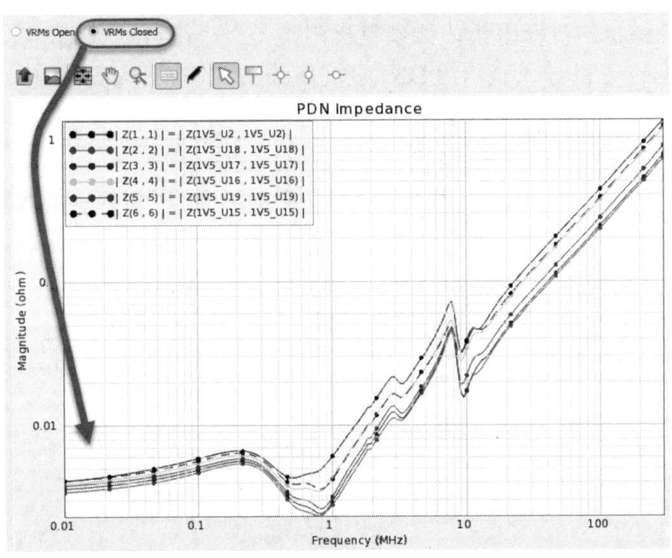

图 13.96　VRMs Closed

通过阻抗显示窗口的工具栏上的 Marker 可以查看各条曲线在各个频率点上的阻抗，添加一个十字测量工具，放置在 U2 阻抗曲线（紫色曲线）的一个峰值上，如图 13.97 所示。

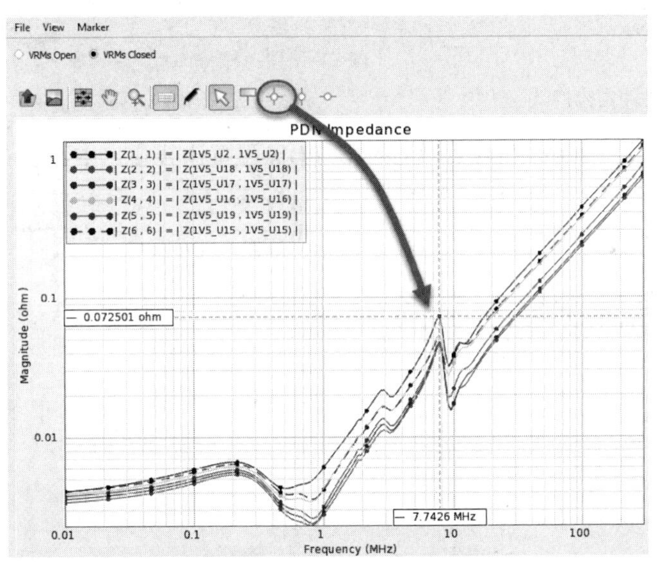

图 13.97　添加十字测量工具

加上 Marker 之后，U2 在 7.7426 MHz 时，其阻抗为 0.072501 ohm。表示加 Marker 只能读取一个频率点的阻抗值，并不能判断在需要观察的频率范围内其阻抗是否满足设计的要求。由于 PDN 阻抗是随着频率变化而变化的，目标阻抗也会随着频率的变化而有所不同，所以使用目标阻抗曲线可以更加方便地判断 PDN 的设计是否满足要求。

在使用目标阻抗曲线之前，需要编辑一个目标阻抗曲线文件，文件为 CSV 格式，目标阻抗内容包括两列参数，第一列是频率，编辑为 Frequency[Hz]，单位为 Hz；第二列为阻抗，编辑为 Impedance[Ohm]，单位为 Ohm，如图 13.98 所示。

查看图片

这个格式是阶梯状的目标阻抗，如果目标阻抗是一个函数，也可以在 CSV 文件中编辑函数，所得的数据也可以导入查看 PDN 阻抗曲线的窗口中。在窗口中选择 File→Import Impedance Mask 选项，在弹出的对话框中选择目标阻抗的文件。本案例导入的是 Target_impedance.CSV 文件，如图 13.99 所示。

Frequency[Hz]	Impedance[Ohm]
10000	0.01
100000	0.01
100000	0.08
10000000	0.08
10000000	0.3
50000000	0.3
50000000	1.5
1.00E+08	1.5
1.00E+08	2
3.00E+08	2

图 13.98　目标阻抗文件内容格式

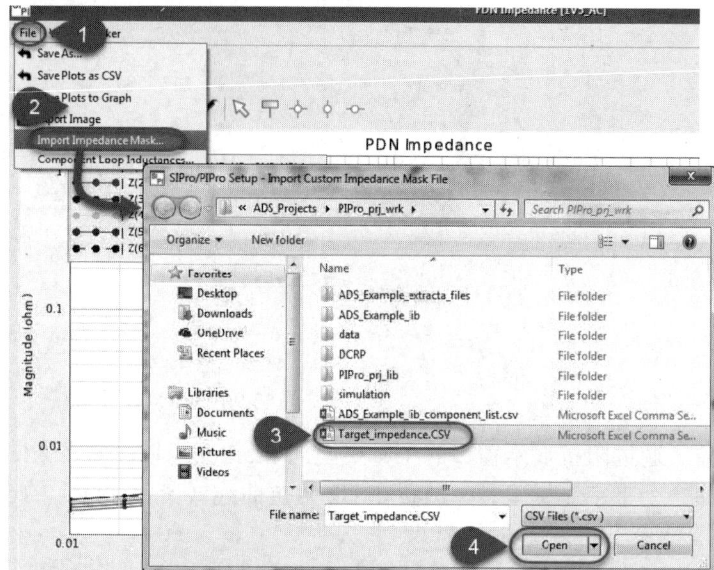

图 13.99　导入目标阻抗文件

单击 Open 按钮，目标阻抗曲线就显示在 PDN 阻抗曲线窗口中，如图 13.100 所示。

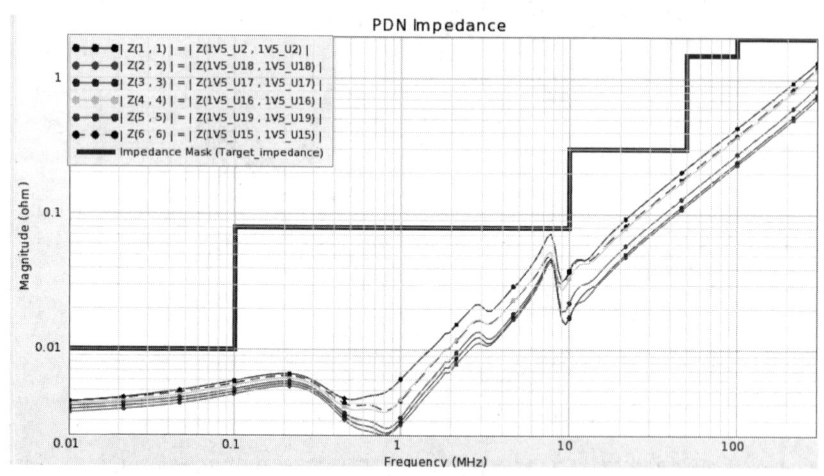

图 13.100　加入了目标阻抗曲线的 PDN 阻抗图

红色的实线为目标阻抗曲线，这样就可以直接判断所有 Sink 的阻抗在 300 MHz 以内，都在目标阻抗以下，设计结果满足设计要求。从结果上分析，U2 在 7.7426 MHz 时，其噪声裕量比较小。

不同类型的用电端其目标阻抗一般是不同的，但是在一些工程设计中为了简化设计和计算，通常把同一个电源网络的不同用电端的目标阻抗设计为一个。

为了了解每一颗电容的影响，同时选中 100 nf 这一类电容中的 C175、C185、C186、C200、C201、C211、C212、C220 和 C221，然后右击，选择 Disable 选项，使这些电容不起作用，可以观察到阻抗曲线在变化，最后发现 U2 的阻抗曲线在 9MHz 时已经超过了目标阻抗曲线，这就不符合设计的要求，如图 13.101 所示。

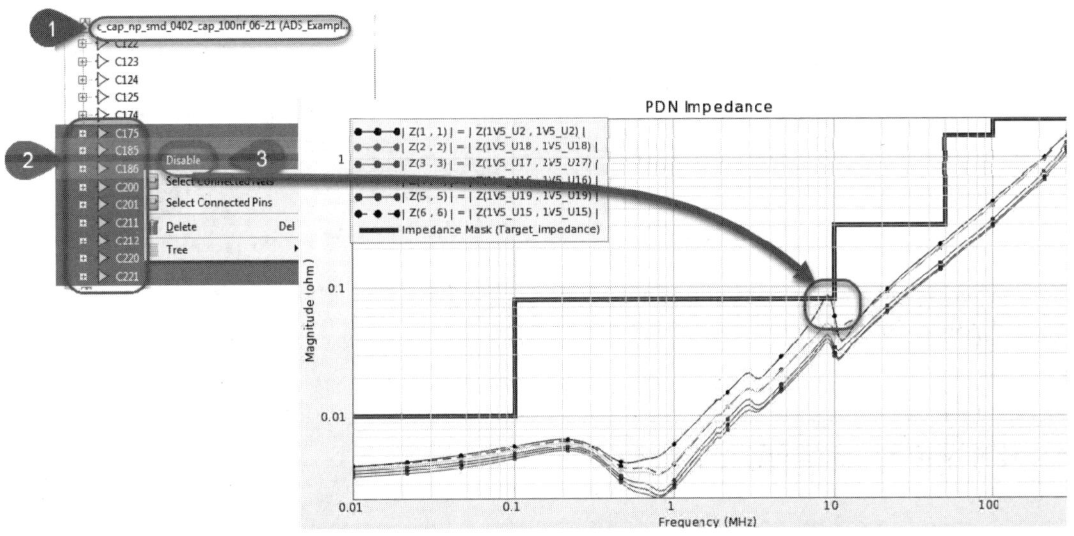

图 13.101　使电容不起作用（Disable）后的阻抗曲线

按此方法也可以使其他的电容不起作用，这样能使工程师非常直观地了解每一颗电容的作用以及作用的频率范围。

按同样的方式，使不起作用的电容再起作用（Enable），设置如图 13.102 所示。

在 PDN 阻抗窗口中选择 File→Save As 选项，在弹出的对话框中选择保存数据的格式为 SnP。然后单击 Export 按钮，在新的对话框中输入文件的名称，同时还可以看到文件有多少个端口。*.s7p 表示 7 个端口，其中 1 个是 VRM，另外 6 个为 Sink。单击 Save 按钮即可导出 S 参数模型文件，如图 13.103 所示。

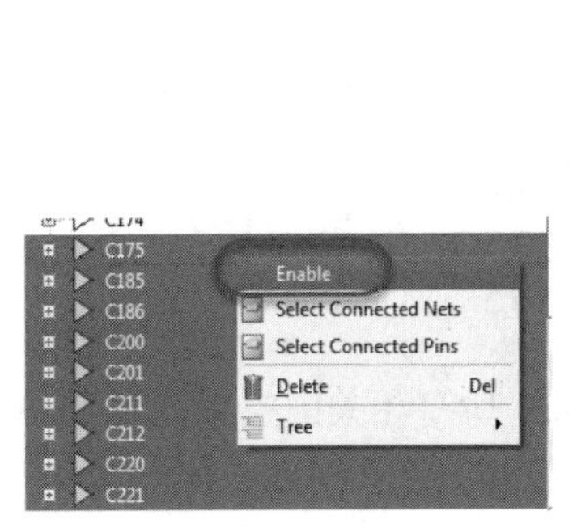

图 13.102　使电容起作用（Enable）

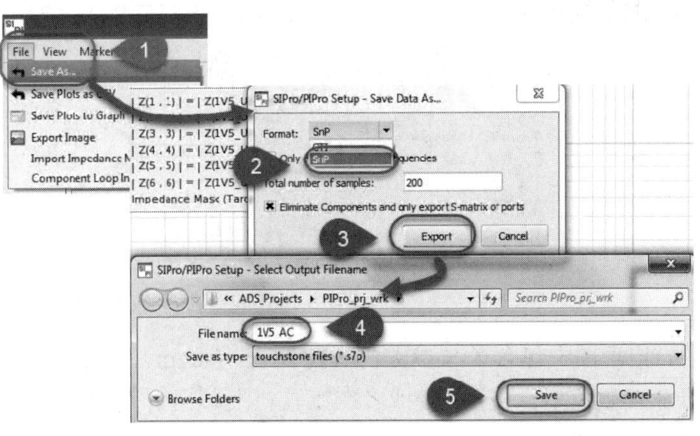

图 13.103　导出 S 参数模型文件

与 SIPro 的操作一样，双击 S-Parameters 可以查看 S 参数曲线，如图 13.104 所示。

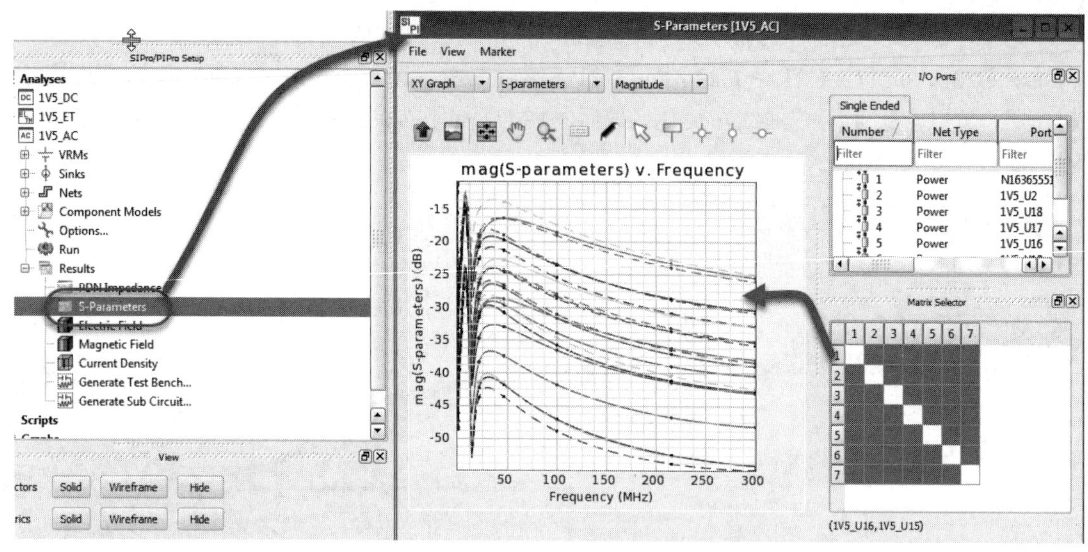

图 13.104　查看 PDN 的 S 参数曲线

13.5.5　产生原理图和子电路

仿真完成之后，双击 Generate Test Bench 可以产生测试原理图，如图 13.105 所示。

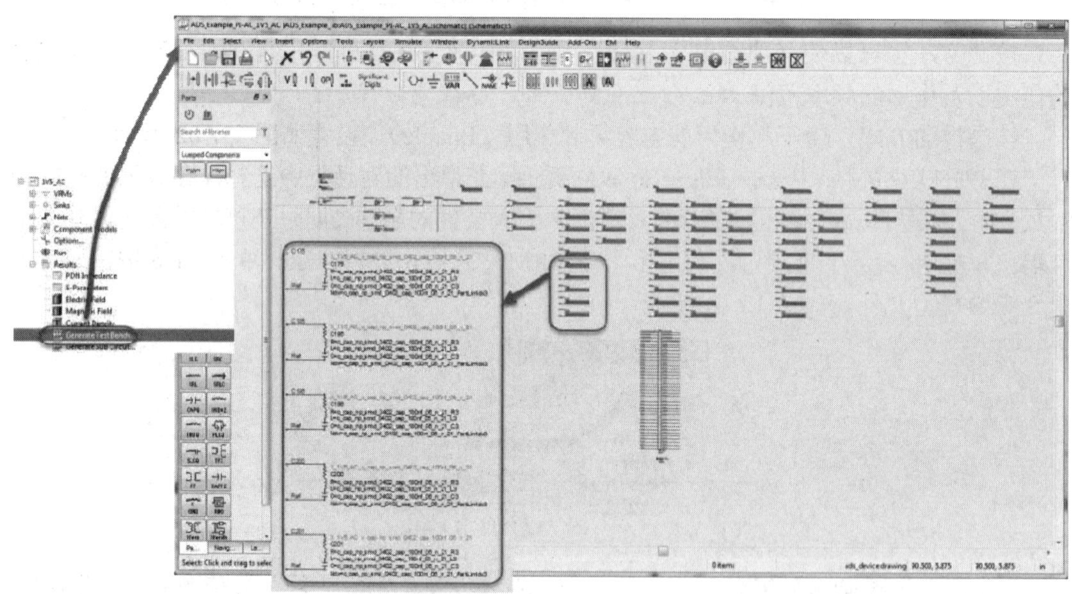

图 13.105　　1V5_AC 的测试原理图

原理图中包含了 S 参数仿真控件（S_Param）、VRMs、Sinks、所有相关的电容以及 PDN 的 S 参数模型。按 F7 键或者在工具栏上单击仿真按钮，即可仿真获得 PDN 阻抗曲线，如图 13.106 所示。

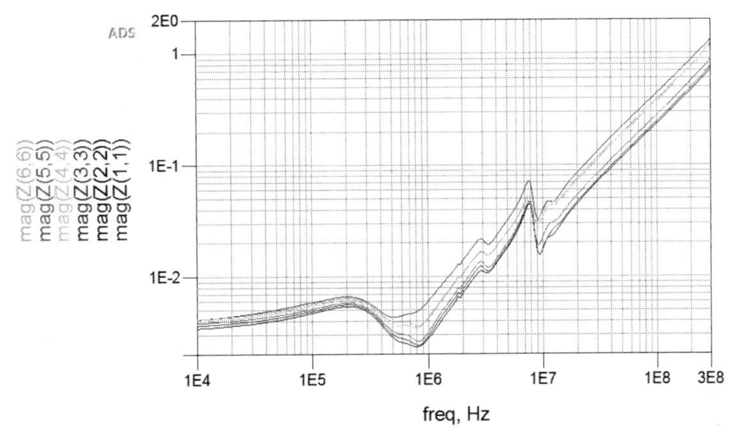

图 13.106　原理图仿真的阻抗曲线

在原理图中仿真的结果与在 PIPro 中仿真的结果是一模一样的，但是在原理图中仿真所需要的时间特别短，只需要几秒钟，如果在 PIPro 中仿真，其结果不能满足设计要求，需要添加电容或者更换电容的类型，因此可以在原理图中进行仿真，能够大大地缩短调试的时间。也可以灵活地运行调谐、优化、批量扫描等 ADS 的高级功能。

双击 Generate Sub Circuit，产生子电路，如图 13.107 所示。

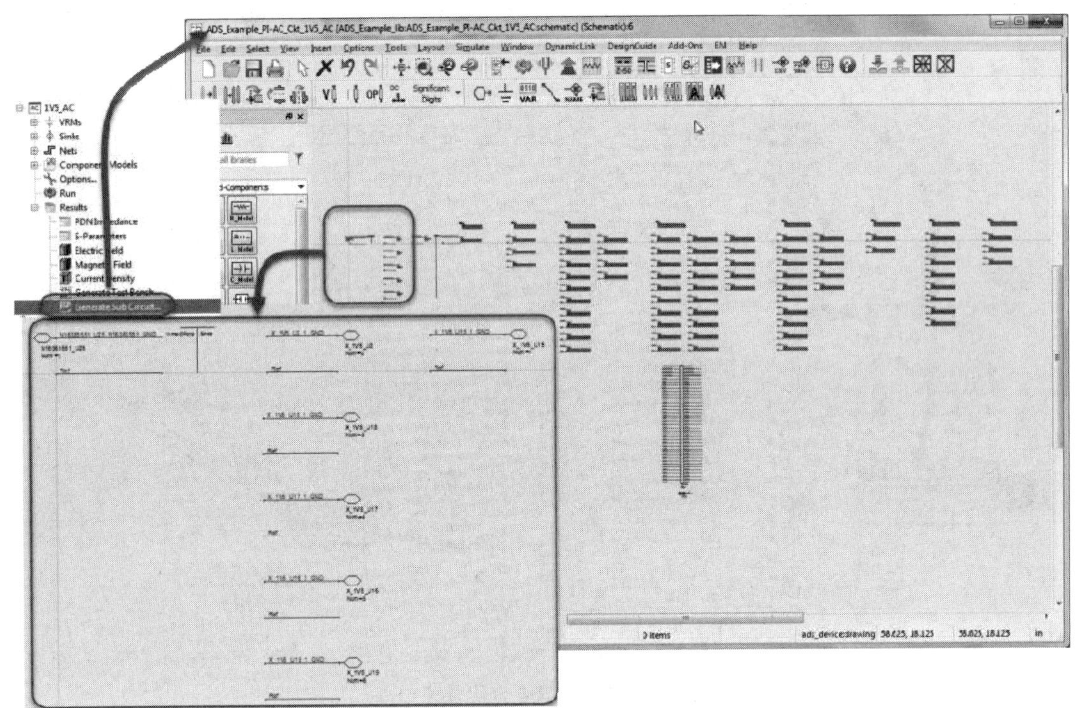

图 13.107　产生子电路

子电路可以应用于原理图仿真中，特别是在 SSN 仿真时，都需要使用 PDN 的子电路，1V5_AC 的子电路符号如图 13.108 所示。

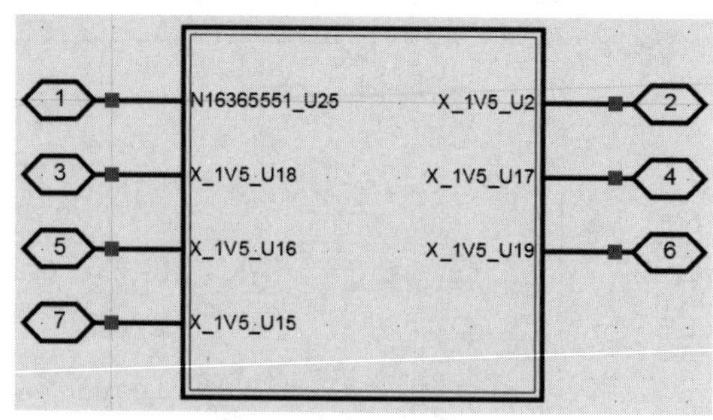

图 13.108　子电路符号

13.5.6　优化仿真结果

从前面仿真的结果中可以看到，除了 U2，其他几个用电端的裕量都比较大。这样的设计从性能要求上看可以认为是满足设计要求的，但是如果裕量过大就变成了过度设计。从成本的角度来看，这样的设计并不是最合适的，这时可以通过仿真优化设计减少冗余设计，进而达到减少产品成本的目的。

当电源完整性交流仿真分析完成后，选中 1V5_AC，右击，选择 Decap Optimization 选项，弹出去耦电容优化窗口，如图 13.109 所示。

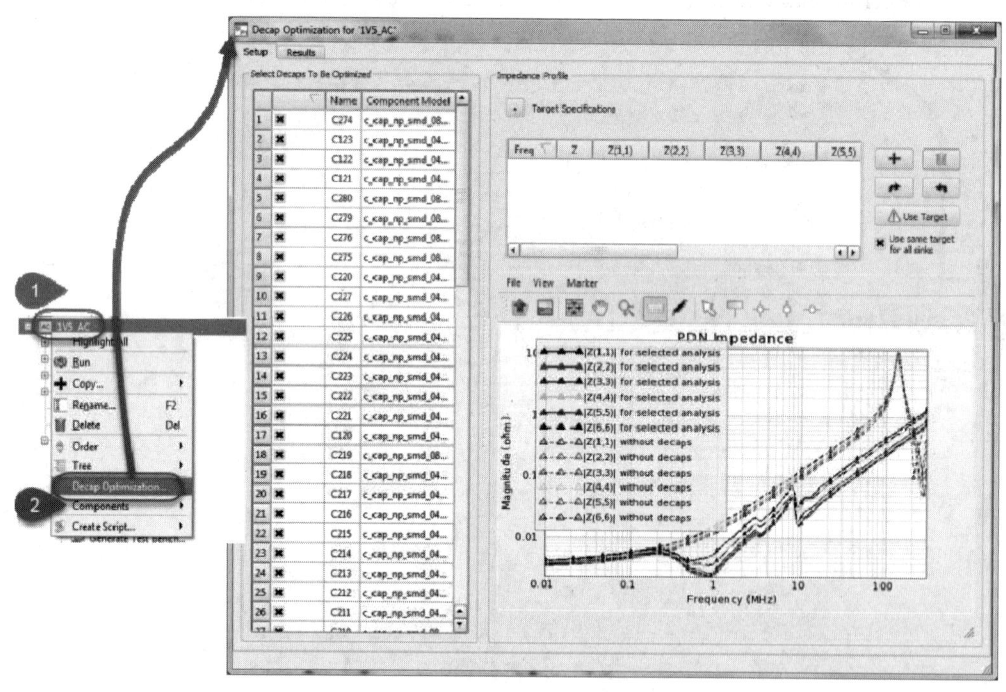

图 13.109　去耦电容优化窗口

去耦电容优化窗口中包含 Setup（设置）和 Results（结果）两个页签，Setup（设置）页签中包含去耦电容栏、阻抗曲线以及目标阻抗设置栏。

在去耦电容栏中可以自定义是否要优化的电容，如果要保留，则把电容对应位号前的“×”去掉，如图 13.110 所示。

本案例中所有的电容都可以优化。

在 Target Specifications（目标阻抗）编辑栏中，可以自定义 Freq（频率范围）和 Z（阻抗）值，也可以把前面的目标阻抗曲线导入，如果是自定义频率范围和阻抗值，则单击“添加一个新的阻抗值到目标阻抗中”按钮 **+**，然后编辑频率和阻抗值。默认所有 Sink 的目标阻抗是一致的，如果 Sink 的目标阻抗不一致，则要去掉 Use same target for all sinks 前面的“×”。然后单击 Use Target 按钮，设置如图 13.111 所示。

Select Decaps To Be Optimized

		Name	Component Model
1	☐	C274	c_cap_np_smd_08...
2	☐	C123	c_cap_np_smd_04...
3	☐	C122	c_cap_np_smd_04...
4	✖	C121	c_cap_np_smd_04...
5	✖	C280	c_cap_np_smd_08...
6	✖	C279	c_cap_np_smd_08...
7	✖	C276	c_cap_np_smd_08...

图 13.110　保留不优化的电容设置

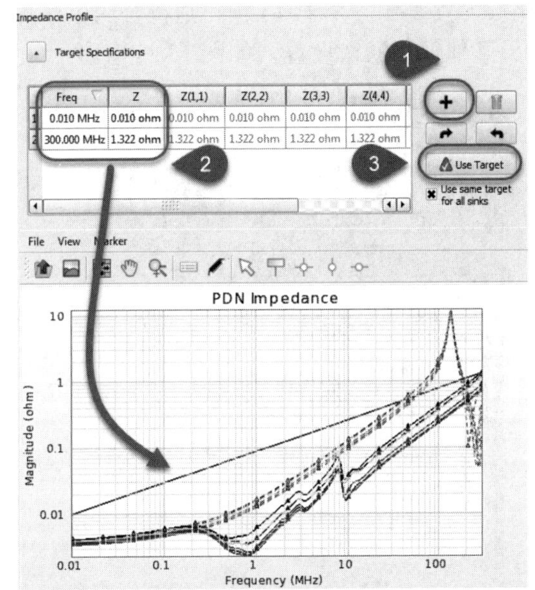

图 13.111　设置目标阻抗

也可以把定义好的目标阻抗曲线导入。单击“从 CSV 文件中导入目标阻抗”按钮，选择 Target_impedance，如图 13.112 所示。

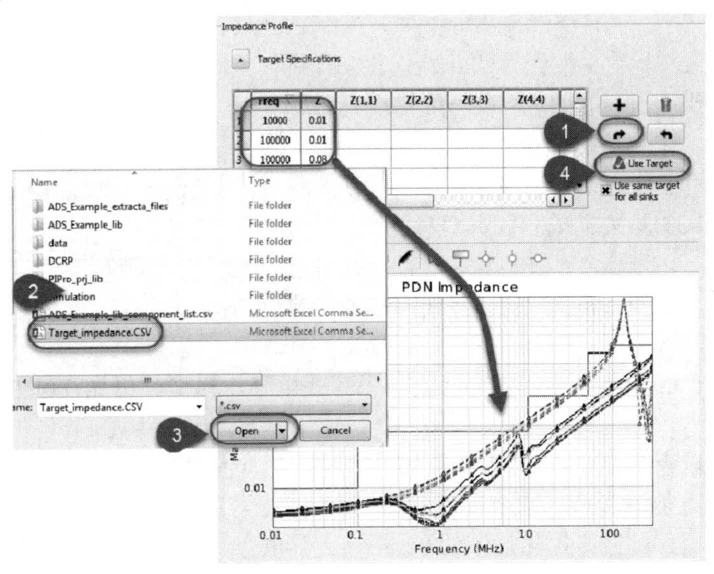

图 13.112　导入目标阻抗文件

导入目标阻抗之后，阻抗曲线显示栏中包含 3 类曲线，分别是没有加入任何去耦电容时的阻抗曲线、加入了去耦电容时的阻抗曲线以及目标阻抗曲线。

选择 Results（结果）页签，在 Constraint（约束）选项中选择要约束的条件，包括去耦电容的数量的最大数量（Maximum）和权重（Importance）、电容供应商的最大数量和权重、模型的最大数量和权重以及价格的最大值和权重。本案例只考虑去耦电容的数量，所以只选择 Decaps，1V5_AC 原始使用的电容数量为 67 颗，优化的目标的最大数量为 40 颗，那么在优化后，只要数量少于 40 颗，则符合约束条件。由于只有一个约束条件，所以权重值为 100.0。其他保持默认设置，如图 13.113 所示。

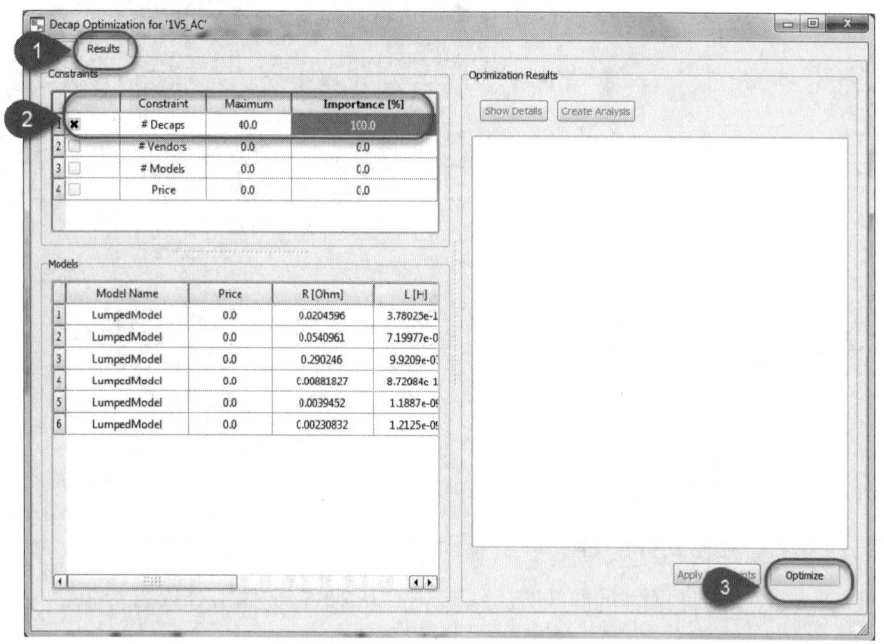

图 13.113 约束条件设置

单击 Optimize（优化）按钮，即开始优化。优化仿真需要对各个组合进行仿真，所以一般需要几秒钟到几分钟的时间，优化后的结果如图 13.114 所示。

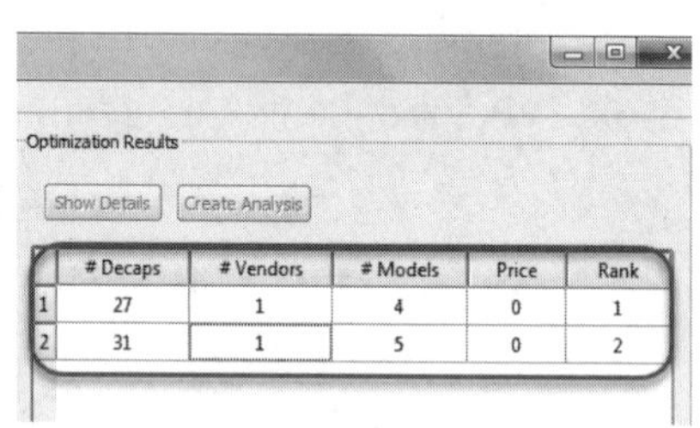

	# Decaps	# Vendors	# Models	Price	Rank
1	27	1	4	0	1
2	31	1	5	0	2

图 13.114 优化后的结果

优化后，有两个符合条件的组合，分别只使用了 27 颗去耦电容和 31 颗去耦电容。并且使用 27 颗去耦电容时排名第一。双击 27 颗电容这一行，或者选中这一行，单击 Show Details 按钮，弹出阻抗曲线显示窗口，如图 13.115 所示。

打开 Decap details 页签，可以查看使用了哪些电容、模型等更加详细的去耦电容信息，如图 13.116 所示。

同样，也可以查看使用 31 颗去耦电容的阻抗曲线和具体去耦电容信息。如果单纯按去耦电容数量的约束条件选择，就选择使用 27 颗去耦电容的这个组合。实际上 27 颗器件中还有 4 颗其他的器件，最终优化后节约了 44 颗去耦电容，不仅降低了物料的成本，还节省了设计的空间。

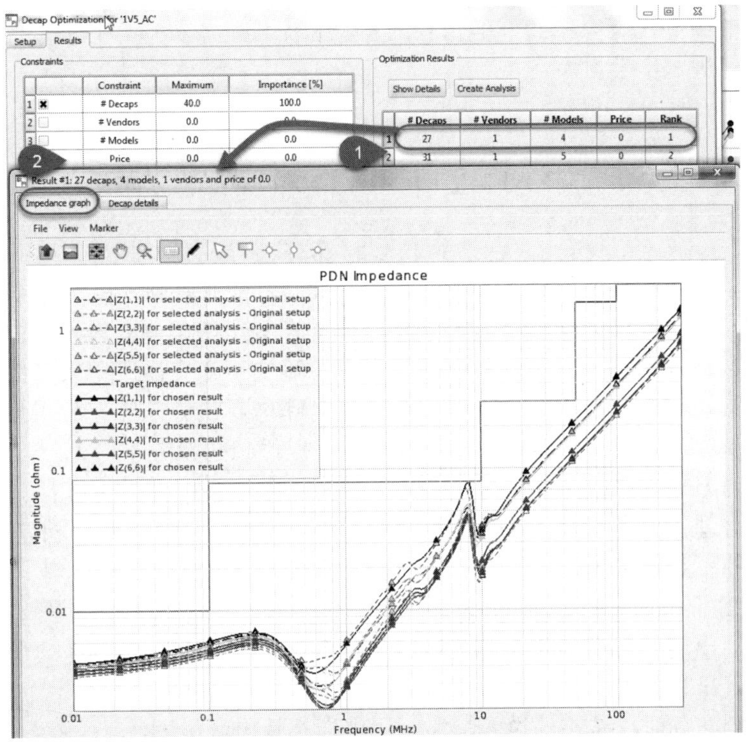

图 13.115　优化后的阻抗曲线

Result #1: 27 decaps, 4 models, 1 vendors and price of 0.0

Impedance graph　Decap details

	Enabled	Name	Model Id	Price	Model Name	Component Model
1	Yes	C122	Lumped	0	model	c_cap_np_smd_0402_cap_100nf_06-21
2	Yes	C123	Lumped	0	model	c_cap_np_smd_0402_cap_100nf_06-21
3	Yes	C124	Lumped	0	model	c_cap_np_smd_0402_cap_100nf_06-21
4	Yes	C125	Lumped	0	model	c_cap_np_smd_0402_cap_100nf_06-21
5	Yes	C127	Lumped	0	model	c_cap_np_smd_0402_cap_1uf_06-3105
6	Yes	C128	Lumped	0	model	c_cap_np_smd_0805_cap_10uf_06-210
7	Yes	C173	Lumped	0	model	c_cap_np_smd_0805_cap_10uf_06-210
8	Yes	C174	Lumped	0	model	c_cap_np_smd_0402_cap_100nf_06-21
9	Yes	C175	Lumped	0	model	c_cap_np_smd_0402_cap_100nf_06-21
10	Yes	C184	Lumped	0	model	c_cap_np_smd_0805_cap_10uf_06-210
11	Yes	C185	Lumped	0	model	c_cap_np_smd_0402_cap_100nf_06-21
12	Yes	C186	Lumped	0	model	c_cap_np_smd_0402_cap_100nf_06-21
13	Yes	C199	Lumped	0	model	c_cap_np_smd_0805_cap_10uf_06-210
14	Yes	C200	Lumped	0	model	c_cap_np_smd_0402_cap_100nf_06-21
15	Yes	C201	Lumped	0	model	c_cap_np_smd_0402_cap_100nf_06-21
16	Yes	C210	Lumped	0	model	c_cap_np_smd_0805_cap_10uf_06-210
17	Yes	C211	Lumped	0	model	c_cap_np_smd_0402_cap_100nf_06-21
18	Yes	C212	Lumped	0	model	c_cap_np_smd_0402_cap_100nf_06-21
19	Yes	C219	Lumped	0	model	c_cap_np_smd_0805_cap_10uf_06-210
20	Yes	C220	Lumped	0	model	c_cap_np_smd_0402_cap_100nf_06-21
21	Yes	C221	Lumped	0	model	c_cap_np_smd_0402_cap_100nf_06-21
22	Yes	C279	Lumped	0	model	c_cap_np_smd_0805_cap_10uf_06-210
23	Yes	C280	Lumped	0	model	c_cap_np_smd_0805_cap_10uf_06-210
24	Yes	L6	Lumped	0	model	l_inductor_l_d62lcb_smd2_1.5uh_27
25	Yes	R196	Lumped	0	model	r_resistor_smd_0805_0r_8_2a_18-10
26	Yes	R898	Lumped	0	model	r_resistor_smd_0805_0r_8_2a_18-10
27	Yes	R899	Lumped	0	model	r_resistor_smd_0805_0r_8_2a_18-10
28	No	C120				c_cap_np_smd_0402_cap_10nf_06-210
29	No	C121				c_cap_np_smd_0402_cap_10nf_06-210

图 13.116　优化后具体的去耦电容信息

优化是一个非常重要的工作，尤其是当设计的裕量非常大的时候，使用优化的功能就可以大大地减少冗余设计带来的成本和 PCB 布线空间上的压力。

由于篇幅和时间关系，还有一些与电源设计相关的仿真，如板级热仿真、电源平面的谐振分析在本书中并没有介绍到，但仿真的步骤和流程基本类似，有需要的工程师可以自行参照帮助文档进一步学习。

13.6 如何设计一个好的电源系统

前面介绍了电源完整性的仿真和设计，仿真使设计更加精确和高效。当然，如果在设计之初能利用一些经验就会使设计事半功倍。比如在板级的电源系统设计中，很多工程师都会遇到由于设计或者项目本身的问题而导致电源确实存在电压跌落较多的情况，那么工程师应该怎么解决这些问题呢？如果噪声过大又有哪些解决方法呢？为了设计一个好的电源系统，下面从原理图设计、布局、布线等角度，提供一些参考建议。

- 选用内阻较小的电源供电端。
- 设计合理的电容组合。不要只用同一类电容，电容容值也不要相差太大。
- 电容并不是越多越好。使用不当，反而会引起反谐振。
- 在 PCB 布局时，使用电端尽量靠近电源供电端。在一些大型且呈长条形的设计中，经常会出现用电端与供电端相隔较远的情况，布局时一定要考虑使供电端与用电端尽量靠近。
- 在电容布局时，越小的电容越靠近用电端芯片电源引脚。
- 在 PCB 设计空间足够的情况下，增加电源平面铺铜的面积，可以提升通流能力，减小电源平面电压跌落。既可以在同一层增加电源网络的铺铜面积，也可以在其他层增加，根据实际情况来定。
- 用引线连接过孔和电容焊盘时，引线要尽量短，尽量粗。
- 如果电容需要过孔与平面相连，在条件允许的情况下，使用两个或多个过孔相连。
- 在机械结构和设计允许的情况下，应增加电源平面的铺铜厚度。
- 增加电源平面层数，可以使电源有更多的通流平面，以扩大通流面积，减少电压的跌落，同时也可以改善滤波网络的效果。
- 如果电源端与用电端确实相隔比较远，设计无法改善时，在用电端之前增加一级 LDO 电源设计。

以上是一些在实际项目中总结出来的技巧，当然还有一些其他的解决方案，如通过软件优化产品设计使功耗降低、增大通风散热使电源压降跌落减小等，在此就不一一列举了。总之，不管用什么样的方法，目的就是使设计的产品性能更好，并且成本更低。

本 章 小 结

本章主要介绍了电源完整性基础知识以及相关的仿真，具体包括电源完整性的基本概念、PDN 的组成部分、目标阻抗的计算、电源完整性直流仿真、电热联合仿真、电源完整性交流仿真，以及自动优化。通过对本章的学习，读者可以使用 PIPro 完成电源完整性的仿真和设计。